国家出版基金项目
NATIONAL PUBLICATION FOUNDATION

“十二五”国家重点图书出版规划项目

信息与计算科学丛书 71

图像重构的数值方法

徐国良 陈 冲 李 明 著

科 学 出 版 社
北 京

内 容 简 介

图像重构是计算机断层成像和电镜成像等领域中最重要的研究课题之一. 本书的主要内容包括图像重构的数学基础, 成像数据的采集原理及采集方法, 各种主要的重构算法, 如 Fourier 重构方法、反投影方法、代数重构方法等和最近发展起来的有效方法, 如 L^2 梯度流、压缩感知、Framelet 方法、Bregman 迭代方法等, 以及相应的理论分析.

本书内容新颖、文字简练、可读性强, 可作为理工科院校的应用数学、计算数学、生物医学图像处理等专业的研究生和本科生的教材, 也可作为相关领域科技工作者的参考书.

图书在版编目(CIP)数据

图像重构的数值方法/徐国良, 陈冲, 李明著. —北京：科学出版社, 2015.10
(信息与计算科学丛书; 71)
"十二五"国家重点图书出版规划项目
ISBN 978-7-03-045921-3

Ⅰ.①图… Ⅱ.①徐… ②陈… ③李… Ⅲ.①图象处理-数值方法 Ⅳ.①TN911.73 ②0241

中国版本图书馆 CIP 数据核字(2015) 第 239656 号

责任编辑: 王丽平 刘信力 / 责任校对: 张凤琴
责任印制: 肖 兴 / 封面设计: 陈 敬

科学出版社 出版
北京东黄城根北街 16 号
邮政编码: 100717
http://www.sciencep.com

中国科学院印刷厂 印刷
科学出版社发行 各地新华书店经销
*
2015 年 10 月第 一 版 开本: 720 × 1000 1/16
2015 年 10 月第一次印刷 印张: 23 1/4 插页: 4
字数: 440 000

定价: 148.00 元

(如有印装质量问题, 我社负责调换)

《信息与计算科学丛书》序

20 世纪 70 年代末, 由已故著名数学家冯康先生任主编、科学出版社出版了一套《计算方法丛书》, 至今已逾 30 册. 这套丛书以介绍计算数学的前沿方向和科研成果为主旨, 学术水平高、社会影响大, 对计算数学的发展、学术交流及人才培养起到了重要的作用.

1998 年教育部进行学科调整, 将计算数学及其应用软件、信息科学、运筹控制等专业合并, 定名为"信息与计算科学专业". 为适应新形势下学科发展的需要, 科学出版社将《计算方法丛书》更名为《信息与计算科学丛书》, 组建了新的编委会, 并于2004年9月在北京召开了第一次会议, 讨论并确定了丛书的宗旨、定位及方向等问题.

新的《信息与计算科学丛书》的宗旨是面向高等学校信息与计算科学专业的高年级学生、研究生以及从事这一行业的科技工作者, 针对当前的学科前沿、介绍国内外优秀的科研成果. 强调科学性、系统性及学科交叉性, 体现新的研究方向. 内容力求深入浅出, 简明扼要.

原《计算方法丛书》的编委和编辑人员以及多位数学家曾为丛书的出版做了大量工作, 在学术界赢得了很好的声誉, 在此表示衷心的感谢. 我们诚挚地希望大家一如既往地关心和支持新丛书的出版, 以期为信息与计算科学在新世纪的发展起到积极的推动作用.

石钟慈

2005 年 7 月

前　　言

本书旨在阐述图像重构的数值方法及相关的数学理论. 粗略地说, 图像重构是一种通过物体外部探测数据来构造物体内部信息的技术. 作为一种非常重要的技术, 图像重构已被广泛地应用于生物医学成像的各个领域, 其中包括 X 射线计算机断层成像 (X 射线 CT)、放射性核素成像、超声成像、核磁共振成像以及基于冷冻技术的三维电子显微镜成像 (冷冻电镜成像) 等. 医学成像技术的产生和发展对医疗诊断产生了革命性的影响. 利用这种无损或微损技术, 医生可以比较清楚地了解到人体组织和器官的变化情况, 从而做出更加准确的判断. 1895 年 W. Röntgen 发现 X 射线后, 人们很快就意识到 X 射线在医学成像领域中的应用前景. 在随后的几十年中, X 射线成像技术得到了巨大的发展. 到目前为止, 上述的几种医学成像技术已被广泛采用, 以 X 射线 CT 为例, CT 机现已成为现代各大医院必不可少的诊断设备, CT 扫描已经成为许多病症的必做检查项目.

图像重构的另外一个重要应用是三维电子显微镜成像. 从德国物理学家、诺贝尔奖获得者 E. Ruska 于 1939 年研制出第一台商业电子显微镜开始, 随着加速电压和计算机等硬件设备的不断发展, 现代电子显微镜已成为生物学家不可或缺的实验仪器, 其中冷冻电镜三维成像技术是当前细胞生物学和结构生物学等研究领域中解析生物样本结构最重要的实验手段之一. 它与 X 射线晶体成像技术、核磁共振成像技术并列, 成为现代结构生物学研究的三大手段.

除了在生物医学上的应用之外, 图像重构在许多其他领域也有着重要的应用, 如地球探测、考古、天文、无损检测等. 科技人员使用图像重构技术能对探测数据进行反演, 获得被探物体的内部结构, 从而得出更加准确的分析和判断结论.

综上所述可以发现, 图像重构是一个应用非常广泛、关系到人类的健康与生活的研究领域. 在过去的几十年间, 已经发展出大量行之有效的计算方法以及丰富多彩的数学理论, 但仍有大量的、新的、困难的问题亟待解决, 诸如探测数据的高噪声问题, 投影角度稀少、缺失或数据不全问题, 多构象电镜图像的重构问题, 提高重构图像分辨率问题, 提高重构速度和精度问题, 消除或减少各种各样的伪影问题等, 所以图像重构的理论与方法仍是目前十分热门的研究课题. 本书所介绍的内容既包括图像重构领域中已经被广泛采用的、较成熟的理论与方法, 也包括目前受到普遍关注的相关研究工作以及作者在这一领域的研究成果和工作体会. 我们的愿望是把最新、最有用的理论与方法介绍给读者. 但囿于知识所限及个人偏好, 我们的选材定有疏漏或偏颇, 望读者可以通过书中所引专著与文献进行弥补. 书中的其他错误与不当之处, 望读者及专家学者批评指正.

全书共 11 章, 第 1 章介绍医学 CT 图像及冷冻电镜图像重构问题的研究背景及发展现状. 第 2 章介绍为阅读本书所需要的预备知识, 包括 Fourier 变换、Radon 及 X 射线变换、采样定理、样条函数、压缩感知以及小波变换等. 第 3 章介绍 CT 数据及冷冻电镜图像的采集原理和方法. 第 4 章到第 9 章介绍各种图像重构方法, 其中第 4 章介绍平行束投影的经典重构方法, 包括 Fourier 方法、反投影方法以及代数方法等. 第 5 章讨论针对特殊的数据采集方式的医学 CT 图像的重构方法. 第 6 章讨论图像重构的梯度流方法, 第 7 章是前一章内容的继续, 讨论与梯度流方法相关的理论问题, 包括收敛性以及稳定性等. 第 8 章讨论双梯度下降法. 第 9 章介绍基于稀疏逼近的图像重构方法, 其中包括压缩感知方法、Framelet 方法以及 Bregman 迭代方法. 第 10 章讨论冷冻电镜图像重构的前期准备步骤, 包括图像对齐、图像分类以及图像定向等. 第 11 章讨论重构图像的分割, 包括二维和三维图像的分割.

本书的 1.1 节, 2.2 节, 2.7 节, 3.1 节及 3.2 节, 4.2 节及 4.3 节, 5.1 节及 5.2 节, 6.4~6.7 节, 第 7 章, 9.1 节和 9.3 节由第二作者撰写, 而 1.2 节, 2.3 节, 2.4.4 节, 2.5 节及 2.6 节, 2.8 节及 2.9 节, 3.3 节及 3.4 节, 4.1 节, 5.3 节, 6.1~6.3 节, 9.2 节, 10.1 节以及 10.4 节由第三作者撰写, 第一作者撰写了本书的其余部分并负责全书的统筹定稿工作.

本书的内容涵盖了中国科学院数学与系统科学研究院计算数学与科学工程计算研究所、科学与工程计算国家重点实验室、计算几何及图像处理课题组近若干年来的大部分研究工作. 先后参加这一课题组研究工作的除了本书的作者外, 还有博士研究生, 她们是荆竹翠、王霞、冷珏琳、李兴娥. 荆竹翠和王霞参与了第 10 章中图像定向方面的工作, 而第 10 章中关于图像分类的内容则源自王霞的博士学位论文. 第 11 章中关于非均匀光照模型的图像分割方面的内容来源于冷珏琳的博士学位论文. 稍后参加本项目的博士研究生李兴娥则仔细研读了本书的初稿, 并在讨论班上进行了全面的研讨, 提出了许多修改意见. 作者向她们对本书内容所作出的贡献深表谢意. 在本书定稿之前, 张琴博士又仔细通读全书, 进一步提出了改进意见, 这对本书质量的提高至关重要. 与本书作者合作的还有美国德克萨斯大学奥斯汀分校的 C. Bajaj 教授及 A. Gopinath 博士、中国科学院自动化研究所的叶军涛研究员、中国科学院生物物理研究所的孙飞研究员、北京协和医院的朱以诚博士 (主治医师)、西班牙国家生物技术中心的 C. Sorzano 教授以及美国卡内基梅隆大学的张永杰教授, 他们均对本书的内容有所贡献, 在此一并致谢.

在本项目进行期间, 作者曾先后得到国家自然科学基金委员会的创新团队基金 (11021101, 11321061)、重大项目基金 (10990013)、面上项目基金 (60773165, 81173663) 以及青年项目基金 (11101401, 11301520) 的资助. 显然, 没有这些资助,本项目是无法顺利完成的. 在本书付梓之际, 作者向支持的机构致以诚挚的谢意. 还特别感谢科学出版社的王丽平女士, 她在本书的出版过程中给予了大力的支持并付出了辛勤的劳动.

作　者

2014 年 12 月于北京

符号说明

$\mathbb{R}$	实数域
$\mathbb{R}^m$	m 维实向量空间
$\mathbb{R}^{m\times n}$	实 $m\times n$ 矩阵空间
$\mathbb{Z}$	整数的集合
$\mathbb{Z}_+$	非负整数的集合
$\mathbb{Z}_+^n$	n 重非负整数指标集
$\varOmega$	函数的定义域
$\partial\varOmega$	$\varOmega$ 的边界
$\mathbf{S}^{n-1}$	$\mathbb{R}^n$ 中的单位球面
θ	$\mathbb{R}^n$ 中的单位球面上的点
$\mathbf{C}^n$	$\mathbb{R}^{n+1}$ 中的单位柱面
$\mathbf{T}^n$	$\mathbb{R}^n$ 中的单位球面的切丛
$\theta^\perp$	与 $\theta\in\mathbf{S}^{n-1}$ 正交的向量空间
$\mathbf{E}_\theta$	$\theta^\perp$ 上的投影算子
$H(\theta,s)$	$\mathbb{R}^n$ 中垂直于 $\theta\in\mathbf{S}^{n-1}$ 且与原点的距离为 s 的超平面
$\mathbf{R}$, $\mathbf{R}_{\boldsymbol{\theta}}$	沿 $\boldsymbol{\theta}$ 方向的 Radon 变换
$\mathbf{R}^*$, $\mathbf{R}_{\boldsymbol{\theta}}^*$	$\mathbf{R}$ 和 $\mathbf{R}_{\boldsymbol{\theta}}$ 的对偶变换
$\mathbf{P}$, $\mathbf{P}_{\boldsymbol{\theta}}$	沿 $\boldsymbol{\theta}$ 方向的 X 射线变换, 也称为投影变换
$\mathbf{P}^*$, $\mathbf{P}_{\boldsymbol{\theta}}^*$	$\mathbf{P}$ 和 $\mathbf{P}_{\boldsymbol{\theta}}$ 的对偶变换
$\mathbf{I}^\alpha$	Riesz 势
$\hat{f}$	f 的 Fourier 变换
$\check{f}$	f 的逆 Fourier 变换
C^m	m 次连续可微函数的全体
C^∞	无穷次连续可微函数的全体
C_0^∞	具有紧支集的无穷次连续可微函数的全体
$L^p(\varOmega)$	范数为 $\left(\int_\varOmega \|f\|^p \mathrm{d}\boldsymbol{x}\right)^{1/p}$ 的函数空间
$\mathscr{S}$	Schwartz 空间
$\mathscr{S}'$	Schwartz 空间的广义函数空间

$\langle\cdot,\cdot\rangle$	内积空间中两元素的内积
$\boldsymbol{u}\times\boldsymbol{v}$	三维向量 $\boldsymbol{u}$ 与 $\boldsymbol{v}$ 的外 (叉) 积
$\|\boldsymbol{u}\|_p:=\left(\sum_i \|u_i\|^p\right)^{1/p}$	向量 $\boldsymbol{u}$ 的 p 范数或 ℓ_p 范数
$\|\boldsymbol{u}\|:=\|\boldsymbol{u}\|_2$	向量 $\boldsymbol{u}$ 的欧几里得长度
$\boldsymbol{A}{:}\boldsymbol{B}$	矩阵 $\boldsymbol{A}^{\mathrm{T}}\boldsymbol{B}$ 的迹
$\boldsymbol{A}\otimes\boldsymbol{B}$	矩阵 $\boldsymbol{A}$ 与 $\boldsymbol{B}$ 的 Kronecker 积
$\boldsymbol{A}^{\mathrm{T}}$	矩阵 $\boldsymbol{A}$ 的转置
A^*	算子 A 的共轭或伴随
$\mathcal{R}(A)$	矩阵或算子 A 的值域
$\mathcal{N}(A)$, $\ker(A)$	矩阵或算子 A 的零空间
tr	方阵的迹
det	方阵的行列式
$\mathrm{diag}(\cdots)$	对角矩阵
$\boldsymbol{M}$	刚度矩阵
$f*g$	函数 f 与 g 的卷积
$E[\cdot]$	取整运算
H	曲面 (流形) 的平均曲率
K	曲面的高斯曲率
$\boldsymbol{n}$	曲面 (流形) 的法向
∇	欧几里得空间中的梯度算子
∇_s	参数曲面上的切梯度算子
div	欧几里得空间中的散度算子
div_ϕ	隐式曲面上的散度算子
Δ	欧几里得空间中的 Laplace 算子
Δ_s	参数曲面上的 Laplace-Beltrami 算子
Δ_ϕ	隐式曲面 $\{\boldsymbol{x}:\ \phi(\boldsymbol{x})=c\}$ 上的 Laplace-Beltrami 算子
$\mathit{\Delta}$	差分的长度
sinc	sinc 函数
$\mathrm{d}A$	面积元
$\mathrm{d}V$, $\mathrm{d}\boldsymbol{x}$	体积元
$\mathscr{E}$, $\mathscr{F}$	能量泛函
δ	一阶变分, 也表示 Dirac delta 函数
$\mathrm{card}(\cdot)$	一个有限集合的势 (基数)
$\mathrm{span}[\boldsymbol{r}_1,\cdots,\boldsymbol{r}_k]$	由 $\boldsymbol{r}_1,\cdots,\boldsymbol{r}_k$ 所张成的空间

supp(·)	函数的支集
$A \Rightarrow B$	A 蕴涵着 B
$A \Leftarrow B$	B 蕴涵着 A
$A \Leftrightarrow B$	A 与 B 等价
Å	埃，10^{-10} 米

目　录

第1章 引　言

本章介绍图像重构问题的研究背景和发展现状, 包括医学图像和冷冻电镜图像重构问题的研究背景和发展现状, 还包括本书其余各章的内容概要.

1.1 医学图像重构问题的研究背景及发展现状

医学图像重构 (medical image reconstruction, 又称医学图像重建) 是一门影响人类健康和生活水平的前沿科学技术. 医学成像 (medical imaging) 技术和计算机技术的飞速发展对医学图像重构的理论与方法提出了更高的要求. 近年来, 随着新颖的压缩感知数学理论的建立和先进的医学成像技术在医疗诊断领域的广泛应用, 医学图像重构的理论与方法得到了快速发展, 已经成为当前应用数学、科学计算、医疗诊断与信息技术等交叉领域中最重要的研究和发展方向之一.

1.1.1 医学图像重构问题的研究背景

医学图像重构问题是一个典型的反问题 (inverse problem), 它是研究如何通过对人体组织进行扫描所获数据构造人体内部信息的问题. 作为一种十分重要的技术, 医学图像重构被广泛地应用于医学成像领域 [95, 148, 166, 192], 其中包括 X 射线计算机断层成像 (X-ray computed tomography, X 射线 CT) [167]、放射性核素成像 (emission computed tomography)[40]、超声成像 (ultrasonic computed tomography)[140]、磁共振成像 (magnetic resonance imaging) [186] 等.

医学图像重构问题与医学成像技术相伴而生, 是医学成像技术的核心组成部分. 医学成像技术的产生与发展对临床医学的影响是革命性的, 特别是医疗诊断. 它改变了传统的诊断方式, 极大地提高了病症诊断的准确程度. 利用这种无损或微损技术, 医生可以比较准确地了解到人体内部器官和组织的变化情况, 从而获得更加准确的诊断结果. 自 1895 年 W. Röntgen 发现 X 射线开始, 人们就很快意识到 X 射线在医学成像中的应用前景. 在随后的几十年中, X 射线成像技术有了很大的发展. 到目前为止, 前面提到的几种医学成像技术一直被广泛地应用着, 以本书所涉及的 X 射线 CT 技术为例: 每年全球 X 射线 CT 扫描仪的销售额已达几十亿美元, 该仪器已经成为现代医院的必要设备, 并且 X 射线 CT 扫描也是许多病症的必做检查 [219].

从纯粹数学的角度来说, 如何根据线积分来重构函数的理论问题已经由奥地利数学家 J. Radon 于 1917 年解决[234], 但这一理论结果在很长一段时间内并未得到实际的应用. 直到 20 世纪 60 年代, 在没有发现 J. Radon 的相关工作的情况下, 美国物理学家 A. Cormack 在 1963 到 1964 年连续发表了两篇学术论文[79, 80], 不仅证实了定义在有限区域内的实值函数可以通过所有与该区域相交的线积分进行重构的理论事实 (该理论推导过程与 J. Radon 的截然不同), 而且创造性地发现可将这种理论应用到放射学和放射线疗法. 1973 年英国的工程师 G. Hounsfield 真正设计出了 X 射线 CT 系统的雏形[154, 155], 但其重构方法与 J. Radon 和 A. Cormack 的方法均不同, 而是利用 Kaczmarz 迭代法[165] 求解将线积分投影离散的线性方程组来得到不同组织对 X 射线的衰减系数的分布图像. A. Cormack 与 G. Hounsfield 因在放射医学中所作出的卓越贡献而获得了 1979 年的诺贝尔生理或医学奖[81, 156].

在短短的几十年时间里, X 射线 CT 的硬件设备从发明到现在已经发生了翻天覆地的变化, 从最初的第一代单放射源单探测器的扫描仪, 到第二代的单放射源多探测器的扫描仪, 再到第三代的单放射源与多探测器同时旋转的扇形束扫描仪, 再到第四代的旋转放射源与静态探测环的扇形束扫描仪, 直到现在的最先进的三维锥形束扫描仪和三维螺旋锥形束扫描仪[157, 208].

1.1.2　医学图像重构问题的发展现状

针对不同硬件设备的扫描几何, 研究人员提出了许多不同的重构方法. 总的来说, 医学图像重构方法可以分为两大类: 第一类是基于解析的方法 (简称解析法), 第二类是基于迭代的方法 (简称迭代法). 进一步细分, 迭代法又可分为基于代数的方法和基于优化的方法. 特别地, 基于代数的方法有时亦能归结到基于优化的方法中去.

基于解析的方法一般是指不需要进行迭代的方法, 也是当前商用 CT 扫描仪 (commercial CT scanner) 所采用的图像重构算法. 这类方法往往依赖于具体的扫描几何. 解析算法通常都是基于精确的图像重构公式, 对精确的重构公式进行离散或者先逼近再离散而得到. 到目前为止, 基于解析的方法主要有滤波反投影法 (filtered backprojection, FBP) [33, 169, 170, 235, 261]、反投影滤波方法 (filter of backprojection, BPF) [22, 94, 268]、加权反投影法 (weighted backprojection, WBP) [231]、直接 Fourier 方法 (direct Fourier, DF) [31, 32, 85, 93, 206] 以及基于 DF 方法改进的诸多方法, 如 gridding 算法[218, 253]、linograms 算法[108, 109, 226], 等等.

基于代数的方法首先需要构造一个线性方程组, 然后利用数值代数的方法对其进行求解. 这类方法通常需要将被重构的物体离散成图像像素或体素, 但不依赖于具体的扫描几何. 基于代数的方法主要有与 Kaczmarz 算法相关的代数重构技术 (algebraic reconstruction techniques, ART) [137]、同步迭代重构技术 (simultaneous iterative reconstructive technique, SIRT) [127]、同步代数重构技术 (simultaneous algebraic reconstruction technique, SART) [16] 以及在上述方法基础上发展起来的加速代数重构技术 (accelerated-ART) [159]、块代数重构技术 (block-ART) [42] 算法等.

基于优化的方法是指从确定性的角度出发建立变分/优化模型或者从统计的角度出发建立统计优化模型. 与代数方法一样, 基于优化的方法不仅需要通过迭代算法来求解, 而且与具体的扫描几何无关. 与之不同的是, 基于优化的方法是以建立优化模型为出发点, 往往需要考虑实际问题的先验信息, 从而更准确地建立图像重构的数学模型. 这类方法主要包括基于确定性的变分/优化模型的优化方法 [62, 65, 66, 68, 97, 98, 219, 265, 264, 299, 301] 和基于统计优化模型的优化方法 [30, 61, 236, 262, 278]. 从形式上来看, 这两种方法有着相似之处, 即考虑的优化模型都是由保真项 (或拟合项) 和正则化项 (或先验信息项) 的加权组合. 此外, 许多基于代数的方法也能写出相应的优化模型, 因此从某种程度上来说, 这些方法也能归为基于优化的方法这一类.

值得注意的是, 迭代法的重构时间往往比解析法的要多得多. 从实用性的角度来讲, 迭代法不如解析法实用, 因此目前在实际的设备中迭代法几乎不被采用. 然而随着计算机计算性能的迅速提升和高性能计算机集群的大力发展, 迭代法又重新得到人们的广泛研究. 特别地, 对一些复杂数据的重构问题, 迭代法往往能获得比解析法更好的重构结果, 从而展现出了广阔的应用前景 [158].

就具体的数学模型而言, 目前主要包括基于正则化的变分/优化模型和统计优化模型. L. Rudin, S. Osher 和 E. Fatemi 提出了基于全变差 (total variation) 正则化项的变分模型, 简称 TV 模型 [241]. 由于该模型在去除图像噪声的同时能够很好地保持图像的间断边缘特征, 因此受到了研究人员的极大关注, 并且深刻影响着图像处理的诸多研究领域, 如图像分割、图像填充、图像插值、图像去模糊等. 直观地说, 在变分/优化模型中考虑 TV 正则化项就是利用图像梯度的模的 L^1/ℓ_1 范数作为正则化项, 这与传统的基于 L^2/ℓ_2 范数的 Tikhonov 正则化项 [279] 有着本质的区别. P. Charbonnier 等和 A. Delaney, Y. Bresler 较早地将保持图像边缘的修正的 TV 正则化项 (如 Huber 泛函等) 运用到图像重构领域, 仅利用稀少角度或者有限角度的投影数据重构出了边缘特征保持完好的图像 [62, 97, 98]. J. Thibault, K. Sauer, C. Bouman 和 J. Hsieh 利用光子的物理统计信息, 基于 Bayes 框架建立了最大后验误差估计的图像重构模型, 在正则化项中考虑惩罚相邻像素或体素值之间的差异, 改进了多层螺旋 CT 的图像重构质量 [278]. 事实上, 该模型与基于确定性的优化模型是等价的. 关于这一点可参考 9.1 节.

近年来, 压缩感知数学理论的建立和应用使得信号的稀疏表示成为当前最热门的研究课题之一 [50, 105]. 压缩采样的一个基本前提就是几乎所有的信号都可以由某组基底稀疏表示, 即表示系数绝大部分为零. 在适当的条件下, 仅利用极少量的压缩采样数据就可以精确地恢复原始信号. 压缩感知数学理论的关键在于使用了一个特殊的稀疏变换, 实际上该变换并没有明确的定义, 往往依赖于具体的重构对象. 例如, 若已知重构的图像是分片常数的, 那么就可以利用梯度变换将图像变换成仅在像素值跳跃的位置为非零, 在其余位置均为零的稀疏信号. 这一新颖理论使研究人员能够突破传统的 Shannon 采样定理条件的限制 [160, 258], 在没有噪声干扰的情况下, 仅利用极少量的采样数据就可以精确地重构原始信号.

压缩感知理论为 TV 正则化在图像重构数学模型中的有效应用提供了强有力的理论支持. 事实上, E. Candès, J. Romberg 和 T. Tao 已将其作为压缩感知数学理论的一个典型算例引入 [50]. X. Pan 和 E. Sidky 等提出了基于 TV 极小化的约束优化模型, 该模型考虑了图像像素值非负的约束条件, 仅用少量角度的投影数据就能精确地重构出分片常数的图像 [219, 264, 265]. 在此基础上, 研究人员对 TV 极小化数学模型进行了发展和改进. J. Yang, H. Yu, M. Jiang 和 G. Wang 等引入高阶 TV 极小化模型用于解决断层成像的内部重构问题, 对于分片多项式的图像可以得到精确的重构结果 [305]. 文献 [128] 还提出了非局部 TV 极小化模型, X. Zhang 和 S. Osher 等将这种改进的模型成功地应用到 CT 图像重构之中 [314]. 此外, 本书作者还提出了基于无穷投影角度的图像重构的变分模型 [65].

从重构算法方面来说, 近几年研究人员主要集中于研究求解基于 TV 正则化项的无约束优化模型和基于 TV 极小化的约束优化模型的计算方法. 值得注意的是, 图像处理领域的一些算法能有效地推广到图像重构中, 如 Y. Mao, B. Fahimian, S. Osher 和 J. Miao 等将 Bregman 迭代算法用来求解图像重构问题, 该方法实际上等价于经典的增广拉格朗日方法 [7, 150, 195, 227, 275, 298, 312]. 另外, 基于 ℓ_1 范数的分裂 Bregman 迭代方法由 T. Goldstein 和 S. Osher 提出, 并且能有效地求解基于 TV 正则化项的优化重构模型, 该方法的提出引起了人们对乘子交替方向法新的研究兴趣 [125, 129, 130, 133]. 对于基于 TV 极小化的约束优化模型, X. Pan 和 E. Sidky 引入了自适应最速下降–凸集投影方法, 首先对 TV 项进行光滑修正, 利用最速下降法进行求解, 其步长可以自适应地选取, 然后用约束投影法来考虑约束条件, 最终得到了理想的重构图像 [265]. 近来, X. Pan 和 E. Sidky 等还将 Chambolle-Pock 算法, 即一阶原始对偶方法, 引入到求解基于凸优化问题的图像重构模型 [57, 263]. 除此以外, 对基于 TV 正则化的变分模型, 本书作者提出了基于 L^2 梯度流的有限元方法, 同时证明了该算法的收敛性, 对一些困难的图像重构问题得到了高质量的重构效果 [66, 67, 185, 299, 301]. 另外, 针对有噪声干扰的 CT 图像重构问题, 本书作者还提出了线性化的分裂 Bregman 迭代算法, 同时给出了严格的收敛性证明 [68]. 该算法能快速地求解基于 TV 的或者 ℓ_1 范数的优化模型.

目前, 人们已经开始关注一些特定条件下的成像问题, 如动态锥形束 CT 成像、感兴趣区域成像稀少角度CT成像以及低剂量高噪声CT成像问题等 [28, 75, 138, 219]. 前已述及, X 射线 CT 扫描仪作为一种临床诊断的成像设备已经获得了广泛的应用, 并取得了巨大的成功. 但公众逐步意识到 X 射线产生的电离辐射具有潜在的危害性, 会导致基因突变、癌症的发病率大大提升. 目前有两种策略可以用来降低辐射剂量: 第一种是减小到达每个探测器的 X 射线流; 第二种是减少测量次数, 即减少投影角度的个数, 考虑稀少的投影角度. 当然, 还可以将这两种方案结合起来去降低辐射剂量. 前一种实施方案通常是降低 X 射线管的管电压或管电流, 这样就会对投影数据产生严重的噪声干扰. 而后一种方案往往会产生采样不充分的投影数据. 现代商用 CT 扫描仪虽然在硬件设备的发展上有了质的飞跃, 但是其重构算法仍然停留在传统的 FBP 方法基础之上 [219]. FBP 方法对投影角度分布均匀、间隔小且信噪比 (signal-to-noise ratio, SNR) 高的数据有既好又快的重构效果, 然而对于投影角度稀少或低 SNR 数据的重构效果并不理想 [66, 158]. 因此, 如何在降低辐射剂量的同时保证良好的诊断效果是目前 CT 成像研究领域的热点和前沿课题. 而低剂量 CT 的一个最核心问题是图像重构, 即如何在较低的 X 射线剂量下重构出能够被临床医生认可的、和常规剂量 CT 类似的图像质量.

另一方面, 当 CT 对人体的心脏或者肺部成像的时候, 心脏或者肺部瞬间的运动会给重构的图像带来严重的伪影, 从而给医生的诊断带来困难, 所以如何精确地重构 4D 或者动态的 CT 图像也是当前非常值得研究的课题 [100, 101].

目前, 虽然研究人员已经提出了解决上述问题的诸多数学模型和计算方法, 但是这些在理论和数值实验方面表现优良的模型和算法与成像设备对硬件和软件的实际需求仍有相当大的差距, 其中严重缺乏重构数学模型的突破、优化模型的正则化参数的选取方法、迭代重构算法的加速与创新等是导致这一差距的主要原因. 因此, 如何缩小理论与实际的差距, 将提出的模型和算法真正应用于商用 CT 扫描仪中, 是目前亟待解决的重要问题.

1.2　冷冻电镜图像重构问题的研究背景及发展现状

冷冻电镜图像的重构是近年来一个受到广泛关注的研究课题, 同时也是一个十分困难的问题, 本节简要介绍冷冻电镜图像重构问题的研究背景及发展现状.

1.2.1　冷冻电镜图像重构问题的研究背景

电子显微三维重构术是除 X 射线晶体成像技术和核磁共振成像技术外又一种研究生物大分子三维结构的重要手段 [10, 13, 174, 243]. 早在 20 世纪 60 年代, A. Klug 在使用 X 射线晶体成像术研究烟草花叶病毒等纤维状物体时发现很难获得其高质量的晶体, 从而无法获得晶体结构. 于是 A. Klug 开始寻求其他的方法. 1968 年, A. Klug 和他的学生 D. DeRosier 提出了使用电子显微图像重构生物大分子三维结构的方法, 标志着电子显微三维重构术的产生 [93]. 该方法的基本原理是基于 Fourier

变换的中心截面定理: 一个三维物体的密度函数沿某一方向投影的 Fourier 变换, 等于该函数三维 Fourier 变换垂直于该方向的中心截面. 基于该定理, 如果能够获得多个方向的投影, 通过 Fourier 变换和逆 Fourier 变换, 可以获得该物体的三维密度图. 此后, R. Crowther 等对直接 Fourier 方法在生物样本重构中的应用进行了深入的分析[83−85].由于 A. Klug 在使用电子显微图重构分子三维结构方面的开创性工作, 他获得了 1982 年的诺贝尔化学奖. 在实践中, A. Klug 等采用重金属负染的方法制备样品, 因而只能获得该样品的轮廓信息.

当电子束打到生物样品上时, 会给生物样品带来严重的辐射损伤, 破坏了样品的结构信息. 因此, 辐射损伤是电子显微三维重构术进一步发展的瓶颈. 1984 年, A. Dubochet 使用冷冻样品制备术结合低温电镜技术获得了第一张低温电子显微镜照片, 从而开创了冷冻电镜技术的新时代 [15, 106]. 在显微图像的处理方面, J. Frank 等采用平均的技术 [118, 246], 使用随机定向的多个同一粒子的投影进行重构. 在此基础之上, 发展出了包括对齐、分类、定向和三维重构等图像处理技术的单颗粒重构方法 [120, 230, 232, 233]. W. Hoppe 小组在这个领域也作出了实质性的贡献, 他们于 1974 年关于脂肪酸合成酶结构的研究论文 [153] 的发表, 标志着电子断层术 (electron tomography, ET) 术语的正式引入. 冷冻样品制备技术极大地减少了辐射损伤, 因而使得获得高分辨率的三维结构成为可能. 此后, 冷冻电镜三维重构术尤其是冷冻电镜单颗粒分析和冷冻电子断层术得到了快速的发展.

1.2.2　冷冻电镜图像重构问题的发展现状

为了获得高分辨率的生物分子的三维结构图, 需要高品质的设备、高质量的样本以及对物理模型和数学工具的充分且合理的使用. 在使用相同的设备的情况下, 使用不同的样本准备方法将会直接影响三维重构结果的分辨率. 常用的样本准备方法包括负染法 (negative staining)、冷冻法 (K. Taylor 和 R. Glaeser 于 1976 年首次使用 [277]) 以及冷冻负染法 (Cryo-negative staining). 到目前为止, 在保持分子的内部结构方面, 样本冷冻法是最好的方法, 由此产生和发展了冷冻电镜单颗粒重构技术 (Cryo-electron microscopy, Cryo-EM) [15, 71, 78, 87, 107, 124, 141, 181, 199, 272, 277, 285, 315]. 而自动化的电子显微镜的发明, 进一步促进了冷冻电子断层扫描技术的发展 (Cryo-electron tomography, Cryo-ET) [102, 103, 173, 176, 197]. 冷冻电镜单颗粒重构技术适合于大分子复合物结构的研究. 对于细胞器、细胞结构的研究, 冷冻电子断层扫描技术则是比较好的选择 (参见文献 [119] 第 6 页).

冷冻电镜单颗粒技术图像分析是一系列操作, 其中包括 CTF (contrast transfer function) 矫正、粒子挑选、粒子对齐和分类、粒子定向以及三维重构等步骤. 由于冷冻电镜数据极低的信噪比, 上述每一步骤都存在极大的误差, 因此在第一次获得三维重构密度图后, 往往需要通过投影匹配的方法进行进一步的改进: 构造单位球面上拟均匀的欧拉角组, 将密度图按构造的欧拉角投影, 将粒子与投影图像匹配获得分类和定向, 进而进行三维重构. 如此反复优化直到重构结果的分辨率不能再改进为止, 如图 1.2.1 所示 [120, 285]. 冷冻电子断层术不需要分类和定向, 减少了中间环节, 但是存在角度缺失问题 [120, 146].

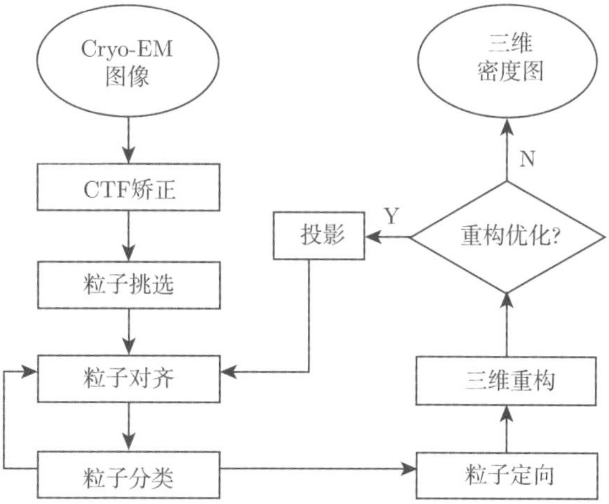

图 1.2.1　Cryo-EM 流程图

冷冻电镜单颗粒分析的第一步是电子显微图像的获取, 包括样本准备和数据采集. 经过第一步得到投影图像后, 下面的任务是使用图像处理的方法将投影粒子从图像中识别并挑选出来. 由于测量的图像反差小、噪声大、信噪比一般小于 1/3, 通常先对图像进行对比度增强处理, 然后使用手动、半自动或者自动的方法挑选粒子. 关于这方面的内容可参考文献 [210, 266]. 挑选好的投影粒子需要根据投影方向分类和对齐. 每一类中的元素具有相同或相近的定向. 在每一个类中确定一个代表元素, 这个代表元素可以取该类中全部投影的平均值, 也可以取离平均值最近的一个投影. 下一个任务是确定这些类代表的投影方向, 或者其所对应的生物大分子的空间方向. 最后一步是二维投影的三维重构, 即使用三维重构算法重构样本的三维密度图.

新的冷冻电镜三维成像技术仍在不断地产生和发展中, 比如时间分辨 (time-resolved) 的冷冻电镜技术 [25, 200, 257, 274, 297], 将样本粒子的冷冻时间从亚毫秒延长到毫秒, 在这样的时间尺度里可以捕获大分子复合物瞬间的结构状态. 还有冷冻 X 射线断层扫描术 (Cryo-X-ray tomography) [54, 142, 179, 221, 251, 296], 由于 X 射线具有很强的穿透能力, 适合于对厚度在 0.5 微米以上的细胞样本进行结构分析, 因此冷冻 X 射线断层扫描术是对软材料样本穿透能力较差的冷冻电子断层扫描技术的补充.

冷冻电镜单颗粒分析的目标是获得原子分辨率的大分子复合物的三维结构. 如今, 使用冷冻电镜单颗粒分析获得近原子分辨率 (near-atomic resolution, 3.8~4.5Å) 的三维结构已经成为现实. 例如, 2008 年 X. Yu 等重构出 3.88Å 的具有二十面体结构的质型多角体病毒 (cytoplasmic polyhedrosis virus, CPV) 的三维结构, 发表在*Nature*杂志第 453 卷 7193 期上 [313], 在 3.88Å 的分辨率下可以清楚地看到 α 螺旋的转角、β 折叠的链分离等蛋白质分子的二级结构 [317]. 这些结果的发现, 让我们看到了 Cryo-EM 技术的巨大潜能. 然而, 考虑到蛋白质分子构象的变化、成像数据极低的信噪比, 得到同一构象下的近原子分辨率的三维结构并不是一件容易的事, 尤其对于具有非对称结构的核糖体更为不易. 突破首先来自于 X 射线晶体学, 2009 年的诺贝尔化学奖颁发给了三位研究核糖体的结构生物学家. 他们花了近 20 年的时间使用传统的 X 射线晶体学技术测定了核糖体原子分辨率的晶体结构, 成为结构生物学领域的一个里程碑.

伴随着技术的不断进步、高性能计算机的发展以及新的重构算法的提出, 作为新兴技术的 Cryo-EM/Cryo-ET 必将会取得更大的突破.

第2章　预备知识

本章引入本书所用的一些记号以及其余各章所需要的预备知识, 更详细的材料可参见文献 [115, 147, 207].

2.1　记号、函数空间与常用公式

设 f 为定义在 $\mathbb{R}^n$ 上的函数, 其中 $\mathbb{R}^n$ 是 n 维向量空间, 其元素通常用 n 维列向量 $\boldsymbol{x}=[x_1,\cdots,x_n]^{\mathrm{T}}$, $\boldsymbol{y}=[y_1,\cdots,y_n]^{\mathrm{T}}$ 等来表示. $\mathbb{R}^n$ 中的内积和范数 (欧几里得范数) 分别定义为 $\langle \boldsymbol{x},\boldsymbol{y}\rangle=\boldsymbol{x}^{\mathrm{T}}\boldsymbol{y}=\sum\limits_1^n x_iy_i$ 和 $\|\boldsymbol{x}\|=\sqrt{\langle \boldsymbol{x},\boldsymbol{x}\rangle}$. 另外, $f(\boldsymbol{x})$ 的梯度表为 $\nabla f=[f_{x_1},\cdots,f_{x_n}]^{\mathrm{T}}$. $\mathbb{R}^n$ 中的单位球面表示为 $\mathbf{S}^{n-1}=\{\boldsymbol{\theta}\in\mathbb{R}^n:\|\theta\|=1\}$. $\mathbf{S}^{n-1}$ 的切丛定义为

$$\mathbf{T}^n=\left\{(\boldsymbol{\theta},\boldsymbol{x}):\ \boldsymbol{\theta}\in\mathbf{S}^{n-1},\ \boldsymbol{x}\in\boldsymbol{\theta}^{\perp}\right\},$$

其中

$$\boldsymbol{\theta}^{\perp}=\left\{\boldsymbol{x}\in\mathbb{R}^n:\boldsymbol{x}^{\mathrm{T}}\boldsymbol{\theta}=0\right\}$$

是正交于 θ 的向量空间. $\mathbb{R}^{n+1}$ 中的单位柱面表示为

$$\mathbf{C}^n=\left\{(\boldsymbol{\theta},s):\boldsymbol{\theta}\in\mathbf{S}^{n-1},\ s\in\mathbb{R}\right\}.$$

设 A 为 $\mathbb{R}^n$ 中的一个集合, $\boldsymbol{a}$ 为 $\mathbb{R}^n$ 中的一点, 用 $A-\boldsymbol{a}$ 表示集合 A 经平移 $\boldsymbol{a}$ 后的集合, 即

$$A-\boldsymbol{a}=\{\boldsymbol{x}:\ \boldsymbol{x}=\boldsymbol{y}-\boldsymbol{a},\ \forall\boldsymbol{y}\in A\}.$$

设 a 为 $\mathbb{R}$ 中的一个数, 用 aA 表示 A 中所有元素均乘以 a 所得到的集合. 设 B 为 $\mathbb{R}^n$ 中的另一个集合, 用 $A\setminus B$ 表示集合 A 与 B 的差集, 即

$$A\setminus B=\left\{\boldsymbol{x}:\ \boldsymbol{x}\in A\ \text{且}\ \boldsymbol{x}\notin B\right\},$$

用 $A\cup B$ 和 $A\cap B$ 分别表示集合 A 与集合 B 的并集和交集. 在欧几里得范数意义下, 集合 A 的内部和闭包分别用 $\mathring{A}$ 和 $\bar{A}$ 表示.

设 $\mathcal{B}(\Omega)$ 为定义在开集 $\Omega\subset\mathbb{R}^n$ 上的实 Banach 空间, 其范数定义为 $\|\cdot\|_{\mathcal{B}(\Omega)}$, 简记为 $\|\cdot\|_{\mathcal{B}}$.

$\boldsymbol{L^p(0,T_0;\mathcal{B}(\Omega))}$空间　函数空间 $L^p(0,T_0;\mathcal{B}(\Omega))$ 定义为由可测函数 $u:[0,T_0]\to\mathcal{B}(\Omega)$ 且满足

$$\|u\|_{L^p(0,T_0;\mathcal{B}(\Omega))}:=\left(\int_0^{T_0}\|u\|_{\mathcal{B}}^p\mathrm{d}t\right)^{1/p}<\infty,\quad 1\leqslant p<\infty,$$

或

$$\|u\|_{L^\infty(0,T_0;\mathcal{B}(\Omega))}:=\operatorname{ess}\sup_{0\leqslant t\leqslant T_0}\|u\|_{\mathcal{B}}<\infty,\quad p=\infty$$

的函数构成的空间. 为了简洁, 一般将此空间记为 $L^p(0,T_0;\mathcal{B})$, 其范数记为 $\|\cdot\|_{L^p(\mathcal{B})}$.

Schwartz 空间　如果定义在 $\mathbb{R}^n$ 上的函数 $f(\boldsymbol{x})$ 满足如下性质:

(1) $f(\boldsymbol{x})$ 为 $C^\infty(\mathbb{R}^n)$ 中的函数;

(2) 对任意的重指标 $\boldsymbol{k},\boldsymbol{l}$, 且 $\boldsymbol{k},\boldsymbol{l}\in\mathbb{Z}_+^n$, 有

$$\lim_{\|\boldsymbol{x}\|\to\infty}\boldsymbol{x}^{\boldsymbol{k}}\partial^{\boldsymbol{l}}\psi(\boldsymbol{x})=0,$$

其中 $\boldsymbol{x}^{\boldsymbol{k}}\partial^{\boldsymbol{l}}f(\boldsymbol{x})$ 表示 $x_1^{k_1}\cdots x_n^{k_n}\partial_{x_1}^{l_1}\cdots\partial_{x_n}^{l_n}f(\boldsymbol{x})$, $\boldsymbol{k}=[k_1,k_2,\cdots,k_n]^{\mathrm{T}}$, $\boldsymbol{l}=[l_1,l_2,\cdots,l_n]^{\mathrm{T}}$, 则称 $f(\boldsymbol{x})$ 为速降函数或 Schwartz 函数. 由这类函数构成的函数空间称为速降函数空间或 Schwartz 空间, 记为 $\mathscr{S}(\mathbb{R}^n)$.

球面积分公式

$$\int_{\mathbf{S}^{n-1}}f(\boldsymbol{x})\mathrm{d}\boldsymbol{x}=\int_0^{\pi}\cdots\int_0^{\pi}\int_0^{2\pi}f(\boldsymbol{x})\prod_{k=2}^{n-1}(\sin\theta_k)^{k-1}\mathrm{d}\theta_1\cdots\mathrm{d}\theta_{n-1},\tag{2.1.1}$$

其中 $\boldsymbol{x}=[x_1,x_2,\cdots,x_n]^{\mathrm{T}}$ 表为球面坐标:

$$\begin{aligned}x_1&=\sin\theta_{n-1}\cdots\sin\theta_3\sin\theta_2\sin\theta_1,\\x_2&=\sin\theta_{n-1}\cdots\sin\theta_3\sin\theta_2\cos\theta_1,\\x_3&=\sin\theta_{n-1}\cdots\sin\theta_3\cos\theta_2,\\&\ \ \vdots\\x_{n-1}&=\sin\theta_{n-1}\cos\theta_{n-2},\\x_n&=\cos\theta_{n-1}.\end{aligned}$$

特别地, 当 $f=1$ 时, 有 $\mathbf{S}^{n-1}$ 的表面积

$$|\mathbf{S}^{n-1}|=\frac{2\pi^{n/2}}{\Gamma(n/2)},\tag{2.1.2}$$

其中 $\Gamma(\cdot)$ 为 Gamma 函数, 见定义 2.3.1. 于是

$$|\mathbf{S}^0| = 2, \quad |\mathbf{S}^1| = 2\pi, \quad |\mathbf{S}^2| = 4\pi.$$

关于函数在球面 $\mathbf{S}^{n-1}$ 的切丛 $\mathbf{T}^n$ 上的积分与其在 $\mathbb{R}^n$ 上的积分有如下关系 (见文献 [207], 第 190 页)：

$$\int_{\mathbf{S}^{n-1}} \int_{\theta^\perp} f(\boldsymbol{y}) \mathrm{d}\boldsymbol{y} \mathrm{d}\theta = |\mathbf{S}^{n-2}| \int_{\mathbb{R}^n} \|\boldsymbol{y}\|^{-1} f(\boldsymbol{y}) \mathrm{d}\boldsymbol{y}. \tag{2.1.3}$$

2.2 Fourier 变换

Fourier 变换在生物医学成像领域中发挥着非常重要的作用. Fourier 变换与医学成像中的其他常用变换 (如 Radon 变换和 X 射线变换) 关系密切, 其中 Fourier 中心截面定理 [94, 207] 就是一例. 另外, 在研究离散采样和数值计算的过程中, Fourier 变换也是不可或缺的工具 [228]. 本节引入 Fourier 变换及其逆变换的定义, 并给出 Fourier 变换的一些的重要性质 [1].

2.2.1 $\mathscr{S}(\mathbb{R}^n)$ 上的 Fourier 变换

先定义函数空间 $\mathscr{S}(\mathbb{R}^n)$ 上的 Fourier 变换. 假设 $f(\boldsymbol{x}) \in \mathscr{S}(\mathbb{R}^n)$, 定义其 Fourier 变换为

$$\hat{f}(\boldsymbol{\xi}) = \int_{\mathbb{R}^n} f(\boldsymbol{x}) \mathrm{e}^{-\mathrm{i}2\pi \boldsymbol{x}^{\mathrm{T}} \boldsymbol{\xi}} \mathrm{d}\boldsymbol{x}. \tag{2.2.1}$$

又假定 $g(\boldsymbol{\xi}) \in \mathscr{S}(\mathbb{R}^n)$, 定义其 Fourier 逆变换为

$$\check{g}(\boldsymbol{x}) = \int_{\mathbb{R}^n} g(\boldsymbol{\xi}) \mathrm{e}^{\mathrm{i}2\pi \boldsymbol{\xi}^{\mathrm{T}} \boldsymbol{x}} \mathrm{d}\boldsymbol{\xi}, \tag{2.2.2}$$

这里的 i 表示虚数单位, 即 $\mathrm{i}^2 = -1$, e 表示自然对数的底数, 在不产生歧义的情况下以后不再说明. 下面给出 Fourier 变换的一些性质, 它们的证明可在列出的参考文献中找到.

定理 2.2.1 [1]　Fourier 变换建立了一个从 $\mathscr{S}(\mathbb{R}^n)$ 到 $\mathscr{S}(\mathbb{R}^n)$ 的同构对应, 即一对一且保持线性结构与拓扑结构不变的映射.

定理 2.2.2 [1]　对于任意给定的 $f, g \in \mathscr{S}(\mathbb{R}^n)$, 如下 Parseval 等式成立:

$$\int_{\mathbb{R}^n} f\bar{g} \mathrm{d}\boldsymbol{x} = \int_{\mathbb{R}^n} \hat{f}\bar{\hat{g}} \mathrm{d}\boldsymbol{x}, \tag{2.2.3}$$

其中 $\bar{g}$ 和 $\bar{\hat{g}}$ 分别表示 g 和 $\hat{g}$ 的复共轭.

性质 2.2.1 [1, 207]　设 $f, g \in \mathscr{S}(\mathbb{R}^n)$, 那么 Fourier 变换具有如下性质:

(1) 线性性质: 对任意的常数 α 和 β, 有

$$(\alpha f + \beta g)\hat{} = \alpha \hat{f} + \beta \hat{g}.$$

(2) 位移性质: 给定 $\boldsymbol{y} \in \mathbb{R}^n$, 令 $f_{\boldsymbol{y}}(\boldsymbol{x}) = f(\boldsymbol{x}+\boldsymbol{y})$, 有

$$(f_{\boldsymbol{y}})\hat{} = \mathrm{e}^{\mathrm{i}2\pi \boldsymbol{y}^{\mathrm{T}}\boldsymbol{\xi}}\hat{f}.$$

(3) 相似性质: 给定 $\alpha \neq 0$, 令 $\boldsymbol{f}_\alpha(\boldsymbol{x}) = f(\alpha \boldsymbol{x})$, 则有

$$(f_\alpha)\hat{} = |\alpha|^{-n}\hat{f}(\alpha^{-1}\xi).$$

(4) 微分性质: 对于给定的多重指标 $\boldsymbol{k} \in \mathbb{Z}_+^n$, 有

$$(\partial^{\boldsymbol{k}} f)\hat{} = \mathrm{i}^{\|\boldsymbol{k}\|_1}(2\pi\boldsymbol{\xi})^{\boldsymbol{k}}\hat{f}, \quad (\boldsymbol{x}^{\boldsymbol{k}} f)\hat{} = (-1)^{\|\boldsymbol{k}\|_1}(\mathrm{i}2\pi)^{-\|\boldsymbol{k}\|_1}\partial^{\boldsymbol{k}}\hat{f}.$$

(5) 卷积性质:

$$(f*g)\hat{} = \hat{f}\hat{g}, \quad (fg)\hat{} = \hat{f}*\hat{g},$$

其中 $*$ 表示相应维数的卷积.

(6) 对称性质:

$$(\hat{f}(\xi))\hat{}(\boldsymbol{x}) = f(-\boldsymbol{x}). \tag{2.2.4}$$

2.2.2 $\mathscr{S}'(\mathbb{R}^n)$ 上的 Fourier 变换

广义函数就是基本函数空间上的线性连续泛函. 记 $\mathscr{S}'(\mathbb{R}^n)$ 为由 Schwartz 空间 $\mathscr{S}(\mathbb{R}^n)$ 上的广义函数构成的空间.

定义 2.2.1 对任意的 $\mathscr{S}'(\mathbb{R}^n)$ 中的广义函数 u, 其 Fourier 变换 $\hat{u}$ 定义为

$$\langle \hat{u}, \psi\rangle = \langle u, \hat{\psi}\rangle, \quad \forall \psi \in \mathscr{S}(\mathbb{R}^n).$$

类似地, u 的逆 Fourier 变换 $\check{u}$ 定义为

$$\langle \check{u}, \psi\rangle = \langle u, \check{\psi}\rangle, \quad \forall \psi \in \mathscr{S}(\mathbb{R}^n).$$

同样可以得到类似于定理 2.2.1 的结论, 即

定理 2.2.3[1] 定义在 $\mathscr{S}'(\mathbb{R}^n)$ 上的 Fourier 变换是一个从 $\mathscr{S}'(\mathbb{R}^n)$ 到 $\mathscr{S}'(\mathbb{R}^n)$ 的同构映射.

不难验证, 性质 2.2.1 中的性质 (1)~(4) 和 (6) 对于 $\mathscr{S}'(\mathbb{R}^n)$ 上的 Fourier 变换也是成立的. 但由于任意两个 $\mathscr{S}'(\mathbb{R}^n)$ 中的广义函数的卷积或者乘积不一定存在, 所以广义函数的卷积性质和 Parseval 等式不一定成立. 倘若选取适当的函数, 比如 L^2 空间中的函数, 这两者均成立.

下面给出几个 Fourier 变换的例子.

例 2.2.1　$\operatorname{sinc}(x) \in \mathscr{S}'(\mathbb{R})$, 定义为

$$\operatorname{sinc}(x) = \begin{cases} \dfrac{\sin \pi x}{\pi x}, & x \neq 0, \\ 1, & x = 0. \end{cases}$$

不难推出其 Fourier 变换为

$$\operatorname{sinc}\hat{}(\xi) = \chi(\xi),$$

其中 $\chi(\xi)$ 为区间 $[-1/2, 1/2]$ 的特征函数, 即

$$\chi(\xi) = \begin{cases} 1, & |\xi| \leqslant 1/2, \\ 0, & |\xi| > 1/2. \end{cases} \tag{2.2.5}$$

例 2.2.2　设 $\delta(x)$ 为 Dirac delta 函数, 则 $\delta(x) \in \mathscr{S}'(\mathbb{R})$, 且其 Fourier 变换为

$$\hat{\delta}(\xi) = 1. \tag{2.2.6}$$

利用 Fourier 变换, 可引入具有实指数的 Sobolev 空间 $\mathcal{H}^\alpha(\mathbb{R}^n)$, 其中 $\alpha \in \mathbb{R}$.

定义 2.2.2　设 α 是一个实数, Sobolev 空间 $\mathcal{H}^\alpha(\mathbb{R}^n)$ 为满足

$$(1 + \|\xi\|^2)^{\alpha/2} \hat{u}(\xi) \in L^2(\mathbb{R}^n)$$

的所有广义函数 $u \in \mathscr{S}'(\mathbb{R}^n)$ 所构成的函数空间. 在其中引入函数 u 和 v 的内积

$$\langle u, v \rangle := \int_{\mathbb{R}^n} (1 + \|\xi\|^2)^\alpha \hat{u} \bar{\hat{v}} \mathrm{d}\xi$$

之后, $\mathcal{H}^\alpha(\mathbb{R}^n)$ 为一 Hilbert 空间. 由该内积导出的范数为

$$\|u\|^2_{\mathcal{H}^\alpha(\mathbb{R}^n)} := \int_{\mathbb{R}^n} (1 + \|\xi\|^2)^\alpha |\hat{u}|^2 \mathrm{d}\xi.$$

2.3 特殊函数

本节引入几个常用的特殊函数, 包括 Gamma 函数、Gegenbauer 多项式、球面调和函数以及 Bessel 函数[207, 211, 255].

1. Gamma 函数

定义 2.3.1　设 z 为一个复数, 若 $\mathrm{Re}(z)>0$, 则 Gamma 函数定义为

$$\Gamma(z)=\int_0^{\infty}x^{z-1}\mathrm{e}^{-x}\mathrm{d}x.$$

若 $\mathrm{Re}(z)<0$ 并且 $-k-1<\mathrm{Re}(z)<-k, k=0,1,\cdots$, 则 Gamma 函数定义为

$$\Gamma(z)=\int_0^{\infty}x^{z-1}\left(\mathrm{e}^{-x}-\sum_{m=0}^{k}(-1)^m\frac{x^m}{m!}\right)\mathrm{d}x.$$

$\Gamma(z)$ 函数具有如下递推性质:

$$\Gamma(z+1)=z\Gamma(z),$$

且

$$\Gamma\left(\frac{1}{2}\right)=\sqrt{\pi},\quad \Gamma(1)=1,\quad \Gamma(n+1)=n!.$$

2. Gegenbauer 多项式

定义 2.3.2　称在 $[-1,+1]$ 上以 $(1-x^2)^{\lambda-1/2}$ 为权函数的 l 次正交多项式

$$C_l^{\lambda}(x)=\sum_{k=0}^{E[l/2]}(-1)^k\frac{\Gamma(l-k+\lambda)}{\Gamma(\lambda)k!(l-2k)!}(2x)^{l-2k}$$

为 Gegenbauer 多项式, 其中 $E[l/2]$ 表示不超过 $l/2$ 的最大整数, $\lambda>-1/2$ 并且 $\lambda\neq 0$. 当 $\lambda=0$ 时, $C_l^0(x)$ 定义为

$$C_l^0(x)=\lim_{\lambda\to 0}\frac{1}{\lambda}C_l^{\lambda}(x)=\sum_{k=0}^{E[l/2]}(-1)^k\frac{(l-k-1)!}{k!(l-2k)!}(2x)^{l-2k}.$$

当 $\lambda\neq 0$ 时, Gegenbauer 多项式具有如下的正交性质:

$$\int_{-1}^{+1}(1-x^2)^{\lambda-1/2}C_l^{\lambda}(x)C_k^{\lambda}(x)\mathrm{d}x=\begin{cases}0, & l\neq k,\\ \dfrac{\pi 2^{1-2\lambda}\Gamma(l+2\lambda)}{l!(l+\lambda)(\Gamma(\lambda))^2}, & l=k,\end{cases}$$

当 $\lambda=0$ 时,

$$\int_{-1}^{+1}(1-x^2)^{-1/2}C_l^0(x)C_k^0(x)\mathrm{d}x=\begin{cases}0, & l\neq k,\\ \dfrac{2\pi}{l^2}, & l=k\neq 0,\\ \pi, & l=k=0.\end{cases}$$

当 l 是奇数或偶数时, 相应的 Gegenbauer 多项式 $C_l^\lambda(x)$ 为奇函数或偶函数. 当 $\lambda=0$ 时, 则得到第一类 Chebyshev 多项式

$$T_l(x)\equiv\cos(l\arccos x)=\begin{cases}\dfrac{l}{2}C_l^0(x), & l\neq 0,\\ 1, & l=0.\end{cases}$$

3. 球面调和函数

定义 2.3.3　称 $\boldsymbol{x}\in\mathbb{R}^n$ 的 l 次齐次调和多项式在单位球面 $\mathbf{S}^{n-1}$ 上的限制为 l 阶调和多项式, 记为 $Y_l(\boldsymbol{x})$.

$Y_l(\boldsymbol{x})$ 具有如下的正交性质:

$$\int_{\mathbf{S}^{n-1}}Y_l(\bar{\boldsymbol{x}})Y_k(\bar{\boldsymbol{x}})\mathrm{d}\bar{\boldsymbol{x}}=0,\quad k\neq l,$$

其中 $\bar{\boldsymbol{x}}=\boldsymbol{x}/\|\boldsymbol{x}\|\in\mathbf{S}^{n-1}$, 并且 $\boldsymbol{x}\neq 0$.

4. Bessel 函数

定义 2.3.4　称

$$J_v(x)=\left(\frac{x}{2}\right)^v\sum_{k=0}^{\infty}\frac{(-x^2/4)^k}{k!\Gamma(v+k+1)}$$

为第一类 v 阶 Bessel 函数.

当 $0<\vartheta<1, x=\vartheta v$ 时, Bessel 函数满足

$$0\leqslant J_v(\vartheta v)\leqslant(2\pi v)^{-1/2}(1-\vartheta^2)^{-1/4}\mathrm{e}^{-(v/3)(1-\vartheta^2)^{3/2}}.\tag{2.3.1}$$

取 $v=m$, m 为一正整数, 记

$$\eta_1(\vartheta,m)=\sup_{|r|\leqslant 1}\int_{-\vartheta m}^{\vartheta m}|J_m(r\sigma)|\mathrm{d}\sigma.\tag{2.3.2}$$

设 $\sigma=mt, t\in[-\vartheta,+\vartheta]\subseteq[-1,+1]$, 并利用式 (2.3.1) 可以得到

$$\begin{aligned}\eta_1(\vartheta,m)&=\sup_{|r|\leqslant 1}\int_{-\vartheta}^{\vartheta}m|J_m(rmt)|\mathrm{d}t\\&\leqslant\sup_{|r|\leqslant 1}2\int_0^{\vartheta}(2\pi)^{-1/2}m^{1/2}\left(1-(rt)^2\right)^{-1/4}\mathrm{e}^{-(m/3)(1-(rt)^2)^{3/2}}\mathrm{d}t\\&\leqslant\sup_{|r|\leqslant 1}m^{1/2}\left(\int_0^{\vartheta}2(2\pi)^{-1/2}\left(1-(rt)^2\right)^{-1/4}\mathrm{d}t\right)\left(\int_0^{\vartheta}\mathrm{e}^{-(m/3)(1-(rt)^2)^{3/2}}\mathrm{d}t\right)\\&\leqslant m^{1/2}C(\vartheta)\mathrm{e}^{-(m/3)(1-\vartheta^2)^{3/2}},\end{aligned}\tag{2.3.3}$$

其中

$$C(\vartheta) = \sup_{|r|\leqslant 1}\left(\int_0^{\vartheta} 2(2\pi)^{-1/2}\left(1-(rt)^2\right)^{-1/4}\mathrm{d}t\right) \geqslant 0.$$

Bessel 函数可以由 Gegenbauer 多项式的 Fourier 变换得到, 即

$$\left(wC_m^{\lambda}\right)\hat{}(\sigma) = \frac{\Gamma(2\lambda)}{\Gamma(\lambda)}(2\pi)^{1/2}2^{-\lambda}\mathrm{i}^{-m}\sigma^{-\lambda}J_{m+\lambda}(\sigma), \tag{2.3.4}$$

其中 $w = (1-x^2)^{\lambda-1/2}$.

2.4 Radon 变换及 X 射线变换

Radon 变换 (参见文献 [111, 147, 208]) 定义为在 $\mathbb{R}^n$ 上的函数 f 的积分. 令 $H(\boldsymbol{\theta}, s) = \{\boldsymbol{x} \in \mathbb{R}^n : \boldsymbol{x}^{\mathrm{T}}\boldsymbol{\theta} = s\}$ 为 $\mathbb{R}^n$ 中垂直于 $\boldsymbol{\theta} \in \mathbf{S}^{n-1}$ 且与原点的距离为 s 的超平面, 则 f 的 Radon 变换定义为

$$(\mathbf{R}f)(\boldsymbol{\theta}, s) = \int_{H(\boldsymbol{\theta},s)} f(\boldsymbol{x})\mathrm{d}\boldsymbol{x}, \tag{2.4.1}$$

其中 $\mathbf{R}f$ 可视为定义在 $\mathbb{R}^{n+1}$ 中的单位柱面 $\mathbf{C}^n$ 上的两个变量的函数. 显然, $\mathbf{R}f$ 是一个偶函数, 即 $(\mathbf{R}f)(-\boldsymbol{\theta}, -s) = (\mathbf{R}f)(\boldsymbol{\theta}, s)$. Radon 变换也可写为

$$(\mathbf{R}f)(\boldsymbol{\theta}, s) = \int_{\boldsymbol{\theta}^{\perp}} f(s\boldsymbol{\theta} + \boldsymbol{y})\mathrm{d}\boldsymbol{y}.$$

当 $n = 2$ 时,

$$(\mathbf{R}f)(\boldsymbol{\theta}, s) = \int_{-\infty}^{\infty} f(s\boldsymbol{\theta} + t\boldsymbol{\omega})\mathrm{d}t, \tag{2.4.2}$$

其中 $\boldsymbol{\omega}$ 是 $\theta^{\perp}$ 中的一个单位向量. 为了方便起见, Radon 变换也记为

$$\mathbf{R}_{\boldsymbol{\theta}}f(s) = \mathbf{R}f(\boldsymbol{\theta}, s).$$

设 $\boldsymbol{\theta} \in \mathbf{S}^{n-1}$, $\boldsymbol{x} \in \mathbb{R}^n$, 那么函数 f 的 X 射线变换 $\mathbf{P}$ 定义为

$$\mathbf{P}f(\boldsymbol{\theta}, \boldsymbol{x}) = \int_{-\infty}^{\infty} f(\boldsymbol{x} + t\boldsymbol{\theta})\mathrm{d}t. \tag{2.4.3}$$

显然, 如果 $\boldsymbol{x}$ 在 $\boldsymbol{\theta}$ 方向移动, $\mathbf{P}f(\boldsymbol{\theta}, \boldsymbol{x})$ 的值不变. 所以可以把 $\boldsymbol{x}$ 限制在 $\boldsymbol{\theta}^{\perp}$ 上, 以使得 $\mathbf{P}f$ 为一个定义在 $\mathbf{S}^{n-1}$ 的切丛 $\mathbf{T}^n$ 上的函数. 有时我们使用记号

$$\mathbf{P}_{\boldsymbol{\theta}}f(\boldsymbol{x}) = \mathbf{P}f(\boldsymbol{\theta}, \boldsymbol{x}), \quad \boldsymbol{x} \in \boldsymbol{\theta}^{\perp},$$

并称 $\mathbf{P}_{\boldsymbol{\theta}}f$ 为 f 在 $\boldsymbol{\theta}^{\perp}$ 上的投影.

如果 $n=2$, 设 $\boldsymbol{\theta},\boldsymbol{\omega}\in\mathbf{S}^1$ 且 $\boldsymbol{\theta}^{\mathrm{T}}\boldsymbol{\omega}=0$, 则从 (2.4.2) 和 (2.4.3) 容易看出,

$$\mathbf{R}_{\boldsymbol{\theta}}f(s)=\mathbf{P}_{\boldsymbol{\omega}}f(s\boldsymbol{\theta}).$$

一般地, 对于 $\boldsymbol{\theta},\omega\in\mathbf{S}^{n-1}$ 且 $\boldsymbol{\theta}^{\mathrm{T}}\boldsymbol{\omega}=0$, 有

$$\begin{aligned}\mathbf{R}_{\boldsymbol{\theta}}f(s)&=\int_{\boldsymbol{x}\in\boldsymbol{\omega}^{\perp},\boldsymbol{x}^{\mathrm{T}}\boldsymbol{\theta}=s}\mathbf{P}_{\omega}f(\boldsymbol{x})\mathrm{d}\boldsymbol{x}\\&=\int_{\boldsymbol{y}\in\boldsymbol{\omega}^{\perp}\cap\boldsymbol{\theta}^{\perp}}\mathbf{P}_{\omega}f(s\boldsymbol{\theta}+\boldsymbol{y})\mathrm{d}\boldsymbol{y}.\end{aligned}$$

2.4.1 Radon 变换及 X 射线变换的性质

Radon 变换和 X 射线变换的许多重要性质均与 Fourier 变换和卷积有关. 本书中, 当 Fourier 变换和卷积运算作用于定义在 $\mathbf{C}^n$ 和 $\mathbf{T}^n$ 上的函数时, 指的是对于函数的第二个变量发生作用, 第一个变量固定. 具体地说就是: 对于 $h,g\in\mathscr{S}(\mathbf{C}^n)$,

$$\begin{aligned}h*g(\boldsymbol{\theta},s)&=\int_{\mathbb{R}^1}h(\boldsymbol{\theta},s-t)g(\boldsymbol{\theta},t)\mathrm{d}t,\\\hat{h}(\boldsymbol{\theta},s)&=\int_{\mathbb{R}^1}\mathrm{e}^{-\mathrm{i}2\pi st}h(\boldsymbol{\theta},t)\mathrm{d}t.\end{aligned}$$

对于 $h,g\in\mathscr{S}(\mathbf{T}^n)$,

$$\begin{aligned}h*g(\boldsymbol{\theta},\boldsymbol{x})&=\int_{\boldsymbol{\theta}^{\perp}}h(\boldsymbol{\theta},\boldsymbol{x}-\boldsymbol{y})g(\boldsymbol{\theta},\boldsymbol{y})\mathrm{d}\boldsymbol{y},\quad \boldsymbol{x}\in\boldsymbol{\theta}^{\perp},\\\hat{h}(\boldsymbol{\theta},\boldsymbol{x})&=\int_{\theta^{\perp}}\mathrm{e}^{-\mathrm{i}2\pi\boldsymbol{x}^{\mathrm{T}}\boldsymbol{y}}h(\boldsymbol{\theta},\boldsymbol{y})\mathrm{d}\boldsymbol{y},\quad \boldsymbol{x}\in\boldsymbol{\theta}^{\perp}.\end{aligned}$$

现在引入投影定理 (也称为 Fourier 中心截面定理).

定理 2.4.1 [31, 208]　*设 $f\in\mathscr{S}(\mathbb{R}^n)$, 则对于 $\boldsymbol{\theta}\in\mathbf{S}^{n-1}$,*

$$\begin{aligned}(\mathbf{R}_{\boldsymbol{\theta}}f)\hat{}(s)&=\hat{f}(s\theta),\quad s\in\mathbb{R}^1,\\(\mathbf{P}_{\theta}f)\hat{}(\boldsymbol{x})&=\hat{f}(\boldsymbol{x}),\quad \boldsymbol{x}\in\boldsymbol{\theta}^{\perp}.\end{aligned}$$

上两式左端的 Fourier 变换作用于 $\mathbf{R}_{\theta}f$ 和 $\mathbf{P}_{\boldsymbol{\theta}}f$ 的第二个变量, 而右端的 Fourier 变换是通常的 $\mathbb{R}^n$ 中的 Fourier 变换.

证明　根据 Fourier 变换和 Radon 变换的定义,

$$\begin{aligned}(\boldsymbol{R}_{\boldsymbol{\theta}}f)\hat{}(s)&=\int_{\mathbb{R}^1}\mathrm{e}^{-\mathrm{i}2\pi st}\mathbf{R}_{\boldsymbol{\theta}}f(t)\mathrm{d}t\\&=\int_{\mathbb{R}^1}\mathrm{e}^{-\mathrm{i}2\pi st}\int_{\theta^{\perp}}f(t\boldsymbol{\theta}+\boldsymbol{y})\mathrm{d}\boldsymbol{y}\mathrm{d}t.\end{aligned}$$

设 $\boldsymbol{x}=t\boldsymbol{\theta}+\boldsymbol{y}$, 则有 $t=\boldsymbol{\theta}^{\mathrm{T}}\boldsymbol{x}$, $\mathrm{d}\boldsymbol{x}=\mathrm{d}\boldsymbol{y}\mathrm{d}t$, 于是

$$\begin{aligned}(\mathbf{R}_{\boldsymbol{\theta}}f)\hat{}(s)&=\int_{\mathbb{R}^n}\mathrm{e}^{-\mathrm{i}2\pi s\boldsymbol{\theta}^{\mathrm{T}}\boldsymbol{x}}f(\boldsymbol{x})\mathrm{d}\boldsymbol{x}\\&=\hat{f}(s\boldsymbol{\theta}).\end{aligned}$$

类似地,

$$\begin{aligned}(\mathbf{P}_{\boldsymbol{\theta}}f)\hat{}(\boldsymbol{x})&=\int_{\theta^{\perp}}\mathrm{e}^{-\mathrm{i}2\pi\boldsymbol{x}^{\mathrm{T}}\boldsymbol{y}}\mathbf{P}_{\boldsymbol{\theta}}f(\boldsymbol{y})\mathrm{d}\boldsymbol{y}\\&=\int_{\theta^{\perp}}\mathrm{e}^{-\mathrm{i}2\pi\boldsymbol{x}^{\mathrm{T}}\boldsymbol{y}}\int_{\mathbb{R}^1}f(t\boldsymbol{\theta}+\boldsymbol{y})\mathrm{d}t\mathrm{d}\boldsymbol{y}.\end{aligned}$$

设 $\boldsymbol{z}=t\boldsymbol{\theta}+\boldsymbol{y}$, 则有 $\boldsymbol{x}^{\mathrm{T}}\boldsymbol{y}=\boldsymbol{x}^{\mathrm{T}}\boldsymbol{z}$, $\mathrm{d}\boldsymbol{z}=\mathrm{d}t\mathrm{d}\boldsymbol{y}$, 于是

$$\begin{aligned}(\mathbf{P}_{\boldsymbol{\theta}}f)\hat{}(\boldsymbol{x})&=\int_{\mathbb{R}^n}\mathrm{e}^{-\mathrm{i}2\pi\boldsymbol{x}^{\mathrm{T}}\boldsymbol{z}}f(\boldsymbol{z})\mathrm{d}\boldsymbol{z}\\&=\hat{f}(\boldsymbol{x}).\end{aligned}$$

□

从定理 2.4.1, 可得出如下推论:

推论2.4.2 设 $n=3$, $f\in\mathscr{S}(\mathbb{R}^3)$, 则对 $\boldsymbol{\theta}_1,\boldsymbol{\theta}_2\in\mathbf{S}^2$ 且 $\boldsymbol{\theta}_1\neq\boldsymbol{\theta}_2$, 有

$$\mathbf{R}_{\boldsymbol{\theta}}(\mathbf{P}_{\boldsymbol{\theta}_1}f)(s)=\mathbf{R}_{\boldsymbol{\theta}}(\mathbf{P}_{\boldsymbol{\theta}_2}f)(s),\tag{2.4.4}$$

其中 $\boldsymbol{\theta}\in\boldsymbol{\theta}_1^{\perp}\cap\boldsymbol{\theta}_2^{\perp}$.

证明 计算 (2.4.4) 左端的 Fourier 变换, 有

$$\begin{aligned}(\mathbf{R}_{\boldsymbol{\theta}}(\mathbf{P}_{\boldsymbol{\theta}_1}f))\hat{}(s)&=(\mathbf{P}_{\boldsymbol{\theta}_1}f)\hat{}(s\boldsymbol{\theta})\\&=\hat{f}(s\boldsymbol{\theta}).\end{aligned}$$

类似地, 计算 (2.4.4) 右端的 Fourier 变换, 有 $(\mathbf{R}_{\boldsymbol{\theta}}(\mathbf{P}_{\boldsymbol{\theta}_2}f))\hat{}(s)=\hat{f}(s\boldsymbol{\theta})$. 所以, (2.4.4) 成立. □

应当指出的是, 推论 2.4.2 中的方向 $\boldsymbol{\theta}$ 所定义的直线 $\{\boldsymbol{x}:\boldsymbol{x}=s\boldsymbol{\theta},s\in\mathbb{R}^1\}$ 就是两个 X 射线所确定的投影图像 $\mathbf{P}_{\boldsymbol{\theta}_1}f(\boldsymbol{x})$ 和 $\mathbf{P}_{\boldsymbol{\theta}_2}f(\boldsymbol{x})$ 的公共线. 因此, 推论 2.4.2 可用于在实空间中计算公共线 (详见第 10 章). 从定理 2.4.1, 还可以推得

定理 2.4.3 [208] 设 $f,g\in\mathscr{S}(\mathbb{R}^n)$, 则有

$$\mathbf{R}_{\boldsymbol{\theta}}(f*g)=\mathbf{R}_{\boldsymbol{\theta}}f*\mathbf{R}_{\boldsymbol{\theta}}g,\tag{2.4.5}$$

$$\mathbf{P}_{\boldsymbol{\theta}}(f*g)=\mathbf{P}_{\boldsymbol{\theta}}f*\mathbf{P}_{\boldsymbol{\theta}}g.\tag{2.4.6}$$

上两式中, 左端的卷积 $f*g$ 在 $\mathbb{R}^n$ 中进行, 右端的卷积 $\mathbf{R}_{\boldsymbol{\theta}}f*\mathbf{R}_{\boldsymbol{\theta}}g$ 和 $\mathbf{P}_{\boldsymbol{\theta}}f*\mathbf{P}_{\boldsymbol{\theta}}g$ 分别在 $\mathbf{C}^n$ 和 $\mathbf{T}^n$ 中进行.

证明 从定理 2.4.1 有

$$(\mathbf{R}_{\boldsymbol{\theta}}(f*g))\hat{}(s) = (f*g)\hat{}(s\boldsymbol{\theta}) = \hat{f}(s\boldsymbol{\theta})\ \hat{g}(s\boldsymbol{\theta}).$$

另外,

$$(\mathbf{R}_{\boldsymbol{\theta}}f * \mathbf{R}_{\boldsymbol{\theta}}g)\hat{} = (\mathbf{R}_{\boldsymbol{\theta}}f)\hat{}\ (\mathbf{R}_{\boldsymbol{\theta}}g)\hat{} = \hat{f}(s\boldsymbol{\theta})\ \hat{g}(s\boldsymbol{\theta}).$$

所以 (2.4.5) 成立. 等式 (2.4.6) 的证明类似. □

2.4.2 Radon 变换及 X 射线变换的对偶

首先分别定义算子 $\mathbf{R}_{\boldsymbol{\theta}}$ 和 $\mathbf{R}$ 的对偶算子 $\mathbf{R}_{\boldsymbol{\theta}}^*$ 和 $\mathbf{R}^*$. 给定一个定义在 $\mathbb{R}^1$ 上的函数 $g(s)$, 从下面的等式

$$\begin{aligned}\int_{\mathbb{R}^1}\mathbf{R}_{\boldsymbol{\theta}}f(s)g(s)\mathrm{d}s &= \int_{\mathbb{R}^1}\int_{\boldsymbol{\theta}^\perp} f(s\boldsymbol{\theta}+\boldsymbol{y})g(s)\mathrm{d}\boldsymbol{y}\mathrm{d}s\\ &= \int_{\mathbb{R}^n} f(\boldsymbol{x})g(\boldsymbol{x}^{\mathrm{T}}\boldsymbol{\theta})\mathrm{d}\boldsymbol{x}\end{aligned}\tag{2.4.7}$$

出发, 定义

$$(\mathbf{R}_{\boldsymbol{\theta}}^*g)(\boldsymbol{x}) = g(\boldsymbol{x}^{\mathrm{T}}\boldsymbol{\theta}).$$

于是有

$$\int_{\mathbb{R}^1}\mathbf{R}_{\boldsymbol{\theta}}f(s)g(s)\mathrm{d}s = \int_{\mathbb{R}^n} f(\boldsymbol{x})(\mathbf{R}_{\boldsymbol{\theta}}^*g)(\boldsymbol{x})\mathrm{d}\boldsymbol{x}.\tag{2.4.8}$$

给定一个定义在 $\mathbf{C}^n$ 上的函数 $g(\boldsymbol{\theta},s)$, 由 (2.4.7) 有

$$\int_{\mathbb{R}^1}\mathbf{R}_{\boldsymbol{\theta}}f(s)g(\boldsymbol{\theta},s)\mathrm{d}s = \int_{\mathbb{R}^n} f(\boldsymbol{x})g(\boldsymbol{\theta},\boldsymbol{x}^{\mathrm{T}}\boldsymbol{\theta})\mathrm{d}\boldsymbol{x}.$$

将上式对于 $\boldsymbol{\theta}$ 在 $\mathbf{S}^{n-1}$ 上积分, 得到

$$\int_{\mathbf{S}^{n-1}}\int_{\mathbb{R}^1}\mathbf{R}f(\boldsymbol{\theta},s)g(\boldsymbol{\theta},s)\mathrm{d}s\mathrm{d}\boldsymbol{\theta} = \int_{\mathbb{R}^n} f(\boldsymbol{x})\int_{\mathbf{S}^{n-1}} g(\boldsymbol{\theta},\boldsymbol{x}^{\mathrm{T}}\boldsymbol{\theta})\mathrm{d}\boldsymbol{\theta}\mathrm{d}\boldsymbol{x}.\tag{2.4.9}$$

于是定义

$$\mathbf{R}^*g(\boldsymbol{x}) = \int_{\mathbf{S}^{n-1}} g(\boldsymbol{\theta},\boldsymbol{x}^{\mathrm{T}}\boldsymbol{\theta})\mathrm{d}\boldsymbol{\theta},\tag{2.4.10}$$

则 (2.4.9) 变为

$$\int_{\mathbf{S}^{n-1}}\int_{\mathbb{R}^1}\mathbf{R}f(\boldsymbol{\theta},s)g(\boldsymbol{\theta},s)\mathrm{d}s\mathrm{d}\boldsymbol{\theta} = \int_{\mathbb{R}^n} f(\boldsymbol{x})\mathbf{R}^*g(\boldsymbol{x})\mathrm{d}\boldsymbol{x}.\tag{2.4.11}$$

于是对偶算子 $\mathbf{R}^*$ 和 $\mathbf{R}_{\boldsymbol{\theta}}^*$ 定义完毕. 下面定义算子 $\mathbf{P}$ 和 $\mathbf{P}_{\boldsymbol{\theta}}$ 的对偶算子 $\mathbf{P}^*$ 和 $\mathbf{P}_{\boldsymbol{\theta}}^*$.

给定一个定义在 $\boldsymbol{\theta}^{\perp}$ 上的函数 $g(\boldsymbol{x})$, 类似于等式 (2.4.8), 有

$$\int_{\boldsymbol{\theta}^{\perp}} \mathbf{P}_{\boldsymbol{\theta}} f(\boldsymbol{x}) g(\boldsymbol{x}) \mathrm{d}\boldsymbol{x} = \int_{\mathbb{R}^n} f(\boldsymbol{x}) (\mathbf{P}_{\boldsymbol{\theta}}^* g)(\boldsymbol{x}) \mathrm{d}\boldsymbol{x}, \tag{2.4.12}$$

其中

$$\mathbf{P}_{\boldsymbol{\theta}}^* g(\boldsymbol{x}) = g(\mathbf{E}_{\theta} \boldsymbol{x}),$$

以及

$$\mathbf{E}_{\boldsymbol{\theta}} \boldsymbol{x} = (\boldsymbol{I} - \boldsymbol{\theta}\boldsymbol{\theta}^{\mathrm{T}}) \boldsymbol{x}$$

为 $\boldsymbol{x}$ 在 $\boldsymbol{\theta}^{\perp}$ 上的投影. 给定一个定义在 $\mathbf{T}^n$ 上的函数 $g(\boldsymbol{\theta}, \boldsymbol{x})$, 类似于等式 (2.4.11), 有

$$\int_{\mathbf{S}^{n-1}} \int_{\boldsymbol{\theta}^{\perp}} \mathbf{P} f(\boldsymbol{\theta}, \boldsymbol{x}) g(\boldsymbol{\theta}, \boldsymbol{x}) \mathrm{d}s \mathrm{d}\boldsymbol{\theta} = \int_{\mathbb{R}^n} f(\boldsymbol{x}) \mathbf{P}^* g(\boldsymbol{x}) \mathrm{d}\boldsymbol{x}, \tag{2.4.13}$$

其中

$$\mathbf{P}^* g(\boldsymbol{x}) = \int_{\mathbf{S}^{n-1}} g(\boldsymbol{\theta}, \mathbf{E}_{\boldsymbol{\theta}} \boldsymbol{x}) \mathrm{d}\boldsymbol{\theta}. \tag{2.4.14}$$

定理 2.4.4 设 $f \in \mathscr{S}(\mathbb{R}^n)$, 则有

$$\mathbf{R}^* \mathbf{R} f = |\mathbf{S}^{n-2}| \, \|\boldsymbol{x}\|^{-1} * f, \tag{2.4.15}$$

$$\mathbf{P}^* \mathbf{P} f = 2 \|\boldsymbol{x}\|^{1-n} * f, \tag{2.4.16}$$

其中 $|\mathbf{S}^{n-2}|$ 为 $\mathbb{R}^{n-1}$ 中的单位球面 $\mathbf{S}^{n-2}$ 的面积 (见 (2.1.2)).

证明 从 (2.4.10), 有

$$\begin{aligned}
\mathbf{R}^* \mathbf{R} f(\boldsymbol{x}) &= \int_{\mathbf{S}^{n-1}} (\mathbf{R} f)(\theta, \boldsymbol{x}^{\mathrm{T}} \boldsymbol{\theta}) \mathrm{d}\boldsymbol{\theta} \\
&= \int_{\mathbf{S}^{n-1}} \int_{\boldsymbol{\theta}^{\perp}} f(\boldsymbol{\theta} \boldsymbol{x}^{\mathrm{T}} \boldsymbol{\theta} + \boldsymbol{y}) \mathrm{d}\boldsymbol{y} \mathrm{d}\boldsymbol{\theta} \\
&= \int_{\mathbf{S}^{n-1}} \int_{\boldsymbol{\theta}^{\perp}} f(\boldsymbol{x} + (\boldsymbol{\theta} \boldsymbol{x}^{\mathrm{T}} \boldsymbol{\theta} - \boldsymbol{x}) + \boldsymbol{y}) \mathrm{d}\boldsymbol{y} \mathrm{d}\boldsymbol{\theta}.
\end{aligned}$$

因为 $\boldsymbol{\theta} \boldsymbol{x}^{\mathrm{T}} \boldsymbol{\theta} - \boldsymbol{x} \in \boldsymbol{\theta}^{\perp}$, 所以

$$\mathbf{R}^* \mathbf{R} f(\boldsymbol{x}) = \int_{\mathbf{S}^{n-1}} \int_{\boldsymbol{\theta}^{\perp}} f(\boldsymbol{x} + \boldsymbol{y}) \mathrm{d}\boldsymbol{y} \mathrm{d}\boldsymbol{\theta}.$$

使用等式 (2.1.3), 有

$$\begin{aligned}
\mathbf{R}^* \mathbf{R} f(\boldsymbol{x}) &= |\mathbf{S}^{n-2}| \int_{\mathbb{R}^n} \|\boldsymbol{y}\|^{-1} f(\boldsymbol{x} + \boldsymbol{y}) \mathrm{d}\boldsymbol{y} \\
&= |\mathbf{S}^{n-2}| \int_{\mathbb{R}^n} \|\boldsymbol{x} - \boldsymbol{y}\|^{-1} f(\boldsymbol{y}) \mathrm{d}\boldsymbol{y} \\
&= |\mathbf{S}^{n-2}| \, \|\boldsymbol{x}\|^{-1} * f.
\end{aligned}$$

类似地, 从 (2.4.14) 和 (2.4.3), 有

$$\begin{aligned}\mathbf{P}^*\mathbf{P}f(\boldsymbol{x}) &= \int_{\mathbf{S}^{n-1}} (\mathbf{P}f)(\boldsymbol{\theta}, \mathbf{E}_{\boldsymbol{\theta}}\boldsymbol{x})\mathrm{d}\boldsymbol{\theta} \\ &= \int_{\mathbf{S}^{n-1}} \int_{\mathbb{R}^1} f(\mathbf{E}_{\boldsymbol{\theta}}\boldsymbol{x} + t\boldsymbol{\theta})\mathrm{d}t\mathrm{d}\boldsymbol{\theta} \\ &= \int_{\mathbf{S}^{n-1}} \int_{\mathbb{R}^1} f(\boldsymbol{x} - \boldsymbol{\theta}\boldsymbol{\theta}^{\mathrm{T}}\boldsymbol{x} + t\boldsymbol{\theta})\mathrm{d}t\mathrm{d}\boldsymbol{\theta} \\ &= \int_{\mathbf{S}^{n-1}} \int_{\mathbb{R}^1} f(\boldsymbol{x} + t\boldsymbol{\theta})\mathrm{d}t\mathrm{d}\boldsymbol{\theta} \\ &= 2\int_{\mathbf{S}^{n-1}} \int_0^{\infty} f(\boldsymbol{x} + t\boldsymbol{\theta})\mathrm{d}t\mathrm{d}\boldsymbol{\theta}.\end{aligned}$$

设 $\boldsymbol{y} = t\boldsymbol{\theta}$, 则有 $\mathrm{d}\boldsymbol{y} = t^{n-1}\mathrm{d}t\mathrm{d}\boldsymbol{\theta}$, 于是

$$\begin{aligned}\mathbf{P}^*\mathbf{P}f(\boldsymbol{x}) &= 2\int_{\mathbb{R}^n} f(\boldsymbol{x} + \boldsymbol{y})\|\boldsymbol{y}\|^{1-n}\mathrm{d}\boldsymbol{y} \\ &= 2\int_{\mathbb{R}^n} f(\boldsymbol{y})\|\boldsymbol{x} - \boldsymbol{y}\|^{1-n}\mathrm{d}\boldsymbol{y} \\ &= 2\|\boldsymbol{x}\|^{1-n} * f.\end{aligned}$$

□

2.4.3　求逆公式

精确的求逆公式不但对算法的设计十分重要, 而且对研究理论解关于数据的局部依赖性也十分重要. 本节给出几个 $\mathbf{P}$ 和 $\mathbf{R}$ 的精确的求逆公式.

对于 $\alpha < n$, 定义如下称为 Riesz 势的线性算子 $\mathbf{I}^{\alpha}$:

$$(\mathbf{I}^{\alpha} f)^{\wedge}(\xi) = \|\xi\|^{-\alpha}\hat{f}(\xi). \tag{2.4.17}$$

我们约定, 当 $\mathbf{I}^{\alpha}$ 作用于定义在 $\mathbf{C}^n$ 和 $\mathbf{T}^n$ 上的函数时, 指的是对于函数的第二个变量发生作用. 若 $f \in \mathscr{S}(\mathbb{R}^n)$, 则 $(\mathbf{I}^{\alpha} f)^{\wedge} \in L_1(\mathbb{R}^n)$. 因此, $\mathbf{I}^{\alpha} f$ 有意义且 $\mathbf{I}^{-\alpha}\mathbf{I}^{\alpha} f = f$.

定理 2.4.5　设 $f \in \mathscr{S}(\mathbb{R}^n)$, 则对于 $\alpha < n$, 有

$$f = \frac{1}{2}\mathbf{I}^{-\alpha}\mathbf{R}^*\mathbf{I}^{\alpha-n+1}g, \quad g = \mathbf{R}f, \tag{2.4.18}$$

$$f = \frac{1}{|\mathbf{S}^{n-2}|}\mathbf{I}^{-\alpha}\mathbf{P}^*\mathbf{I}^{\alpha-1}g, \quad g = \mathbf{P}f. \tag{2.4.19}$$

证明　对等式 (2.4.17) 的两端作逆 Fourier 变换, 有

$$(\mathbf{I}^{\alpha} f)(\boldsymbol{x}) = \int_{\mathbb{R}^n} \mathrm{e}^{\mathrm{i}2\pi\boldsymbol{x}^{\mathrm{T}}\boldsymbol{\xi}}\|\boldsymbol{\xi}\|^{-\alpha}\hat{f}(\boldsymbol{\xi})\mathrm{d}\boldsymbol{\xi}. \tag{2.4.20}$$

引入极坐标 $\boldsymbol{\xi} = s\boldsymbol{\theta}$ 得到

$$(\mathbf{I}^{\alpha} f)(\boldsymbol{x}) = \int_{\mathbf{S}^{n-1}} \int_0^{\infty} \mathrm{e}^{\mathrm{i}2\pi s\boldsymbol{x}^{\mathrm{T}}\boldsymbol{\theta}} s^{n-1-\alpha}\hat{f}(s\boldsymbol{\theta})\mathrm{d}s\mathrm{d}\boldsymbol{\theta}.$$

由定理 2.4.1, 有

$$(\mathbf{I}^{\alpha}f)(\boldsymbol{x})=\int_{\mathbf{S}^{n-1}}\int_{0}^{\infty}\mathrm{e}^{\mathrm{i}2\pi s\boldsymbol{x}^{\mathrm{T}}\boldsymbol{\theta}}|s|^{n-1-\alpha}(\mathbf{R}f)^{\wedge}(\boldsymbol{\theta},s)\mathrm{d}s\mathrm{d}\boldsymbol{\theta}.$$

分别用 $-\boldsymbol{\theta}$ 和 $-s$ 代替 $\boldsymbol{\theta}$ 和 s 并注意到 $(\mathbf{R}f)^{\wedge}(\boldsymbol{\theta},s)$ 是一个偶函数, 得到

$$(\mathbf{I}^{\alpha}f)(\boldsymbol{x})=\int_{\mathbf{S}^{n-1}}\int_{-\infty}^{0}\mathrm{e}^{\mathrm{i}2\pi s\boldsymbol{x}^{\mathrm{T}}\boldsymbol{\theta}}|s|^{n-1-\alpha}(\mathbf{R}f)^{\wedge}(\boldsymbol{\theta},s)\mathrm{d}s\mathrm{d}\boldsymbol{\theta}.$$

取上两式的算术平均值得到

$$\begin{aligned}(\mathbf{I}^{\alpha}f)(\boldsymbol{x})&=\frac{1}{2}\int_{\mathbf{S}^{n-1}}\int_{-\infty}^{\infty}\mathrm{e}^{\mathrm{i}2\pi s\boldsymbol{x}^{\mathrm{T}}\boldsymbol{\theta}}|s|^{n-1-\alpha}(\mathbf{R}f)^{\wedge}(\boldsymbol{\theta},s)\mathrm{d}s\mathrm{d}\boldsymbol{\theta}\\&=\frac{1}{2}\int_{\mathbf{S}^{n-1}}\int_{-\infty}^{\infty}\mathrm{e}^{\mathrm{i}2\pi s\boldsymbol{x}^{\mathrm{T}}\boldsymbol{\theta}}(\mathbf{I}^{-n+1+\alpha}\mathbf{R}f)^{\wedge}(\boldsymbol{\theta},s)\mathrm{d}s\mathrm{d}\boldsymbol{\theta}\\&=\frac{1}{2}\int_{\mathbf{S}^{n-1}}(\mathbf{I}^{-n+1+\alpha}\mathbf{R}f)(\boldsymbol{\theta},\boldsymbol{x}^{\mathrm{T}}\boldsymbol{\theta})\mathrm{d}\boldsymbol{\theta}.\end{aligned}$$

由 (2.4.10), 有

$$(\mathbf{I}^{\alpha}f)(\boldsymbol{x})=\frac{1}{2}\mathbf{R}^{*}\mathbf{I}^{-n+1+\alpha}\mathbf{R}f(\boldsymbol{x})=\frac{1}{2}\mathbf{R}^{*}\mathbf{I}^{-n+1+\alpha}g(\boldsymbol{x}).$$

用 $\mathbf{I}^{-\alpha}$ 作用于上式两端, 得到 (2.4.18).

现在证明 (2.4.19). 由 (2.1.3), 有

$$\int_{\mathbb{R}^{n}}f(\boldsymbol{y})\mathrm{d}\boldsymbol{y}=\frac{1}{|\mathbf{S}^{n-2}|}\int_{\mathbf{S}^{n-1}}\int_{\boldsymbol{\theta}^{\perp}}\|\boldsymbol{y}\|f(\boldsymbol{y})\mathrm{d}\boldsymbol{y}\mathrm{d}\boldsymbol{\theta}.$$

使用此等式, (2.4.20) 可以写为

$$(\mathbf{I}^{\alpha}f)(\boldsymbol{x})=\frac{1}{|\mathbf{S}^{n-2}|}\int_{\mathbf{S}^{n-1}}\int_{\boldsymbol{\theta}^{\perp}}\mathrm{e}^{\mathrm{i}2\pi\boldsymbol{x}^{\mathrm{T}}\boldsymbol{\xi}}\|\boldsymbol{\xi}\|^{1-\alpha}\hat{f}(\boldsymbol{\xi})\mathrm{d}\boldsymbol{\xi}\mathrm{d}\boldsymbol{\theta}.$$

由定理 2.4.1, 有

$$\begin{aligned}(\mathbf{I}^{\alpha}f)(\boldsymbol{x})&=\frac{1}{|\mathbf{S}^{n-2}|}\int_{\mathbf{S}^{n-1}}\int_{\boldsymbol{\theta}^{\perp}}\mathrm{e}^{\mathrm{i}2\pi\boldsymbol{x}^{\mathrm{T}}\boldsymbol{\xi}}\|\boldsymbol{\xi}\|^{1-\alpha}(\mathbf{P}f)^{\wedge}(\boldsymbol{\theta},\boldsymbol{\xi})\mathrm{d}\boldsymbol{\xi}\mathrm{d}\boldsymbol{\theta}\\&=\frac{1}{|\mathbf{S}^{n-2}|}\int_{\mathbf{S}^{n-1}}\int_{\boldsymbol{\theta}^{\perp}}\mathrm{e}^{\mathrm{i}2\pi\boldsymbol{x}^{\mathrm{T}}\boldsymbol{\xi}}(\mathbf{I}^{\alpha-1}\mathbf{P}f)^{\wedge}(\boldsymbol{\theta},\boldsymbol{\xi})\mathrm{d}\boldsymbol{\xi}\mathrm{d}\boldsymbol{\theta}\\&=\frac{1}{|\mathbf{S}^{n-2}|}\int_{\mathbf{S}^{n-1}}\int_{\boldsymbol{\theta}^{\perp}}\mathrm{e}^{\mathrm{i}2\pi(\mathbf{E}_{\boldsymbol{\theta}}\boldsymbol{x})^{\mathrm{T}}\boldsymbol{\xi}}(\mathbf{I}^{\alpha-1}\mathbf{P}f)^{\wedge}(\boldsymbol{\theta},\boldsymbol{\xi})\mathrm{d}\boldsymbol{\xi}\mathrm{d}\boldsymbol{\theta}\\&=\frac{1}{|\mathbf{S}^{n-2}|}\int_{\mathbf{S}^{n-1}}(\mathbf{I}^{\alpha-1}\mathbf{P}f)(\boldsymbol{\theta},\mathbf{E}_{\boldsymbol{\theta}}\boldsymbol{x})\mathrm{d}\boldsymbol{\theta}.\end{aligned}$$

由 (2.4.14) 知

$$(\mathbf{I}^{\alpha}f)(\boldsymbol{x})=\frac{1}{|\mathbf{S}^{n-2}|}\mathbf{P}^{*}\mathbf{I}^{\alpha-1}\mathbf{P}f(\boldsymbol{x}).$$

用 $\mathbf{I}^{-\alpha}$ 作用于上式两端, 得到 (2.4.19). □

下面考虑两种特殊而常用的情况:

(1) 取 $\alpha=0, n=2$, 可推得

$$f(\boldsymbol{x})=-\frac{1}{\pi}\int_{0}^{\infty}\frac{1}{q}F_{\boldsymbol{x}}'(q)\mathrm{d}q, \tag{2.4.21}$$

其中

$$F_{\boldsymbol{x}}(q)=\frac{1}{2\pi}\int_{\mathbf{S}^1}g(\boldsymbol{\theta},\boldsymbol{x}^{\mathrm{T}}\boldsymbol{\theta}+q)\mathrm{d}\boldsymbol{\theta},$$

$F_{\boldsymbol{x}}'(q)$ 为 $F_{\boldsymbol{x}}(q)$ 关于 q 的导数. 公式 (2.4.21) 由 J. Radon 于 1917 年首先给出.

(2) 取 $\alpha=2, n=3$, 可推得

$$f(\boldsymbol{x})=-\frac{1}{8\pi^2}\Delta\int_{\mathbf{S}^2}g(\boldsymbol{\theta},\boldsymbol{x}^{\mathrm{T}}\boldsymbol{\theta})\mathrm{d}\boldsymbol{\theta}, \tag{2.4.22}$$

其中 Δ 为关于空间变量 $\boldsymbol{x}$ 的 Laplace 算子. 公式 (2.4.22) 也是由 J. Radon 给出的.

2.4.4 Radon 变换和 X 射线变换的奇异值分解

设 $P_{k,l}$ 是 $[0,1]$ 上的以 x^l 为权的 k 次正交多项式, 即

$$\int_0^1 x^l P_{k,l}(x)P_{m,l}(x)\mathrm{d}x=\begin{cases}1, & k=m,\\ 0, & \text{否则}.\end{cases} \tag{2.4.23}$$

令 $m\geqslant 0, 0\leqslant l\leqslant m, 1\leqslant k\leqslant N(n,l)$, 其中

$$N(n,l)=\frac{(2l+n-2)(n+l-3)!}{l!(n-2)!},\quad N(n,0)=1.$$

定义函数

$$f_{mlk}(x)=2^{1/2}P_{(m-l)/2,l+(n-2)/2}(|x|^2)|x|^l Y_{lk}(x/|x|), \tag{2.4.24}$$

$$g_{mlk}(\theta,s)=c(m)w(s)^{n-1}C_m^{n/2}(s)Y_{lk}(\theta), \tag{2.4.25}$$

以及 $w(s)=(1-s^2)^{1/2}, c^2(m)=\dfrac{m!\left(m+\dfrac{n}{2}\right)\left(\Gamma\left(\dfrac{n}{2}\right)\right)^2}{\pi 2^{1-n}\Gamma(m+n)}$. Y_{lk} 表示第 k 个 l 次球面调和函数. $n-1$ 维球面 $\mathbf{S}^{n-1}$ 上线性无关的 l 次球面调和函数的个数为 $N(n,l)$. 下面给出 Radon 变换的奇异值分解定理.

定理 2.4.6　函数 f_{mlk} 和 g_{mlk} 分别是空间 $L^2(|x|<1)$ 和 $L^2(\mathbf{C}^n, w^{1-n})$ 中的完备正交系, 并且 Radon 变换的奇异值分解为

$$\mathbf{R}f = \sum_{m=0}^{\infty}\sum_{0}^{\infty}\sigma_m \sum_{0\leqslant l\leqslant m, \mathrm{mod}[l+m,2]=0}\ \sum_{k=1}^{N(n,l)}\langle f, f_{mlk}\rangle g_{mlk},$$

其中 $\sigma_m^2 = \dfrac{2^n\pi^{n-1}}{(m+1)\cdots(m+n-1)}$.

上述定理中, $\mathrm{mod}[l+m,2]=0$ 表示 $l+m$ 模 2 后的余数是 0, 即 $l+m$ 是偶数. 下面是 X 射线变换的奇异值分解定理.

定理 2.4.7 [191]　设函数 f_{mlk} 由式 (2.4.24) 定义. h_{mlk} 是 $L^2(\mathbf{T}^n, w)$ 上的完备正交系, $w(\boldsymbol{x}) = (1-\|\boldsymbol{x}\|^2)^{1/2}$, 则存在正数 σ_{ml}, 使得

$$(\mathbf{P}f)(\boldsymbol{\theta}, \boldsymbol{x}) = \sum_{m=0}^{\infty}\sum_{0\leqslant l\leqslant m}\sigma_{ml}\sum_{k=1}^{N(n,l)}\langle f, f_{mlk}\rangle h_{mlk}(\boldsymbol{\theta}, \boldsymbol{x}).$$

在上式中, 奇异值满足

$$\sigma_{ml} = O(m^{-1/2}), \quad m\to\infty.$$

由上述两个定理可以看出, Radon 变换的奇异值 σ_m 和 X 射线变换的奇异值 σ_{ml} 是多项式衰减的, 从而 $\mathbf{R}f = g$ 和 $\mathbf{P}f = g$ 具有轻度的不适定性.

需要说明的是, $\mathbf{R}f$ 和 $\mathbf{P}f$ 的轻度不适定性只有在数据完备的条件下才成立, 即对 $\mathbf{C}^n, \mathbf{T}^n$ 中的任意元素, $\mathbf{R}f$ 和 $\mathbf{P}f$ 都有定义. 但是, 当数据不完备时, 问题是严重不适定的, 比如有限角度投影的重构问题. 如果缺失的角度范围较小, 奇异值本质上还是多项式衰减的. 如果缺失的角度范围很大, 奇异值趋向于指数衰减.

2.5　采样定理及采样格式

本节介绍 Shannon 采样定理、分辨率以及采样格式, 内容取自文献 [207].

2.5.1　采样定理

设 $\mathrm{sinc}(x) = \dfrac{\sin(\pi x)}{\pi x}$, $\mathrm{sinc}_{2b}(x) = \mathrm{sinc}(2bx)$, 那么

$$(\mathrm{sinc}_{2b})\hat{}(\omega) = \frac{1}{2b}\chi(\omega/2b),$$

其中 χ 是由式 (2.2.5) 定义的特征函数. 当 $\boldsymbol{x} = [x_1, \cdots, x_n]^{\mathrm{T}} \in \mathbb{R}^n$ 时, 定义 $\mathrm{sinc}(\boldsymbol{x}) = \mathrm{sinc}(x_1)\mathrm{sinc}(x_2)\cdots\mathrm{sinc}(x_n)$.

定理 2.5.1　设 $f \in \mathscr{S}(\mathbb{R}^n)$, 且以 $h>0$ 的间隔进行采样, 记

$$f_h(\boldsymbol{x}) = \sum_{\boldsymbol{k}\in\mathbb{Z}^n} f(h\boldsymbol{k})\mathrm{sinc}\,(\boldsymbol{x}/h-\boldsymbol{k}) \tag{2.5.1}$$

为 f 的重构函数, 那么

$$\hat{f}_h(\boldsymbol{\xi}) = \chi(h\boldsymbol{\xi})\sum_{\boldsymbol{j}} \hat{f}\,(\boldsymbol{\xi}-\boldsymbol{j}/h)\,. \tag{2.5.2}$$

证明　设 $g(\boldsymbol{\xi}) = \sum\limits_{\boldsymbol{j}} \hat{f}(\boldsymbol{\xi}-\boldsymbol{j}/h)$, 则 $g(\boldsymbol{\xi})$ 为周期为 $1/h$ 的函数, 于是 $g(\boldsymbol{\xi})$ 有如下 Fourier 级数展式:

$$\begin{aligned}
g(\boldsymbol{\xi}) &= \sum_{\boldsymbol{k}} \left(h^n \int_{[-1/2h,1/2h]^n} g(\xi)\mathrm{e}^{\mathrm{i}2\pi h\boldsymbol{\xi}^{\mathrm{T}}\boldsymbol{k}}\mathrm{d}\boldsymbol{\xi} \right) \mathrm{e}^{-\mathrm{i}2\pi h\boldsymbol{\xi}^{\mathrm{T}}\boldsymbol{k}} \\
&= \sum_{\boldsymbol{k}} \left(\sum_{\boldsymbol{j}} h^n \int_{[-1/2h,1/2h]^n} \hat{f}\,(\boldsymbol{\xi}-\boldsymbol{j}/h)\,\mathrm{e}^{\mathrm{i}2\pi h\boldsymbol{\xi}^{\mathrm{T}}\boldsymbol{k}}\mathrm{d}\boldsymbol{\xi} \right) \mathrm{e}^{-\mathrm{i}2\pi h\boldsymbol{\xi}^{\mathrm{T}}\boldsymbol{k}} \\
&= h^n \sum_{\boldsymbol{k}} \int_{\mathbb{R}^n} \hat{f}(\xi)\mathrm{e}^{\mathrm{i}2\pi h\boldsymbol{\xi}^{\mathrm{T}}\boldsymbol{k}}\mathrm{d}\boldsymbol{\xi}\ \mathrm{e}^{-\mathrm{i}2\pi h\boldsymbol{\xi}^{\mathrm{T}}\boldsymbol{k}} \\
&= h^n \sum_{\boldsymbol{k}} f(h\boldsymbol{k})\mathrm{e}^{-\mathrm{i}2\pi h\boldsymbol{\xi}^{\mathrm{T}}\boldsymbol{k}}.
\end{aligned} \tag{2.5.3}$$

又根据定义可得 $f_h(\boldsymbol{\xi})$ 的 Fourier 变换为

$$\begin{aligned}
\hat{f}_h(\boldsymbol{\xi}) &= \int \left(\sum_{\boldsymbol{k}} f(h\boldsymbol{k})\mathrm{sinc}\,(\boldsymbol{x}/h-\boldsymbol{k}) \right) \mathrm{e}^{-\mathrm{i}2\pi\boldsymbol{x}^{\mathrm{T}}\boldsymbol{\xi}}\mathrm{d}\boldsymbol{x} \\
&= \sum_{\boldsymbol{k}} f(h\boldsymbol{k})\,(\mathrm{sinc}\,(\boldsymbol{x}/h-\boldsymbol{k}))^{\wedge} \\
&= h^n \sum_{\boldsymbol{k}} f(h\boldsymbol{k})\chi(h\boldsymbol{\xi})\mathrm{e}^{-\mathrm{i}2\pi h\boldsymbol{k}^{\mathrm{T}}\boldsymbol{\xi}} \\
&= \chi(h\boldsymbol{\xi})g(\boldsymbol{\xi}) \\
&= \chi(h\boldsymbol{\xi})\sum_{\boldsymbol{j}} \hat{f}\,(\boldsymbol{\xi}-\boldsymbol{j}/h)\,.
\end{aligned}$$

于是定理获证. □

由式 (2.5.3) 可得

$$\hat{f}(\boldsymbol{\xi}) - h^n \sum_{\boldsymbol{k}} f(h\boldsymbol{k})\mathrm{e}^{-\mathrm{i}2\pi h\boldsymbol{\xi}^{\mathrm{T}}\boldsymbol{k}} = -\sum_{\boldsymbol{j}\neq 0} \hat{f}\,(\boldsymbol{\xi}-\boldsymbol{j}/h)\,. \tag{2.5.4}$$

定义 2.5.1　给定函数 $f \in \mathscr{S}(\mathbb{R}^n)$, 如果存在 $b>0$ 使得 $\operatorname{supp}(\hat{f}) \subseteq [-b,b]^n$, 则称函数 $f(\boldsymbol{x})$ 为带宽为 b 的带限 (band-limited) 函数.

由定理 2.5.1, 可得到如下著名的 Shannon 采样定理.

定理 2.5.2　如果函数 $f(\boldsymbol{x})$ 为带宽为 b 的带限函数, 且以 $h \leqslant \dfrac{1}{2b}$ 的间隔对 f 进行采样, 那么

$$f(\boldsymbol{x}) = \sum_{\boldsymbol{k}\in\mathbb{Z}^n} f(h\boldsymbol{k})\operatorname{sinc}(\boldsymbol{x}/h - \boldsymbol{k}). \tag{2.5.5}$$

证明　如果 f 为带宽为 b 的带限函数且 $h \leqslant \dfrac{1}{2b}$, 那么 (2.5.2) 中的求和只有与 $\boldsymbol{j}=\boldsymbol{0}$ 对应这项, 因而 (2.5.2) 变为

$$\hat{f}_h(\boldsymbol{\xi}) = \hat{f}(\boldsymbol{\xi}).$$

因此, $f=f_h$, 即 (2.5.5) 成立. □

细节与采样周期

在图像处理领域, sinc_{2b} 表示大小为 $1/b$ 的细节, 同时 sinc_{2b} 的带宽为 b. 因此一般地, 一个带宽为 b 的带限函数所包含的细节 d 满足 $d \geqslant 1/b$. 又根据 Shannon 采样定理, 采样周期 h 应满足 $h \leqslant 1/(2b)$.

当采样周期 $h > \dfrac{1}{2b}$ 时, Shannon 采样定理不成立, 此时称为欠采样. 由式 (2.5.2) 可以看出当采样频率不足时会引起信号的混淆. 为了避免混淆, 通常的作法是通过低通滤波获得带宽与采样频率一致 (使 Shannon 采样定理成立) 的函数. 进一步, 可以给出欠采样下的误差估计.

定理 2.5.3 [207]　设 $f \in \mathscr{S}(\mathbb{R}^n)$, 且以 $h>0$ 的间隔进行采样并由 (2.5.1) 得到重构函数 f_h, 那么对于任意给定的 $\boldsymbol{x}\in\mathbb{R}^n$, 存在一个 L^∞ 函数 $\chi_{\boldsymbol{x}}$ 满足 $|\chi_{\boldsymbol{x}}| \leqslant 1$ 使得

$$(f_h - f)(\boldsymbol{x}) = 2\int_{\mathbb{R}^n\setminus[-1/(2h),1/(2h)]^n} \chi_{\boldsymbol{x}}(\boldsymbol{\xi})\hat{f}(\boldsymbol{\xi})\mathrm{d}\boldsymbol{\xi}. \tag{2.5.6}$$

证明　令 $g(\boldsymbol{\xi}) = \sum_{\boldsymbol{j}} \hat{f}(\boldsymbol{\xi} - \boldsymbol{j}/h)$, 根据定理 2.5.1,

$$\hat{f}_h(\boldsymbol{\xi}) = \chi(h\boldsymbol{\xi})g(\boldsymbol{\xi}).$$

记

$$\hat{a}(\boldsymbol{\xi}) = \sum_{\boldsymbol{j}\neq\boldsymbol{0}} \hat{f}(\boldsymbol{\xi} - \boldsymbol{j}/h),$$

于是有

$$\begin{aligned}\hat{f}_h-\hat{f}&=\chi(h\boldsymbol{\xi})g(\boldsymbol{\xi})-\hat{f}\\&=\chi(h\boldsymbol{\xi})(\hat{f}+\hat{a}(\boldsymbol{\xi}))-\hat{f}\\&=(\chi(h\boldsymbol{\xi})-1)\hat{f}+\chi(h\boldsymbol{\xi})\hat{a}.\end{aligned}$$

作逆 Fourier 变换, 得到

$$\begin{aligned}f_h(\boldsymbol{x})-f(\boldsymbol{x})&=\int(f_h-f)\hat{}(\boldsymbol{\xi})\mathrm{e}^{\mathrm{i}2\pi\boldsymbol{x}^{\mathrm{T}}\boldsymbol{\xi}}\mathrm{d}\boldsymbol{\xi}\\&=\int\Big((\chi(h\boldsymbol{\xi})-1)\hat{f}(\boldsymbol{\xi})+\chi(h\boldsymbol{\xi})\hat{a}(\boldsymbol{\xi})\Big)\,\mathrm{e}^{\mathrm{i}2\pi\boldsymbol{x}^{\mathrm{T}}\boldsymbol{\xi}}\mathrm{d}\boldsymbol{\xi}\\&=\int_{\mathbb{R}^n\backslash[-1/(2h),1/(2h)]^n}(-1)\hat{f}(\boldsymbol{\xi})\mathrm{e}^{\mathrm{i}2\pi\boldsymbol{x}^{\mathrm{T}}\boldsymbol{\xi}}\mathrm{d}\boldsymbol{\xi}\\&\quad+\int_{[-1/(2h),1/(2h)]^n}\hat{a}(\boldsymbol{\xi})\mathrm{e}^{\mathrm{i}2\pi\boldsymbol{x}^{\mathrm{T}}\boldsymbol{\xi}}\mathrm{d}\boldsymbol{\xi}.\end{aligned}$$

将 $\hat{a}$ 代入上式右端的第二项得

$$\begin{aligned}\int_{[-1/(2h),1/(2h)]^n}\hat{a}(\boldsymbol{\xi})\mathrm{e}^{\mathrm{i}2\pi\boldsymbol{x}^{\mathrm{T}}\boldsymbol{\xi}}\mathrm{d}\boldsymbol{\xi}&=\sum_{\boldsymbol{j}\neq\boldsymbol{0}}\int_{[-1/(2h),1/(2h)]^n}\hat{f}\left(\boldsymbol{\xi}-\boldsymbol{j}/h\right)\mathrm{e}^{\mathrm{i}2\pi\boldsymbol{x}^{\mathrm{T}}\boldsymbol{\xi}}\mathrm{d}\boldsymbol{\xi}\\&=\sum_{\boldsymbol{j}\neq\boldsymbol{0}}\int_{[-1/(2h),1/(2h)]^n-\boldsymbol{j}/h}\hat{f}(\boldsymbol{\eta})\mathrm{e}^{\mathrm{i}2\pi\boldsymbol{x}^{\mathrm{T}}(\eta+\boldsymbol{j}/h)}\mathrm{d}\boldsymbol{\eta}\\&=\int_{\mathbb{R}^n\backslash[-1/(2h),1/(2h)]^n}\chi_{\boldsymbol{x}}^*(\boldsymbol{\eta})\hat{f}(\boldsymbol{\eta})\mathrm{d}\boldsymbol{\eta},\end{aligned}$$

其中 $\chi_{\boldsymbol{x}}^*(\eta)$ 分片地定义为

$$\chi_{\boldsymbol{x}}^*(\eta)=\mathrm{e}^{\mathrm{i}2\pi\boldsymbol{x}^{\mathrm{T}}(\boldsymbol{\eta}+\boldsymbol{j}/h)},\quad\boldsymbol{\eta}\in\Big(-1/(2h),1/(2h)\Big]^n-\boldsymbol{j}/h,\quad\boldsymbol{j}\neq\boldsymbol{0}.$$

令 $\chi_{\boldsymbol{x}}=\Big(-\mathrm{e}^{\mathrm{i}2\pi\boldsymbol{x}^{\mathrm{T}}\boldsymbol{\eta}}+\chi_{\boldsymbol{x}}^*(\eta)\Big)/2$, 从而定理获证. □

设 $\varepsilon_s(f,b)=\displaystyle\int_{|\omega|>b}|\omega|^s|\hat{f}(\omega)|\mathrm{d}\omega$, 如果 $\varepsilon_0(f,b)\leqslant\epsilon$, ϵ 是充分小的正数, 则称 f 是带宽为 b 的本性带限函数. 对于本性带限函数 f, 当 $h\leqslant1/(2b)$ 时, 由 (2.5.6) 有, $|f_h-f|\leqslant2\epsilon$.

到目前为止, 我们所考虑的是函数 f 在 Cartesian 网格 $h\mathbb{Z}^n$ 上采样, 相应地, $\hat{f}_h$ 定义在 n 维立方体 $[-1/(2h),1/(2h)]^n$ 上. 更一般地, 可以考虑函数 f 在任意的 n 维网格

$$\{\boldsymbol{W}\boldsymbol{j}:\boldsymbol{j}\in\mathbb{Z}^n\}$$

上采样, 其中 $\boldsymbol{W}$ 是实的 $n\times n$ 非奇异矩阵. 给定有界区域 $K\subseteq\mathbb{R}^n$ 及其上的特征函数 χ_K, 用 K 代替 n 维立方体 $[-1/(2h),1/(2h)]^n$, 那么使用采样网格 $\boldsymbol{Wj}$ 得到重构函数 $f_{\boldsymbol{W}}(\boldsymbol{x})$ 为

$$f_{\boldsymbol{W}}(\boldsymbol{x})=\det(\boldsymbol{W})\sum_{\boldsymbol{j}}f(\boldsymbol{Wj})\hat{\chi}_K(\boldsymbol{x}-\boldsymbol{Wj}).$$

基于这种一般的采样格式我们给出如下的采样定理.

定理 2.5.4 [207] 设 $f\in\mathscr{S}(\mathbb{R}^n)$, 假设集合 $K+(\boldsymbol{W}^{-1})^{\mathrm{T}}\boldsymbol{j},\ \boldsymbol{j}\in\mathbb{Z}^n$ 两两互不相交, 那么存在 L^∞ 上的函数 $\chi_{\boldsymbol{x}}$ 满足 $|\chi_{\boldsymbol{x}}|\leqslant 1$ 以及 $\chi_{\boldsymbol{x}}(\boldsymbol{\xi})=0\ (\boldsymbol{\xi}\in K)$, 使得

$$(f_W-f)(\boldsymbol{x})=2\int_{\mathbb{R}^n}\chi_{\boldsymbol{x}}(\boldsymbol{\xi})\hat{f}(\boldsymbol{\xi})\mathrm{d}\boldsymbol{\xi}.$$

证明 令 $f(\boldsymbol{x})=g(\boldsymbol{Wx})$ 并使用 K 代替 $[-1/(2h),1/(2h)]^n$, 重复定理 2.5.3 的证明即可获证. □

2.5.2 可分辨性

设 $f\in C_0^\infty(\Omega^n)$ 是带宽为 b 的本性带限函数, $\Omega^n\subset\mathbb{R}^n$ 是单位球体, $\mathbf{R}_{\boldsymbol{\theta}}f(s)$ 是 f 的 Radon 变换, 那么 $\mathbf{R}_{\boldsymbol{\theta}}f(s)$ 关于 s 也是带宽为 b 的本性带限函数. 于是对于给定的 $\boldsymbol{\theta}$, $\mathbf{R}_{\boldsymbol{\theta}}f(s)$ 关于变量 s 的采样频率可由前面的 Shannon 采样定理确定. 因此, 需要考虑的问题是 $\mathbf{R}_{\boldsymbol{\theta}}f(s)$ 关于变量 $\boldsymbol{\theta}$ 的采样方式及采样频率. 设 $\Theta\subset\mathbf{S}^{n-1}$ 为 $n-1$ 维球面上有限个方向的集合, 那么所需考虑的问题可描述为: Θ 需要满足什么条件, 由 $\{\mathbf{R}_{\boldsymbol{\theta}}f(s):\theta\in\Theta,s\in[-1,+1]\}$ 能够恢复细节大小为 $1/b$ 的 f?

设 H_m 表示次数小于或等于 m 的 $\mathbf{S}^{n-1}$ 上的球面调和函数的集合, $H'_m\subset H_m$ 表示次数小于或等于 m 且与 m 同奇偶的球面调和函数的集合. 由归纳法可知

$$\dim H'_m=\frac{(m+n-1)!}{m!(n-1)!}.\tag{2.5.7}$$

使用 H'_m, 可以给出关于方向集合 Θ 的可分辨的定义.

定义 2.5.2 称 $\Theta\subset\mathbf{S}^{n-1}$ 是 m 可分辨的, 如果不存在非平凡的球面调和函数 $h\in H'_m$ 使得对任意的 $\boldsymbol{\theta}\in\Theta$ 满足 $h(\boldsymbol{\theta})=0$.

换言之, 对于任意的 $\boldsymbol{\theta}\in\Theta$, 均存在 $h\in H'_m$, 使得 $h(\boldsymbol{\theta})\neq 0$.

定理 2.5.5 设集合 Θ 是 m 可分辨的, $f\in C_0^\infty(\Omega^n)$. 如果 $\mathbf{R}_{\boldsymbol{\theta}}f$ 在 Θ 上取值为 0, 那么

$$\mathbf{R}_{\boldsymbol{\theta}}f(s)=(1-s^2)^{(n-1)/2}\sum_{l>m}C_l^{n/2}(s)h_l(\boldsymbol{\theta}),$$

其中 $h_l(\boldsymbol{\theta})\in H'_l$, 并且

$$h_l(\boldsymbol{\theta})=\sum_{k=0,\mathrm{mod}(k+l,2)=0}^{l}\ \sum_{j=1}^{N(n,k)}c_{lkj}Y_{kj}(\boldsymbol{\theta}),\quad c_{lkj}=\sigma_l\langle f,f_{lkj}\rangle c(l),$$

σ_l 是算子 $\mathbf{R}$ 的奇异值, $c^2(l) = \dfrac{\pi 2^{1-n}\Gamma(l+n)}{l!\left(l+\dfrac{n}{2}\right)\left(\Gamma\left(\dfrac{n}{2}\right)\right)^2}$.

证明　记 $L^2(\mathbf{C}^n, (1-s^2)^{(1-n)/2})$ 表示单位柱面 $\mathbf{C}^n$ 上以 $(1-s^2)^{(1-n)/2}$ 为权的 L^2 空间. 由 Gegenbauer 多项式 $C_l^\lambda(s)$ 和球面调和函数 $Y_{kj}(\theta)$ 组成的函数集

$$\left\{(1-s^2)^{(n-1)/2}C_l^{n/2}(s)Y_{kj}(\theta)\right\}_{lkj}$$

是 $L^2(\mathbf{C}^n, (1-s^2)^{(1-n)/2})$ 上完备的正交基, 根据定理 2.4.6 以及式 (2.4.25) 得到 $\mathbf{R}f(\boldsymbol{\theta}, s)$ 如下的展开式:

$$\mathbf{R}f(\boldsymbol{\theta}, s) = (1-s^2)^{(n-1)/2}\sum_{l=0}^{\infty} C_l^{n/2}(s)h_l(\boldsymbol{\theta}), \tag{2.5.8}$$

其中

$$h_l(\boldsymbol{\theta}) = \sum_{k=0,\mathrm{mod}(k+l,2)=0}^{l}\sum_j c_{lkj}Y_{kj}(\boldsymbol{\theta}), \quad c_{lkj} = \sigma_l\langle f, f_{lkj}\rangle c(l),$$

且 $h_l \in H_l'$. 首先由 $\mathbf{R}_{\boldsymbol{\theta}}f(s) = 0$ 可得 $h_l(\theta) = 0, l = 0, \cdots, \infty$. 又因为 Θ 是 m 可分辨的, 如果 $\theta \in \Theta$, 由 $\mathbf{R}_{\boldsymbol{\theta}}f(s) = 0$ 可以得到当 $l \leqslant m$ 时, $h_l \equiv 0$, 从而定理得证. □

更一般地, 由于 $\left\{(1-s^2)^{\lambda-1/2}C_l^\lambda(s)Y_{kj}(\boldsymbol{\theta})\right\}_{lkj}$ 构成 $L^2(\mathbf{C}^n, (1-s^2)^{1/2-\lambda})$ 的完备正交基, 所以有

$$\mathbf{R}_{\boldsymbol{\theta}}f(s) = (1-s^2)^{\lambda-1/2}\sum_{l>m} C_l^\lambda(s)h_l(\boldsymbol{\theta}). \tag{2.5.9}$$

定义 $\eta(\vartheta, m)$ 满足

$$0 \leqslant \eta(\vartheta, m) \leqslant C(\vartheta)\mathrm{e}^{-\lambda(\vartheta)m}, \tag{2.5.10}$$

并且 $0 < \vartheta < 1$, $m \geqslant B(\vartheta)$, $\lambda(\vartheta), B(\vartheta)$ 和 $C(\vartheta)$ 都是正数. 由式 (2.3.2) 和式 (2.3.3) 可知这样的 η 是存在的. 设 $\eta_1(\vartheta, m)$ 由式 (2.3.2) 定义, 那么 $\eta_2(\vartheta, b) = \sum\limits_{m\geqslant b}\eta_1(\vartheta, m)$ 也满足条件 (2.5.10). 下面给出本节关于可分辨集合的主要结果.

定理 2.5.6　设 $\Theta \subset \mathbf{S}^{n-1}$ 是 m 可分辨的, $f \in C_0^\infty(\Omega^n)$. 如果对任意的 $\boldsymbol{\theta} \in \Theta$, $\mathbf{R}_{\boldsymbol{\theta}}f = 0$, 那么

(1)

$$\int_{|\sigma|\leqslant\vartheta m} |(\mathbf{R}_{\boldsymbol{\theta}}f)\hat{\ }(\sigma)|\mathrm{d}\sigma \leqslant \eta(\vartheta, m)\|\mathbf{R}_{\boldsymbol{\theta}}f\|_{L_1(\mathbb{R}^1)}, \tag{2.5.11}$$

(2)

$$\int_{|\omega|\leqslant\vartheta m}|\hat{f}(\omega)|\mathrm{d}\omega\leqslant\eta(\vartheta,m)\|f\|_{L_1(\Omega^n)},\tag{2.5.12}$$

(3)

$$\|f\|_{L^\infty(\Omega^n)}\leqslant\frac{1}{1-\eta(\vartheta,m)}\varepsilon_0(f,\vartheta m).\tag{2.5.13}$$

证明　(1) 在式 (2.5.9) 中, 取 $\lambda=0$ 得到

$$\mathbf{R}_{\boldsymbol{\theta}}f(s)=(1-s^2)^{-1/2}\sum_{l>m}T_l(s)h_l(\boldsymbol{\theta}).$$

在上式两边同乘以 $T_l(s)$ 并在 $[-1,+1]$ 上积分, 由 $T_l(s)$ 的加权正交性可得

$$|h_l(\boldsymbol{\theta})|=\frac{2}{\pi}\left|\int_{-1}^{1}\mathbf{R}_{\boldsymbol{\theta}}f(s)T_l(s)\mathrm{d}s\right|\leqslant\frac{2}{\pi}\|\mathbf{R}_{\boldsymbol{\theta}}f\|_{L^1(\mathbb{R}^1)}.\tag{2.5.14}$$

对 $\mathbf{R}_{\boldsymbol{\theta}}f(s)$ 关于变量 s 作 Fourier 变换, 并利用式 (2.3.4) 可得

$$(\mathbf{R}_{\boldsymbol{\theta}}f)\hat{}(\sigma)=2(\pi/2)^{1/2}\sum_{l>m}i^{-l}J_l(\sigma)h_l(\boldsymbol{\theta}).$$

然后积分并利用式 (2.5.14) 得到

$$\begin{aligned}\int_{|\sigma|<\vartheta m}|(\mathbf{R}_{\boldsymbol{\theta}}f)\hat{}(\sigma)|\mathrm{d}\sigma&\leqslant 2(\pi/2)^{1/2}\sum_{l>m}\int_{|\sigma|<\vartheta m}|J_l(\sigma)h_l(\boldsymbol{\theta})|\mathrm{d}\sigma\\&\leqslant 2(\pi/2)^{1/2}\frac{2}{\pi}\|\mathbf{R}_{\boldsymbol{\theta}}f\|_{L^1(\mathbb{R}^1)}\sum_{l>m}\int_{|\sigma|<\vartheta m}|J_l(\sigma)|\mathrm{d}\sigma\\&\leqslant(2/\pi)^{1/2}\|\mathbf{R}_{\boldsymbol{\theta}}f\|_{L^1(\mathbb{R}^1)}\sum_{l>m}\eta_1(\vartheta,l)\\&\leqslant(2/\pi)^{1/2}\|\mathbf{R}_{\boldsymbol{\theta}}f\|_{L^1(\mathbb{R}^1)}\eta_2(\vartheta,m).\end{aligned}$$

令 $\eta(\vartheta,m)=(2/\pi)^{1/2}\eta_2(\vartheta,m)$ 从而定理的结论 (1) 得证.

(2) 设 $\boldsymbol{\theta}\in\mathbf{S}^{n-1}$, $\sigma\in\mathbb{R}^1$, 使用变量替换 $\boldsymbol{\omega}=\sigma\boldsymbol{\theta}$,

$$\begin{aligned}\int_{|\boldsymbol{\omega}|\leqslant\vartheta m}|\hat{f}(\boldsymbol{\omega})|\mathrm{d}\boldsymbol{\omega}&=\int_{\mathbf{S}^{n-1}}\int_0^{\vartheta m}|\hat{f}(\sigma\boldsymbol{\theta})|\sigma^{n-1}\mathrm{d}\sigma\mathrm{d}\boldsymbol{\theta}\\&=\int_{\mathbf{S}^{n-1}}\int_0^{\vartheta m}|(\mathbf{R}_{\boldsymbol{\theta}}f)\hat{}(\sigma)|\sigma^{n-1}\mathrm{d}\sigma\mathrm{d}\boldsymbol{\theta}\\&\leqslant m^{n-1}\frac{1}{2}\eta(\vartheta,m)\int_{\mathbf{S}^{n-1}}\|\mathbf{R}_{\boldsymbol{\theta}}f\|_{L^1(\mathbb{R}^1)}\mathrm{d}\boldsymbol{\theta}\\&\leqslant\bar{\eta}(\vartheta,m)\|f\|_{L_1(\Omega^n)},\end{aligned}$$

其中 $\bar{\eta}(\vartheta,m)=m^{n-1}\frac{1}{2}\eta(\vartheta,m)$ 满足条件 (2.5.10).

(3) 由于

$$\begin{aligned}|f(\boldsymbol{x})|&=\left|\int\hat{f}(\boldsymbol{\xi})\mathrm{e}^{\mathrm{i}2\pi\boldsymbol{x}^{\mathrm{T}}\boldsymbol{\xi}}\mathrm{d}\boldsymbol{\xi}\right|\\&\leqslant\int_{|\boldsymbol{\xi}|\leqslant\vartheta m}|\hat{f}(\boldsymbol{\xi})|\mathrm{d}\boldsymbol{\xi}+\int_{|\boldsymbol{\xi}|\geqslant\vartheta m}|\hat{f}(\boldsymbol{\xi})|\mathrm{d}\boldsymbol{\xi}\\&\leqslant\eta(\vartheta,m)\|f\|_{L^1(\Omega^n)}+\varepsilon_0(f,\vartheta m),\end{aligned}$$

所以有

$$\|f\|_{L^\infty(\Omega^n)}\leqslant\frac{1}{2}\eta(\vartheta,m)\|f\|_{L^\infty(\Omega^n)}+\varepsilon_0(f,\vartheta m),$$

即

$$\|f\|_{L^\infty(\Omega^n)}\leqslant\frac{1}{1-\eta(\vartheta,m)}\varepsilon_0(f,\vartheta m).$$

□

定理 2.5.6 中式 (2.5.12) 表明, 当 ϑ 接近 1 时, 满足该定理条件的 f 不包含大于等于 $1/m$ 的细节. 式 (2.5.13) 表明, 如果函数 f 是带宽为 b 的本性带限函数, 那么 $\varepsilon_0(f,b)$ 可以忽略不计. 当 $b<\vartheta m$ 时, $\varepsilon_0(f,\vartheta m)<\varepsilon_0(f,b)$, 从而 $\varepsilon_0(f,\vartheta m)$ 也可以忽略不计. 从而当 $b<m$ 时, 对于不包含大小为 $1/b$ 及其下细节的函数 $f\in C_0^\infty(\Omega^n)$, 能够由它的 Radon 变换 在 m 可分辨的集合 Θ 上的取值可靠地得以恢复.

下面给出集合 Θ 是 m 可分辨的条件. 假设集合 Θ 不在 $\mathbf{S}^{n-1}$ 的某个次数是 m 的代数流形上, 那么 Θ 是 m 可分辨的当且仅当

$$\mathrm{card}(\Theta)\geqslant\dim\,H'_m=\frac{1}{(n-1)!}m^{n-1}\left(1+O\left(\frac{1}{m}\right)\right).\tag{2.5.15}$$

下面以 $n=2$ 为例来说明上式的正确性. 设 $\Theta=\{\boldsymbol{\theta}_1,\cdots,\boldsymbol{\theta}_p\}\subseteq\mathbf{S}^1$, 其中, $\boldsymbol{\theta}_j=[\cos\psi_j,\sin\psi_j]^{\mathrm{T}}$. 任取 $h_m\in H'_m$, h_m 有如下的形式:

$$h_m(\boldsymbol{\theta})=\sum_{k=0,\mathrm{mod}(k+m,2)=0}^{m}\left(a_k\cos(k\psi)+b_k\sin(k\psi)\right),\tag{2.5.16}$$

其中 $\mathrm{mod}(k+m,2)=0$ 表示 $k+m$ 是偶数. 由于在 $[0,\pi]$ 上的 m 阶三角多项式 h_m 至多有 m 个零点. 因此, Θ 是 m 可分辨的如果 Θ 包含 $p>m$ 个不同的方向. 由 $\dim\,H'_m=m+1$ 可得 $p\geqslant\dim\,H'_m$.

到目前为止, 我们考察的 $\mathbf{R}_{\boldsymbol{\theta}}f(s)$ 满足 $\boldsymbol{\theta}\in\Theta,s\in\mathbb{R}^1$. 在实际问题中, $\mathbf{R}_{\boldsymbol{\theta}}f(s)$ 仅在 s 的有限个取值上已知. 由定理 2.4.1 可知, 如果 $f\in C_0^\infty(\Omega^n)$ 是 b 带限函数, 那么 $\mathbf{R}_{\boldsymbol{\theta}}f(s)$ 关于变量 s 也是 b 带限函数. 由 Shannon 采样定理, 在 $[-1,+1]$

上 $\mathbf{R}_{\boldsymbol{\theta}}f(s_l)$ 只需以 $1/q$ 的间隔进行采样, 即 $s_l=l/q,\ l=-q,\cdots,q$, 其中采样频率 $q\geqslant 2b$. 又由式 (2.5.15) 可知, $p\geqslant b^{n-1}/(n-1)!$. 因此, 当 p,q 取最小数目时,

$$p=cq^{n-1},\quad c=\frac{1}{2^{n-1}(n-1)!}$$

近似成立. 当 $n=2$ 时有 $p\geqslant b$.

2.5.3 采样格式

假设 $f\in C_0^\infty(\Omega^2)$ 是带宽为 b 的本性带限函数, 首先考察二维标准平行束扫描下 $\mathbf{R}_{\boldsymbol{\theta}}f(s)$ 的采样格式. 设 $\Theta=\{\boldsymbol{\theta}_1,\cdots,\boldsymbol{\theta}_p\}$ 是角度方向的采样, $s_l=l/q,\ l=-q,\cdots,q$ 是径向采样. 由上节的分析可知, 若要 Θ 满足 m 可分辨条件, 需要 $p\geqslant b$; 若要 s_l 满足 Shannon 采样定理的条件, 需要 $q\geqslant 2b$. 由于 Θ 满足 m 可分辨的条件对角度的分布没有要求, 因此, 可以取角度为 $[0,\pi]$ 上的均匀分布, 从而得到如下的采样格式:

$$\begin{aligned}&\boldsymbol{\theta}_j=[\cos\psi_j,\ \sin\psi_j]^{\mathrm{T}},\quad \psi_j=j\pi/p,\quad j=0,\cdots,p-1,\\&s_l=l/q,\quad l=-q,\cdots,q,\end{aligned}$$

其中 p 和 q 为正整数. 令

$$g(\psi,s)=\mathbf{R}_{\boldsymbol{\theta}}f(s),$$

上述采样格式在 (ψ,s) 平面上定义为

$$\left\{\boldsymbol{W}\boldsymbol{j}:\ \boldsymbol{j}=[j,l]^{\mathrm{T}},\ j=0,\cdots,p-1;l=-q,\cdots,q\right\},\tag{2.5.17}$$

其中

$$\boldsymbol{W}=\begin{bmatrix}\pi/p & 0\\ 0 & 1/q\end{bmatrix},\quad (\boldsymbol{W}^{-1})^{\mathrm{T}}=\begin{bmatrix}p/\pi & 0\\ 0 & q\end{bmatrix}.\tag{2.5.18}$$

下面考虑支集定义在 $K=\left\{[k,\sigma]^{\mathrm{T}}:\ |\sigma|<b,|\sigma|>|k|\right\}$ 上的 $\hat{g}(k,\sigma)$ 的采样格式. 在 Fourier 空间中, $\hat{g}(k,\sigma)$ 定义在

$$K+(\boldsymbol{W}^{-1})^{\mathrm{T}}\boldsymbol{j},\quad \boldsymbol{j}\in\mathbb{Z}^2\tag{2.5.19}$$

上. 如果 $\boldsymbol{W}$, $(\boldsymbol{W}^{-1})^{\mathrm{T}}$ 由式 (2.5.18) 定义, 为了使得集合 $K+(\boldsymbol{W}^{-1})^{\mathrm{T}}\boldsymbol{j}$ 两两不相交, 需要满足条件:

$$2b\leqslant q,\quad 2b\leqslant\frac{p}{\pi}.$$

取上述不等式的等号, 可得 $p \simeq q\pi$, 采样的个数约为 $8b^2\pi$. 这种采样格式存在的问题是: 在 Fourier 空间, 集合 (2.5.19) 不能覆盖整个空间, 如图 2.5.1 所示. 为了获得更有效的采样格式, 取

$$(\boldsymbol{W}^{-1})^{\mathrm{T}} = \begin{bmatrix} b & 0 \\ b & 2b \end{bmatrix}. \tag{2.5.20}$$

从而有

$$\boldsymbol{W} = \frac{1}{2b}\begin{bmatrix} 2 & -1 \\ 0 & 1 \end{bmatrix}. \tag{2.5.21}$$

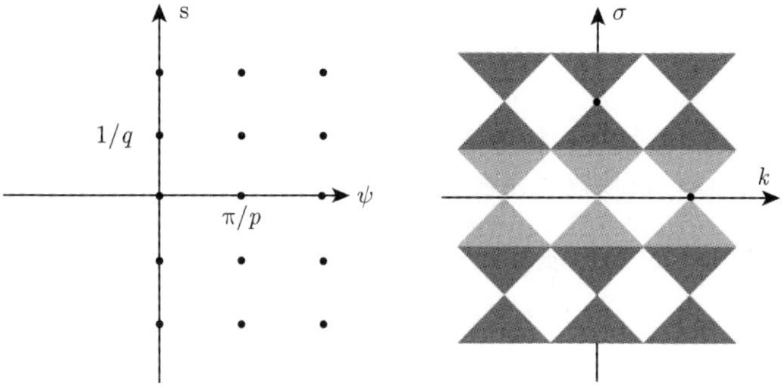

图 2.5.1　标准平行扫描采样格式

如果取 $p \simeq 2b\pi$, 那么

$$\boldsymbol{W} = \frac{1}{2b}\begin{bmatrix} 2 & -1 \\ 0 & 1 \end{bmatrix} \simeq \frac{\pi}{p}\begin{bmatrix} 2 & -1 \\ 0 & 1 \end{bmatrix}. \tag{2.5.22}$$

由此得到如下的交错平行扫描的采样格式:

$$\psi_j = \frac{j\pi}{p},$$
$$s_l = \frac{l\pi}{p}, \quad l+j \text{ 是偶数},$$

如图 2.5.2 所示. 又由 $g(\psi_{j+p}, s) = g(\psi_j, -s)$ 可得 $j = 0, 1, \cdots, p-1$, 因此总的采样个数为

$$p\frac{1}{2}\frac{2}{(\pi/p)} = \frac{p^2}{\pi} \simeq 4b^2\pi.$$

因此在不影响分辨率的条件下, 使用交错平行采样格式需要的采样个数大约是标准平行采样格式个数的一半.

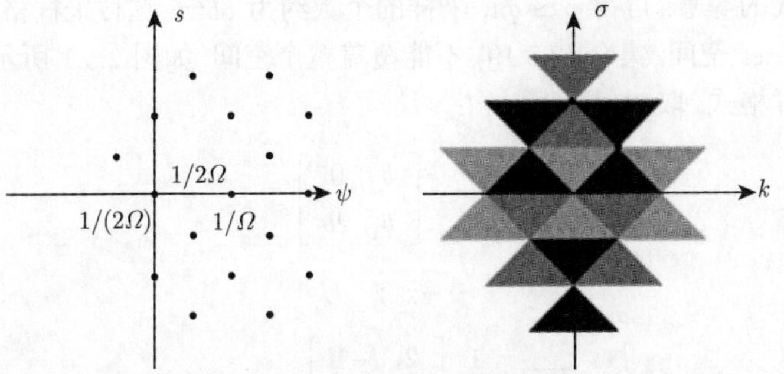

图 2.5.2　交错平行扫描采样格式

2.6 样条函数

本书中离散的图像和重构的函数经常用样条表示. 本节简要介绍一些要用到的样条函数的基本知识, 包括样条函数的定义、性质、计算以及样条基函数的积分等.

2.6.1 样条函数的定义及性质

有若干种等价的定义样条函数的方法, 如截断幂函数的差分方法 (见文献 [86, 252]), Blossoming 方法 (见文献 [237]) 以及递推公式法 (见文献 [82, 92]). 这里所采用的是递推公式法, 它简单、容易理解且最适于计算机计算.

定义 2.6.1 给定正整数 m, 非负整数 k 以及一个节点序列 $U=\{u_0,\cdots,u_{m+2k}\}$, 满足

$$u_0 \leqslant \cdots \leqslant u_i \leqslant u_{i+1} \leqslant u_{i+2} \leqslant \cdots \leqslant u_{m+2k},$$

B 样条基函数 $N_{i,k}(u)$ 定义为

$$\begin{cases} N_{i,0}(u) = \begin{cases} 1, & u \in [u_i, u_{i+1}), \\ 0, & \text{其他}, \end{cases} & i = 0, 1, \cdots, m+2k-1, \\ N_{i,k}(u) = \dfrac{u-u_i}{u_{i+k}-u_i} N_{i,k-1}(u) + \dfrac{u_{i+k+1}-u}{u_{i+k+1}-u_{i+1}} N_{i+1,k-1}(u), & i=0,1,\cdots,m+k-1, \\ \text{约定 } \dfrac{0}{0} = 0, \end{cases} \tag{2.6.1}$$

其中 i 是 $N_{i,k}(u)$ 的指标, k 是次数.

注 2.6.1 在上述定义中, 应补充规定 $N_{m+2k-1,0}(u_{m+2k}) = 1$. 否则在 u_{m+2k} 处, 后面提到的 $N_{i,k}(u)$ 的光滑性 (B 样条基函数的性质 4) 不成立.

支集　要定义 $N_{i,k}(u)$, 只需要节点 $u_i, u_{i+1}, \cdots, u_{i+k+1}$. 区间 $[u_i, u_{i+k+1}]$ 称为 $N_{i,k}(u)$ 的**支集**, 在其内部 $N_{i,k}(u) > 0$.

为了使用方便, 下面给出 $[0,1]$ 区间的等距离节点上的三次以及三次以下 B 样条基函数的具体表达式. 它们都是在支集上的表达式, 即在没有给出表达式的地方其值约定为零.

例 2.6.1　设 $k=0$, $u_i = \dfrac{i}{m}, i=0,1,\cdots,m$, 那么定义在该节点序列上的零次 B 样条基函数为

$$N_{i,0}(u) = 1, \quad mu \in [i, i+1), \quad i = 0,1,\cdots,m-1.$$

例 2.6.2　设 $k=1$, $u_0 = 0, u_{i+1} = \dfrac{i}{m}, i=0,1,\cdots,m$, $u_{m+2}=1$, 那么定义在该节点序列上的一次 B 样条基函数为

$$\begin{aligned}
N_{0,1}(u) &= 1 - mu, \quad mu \in [0,1),\\
N_{i,1}(u) &= \begin{cases} mu-(i-1), & mu \in [i-1, i),\\ (i+1)-mu, & mu \in [i, i+1), \end{cases} \qquad i = 1,\cdots,m-1,\\
N_{m,1}(u) &= N_{0,1}(1-u), \quad mu \in [m-1, 1)\ .
\end{aligned}$$

例 2.6.3　设 $k=2$, $u_0=u_1=0, u_{i+2}=i/m, i=0,1,\cdots,m$, $u_{m+3}=u_{m+4}=1$, 那么定义在该节点序列上的二次 B 样条基函数为

$$\begin{aligned}
N_{0,2}(u) &= (1-mu)^2, \quad mu \in [0,1),\\
N_{1,2}(u) &= \begin{cases} \dfrac{1}{2}mu(4-3mu), & mu \in [0,1),\\ \dfrac{1}{2}(2-mu)^2, & mu \in [1,2), \end{cases}\\
N_{i,2}(u) &= \begin{cases} \dfrac{1}{2}(mu-i+2)^2, & mu \in [i-2, i-1),\\ -\dfrac{3}{2}+3(mu-i+2)-(mu-i+2)^2, & mu \in [i-1, i), \quad i=2,\cdots,m-1,\\ \dfrac{1}{2}[5-mu+i]^2, & mu \in [i, i+1), \end{cases}\\
N_{m,2}(u) &= N_{1,2}(1-u), \quad mu \in [m-2, m),\\
N_{m+1,2}(u) &= N_{0,2}(1-u), \quad mu \in [m-1, m).
\end{aligned}$$

例 2.6.4　设 $k=3$, $u_0=u_1=u_2=0, u_{i+3}=i/m, i=0,1,\cdots,m$, $u_{m+4}=u_{m+5}=u_{m+6}=1$, 那么定义在该节点序列上的三次 B 样条基函数为

$$N_{0,3}(u) = (1-mu)^3, \quad mu \in [0,1),$$

$$N_{1,3}(u)=\begin{cases} 3mu\left(1-\dfrac{3}{2}mu+\dfrac{7}{12}(mu)^2\right), & mu\in[0,1),\\ -\dfrac{1}{4}(mu-2)^3, & mu\in[1,2), \end{cases}$$

$$N_{2,3}(u)=\begin{cases} \dfrac{3}{2}m^2u^2-\dfrac{11}{12}m^3u^3, & mu\in[0,1),\\ \dfrac{1}{6}-\dfrac{1}{2}(mu-2)+\dfrac{1}{2}(mu-2)^2+\dfrac{7}{12}(mu-2)^3, & mu\in[1,2),\\ -\dfrac{1}{6}(mu-3)^3, & mu\in[2,3), \end{cases}$$

$$N_{i,3}(u)=\beta^3(mu-i+1),\quad mu\in[i-3,i+1),i=3,\cdots,m-1,$$

$$N_{m,3}(u)=N_{2,3}(1-u),\quad mu\in[m-3,m),$$

$$N_{m+1,3}(u)=N_{1,3}(1-u),\quad mu\in[m-2,m),$$

$$N_{m+2,3}(u)=N_{0,3}(1-u),\quad mu\in[m-1,m),$$

其中

$$\beta^3(x)=\begin{cases} \dfrac{2}{3}-x^2+\dfrac{1}{2}|x|^3, & 0\leqslant|x|<1,\\ \dfrac{1}{6}(2-|x|)^3, & 1\leqslant|x|<2. \end{cases}$$

例 2.6.5 设 $m=1$, 取

$$u_i=0,\quad u_{k+i+1}=1,\quad i=0,1,\cdots,k,$$

那么定义在该节点序列上的 k 次 B 样条基函数为

$$N_{i,k}(u)=B_i^k(u),$$

其中 $B_i^k(u)$ 为第 i 个 k 次 Bernstein 多项式.

1. B 样条基函数的性质

(1) 递推关系. 由 (2.6.1) 给出.

(2) 一的分割.

$$\sum_i N_{i,k}(u)\equiv 1.$$

(3) 局部支集.

$$\begin{cases} N_{i,k}(u)\geqslant 0, & u\in[u_i,u_{i+k+1}],\\ N_{i,k}(u)=0, & \text{否则}. \end{cases}$$

(4) 可微性. 在两个节点之间 $N_{i,k}(u)$ 是 C^∞ 的, 在节点 u_j 处, 它是 C^{k-r_j} 的, 其中 r_j 是节点 u_j 的重数.

2. B 样条函数

对于给定的节点序列

$$U : u_0 = u_1 = \cdots = u_k < u_{k+1} < \cdots < u_{m+k-1} < u_{m+k} = \cdots = u_{m+2k}, \qquad (2.6.2)$$

可以定义 $m+k$ 个 B 样条基函数 $N_{i,k}(u), i = 0, \cdots, m+k-1$. 一个 B 样条函数是 $N_{i,k}(u)$ 的线性组合

$$f(u) = \sum_{i=0}^{m+k-1} d_i N_{i,k}(u). \qquad (2.6.3)$$

3. B 样条函数的计算

给定一个 B 样条函数的系数 $\{d_i\}_{i=0}^{m+k-1}$, $f(u)$ 就唯一地确定了, 它可以通过下面的 de Boor 算法计算:

$$d_j^l = \begin{cases} d_j, & l = 0, j = i-k, \cdots, i, \\ (1-\alpha_j^l)d_{j-1}^{l-1} + \alpha_j^l d_j^{l-1}, & l = 1, 2, \cdots, k, j = i-k+l, \cdots, i, \end{cases}$$

$$\alpha_j^l = \frac{u - u_j}{u_{j+k+1-l} - u_j},$$

其中

$$u \in [u_i, u_{i+1}] \subset [u_k, u_{m+k}].$$

2.6.2 刚度矩阵的快速求逆

在图像重构的有限元方法中, 需要计算刚度矩阵的逆矩阵. 当刚度矩阵很大时, 直接求逆是不可行的. 本节给出一种快速求逆的算法. 所谓刚度矩阵, 就是由元素为基函数的乘积的积分所构成的矩阵 $\left[\int \phi_\alpha \phi_\beta\right]$.

1. 二维问题刚度矩阵的快速求逆

设 $N_i(t), i = 0, \cdots, m-1$, 为定义在 $\mathbb{R}$ 上的一组基函数 (通常为样条基函数), 记

$$\phi_{in+j}(u, v) = N_i(u)N_j(v), \quad i = 0, \cdots, m-1, j = 0, \cdots, n-1,$$

则 $\phi_0, \phi_1, \cdots, \phi_{mn-1}$ 为定义在 uv 平面上的一组基函数. 对应于这组基函数的刚度矩阵为 $\boldsymbol{M} = [m_{\alpha\beta}]_{\alpha,\beta=0}^{mn-1}$, 其中

$$m_{\alpha\beta} = \int_{\mathbb{R}^2} \phi_\alpha(u, v)\phi_\beta(u, v)\mathrm{d}u\mathrm{d}v, \quad \alpha, \beta = 0, \cdots, mn-1. \qquad (2.6.4)$$

令

$$\alpha = in + j, \quad 0 \leqslant i \leqslant m-1, \quad 0 \leqslant j \leqslant n-1,$$
$$\beta = \bar{i}n + \bar{j}, \quad 0 \leqslant \bar{i} \leqslant m-1, \quad 0 \leqslant \bar{j} \leqslant n-1,$$

则有

$$i = E[\alpha/n], \quad j = \alpha - in,$$
$$\bar{i} = E[\beta/n], \quad \bar{j} = \beta - \bar{i}n,$$

其中 $E[\cdot]$ 表示取整运算. 于是 (2.6.4) 可重写为

$$m_{\alpha\beta} = \int_{\mathbb{R}} N_i(u)N_{\bar{i}}(u)\mathrm{d}u \int_{\mathbb{R}} N_j(v)N_{\bar{j}}(v)\mathrm{d}v = c_{i\bar{i}}\, c_{j\bar{j}},$$

其中

$$c_{qr} = \int_{\mathbb{R}} N_q(t)N_r(t)\mathrm{d}t. \tag{2.6.5}$$

因此, 矩阵 $\boldsymbol{M}$ 可以表示如下:

$$\begin{aligned}\boldsymbol{M} &= \begin{bmatrix} c_{00}\boldsymbol{C}_n & c_{01}\boldsymbol{C}_n & \cdots & c_{0(m-1)}\boldsymbol{C}_n \\ c_{10}\boldsymbol{C}_n & c_{11}\boldsymbol{C}_n & \cdots & c_{1(m-1)}\boldsymbol{C}_n \\ \vdots & \vdots & & \vdots \\ c_{(m-1)0}\boldsymbol{C}_n & c_{(m-1)1}\boldsymbol{C}_n & \cdots & c_{(m-1)(m-1)}\boldsymbol{C}_n \end{bmatrix} \\ &= \boldsymbol{C}_m \otimes \boldsymbol{C}_n \\ &= (\boldsymbol{C}_m \otimes \boldsymbol{I}_n)\mathrm{diag}[\boldsymbol{C}_n, \boldsymbol{C}_n, \cdots, \boldsymbol{C}_n], \end{aligned} \tag{2.6.6}$$

其中 $\otimes$ 表示矩阵的 Kronecker 积, $\boldsymbol{I}_n$ 表示 $n \times n$ 单位矩阵以及

$$\boldsymbol{C}_s = \begin{bmatrix} c_{00} & c_{01} & \cdots & c_{0(s-1)} \\ c_{10} & c_{11} & \cdots & c_{1(s-1)} \\ \vdots & \vdots & & \vdots \\ c_{(s-1)0} & c_{(s-1)1} & \cdots & c_{(s-1)(s-1)} \end{bmatrix}. \tag{2.6.7}$$

使用 (2.6.6), $\boldsymbol{M}^{-1}$ 可以计算如下:

$$\boldsymbol{M}^{-1} = \boldsymbol{C}_m^{-1} \otimes \boldsymbol{C}_n^{-1} = (\boldsymbol{C}_m^{-1} \otimes \boldsymbol{I}_n)\mathrm{diag}\left[\boldsymbol{C}_n^{-1}, \boldsymbol{C}_n^{-1}, \cdots, \boldsymbol{C}_n^{-1}\right]. \tag{2.6.8}$$

因此, 只需计算两个小规模矩阵 $\boldsymbol{C}_m$ 和 $\boldsymbol{C}_n$ 的逆就可以计算出矩阵 $\boldsymbol{M}$ 的逆矩阵, 其计算复杂度为 $O(m^3) + O(n^3)$. 进一步, 计算 $\boldsymbol{M}^{-1}$ 和一个 $\mathbb{R}^{mn}$ 中的向量的乘积的复杂度为 $O(mn^2) + O(m^2n)$.

2. 三维问题刚度矩阵的快速求逆

三维问题刚度矩阵的快速求逆方法与二维的情况相似. 记

$$\begin{aligned}&\phi_{ibc+jc+k}(u,v,w)=N_i(u)N_j(v)N_k(w),\\&i=0,\cdots,a-1,\quad j=0,\cdots,b-1,\quad k=0,\cdots,c-1,\end{aligned}\tag{2.6.9}$$

则 $\phi_0,\phi_1,\cdots,\phi_{abc-1}$ 为定义在 $\mathbb{R}^3$ 上的一组基函数. 与这组基函数对应的刚度矩阵为 $\boldsymbol{M}=[m_{\alpha\beta}]_{\alpha,\beta=0}^{n-1}$, 其中 $n=abc$,

$$m_{\alpha\beta}=\int_{\mathbb{R}^3}\phi_\alpha(u,v,w)\phi_\beta(u,v,w)\mathrm{d}u\mathrm{d}v\mathrm{d}w,\quad \alpha,\beta=0,\cdots,n-1.\tag{2.6.10}$$

设

$$\begin{aligned}&\alpha=ibc+jc+k,\quad 0\leqslant i\leqslant a-1,\quad 0\leqslant j\leqslant b-1,\quad 0\leqslant k\leqslant c-1,\\&\beta=\bar{i}bc+\bar{j}c+\bar{k},\quad 0\leqslant \bar{i}\leqslant a-1,\quad 0\leqslant \bar{j}\leqslant b-1,\quad 0\leqslant \bar{k}\leqslant c-1,\end{aligned}$$

则有

$$\begin{aligned}&i=E[\alpha/bc],\quad j=E[(\alpha-ibc)/c],\quad k=\alpha-ibc-jc,\\&\bar{i}=E[\beta/bc],\quad \bar{j}=E[(\beta-\bar{i}bc)/c],\quad \bar{k}=\beta-\bar{i}bc-\bar{j}c.\end{aligned}$$

于是 (2.6.10) 可重写为

$$d_{\alpha\beta}=\int_{\mathbb{R}}N_i(u)N_{\bar{i}}(u)\mathrm{d}u\int_{\mathbb{R}}N_j(v)N_{\bar{j}}(v)\mathrm{d}v\int_{\mathbb{R}}N_k(w)N_{\bar{k}}(w)\mathrm{d}w=c_{i\bar{i}}\ c_{j\bar{j}}\ c_{k\bar{k}}.$$

因此

$$\boldsymbol{M}=\boldsymbol{C}_a\otimes(\boldsymbol{C}_b\otimes\boldsymbol{C}_c).\tag{2.6.11}$$

由 (2.6.11), $\boldsymbol{M}^{-1}$ 可以计算如下:

$$\begin{aligned}\boldsymbol{M}^{-1}&=\boldsymbol{C}_a^{-1}\otimes(\boldsymbol{C}_b\otimes\boldsymbol{C}_c)^{-1}\\&=\boldsymbol{C}_a^{-1}\otimes(\boldsymbol{C}_b^{-1}\otimes\boldsymbol{C}_c^{-1})\\&=(\boldsymbol{C}_a^{-1}\otimes\boldsymbol{I}_{bc})\mathrm{diag}[\boldsymbol{C}_b^{-1}\otimes\boldsymbol{C}_c^{-1},\boldsymbol{C}_b^{-1}\otimes\boldsymbol{C}_c^{-1},\cdots,\boldsymbol{C}_b^{-1}\otimes\boldsymbol{C}_c^{-1}],\end{aligned}\tag{2.6.12}$$

其中 $\boldsymbol{I}_{bc}$ 为 $bc\times bc$ 的单位矩阵, 并且

$$\boldsymbol{C}_b^{-1}\otimes\boldsymbol{C}_c^{-1}=(\boldsymbol{C}_b^{-1}\otimes\boldsymbol{I}_c)\mathrm{diag}[\boldsymbol{C}_c^{-1},\boldsymbol{C}_c^{-1},\cdots,\boldsymbol{C}_c^{-1}].\tag{2.6.13}$$

因此, 只需计算三个小规模矩阵 $\boldsymbol{C}_a$, $\boldsymbol{C}_b$ 和 $\boldsymbol{C}_c$ 的逆就可以计算出矩阵 $\boldsymbol{M}$ 的逆, 其计算复杂度为 $O(a^3)+O(b^3)+O(c^3)$. 在计算过程中不需要储存 $\boldsymbol{M}^{-1}$ 中所有元素,

只需储存 $\boldsymbol{C}_a^{-1}, \boldsymbol{C}_b^{-1}, \boldsymbol{C}_c^{-1}$ 即可. 当 $a=b=c$ 时, 只需计算和储存一个小矩阵的逆. $\mathbb{R}^n$ 中的向量 $\boldsymbol{b}$ 与 $\boldsymbol{M}^{-1}$ 的乘积可以如下步骤快速地计算:

(1) 将向量 $\boldsymbol{b}$ 分割成一个大小一样的向量组,

$$\boldsymbol{b}^{\mathrm{T}} = \left[\boldsymbol{b}_1^{\mathrm{T}}, \boldsymbol{b}_2^{\mathrm{T}}, \cdots, \boldsymbol{b}_a^{\mathrm{T}}\right], \quad \boldsymbol{b}_i \in \mathbb{R}^{bc}. \tag{2.6.14}$$

(2) 使用 (2.6.13) 计算 $\boldsymbol{C}_b^{-1} \otimes \boldsymbol{C}_c^{-1} \boldsymbol{b}_i,\ i=1,\cdots,a$.

(3) 使用 (2.6.12) 计算 $\boldsymbol{M}^{-1}\boldsymbol{b}$.

对于固定的 i, 第二步的计算复杂度为 $O(bc^2)+O(b^2c)$, 所以对于 $i=1,\cdots,a$, 第二步总计算复杂度为 $O(abc^2)+O(ab^2c)$, 第三步的计算复杂度为 $O(a^2bc)$, 所以总复杂度为

$$O(abc^2)+O(ab^2c)+O(a^2bc). \tag{2.6.15}$$

与直接计算 $\boldsymbol{M}^{-1}\boldsymbol{b}$ 的计算复杂度 $O(a^2b^2c^2)$ 相比, 该快速计算使之降了 2 阶. 如果 $\boldsymbol{C}_a^{-1}$, $\boldsymbol{C}_b^{-1}$, $\boldsymbol{C}_c^{-1}$ 大致为带状矩阵, 可以通过将其作为带状矩阵处理以把计算复杂度 (2.6.15) 进一步降低到 $O(abc)$.

2.6.3 样条基函数乘积的积分

2.6.2 小节中, 在形成刚度矩阵 $\boldsymbol{M}$ 时, 需计算样条基函数乘积的积分, 本小节考虑这些积分的精确计算. 我们分别考虑定义在均匀节点和边界处重节点上的三次样条基函数两种情况.

1. 均匀节点上的三次 B 样条基函数乘积的积分

如果 $N_i(t), i=0,\cdots,m-1$ 为定义在间隔为 1 的均匀节点上的三次 B 样条基函数, 通过对 (2.6.5) 积分可以得到

$$c_{ij} = \begin{cases} \dfrac{151}{315}, & i=j, \\ \dfrac{397}{1680}, & |i-j|=1, \\ \dfrac{1}{42}, & |i-j|=2, \\ \dfrac{1}{5040}, & |i-j|=3, \\ 0, & |i-j| \geqslant 4. \end{cases}$$

可以看出, 以 c_{ij} 为元素的矩阵为带状矩阵, 且带宽为 7. 如果 $N_i(t)$ 定义在间隔为 h 的均匀节点上, 则 c_{ij} 要乘以因子 h.

2. 重节点三次 B 样条基函数乘积的积分

如果 $N_0(t), N_1(t), \cdots, N_{m+2}(t)$ 为定义在节点 $[0,0,0,0,1,2,\cdots,m-1,m,m,m,m]$ 上的三次 B 样条基函数, 那么当 $m>4$ 时, c_{ij} 的精确值在表 2.6.1 中给出. 因为我们不会用到 $m \leqslant 4$ 的情况, 所以这里没有给出当 $m=2,3,4$ 时 c_{ij} 的精确值. 使用关系式

$$c_{m+2-i,m+2-j} = c_{ij}, \quad c_{ji} = c_{ij},$$

所有的 c_{ij} 均可以从表 2.6.1 获取. 对于定义在节点 $[0,0,0,0,h,2h,\cdots,(m-1)h, mh, mh, mh, mh]$ 上的三次 B 样条基函数 $N_i^{(h)}(t) = N_i(h^{-1}t)$, 可以得到

$$c_{ij}^{(h)} := \int_{\mathbb{R}} N_i^{(h)}(t) N_j^{(h)}(t) \mathrm{d}t = hc_{ij}.$$

表 2.6.1　$m>4$ 时 c_{ij} 的精确值

$i=0$	$c_{i0}=\frac{1}{7}$	$c_{i1}=\frac{7}{80}$	$c_{i2}=\frac{31}{1680}$	$c_{i3}=\frac{1}{840}$	$c_{ij}=0, j>3$
$i=1$	$c_{i1}=\frac{31}{140}$	$c_{i2}=\frac{5}{32}$	$c_{i3}=\frac{29}{840}$	$c_{i4}=\frac{1}{3360}$	$c_{ij}=0, j>4$
$i=2$	$c_{i2}=\frac{183}{560}$	$c_{i3}=\frac{283}{1260}$	$c_{i4}=\frac{239}{10080}$	$c_{i5}=\frac{1}{5040}$	$c_{ij}=0, j>5$
$2<i<m-4$	$c_{ii}=\frac{151}{315}$	$c_{i,i+1}=\frac{397}{1680}$	$c_{i,i+2}=\frac{1}{42}$	$c_{i,i+3}=\frac{1}{5040}$	$c_{i,i+j}=0, j>3$

2.7　压 缩 感 知

本节要介绍的是目前国际上十分热门的新型研究领域: 压缩感知 (相应的英文名词为: compressed sensing, compressive sensing, compressed sampling, compressive sampling 等)[48, 50, 51, 53, 105]. 压缩感知的主要思想是利用信号的稀疏性特征, 通过高度不完全的观测数据 (采样) 精确地恢复或者重构原始信号. 该理论最初主要由 D. Donoho, E. Candès 和 T. Tao 等提出. 最先提出 compressed sensing 这个名词的人是 D. Donoho[105]. 另外, 关于用严格数学语言来描述压缩感知的中文综述文章, 感兴趣的读者可参考文献 [12].

压缩感知理论在应用中的一个典型例子是: 以图像 (Shepp-Logan phantom) 离散梯度变换的模的 ℓ_1 范数 (即离散的 TV 泛函) 为目标函数, 利用该图像在 Fourier 空间中均匀分布 22 个径向线上的采样数据, 能精确地重构出该图像[50]. 根据 Fourier 中心截面定理 2.4.1 可知, 图像在 Fourier 空间中均匀分布的 22 个径向线上的采样数据等价于对该图像从相应的 22 个均匀角度进行平行投影 (Radon 变换) 得到的观测数据.

设 $\boldsymbol{x}$ 为原始信号, 可以将其看成是一个 m 维向量, 即 $\boldsymbol{x} \in \mathbb{R}^m$. 令 $\boldsymbol{x}$ 的指标集为 $\mathcal{I} = \{1, 2, \cdots, m\}$, 支集为 $\mathcal{T} = \{i : x_i \neq 0, i \in \mathcal{I}\}$. 定义 $\boldsymbol{x}$ 的稀疏度 $s(\boldsymbol{x})$ 为非零元素的个数, 即 $s(\boldsymbol{x}) := \|\boldsymbol{x}\|_0 = \mathrm{card}(\mathcal{T})$. 记 V_S 表示 $\mathbb{R}^m$ 中的 S 阶稀疏向量集合, 其定义为 $V_S := \{\boldsymbol{x} \in \mathbb{R}^m : s(\boldsymbol{x}) \leqslant S\}$.

对信号 $\boldsymbol{x}$ 进行观测或者采样, 同样可以认为是对信号进行编码的过程, 即用某个 $n \times m$ 的矩阵 $\boldsymbol{A}$ 与 $\boldsymbol{x}$ 作矩阵向量乘积, 得到观测数据 $\boldsymbol{y} \in \mathcal{R}(\boldsymbol{A}) \subset \mathbb{R}^n$, 即

$$\boldsymbol{y} = \boldsymbol{A}\boldsymbol{x}, \tag{2.7.1}$$

其中 $\boldsymbol{A}$ 称为感知矩阵. 现在的问题是: 当 $n \ll m$ 时, 能否从极少量的观测数据 $\boldsymbol{y}$ 精确地重构 (解码) 信号 $\boldsymbol{x}$? 也就是说, 能否通过高度不完全的观测数据精确地重构原始信号? 由线性方程组解的理论易知, 当 $n < m$ 时, 方程组 (2.7.1) 若有解, 则有无穷多个解, 从而在一般情况下无法回答上述问题. 但是对 $\boldsymbol{x}$ 和 $\boldsymbol{A}$ 加上某些限制条件之后, 上述问题的答案是肯定的. 这正是压缩感知理论所阐述的主要思想.

假设 $\boldsymbol{x}_0$ 是稀疏的, 满足 $\boldsymbol{y} = \boldsymbol{A}\boldsymbol{x}_0$, 可通过求解如下非凸优化问题 (P_0) 来寻找 $\boldsymbol{A}\boldsymbol{x} = \boldsymbol{y}$ 的最稀疏解, 即

$$(\mathrm{P}_0): \quad \min_{\boldsymbol{x} \in \mathbb{R}^m} \|\boldsymbol{x}\|_0, \quad \boldsymbol{A}\boldsymbol{x} = \boldsymbol{y}. \tag{2.7.2}$$

关于该问题解的唯一性, 有如下定理.

定理 2.7.1　如果矩阵 $\boldsymbol{A}$ 的任意 $2S$ 个列向量均线性无关, 且存在 $\boldsymbol{x}_0 \in V_S$ 使得 $\boldsymbol{y} = \boldsymbol{A}\boldsymbol{x}_0$, 则 $\boldsymbol{x}_0$ 为最优化问题 (P_0) 的唯一解.

证明　假设存在最优解 $\boldsymbol{x}_1 \neq \boldsymbol{x}_0$ 满足 (P_0), 则 $s(\boldsymbol{x}_1) \leqslant s(\boldsymbol{x}_0)$, $\boldsymbol{x}_1 \in V_S$, 且有 $\boldsymbol{A}\boldsymbol{x}_1 = \boldsymbol{A}\boldsymbol{x}_0$, 从而得到 $\boldsymbol{A}(\boldsymbol{x}_1 - \boldsymbol{x}_0) = 0$. 由 $\boldsymbol{x}_0, \boldsymbol{x}_1 \in V_S$ 容易看出, $\boldsymbol{x}_1 - \boldsymbol{x}_0 \in V_{2S}$. 这显然与 $\boldsymbol{A}$ 的任意 $2S$ 个列向量均线性无关的条件矛盾, 因此, 假设不成立, 定理得证. □

由矩阵秩的定义可知, 矩阵的任意 $2S$ 个列向量均线性无关的必要条件是该矩阵至少有 $2S$ 个行向量. 因此, 定理 2.7.1 说明, 在理想情况下, 只需要 $n = 2S$ 次采样就能精确重构一个 m 维空间中的 S 阶稀疏信号. 另一方面, 问题 (P_0) 属于 NP 难问题, 求解该问题的计算复杂度是指数阶的, 很难用标准的优化算法去计算 [50]. 因此, 需要探索更为有效的重构方法. 为此, 将 ℓ_0 最优化问题 (P_0) 转化为 ℓ_1 最优化问题 (P_1), 于是有

$$(\mathrm{P}_1): \quad \min_{\boldsymbol{x} \in \mathbb{R}^m} \|\boldsymbol{x}\|_1, \quad \boldsymbol{A}\boldsymbol{x} = \boldsymbol{y}. \tag{2.7.3}$$

值得注意的是, 问题 (P_1) 为凸优化问题, 且可转化成线性规划问题进行求解 [27, 52, 70]. 为了说明这种转化的合理性, 首先给出限制等距常数的定义 [49].

定义 2.7.1　对于给定的整数 S $(1 \leqslant S \leqslant m)$, 矩阵 $\boldsymbol{A}$ 的 S 阶限制等距常数 δ_S 定义为满足

$$(1-\delta_S)\|\boldsymbol{x}\|_2^2 \leqslant \|\boldsymbol{A}\boldsymbol{x}\|_2^2 \leqslant (1+\delta_S)\|\boldsymbol{x}\|_2^2, \quad \forall \boldsymbol{x} \in V_S \tag{2.7.4}$$

的最小非负常数.

容易看出, 只要取 δ_S 为适当大的正数, 不等式 (2.7.4) 总是成立的, 所以定义中的 δ_S 是存在的. 如果 $\delta_S < 1$, 称矩阵 $\boldsymbol{A}$ 满足 S 阶限制等距性条件. 容易证明, 条件 (2.7.4) 等价于: 对于任意的 $\boldsymbol{x} \in V_S$, Gram 矩阵 $\boldsymbol{A}_{\mathcal{T}}^{\mathrm{T}}\boldsymbol{A}_{\mathcal{T}}$ 的特征值位于区间 $[1-\delta_S,\ 1+\delta_S]$ 之内, 其中 $\mathcal{T}$ 为 $\boldsymbol{x}$ 的支集, $A_{\mathcal{T}}$ 表示由矩阵 $\boldsymbol{A}$ 在指标集 $\mathcal{T}$ 上的所有列向量构成的子矩阵. 该性质本质上是要求矩阵 A 的任意 $\mathrm{card}(\mathcal{T})(\leqslant S)$ 列所构成的矩阵均近似为一正交系统.

为了进一步说明, 先给出 S 阶最佳稀疏逼近的定义.

定义 2.7.2　向量 $\boldsymbol{x}^S$ 称为 $\boldsymbol{x}$ 的 S 阶最佳稀疏逼近, 如果 $\boldsymbol{x}^S$ 构造为: 只保留 $\boldsymbol{x}$ 中 S 个绝对值最大的元素且置其余的元素为 0.

实际上, 观测数据往往会受到噪声干扰, 例如在 CT 成像和低温电子显微成像中的数据, 所以观测数据可写为 $\boldsymbol{y} = \boldsymbol{A}\boldsymbol{x}_0 + \boldsymbol{e}$, 其中 $\boldsymbol{e}$ 为噪声. 那么是否能稳定地重构信号 $\boldsymbol{x}_0$? 通俗地说, 就是当观测数据 $\boldsymbol{y}$ 有小的扰动时, 重构信号是否与原始信号只相差一个小扰动? 于是考虑如下最优化问题:

$$(\mathrm{P}_2): \quad \min_{\boldsymbol{x}\in\mathbb{R}^m} \|\boldsymbol{x}\|_1, \quad \|\boldsymbol{y} - A\boldsymbol{x}\|_2 \leqslant \epsilon, \tag{2.7.5}$$

其中 ϵ 为噪声水平或测量误差. 下面的定理肯定地回答了这一问题.

定理 2.7.2　假设矩阵 $\boldsymbol{A}$ 满足 $2S$ 阶限制等距性条件, 且 $\delta_{2S} < \sqrt{2}-1$, $\boldsymbol{x}_0 \in \mathbb{R}^m$, $\boldsymbol{y} = A\boldsymbol{x}_0 + \boldsymbol{e}$, $\|\boldsymbol{e}\|_2 \leqslant \epsilon$, 则最优化问题 (P_2) 的解 $\boldsymbol{x}^*$ 满足

$$\|\boldsymbol{x}^* - \boldsymbol{x}_0\|_2 \leqslant C_0 S^{-1/2}\|\boldsymbol{x}_0 - \boldsymbol{x}_0^S\|_1 + C_1\epsilon, \tag{2.7.6}$$

其中 C_0 和 C_1 为仅依赖于 δ_{2S} 的常数.

证明　由于 $\boldsymbol{x}_0$ 与 $\boldsymbol{x}^*$ 均在最优化问题 (P_2) 的可行域中, 根据三角不等式容易得到

$$\|\boldsymbol{A}\boldsymbol{x}^* - \boldsymbol{A}\boldsymbol{x}_0\|_2 = \|\boldsymbol{A}(\boldsymbol{x}^* - \boldsymbol{x}_0)\|_2 \leqslant \|\boldsymbol{A}\boldsymbol{x}^* - \boldsymbol{y}\|_2 + \|\boldsymbol{A}\boldsymbol{x}_0 - \boldsymbol{y}\|_2 \leqslant 2\epsilon. \tag{2.7.7}$$

令 $\boldsymbol{x}^* = \boldsymbol{x}_0 + \boldsymbol{h}$. 可将 $\boldsymbol{h}$ 写成由一族至多 S 阶稀疏的向量 $\boldsymbol{h}_{\mathcal{T}_0}, \boldsymbol{h}_{\mathcal{T}_1}, \boldsymbol{h}_{\mathcal{T}_2}, \cdots$ 的求和形式, 其中 $\mathcal{T}_0$ 表示 $\boldsymbol{x}_0$ 中绝对值最大的第一组 S 个元素的位置, $\mathcal{T}_1$ 表示 $\boldsymbol{h}_{\mathcal{T}_0^{\mathrm{c}}}$ 中绝对值最大的第一组 S 个元素的位置, $\mathcal{T}_2$ 表示 $\boldsymbol{h}_{\mathcal{T}_0^{\mathrm{c}}}$ 中绝对值最大的第二组 S 个元素的位置, 依此类推, 这里 $\mathcal{T}_0^{\mathrm{c}} = \mathcal{T}\backslash\mathcal{T}_0$. 以下的证明分为两部分, 第一部分证明 $\boldsymbol{h}$

在 $T_0\cup T_1$ 以外的范数可由在 $T_0\cup T_1$ 上的范数控制, 第二部分证明 $\|\boldsymbol{h}_{T_0\cup T_1}\|_2$ 可适当的小.

首先注意到, 对任意 $i\geqslant 2$, 有

$$\|\boldsymbol{h}_{T_i}\|_2\leqslant S^{1/2}\|\boldsymbol{h}_{T_i}\|_\infty\leqslant S^{-1/2}\|\boldsymbol{h}_{T_{i-1}}\|_1. \tag{2.7.8}$$

因此, 累加起来, 有

$$\sum_{i\geqslant 2}\|\boldsymbol{h}_{T_i}\|_2\leqslant S^{-1/2}(\|\boldsymbol{h}_{T_1}\|_1+\|\boldsymbol{h}_{T_2}\|_1+\cdots)=S^{-1/2}\|\boldsymbol{h}_{T_0^{\mathrm{c}}}\|_1. \tag{2.7.9}$$

特别地, 由 (2.7.9) 可得到如下重要的估计:

$$\|\boldsymbol{h}_{(T_0\cup T_1)^{\mathrm{c}}}\|_2=\left\|\sum_{i\geqslant 2}\boldsymbol{h}_{T_i}\right\|_2\leqslant\sum_{i\geqslant 2}\|\boldsymbol{h}_{T_i}\|_2\leqslant S^{-1/2}\|\boldsymbol{h}_{T_0^{\mathrm{c}}}\|_1. \tag{2.7.10}$$

因为 $\boldsymbol{x}^*$ 是最小值, 所以

$$\|\boldsymbol{x}_0\|_1\geqslant\|\boldsymbol{x}^*\|_1=\sum_{i\in T_0}|x_i+h_i|+\sum_{i\in T_0^{\mathrm{c}}}|x_i+h_i|\geqslant\|\boldsymbol{x}_{T_0}\|_1-\|\boldsymbol{h}_{T_0}\|_1+\|\boldsymbol{h}_{T_0^{\mathrm{c}}}\|_1-\|\boldsymbol{x}_{T_0^{\mathrm{c}}}\|_1. \tag{2.7.11}$$

故有

$$\|\boldsymbol{h}_{T_0^{\mathrm{c}}}\|_1\leqslant\|\boldsymbol{h}_{T_0}\|_1+2\|\boldsymbol{x}_{T_0^{\mathrm{c}}}\|_1. \tag{2.7.12}$$

利用 Cauchy-Schwarz 不等式, 有

$$\|\boldsymbol{h}_{T_0}\|_1\leqslant S^{1/2}\|\boldsymbol{h}_{T_0}\|_2. \tag{2.7.13}$$

由 (2.7.10), (2.7.12) 和 (2.7.13) 得到

$$\|\boldsymbol{h}_{(T_0\cup T_1)^{\mathrm{c}}}\|_2\leqslant\|\boldsymbol{h}_{T_0}\|_2+2\epsilon_0,\quad \epsilon_0=S^{-1/2}\|\boldsymbol{x}_0-\boldsymbol{x}_0^S\|_1. \tag{2.7.14}$$

然后要用上界控制 $\|\boldsymbol{h}_{T_0\cup T_1}\|_2$. 显然 $\boldsymbol{A}\boldsymbol{h}_{T_0\cup T_1}=\boldsymbol{A}\boldsymbol{h}-\sum\limits_{i\geqslant 2}\boldsymbol{A}\boldsymbol{h}_{T_i}$, 于是有

$$\|\boldsymbol{A}\boldsymbol{h}_{T_0\cup T_1}\|_2^2=\langle\boldsymbol{A}\boldsymbol{h}_{T_0\cup T_1},\ \boldsymbol{A}\boldsymbol{h}\rangle-\langle\boldsymbol{A}\boldsymbol{h}_{T_0\cup T_1},\ \sum_{i\geqslant 2}\boldsymbol{A}\boldsymbol{h}_{T_i}\rangle. \tag{2.7.15}$$

由 (2.7.7) 与 A 满足 $2S$ 阶限制等距性条件可知

$$|\langle\boldsymbol{A}\boldsymbol{h}_{T_0\cup T_1},\ \boldsymbol{A}\boldsymbol{h}\rangle|\leqslant\|\boldsymbol{A}\boldsymbol{h}_{T_0\cup T_1}\|_2\|\boldsymbol{A}\boldsymbol{h}\|_2\leqslant 2\epsilon\sqrt{1+\delta_{2S}}\|\boldsymbol{h}_{T_0\cup T_1}\|_2, \tag{2.7.16}$$

还有

$$(1-\delta_{2S})\|\boldsymbol{h}_{T_0}\pm\boldsymbol{h}_{T_i}\|_2^2\leqslant\|\boldsymbol{A}\boldsymbol{h}_{T_0}\pm\boldsymbol{A}\boldsymbol{h}_{T_i}\|_2^2\leqslant(1+\delta_{2S})\|\boldsymbol{h}_{T_0}\pm\boldsymbol{h}_{T_i}\|_2^2. \tag{2.7.17}$$

由 (2.7.17), 从而有

$$|\langle \boldsymbol{A}\boldsymbol{h}_{\mathcal{T}_0},\ \boldsymbol{A}\boldsymbol{h}_{\mathcal{T}_i}\rangle| = \frac{1}{4}\left|\|\boldsymbol{A}\boldsymbol{h}_{\mathcal{T}_0}+\boldsymbol{A}\boldsymbol{h}_{\mathcal{T}_i}\|_2^2-\|\boldsymbol{A}\boldsymbol{h}_{\mathcal{T}_0}-\boldsymbol{A}\boldsymbol{h}_{\mathcal{T}_i}\|_2^2\right| \leqslant \delta_{2S}\|\boldsymbol{h}_{\mathcal{T}_0}\|_2\|\boldsymbol{h}_{\mathcal{T}_i}\|_2. \tag{2.7.18}$$

由于 $\mathcal{T}_0$ 与 $\mathcal{T}_1$ 不相交, 故有

$$\|\boldsymbol{h}_{\mathcal{T}_0}\|_2+\|\boldsymbol{h}_{\mathcal{T}_1}\|_2 \leqslant \sqrt{2}\|\boldsymbol{h}_{\mathcal{T}_0\cup\mathcal{T}_1}\|_2. \tag{2.7.19}$$

利用 (2.7.15)~(2.7.19), 有

$$(1-\delta_{2S})\|\boldsymbol{h}_{\mathcal{T}_0\cup\mathcal{T}_1}\|_2^2 \leqslant \|\boldsymbol{A}\boldsymbol{h}_{\mathcal{T}_0\cup\mathcal{T}_1}\|_2^2 \leqslant \left(2\epsilon\sqrt{1+\delta_{2S}}+\sqrt{2}\delta_{2S}\sum_{i\geqslant 2}\|\boldsymbol{h}_{\mathcal{T}_i}\|_2\right)\|\boldsymbol{h}_{\mathcal{T}_0\cup\mathcal{T}_1}\|_2. \tag{2.7.20}$$

结合 (2.7.9) 与 (2.7.20), 得到

$$\|\boldsymbol{h}_{\mathcal{T}_0\cup\mathcal{T}_1}\|_2 \leqslant \alpha\epsilon+\beta S^{-1/2}\|\boldsymbol{h}_{\mathcal{T}_0^{\mathrm{c}}}\|_1, \tag{2.7.21}$$

其中 $\alpha=\dfrac{2\sqrt{1+\delta_{2S}}}{1-\delta_{2S}}$, $\beta=\dfrac{\sqrt{2}\delta_{2S}}{1-\delta_{2S}}$. 由 (2.7.12)~(2.7.14) 与 (2.7.21), 经过简单推导, 有

$$\|\boldsymbol{h}_{\mathcal{T}_0\cup\mathcal{T}_1}\|_2 \leqslant \alpha\epsilon+\beta\|\boldsymbol{h}_{\mathcal{T}_0\cup\mathcal{T}_1}\|_2+2\beta\epsilon_0, \tag{2.7.22}$$

从而

$$\|\boldsymbol{h}_{\mathcal{T}_0\cup\mathcal{T}_1}\|_2 \leqslant (1-\beta)^{-1}(\alpha\epsilon+2\beta\epsilon_0). \tag{2.7.23}$$

结合 (2.7.14) 与 (2.7.23) 有

$$\begin{aligned}\|\boldsymbol{h}\|_2 &\leqslant \|\boldsymbol{h}_{\mathcal{T}_0\cup\mathcal{T}_1}\|_2+\|\boldsymbol{h}_{(\mathcal{T}_0\cup\mathcal{T}_1)^{\mathrm{c}}}\|_2\\ &\leqslant 2\|\boldsymbol{h}_{\mathcal{T}_0\cup\mathcal{T}_1}\|_2+2\epsilon_0 \leqslant 2(1-\beta)^{-1}(\alpha\epsilon+(1+\beta)\epsilon_0).\end{aligned} \tag{2.7.24}$$

因此, (2.7.6) 得以证明. □

定理 2.7.2 的上述证明取材于文献 [49, 51].

需要指出的是, 常数 C_0 和 C_1 事实上都相对较小, 例如, 当 $\delta_{2S}=0.2$ 时, (2.7.6) 中的误差不超过 $4.2S^{-1/2}\|\boldsymbol{x}_0-\boldsymbol{x}_0^S\|_1+8.5\epsilon$. 因此, 定理 2.7.2 说明, 在有噪声干扰的情况下, 通过优化问题 (P_2) 重构一般信号的精度可由最佳稀疏逼近误差和测量误差所控制.

下面定理给出利用最优化问题 (P_1) 重构信号 $\boldsymbol{x}_0$ 的一个充分条件. 注意这里的测量无噪声干扰, 可看成是定理 2.7.2 的特殊情况.

定理 2.7.3 设矩阵 A 满足 $2S$ 阶限制等距性条件, 且 $\delta_{2S} < \sqrt{2}-1$, $\boldsymbol{x}_0 \in \mathbb{R}^m$, $\boldsymbol{y} = A\boldsymbol{x}_0$, 则最优化问题 (P_1) 的解 $\boldsymbol{x}^*$ 满足

$$\|\boldsymbol{x}^* - \boldsymbol{x}_0\|_2 \leqslant C_0 S^{-1/2} \|\boldsymbol{x}_0 - \boldsymbol{x}_0^S\|_1, \tag{2.7.25}$$

且

$$\|\boldsymbol{x}^* - \boldsymbol{x}_0\|_1 \leqslant C_0 \|\boldsymbol{x}_0 - \boldsymbol{x}_0^S\|_1, \tag{2.7.26}$$

其中 C_0 为一仅依赖于 δ_{2S} 的常数.

证明 在无噪声干扰时, 即 $\epsilon = 0$, 显然由定理 2.7.2 可直接得到不等式 (2.7.25). 下面证明 (2.7.26). 利用 (2.7.13) 可知

$$\|\boldsymbol{h}_{\mathcal{T}_0}\|_1 \leqslant S^{1/2} \|\boldsymbol{h}_{\mathcal{T}_0}\|_2 \leqslant S^{1/2} \|\boldsymbol{h}_{\mathcal{T}_0 \cup \mathcal{T}_1}\|_2. \tag{2.7.27}$$

结合 (2.7.21) 与 (2.7.27), 其中 $\epsilon = 0$, 有

$$\|\boldsymbol{h}_{\mathcal{T}_0}\|_1 \leqslant \beta \|\boldsymbol{h}_{\mathcal{T}_0^{\mathrm{c}}}\|_1, \tag{2.7.28}$$

由 (2.7.12) 与 (2.7.28) 可得

$$\|\boldsymbol{h}_{\mathcal{T}_0^{\mathrm{c}}}\|_1 \leqslant \beta \|\boldsymbol{h}_{\mathcal{T}_0^{\mathrm{c}}}\|_1 + 2\|\boldsymbol{x}_{\mathcal{T}_0^{\mathrm{c}}}\|_1. \tag{2.7.29}$$

从而

$$\|\boldsymbol{h}_{\mathcal{T}_0^{\mathrm{c}}}\|_1 \leqslant 2(1-\beta)^{-1} \|\boldsymbol{x}_{\mathcal{T}_0^{\mathrm{c}}}\|_1. \tag{2.7.30}$$

利用 (2.7.28) 与 (2.7.30), 有

$$\|\boldsymbol{h}\|_1 = \|\boldsymbol{h}_{\mathcal{T}_0}\|_1 + \|\boldsymbol{h}_{\mathcal{T}_0^{\mathrm{c}}}\|_1 \leqslant 2(1+\beta)(1-\beta)^{-1} \|\boldsymbol{x}_{\mathcal{T}_0^{\mathrm{c}}}\|_1. \tag{2.7.31}$$

因此, 根据 $\boldsymbol{h}$ 和 $\boldsymbol{x}_{\mathcal{T}_0^{\mathrm{c}}}$ 的定义, 由 (2.7.31) 可知, 不等式 (2.7.26) 成立. □

定理 2.7.3 意味着, 在适当条件下, 通过优化问题 (P_1) 重构一般信号的精度可由最佳稀疏逼近误差控制.

下面给出定理 2.7.3 的一个重要推论: 如果 $\boldsymbol{x}_0 \in V_S$, 则有 $\boldsymbol{x}_0^S = \boldsymbol{x}_0$, 从而 $\boldsymbol{x}^* = \boldsymbol{x}_0$, 即利用最优化问题 (P_1) 能精确重构 S 阶稀疏信号.

推论2.7.4 如果矩阵 $\boldsymbol{A}$ 满足 $2S$ 阶限制等距性条件, 且 $\delta_{2S} < \sqrt{2}-1$, 若存在 $\boldsymbol{x}_0 \in V_S$ 使得 $\boldsymbol{y} = \boldsymbol{A}\boldsymbol{x}_0$, 则 $\boldsymbol{x}_0$ 为最优化问题 (P_1) 的唯一解.

不难发现, 矩阵 $\boldsymbol{A}$ 满足 $2S$ 阶限制等距性条件蕴涵着其任意 $2S$ 列向量均线性无关, 因此, 推论 2.7.4 的条件比定理 2.7.1 的更强. 也就是说, 如果 $\delta_{2S} < \sqrt{2}-1$, 则 $\boldsymbol{x}_0$ 不仅为最优化问题 (P_0) 的唯一解, 而且为最优化问题 (P_1) 的唯一解, 此时

(P_1) 问题与最优化问题 (P_0) 等价. 于是可以利用标准的优化算法求解 (P_1) 来精确重构稀疏信号.

从定理 2.7.1~定理 2.7.3 和推论 2.7.4 不难看出, 矩阵 $\boldsymbol{A}$ 满足 $2S$ 阶限制等距性条件, 且 $\delta_{2S} < \sqrt{2} - 1$ 仅为精确重构稀疏信号的一个充分条件. 因此, 需要构造满足上述条件或者寻找满足更弱条件的特殊矩阵, 譬如构造随机矩阵, 改进限制等距性常数等. 这也是目前压缩感知领域研究的热点问题之一, 有兴趣的读者可参考文献 [47, 48, 51, 203].

虽然从理论上可以在极其少量采样条件下精确重构稀疏信号, 但仍需进一步研究以下几个问题:

(1) 当原始信号可以在某组基底下严格稀疏表示时, 在适当条件下能精确重构该信号. 但在一般情况下, 真正能被有限基函数严格稀疏表示的原始信号是有限的, 即使有, 如何找出这组合适的基函数?

(2) 精确重构需要感知矩阵满足一定的条件, 比方说限制等距性条件. 因此, 如何设计能构造这种特殊矩阵且具有实际意义的采样设备?

(3) 为了能让压缩感知理论真正应用于实践, 如何发展求解 ℓ_1 优化问题的高效算法以及相关参数的选取方法?

2.8 小波变换

本节简要介绍小波变换的基本理论和方法, 主要内容取自文献 [72, 73, 90, 194]. 给定一个随时间连续变化的信号 $f(t)$, f 的 Fourier 变换 $\hat{f}$ 反映了 f 整体的频率信息, 但是无法反映 f 的频率在某个时间段内的变化信息. 通过使用加窗 Fourier 变换可以获得时频的局域分析. f 的加窗 Fourier 变换定义如下.

定义 2.8.1 [73]　设 $g(x) \in L^2(\mathbb{R})$ 为一实值函数, 满足 $\hat{g}(0) = 1$, 并且 $|x|^{1/2}g(x)$ 和 $xg(x)$ 属于 $L^2(\mathbb{R})$. 称

$$(Wf)\hat{}(\omega, t) = \int_{-\infty}^{\infty} f(x)g(x-t)\mathrm{e}^{-\mathrm{i}2\pi x\omega}\mathrm{d}x \tag{2.8.1}$$

为 $f(x)$ 的加窗 Fourier 变换, $g(x)$ 称为窗口函数.

由于 $\hat{g}(0) = 1$, 通常取低通滤波函数作为窗口函数. 窗口函数的中心 x^* 和半径 Δ_g 定义为

$$x_g^* := \frac{\displaystyle\int_{-\infty}^{\infty} x|g(x)|^2\mathrm{d}x}{\displaystyle\int_{-\infty}^{\infty} |g(x)|^2\mathrm{d}x},$$

$$\Delta_g := \left[\frac{\int_{-\infty}^{\infty}(x-x^*)^2|g(x)|^2\mathrm{d}x}{\int_{-\infty}^{\infty}|g(x)|^2\mathrm{d}x}\right]^{1/2}.$$

当 $\Delta_g < \infty$ 时, $2\Delta_g$ 即为窗口函数 $g(x)$ 的宽度, 此时称 $g(x)$ 为时间窗口函数. 类似地, 可以定义 $\hat{g}(\omega)$ 的中心 $\omega_{\hat{g}}^*$ 和宽度 $2\Delta_{\hat{g}}$. 当 $\Delta_{\hat{g}} < \infty$ 时, $\hat{g}(\omega)$ 称为频率窗口函数. 加窗 Fourier 变换又称短时 Fourier 变换. 使用 Gauss 函数

$$g_\sigma(t) = \frac{1}{2\sqrt{\pi}\sigma}\mathrm{e}^{-t^2/4\sigma^2}, \quad \sigma > 0 \tag{2.8.2}$$

的加窗 Fourier 变换称为 Gabor 变换.

在使用加窗 Fourier 变换时由于窗口函数的大小保持不变, 在研究图 2.8.1 这样频率随时间增加的 chirp 信号时会降低局部时频的精度, 因此需要设计更加灵活的窗口函数. 小波变换通过引入尺度参数, 实现了窗口函数的自动伸缩.

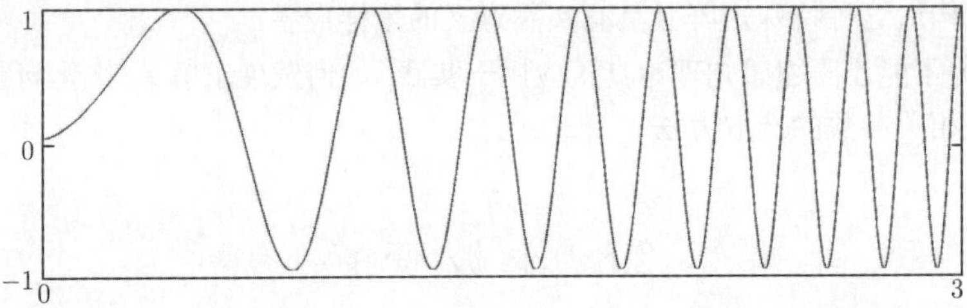

图 2.8.1 Chirp 信号: $y = \sin(2\pi(0.1t + t^2))$. 频率随时间线性变化

2.8.1 连续小波变换

定义 2.8.2 设函数 $f(x) \in L^2(\mathbb{R})$. 如果函数 $\psi(x) \in L^2(\mathbb{R})$ 满足如下的容许性条件 (admissibility condition):

$$C_\psi = \int_{-\infty}^{\infty}|\hat{\psi}(\omega)|^2|\omega|^{-1}\mathrm{d}\omega < \infty, \tag{2.8.3}$$

那么称

$$(W_\psi f)(a,b) = |a|^{-1/2}\int_{-\infty}^{\infty} f(t)\overline{\psi\left((t-b)/a\right)}\mathrm{d}t \tag{2.8.4}$$

为函数 $f(x)$ 的连续小波变换, 其中 $a,\ b \in \mathbb{R}$, 且 $a \neq 0$, 函数 $\overline{\psi(\cdot)}$ 表示 $\psi(\cdot)$ 的复共轭.

记 $\psi_{a,b}(x) := |a|^{-1/2}\psi\left(\dfrac{x-b}{a}\right)$, 称 $\psi_{a,b}(x)$ 为小波函数. 系数 $|a|^{-1/2}$ 的作用是使 $\|\psi_{a,b}\| = \|\psi\|$. 称 $\psi(x) = \psi_{1,0}(x)$ 为母小波函数. 记 $\langle,\rangle$ 为 Hilbert 空间 $L^2(\mathbb{R})$ 上的内积. 那么当 $f(x) \in L^2(\mathbb{R})$ 时, $(W_\psi f)(a,b) = \langle f, \psi_{a,b}\rangle$.

由容许性条件 (2.8.3) 可以推出 $\hat{\psi}(0)=0$, 或者 $\int \psi(x)\mathrm{d}x=0$, 即 $\psi(x)$ 在时间域的积分为 0, 因此, $\psi(x)$ 是具有振荡特点的波型函数. 另一方面, 容许性条件成立的充分条件是 $\hat{\psi}(0)=0$ 并且 $\int_{-\infty}^{\infty}(1+|x|)|\psi(x)|\mathrm{d}x<\infty$, 后者表明 $\psi(x)$ 具有迅速衰减的特点. 因此称像 $\psi(x)$ 这样的具有波形且迅速衰减的函数为小波函数.

由容许性条件可以推出小波重构公式.

定理 2.8.1　设 $\psi \in L^2(\mathbb{R})$ 满足容许性条件 (2.8.3), 那么对于任意的 $L^2(\mathbb{R})$ 中的 f 和 g, 有

$$\int_{-\infty}^{\infty}\int_{-\infty}^{\infty}\frac{1}{a^2}(W_\psi f)(a,b)\overline{(W_\psi g)(a,b)}\mathrm{d}a\mathrm{d}b=C_\psi\langle f,g\rangle. \tag{2.8.5}$$

进一步, 如果 $f(x)$ 在 x 处连续, 那么有

$$f(x)=C_\psi^{-1}\int_{-\infty}^{\infty}\int_{-\infty}^{\infty}\frac{1}{a^2}(W_\psi f)(a,b)\psi_{a,b}(x)\mathrm{d}a\mathrm{d}b.$$

证明　由 Parseval 公式 (2.2.3), (2.8.5) 左边变为

$$\begin{aligned}
&\iint \frac{1}{a^2}(W_\psi f)(a,b)\overline{(W_\psi g)(a,b)}\mathrm{d}a\mathrm{d}b\\
=&\iint \frac{1}{a^2}\left[|a|^{-1/2}\int f(t)\overline{\psi\left((t-b)/a\right)}\mathrm{d}t\right]\left[\overline{|a|^{-1/2}\int g(t)\overline{\psi\left((t-b)/a\right)}\mathrm{d}t}\right]\mathrm{d}a\mathrm{d}b\\
=&\iint \frac{1}{a^2}\left[\int \hat{f}(\omega)|a|^{1/2}\overline{\hat{\psi}(a\omega)}\mathrm{e}^{\mathrm{i}2\pi b\omega}\mathrm{d}\omega\right]\left[\overline{\int \hat{g}(\xi)|a|^{1/2}\overline{\hat{\psi}(a\xi)}\mathrm{e}^{-\mathrm{i}2\pi b\xi}\mathrm{d}\xi}\right]\mathrm{d}a\mathrm{d}b\\
=&\iint \frac{1}{a^2}\int\int \hat{f}(\omega)|a|^{1/2}\overline{\hat{\psi}(a\omega)}\mathrm{e}^{\mathrm{i}2\pi b\omega}\overline{\hat{g}(\xi)|a|^{1/2}\overline{\hat{\psi}(a\xi)}\mathrm{e}^{-\mathrm{i}2\pi b\xi}}\mathrm{d}\omega\mathrm{d}\xi\mathrm{d}a\mathrm{d}b\\
=&\int \frac{1}{|a|}\int \hat{f}(\omega)\overline{\hat{\psi}(a\omega)}\left[\int \overline{\hat{g}(\xi)}\hat{\psi}(a\xi)\left(\int \mathrm{e}^{\mathrm{i}2\pi b(\omega-\xi)}\mathrm{d}b\right)\mathrm{d}\xi\right]\mathrm{d}\omega\mathrm{d}a.
\end{aligned}$$

上式中各积分的上下限均为 $-\infty$ 到 ∞. 由 (2.2.6) 知

$$\int \mathrm{e}^{\mathrm{i}2\pi b(\omega-\xi)}\mathrm{d}b=\delta(\omega-\xi),$$

所以上式最后一个右端变为

$$\begin{aligned}
&\int \frac{1}{a^2}\left[\int \hat{f}(\omega)|a|^{1/2}\overline{\hat{\psi}(a\omega)}\overline{\hat{g}(\omega)|a|^{1/2}\overline{\hat{\psi}(a\omega)}}\mathrm{d}\omega\right]\mathrm{d}a\\
=&\int \frac{1}{a^2}\left[\int |a|\hat{f}(\omega)\overline{\hat{g}(\omega)}|\hat{\psi}(a\omega)|^2\mathrm{d}\omega\right]\mathrm{d}a\\
=&\int \hat{f}(\omega)\overline{\hat{g}(\omega)}\left[\int \frac{1}{|a|}|\hat{\psi}(a\omega)|^2\mathrm{d}a\right]\mathrm{d}\omega\\
=&C_\psi\langle f,g\rangle.
\end{aligned}$$

于是 (2.8.5) 获证. 设 g_σ 为由 (2.8.2) 定义的高斯函数, 在 (2.8.5) 中取 $g(\cdot)=g_\sigma(x-\cdot)$ 并利用上式以及 $\lim\limits_{\sigma\to 0} g_\sigma(x)=\delta(x)$ 可得

$$\begin{aligned}f(x)&=\lim_{\sigma\to 0}\langle f, g_\sigma(x-\cdot)\rangle\\&=\frac{1}{C_\psi}\lim_{\sigma\to 0}\iint\frac{1}{a^2}(W_\psi f)(a,b)\overline{\langle g_\sigma(x-\cdot),\psi_{a,b}\rangle}\mathrm{d}a\mathrm{d}b\\&=\frac{1}{C_\psi}\iint\frac{1}{a^2}(W_\psi f)(a,b)\psi_{a,b}(x)\mathrm{d}a\mathrm{d}b,\end{aligned}$$

于是定理获证. □

2.8.2 离散小波变换: 小波框架与正交小波基

通过将连续小波变换 (2.8.4) 中的连续变量 a, b 离散化, 可以得到离散小波变换. 为了分析和应用上的方便, 这里仅考虑 $a>0$ 时的离散化. 设 $a_0, b_0>0$, 取 $a=a_0^{-m}, b=na_0^{-m}b_0$, 其中 $m,n\in\mathbb{Z}$, 那么得到离散小波变换:

$$(W_\psi f)(m,n)=\int_{-\infty}^{\infty}f(x)\overline{\psi_{m,n}(x)}\mathrm{d}x,$$

其中 $\psi_{m,n}(x)=a_0^{m/2}\psi\left(a_0^m x-nb_0\right)$.

定义了离散小波变换后, 一个重要的问题是: 函数 $f(x)$ 能否由它的离散小波变换 $\langle f,\psi_{m,n}\rangle$ 和 $\psi_{m,n}$ 精确恢复? 对于空间 $L^2(\mathbb{R})$, 一个基本的要求是存在 $0<A,B<\infty$, 使得

$$A\|f\|^2\leqslant\sum_{m,n}|\langle f,\psi_{m,n}\rangle|^2\leqslant B\|f\|^2,\quad\forall f\in L^2(\mathbb{R}).$$

由下面的定义可以知道, 满足上述要求的 $\{\psi_{m,n}\}_{m,n\in\mathbb{Z}}$ 构成 $L^2(\mathbb{R})$ 中的框架.

定义 2.8.3 *设 $\mathcal{H}$ 为一 Hilbert 函数空间, J 为一指标集. 一族函数 $\{\phi_j\}_{j\in J}\subset\mathcal{H}$ 称为一个框架如果存在 $0<A,B<\infty$, 使得对任意的 $f\in\mathcal{H}$ 满足*

$$A\|f\|^2\leqslant\sum_{j\in J}|\langle f,\phi_j\rangle|^2\leqslant B\|f\|^2. \tag{2.8.6}$$

A 和 B 分别称为框架的下界和上界.

当 $A=B$ 时, 称 $\{\phi_j\}_{j\in J}$ 为紧框架. 由 (2.8.6) 知, 紧框架定义为满足条件

$$\sum_{j\in J}|\langle f,\phi_j\rangle|^2=A\|f\|^2$$

的框架. 由小波函数族 $\{\psi_{m,n}\}_{m,n\in\mathbb{Z}}$ 构成的框架称为*小波框架*.

设 $a \in \mathbb{R}$, 定义伸缩算子 $(D_a\psi)(x) = |a|^{1/2}\psi(ax)$ 以及平移算子 $(T_a\psi)(x) = \psi(x-a)$. 那么有

$$(D_{a_0}^m T_{nb_0}\psi)(x) = a_0^{m/2}\psi\left(a_0^m x - nb_0\right) = \psi_{m,n}(x),$$

即小波函数 $\psi_{m,n}(x)$ 是由母小波 $\psi(x)$ 通过平移和伸缩运算后得到的. 需要考察的问题是: 通过这种方式得到的小波函数族需要满足什么条件才能成为小波框架? 从下面的定理可以看出, $\psi(x)$ 仅满足容许性条件是不够的, 容许性条件只是构成小波框架的必要条件而不是充分条件.

定理 2.8.2　设 $a_0 > 0, b_0 > 0$. 若 $\{\psi_{m,n}(x)\}_{m,n\in\mathbb{Z}}$ 构成 $L^2(\mathbb{R})$ 空间中的一个框架, 则

$$Ab_0 \ln a_0 \leqslant \int_0^{\infty} \omega^{-1}|\hat{\psi}(\omega)|^2 \mathrm{d}\omega \leqslant Bb_0 \ln a_0,$$

$$Ab_0 \ln a_0 \leqslant \int_{-\infty}^{0} |\omega|^{-1}|\hat{\psi}(\omega)|^2 \mathrm{d}\omega \leqslant Bb_0 \ln a_0,$$

其中 A 和 B 为框架的上下界.

定理 2.8.2 的证明可参考文献 [90]. 该定理表明小波函数族 $\left\{a_0^{m/2}\psi\left(a_0^m x - nb_0\right)\right\}_{m,n\in\mathbb{Z}}$ 构成框架时容许性条件成立. 反过来, $\psi(x)$ 满足容许性条件不一定能构成小波框架. 由 $\psi(x)$ 生成的小波函数族构成框架的充分条件可参考文献 [90] 中的命题 3.2.2, 更详细的分析参见文献 [72] 中的 11.2 节, 这里不再详述.

Hilbert 函数空间的正交基是框架界为 1 ($A = B = 1$) 的紧框架. 如果能构造出正交小波基, 那么函数 f 就可以由它的小波系数精确恢复. 历史上第一个正交小波基是 Haar 基. 它是由 Haar 函数

$$\psi(x) = \begin{cases} 1, & 0 \leqslant x < \dfrac{1}{2}, \\ -1, & \dfrac{1}{2} \leqslant x < 1, \\ 0, & \text{否则}, \end{cases}$$

通过二进伸缩 ($a_0 = 2$) 和平移 ($b_0 = 1$) 得到的小波函数族 $\{\psi_{j,k}\}_{j,k\in\mathbb{Z}}$ 构成 $L^2(\mathbb{R})$ 空间的一个标准正交基, 其中

$$\psi_{j,k}(x) := 2^{j/2}\psi(2^j x - k). \tag{2.8.7}$$

Haar 小波函数是紧支撑的不连续函数. J. Strömberg 在 1982 年构造了具有指数衰减并且是 C^k ($k < \infty$) 光滑的正交小波基[273]. Y. Meyer 在 1985 年构造了一个标准正交小波基满足 $\hat{\psi} \in C^k(R), k \in \mathbb{N}$ 并且 $\hat{\psi}$ 是紧支撑的[201]. 之后, S. Mallat

和 Y. Meyer 建立了多分辨分析的框架, 为构造新的正交小波基提供了工具[193, 202]. 除了 Haar 小波基外, 所有这些提到的标准正交小波基都不是有限支撑的. 在多分辨分析的基础上, 1988 年 I. Daubechies 首次构造出具有紧支撑的 C^k 光滑的标准正交小波基[89].

2.8.3 多分辨分析与小波的构造

S. Mallat 和 Y. Meyer 建立了构造一般标准正交小波基的多分辨分析方法.

定义 2.8.4 如果存在一系列 $L^2(\mathbb{R})$ 中的闭子空间 $\{V_j\}_{j\in\mathbb{Z}}$ 和函数 $\phi \in V_0$ 满足下面的条件:

(1) $\cdots V_{-1} \subset V_0 \subset V_1 \cdots$;

(2) $\overline{\cup_j V_j} = L^2(\mathbb{R}), \cap_j V_j = \{0\}$;

(3) $f \in V_0 \Leftrightarrow f(2^j\cdot) \in V_j$;

(4) $f \in V_0 \Rightarrow f(\cdot - k) \in V_0, \forall k \in \mathbb{Z}$;

(5) $\{\phi(\cdot - k)\}_{k\in\mathbb{Z}}$ 是 V_0 的一个标准正交基,

那么 $\{V_j\}_{j\in\mathbb{Z}}$ 构成 $L^2(\mathbb{R})$ 空间的多分辨分析, ϕ 称为尺度函数, V_j 称为尺度空间.

如果 $\{V_j\}_{j\in\mathbb{Z}}$ 构成 $L^2(\mathbb{R})$ 中多分辨分析, 那么

(1) 对任意的 $j \in \mathbb{Z}$, $\{\phi_{j,k}(x) = 2^{j/2}\phi(2^j x - k); k \in \mathbb{Z}\}$ 构成 V_j 的一个标准正交基.

(2) 在 $L^2(\mathbb{R})$ 中存在一个正交小波基 $\{\psi_{j,k}\}_{j,k\in\mathbb{Z}}$, 并且对任意的 $f \in L^2(\mathbb{R})$ 成立

$$P_{j-1}f = P_j f + \sum_{k\in\mathbb{Z}} \langle f, \psi_{j,k}\rangle \psi_{j,k},$$

其中 $P_j f \in V_j, j \in \mathbb{Z}$ 并且 $f - P_j f \perp V_j$, 即 $P_j f$ 是 f 在 V_j 中的正交投影.

下面我们将使用多分辨分析构造正交小波基. 设 W_j 是 V_j 在 V_{j+1} 中的正交补, 即 $V_{j+1} = V_j \oplus W_j$, 那么当 $j > J$ 时 $V_j = V_J \oplus \bigoplus_{k=J}^{j-1} W_k$. 根据定义 2.8.4 可以得到 $L^2(\mathbb{R}) = \bigoplus_{j\in\mathbb{Z}} W_j$, 并且

$$f \in W_0 \Leftrightarrow f(2^j\cdot) \in W_j. \tag{2.8.8}$$

为了构造 $L^2(\mathbb{R})$ 空间中的标准正交基, 如果我们能找到 $\psi \in W_0$, 使得 $\{\psi(\cdot - k)\}_{k\in\mathbb{Z}}$ 构成 W_0 中的标准正交基, 那么根据 (2.8.8), $\{\psi_{j,k}\}_{k\in\mathbb{Z}}$ 是 W_j 的标准正交基, 从而 $\{\psi_{j,k}\}_{j,k\in\mathbb{Z}}$ 是 $L^2(\mathbb{R})$ 空间中的标准正交基.

由 $\phi \in V_0 \subset V_1$ 以及 $\{\phi_{1,k}\}_{k\in\mathbb{Z}}$ 构成 V_1 的标准正交基可得

$$\phi(x) = \sqrt{2}\sum_k h[k]\ \phi(2x - k), \tag{2.8.9}$$

其中 $h \in \ell(\mathbb{Z}), h[k] = \langle \phi(x), \sqrt{2}\phi(2x-k) \rangle$. (2.8.9) 称为尺度方程. 由 (2.8.9) 可得

$$\hat{\phi}(\omega) = \hat{h}(\omega/2)\hat{\phi}(\omega/2), \tag{2.8.10}$$

其中 $\hat{h}(\omega) = \dfrac{1}{\sqrt{2}}\sum\limits_k h[k]\mathrm{e}^{-\mathrm{i}2\pi k\omega}$ 是周期为 1 的函数. 定义 Kronecker delta 函数

$$\delta_{s,t} = \begin{cases} 1, & s = t, \\ 0, & s \neq t. \end{cases}$$

由 $\{\phi(\cdot - k)\}_{k\in\mathbb{Z}}$ 的正交性:

$$\begin{aligned} \delta_{k,0} &= \int \phi(x)\overline{\phi(x-k)}\mathrm{d}x \\ &= \int |\hat{\phi}(\omega)|^2 \mathrm{e}^{\mathrm{i}2\pi k\omega}\mathrm{d}\omega \\ &= \int_0^1 \sum_{l\in\mathbb{Z}} |\hat{\phi}(\omega+l)|^2 \mathrm{e}^{\mathrm{i}2\pi k\omega}\mathrm{d}\omega \end{aligned}$$

得到

$$\int_0^1 \left(\sum_{l\in\mathbb{Z}} |\hat{\phi}(\omega+l)|^2 - 1 \right) \mathrm{e}^{\mathrm{i}2\pi k\omega}\mathrm{d}\omega = 0, \quad \forall k \in \mathbb{Z},$$

即

$$\forall \omega \in \mathbb{R}, \quad \sum_{l\in\mathbb{Z}} |\hat{\phi}(\omega+l)|^2 = 1, \text{ a.e.} \tag{2.8.11}$$

使用式 (2.8.10) 和 (2.8.11) 并令 $\zeta = \omega/2$ 得到:

$$\sum_{l\in\mathbb{Z}} |\hat{h}(\zeta + l/2)|^2 |\hat{\phi}(\zeta + l/2)|^2 = 1, \text{ a.e.}$$

进一步, 将上式的求和分成奇数和偶数部分, 并使用 (2.8.11) 和 $\hat{h}(\omega)$ 的周期性得到

$$|\hat{h}(\zeta)|^2 + |\hat{h}(\zeta + 0.5)|^2 = 1, \text{ a.e.} \tag{2.8.12}$$

由 $f \in W_0 \subset V_1$ 可得 $f = \sum\limits_k g[k]\phi_{1,k}$, 其中 $g[k] = \langle f, \phi_{1,k} \rangle$. 类似地, 有

$$\hat{f}(\omega) = \hat{g}(\omega/2)\hat{\phi}(\omega/2), \tag{2.8.13}$$

其中 $\hat{g}(\omega) = \dfrac{1}{\sqrt{2}}\sum\limits_k g[k]\mathrm{e}^{-\mathrm{i}2\pi k\omega}$ 是周期为 1 的函数. 另外, 由 $f \perp V_0$ 可知, $f \perp \phi_{0,k}$ 对于所有的 k 成立. 于是

$$\int_{-\infty}^{\infty} \hat{f}(\omega)\overline{\hat{\phi}(\omega)}\mathrm{e}^{\mathrm{i}2\pi k\omega}\mathrm{d}\omega = \int_0^1 \mathrm{e}^{\mathrm{i}2\pi k\omega} \sum_{l\in\mathbb{Z}} \hat{f}(\omega+l)\overline{\hat{\phi}(\omega+l)}\mathrm{d}\omega = 0,$$

从而可得

$$\forall \omega \in \mathbb{R}, \quad \sum_l \hat{f}(\omega+l)\overline{\hat{\phi}(\omega+l)} = 0. \tag{2.8.14}$$

将式 (2.8.10) 和 (2.8.13) 代入 (2.8.14), 并利用 (2.8.11) 以及 $\hat{h}$ 和 $\hat{g}$ 的周期性得到

$$\forall \omega \in \mathbb{R}, \quad \hat{g}(\zeta)\overline{\hat{h}(\zeta)} + \hat{g}(\zeta+0.5)\overline{\hat{h}(\zeta+0.5)} = 0, \quad \text{a.e.}$$

由 (2.8.12) 可知 $\overline{\hat{h}(\zeta)}$ 和 $\overline{\hat{h}(\zeta+0.5)}$ 不可能同时为 0, 那么存在一个周期为 1 的函数 $\lambda(\zeta)$ 使得

$$\hat{g}(\zeta) = \lambda(\zeta)\overline{\hat{h}(\zeta+0.5)}, \text{ a.e.} \tag{2.8.15}$$

从而

$$\forall \omega \in \mathbb{R}, \quad \lambda(\zeta) + \lambda(\zeta+0.5) = 0, \quad \text{a.e.}$$

因此, $\lambda(\zeta)\mathrm{e}^{-\mathrm{i}2\pi\zeta}$ 是周期为 0.5 的函数, 记为 $v(2\zeta)$, 即

$$\lambda(\zeta) = \mathrm{e}^{\mathrm{i}2\pi\zeta} v(2\zeta), \tag{2.8.16}$$

其中 v 是周期为 1 的函数. 将式 (2.8.15), (2.8.16) 代入 (2.8.13) 得到

$$\hat{f}(\omega) = \mathrm{e}^{\mathrm{i}\pi\omega}\overline{\hat{h}(\omega/2+0.5)} v(\omega)\hat{\phi}(\omega/2). \tag{2.8.17}$$

由此可构造 ψ 满足

$$\hat{\psi}(\omega) = \mathrm{e}^{\mathrm{i}\pi\omega}\overline{\hat{h}(\omega/2+0.5)}\hat{\phi}(\omega/2).$$

下面需要证明 $\{\psi(\cdot-k)\}_{k\in\mathbb{Z}}$ 是 W_0 的标准正交基. 由上面的推导可知 $\psi \in W_0$. 首先证明 $\{\psi(\cdot-k)\}_{k\in\mathbb{Z}}$ 是正交函数族.

$$\int_{-\infty}^{\infty} \psi(x)\overline{\psi(x-k)}\mathrm{d}x = \int |\hat{\psi}(\omega)|^2 \mathrm{e}^{\mathrm{i}2\pi k\omega}\mathrm{d}\omega = \int_0^1 \sum_{l\in\mathbb{Z}} |\hat{\psi}(\omega+l)|^2 \mathrm{e}^{\mathrm{i}2\pi k\omega}\mathrm{d}\omega.$$

由于

$$\begin{aligned}
\sum_{l\in\mathbb{Z}} |\hat{\psi}(\omega+l)|^2 &= \sum_{l\in\mathbb{Z}} |\hat{h}(\omega/2+l/2+0.5)|^2 |\hat{\phi}(\omega/2+l/2)|^2 \\
&= |\hat{h}(\omega/2+0.5)|^2 \sum_{s\in\mathbb{Z}} |\hat{\phi}(\omega/2+s)|^2 \\
&\quad + |\hat{h}(\omega/2)|^2 \sum_{s\in\mathbb{Z}} |\hat{\phi}(\omega/2+s+0.5)|^2 \\
&= |\hat{h}(\omega/2+0.5)|^2 + |\hat{h}(\omega/2)|^2 \\
&= 1,
\end{aligned}$$

于是

$$\int_{-\infty}^{\infty} \psi(x)\overline{\psi(x-k)}\mathrm{d}x = \delta_{0,k}.$$

接着需要证明 $\{\psi(\cdot - k)\}_{k\in\mathbb{Z}}$ 是 W_0 的基, 即 $f = \sum_k \gamma_k \psi_{0,k}$, 且 $\sum_k |\gamma_k|^2 < \infty$. 或者等价地证明 $\hat{f}(\omega) = \hat{\gamma}(\omega)\hat{\psi}(\omega)$ 且 $\hat{\gamma} \in L^2([0,1])$ 周期为 1. 由式 (2.8.17) 容易得到

$$\hat{f}(\omega) = v(\omega)\hat{\psi}(\omega).$$

下面只需证明 $v(\omega) \in L^2([0,1])$. 首先有 $\int_0^1 |v(\omega)|^2 \mathrm{d}\omega = 2\int_0^{0.5} |\lambda(\omega)|^2 \mathrm{d}\omega$.

$$\begin{aligned}
\int_0^1 |\hat{g}(\omega)|^2 \mathrm{d}\omega &= \int_0^1 |\lambda(\omega)|^2 |\hat{h}(\omega+0.5)|^2 \mathrm{d}\omega \\
&= \int_0^{0.5} |\lambda(\omega)|^2 |\hat{h}(\omega+0.5)|^2 \mathrm{d}\omega + \int_0^{0.5} |\lambda(\omega+0.5)|^2 |\hat{h}(\omega)|^2 \mathrm{d}\omega \\
&= \int_0^{0.5} |\lambda(\omega)|^2 \left(|\hat{h}(\omega+0.5)|^2 + |\hat{h}(\omega)|^2\right) \mathrm{d}\omega \\
&= \int_0^{0.5} |\lambda(\omega)|^2 \mathrm{d}\omega.
\end{aligned}$$

又因为 $\int_0^1 |\hat{g}(\omega)|^2 \mathrm{d}\omega = \frac{1}{2}\sum_k |g[k]|^2 = \frac{1}{2}\|f\|^2 < \infty$. 所以

$$\int_0^1 |v(\omega)|^2 \mathrm{d}\omega = 2\int_0^{0.5} |\lambda(\omega)|^2 \mathrm{d}\omega = 2\int_0^1 |\hat{g}(\omega)|^2 \mathrm{d}\omega = \|f\|^2 < \infty.$$

综合上面的分析, 得到下面的定理.

定理 2.8.3　如果 $\{V_j\}_{j\in\mathbb{Z}}$ 是由尺度函数 ϕ 构成的 $L^2(\mathbb{R})$ 空间的多分辨分析, 构造函数 $\psi(x)$ 使得

$$\hat{\psi}(\omega) = \hat{g}(\omega/2)\hat{\phi}(\omega/2),$$

那么 $\{\psi_{j,k}\}_{j,k\in\mathbb{Z}}$ 构成 $L^2(\mathbb{R})$ 的标准正交小波基, 其中, $\hat{g}(\omega) = \mathrm{e}^{\mathrm{i}2\pi\omega}\overline{\hat{h}(\omega+0.5)}$ 并且 $\forall\omega \in \mathbb{R}$ 满足

$$\begin{aligned}
\hat{g}(\omega)\overline{\hat{h}(\omega)} + \hat{g}(\omega+0.5)\overline{\hat{h}(\omega+0.5)} &= 0, \quad \text{a.e.}, \\
|\hat{g}(\omega)|^2 + |\hat{g}(\omega+0.5)|^2 &= 1, \quad \text{a.e.}
\end{aligned} \tag{2.8.18}$$

在 S. Mallat 和 Y. Meyer 建立的正交小波基多分辨分析的基础上, 研究人员发展了更一般情形的多分辨分析, 包括双正交多分辨分析, 小波框架多分辨分析等.

J. Benedetto 和 S. Li 定义的小波框架多分辨分析将定义 2.8.4 的条件 (5) 改为 $\{\phi(\cdot-k)\}_{k\in\mathbb{Z}}$ 是 V_0 的一个框架[23]. 由他们的框架多分辨分析出发构造小波框架仍然要求 W_j 是 V_j 的正交补. 更一般的, A. Ron 和 Z. Shen 构建的小波框架多分辨分析仅要求 ϕ 满足一个尺度方程, 并由此给出了构建紧小波框架的 UEP (unitary extension principle) 条件[240].

2.8.4 正交小波分解和重构的快速算法

定义 2.8.5 称满足条件 $\forall\omega\in\mathbb{R},\ |\hat{m}(\omega)|^2+|\hat{m}(\omega+0.5)|^2=1$ 的离散滤波器 m 为共轭镜像滤波器, 其中 $\hat{m}(\omega)=\dfrac{1}{\sqrt{2}}\sum\limits_{k\in\mathbb{Z}}m[k]\mathrm{e}^{-\mathrm{i}2\pi k\omega}$.

由式 (2.8.12) 和 (2.8.18) 可知 h 和 g 都是共轭镜像滤波器. 使用这对共轭镜像滤波器可以构建正交小波分解和重构的快速算法.

设 $\{V_j\}_{j\in\mathbb{Z}}$ 构成 $L^2(\mathbb{R})$ 中的多分辨分析, $\{\phi_{j,k}\}_{j,k\in\mathbb{Z}}$ 和 $\{\psi_{j,k}\}_{j,k\in\mathbb{Z}}$ 是相应的尺度函数族和标准正交小波基. 对任意的 $j\in\mathbb{Z}$, $\{\phi_{j,k}\}_{k\in\mathbb{Z}}$ 和 $\{\psi_{j,k}\}_{k\in\mathbb{Z}}$ 分别是 V_j 和 W_j 的标准正交基. 小波分解的目标是给定当前尺度空间 V_j 的系数 $v_j[k]=\langle f,\phi_{j,k}\rangle$, 计算粗尺度空间 V_{j-1} 的系数 $v_{j-1}[k]$ 和小波系数 $w_{j-1}[k]=\langle f,\psi_{j-1,k}\rangle$. 下面推导正交小波分解的 cascade 算法.

cascade 分解算法　由于 $\phi_{j-1,k}\in V_{j-1}\subset V_j$, 那么

$$\begin{aligned}\phi_{j-1,k}&=\sum_{n\in\mathbb{Z}}\langle\phi_{j-1,k},\phi_{j,n}\rangle\ \phi_{j,n}\\&=\sum_{n\in\mathbb{Z}}\int_{-\infty}^{\infty}\phi_{j-1,k}(x)\overline{\phi_{j,n}(x)}\mathrm{d}x\ \phi_{j,n}\\&=\sum_{n\in\mathbb{Z}}\int_{-\infty}^{\infty}2^{(j-1)/2}2^{j/2}\phi(2^{j-1}x-k)\overline{\phi(2^jx-n)}\mathrm{d}x\ \phi_{j,n}.\end{aligned}\tag{2.8.19}$$

令 $y=2^{j-1}x-k$, 由式 (2.8.19) 可得

$$\begin{aligned}\phi_{j-1,k}&=\sum_{n\in\mathbb{Z}}\int_{-\infty}^{\infty}\sqrt{2}\phi(y)\overline{\phi(2y+2k-n)}\mathrm{d}y\ \phi_{j,n}\\&=\sum_{n\in\mathbb{Z}}h[n-2k]\phi_{j,n}.\end{aligned}$$

同理, 由 $\psi_{j-1,k}\in W_{j-1}\subset V_j$ 可得

$$\psi_{j-1,k}=\sum_{n\in\mathbb{Z}}g[n-2k]\phi_{j,n}.$$

令 $\tilde{h}[n]=\overline{h[-n]},\tilde{g}[n]=\overline{g[-n]}$, 那么

$$
\begin{aligned}
v_{j-1}[k] &= \langle f, \phi_{j-1,k} \rangle \\
&= \left\langle f, \sum_{n\in\mathbb{Z}} h[n-2k]\phi_{j,n} \right\rangle \\
&= \sum_{n\in\mathbb{Z}} \overline{h[n-2k]} \langle f, \phi_{j,n} \rangle \\
&= (\tilde{h} * v_j)[2k]; \\
w_{j-1}[k] &= \langle f, \psi_{j-1,k} \rangle \\
&= \left\langle f, \sum_{n\in\mathbb{Z}} g[n-2k]\phi_{j,n} \right\rangle \\
&= \sum_{n\in\mathbb{Z}} \overline{g[n-2k]} \langle f, \phi_{j,n} \rangle \\
&= (\tilde{g} * v_j)[2k].
\end{aligned}
$$

cascade 算法通过卷积和下采样获得粗尺度空间的分解系数.

重构算法　重构算法考察如何由 v_{j-1} 和 w_{j-1} 得到 v_j. 由于 $V_j = V_{j-1} \oplus W_{j-1}$, $\{\phi_{j-1,k}\}_{k\in\mathbb{Z}} \cup \{\psi_{j-1,k}\}_{k\in\mathbb{Z}}$ 是 V_j 的标准正交基, 那么有

$$
\begin{aligned}
\phi_{j,k} &= \sum_{n\in\mathbb{Z}} \langle \phi_{j,k}, \phi_{j-1,n} \rangle \phi_{j-1,n} + \sum_{n\in\mathbb{Z}} \langle \phi_{j,k}, \psi_{j-1,n} \rangle \psi_{j-1,n} \\
&= \sum_{n\in\mathbb{Z}} \overline{h[k-2n]} \phi_{j-1,n} + \sum_{n\in\mathbb{Z}} \overline{g[k-2n]} \psi_{j-1,n}.
\end{aligned} \tag{2.8.20}
$$

式 (2.8.20) 两边与 f 作内积, 得到

$$
\begin{aligned}
v_{j,k} &= \left\langle f, \phi_{j,k} \rangle = \langle f, \sum_{n\in\mathbb{Z}} \overline{h[k-2n]} \phi_{j-1,n} + \sum_{n\in\mathbb{Z}} \overline{g[k-2n]} \psi_{j-1,n} \right\rangle \\
&= \sum_{n\in\mathbb{Z}} h[k-2n] \langle f, \phi_{j-1,n} \rangle + \sum_{n\in\mathbb{Z}} g[k-2n] \langle f, \psi_{j-1,n} \rangle \\
&= \sum_{n\in\mathbb{Z}} h[k-2n] v_{j-1,n} + \sum_{n\in\mathbb{Z}} g[k-2n] w_{j-1,n}.
\end{aligned} \tag{2.8.21}
$$

对于任意给定的序列 $\{a[k]\}$, 令

$$
\tilde{a}[k] = \begin{cases} a[n], & k = 2n, \\ 0, & k = 2n+1, \end{cases}
$$

那么由式 (2.8.21) 可得

$$
v_{j,k} = (h * \tilde{v}_{j-1})[k] + (g * \tilde{w}_{j-1})[k].
$$

2.9 重构模型及适定性分析

设 $\mathcal{X},\mathcal{Y}$ 是 Hilbert 空间, $g\in\mathcal{Y}, f\in\mathcal{X},\ A:\mathcal{X}\to\mathcal{Y}$ 是有界线性算子并且满足

$$Af=g. \tag{2.9.1}$$

所谓重构, 就是已知 g, 由式 (2.9.1) 恢复 f 的过程.

下面给出 Hadamard 适定性的定义[110, 143].

定义 2.9.1 如果问题 (2.9.1) 满足以下三个条件:

(1) 方程 (2.9.1) 的解存在;

(2) 方程 (2.9.1) 的解是唯一的;

(3) 方程 (2.9.1) 的解关于 g 是连续的,

则称该问题是适定的.

如果上述三个条件中有一个不成立, 那么称重构问题 (2.9.1) 是不适定的, 即满足下面三种情形之一:

(1) 方程 (2.9.1) 无解;

(2) 方程 (2.9.1) 有解但不唯一;

(3) 方程 (2.9.1) 的解不稳定, 即解 f 关于 g 是不连续的.

如果条件 (1) 不满足, 可以寻求 (2.9.1) 的广义解, 即在逼近意义下的解; 如果条件 (2) 不满足, 可以附加一些条件迫使解唯一, 比如范数极小等条件. 如果条件 (3) 不满足, 有可能引起严重的数值问题, 导致数值方法不稳定. 因此如何获得稳定的解是不适定问题研究的主要内容. 正则化方法已经成为解决该问题的重要手段. 事实上, 没有数学工具能够使得本质上不稳定的问题变得稳定. 正则化方法能够做的是在尽可能稳定的条件下恢复解的部分信息, 在解的精确性和稳定性之间寻求一种平衡.

设 $\mathcal{R}(A)$ 表示算子 A 的值域, $\mathcal{N}(A)$ 表示算子 A 的零空间. 适定性定义的条件 (1) 等价于 $g\in\mathcal{R}(A)$. 适定性定义的条件 (2) 等价于 $\mathcal{N}(A)=\{0\}$. 如果 (1) 和 (2) 都成立, 那么 A^{-1} 存在. 适定性定义的条件 (3) 等价于 A^{-1} 连续或有界.

首先, 我们指出在一定条件下存在唯一的最佳逼近解.

定义 2.9.2 [110] 设 $A:\mathcal{X}\to\mathcal{Y}$ 是一个有界线性算子.

(1) 如果 $f\in\mathcal{X}$ 且满足条件

$$\|Af-g\|=\inf\left\{\|As-g\|:s\in\mathcal{X}\right\},$$

其中范数由 Hilbert 空间中内积定义, 则称 f 为 $Af=g$ 的最小二乘解. 全体最小二乘解构成的集合记为 $\mathcal{S}(A)$.

(2) 如果 $f \in \mathcal{S}(A)$ 且满足条件

$$\|f\| = \inf\{\|s\| : s \in \mathcal{S}(A)\},$$

则称 $f \in \mathcal{X}$ 为 $Af = g$ 的最佳逼近解.

设 A 是有界线性算子, $A^\dagger$ 是 A 的 Moore-Penrose 广义逆. 最佳逼近解和 $A^\dagger$ 有下面的关系.

定理 2.9.1　设 $g \in \mathcal{D}(A^\dagger)$, 那么 $Af = g$ 有唯一最佳逼近解, 记作 $f^\dagger$, 且

$$f^\dagger = A^\dagger g,$$

其中 $\mathcal{D}(A^\dagger) = \mathcal{R}(A) \dot{+} \mathcal{R}(A)^\perp$. 而所有最小二乘解的集合是

$$f^\dagger + \mathcal{N}(A) = \left\{f^\dagger + g : Ag = 0\right\}.$$

定理 2.9.2　设 $g \in \mathcal{D}(A^\dagger)$, 那么 $f \in \mathcal{X}$ 称为 $Af = g$ 的最小二乘解当且仅当法方程:

$$A^* A f = A^* g \tag{2.9.2}$$

成立, 其中 A^* 表示 A 的伴随算子.

由定理 2.9.2 可得

$$A^\dagger = (A^* A)^\dagger A^*.$$

最佳逼近解从理论上解决了解的存在唯一性. 但仍无法保证解关于 g 是连续的, 因为 $A^\dagger$ 可能无界 (或不连续), 因此需引入正则化方法, 即考虑一族有界线性算子 $\{T_\alpha : \alpha > 0\}$, $T_\alpha : \mathcal{Y} \to \mathcal{X}$ 满足

$$\lim_{\alpha \to 0} T_\alpha g = A^\dagger g.$$

显然, 如果 $A^\dagger$ 无界, 那么当 $\alpha \to 0$ 时, $\|T_\alpha\| \to \infty$. 使用正则化, 我们在逼近意义下求解 (2.9.1). 令 $g^\delta \in \mathcal{Y}$ 满足 $\|g - g^\delta\| \leqslant \delta$, 并且 $\alpha(\delta)$ 满足

$$\text{当 } \delta \to 0 \text{ 时}, \ \alpha(\delta) \to 0, \ \|T_{\alpha(\delta)}\|\delta \to 0,$$

那么, 当 $\delta \to 0$ 时,

$$\begin{aligned} \|T_{\alpha(\delta)} g^\delta - A^\dagger g\| &\leqslant \|T_{\alpha(\delta)}(g^\delta - g)\| + \|T_{\alpha(\delta)} g - A^\dagger g\| \\ &\leqslant \|T_{\alpha(\delta)}\|\delta + \|T_{\alpha(\delta)} g - A^\dagger g\| \\ &\to 0, \end{aligned}$$

其中 α 称为正则化参数.

常用的正则化方法有三种 [110, 207]: 奇异值分解 (SVD) [91]、Landweber 型迭代正则化、Tikhonov 型正则化. 下面分别予以简要介绍.

奇异值分解 设 A 是 Hilbert 空间 $\mathcal{X}$ 上的紧线性算子, 那么 A 的伴随算子 A^* 以及 A^*A 都是紧算子, 从而存在 $\mathcal{X}$ 上的一组标准正交基 $\{\phi_n\}$, 满足

$$A^*A\phi_n = \mu_n^2\phi_n,$$

称 μ_n 是算子 A 的奇异值. 由 $\langle A^*A\phi_n, \phi_n\rangle = \langle A\phi_n, A\phi_n\rangle = \mu_n^2$ 可得 $\mu_n = \|A\phi_n\|$. 令 $\psi_n = \mu_n^{-1}A\phi_n$, 那么对任意的 $f \in \mathcal{X}, f = \sum\limits_{j=1}^{\infty}\langle f, \phi_j\rangle\phi_j$ 有

$$A\phi_n = \mu_n\psi_n, \quad A^*\psi_n = \mu_n\phi_n,$$

以及 A 的奇异值分解

$$Af = \sum_j \mu_j\langle f, \phi_j\rangle\psi_j.$$

此时 f 的最佳逼近解 $A^\dagger g$ 表示为

$$A^\dagger g = \sum_j \mu_j^{-1}\langle g, \psi_j\rangle\phi_j. \tag{2.9.3}$$

当 $\mu_j \to 0\ (j \to \infty)$ 时, f 的最佳逼近解 $A^\dagger g$ 是不适定的. 从而

$$T_\alpha g = \sum_{\mu_j \geqslant \alpha} \frac{\langle g, \psi_j\rangle}{\mu_j}\phi_j$$

是满足 $\|T_\alpha\| \leqslant \dfrac{1}{\alpha}$ 的正则化.

通常使用奇异值 μ_j 的衰减率来衡量 (2.9.1) 不适定的程度. 根据式 (2.9.3), 衰减越快不适定程度越强. 多项式衰减 ($\mu_j = O(j^{-\gamma}), \gamma > 0$) 通常认为是轻度不适定的, 而指数衰减 ($\mu_j = O(\mathrm{e}^{-j})$) 认为是严重的不适定的.

Landweber 型迭代正则化 1951 年 L. Landweber 证明了, 在 A 是紧算子且 $g \in \mathcal{D}(A^\dagger)$ 的条件下, 迭代格式

$$f_{k+1}^\delta = f_k^\delta + A^*(g^\delta - Af_k^\delta) \tag{2.9.4}$$

是强收敛的, 其中 g^δ 是带噪声的数据 [177]. 等价的 Landweber 迭代包括 Cimmino 方法 [74]、SIRT 算法, 以及带限函数外推的 Gerchberg-Papoulis 方法 [220, 244, 245].

考虑一般的迭代格式

$$f_{k+1} = B_kf_k + C_kg,$$

其中 B_k, C_k 是有界线性算子. 假设 $f_k \to A^\dagger g$. 设 $\alpha > 0$ 满足当 $\alpha \to 0$ 时 $k(\alpha) \to \infty$, 那么

$$T_\alpha f = f_{k(\alpha)}$$

是迭代法的一种正则化. 确定合适的正则化参数 α 等价于选取合适的迭代次数停止迭代, 因此称为提前终止 (early stopping).

Tikhonov 型正则化　经典的 Tikhonov 正则化定义为

$$T_\alpha = (A^*A + \alpha I)^{-1}A^*,$$

那么

$$f_\alpha^\delta = T_\alpha g^\delta \tag{2.9.5}$$

是法方程 $A^*Af = A^*g$ 的正则化形式, 其中 g^δ 是 g 的扰动. 下面的定理给出了 Tikhonov 正则化的变分形式.

定理 2.9.3　设 $f_\alpha^\delta = (A^*A + \alpha I)^{-1}A^*g^\delta$, 那么 f_α^δ 是 Tikhonov 泛函

$$\mathscr{E}(f) = \|Af - g^\delta\|^2 + \alpha\|f\|_2^2$$

的唯一极小解.

如果将上式中正则化项的 2 范数换成 1 范数, 可以得到合成模型 (synthesis model)

$$\mathscr{E}(f) = \|Af - g^\delta\|^2 + \alpha\|f\|_1.$$

在合成模型中假设 f 是稀疏的. 当 f 在某种变换 W 下具有稀疏性时, 可以得到解析模型 (analysis model)

$$\mathscr{E}(f) = \|Af - g^\delta\|^2 + \alpha\|Wf\|_1,$$

这里 W 可以表示正交小波变换、小波框架等.

另一种经典的 1 范数正则化是 TV 正则化, 即

$$\mathscr{E}(f) = \|Af - g^\delta\|^2 + \alpha\|\nabla f\|_1.$$

第3章　CT 数据及冷冻电镜图像的采集原理和方法

本章介绍 CT 数据采集的物理原理和采集方式、单颗粒冷冻电镜图像以及冷冻电子断层图像的采集原理和采集方式.

3.1　CT 数据采集原理

本节将对 X 射线 CT 的基本工作原理进行简要介绍, 相关内容可参考文献 [3, 19, 41, 157, 295]. 关于 X 光管产生 X 射线的物理原理我们在此不作介绍, 有兴趣的读者可参考文献 [2, 6, 41, 295].

X 射线 CT 的基本工作原理是由 X 光管发射 X 射线透射目标物体 (如人体组织), 穿透之后由与 X 射线探测器相连的数据获取系统进行数据采集, 最后由重构引擎对得到的探测数据进行重构, 得到诊断图像. 从位置分布上来看, X 光管与 X 射线探测器分别位于目标物体的两侧. 在执行 CT 扫描的过程中, X 射线源与 X 射线探测器同时绕目标物体以较高的恒定速度旋转, 每旋转一定的角度进行一次投影采样. CT 的投影采样表示在采样期间对 X 光子束流的积分, 即记录下经目标物体衰减后射入 X 射线探测器的 X 光子束流. 入射 X 光子中的一部分被目标物体吸收或者经散射离开了原来的光子束, 剩余部分则沿着直线穿透目标物体到达 X 射线探测器. 对临床 X 射线 CT 而言, X 光子的能量分布大约在 $20 \sim 140$ keV. 在该范围内, X 射线与人体组织的相互作用主要有三种, 分别是光电效应、Compton 散射和相干散射. 下面就对这三种物理现象进行简要介绍.

1. *光电效应*

光电现象最早由德国物理学家 H. Hertz 于 1887 年发现. 之后 A. Einstein 于 1905 年提出了光子假设, 成功解释了光电效应, 并因此获得了 1921 年诺贝尔物理学奖. 究竟其原理是什么呢? X 射线穿过物质时与其原子的内层电子相互作用, 当 X 光子能量大于电子结合能时, 它将全部能量给予电子, 获得能量的电子摆脱原子核的束缚成为自由电子 (通常称为光电子), 而入射光子本身被原子吸收的过程称为光电效应. 因放出光电子的原子缺少一个电子, 所以该原子所处的状态是不稳定的, 其内层电子空穴随即被外层高能态电子跃入填充, 造成一次特征辐射, 从而生成特征辐射光子. 因此, 光电效应会产生一个光电子、一个正离子 (即丢失电子的原子) 和一个新光子 (即特征辐射光子).

就单个原子而言, 轨道电子与原子核结合得越紧密就越容易发生光电效应. 也就是说, 一般情况下光电效应更容易在电子层的 K 层发生 (注: 电子在原子中处于不同的能级状态, 粗略说是分层分布的, 故电子层又叫能层. 电子层可用 n ($n=1, 2, \cdots$) 表示, $n=1$ 表示第一电子层 (K 层), $n=2$ 表示第二电子层 (L 层), 依次 $n=3, 4, 5, \cdots$ 时分别表示第三 (M 层), 第四 (N 层), 第五 (O 层), $\cdots$). 在人体组织中, Ca 是原子序数最高的主要元素和骨骼的主要成分之一, 其 K 层电子的结合能只有 4keV; 其他主要元素的 K 层电子结合能更小, 大约只有 0.5keV. 因此光电子几乎获得了全部 X 光子的能量. 而特征辐射光子的能量非常低, 故这种新光子的传播距离非常短 (不到毫米量级), 很快就被周围组织吸收. 另外, 光电效应的发生概率与原子序数的立方成正比, 而与 X 射线光子能量的立方成反比[295].因此, 即使原子序数差别不大的组织也会使发生光电效应的概率有很大的差别. 这就导致了不同组织对 X 射线光子的吸收率有较大的区别, 从而获得了较高的对比度; 同时, 较低能量的 X 射线光子对低对比度组织的区分起很重要的作用.

2. Compton 散射

Compton 效应于 1923 年由美国物理学家 A. Compton 首先观察到, 并在随后的几年间由他的研究生吴有训进一步证实, A. Compton 因发现此效应而获得 1927 年诺贝尔物理学奖. Compton 散射是 X 光子与人体组织相互作用最重要的机制之一. 当入射 X 光子能量远远超过电子结合能时, X 光子撞击原子的外层电子 (相当于自由电子) 使其脱位, 将部分能量传递给电子, 使 X 光子的频率发生改变并与其入射方向成 β 角 ($0° \leqslant \beta \leqslant 180°$) 偏转或散射 (Compton 散射光子), 获得足够能量的电子脱离原子与 X 光子入射方向成 α 角 ($0° \leqslant \alpha \leqslant 90°$) 飞出 (Compton 反冲电子). 因此, 发生 Compton 散射之后, 产生了一个散射光子, 一个反冲电子和一个正离子 (丢失电子的原子), 并且散射光子仍保留大部分能量, 而传递给反冲电子的能量是很少的. 由于入射光子只有少部分的能量被吸收, 故病人因 Compton 散射而吸收的能量 (辐射剂量, 即单位质量物质吸收的总能量) 显著小于光电效应. 值得注意的是, Compton 散射的发生概率与物质的电子密度相关, 与原子序数无关. 又因为人体不同组织的电子密度相差很小, 所以 Compton 散射几乎不能提供不同组织之间的对比度信息. 相反, 散射光子的能量相对入射光子的差别很小. 散射光子会较对称地分布在整个空间, 可能对检查人员产生辐射, 还会降低诊断图像对比度, 因此医用 CT 要努力减小 Compton 散射的影响.

3. 相干散射

当一个入射光子与内层轨道电子碰撞后, 电子没有被击出, 光子却被吸收了, 被击原子随即又释放出一个能量与入射光子相同的散射光子, 但是传播方向发生了变化, 这实际上也就是光子的折射. 这种相干散射也称为 Rayleigh 散射. 相干散射是在 X 光子与物质相互作用中唯一不发生电离的过程, 因此不会对人体产生电离辐射. 在医疗诊断 X 光子的能量范围内相干散射现象都会产生, 但发生的概率相对其他两种效应会低很多.

随着入射光子能量的增加, 发生光电效应的概率会迅速下降, 而发生 Compton 散射的概率会迅速上升, 发生相干散射的概率始终保持低位. 由于这三种相互作用是彼此独立的, 它们最终的结果都是导致部分入射光子被吸收或者散射, 所以总的衰减系数应该是这三种衰减系数之和. 需要指出的是, 光电效应是导致人体不同组织的 X 射线衰减系数产生较大差异的主要因素, 进而产生高对比度诊断图像. 但是入射 X 光子的能量通过光电效应全部被人体吸收, 相比 Compton 散射产生的辐射剂量要大得多. 利用高能量的 X 射线技术能达到降低辐射剂量的目的, 但往往是以降低对比度为代价的, 因此需要在对比度与剂量之间寻找平衡点.

下面对这些相互作用的物理过程进行数学建模. 由前面的描述可知, X 光子束穿过物体时强度会发生衰减. 假设单能 (能量或强度恒定) 的入射 X 光子束穿透某种结构 (电子密度和原子序数) 均匀的材料, 如图 3.1.1 所示. 由 Beer-Lambert 定律知道:

$$I = I_0 \mathrm{e}^{-fl}, \tag{3.1.1}$$

其中 $f = f_\mathrm{p} + f_\mathrm{c} + f_\mathrm{r}$ 为总的衰减系数, f_p, f_c 与 f_r 分别为光电效应、Compton 散射与相干散射相互作用的衰减系数, I 与 I_0 分别为透射与入射 X 光子束的强度, l 为材料厚度. 注意, 均匀材料的 f 是一非负常数; 非均匀材料的 f 是依赖于材料属性的函数, 记为 $f(\boldsymbol{x})$, 其中 $\boldsymbol{x} \in \mathbb{R}^n$, $n = 2$ 或 3. 将 (3.1.1) 写成如下微分形式:

$$\frac{\mathrm{d}I}{I} = -f\mathrm{d}l, \tag{3.1.2}$$

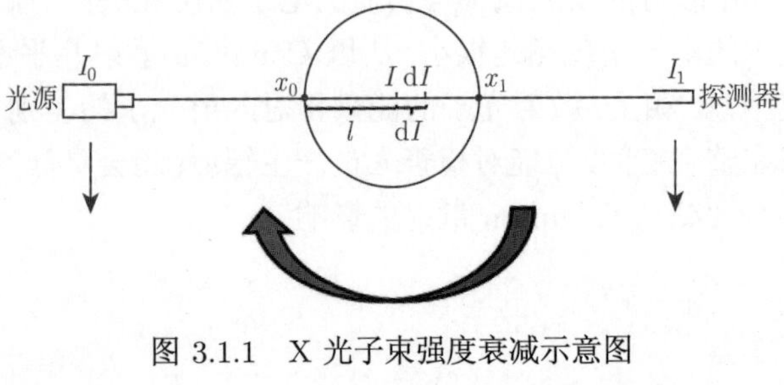

图 3.1.1 X 光子束强度衰减示意图

表示强度为 I 的 X 光子束经过厚度微元 $\mathrm{d}l$ 之后减少的强度为 $\mathrm{d}I$, 如图 3.1.1 所示. 经量纲分析, 易知衰减系数的单位是长度单位分之一 (m^{-1}). 现考虑对一般材料的衰减过程. 由 (3.1.2), 有

$$\ln\frac{I_0}{I_1}=\int_{x_0}^{x_1}f(\boldsymbol{x})\mathrm{d}l, \tag{3.1.3}$$

即

$$\mathbf{R}f(\boldsymbol{\theta},s)=\int_{H(\boldsymbol{\theta},s)}f(\boldsymbol{x})\mathrm{d}l, \tag{3.1.4}$$

其中 $H(\boldsymbol{\theta},s):=\{\boldsymbol{x}\in\mathbb{R}^n:\boldsymbol{x}^{\mathrm{T}}\boldsymbol{\theta}=s\}$ 为经过 x_0 与 x_1 的直线, l 表示沿直线 H 的长度, $\mathbf{R}f(\boldsymbol{\theta},s)$ 可看成是一个探测数据. (3.1.4) 建立了 X 射线沿着直线 H 穿透物体时发生衰减的数学模型. 因为最早由奥地利数学家 J. Radon 于 1917 年对其进行了系统的研究, 所以映射 $f\mapsto\mathbf{R}f$ 称为 Radon 变换 (参考 2.4 节)[234, 260]. 另外需要指出的是, Radon 变换只是对上述物理过程的一个近似, 仅在理想条件下成立, 因为: ① 它假设 X 光子束是无限细的, 即可用直线表示; ② 它假设 X 光子束是单能的, 即物质对 X 射线的衰减系数与 X 射线的能量无关; ③ 它假设每个数据测量没有因有限的光子穿透而导致严重的统计波动. 事实上, 这三个假设在实际作用过程中都不可能精确成立, 但产生的误差原则上可以被控制得很小[260]. 当然还存在许多其他的误差来源, 如量子噪声、电子噪声等[61].

3.2　CT 数据采集方法

在 3.1 节中介绍了 X 射线 CT 的基本工作原理, 本节将对其数据采集方式 (扫描几何) 与采集模式进行阐述. 事实上, 自 20 世纪 70 年代第一台可供临床应用的 X 射线 CT 扫描仪问世以来[155], CT 扫描仪几经更新换代, 其技术得到了飞速的发展, 各项性能指标 (空间分辨率、时间分辨率、重构速率和质量、主要部件性能等) 都取得了长足的进步, CT 设备的数据采集方法也随之变化[3,41,157,166].

3.2.1　平行投影

为了便于描述, 首先给出第一代 X 射线 CT 设备数据采集方式的示意图 (图 3.2.1). 可以看出, 第一代设备只有一个 X 射线光源和一个探测器. 在执行扫描的过程中, 经一次采样之后, 光源与探测器同时沿着与射束垂直的方向平移到下一位置进行采样, 在一个角度采样完成后, 光源与探测器同时旋转到下一个角度进行采样, 如此依次推进, 直到完成整个采样过程. 从数据采集方式上来看, 每个角度或每次平移采样结束之后所获得的探测数据可认为是通过平行投影的方式得到的, 并且整个采样过程利用了平移加旋转的方式. 从临床的角度来说, 第一代设备完成数据采集所需的时间大约是几分钟, 故采样效率低下, 容易受到病人运动的影响而导致重

构图像产生严重的伪影, 于是自然地会提出这样一个问题: 怎样才能进一步提高数据采集的效率? 该问题的解决催生了第二代 X 射线 CT 设备, 其数据采集方式如图 3.2.2 所示. 与第一代设备类似, 第二代设备也利用了平移加旋转的采集方式. 但与之不同的是, 每次平移采样结束, 第二代设备同时获得了 n 个等角度的平行投影,

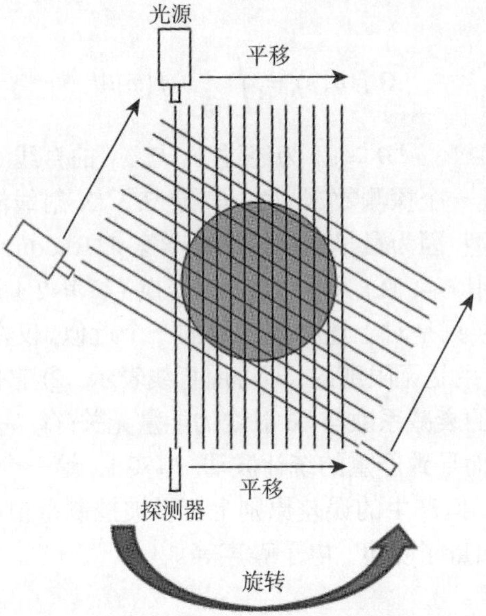

图 3.2.1　第一代 X 射线 CT 数据采集方式示意图

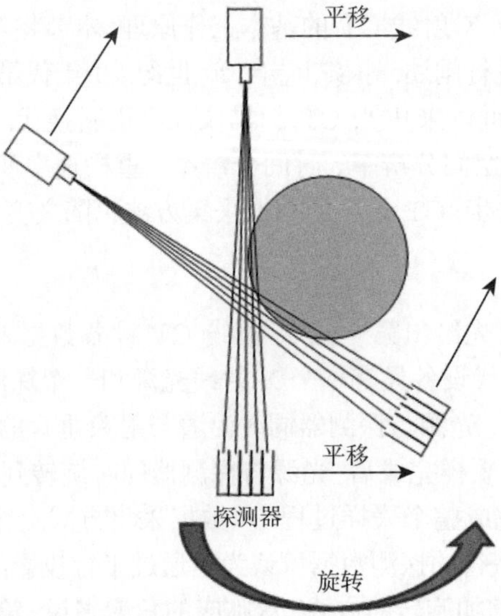

图 3.2.2　第二代 X 射线 CT 数据采集方式示意图

其中 n 表示探测器通道的个数. 这样其光源与探测器每次旋转的角度就可以达到第一代的 n 倍, 从而大大提高了扫描效率, 使整个扫描过程能在十几秒之内完成. 这对人体大范围扫描而言具有重要的意义.

3.2.2 扇形束投影

扇形束投影是单层第三代 X 射线 CT 设备探测数据的采集方式. 此外, 对于单层第四代 X 射线 CT 设备而言, 其数据采集方式也等价于扇形束投影. 现仅以单层第三代 X 射线 CT 设备为例进行说明, 第三代 X 射线 CT 设备的 X 光源可看成是一个点光源, 探测器相当于分布在以点光源为圆心的圆弧上. 探测器含有足够多的通道, 使整个检测目标始终位于其视场范围之内, 所以在整个扫描过程中, 不需要平移 X 光源和探测器, 只需作 X 光源和探测器的旋转操作就可以完成整个采样. 在绕公共中心点旋转的过程中, X 光源和探测器始终保持相对静止. 由于运动模式简单, 扫描效率得到显著提高, 完成整个扫描过程一般只需几秒种. 从几何的角度来说, 扇形束投影可分成两种: 一种是针对平面探测器的, 称为等距扇形束投影; 另一种是针对弧面探测器的, 称为等角扇形束投影, 如图 3.2.3 所示. 从该图可以看出, 在等距扇形束投影中, 探测器通道均等间距地分布在直线上, 执行等间距采样; 在等角扇形束投影中, 探测器通道均等夹角地分布在以 X 光源为圆心的圆弧上, 执行等夹角采样. 这两种探测器都有着广泛的应用.

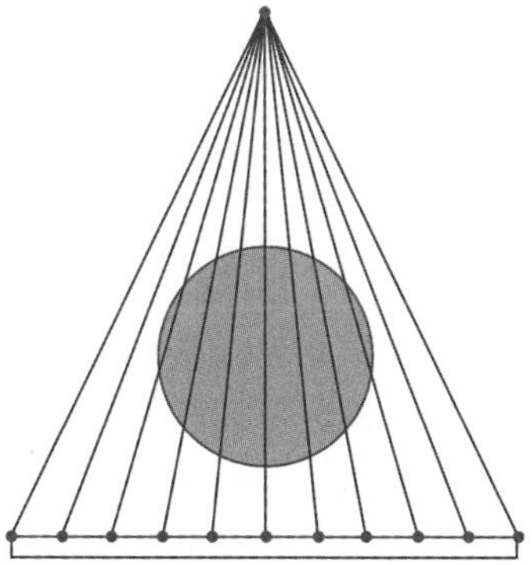

(a)

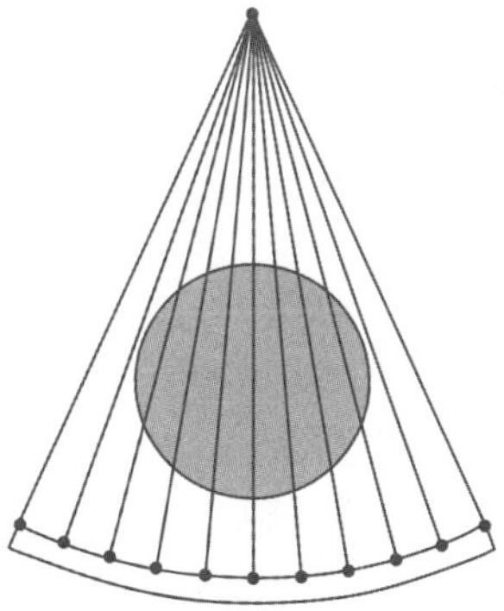

(b)

图 3.2.3　(a) 等距扇形束投影示意图; (b) 等角扇形束投影示意图

3.2.3 锥形束投影

锥形束投影是扇形束投影的进一步发展. 从几何上来看, X 光源同样可看成是一个点光源, 探测器分布在以点光源为球心的平面或者曲面上. 在每个投影角度上采样都可以获得一个二维阵列的探测数据, 如图 3.2.4 所示. 从探测器配置上来说,扇形束投影是针对单层探测器而言的, 而锥形束投影是针对多层探测器的. 多层探测器的每一层都称为一行, 它们相互平行, 并与旋转中心轴 (z 轴) 垂直. 这样, 单个旋转周期内锥形束投影在 z 轴上有更广的覆盖范围, 从而使具备这种数据采集方式的 CT 扫描仪的体积覆盖能力大大提高, 进而能更加有效地利用 X 光管发射的 X 射线, 同时得到更均匀的空间分辨率.

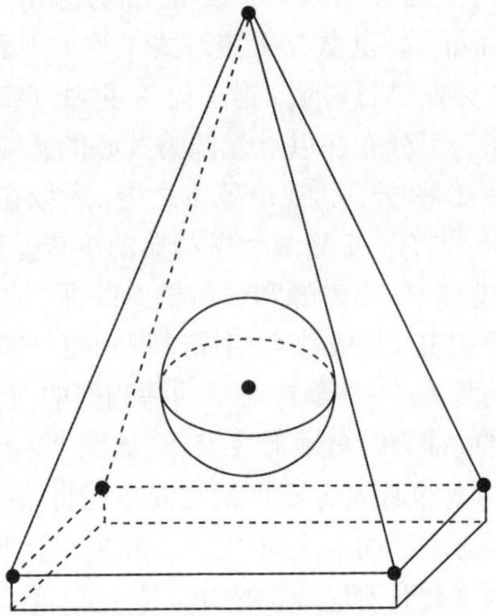

图 3.2.4　锥形束投影示意图

3.2.4　数据采集模式

前面讨论了 X 射线 CT 设备在不同扫描几何下的数据采集方式, 本节将对其数据采集模式进行介绍. 传统的 CT 扫描仪的数据采集模式是步进 (step-and-shoot) 式的, 即在数据获取周期内, 检查床保持静止, 而 X 光管和探测器以恒定的速度绕检查床上的病人旋转, 待这一周期的数据采集完之后, 停止采样或者检查床再移动到另一位置, 进入下一个采样周期. 在这种模式下, X 光源的运动轨迹是一些相互平行且半径相等的圆. 注意, 这些圆的圆心均在旋转中心轴上. 图 3.2.5 是步进采集模式的示意图.

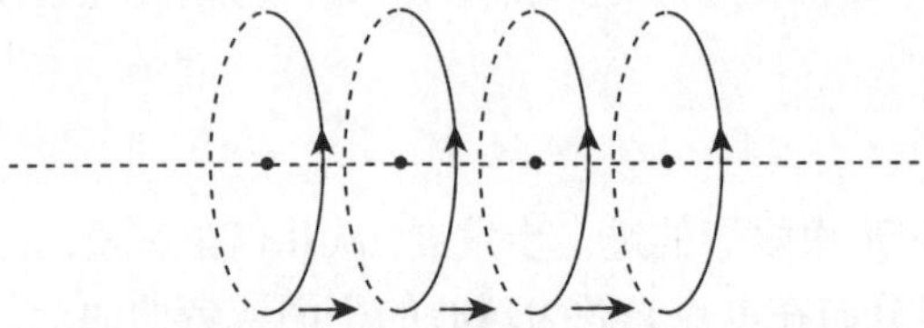

图 3.2.5　步进采集模式示意图

为了能够在单次屏气的时间内扫描整个器官或者扫描长形的物体, 并且连续不断地获得投影数据, 螺旋采集模式的 CT 扫描仪应运而生[96, 292]. 这种模式的 CT 称为螺旋 CT. 在数据采集过程中, 检查床保持恒定的速度沿 z 轴运动, 同时 X 光管和探测器以恒定的速度绕检查床上的病人旋转, 这时 X 光管相对病人的运动轨迹就为螺旋线, 如图 3.2.6 所示.

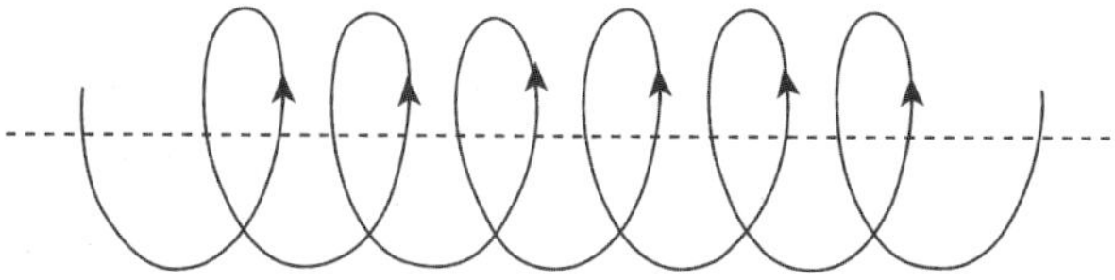

图 3.2.6　螺旋采集模式示意图

需要说明的是, 在以上两种数据采集模式下, X 光管发射的 X 射线的扫描几何可以是扇形束也可以是锥形束, 其关键取决于准直器和探测器的配置.

3.3　冷冻电镜图像采集原理

由于生物大分子在透射电子显微镜下成像具有衬度低、难以直接观察等特点, 因此需要特殊的样品制备方法增强生物大分子成像的衬度. 负染样品制备法通过使用重金属盐能够产生高衬度的图像, 但是只能获得分子外部轮廓曲面的图像, 因此只能重构出生物大分子的轮廓形状, 无法获得内部的结构信息. 冷冻样品制备法通过将含水的生物大分子迅速冷却, 形成玻璃态的冰, 从而能够较好地保持生物大分子的内部结构, 进而使用电子显微镜成像并使用平均的方法和图像处理技术获得高分辨率的三维结构. 冷冻样品制备法使得使用电子显微镜获得高分辨率的三维生物大分子结构成为可能, 近几十年来, 冷冻电镜技术取得了令人瞩目的进步[119, 120].

冷冻电镜图像采集的基本步骤如下.

(1) 在真空中, 将含水样品置于带有有孔碳膜的金属网格上, 支撑和稳定样品.

(2) 把网格迅速插入冷冻剂 —— 液态乙烷中, 使水膜冷冻成玻璃态. 高速的冷却过程能够阻止水晶体化 (晶体化导致体积改变从而破坏生物样品).

(3) 将样品网格转入液态氮中, 置于透射电子显微镜下, 使用低剂量电子束照射, 用 CCD (charge-coupled device) 相机记录图像.

由于上述步骤需要人工操作, 成功率直接依赖于试验者的技能. 相比于其他样品准备方法, 冷冻样品制备法的优势在于低温下可以极大地减少电子辐射对样品的破坏, 并且记录图像中的衬度真实地反映了生物体自身的结构状态, 这是因为样品的不同结构影响了样品的散射衬度, 从而改变了记录图像的衬度. 此外, 物镜的失焦量、物镜光阑的大小等也影响图像的衬度. 轻微的失焦能够增加图像的衬度. 但是, 失焦下得到的图像在光学上是失真的, 需要使用衬度传递函数进行校正.

电子束穿过生物样品时产生弹性和非弹性的散射. 弹性散射仅仅引起入射电子波相位的改变而没有能量的损失. 电子穿过样品的一般透射函数模型为

$$\psi(\boldsymbol{x}) = f(\boldsymbol{x}) \exp\left(-\mathrm{i}\phi_t(\boldsymbol{x})\right), \tag{3.3.1}$$

其中 $\boldsymbol{x} = [x, y]^{\mathrm{T}}$, $f(\boldsymbol{x})$ 是振幅. 这里我们假设 $f(\boldsymbol{x}) \equiv 1$. 根据透射电镜成像原理, 电子波沿 z 方向穿过厚度为 t 的生物样品时发生弹性散射的相位改变量为

$$\phi_t(\boldsymbol{x}) \simeq \sigma \int_0^t C(\boldsymbol{x}, z)\mathrm{d}z := \sigma v_t(\boldsymbol{x}),$$

其中 $C(\boldsymbol{x}, z)$ 是生物样品内三维库伦势能分布, σ 是交互作用常数. 对于非常薄的生物样品, 根据弱相位逼近假设, $\phi_t(\boldsymbol{x}) \ll 1$, 将式 (3.3.1) 按级数展开并忽略高阶项可得

$$\psi(\boldsymbol{x}) \simeq 1 - \mathrm{i}\sigma v_t(\boldsymbol{x}).$$

考虑到物镜像差函数 $B(\omega) = \exp(\mathrm{i}\chi(\omega))$、物镜光阑函数 $A(\omega)$ 以及包络函数 $E(\omega)$ 的影响, 到达成像平面时的电子波函数在 Fourier 空间可表示为

$$G(\omega) = \Psi(\omega)A(\omega)B(\omega)E(\omega),$$

其中 $\chi(\omega) = -\pi\Delta z\lambda\omega^2 + \frac{1}{2}\pi C_s\lambda^3\omega^4$, λ 是电子波长, Δz 是失焦量, C_s 是三阶球差常数. $\Psi(\omega)$ 是 $\psi(\boldsymbol{x})$ 的 Fourier 变换. 令 $H(\omega) = A(\omega)B(\omega)E(\omega)$, 那么 $G(\omega) = H(\omega)\Psi(\omega)$, $H(\omega)$ 称为衬度传递函数. 设 $g(\boldsymbol{x})$ 是 $G(\omega)$ 的逆 Fourier 变换, 那么最终观测到的图像强度为

$$I(\boldsymbol{x}) = g(\boldsymbol{x})\overline{g(\boldsymbol{x})} = |g(\boldsymbol{x})|^2. \tag{3.3.2}$$

注意到 $A(\omega), E(\omega)$ 都是实函数,

$$\begin{aligned} H(\omega) &= A(\omega)B(\omega)E(\omega) \\ &= A(\omega)E(\omega)\cos(\chi(\omega)) + \mathrm{i}A(\omega)E(\omega)\sin(\chi(\omega)) \\ &:= S(\omega) + \mathrm{i}P(\omega), \end{aligned} \tag{3.3.3}$$

并且设 $H(\omega)$ 的逆 Fourier 变换 $h(\boldsymbol{x}) = s(\boldsymbol{x}) + \mathrm{i}p(\boldsymbol{x})$, 从而

$$\overline{g(\boldsymbol{x})} = \overline{\psi(\boldsymbol{x}) * h(\boldsymbol{x})} \simeq (1 + \mathrm{i}\sigma v_t(\boldsymbol{x})) * (s(\boldsymbol{x}) - \mathrm{i}p(\boldsymbol{x})). \tag{3.3.4}$$

那么使用式 (3.3.2), (3.3.3) 和 (3.3.4), 在 Fourier 空间可得

$$
\begin{aligned}
\hat{I}(\omega) &= \hat{g}(\omega) * \hat{\bar{g}}(\omega) \\
&\simeq [(\delta(\omega) - \mathrm{i}\sigma V_t(\omega))(S(\omega) + \mathrm{i}P(\omega))] * [(\delta(\omega) + \mathrm{i}\sigma V_t(\omega))(S(\omega) - \mathrm{i}P(\omega))] \\
&\simeq \delta(\omega) + 2\sigma V_t(\omega)P(\omega) \qquad (3.3.5)\\
&= \delta(\omega) + 2\sigma V_t(\omega)A(\omega)E(\omega)\sin(\chi(\omega)). \qquad (3.3.6)
\end{aligned}
$$

根据弱相位假设, σ 非常小, 所以在推导 (3.3.5) 时略掉了含 σ^2 的项. $\sin(\chi(\omega))$ 称为相位衬度传递函数, 即 CTF (contrast transfer function) 函数. 为了能够较好的重构生物样品的电势密度函数, 需要对获得的图像进行 CTF 矫正. 详细内容参见 10.1 节.

3.4　冷冻电镜图像采集方式

本节简要介绍冷冻电镜图像采集方式, 包括单颗粒图像的采集方式和冷冻电子断层图像的采集方式, 更详细的内容参见文献 [119, 120].

1. 单颗粒图像采集方式

Cryo-EM 单颗粒重构技术使用平行电子束, 对置于冷冻剂中的样本网格上的具有相同结构的多个分子进行瞬间的透射, 得到二维投影图像. 与一般的平行束扫描不同的是, 平行电子束是不旋转的, 样本网格上的分子具有随机的定向, 因此获得了相同分子不同方向的投影. 如图 3.4.1(b) 所示. 由于成像时每个分子具有不同的空间取向, 这些取向对应同一个分子在同一个三维坐标下的不同旋转, 可以用三个欧拉角 θ, ϕ, ψ 来表示. 使用 $z-y-z$ 约定, 即通过先绕 z 轴旋转 θ 角度, 再绕新的 y 轴旋转 ϕ 角度, 最后绕新的 z 轴旋转 ψ 角度, 从而得到该分子对应的空间取向. 这三个连续旋转可以用如下的旋转矩阵来表示:

$$
\begin{aligned}
\boldsymbol{R} :=& \begin{bmatrix} \cos\psi & \sin\psi & 0 \\ -\sin\psi & \cos\psi & 0 \\ 0 & 0 & 1 \end{bmatrix} \begin{bmatrix} \cos\phi & 0 & -\sin\phi \\ 0 & 1 & 0 \\ \sin\phi & 0 & \cos\phi \end{bmatrix} \begin{bmatrix} \cos\theta & \sin\theta & 0 \\ -\sin\theta & \cos\theta & 0 \\ 0 & 0 & 1 \end{bmatrix} \\
=& \begin{bmatrix} \cos\psi\cos\theta\cos\phi - \sin\psi\sin\theta & \cos\psi\sin\theta\cos\phi + \sin\psi\cos\theta & -\cos\psi\sin\phi \\ -\sin\psi\cos\theta\cos\phi - \cos\psi\sin\theta & -\sin\psi\sin\theta\cos\phi + \cos\psi\cos\theta & \sin\psi\sin\phi \\ \cos\theta\sin\phi & \sin\theta\sin\phi & \cos\phi \end{bmatrix}.
\end{aligned}
\tag{3.4.1}
$$

由于分子在空间的取向具有随机性, 因此, 三个欧拉角 θ, ϕ, ψ 可以在整个球面上取值. 另一种成像数据收集方式使用锥倾斜几何, 使用欧拉角表示为

$$\theta_i = \mathrm{i} \times 2\pi/N, \quad \phi_i = \phi_0, \quad \psi_i = 0.$$

也就是说每个分子首先绕 z 轴旋转 θ_i 角度, 然后绕新的 y 轴倾斜 ϕ_0 角度.

代替 θ 角的均匀分布, 随机锥倾斜几何采集方式随机地在 $[0, 2\pi]$ 上获得 θ_i 的角度值.

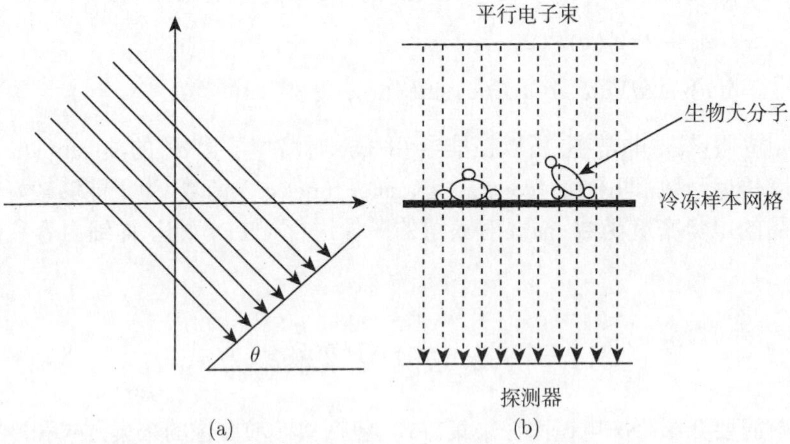

图 3.4.1 (a) 一般的平行束扫描几何; (b) Cryo-EM 单颗粒重构技术测量数据的获取

2. 冷冻电子断层图像采集方式

Cryo-ET 技术主要使用单轴倾斜几何, 即 $\theta = 0, \psi = 0, \phi$ 在给定的角度范围内取值. 如图 3.4.2(a) 所示. 受技术所限, 使用 Cryo-ET 技术成像时, 倾斜角 ϕ 通常在 $[-70°, 70°]$ 范围内取值. 根据中心截面定理, 在 Fourier 空间, 存在一个楔形区域没有数据. 设 y 轴表示倾斜轴 (即物体绕 y 轴倾斜), 那么图 3.4.2(b) 中的阴影部分表示缺失的区域.

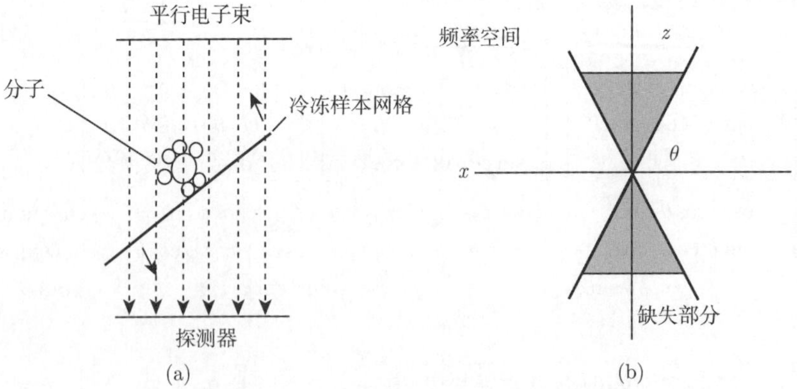

图 3.4.2 Cryo-ET 技术测量数据的获取

第 4 章　平行束投影图像重构的经典方法

本章介绍图像重构的几个经典方法, 包括 Fourier 重构方法、反投影方法以及代数重构方法. 这些图像重构方法既可以用于医学图像重构, 也可以用于冷冻电镜图像重构.

4.1　Fourier 重构方法

Fourier 重构方法的提出最早可以追溯到 1956 年, R. Bracewell [31] 在研究射电天文学成像中引入了 Fourier 重构方法. 1970 年 R. Crowther、D. De Rosier 和 A. Klug [85] 将 Fourier 方法应用于电子显微镜成像研究中. Fourier 重构方法的基本原理是定理 2.4.1, 即中心截面定理. 该定理可表述为: n 元函数 f 沿某个方向的 $n-1$ 维 X 射线投影的 Fourier 变换等于 f 的 n 维 Fourier 变换垂直于该方向的中心截面. 本节考虑 $n=2$ 时的 Fourier 重构方法.

设 $f \in C_0^\infty(\Omega^2)$, 其中 Ω^2 是 $\mathbb{R}^2$ 中的单位实心圆, $g = \mathbf{R}f$ 的采样点集为 $\{(\theta_j, s_l) : j = 0, \cdots, p-1, l = -q, \cdots, q-1\}$, 其中 $\theta_j \in S^1$, $s_l = hl, h = 1/q$. 根据中心截面定理 2.4.1, 这些采样点在 Fourier 空间对应于如下的极坐标网格:

$$G_{p,q} = \left\{ \frac{1}{2} r\theta_j : r = -q, \cdots, q-1, j = 0, \cdots, p-1 \right\}.$$

由于问题的离散化特点, 需要计算离散的 Fourier 变换. 当 $n=1$ 时 f 的定义域为 $[-1, +1]$, 根据第 2 章 Fourier 变换的定义, 有

$$\hat{f}(\xi) = \int_{\mathbb{R}^1} f(x) \mathrm{e}^{-\mathrm{i}2\pi x\xi} \mathrm{d}x.$$

设采样步长为 h, 使用左矩形求积公式可得离散化的 Fourier 变换公式为

$$\hat{f}(\xi) \approx h \sum_{j=-q}^{q-1} \mathrm{f}(hj) \mathrm{e}^{-\mathrm{i}2\pi\xi hj},$$

其中 $q = 1/h$. 由于 $\hat{f}$ 的带宽为 1, 根据 Shannon 采样定理, $\hat{f}$ 采样步长最大为 1/2. 取最大步长 1/2, 即 $\xi = \dfrac{1}{2}k$, 于是得到一维离散 Fourier 变换

$$\hat{f}\left(\frac{1}{2}k\right) \approx h \sum_{j=-q}^{q-1} f(hj) \mathrm{e}^{-\mathrm{i}\pi khj}. \tag{4.1.1}$$

当 $n=2$ 时有

$$\hat{f}\left(\frac{1}{2}\boldsymbol{k}\right) \approx h^2 \sum_{j_1=-q}^{q-1} \sum_{j_2=-q}^{q-1} f(h\boldsymbol{j})\mathrm{e}^{-\mathrm{i}\pi \boldsymbol{k}^{\mathrm{T}} h\boldsymbol{j}}, \quad \boldsymbol{j}=[j_1,j_2]^{\mathrm{T}}. \tag{4.1.2}$$

式 (4.1.1) 和 (4.1.2) 的右端可以分别用一维和二维快速 Fourier 变换算法 FFT 来计算. 使用相似的推导过程可以得到逆离散 Fourier 变换的计算公式.

算法 4.1.1 (基本的 Fourier 重构算法)

输入数据: $g(\theta_j,s_l), j=0,\cdots,p-1, l=-q,\cdots,q-1$.

(1) 计算每个投影 $g(\theta_j,s_l)$ 的一维离散 Fourier 变换 $\hat{g}(\theta_j,r)$ 的逼近 $\hat{g}_{jr}$.

$$\hat{g}_{jr} = h\sum_{l=-q}^{q-1} g(\theta_j,s_l)\mathrm{e}^{-\mathrm{i}\pi rl/q}, \quad r=-q,\cdots,q-1.$$

根据定理 2.4.1, $\hat{g}_{jr}$ 是 $\hat{f}\left(\frac{1}{2}r\theta_j\right)$ 的逼近. 使用 FFT, 这一步的运算量是 $O(pq\log q)$.

(2) 从极坐标网格到笛卡儿坐标网格的插值. $\forall \boldsymbol{k}=[k_1,k_2]^{\mathrm{T}} \in \mathbb{Z}^2, \|\boldsymbol{k}\|_2<q$, 确定整数 j, r 使得 $\xi_{\boldsymbol{k}}=\frac{1}{2}r\theta_j \in G_{p,q}$ 尽可能接近 $\frac{1}{2}\boldsymbol{k}$, 取

$$\hat{f}_{\boldsymbol{k}} = \hat{g}_{jr}.$$

这里使用最近邻居插值得到 $\hat{f}\left(\frac{1}{2}r\theta_j\right)$ 的逼近 $\hat{f}_{\boldsymbol{k}}$.

(3) 使用二维离散逆 Fourier 变换计算 $f(h\boldsymbol{m})$ 的逼近 $f_{\boldsymbol{m}}, \boldsymbol{m}=[m_1,m_2]^{\mathrm{T}} \in \mathbb{Z}^2$.

$$f_{\boldsymbol{m}} = \left(\frac{1}{2}\right)^2 \sum_{\|\boldsymbol{k}\|_2<q} \hat{f}_{\boldsymbol{k}}\mathrm{e}^{\mathrm{i}\pi \boldsymbol{m}^{\mathrm{T}}\boldsymbol{k}/q}, \quad \|\boldsymbol{m}\|_2<q.$$

如果 f 不是带限函数, 那么由 (2.5.4), 算法的第 1 步产生的误差估计为

$$\sum_{l\neq 0} \left|\hat{g}\left(\theta_j, \frac{1}{2}r-ql\right)\right|, \quad 其中\ |r|<q.$$

当 f 是带宽为 1 的本性带限函数时, g 也是带宽为 1 的本性带限函数, 从而上述误差可以忽略不计. 类似地, 由于 $\hat{f}$ 的带宽为 1, $\hat{f}$ 以 $\frac{1}{2}$ 的间隔采样, 满足 Shannon 采样定理, 从而第 (3) 步的截断误差可以忽略不计. 因此基本的 Fourier 重构算法的误差主要来源是算法的第 (2) 步.

为了改进基本的 Fourier 重构算法第 2 步的误差, 取点 $\boldsymbol{\xi}_{\boldsymbol{k}}$ 满足

$$\left\|\boldsymbol{\xi}_{\boldsymbol{k}} - \frac{1}{2}\boldsymbol{k}\right\| \leqslant h\|\boldsymbol{k}\|, \quad \boldsymbol{k}\in\mathbb{Z}^2, \tag{4.1.3}$$

其中 $h>0$ 是给定的常数, 并计算 Fourier 重构

$$f^*(\boldsymbol{x})=\left(\frac{1}{2}\right)^2\sum_{|\boldsymbol{k}|\leqslant a/h}\mathrm{e}^{\mathrm{i}\pi\boldsymbol{x}^{\mathrm{T}}\boldsymbol{k}}\hat{f}(\boldsymbol{\xi}_{\boldsymbol{k}}),\quad a>0, \tag{4.1.4}$$

式中, $\hat{f}\left(\frac{1}{2}\boldsymbol{k}\right)$ 用 $\hat{f}(\boldsymbol{\xi}_{\boldsymbol{k}})$ 代替, 于是得到如下的误差估计.

定理 4.1.1 [207]　设 $\boldsymbol{\xi}_{\boldsymbol{k}}$ 满足 (4.1.3), 令 $0\leqslant\alpha\leqslant 1$, 那么存在常数 $c(\alpha,a)$ 使得对任意的 $f\in C_0^\infty(\Omega^2)$ 有

$$\|f-f^*\|_{L_2(\Omega^2)}\leqslant c(\alpha,a)h^\alpha\|f\|_{H_0^\alpha(\Omega^2)}, \tag{4.1.5}$$

其中 $\|f\|_{H_0^\alpha(\Omega^2)}=\left(\int_{\Omega^2}(1+|\boldsymbol{\xi}|^2)^\alpha|\hat{f}(\boldsymbol{\xi})|^2\mathrm{d}\boldsymbol{\xi}\right)^{1/2}$.

对于基本的 Fourier 重构算法, 当 h 较小时, $\boldsymbol{\xi}_{\boldsymbol{k}}$ 不满足 (4.1.3), 这是由于 $\boldsymbol{\xi}_{\boldsymbol{k}}$ 沿径向线以固定的间距 1/2 采样, 与 $\boldsymbol{k}$ 无关. 因此定理 4.1.1 不成立, 这是基本的 Fourier 重构算法执行效果不好的原因.

改进的 Fourier 算法选择 $\boldsymbol{\xi}_{\boldsymbol{k}}$ 使得 (4.1.3) 成立. 设 $\boldsymbol{k}=[k_1,k_2]^{\mathrm{T}}\geqslant 0$, 当 $k_1\geqslant k_2$ 时, 垂直地移动 $\frac{1}{2}\boldsymbol{k}$ 到最近的径向线 $\{t\theta_j:t\geqslant 0\}$ 得到点 $\boldsymbol{\xi}_{\boldsymbol{k}}$; 当 $k_1<k_2$ 时, 水平地移动 $\frac{1}{2}\boldsymbol{k}$ 到最近的径向线 $\{t\theta_j:t\geqslant 0\}$ 得到点 $\boldsymbol{\xi}_{\boldsymbol{k}}$. 如图 4.1.1 所示. 类似地, 可以得到 k_1,k_2 为负值时的点 $\boldsymbol{\xi}_{\boldsymbol{k}}$. 显然, $\boldsymbol{\xi}_{\boldsymbol{k}}$ 满足 (4.1.3) 并且有 $h=\pi/(2\sqrt{2}p)$. 假设 $\boldsymbol{\theta}_j=[\cos\varphi_j,\sin\varphi_j]^{\mathrm{T}}$, 为了计算 $\hat{f}(\xi_{\boldsymbol{k}})$, 只需要计算 $\hat{g}(\boldsymbol{\theta}_j,\sigma)$ 在笛卡儿网格 $\frac{1}{2}\mathbb{Z}^2$ 垂线 $(|\cos\varphi_j|\geqslant|\sin\varphi_j|)$ 或水平线 $(|\cos\varphi_j|<|\sin\varphi_j|)$ 上的点 $\sigma\boldsymbol{\theta}_j$.

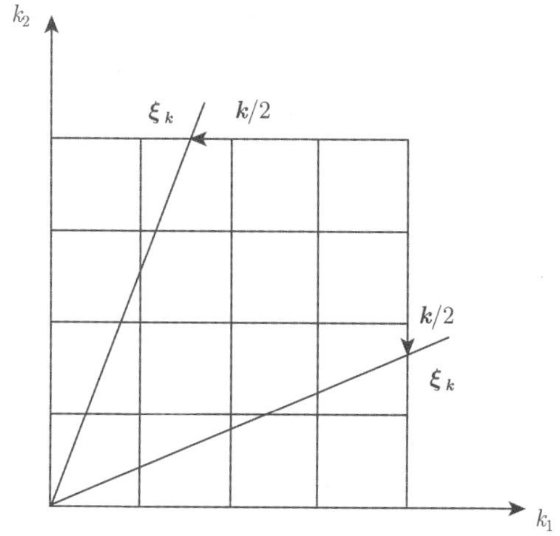

图 4.1.1　改进的 Fourier 重构算法 $\boldsymbol{\xi}_{\boldsymbol{k}}$ 的选择方法

算法 4.1.2 (改进的 Fourier 重构算法)

输入数据: $g(\boldsymbol{\theta}_j, s_l), j=0,\cdots,p-1, l=-q,\cdots,q-1$.

(1) 对每个投影方向 θ_j 计算 $\hat{g}\left(\boldsymbol{\theta}_j, \dfrac{1}{2}rc(j)\right)$ 的逼近 $\hat{g}_{jr}$, 其中

$$c(j)=1/\max\{|\sin\varphi_j|, |\cos\varphi_j|\},$$

$$\hat{g}_{jr}=h\sum_{l=-q}^{q-1}\mathrm{e}^{-\mathrm{i}\pi lc(j)r/q}g(\boldsymbol{\theta}_j, s_l), \quad r=-q,\cdots,q-1.$$

对不同的 $\boldsymbol{\theta}_j$, 在径向线上的采样步长也不同, 因此需要使用 chirp-z 算法来计算不同步长的离散 Fourier 变换.

(2) 对任意的 $\boldsymbol{k}\in\mathbb{Z}^2$, $\|\boldsymbol{k}\|_2\leqslant q$, 选择 r, j 使得 $\left\|\dfrac{1}{2}\boldsymbol{k}-\dfrac{1}{2}rc(j)\boldsymbol{\theta}_j\right\|$ 尽可能的小, 从而取

$$\hat{f}_{\boldsymbol{k}}=\hat{g}_{jr},$$

其中 $\hat{f}_{\boldsymbol{k}}$ 是 $\hat{f}\left(\dfrac{1}{2}\boldsymbol{k}\right)$ 的逼近.

(3) 使用二维离散逆 Fourier 变换计算 $f(h\boldsymbol{m})$ 的逼近 $f_{\boldsymbol{m}}$, $\boldsymbol{m}=[m_1, m_2]^{\mathrm{T}}\in\mathbb{Z}^2$.

$$f_{\boldsymbol{m}}=\left(\frac{1}{2}\right)^2\sum_{\|\boldsymbol{k}\|_2<q}\hat{f}_{\boldsymbol{k}}\mathrm{e}^{\mathrm{i}\pi\boldsymbol{m}^{\mathrm{T}}\boldsymbol{k}/q}, \quad \|\boldsymbol{m}\|_2<q.$$

数值实验表明改进的 Fourier 重构算法能够获得与滤波后投影算法相似的重构结果.

chirp-z 算法 设步长为 u 的离散 Fourier 变换为

$$\hat{f}(ku)=h\sum_{j=-q}^{q-1}\mathrm{e}^{-\mathrm{i}2\pi ku\rho j/q}f(hj),$$

其中 f 的支集为 $[-\rho, \rho]$. chirp-z 算法利用等式:

$$-kj=-\frac{1}{2}k^2+\frac{1}{2}(k-j)^2-\frac{1}{2}j^2,$$

得到

$$\hat{f}(ku)=h\mathrm{e}^{-\mathrm{i}\pi uk^2\rho/q}\sum_{j=-q}^{q-1}\mathrm{e}^{\mathrm{i}\pi u(k-j)^2\rho/q}f_j',$$

其中 $f_j'=\mathrm{e}^{-\mathrm{i}\pi uj^2\rho/q}f(hj)$. 上式包含了一个长度为 $2q$ 的卷积, 可以通过两个长度为 $4q$ 的 FFT 计算.

gridding 方法 gridding 方法 [38, 172, 218, 247, 253, 254, 256] 是另一种高精度的 Fourier 重构方法, 最早由 W. Brouw [38] 于 1975 年在无线电天文学的研究中提出.

1985 年, J. O'Sullivan [218] 将其引入到放射学领域. 下面给出 gridding 方法的基本步骤. 在频率空间针对非均匀采样的数据在笛卡儿坐标网格上重构数据. 由于该方法速度快, 精度高, 所以在实践中被广泛应用.

算法 4.1.3 (基本的 gridding 算法)

(1) 计算每个投影 $g(\boldsymbol{\theta}_j, s_l)$ 的一维离散 Fourier 变换 $\hat{g}\left(\boldsymbol{\theta}_j, \frac{1}{2}r\right)$ 的逼近 $\hat{g}_{jr}$.

$$\hat{g}_{jr} = h\sum_{l=-q}^{q-1} g(\boldsymbol{\theta}_j, s_l)\mathrm{e}^{-\mathrm{i}\pi rl/q}, \quad r = -q, \cdots, q-1.$$

扩展 $\hat{g}_{jr}$ 到 $j = 0, \cdots, 2p-1$ 满足 $\hat{g}_{j+p,r} = \hat{g}_{j,-r}, j = 0, \cdots, p-1$.

(2) 对每一个 $\boldsymbol{k} \in \mathbb{Z}^2, \|\boldsymbol{k}\|_2 \leqslant q$, 计算

$$z_{\boldsymbol{k}} = \left(\frac{1}{2}\right)^2 \sum_{l=0}^{q}\sum_{j=0}^{2p-1} \sigma_l \hat{W}\left(\frac{1}{2}\boldsymbol{k} - \frac{1}{2}l\boldsymbol{\theta}_j\right)\hat{g}_{jl}.$$

$z_{\boldsymbol{k}}$ 是 $(Wf)^{\wedge}\left(\frac{1}{2}\boldsymbol{k}\right)$ 的逼近. W 是一个权函数, 满足在重构区域 $\|\boldsymbol{x}\|_2 < 1, \boldsymbol{x} \in \mathbb{R}^2$ 内非零, 在区域 $\|\boldsymbol{x}\|_2 \geqslant a > 1$ 外恒为零, 并且 $\hat{W}$ 迅速衰减. σ_l 称为密度补偿函数. 由于 $\hat{g}_{jr}$ 在径向线上采样, 密度不均匀, 因此需要对不同密度处的采样点使用不同的权进行补偿.

(3) 使用二维离散逆 Fourier 变换计算 $f(h\boldsymbol{m})$ 的逼近 $f_{\boldsymbol{m}}, \boldsymbol{m} = [m_1, m_2]^{\mathrm{T}} \in \mathbb{Z}^2$.

$$f_{\boldsymbol{m}} = \left(\frac{1}{2}\right)^2 \frac{1}{W(h\boldsymbol{m})} \sum_{\|\boldsymbol{k}\|_2 \leqslant q} z_{\boldsymbol{k}} \mathrm{e}^{\mathrm{i}\pi \boldsymbol{m}^{\mathrm{T}}\boldsymbol{k}/q}.$$

基于 B 样条插值的 Fourier 重构算法　设矩形函数 $\mathrm{rect}(x)$ 定义为

$$\mathrm{rect}(x) = \begin{cases} 1, & |x| < 1/2, \\ \dfrac{1}{2}, & |x| = 1/2, \\ 0, & |x| > 1/2. \end{cases}$$

那么次数为 n、支集为 $\left[-\frac{n+1}{2}, \frac{n+1}{2}\right]$、均匀节点上的 B 样条基函数 $\beta_0^n(x)$ 定义为

$$\beta_0^n(x) = \beta_0^{n-1}(x) * \mathrm{rect}(x),$$

以及

$$\beta_k^n(x) = \beta_0^n(x-k), \quad k = 0, \pm 1, \pm 2, \cdots,$$

其中 $\beta_0^0(x) = \mathrm{rect}(x)$. 由此可得到步长为 h 的 B 样条基函数

$$N_{nk}^{(h)}(x) := \beta_k^n(h^{-1}x) = \beta_0^n(h^{-1}x - k).$$

$N_{nk}^{(h)}(x)$ 的支集为 $\left[h\left(k - \dfrac{n+1}{2}\right), h\left(k + \dfrac{n+1}{2}\right)\right]$.

根据 Fourier 变换的性质

$$\hat{f}(at)(\xi) = \frac{1}{|a|}F\left(\frac{\xi}{a}\right), \quad \hat{f}(t+a)(\xi) = \mathrm{e}^{\mathrm{i}2\pi\xi a}F(\xi).$$

以及 $\hat{\beta_0^0}(\xi) = \dfrac{\sin(\pi\xi)}{\pi\xi}$ 可得

$$B_{nk}^{(h)}(\xi) = (N_{nk}^{(h)})\hat{}(\xi) = h\mathrm{e}^{-\mathrm{i}2\pi k\xi}\left(\frac{\sin(h\pi\xi)}{h\pi\xi}\right)^{n+1}, \quad k = 0, \pm 1, \pm 2, \cdots. \tag{4.1.6}$$

注意到 $B_{nk}^{(h)}(\xi)$ 不是具有局部支集的函数, 但是会随着 $|\xi| \to \infty$ 以 $\dfrac{1}{\xi^{n+1}}$ 阶速率趋于 0.

算法 4.1.4 (基于 B 样条插值的 Fourier 重构算法)

输入数据: $g_{jl} = g(\boldsymbol{\theta}_j, s_l), j = 0, \cdots, p-1, l = -q, \cdots, q-1$.

(1) 对每一个固定的 j, 使用 B 样条插值函数可得

$$g_j(s) = \sum_{l=-q}^{q-1} g_{jl}N_{1l}^{(h)}(s),$$

其中 $h = 1/q$. 那么

$$\hat{g}_j(\xi) = h\left(\frac{\sin(h\pi\xi)}{h\pi\xi}\right)^2 \sum_{l=-q}^{q-1} g_{jl}\mathrm{e}^{-\mathrm{i}2\pi l\xi}.$$

在点

$$\xi_r = \frac{r}{2K}, \quad r = -Kq, -Kq+1, \cdots, Kq-1$$

处, 计算 $\hat{g}_j(\xi)$, 其中 $K \geqslant 1$ 是给定的整数.

(2) 令 $\hat{g}_{jr} = \hat{g}_j(\xi_r)$, 那么对任意的 $\boldsymbol{k} \in \mathbb{Z}^2, \|\boldsymbol{k}\|_2 \leqslant q$, 选取角 $\boldsymbol{\theta_k}$ 使得

$$\boldsymbol{\theta}_j \leqslant \boldsymbol{\theta_k} < \boldsymbol{\theta}_{j+1}, \quad \frac{s}{Kq} \leqslant \|\boldsymbol{k}\|_2 < \frac{s+1}{Kq},$$

使用双线性插值可得 $\hat{f}\left(\dfrac{1}{2}\boldsymbol{k}\right)$ 的逼近 $\hat{f}_{\boldsymbol{k}}$:

$$\hat{f}_{\boldsymbol{k}} = (1-\beta)[(1-\alpha)\hat{g}_{js} + \alpha\hat{g}_{j,s+1}] + \beta[(1-\alpha)\hat{g}_{j+1,s} + \alpha\hat{g}_{j+1,s+1}],$$

其中

$$\alpha = Kq\|\boldsymbol{k}\|_2 - s, \quad \beta = \frac{\boldsymbol{\theta_k} - \boldsymbol{\theta}_j}{\boldsymbol{\theta}_{j+1} - \boldsymbol{\theta}_j}.$$

(3) 使用二维离散逆 Fourier 变换计算 $f(h\boldsymbol{m})$ 的逼近 $f_{\boldsymbol{m}}, \boldsymbol{m} = [m_1, m_2]^{\mathrm{T}} \in \mathbb{Z}^2$.

$$f_{\boldsymbol{m}} = \left(\frac{1}{2}\right)^2 \sum_{\|\boldsymbol{k}\|_2 < q} \hat{f}_{\boldsymbol{k}} \mathrm{e}^{\mathrm{i}\pi \boldsymbol{m}^{\mathrm{T}} \boldsymbol{k}/q}, \ \|\boldsymbol{m}\|_2 < q.$$

4.2 反投影方法

滤波反投影方法 (filtered backprojection, FBP) 最早于 1967 年被 R. Bracewell 等应用到射电天文学领域[33], 然后于 1971 年由 M. Ramachandran 等将其应用到生物学领域[235], 接着于 1974 年由 L. Shepp 等将其进一步发展到医学应用中[261]. 应指出的是, FBP 重构方法是现代商用 CT 扫描仪必不可少的一部分, 该方法已经被广泛应用长达三十多年之久[219].

4.2.1 滤波反投影方法

现考虑二维平行束的情况. 在二维情形下, Radon 变换与 X 射线变换是等价的. 又由于在实际成像过程中, 从每个角度得到的探测数据总是离散有限的, 因此 X 射线变换相比 Radon 变换能更好地刻画数据探测过程. 为了在 $\mathbb{R}^n$ 空间中描述数据探测模型的一致性, 接下来我们均利用 X 射线变换进行讨论. 由定理 2.4.5 可知, 当 $\alpha = 0$ 时, 对 f 求逆的解析表达式为

$$f(\boldsymbol{x}) = \frac{1}{2}\int_0^{2\pi}\int_{-\infty}^{+\infty} |\eta|\hat{g}(\boldsymbol{\theta}, \eta\boldsymbol{\omega})\mathrm{e}^{\mathrm{i}2\pi\eta(x\sin\phi - y\cos\phi)}\mathrm{d}\eta\mathrm{d}\phi, \tag{4.2.1}$$

其中 $\boldsymbol{\theta} = [\cos\phi, \sin\phi]^{\mathrm{T}}$, $\boldsymbol{\omega} = [\sin\phi, -\cos\phi]^{\mathrm{T}}$, $g = \mathbf{P}f$. 经过简单的推导可知

$$f(\boldsymbol{x}) = \int_0^{\pi}\int_{-\infty}^{+\infty} |\eta|\hat{g}(\boldsymbol{\theta}, \eta\boldsymbol{\omega})\mathrm{e}^{\mathrm{i}2\pi\eta(x\sin\phi - y\cos\phi)}\mathrm{d}\eta\mathrm{d}\phi. \tag{4.2.2}$$

令

$$h(\boldsymbol{\theta}, x\sin\phi - y\cos\phi) = \int_{-\infty}^{+\infty} |\eta|\hat{g}(\boldsymbol{\theta}, \eta\boldsymbol{\omega})\mathrm{e}^{\mathrm{i}2\pi\eta(x\sin\phi - y\cos\phi)}\mathrm{d}\eta, \tag{4.2.3}$$

则 (4.2.2) 可写为

$$f(\boldsymbol{x}) = \int_0^{\pi} h(\boldsymbol{\theta}, x\sin\phi - y\cos\phi)\mathrm{d}\phi. \tag{4.2.4}$$

由于滤波 $|\eta|$ 的逆 Fourier 变换在经典意义下是不存在的, 因此不能直接计算 (4.2.2), 需要寻求其他的方法. 其中一种常用的方法就是引进有限频谱函数. 假设在每个投影方向的探测数据 $\mathbf{P}_{\boldsymbol{\theta}}f(y)$ 是有限频谱函数, 其带宽为 b, 即

$$(\mathbf{P}_{\boldsymbol{\theta}}f)\hat{}(\eta\boldsymbol{\omega}) = 0, \quad |\eta| \geqslant b.$$

根据 Shannon 采样定理可知每个方向的采样间隔或探测器之间的间距应满足 $\Delta s \leqslant 1/(2b)$. 设探测数据 $g_{j,k} = \mathbf{P}f(\boldsymbol{\theta}_j, s_k\boldsymbol{\omega}_j)$, 则有

$$\phi_j = \frac{\pi(j-1)}{p}, \quad s_k = k\Delta s, \quad \Delta\phi = \frac{\pi}{p}, \quad \Delta s = \frac{1}{2b}, \tag{4.2.5}$$

其中 $\boldsymbol{\theta}_j = [\cos(\phi_j), \sin(\phi_j)]^{\mathrm{T}}, \boldsymbol{\omega}_j = [\sin(\phi_j), -\cos(\phi_j)]^{\mathrm{T}}, j = 1, 2, \cdots, p, k = -q, -(q-1), \cdots, 0, 1, \cdots, q-1$.

由此可得 FBP 方法的算法步骤如下:

算法 4.2.1 (FBP 方法)

(1) 利用 FFT 来计算各投影角度探测数据 $\mathbf{P}_{\theta_j}f(s\boldsymbol{\omega}_j)$ 的 Fourier 变换为

$$(\mathbf{P}_{\boldsymbol{\theta}_j}f)^{\wedge}\left(\frac{m\boldsymbol{\omega}_j}{2q\Delta s}\right) \approx \Delta s \sum_{k=-q}^{q-1} g_{j,k}\mathrm{e}^{-\mathrm{i}\pi(mk/q)}, \tag{4.2.6}$$

其中 $m = -q, -(q-1), \cdots, 0, 1, \cdots, q-1$.

(2) 选定某一窗口函数 $w(\eta)$ 进行滤波去噪, 同样利用 FFT 计算逆 Fourier 变换 $h(\theta_j, s_k)$, 可得

$$h(\theta_j, s_k) \approx \frac{1}{2q\Delta s} \sum_{m=-q}^{q-1} (\mathbf{P}_{\boldsymbol{\theta}_j}f)^{\wedge}\left(\frac{m\boldsymbol{\omega}_j}{2q\Delta s}\right)\left|\frac{m}{2q\Delta s}\right| w\left(\frac{m}{2q\Delta s}\right)\mathrm{e}^{\mathrm{i}\pi(mk/q)}, \tag{4.2.7}$$

其中 $k = -q, -(q-1), \cdots, 0, 1, \cdots, q-1$.

(3) 计算反投影步, 利用线性插值有

$$\begin{aligned} f(\boldsymbol{x}) &= \int_0^{\pi} h(\theta, x\sin\phi - y\cos\phi)\mathrm{d}\phi \\ &\approx \sum_j \Delta\phi h(\theta_j, \boldsymbol{x}^{\mathrm{T}}\boldsymbol{\omega}_j) \\ &\approx \sum_j \Delta\phi((\lceil r_j \rceil - r_j)h(\theta_j, s_{\lfloor r_j \rfloor}) + (r_j - \lfloor r_j \rfloor)h(\theta_j, s_{\lceil r_j \rceil})), \end{aligned} \tag{4.2.8}$$

其中 $r_j = \boldsymbol{x}^{\mathrm{T}}\boldsymbol{\omega}_j$, $s_{\lfloor r_j \rfloor}\boldsymbol{\omega}_j$ 和 $s_{\lceil r_j \rceil}\boldsymbol{\omega}_j$ 为与 $r_j\boldsymbol{\omega}_j$ 最相近的两个采样位置, $\lceil r \rceil$ 表示大于 r 的最小整数, $\lfloor r \rfloor$ 表示不超过 r 的最大整数.

注意到算法 4.2.1 中利用了窗口函数和线性插值. 事实上, 在实际的计算过程中, 窗口函数可根据需要来选择相应的滤波函数或滤波核, 一般常用的有 Hamming、Ram-Lak、Shepp-Logan、Hann、Cosine 等滤波核; 插值方法也可以根据实际需要进行选择, 一般常用的有最近邻居、线性和三次样条等插值方法 (参考 Matlab image processing toolbox 的 iradon 库函数).

实际上, 商用 CT 扫描仪为了面向不同类型的临床应用, 通常需要增强或减弱某种频谱的信息, 从而会专门设置一些特定的滤波核[157]. 例如, 在美国 GE 医疗的

LightSpeed^{TM} 型的 CT 扫描仪中采用了 6 种不同的滤波核, 分别是软 (soft)、标准 (standard)、细节 (detail)、肺 (lung)、骨 (bone) 和边缘 (edge) 滤波核. 滤波核如何设计一般是由具体的临床应用来驱动, 其设计过程非常复杂, 往往需要通过大量的临床测试来验证. 设计细节也因涉及知识产权问题而未被公开.

对平行束投影而言, FBP 方法可以直接推广到三维空间中. 由于与二维情况没有本质的差别, 故略去其具体的算法步骤. 然而, 因为在三维空间中角度均匀分布的定义不明确, 故会对反投影步的计算精度产生影响. 如何能更加精确的计算反投影是一个值得思考的问题. 事实上, 对三维 Cryo-EM 的投影数据而言, 其投影角度是随机分布在单位球面上 (如单颗粒分析) 或者均匀分布在有限角度范围内 (如单轴或圆锥形倾斜的 Cryo-ET). 这些复杂的投影数据使得 FBP 方法的效果不理想.

4.2.2 反投影滤波方法

考虑二维情况. 根据定理 2.4.5 可知, 当 $\alpha = 1$ 时, f 的解析表达式为

$$f(\boldsymbol{x}) = \frac{1}{2}\int_{\mathbb{R}^2} \|\boldsymbol{\xi}\| (\mathbf{P}^* g)\hat{\ }(\xi) \mathrm{e}^{\mathrm{i}2\pi \boldsymbol{x}^{\mathrm{T}}\boldsymbol{\xi}} \mathrm{d}\boldsymbol{\xi}, \quad g = \mathbf{P}f, \tag{4.2.9}$$

经推导可知

$$\mathbf{P}^* g(\boldsymbol{x}) = 2\|\boldsymbol{x}\|^{-1} * f(\boldsymbol{x}). \tag{4.2.10}$$

式 (4.2.10) 与定理 2.4.4 在二维情况下的结论是一致的. 基于 FBP 方法的算法过程, 只需要调换滤波步和反投影步的先后顺序即可得到反投影滤波方法 (filter of back projection, BPF) 的具体算法. 由于两种方法没有本质的差别, 故将过程省略.

下面主要考虑如何将 BPF 方法推广到三维 Cryo-EM 成像中. 为了便于说明, 首先给出线性空不变系统的定义.

定义 4.2.1 [231]　*一个二维脉冲函数 (Dirac delta 函数) 在输入平面上发生位移时, 线性系统的响应函数形式始终与在原点处输入的二维脉冲函数的响应函数形式相同, 仅使得响应函数产生相应的位移, 其位移量仅仅依赖于观察点与脉冲输入点坐标的相对间距, 这样的系统称为二维平移不变线性系统.*

二维线性平移不变系统通常称为线性空不变系统. 根据线性空不变系统的性质 [192], 当脉冲函数或者 Dirac delta 函数输入该系统时, 其响应称为脉冲响应或者点扩散函数, 即

$$h(\boldsymbol{x}) = \mathbf{S}[\delta(\boldsymbol{x}')], \tag{4.2.11}$$

其中 $\mathbf{S}$ 表示线性空不变系统. 注意到

$$f(\boldsymbol{x}') = \int_{\mathbb{R}^n} f(\boldsymbol{\xi}) \delta(\boldsymbol{x}' - \boldsymbol{\xi}) \mathrm{d}\boldsymbol{\xi}. \tag{4.2.12}$$

由 (4.2.12), 根据线性空不变系统的性质可得

$$\bar{f}(\boldsymbol{x})=\mathbf{S}[f(\boldsymbol{x}')]=\int_{\mathbb{R}^n} f(\boldsymbol{\xi})\mathbf{S}[\delta(\boldsymbol{x}'-\boldsymbol{\xi})]\mathrm{d}\boldsymbol{\xi}=\int_{\mathbb{R}^n} f(\boldsymbol{\xi})h(\boldsymbol{x}-\boldsymbol{\xi})\mathrm{d}\boldsymbol{\xi}. \tag{4.2.13}$$

令 $\mathbf{S}=\mathbf{P}^*\mathbf{P}$, $\delta_{\boldsymbol{a}}(\boldsymbol{x})=\delta(\boldsymbol{x}-\boldsymbol{a})$, 由定理 2.4.4 可得

$$\langle \mathbf{P}^*\mathbf{P}\delta_{\boldsymbol{a}}, v\rangle=\langle \delta_{\boldsymbol{a}}, \mathbf{P}^*\mathbf{P}v\rangle=\left\langle \frac{2}{\|\boldsymbol{x}-\boldsymbol{a}\|}, v\right\rangle, \tag{4.2.14}$$

其中 $v\in\mathscr{S}(\mathbb{R}^n)$ 为测试函数. 从而根据 (4.2.14) 可知

$$\mathbf{P}^*\mathbf{P}\delta_{\boldsymbol{a}}=\frac{2}{\|\boldsymbol{x}-\boldsymbol{a}\|}. \tag{4.2.15}$$

由 (4.2.13)~(4.2.15), 有

$$\mathbf{P}^*\mathbf{P}f(\boldsymbol{x})=\frac{2}{\|\boldsymbol{x}\|}*f(\boldsymbol{x}),$$

故将 $\mathbf{P}^*\mathbf{P}$ 看成线性空不变系统是合理的, 其点扩散函数为 $2/\|\boldsymbol{x}\|$, 这与定理 2.4.4 一致. 同理, 可将 $\sum\limits_j \mathbf{P}^*_{\boldsymbol{\theta}_j}\mathbf{P}_{\theta_j}$ 看成线性空不变系统. 容易得到

$$\begin{aligned}\langle \mathbf{P}_{\boldsymbol{\theta}_j}\delta_{\boldsymbol{a}}, \mathbf{P}_{\theta_j}v\rangle &= \langle \delta_{\boldsymbol{a}}, \mathbf{P}^*_{\boldsymbol{\theta}_j}\mathbf{P}_{\theta_j}v\rangle\\ &= \langle \delta_{\boldsymbol{a}}, \mathbf{P}_{\boldsymbol{\theta}_j}v(\boldsymbol{x}-(\boldsymbol{x}^{\mathrm{T}}\boldsymbol{\theta}_j)\boldsymbol{\theta}_j)\rangle\\ &= \mathbf{P}_{\boldsymbol{\theta}_j}v(\boldsymbol{a}-(\boldsymbol{a}^{\mathrm{T}}\boldsymbol{\theta}_j)\boldsymbol{\theta}_j)\\ &= \langle \tilde{\delta}_{\boldsymbol{a}-(\boldsymbol{a}^{\mathrm{T}}\boldsymbol{\theta}_j)\boldsymbol{\theta}_j}(\boldsymbol{y}^j), \mathbf{P}_{\boldsymbol{\theta}_j}v\rangle,\end{aligned} \tag{4.2.16}$$

其中 $\tilde{\delta}_{\boldsymbol{a}-(\boldsymbol{a}^{\mathrm{T}}\boldsymbol{\theta}_j)\boldsymbol{\theta}_j}(\boldsymbol{y}^j)=\tilde{\delta}(\boldsymbol{y}^j-(\boldsymbol{a}-(\boldsymbol{a}^{\mathrm{T}}\boldsymbol{\theta}_j)\boldsymbol{\theta}_j))$, $\tilde{\delta}(\boldsymbol{y}^j)$ 为定义在投影方向 $\boldsymbol{\theta}_j$ 正交平面上的 Dirac delta 函数. 从而由 (4.2.16) 有

$$\mathbf{P}_{\boldsymbol{\theta}_j}\delta_{\boldsymbol{a}}=\tilde{\delta}_{\boldsymbol{a}-(\boldsymbol{a}^{\mathrm{T}}\boldsymbol{\theta}_j)\boldsymbol{\theta}_j}(\boldsymbol{y}^j). \tag{4.2.17}$$

另外,

$$\begin{aligned}\langle \mathbf{P}^*_{\boldsymbol{\theta}_j}\mathbf{P}_{\boldsymbol{\theta}_j}\delta_{\boldsymbol{a}}, v\rangle &= \langle \delta_{\boldsymbol{a}}, \mathbf{P}^*_{\boldsymbol{\theta}_j}\mathbf{P}_{\boldsymbol{\theta}_j}v\rangle=\mathbf{P}_{\boldsymbol{\theta}_j}v(\boldsymbol{a}-(\boldsymbol{a}^{\mathrm{T}}\boldsymbol{\theta}_j)\boldsymbol{\theta}_j)\\ &= \int_{\mathbb{R}} v(\boldsymbol{a}-(\boldsymbol{a}^{\mathrm{T}}\boldsymbol{\theta}_j)\boldsymbol{\theta}_j+t\boldsymbol{\theta}_j)\mathrm{d}t\\ &= \langle \bar{\delta}^j_{\boldsymbol{a}}, v\rangle,\end{aligned} \tag{4.2.18}$$

其中 $\bar{\delta}^j=\tilde{\delta}(\boldsymbol{y}^j)\chi_{[-\infty,+\infty]}(\boldsymbol{\theta}_j)$, $\chi_{[-\infty,+\infty]}(\boldsymbol{\theta}_j)$ 为 $\boldsymbol{\theta}_j$ 方向上的特征函数. 于是可得

$$\sum_j \mathbf{P}^*_{\boldsymbol{\theta}_j}\mathbf{P}_{\boldsymbol{\theta}_j}\delta_{\boldsymbol{a}}=\sum_j \bar{\delta}^j_{\boldsymbol{a}}. \tag{4.2.19}$$

令 $\mathbf{S}=\sum_j \mathbf{P}^*_{\boldsymbol{\theta}_j}\mathbf{P}_{\boldsymbol{\theta}_j}$, 根据 Fourier 变换的卷积性质, 由 (4.2.13) 与 (4.2.19) 可知

$$\left(\Sigma_j \mathbf{P}^*_{\boldsymbol{\theta}_j}\mathbf{P}_{\boldsymbol{\theta}_j} f\right)^{\wedge}=\hat{f}\left(\Sigma_j \bar{\delta}^j\right)^{\wedge}. \tag{4.2.20}$$

利用 (4.2.20) 可得

$$f=\left(\left(\Sigma_j \mathbf{P}^*_{\boldsymbol{\theta}_j}\mathbf{P}_{\boldsymbol{\theta}_j} f\right)^{\wedge}/\left(\Sigma_j \bar{\delta}^j\right)^{\wedge}\right)^{\vee}. \tag{4.2.21}$$

从而得到有限角度的 BPF 方法的解析解. 在三维 Cryo-EM 的图像重构中, 基于 (4.2.21) 离散的方法被 M. Radermacher 称之为加权反投影方法 (weighted backprojection, WBP) 方法[231], 将 $1/(\sum_j \bar{\delta}^j)^{\wedge}$ 称作权函数.

4.3 代数方法

所谓代数方法就是基于线性代数方程组的方法. 首先将各测量值的投影变换 (通常选取 X 射线变换) 离散化, 从而得到一个线性代数方程组, 然后求解该线性方程组即可重构出相应的图像.

一般情况下需对图像 $f(\boldsymbol{x})$ 用某种基函数的线性组合来逼近, 如

$$f(\boldsymbol{x})\approx\tilde{f}(\boldsymbol{x})=\sum_{n=1}^{N} f_n b_n(\boldsymbol{x}), \tag{4.3.1}$$

其中 N 为基函数个数. 基函数 $b_n(\boldsymbol{x})$ 的选择有多种方式, 如张量积形式的三次 B 样条基函数、线性基函数、blob 基函数等[67, 145, 196, 198]. 在代数方法中通常使用的基函数为像素或体素基函数, 其定义如下:

$$b_n(\boldsymbol{x})=\begin{cases}1, & \boldsymbol{x}\in P_n,\\ 0, & \text{其他},\end{cases} \tag{4.3.2}$$

其中 b_n 为第 n 个像素或者体素 P_n 上的基函数. 由 (4.3.1) 和 (4.3.2) 可知, 图像 $f(\boldsymbol{x})$ 的 X 射线变换可表示为

$$\mathbf{P}_{\boldsymbol{\theta}_j} f(\boldsymbol{y}_{k_j})\approx\mathbf{P}_{\boldsymbol{\theta}_j}\tilde{f}(\boldsymbol{y}_{k_j})=\sum_{n=1}^{N} f_n \mathbf{P}_{\boldsymbol{\theta}_j} b_n(\boldsymbol{y}_{k_j}), \tag{4.3.3}$$

其中 $j=1,2,\cdots,p$, $k_j=1_j,2_j,\cdots,q_{j_j}$, q_{j_j} 表示第 j 个投影方向上的探测数据或测量值的总个数为 q_j.

由 (4.3.3) 可得如下线性方程组:

$$\mathbf{P}\boldsymbol{f}=\boldsymbol{g}, \tag{4.3.4}$$

其中 $\boldsymbol{f}=[f_1,f_2,\cdots,f_N]^{\mathrm{T}}$, $\boldsymbol{g}=[g_1,g_2,\cdots,g_M]^{\mathrm{T}}$, $\mathbf{P}=[\boldsymbol{p}_1,\boldsymbol{p}_2,\cdots,\boldsymbol{p}_M]^{\mathrm{T}}$, $\boldsymbol{p}_m=[p_{m1},p_{m2},\cdots,p_{mN}]^{\mathrm{T}}$, $m=1,2,\cdots,M$, $\boldsymbol{f}$ 为向量化的离散图像, $\boldsymbol{g}$ 为向量化的探测数据, $\mathbf{P}$ 的元素为相应投影射线与像素或体素的相交线的长度, $M=\sum_j q_j$ 为所有投影方向上测量值的总个数.

注 4.3.1 由于每一个测量值对应一个线性方程, 故线性方程组 (4.3.4) 的构造不依赖于具体的扫描几何. 也就是说, 基于代数的方法适用于不同的扫描几何.

基于代数的方法通常是从如何求解线性代数方程组 (4.3.4) 出发的, 其中主要有 ART 方法[137]、SIRT 方法[127]、SART 方法[16] 以及在上述方法基础上发展起来的 accelerated-ART 方法[159]、block-ART 方法[42] 等.

下面首先给出 ART 方法的计算步骤[137].

算法 4.3.1 (ART 方法)

(1) 给定初值 $\boldsymbol{f}^{(0)}$, $0<\varepsilon\ll 1$ 以及整数 K, 置 $i:=0$, $m:=0$, $\boldsymbol{f}^i=\boldsymbol{f}^{(m)}$.

(2) 利用下述迭代格式计算 $\boldsymbol{f}^{(m+1)}$ 可得

$$\boldsymbol{f}^{(m+1)}=\boldsymbol{f}^{(m)}-\frac{\boldsymbol{p}_{m+1}^{\mathrm{T}}\boldsymbol{f}^{(m)}-g_{m+1}}{\|\boldsymbol{p}_{m+1}\|^2}\boldsymbol{p}_{m+1}. \tag{4.3.5}$$

(3) 置 $m:=m+1$, 如果 m 等于 M, 则令 $\boldsymbol{f}^{i+1}=\boldsymbol{f}^{(m)}$, 计算 $r_i=\|\boldsymbol{f}^{i+1}-\boldsymbol{f}^i\|$, 若 $r_i<\varepsilon$ 或 $i>K$, 则迭代终止, 反之, 置 $i:=i+1$, $m:=0$, $\boldsymbol{f}^{(m)}=\boldsymbol{f}^i$, 转到第 (2) 步; 否则, 直接转到第 (2) 步.

由于每个线性方程都对应着实空间中的一个超平面, 故线性方程组的解就是所有超平面的交点. ART 方法的本质就是从初始点开始向第一个超平面作垂直投影, 得到相应的投影点, 接着利用该投影点再向下一个超平面作垂直投影, 当所有的超平面作完一轮垂直投影之后相当于迭代一步, 如此循环下去, 直到收敛到稳定点. 显然, 投影顺序的不同对 ART 方法的收敛速度会产生很大的影响, 一般使得相邻两个超平面的夹角尽可能的大可以对 ART 方法进行加速[149, 159].

SIRT 方法是在 ART 方法的基础上建立起来的, 只是在迭代的过程中对序列的更新方式不同, 其计算过程如下[127].

算法 4.3.2 (SIRT 方法)

(1) 给定初值 $\boldsymbol{f}^0$, $0<\varepsilon\ll 1$ 以及整数 K, 置 $i:=0$.

(2) 利用如下迭代格式计算 $\boldsymbol{f}^{i+1}$ 有

$$\boldsymbol{f}^{i+1}=\boldsymbol{f}^i-\sum_{m=1}^{M}\frac{\boldsymbol{p}_m^{\mathrm{T}}\boldsymbol{f}^i-g_m}{M\|\boldsymbol{p}_m\|^2}\boldsymbol{p}_m. \tag{4.3.6}$$

(3) 计算 $r_i=\|\boldsymbol{f}^{i+1}-\boldsymbol{f}^i\|$, 若 $r_i<\varepsilon$ 或 $i>K$, 迭代终止, 否则, 令 $i:=i+1$, 转到第 (2) 步.

比较算法 4.3.1 与算法 4.3.2 可知, 两者在第 2 步中的更新方式不同, ART 是逐条投影线更新, 而 SIRT 则是同时考虑所有的投影线更新. 后者虽然在收敛速度上不及前者, 但是重构的效果要优于前者 [166].

结合 ART 和 SIRT 两者的优点, A. Andersen 等提出了 SART 方法. 该方法不同于 ART 进行逐线更新, 也不同于 SIRT 利用所有的投影线进行更新, 其每次更新仅利用一个投影方向的所有投影线, 具体的实现步骤如下 [16].

算法 4.3.3 (SART 方法)

(1) 给定初值 $\boldsymbol{f}^0$, $0 < \varepsilon \ll 1$ 以及整数 K, 置 $i := 0$, $j := 1$.

(2) 利用如下迭代格式计算 f_n^{i+1}:

$$f_n^{i+1} = f_n^i - \frac{\sum\limits_{k_j=1_j}^{q_{j_j}} p_{k_j n}(\boldsymbol{p}_{k_j}^{\mathrm{T}}\boldsymbol{f}^i - g_{k_j}) \Big/ \sum\limits_{n=1}^{N} p_{k_j n}}{\sum\limits_{k_j=1_j}^{q_{j_j}} p_{k_j n}}, \quad n = 1, 2, \cdots, N, \tag{4.3.7}$$

其中 $\boldsymbol{p}_{k_j}$ 为对第 j 个投影方向上的第 k 个 X 射线投影变换离散后得到的向量, 且对应矩阵 $\boldsymbol{P}$ 中的某一行, g_{k_j} 为相应的测量值.

(3) 计算 $r_i = \|\boldsymbol{f}^{i+1} - \boldsymbol{f}^i\|$, 若 $r_i < \varepsilon$ 或 $i > K$, 终止迭代, 否则, 令 $i := i+1$, 如果 $j = p$, 则置 $j := 0$, 反之, 置 $j := j+1$, 转到第 (2) 步 (即当所有方向均遍历一次之后若不满足终止条件再从第一个投影方向开始重复进行迭代).

值得注意的是, 在实现算法 4.3.3 时, 若使用双线性基函数取代像素或体素基函数, 同时利用径向的 Hamming 窗口函数对校正项进行修正, 则线性方程组的具体形式会改变, 随之迭代格式 (4.3.7) 也会有变化. A. Andersen 等对其作了测试, 他们的测试结果表明 SART 方法具有不错的重构效果, 并且收敛速度快, 只需要对所有的投影角度遍历一次即可得到满意的结果, 详见文献 [16]. 当然, 还有很多其他的基于代数的方法, 如 block-ART 方法等, 都是基于上述三种方法的改进与修正, 此处不一一介绍.

另外, 研究人员还对这些基于代数的方法的收敛性进行了分析, 具体内容可参考文献 [56, 162, 163, 280] 以及其中的更多文献, 但更完整的收敛性分析仍需进一步研究.

从优化的角度看代数方法　经过推导不难发现, 上述基于代数的重构方法是某种最优化问题的求解过程. 对于 ART 方法而言, 实际上是用步长为 $\lambda = 1/\|\boldsymbol{p}_m\|^2$ 的最速下降法来求解如下序列最优化问题:

$$\min_{\boldsymbol{f}} \frac{1}{2}\|\boldsymbol{p}_m^{\mathrm{T}}\boldsymbol{f} - g_m\|^2, \quad m = 1, 2, \cdots, M. \tag{4.3.8}$$

容易看出, 最优化问题 (4.3.8) 的目标函数的梯度为

$$\left(\boldsymbol{p}_m^{\mathrm{T}}\boldsymbol{f} - g_m\right)\boldsymbol{p}_m.$$

类似地, 对 SIRT 方法而言, 事实上是利用步长为 $\lambda = 1/M$ 的最速下降法求解如下最优化问题:

$$\min_{\boldsymbol{f}} \frac{1}{2}\|\mathbf{P}\boldsymbol{f} - \boldsymbol{g}\|_{\boldsymbol{W}}^2, \tag{4.3.9}$$

其中

$$\boldsymbol{W} = \mathrm{diag}\left(\frac{1}{\|\boldsymbol{p}_1\|^2}, \frac{1}{\|\boldsymbol{p}_2\|^2}, \cdots, \frac{1}{\|\boldsymbol{p}_M\|^2}\right)$$

为对角矩阵. 不难看出, 最优化问题 (4.3.9) 的目标函数的梯度为

$$\sum_{m=1}^{M} \frac{\boldsymbol{p}_m^{\mathrm{T}}\boldsymbol{f} - g_m}{\|\boldsymbol{p}_m\|^2}\boldsymbol{p}_m.$$

从 SART 方法的具体实施步骤可以看出, SART 方法是利用步长 $\lambda = 1$ 的含预条件子的最速下降法来求解如下序列最优化问题:

$$\min_{\boldsymbol{f}} \frac{1}{2}\|\boldsymbol{P}_j\boldsymbol{f} - \boldsymbol{g}_j\|_{\boldsymbol{W}_j}^2, \quad j = 1, 2, \cdots, p, \tag{4.3.10}$$

其中

$$\begin{aligned}
\boldsymbol{W}_j &= \mathrm{diag}\left(1\Big/\sum_{n=1}^{N} p_{1_j n}, 1\Big/\sum_{n=1}^{N} p_{2_j n}, \cdots, 1\Big/\sum_{n=1}^{N} p_{q_{j_j} n}\right), \\
\boldsymbol{P}_j &= [\boldsymbol{p}_{1_j}, \boldsymbol{p}_{2_j}, \cdots, \boldsymbol{p}_{q_{j_j}}]^{\mathrm{T}}, \\
\boldsymbol{g}_j &= [g_{1_j}, g_{2_j}, \cdots, g_{q_{j_j}}]^{\mathrm{T}},
\end{aligned}$$

预条件子为

$$\boldsymbol{B}_j = \mathrm{diag}\left(1\Big/\sum_{k_j=1_j}^{q_{j_j}} p_{k_j 1}, 1\Big/\sum_{k_j=1_j}^{q_{j_j}} p_{k_j 2}, \cdots, 1\Big/\sum_{k_j=1_j}^{q_{j_j}} p_{k_j N}\right).$$

显然, 这三种基于代数的方法均可归结为基于优化的模型, 但是它们都没考虑正则化项或先验信息项. 当探测数据存在严重的误差或者数据量稀少时, 这三种方法都会受到影响, 重构的图像质量不理想.

第 5 章　医学 CT 图像的重构方法

本章介绍的是针对医用 CT 中特殊的数据采集方式和特殊的问题而设计的图像重构方法, 包括针对扇形束投影、锥形束投影、螺旋锥形束投影的图像重构方法, 以及 CT 图像重构的内部问题. 我们只介绍解析的重构算法并按照数据采集方式的不同对重构算法进行讨论. 这些算法相对来讲都是比较经典的重构方法, 在许多参考书中都有介绍[8, 157, 166, 207].

5.1　扇形束投影的图像重构

扇形束投影重构是关于二维图像重构问题的, 即对物体的二维切片进行重构, 在现代商用 CT 扫描仪中发挥着重要的作用. 我们分别讨论等角扇形束投影和等距扇形束投影的图像重构方法.

5.1.1　等角扇形束投影的图像重构

假设 $d(\beta,\gamma)$ 或 $d_\beta(\gamma)$ 表示等角扇形束投影的测量值, 其中 β 表示 y 轴与扇形束投影的中心线所形成的夹角, γ 表示射线与中心线形成的夹角, 如图 5.1.1 所示. 可进一步建立等角扇形束投影的测量值 $d(\beta,\gamma)$ 与平行束投影的测量值 $\tilde{g}(\psi,s)$ 之间的关系: 当

$$\begin{cases} \psi=\beta+\gamma, \\ s=D\sin\gamma \end{cases} \tag{5.1.1}$$

时, $d(\beta,\gamma)$ 与 $\tilde{g}(\psi,s)$ 表示同一条射线上的测量值, 即

$$d(\beta,\gamma)=\tilde{g}(\psi,s), \tag{5.1.2}$$

其中 D 表示 X 射线源与旋转中心之间的距离.

为了得到等角扇形束投影的图像重构公式, 首先回顾平行束投影的重构公式 (4.2.1) 如下:

$$f(\boldsymbol{x})=\frac{1}{2}\int_0^{2\pi}\int_{-\infty}^{+\infty}|\eta|\hat{g}(\boldsymbol{\theta},\eta)\mathrm{e}^{\mathrm{i}2\pi\eta(x\sin\phi-y\cos\phi)}\mathrm{d}\eta\mathrm{d}\phi, \tag{5.1.3}$$

其中 $\boldsymbol{\theta}=[\cos(\phi+\pi/2),\sin(\phi+\pi/2)]^{\mathrm{T}}$. 注意到 $\psi=\phi+\pi/2$, 因此 $\tilde{g}(\psi,s)=g(\theta,s)$,

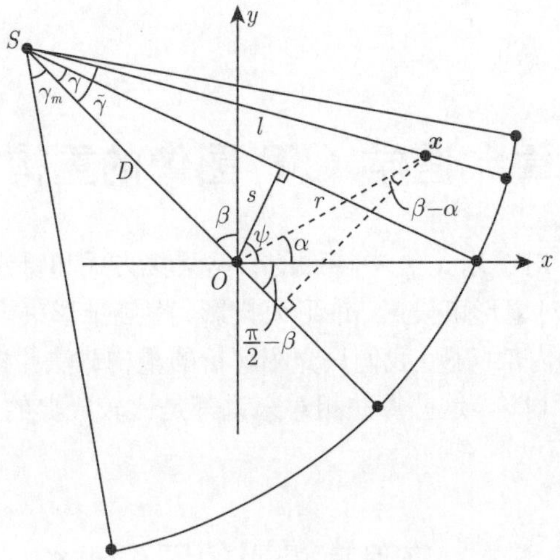

图 5.1.1　等角扇形束投影示意图

公式 (5.1.3) 等价于:

$$f(\boldsymbol{x})=\frac{1}{2}\int_{0}^{2\pi}\int_{-\infty}^{+\infty}|\eta|\hat{\tilde{g}}(\psi,\eta)\mathrm{e}^{\mathrm{i}2\pi\eta(x\cos\psi+y\sin\psi)}\mathrm{d}\eta\mathrm{d}\psi. \tag{5.1.4}$$

设函数 $|\eta|$ 的逆 Fourier 变换为

$$h(s)=\int_{-\infty}^{+\infty}|\eta|\mathrm{e}^{\mathrm{i}2\pi\eta s}\mathrm{d}\eta. \tag{5.1.5}$$

前已提及, $|\eta|$ 的逆 Fourier 变换在常义函数空间中是不存在的, 故这里是在广义函数框架下考虑, 详细说明可参考 2.2 节. 根据 Fourier 变换的卷积性质, 有

$$f(\boldsymbol{x})=\frac{1}{2}\int_{0}^{2\pi}\int_{-s_m}^{s_m}\tilde{g}(\psi,s)h(x\cos\psi+y\sin\psi-s)\mathrm{d}s\mathrm{d}\psi, \tag{5.1.6}$$

其中 $\tilde{g}(\psi,s)=0, |s|>s_m$. 作极坐标变换 (参考图 5.1.1):

$$\begin{cases} x=r\cos\alpha, \\ y=r\sin\alpha. \end{cases} \tag{5.1.7}$$

式 (5.1.6) 可转化为

$$\tilde{f}(r,\alpha)=\frac{1}{2}\int_{0}^{2\pi}\int_{-s_m}^{s_m}\tilde{g}(\psi,s)h(r\cos(\psi-\alpha)-s)\mathrm{d}s\mathrm{d}\psi, \tag{5.1.8}$$

其中 $\tilde{f}(r,\alpha)=f(\boldsymbol{x})$. 结合 (5.1.2), 利用 (5.1.1) 对 (5.1.8) 作变量替换可得

$$\begin{aligned}\tilde{f}(r,\alpha)&=\frac{1}{2}\int_{-\gamma}^{2\pi-\gamma}\int_{-\gamma_m}^{\gamma_m}\tilde{g}(\beta+\gamma,D\sin\gamma)h(r\cos(\beta+\gamma-\alpha)-D\sin\gamma)D\cos\gamma\mathrm{d}\gamma\mathrm{d}\beta\\&=\frac{1}{2}\int_{0}^{2\pi}\int_{-\gamma_m}^{\gamma_m}d(\beta,\gamma)h(r\cos(\beta+\gamma-\alpha)-D\sin\gamma)D\cos\gamma\mathrm{d}\gamma\mathrm{d}\beta,\end{aligned}\tag{5.1.9}$$

其中 $\gamma_m=\arcsin(s_m/D)$, 且 $d(\beta,\gamma)=0$, $|\gamma|>\gamma_m$. 下面对 h 进行化简. 令

$$r\cos(\beta+\gamma-\alpha)-D\sin\gamma=l\sin\tilde{\gamma}\cos\gamma-l\cos\tilde{\gamma}\sin\gamma=l\sin(\tilde{\gamma}-\gamma),\tag{5.1.10}$$

其中 l 表示 X 射线点源到重构点 $\boldsymbol{x}$ 或 (r,α) 的距离, $\tilde{\gamma}$ 表示经过点 $\boldsymbol{x}$ 的射线与中心线的夹角, 并且

$$\begin{cases}l\sin\tilde{\gamma}=r\cos(\beta-\alpha),\\ l\cos\tilde{\gamma}=r\sin(\beta-\alpha)+D.\end{cases}\tag{5.1.11}$$

从 (5.1.11) 可推知 l 与 $\tilde{\gamma}$ 的表达式为

$$l(r,\alpha,\beta)=\sqrt{[r\cos(\beta-\alpha)]^2+[r\sin(\beta-\alpha)+D]^2},\tag{5.1.12}$$

$$\tilde{\gamma}(r,\alpha,\beta)=\arctan\frac{r\cos(\beta-\alpha)}{r\sin(\beta-\alpha)+D}.\tag{5.1.13}$$

将 (5.1.10) 代入 (5.1.9) 可得

$$\tilde{f}(r,\alpha)=\frac{1}{2}\int_{0}^{2\pi}\int_{-\gamma_m}^{\gamma_m}d(\beta,\gamma)h(l\sin(\tilde{\gamma}-\gamma))D\cos\gamma\mathrm{d}\gamma\mathrm{d}\beta.\tag{5.1.14}$$

由函数 h 的定义 (5.1.5) 可知

$$h(l\sin\gamma)=\int_{-\infty}^{+\infty}|\eta|\mathrm{e}^{\mathrm{i}2\pi\eta l\sin\gamma}\mathrm{d}\eta.\tag{5.1.15}$$

利用变量替换 $\tilde{\eta}=\eta l\sin\gamma/\gamma$, 可得

$$h(l\sin\gamma)=\left(\frac{\gamma}{l\sin\gamma}\right)^2\int_{-\infty}^{+\infty}|\tilde{\eta}|\mathrm{e}^{\mathrm{i}2\pi\tilde{\eta}\gamma}\mathrm{d}\tilde{\eta}=\left(\frac{\gamma}{l\sin\gamma}\right)^2h(\gamma).\tag{5.1.16}$$

令

$$\tilde{h}(\gamma)=\frac{1}{2}\left(\frac{\gamma}{\sin\gamma}\right)^2h(\gamma),\tag{5.1.17}$$

$$\tilde{d}(\beta,\gamma)=d(\beta,\gamma)D\cos\gamma.\tag{5.1.18}$$

于是 (5.1.14) 可转化为如下等角扇形束投影的图像重构公式:

$$\tilde{f}(r,\alpha)=\int_{0}^{2\pi}\frac{1}{l^2}\mathrm{d}\beta\int_{-\gamma_m}^{\gamma_m}\tilde{h}(\tilde{\gamma}-\gamma)\tilde{d}(\beta,\gamma)\mathrm{d}\gamma.\tag{5.1.19}$$

注意到, 上式的内层积分运算实质上为卷积运算, 即

$$\int_{-\gamma_m}^{\gamma_m} \tilde{h}(\tilde{\gamma}-\gamma)\tilde{d}(\beta,\gamma)\mathrm{d}\gamma = \tilde{h}(\tilde{\gamma}) * \tilde{d}(\beta,\tilde{\gamma}). \tag{5.1.20}$$

下面对上述重构过程的计算细节进行说明. 为了克服计算 (5.1.5) 的困难, 可假设 $\tilde{g}(\psi,s)$ 是有限带宽的, 即 $\hat{\tilde{g}}(\psi,\eta)=0, |\eta|>b$, 其中 b 为一充分大的正常数. 事实上, 根据 Shannon 采样定理可知, $b=1/2\Delta s$, 其中 Δs 为平行束投影采样间距. 于是, (5.1.4) 能转化为

$$f(\boldsymbol{x}) = \frac{1}{2}\int_0^{2\pi}\int_{-\infty}^{+\infty} |\eta|\chi_b(\eta)\hat{\tilde{g}}(\psi,\eta)\mathrm{e}^{\mathrm{i}2\pi\eta(x\cos\psi+y\sin\psi)}\mathrm{d}\eta\mathrm{d}\psi, \tag{5.1.21}$$

其中

$$\chi_b(\eta) = \begin{cases} 1, & |\eta|\leqslant b, \\ 0, & |\eta|>b. \end{cases} \tag{5.1.22}$$

同样, 利用 Fourier 变换的卷积性质, (5.1.21) 可写成

$$f(\boldsymbol{x}) = \frac{1}{2}\int_0^{2\pi}\int_{-s_m}^{s_m} \tilde{g}(\psi,s)h_1(x\cos\psi+y\sin\psi-s)\mathrm{d}s\mathrm{d}\psi, \tag{5.1.23}$$

其中

$$h_1(s) = \int_{-\infty}^{+\infty}|\eta|\chi_b(\eta)\mathrm{e}^{\mathrm{i}2\pi\eta s}\mathrm{d}\eta = \frac{1}{2\Delta s^2}\frac{\sin(2\pi s/2\Delta s)}{2\pi s/2\Delta s} - \frac{1}{4\Delta s^2}\left(\frac{\sin(\pi s/2\Delta s)}{\pi s/2\Delta s}\right)^2. \tag{5.1.24}$$

重复推导过程 (5.1.6)~(5.1.19), 有

$$\tilde{f}(r,\alpha) = \int_0^{2\pi}\frac{1}{l^2}\mathrm{d}\beta\int_{-\gamma_m}^{\gamma_m}\tilde{\tilde{h}}(\tilde{\gamma}-\gamma)\tilde{d}(\beta,\gamma)\mathrm{d}\gamma, \tag{5.1.25}$$

其中

$$\tilde{\tilde{h}}(\gamma) = \frac{1}{2}\left(\frac{\gamma}{\sin\gamma}\right)^2 h_1(\gamma). \tag{5.1.26}$$

下面考虑如何进行计算. 假设给定的等角扇形束投影数据为 $d(\beta_i, n\Delta s)$, $i=1, 2, \cdots, V$, $n=-P, \cdots, -1, 0, 1, \cdots, P$, 其中 V 为扇形束投影角度总数, $\Delta\beta$ 为均匀角度间隔, $2P+1$ 为每个角度上的投影个数, Δs 为等角投影间隔, $n=0$ 处的投影射线为扇形束中心线.

算法 5.1.1 (等角扇形束投影图像重构的 FBP 方法)

(1) 滤波步实质上是求离散卷积的过程, 可通过 FFT 计算

$$q_{\beta_i}(n\Delta s) = \tilde{\tilde{h}}(n\Delta s) * \tilde{d}(\beta_i, n\Delta s). \tag{5.1.27}$$

需要注意的是, 由于 (5.1.27) 是一个非循环 (非周期) 的卷积运算, 而只有循环卷积才能正确地利用 FFT 计算, 所以需要对每个角度的投影数据进行适当的补零, 让补零之后的卷积变成循环卷积.

(2) 滤波步计算完之后, 反投影步可通过如下离散公式计算:

$$\tilde{f}(r,\alpha) \approx \Delta\beta\Delta s \sum_{i=1}^{V} \frac{q_{\beta_i}(\tilde{\gamma})}{l^2(r,\alpha,\beta_i)}, \tag{5.1.28}$$

其中 $q_{\beta_i}(\tilde{\gamma})$ 可由序列 $\{q_{\beta_i}(n\Delta s)\}$ 插值得到.

5.1.2 等距扇形束投影的图像重构

假设 $\bar{d}(\beta,t)$ 或 $\bar{d}_\beta(t)$ 表示等距扇形束投影的测量值, 参数 β 和 t 表示的含义如图 5.1.2 所示. 我们同样能建立等距扇形束投影的测量值 $\bar{d}(\beta,t)$ 与平行束投影的测量值 $\tilde{g}(\psi,s)$ 之间的关系: 当

$$\begin{cases} \psi = \beta + \gamma = \beta + \arctan\dfrac{t}{D}, \\ s = t\cos\gamma = \dfrac{tD}{\sqrt{D^2+t^2}} \end{cases} \tag{5.1.29}$$

时, $\bar{d}(\beta,t)$ 与 $\tilde{g}(\psi,s)$ 表示同一条射线的测量值, 即

$$\bar{d}(\beta,t) = \tilde{g}(\psi,s), \tag{5.1.30}$$

其中 D 表示 X 射线源与旋转中心之间的距离.

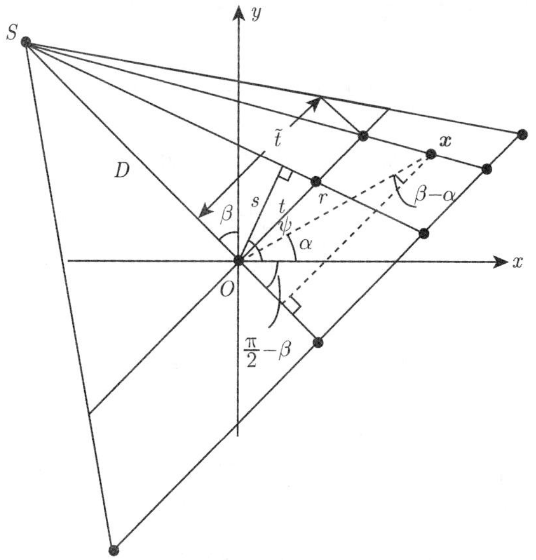

图 5.1.2　等距扇形束投影示意图

利用 (5.1.29), 对 (5.1.8) 作变量替换, 结合 (5.1.30), 有

$$\tilde{f}(r,\alpha)=\frac{1}{2}\int_0^{2\pi}\int_{-t_m}^{t_m}\bar{d}(\beta,t)h(h_2(r,\alpha,t,\beta))\frac{D^3}{(D^2+t^2)^{3/2}}\mathrm{d}t\mathrm{d}\beta, \tag{5.1.31}$$

其中

$$t_m=\frac{Ds_m}{\sqrt{D^2-s_m^2}}, \tag{5.1.32}$$

$$h_2(r,\alpha,t,\beta)=r\cos\left(\beta+\arctan\frac{t}{D}-\alpha\right)-\frac{tD}{\sqrt{D^2+t^2}}. \tag{5.1.33}$$

进一步推导可得

$$h_2(r,\alpha,t,\beta)=r\cos(\beta-\alpha)\frac{D}{\sqrt{D^2+t^2}}-(r\sin(\beta-\alpha)+D)\frac{t}{\sqrt{D^2+t^2}}. \tag{5.1.34}$$

令

$$L(r,\alpha,\beta)=\frac{r\sin(\beta-\alpha)+D}{D}, \tag{5.1.35}$$

$$\tilde{t}(r,\alpha,\beta)=\frac{Dr\cos(\beta-\alpha)}{r\sin(\beta-\alpha)+D}, \tag{5.1.36}$$

则 (5.1.34) 可写为

$$h_2(r,\alpha,t,\beta)=\frac{DL}{\sqrt{D^2+t^2}}(\tilde{t}-t). \tag{5.1.37}$$

与 5.1.1 小节中的推导类似, 能得到

$$h(h_2(r,\alpha,t,\beta))=\frac{D^2+t^2}{D^2L^2}h(\tilde{t}-t). \tag{5.1.38}$$

将 (5.1.38) 代入 (5.1.31) 可得如下等距扇形束投影的图像重构公式:

$$\tilde{f}(r,\alpha)=\int_0^{2\pi}\frac{1}{L^2}\mathrm{d}\beta\int_{-t_m}^{t_m}\tilde{\bar{d}}(\beta,t)\frac{h(\tilde{t}-t)}{2}\mathrm{d}t, \tag{5.1.39}$$

其中

$$\tilde{\bar{d}}(\beta,t)=\bar{d}(\beta,t)\frac{D}{\sqrt{D^2+t^2}}. \tag{5.1.40}$$

上述推导过程可借助图 5.1.2 来理解.

需要注意的是: ① 式 (5.1.39) 与 (5.1.25) 的形式相同, 故可用 5.1.1 小节中的方法对 (5.1.40) 进行计算; ② 对 t 进行等距离散, 从而可知, 等距扇形束是指测量值均匀地分布在过原点且与中心线垂直的直线上.

5.2 锥形束投影的图像重构

锥形束扫描是对三维物体直接进行投影, 而非对三维物体的二维切片作投影. 这种方式在对运动的物体, 如心脏、肺等三维器官进行数据采集时起着非常重要的作用. 现代商用 CT 可以通过步进式或螺旋式两种不同的模式来采集锥形束投影数据. 本节将对锥形束投影的图像重构问题进行阐述. 本节内容主要来自文献 [116, 170, 281].

5.2.1 Tuy 公式

为了给出锥形束投影的重构公式, H. Tuy 提出了在扫描过程中 X 射线源的运动曲线 (轨迹) $\boldsymbol{r}(t): T_0 \to \mathbb{R}^3$ 需满足的三个条件:

(1) 在重构区域 $\Omega \subset \mathbb{R}^3$ 之外, 即不能与区域 Ω 相交;

(2) 是有界连续的, 且几乎处处可微;

(3) 对任意 $(\boldsymbol{x}, \boldsymbol{\theta}) \in \Omega \times \mathbf{S}^2$, $\exists t \in T_0$, 使得 $\boldsymbol{x}^{\mathrm{T}}\boldsymbol{\theta} = \boldsymbol{r}(t)^{\mathrm{T}}\boldsymbol{\theta}$, 并且 $\boldsymbol{r}'(t)^{\mathrm{T}}\boldsymbol{\theta} \neq 0$, 其中 $T_0 \subset \mathbb{R}$ 为一线段, $\boldsymbol{\theta} = [\cos\phi\cos\psi, \cos\phi\sin\psi, \sin\phi]^{\mathrm{T}}$.

上述条件称为 Tuy 条件. 容易看出 Tuy 条件之三的几何意义是: 对任意 $\boldsymbol{\theta} \in \mathbf{S}^2$, 经过点 $\boldsymbol{x} \in \Omega$, 法线方向为 $\boldsymbol{\theta}$ 的平面必然与 X 射线源的运动曲线相交于一点, 同时运动曲线在该交点处的切线不能与 $\boldsymbol{\theta}$ 正交. 事实上, 这三个条件在实际探测过程中较易满足, 例如, 在测量物体外的两个充分大的正交的圆形轨道, 或充分大的螺旋轨道都是满足这些条件的.

在上述条件下, H. Tuy 给出了锥形束投影图像重构的一个公式, 称为 Tuy 公式. 下面给出其详细推导过程.

由逆 Fourier 变换可知

$$f(\boldsymbol{x}) = \int_{\mathbb{R}^3} \hat{f}(\boldsymbol{\xi}) \mathrm{e}^{\mathrm{i}2\pi\boldsymbol{x}^{\mathrm{T}}\boldsymbol{\xi}} \mathrm{d}\boldsymbol{\xi}, \quad \boldsymbol{\xi} \in \mathbb{R}^3,$$

作球坐标变换 $\boldsymbol{\xi} = r\boldsymbol{\theta}$, 上式可转化为

$$f(\boldsymbol{x}) = \int_0^{2\pi} \mathrm{d}\psi \int_{-\pi/2}^{\pi/2} \cos\phi \mathrm{d}\phi \int_0^{\infty} r^2 \hat{f}(r\boldsymbol{\theta}) \mathrm{e}^{\mathrm{i}2\pi r\boldsymbol{x}^{\mathrm{T}}\boldsymbol{\theta}} \mathrm{d}r. \tag{5.2.1}$$

锥形束投影变换定义为

$$\mathbf{D}f(\boldsymbol{a}, \boldsymbol{\theta}) = \int_0^{\infty} f(\boldsymbol{a} + s\boldsymbol{\theta}) \mathrm{d}s, \quad \boldsymbol{a} \in \mathbb{R}^3. \tag{5.2.2}$$

上述定义可进一步推广为

$$\mathbf{D}f(\boldsymbol{a}, \boldsymbol{b}) = \int_0^{\infty} f(\boldsymbol{a} + s\boldsymbol{b}) \mathrm{d}s = \frac{1}{|\boldsymbol{b}|} \int_0^{\infty} f\left(\boldsymbol{a} + s\frac{\boldsymbol{b}}{|\boldsymbol{b}|}\right) \mathrm{d}s, \tag{5.2.3}$$

其中 $\boldsymbol{b}\in\mathbb{R}^3$, 且 $\boldsymbol{b}\neq\mathbf{0}$. 因此, X 射线源在 $\boldsymbol{r}(t)$ 上的锥形束投影变换为

$$\mathbf{D}f(\boldsymbol{r}(t),\boldsymbol{b})=\int_0^\infty f(\boldsymbol{r}(t)+s\boldsymbol{b})\mathrm{d}s. \tag{5.2.4}$$

不妨假设 $\mathbf{D}f(\boldsymbol{r}(t),\boldsymbol{b})\in\mathscr{S}'(\mathbb{R}^3)$, 因此对第二个变量的 Fourier 变换为

$$\langle(\mathbf{D}f)\hat{}\,(\boldsymbol{r}(t),\boldsymbol{\xi}),u(\boldsymbol{\xi})\rangle=\langle\mathbf{D}f(\boldsymbol{r}(t),\boldsymbol{b}),\hat{u}(\boldsymbol{b})\rangle,\quad\forall u\in\mathscr{S}(\mathbb{R}^3). \tag{5.2.5}$$

在广义函数意义下,

$$\int_0^\infty r^k\hat{f}(r\boldsymbol{\xi})\mathrm{e}^{\mathrm{i}2\pi r\boldsymbol{r}(t)^{\mathrm{T}}\boldsymbol{\xi}}\mathrm{d}r,\quad k=1,\ 2,$$

定义为

$$\lim_{\rho\to\infty}\int_0^\rho r^k\hat{f}(r\boldsymbol{\xi})\mathrm{e}^{\mathrm{i}2\pi r\boldsymbol{r}(t)^{\mathrm{T}}\boldsymbol{\xi}}\mathrm{d}r,$$

即

$$\left\langle\int_0^\infty r^k\hat{f}(r\boldsymbol{\xi})\mathrm{e}^{\mathrm{i}2\pi r\boldsymbol{r}(t)^{\mathrm{T}}\boldsymbol{\xi}}\mathrm{d}r,u(\boldsymbol{\xi})\right\rangle=\lim_{\rho\to\infty}\left\langle\int_0^\rho r^k\hat{f}(r\boldsymbol{\xi})\mathrm{e}^{\mathrm{i}2\pi r\boldsymbol{r}(t)^{\mathrm{T}}\boldsymbol{\xi}}\mathrm{d}r,u(\boldsymbol{\xi})\right\rangle \tag{5.2.6}$$

对任意 $u\in\mathscr{S}(\mathbb{R}^3)$ 成立.

引理 5.2.1 [281]　*对 $u\in\mathscr{S}(\mathbb{R}^3)$, $t\in T_0$, 以下等式成立:*

$$\left\langle\int_0^\infty r\hat{f}(r\boldsymbol{\xi})\mathrm{e}^{\mathrm{i}2\pi r\boldsymbol{r}(t)^{\mathrm{T}}\boldsymbol{\xi}}\mathrm{d}r,u(\boldsymbol{\xi})\right\rangle=\int_0^\infty r\mathrm{d}r\int_\Omega f(\boldsymbol{x})\hat{u}(r(\boldsymbol{x}-\boldsymbol{r}(t)))\mathrm{d}\boldsymbol{x}, \tag{5.2.7}$$

$$\frac{\partial}{\partial t}\int_0^\infty r\hat{f}(r\boldsymbol{\xi})\mathrm{e}^{\mathrm{i}2\pi r\boldsymbol{r}(t)^{\mathrm{T}}\boldsymbol{\xi}}\mathrm{d}r=\mathrm{i}2\pi\boldsymbol{r}'(t)^{\mathrm{T}}\boldsymbol{\xi}\int_0^\infty r^2\hat{f}(r\boldsymbol{\xi})\mathrm{e}^{\mathrm{i}2\pi r\boldsymbol{r}(t)^{\mathrm{T}}\boldsymbol{\xi}}\mathrm{d}r. \tag{5.2.8}$$

证明　由于 $u\in\mathscr{S}(\mathbb{R}^3)$, 所以 $\hat{u}\in\mathscr{S}(\mathbb{R}^3)$. 又由于存在常数 $c>0$, 对任意 $\boldsymbol{x}\in\Omega$, 任意 $t\in T_0$, 满足 $\|\boldsymbol{x}-\boldsymbol{r}(t)\|\geqslant c$, 故

$$\int_0^\infty r\mathrm{d}r\int_\Omega f(\boldsymbol{x})\hat{u}(r(\boldsymbol{x}-\boldsymbol{r}(t)))\mathrm{d}\boldsymbol{x}\leqslant C\int_\Omega|f(\boldsymbol{x})|\mathrm{d}\boldsymbol{x}\int_0^\infty\frac{r}{(1+c^2r^2)^a}\mathrm{d}r, \tag{5.2.9}$$

其中常数 $a\geqslant 2$, $C>0$. 利用 Lebesgue 控制收敛定理和 Fubini 定理, 可得

$$\int_0^\infty r\mathrm{d}r\int_\Omega f(\boldsymbol{x})\hat{u}(r(\boldsymbol{x}-\boldsymbol{r}(t)))\mathrm{d}\boldsymbol{x}=\lim_{\rho\to\infty}\int_0^\rho r\mathrm{d}r\int_\Omega f(\boldsymbol{x})\hat{u}(r(\boldsymbol{x}-\boldsymbol{r}(t)))\mathrm{d}\boldsymbol{x}.$$

利用 Fourier 变换, 经推导可知

$$\begin{aligned}&\int_0^\rho r\mathrm{d}r\int_\Omega f(\boldsymbol{x})\hat{u}(r(\boldsymbol{x}-\boldsymbol{r}(t)))\mathrm{d}\boldsymbol{x}\\&=\int_0^\rho r\mathrm{d}r\int_\Omega f(\boldsymbol{x})\mathrm{d}\boldsymbol{x}\int_{\mathbb{R}^3}u(\boldsymbol{\xi})\mathrm{e}^{-\mathrm{i}2\pi r(\boldsymbol{x}-\boldsymbol{r}(t))^{\mathrm{T}}\boldsymbol{\xi}}\mathrm{d}\boldsymbol{\xi}\\&=\int_{\mathbb{R}^3}u(\boldsymbol{\xi})\mathrm{d}\boldsymbol{\xi}\int_0^\rho r\hat{f}(r\boldsymbol{\xi})\mathrm{e}^{\mathrm{i}2\pi r\boldsymbol{r}(t)^{\mathrm{T}}\boldsymbol{\xi}}\mathrm{d}r.\end{aligned}$$

结合 (5.2.6), 对上式取极限, 可得等式 (5.2.7). 由 (5.2.9) 可得

$$\begin{aligned}&\frac{\partial}{\partial t}\int_0^{\infty} r\mathrm{d}r\int_{\Omega} f(\boldsymbol{x})\hat{u}(r(\boldsymbol{x}-\boldsymbol{r}(t)))\mathrm{d}\boldsymbol{x}\\=&\int_0^{\infty} r\mathrm{d}r\int_{\Omega} f(\boldsymbol{x})\frac{\partial}{\partial t}\hat{u}(r(\boldsymbol{x}-\boldsymbol{r}(t)))\mathrm{d}\boldsymbol{x}\\=&\lim_{\rho\to\infty}\int_0^{\rho} r^2\mathrm{d}r\int_{\Omega} f(\boldsymbol{x})\mathrm{d}\boldsymbol{x}\int_{\mathbb{R}^3} u(\boldsymbol{\xi})\mathrm{i}2\pi\boldsymbol{r}'(t)^{\mathrm{T}}\boldsymbol{\xi}\mathrm{e}^{-\mathrm{i}2\pi r(\boldsymbol{x}-\boldsymbol{r}(t))^{\mathrm{T}}\boldsymbol{\xi}}\mathrm{d}\boldsymbol{\xi}\\=&\lim_{\rho\to\infty}\int_{\mathbb{R}^3} u(\boldsymbol{\xi})\mathrm{i}2\pi\boldsymbol{r}'(t)^{\mathrm{T}}\boldsymbol{\xi}\mathrm{d}\boldsymbol{\xi}\int_0^{\rho} r^2\hat{f}(r\boldsymbol{\xi})\mathrm{e}^{\mathrm{i}2\pi r\boldsymbol{r}(t)^{\mathrm{T}}\boldsymbol{\xi}}\mathrm{d}r.\end{aligned}$$

再结合 (5.2.6) 与 (5.2.7), 可知 (5.2.8) 成立. □

引理 5.2.2[281]　*在广义函数意义下, 如下关系式成立:*

$$(\mathbf{D}f)^{\wedge}(\boldsymbol{r}(t),\boldsymbol{\xi})=\int_0^{\infty} r\hat{f}(r\boldsymbol{\xi})\mathrm{e}^{\mathrm{i}2\pi r\boldsymbol{r}(t)^{\mathrm{T}}\boldsymbol{\xi}}\mathrm{d}r,\tag{5.2.10}$$

$$\frac{\partial}{\partial t}(\mathbf{D}f)^{\wedge}(\boldsymbol{r}(t),\boldsymbol{\xi})=\mathrm{i}2\pi\boldsymbol{r}'(t)^{\mathrm{T}}\boldsymbol{\xi}\int_0^{\infty} r^2\hat{f}(r\boldsymbol{\xi})\mathrm{e}^{\mathrm{i}2\pi r\boldsymbol{r}(t)^{\mathrm{T}}\boldsymbol{\xi}}\mathrm{d}r.\tag{5.2.11}$$

证明　由 (5.2.5) 可知

$$\langle(\mathbf{D}f)^{\wedge}(\boldsymbol{r}(t),\boldsymbol{\xi}),u(\boldsymbol{\xi})\rangle=\int_{\mathbb{R}^3}\mathbf{D}f(\boldsymbol{r}(t),\boldsymbol{b})\hat{u}(\boldsymbol{b})\mathrm{d}\boldsymbol{b}.\tag{5.2.12}$$

根据 (5.2.4) 知, (5.2.12) 可转化为

$$\langle(\mathbf{D}f)^{\wedge}(\boldsymbol{r}(t),\boldsymbol{\xi}),u(\boldsymbol{\xi})\rangle=\int_{\mathbb{R}^3}\hat{u}(\boldsymbol{b})\mathrm{d}\boldsymbol{b}\int_0^{\infty} f(\boldsymbol{r}(t)+s\boldsymbol{b})\mathrm{d}s.\tag{5.2.13}$$

因为 $u\in\mathscr{S}(\mathbb{R}^3)$, 所以 $\hat{u}\in\mathscr{S}(\mathbb{R}^3)$, 则 $f(\boldsymbol{r}(t)+s\boldsymbol{b})\hat{u}(\boldsymbol{b})$ 是绝对可积的. 故可作如下变量替换:

$$\begin{cases}\boldsymbol{x}=\boldsymbol{r}(t)+s\boldsymbol{b},\\ r=1/s,\end{cases}\tag{5.2.14}$$

于是 (5.2.13) 变成

$$\langle(\mathbf{D}f)^{\wedge}(\boldsymbol{r}(t),\boldsymbol{\xi}),u(\boldsymbol{\xi})\rangle=\int_0^{\infty} r\mathrm{d}r\int_{\Omega} f(\boldsymbol{x})\hat{u}(r(\boldsymbol{x}-\boldsymbol{r}(t)))\mathrm{d}\boldsymbol{x}.\tag{5.2.15}$$

结合 (5.2.7) 与 (5.2.15) 可得 (5.2.10) 成立. 再由 (5.2.8) 与 (5.2.10) 可得 (5.2.11) 亦成立. □

引理 5.2.2 建立了锥形束投影的测量值的 Fourier 变换与函数 Fourier 变换之间的关系. 下面的定理给出了 Tuy 公式.

定理 5.2.3[281]　假设 $f(\boldsymbol{x})$ 为定义在 $\mathbb{R}^3$ 上的实可积函数, 并且 $\mathrm{supp}(f)\subset\Omega$, 其中 Ω 为 $\mathbb{R}^3$ 上的紧子集. 如果曲线 $\boldsymbol{r}(t)$ 满足 Tuy 条件, 那么

$$f(\boldsymbol{x})=\int_0^{2\pi}\mathrm{d}\psi\int_{-\pi/2}^{\pi/2}\cos\phi\frac{1}{\mathrm{i}2\pi\boldsymbol{r}'(t)^{\mathrm{T}}\boldsymbol{\theta}}\frac{\partial\mathbf{D}f(\boldsymbol{r}(t),\boldsymbol{\theta})}{\partial t}\mathrm{d}\phi,\quad \boldsymbol{x}\in\Omega, \tag{5.2.16}$$

其中 t 满足 $\boldsymbol{x}^{\mathrm{T}}\boldsymbol{\theta}=\boldsymbol{r}(t)^{\mathrm{T}}\boldsymbol{\theta}$.

证明　由引理 5.2.2 的结论可知

$$\int_0^{\infty}r^2\hat{f}(r\theta)\mathrm{e}^{\mathrm{i}2\pi r\boldsymbol{r}(t)^{\mathrm{T}}\boldsymbol{\theta}}\mathrm{d}r=\frac{1}{\mathrm{i}2\pi\boldsymbol{r}'(t)^{\mathrm{T}}\boldsymbol{\theta}}\frac{\partial\mathbf{D}f(\boldsymbol{r}(t),\boldsymbol{\theta})}{\partial t}.$$

由于 $\boldsymbol{r}(t)$ 满足 Tuy 条件, 故对任意 $\boldsymbol{x}\in\Omega$, $\exists t\in T_0$, 满足

$$\int_0^{\infty}r^2\hat{f}(r\theta)\mathrm{e}^{\mathrm{i}2\pi r\boldsymbol{x}^{\mathrm{T}}\boldsymbol{\theta}}\mathrm{d}r=\int_0^{\infty}r^2\hat{f}(r\theta)\mathrm{e}^{\mathrm{i}2\pi r\boldsymbol{r}(t)^{\mathrm{T}}\boldsymbol{\theta}}\mathrm{d}r.$$

从而

$$\int_0^{\infty}r^2\hat{f}(r\theta)\mathrm{e}^{\mathrm{i}2\pi r\boldsymbol{x}^{\mathrm{T}}\boldsymbol{\theta}}\mathrm{d}r=\frac{1}{\mathrm{i}2\pi\boldsymbol{r}'(t)^{\mathrm{T}}\boldsymbol{\theta}}\frac{\partial\mathbf{D}f(\boldsymbol{r}(t),\theta)}{\partial t}. \tag{5.2.17}$$

将 (5.2.17) 代入 (5.2.1) 即得 (5.2.16). □

5.2.2　FDK 算法

在 5.2.1 小节中, 虽然 Tuy 公式给出了重构 f 的一个精确表达式, 但该表达式不仅对 X 射线源的运动曲线有一定的限制, 还需对投影数据关于曲线参数求偏导数, 从而导致了这一精确重构表达式很难付诸实践.

随后, L. Feldkamp, L. Davis 和 J. Kress 提出了一个实用的锥形束算法, 也就是众所周知的 FDK 算法. 该算法仅需要射线源的运动曲线为一圆形轨道即可. 从形式上来看, FDK 算法正是二维等距扇形束算法的三维推广. 由于单一的圆形轨道不满足 Tuy 条件, 所以 FDK 算法并不是一个精确的三维重构算法. 但在一定的条件下, 这种不精确性并不影响图像的重构质量. 下面将给出该算法的推导过程.

首先对三维空间中的各坐标系进行说明. 设原直角坐标系 $\{O,x,y,z\}$ 绕 z 轴在 xy 平面内旋转 $\beta+\pi/2$ 得到的新直角坐标系为 $\{\tilde{O},\tilde{x},\tilde{y},\tilde{z}\}$, 其中 $\tilde{z}=z$. 对二维情况, 令 $z=0$ 即可. 设原坐标系的三个坐标轴方向为: $\boldsymbol{e}_1=[1,0,0]^{\mathrm{T}}$, $\boldsymbol{e}_2=[0,1,0]^{\mathrm{T}}$ 和 $\boldsymbol{e}_3=[0,0,1]^{\mathrm{T}}$, 则新坐标系下与之相应的坐标轴方向为: $\tilde{\boldsymbol{e}}_1=[-\sin\beta,\cos\beta,0]^{\mathrm{T}}$, $\tilde{\boldsymbol{e}}_2=[-\cos\beta,-\sin\beta,0]^{\mathrm{T}}$ 和 $\tilde{\boldsymbol{e}}_3=[0,0,1]^{\mathrm{T}}$. 从原点到 X 射线源的向量正好在 $\tilde{x}$ 轴上, X 射线源在原坐标系下的坐标为 $[-D\sin\beta,D\cos\beta,0]^{\mathrm{T}}$.

现考虑重构点 $\boldsymbol{x}=[x,y,z]^{\mathrm{T}}$, $z\neq 0$. 容易看出, 经过重构点 $\boldsymbol{x}$, 与 $\tilde{y}$ 轴平行的扇形束所在的平面位于 $\tilde{x}\tilde{y}$ 平面 (即 xy 平面) 之外. 从而该平面与 z 轴必有一交

点, 设该交点在原坐标系下的坐标为 $\tilde{O}'=[0,0,s]^{\mathrm{T}}$. 于是又可以建立一个新的直角坐标系 $\{\tilde{O}',\tilde{x}',\tilde{y}',\tilde{z}'\}$, 其中坐标原点为 $\tilde{O}'$, $\tilde{x}'$ 轴位于从 $\tilde{O}'$ 到 X 射线源的向量上, $\tilde{y}'$ 轴与 $\tilde{y}$ 轴平行. 设相应的坐标轴方向为 $\tilde{\boldsymbol{e}}_1'$, $\tilde{\boldsymbol{e}}_2'$ 和 $\tilde{\boldsymbol{e}}_3'$. 不妨记锥形束投影的测量值为 $d_\beta(t,s)$. 以上的说明可参考图 5.2.1.

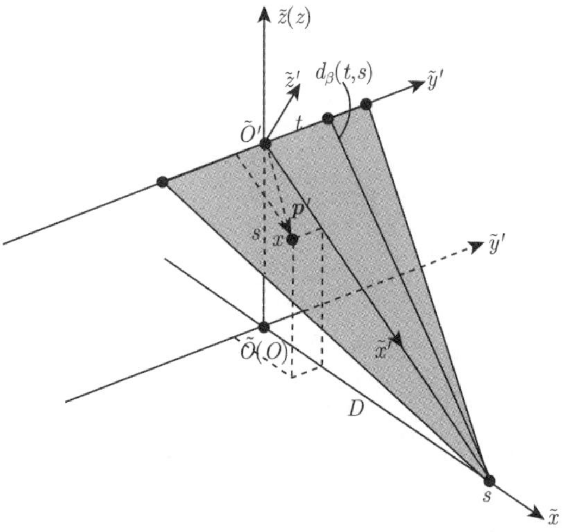

图 5.2.1　FDK 算法示意图

需要指出的是, $\{O,x,y,z\}$ 为全局坐标系; 而 $\{\tilde{O},\tilde{x},\tilde{y},\tilde{z}\}$ 和 $\{\tilde{O}',\tilde{x}',\tilde{y}',\tilde{z}'\}$ 为局部坐标系, 前者仅依赖于 X 射线源的位置, 即只与 β 有关, 后者同时依赖于 X 射线源和重构点 $\boldsymbol{x}$ 的位置. 此外, s 亦同时依赖于 X 射线源和重构点 $\boldsymbol{x}$ 的位置.

先回顾一下二维 (在中心平面 $z=0$ 上, 即 $\boldsymbol{x}=[x,y,0]^{\mathrm{T}}$) 的等距扇形束投影的图像重构公式 (参考 5.1.2 小节的式 (5.1.39)、(5.1.40)、(5.1.35) 和 (5.1.36)):

$$\tilde{f}(r,\alpha)=\int_0^{2\pi}\frac{1}{L^2}\mathrm{d}\beta\int_{-t_m}^{t_m}\bar{d}(\beta,t)\frac{D}{\sqrt{D^2+t^2}}\frac{h(\tilde{t}-t)}{2}\mathrm{d}t, \tag{5.2.18}$$

其中

$$L(r,\alpha,\beta)=\frac{r\sin(\beta-\alpha)+D}{D},\quad \tilde{t}(r,\alpha,\beta)=\frac{Dr\cos(\beta-\alpha)}{r\sin(\beta-\alpha)+D}.$$

令 $\boldsymbol{p}$ 为在坐标系 $\{\tilde{O},\tilde{x},\tilde{y},\tilde{z}\}$ 下从其原点到重构点的向量. 注意此时 $\boldsymbol{x}=\boldsymbol{p}$. 由于

$$\boldsymbol{p}^{\mathrm{T}}\tilde{\boldsymbol{e}}_1=r\sin(\alpha-\beta),\quad \boldsymbol{p}^{\mathrm{T}}\tilde{\boldsymbol{e}}_2=-r\cos(\alpha-\beta),$$

故

$$L(r,\alpha,\beta)=\frac{D-\boldsymbol{p}^{\mathrm{T}}\tilde{\boldsymbol{e}}_1}{D},\quad \tilde{t}(r,\alpha,\beta)=-\frac{D\boldsymbol{p}^{\mathrm{T}}\tilde{\boldsymbol{e}}_2}{D-\boldsymbol{p}^{\mathrm{T}}\tilde{\boldsymbol{e}}_1}.$$

因此 (5.2.18) 可写成

$$f(\boldsymbol{x})=\frac{1}{2}\int_0^{2\pi}\left(\frac{D}{D-\boldsymbol{p}^{\mathrm{T}}\tilde{\boldsymbol{e}}_1}\right)^2\mathrm{d}\beta\int_{-t_m}^{t_m}\bar{d}(\beta,t)\frac{D}{\sqrt{D^2+t^2}}h\left(-\frac{D\boldsymbol{p}^{\mathrm{T}}\tilde{\boldsymbol{e}}_2}{D-\boldsymbol{p}^{\mathrm{T}}\tilde{\boldsymbol{e}}_1}-t\right)\mathrm{d}t. \tag{5.2.19}$$

现将重构位置推广到中心平面之外. 令 $\boldsymbol{p}'$ 表示从坐标系 $\{\tilde{O}',\tilde{x}',\tilde{y}',\tilde{z}'\}$ 的原点到重构点的向量. 因此, 对任意 $\boldsymbol{x}$, 存在唯一的 $\boldsymbol{p}'$, 使得

$$\boldsymbol{x}=\boldsymbol{p}'+s\boldsymbol{e}_3.$$

根据关系

$$\frac{z}{s}=\frac{D-\boldsymbol{x}^{\mathrm{T}}\tilde{\boldsymbol{e}}_1}{D},$$

可得

$$s=\frac{zD}{D-\boldsymbol{x}^{\mathrm{T}}\tilde{\boldsymbol{e}}_1}.$$

于是, 可推广 (5.2.19) 到中心平面外, 得到相应的重构公式为

$$f(\boldsymbol{x})=\frac{1}{2}\int_0^{2\pi}\left(\frac{D'}{D'-\boldsymbol{p}'^{\mathrm{T}}\tilde{\boldsymbol{e}}_1'}\right)^2\mathrm{d}\beta'\int_{-t_m}^{t_m}d_\beta(t,s)\frac{D'}{\sqrt{D'^2+t^2}}h\left(-\frac{D'\boldsymbol{p}'^{\mathrm{T}}\tilde{\boldsymbol{e}}_2'}{D'-\boldsymbol{p}'^{\mathrm{T}}\tilde{\boldsymbol{e}}_1'}-t\right)\mathrm{d}t, \tag{5.2.20}$$

其中 $D'=\sqrt{D^2+s^2}$. 又由于

$$D'\mathrm{d}\beta'=D\mathrm{d}\beta,\quad \boldsymbol{p}'^{\mathrm{T}}\tilde{\boldsymbol{e}}_1'=\boldsymbol{x}^{\mathrm{T}}\tilde{\boldsymbol{e}}_1\frac{D'}{D},\quad \boldsymbol{p}'^{\mathrm{T}}\tilde{\boldsymbol{e}}_2'=\boldsymbol{x}^{\mathrm{T}}\tilde{\boldsymbol{e}}_2,$$

所以 (5.2.20) 可转化为

$$f(\boldsymbol{x})=\frac{1}{2}\int_0^{2\pi}\left(\frac{D}{D-\boldsymbol{x}^{\mathrm{T}}\tilde{\boldsymbol{e}}_1}\right)^2\mathrm{d}\beta\int_{-t_m}^{t_m}d_\beta(t,s)\frac{D}{\sqrt{D^2+s^2+t^2}}h\left(-\frac{D\boldsymbol{x}^{\mathrm{T}}\tilde{\boldsymbol{e}}_2}{D-\boldsymbol{x}^{\mathrm{T}}\tilde{\boldsymbol{e}}_1}-t\right)\mathrm{d}t. \tag{5.2.21}$$

特别地, 当重构点位于中心平面上时, 上述重构公式退化为等距扇形束投影的图像重构公式. 以上推导过程可借助图 5.2.1 来理解. 另外, 需要指出的是: ① 由于形式上与扇形束的重构公式相似, 故公式 (5.2.21) 容易离散计算; ② 当重构点位于中心平面时, 从理论上来讲, 公式 (5.2.21) 是精确的, 反之, 是不精确的, 并且, 重构点越远离中心平面, 重构结果越不精确.

一个自然的想法就是: 借助 FDK 算法的基本原理, 能否将圆形轨道的锥形束算法推广到更一般的轨道上去? 答案是肯定的, 譬如在文献 [291] 中 G. Wang 等考虑如下轨道的锥形束算法:

$$\begin{cases} x=D(\beta)\cos\beta, \\ y=D(\beta)\sin\beta, \\ z=Z(\beta), \end{cases}$$

其中 $D(\beta)$ 和 $Z(\beta)$ 分别表示射线源到坐标原点的水平距离和垂直距离. 显然, 当

$$\begin{cases} D(\beta) = D_0, \\ Z(\beta) = 0 \end{cases}$$

时, 射线源的运动轨迹退化为圆形, 而当

$$\begin{cases} D(\beta) = D_0, \\ Z(\beta) = \beta Z_0/(2\pi) \end{cases}$$

时, 射线源的运动轨迹为螺旋线. 此时的数据采集模式为目前广泛使用的螺旋锥形束扫描模式.

5.2.3 Katsevich 公式

虽然 H. Tuy (参考 5.2.1 小节) 给出了精确的螺旋锥形束投影的重构公式, 但该公式并不属于 FBP 型的重构公式, 在算法实现上比较困难. 虽然 5.2.2 小节提到 FDK 算法很实用, 实现简单, 还可以推广到螺旋锥形束的重构中去, 但该算法是基于一个非精确的重构公式. 在本小节, 将介绍螺旋锥形束重构的一个属于 FBP 型的精确重构公式 ——Katsevich 公式[168−170].

首先给出一些必要的符号说明. 令

$$C := \{\boldsymbol{y} \in \mathbb{R}^3 :\ y_1 = R\cos s, y_2 = R\sin s, y_3 = s(h/(2\pi)), s \in \mathbb{R}\} \tag{5.2.22}$$

为一螺旋线, 其中 $\boldsymbol{y} = [y_1, y_2, y_3]^{\mathrm{T}}$, $h > 0$ 为螺距, $R > 0$ 为螺旋半径, 且

$$U := \{\boldsymbol{x} \in \mathbb{R}^3 :\ x_1^2 + x_2^2 < R_{\mathrm{FOV}}^2, 0 < R_{\mathrm{FOV}} < R\} \tag{5.2.23}$$

为位于上述螺旋线内部的圆柱, 其中 $\boldsymbol{x} = [x_1, x_2, x_3]^{\mathrm{T}}$, R_{FOV} 表示扫描视场的半径, 如图 5.2.2 所示.

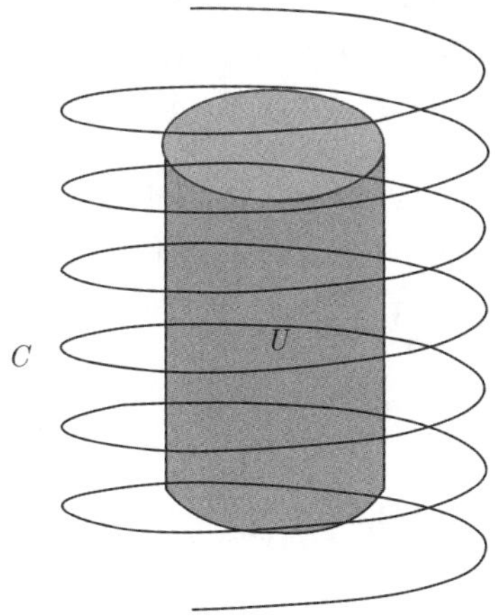

图 5.2.2　螺旋锥形束扫描几何示意图

注意到, U 为需重构的三维物体 $f(\boldsymbol{x})$ 的放置空间, 满足 $f(\boldsymbol{x})=0, \boldsymbol{x}\notin U$, 并且

$$\beta(s,\boldsymbol{x}):=\frac{\boldsymbol{x}-\boldsymbol{y}(s)}{\|\boldsymbol{x}-\boldsymbol{y}(s)\|},\quad \boldsymbol{x}\in U,\ \boldsymbol{y}(s)\in C, \tag{5.2.24}$$

$$\Pi(\boldsymbol{x},\boldsymbol{n}):=\left\{\boldsymbol{y}\in\mathbb{R}^3:(\boldsymbol{y}-\boldsymbol{x})^{\mathrm{T}}\boldsymbol{n}=0,\ \boldsymbol{n}\in\mathbb{R}^3\backslash\{\boldsymbol{0}\}\right\}, \tag{5.2.25}$$

其中 $\beta(s,\boldsymbol{x})$ 表示从位于螺旋线上的 X 射线源发射出的经过 $\boldsymbol{x}$ 点的射线的单位向量, $\Pi(\boldsymbol{x},\boldsymbol{n})$ 表示经过 $\boldsymbol{x}$ 点的法向为 $\boldsymbol{n}$ 的二维平面. 该平面与螺旋线 C 有交点, 不妨设交点处的参数为 $s_i=s_i(\boldsymbol{x},\boldsymbol{n}),\ i=1,2,\cdots$.

下面给出螺旋线 C 的 PI 线段的定义.

定义5.2.1 所谓螺旋线 C 的 PI 线段是指该线段的两个端点均在螺旋线 C 上, 并且两端点在中心轴方向上的距离不超过一个螺距 h.

关于 PI 线段, 螺旋线 C 有一个非常重要的性质, 我们以引理的形式给出.

引理 5.2.4[96] 任意满足 $x_1^2+x_2^2<R^2$ 的点 $\boldsymbol{x}$ 属于且仅属于螺旋线 C 的一条 PI 线段.

证明 设任意点 $\boldsymbol{x}_0=[x_0,y_0,z_0]^{\mathrm{T}}=[R_0\cos\phi_0,R_0\sin\phi_0,z_0]^{\mathrm{T}}$, 满足 $R_0<R$. 设螺旋线 C 的 PI 线段的两个端点对应的参数分别为 s_b, s_t, 即两个端点分别 $\boldsymbol{y}(s_b)$, $\boldsymbol{y}(s_t)$, 于是 PI 线段上的点为 $\lambda\boldsymbol{y}(s_b)+(1-\lambda)\boldsymbol{y}(s_t)$, 其中 $0\leqslant\lambda\leqslant 1$.

因此, 证明该引理等价于证明对任意点 $\boldsymbol{x}_0$, 存在唯一的 s_b, s_t, λ, 满足

$$\begin{cases} R_0\cos\phi_0=\lambda R\cos(s_b)+(1-\lambda)R\cos(s_t),\\ R_0\sin\phi_0=\lambda R\sin(s_b)+(1-\lambda)R\sin(s_t),\\ z_0=\lambda s_b(h/(2\pi))+(1-\lambda)s_t(h/(2\pi)),\end{cases} \tag{5.2.26}$$

其中 $0<s_t-s_b<2\pi$, $0<\lambda<1$.

设过点 $\boldsymbol{x}_0$ 与螺旋线中心轴 z 平行的直线为 V_0. 记与 V_0 相交的一族 PI 线段为 PI(V_0). 显然 PI(V_0) 可由 s_b 参数化. 当固定 s_b 之后求解 (5.2.26) 的前两个方程可得 s_t 与 λ, 因此相应的 PI 线段可由以下方程确定:

$$\begin{cases} R_0\cos\phi_0=\lambda(x_0,y_0,s_b)R\cos(s_b)+(1-\lambda(x_0,y_0,s_b))R\cos(s_t(x_0,y_0,s_b)),\\ R_0\sin\phi_0=\lambda(x_0,y_0,s_b)R\sin(s_b)+(1-\lambda(x_0,y_0,s_b))R\sin(s_t(x_0,y_0,s_b)),\\ 0<s_t(x_0,y_0,s_b)-s_b<2\pi,\end{cases} \tag{5.2.27}$$

(5.2.27) 的解是唯一的, 有

$$\lambda(x_0,y_0,s_b)=\frac{R^2-R_0^2}{2R(R-R_0\cos(\phi_0-s_b))}, \tag{5.2.28}$$

$$\cos\left(\frac{s_t(x_0,y_0,s_b)-s_b}{2}\right)=\frac{R_0\sin(\phi_0-s_b)}{\sqrt{R^2+R_0^2-2RR_0\cos(\phi_0-s_b)}}. \tag{5.2.29}$$

注意到因为 $R > R_0$, 故 (5.2.28) 与 (5.2.29) 的分母不为零, 满足

$$0 < (R - R_0)/(2R) < \lambda(x_0, y_0, s_b) < (R + R_0)/(2R) < 1, \tag{5.2.30}$$

且 $\lambda(x_0, y_0, s_b)$ 与 $s_t(x_0, y_0, s_b)$ 关于 s_b 是一阶连续可微的. $\mathrm{PI}(V_0)$ 中的 PI 线段与 V_0 的交点的 z 轴分量为

$$z(x_0, y_0, s_b) = (h/(2\pi))(\lambda(x_0, y_0, s_b)s_b + (1 - \lambda(x_0, y_0, s_b))s_t(x_0, y_0, s_b)). \tag{5.2.31}$$

因此, 欲让 PI 线段经过 $\boldsymbol{x}_0$ 当且仅当

$$z(x_0, y_0, s_b) = z_0. \tag{5.2.32}$$

故只需要证明方程 (5.2.32) 对 s_b 存在唯一解即可. 对等式 (5.2.31) 两边计算关于 s_b 的导数

$$\frac{\mathrm{d}z}{\mathrm{d}s_b} = \frac{h}{2\pi}\left(\lambda + (s_b - s_t)\frac{\mathrm{d}\lambda}{\mathrm{d}s_b} + (1 - \lambda)\frac{\mathrm{d}s_t}{\mathrm{d}s_b}\right). \tag{5.2.33}$$

再分别对 (5.2.27) 的前两式计算关于 s_b 的导数, 可得一个关于 $\mathrm{d}\lambda/\mathrm{d}s_b$ 与 $\mathrm{d}s_t/\mathrm{d}s_b$ 的线性方程组, 其解为

$$\begin{cases} \dfrac{\mathrm{d}\lambda}{\mathrm{d}s_b} = \lambda \cot \dfrac{s_t - s_b}{2}, \\ \dfrac{\mathrm{d}s_t}{\mathrm{d}s_b} = \dfrac{\lambda}{1 - \lambda}. \end{cases} \tag{5.2.34}$$

将 (5.2.34) 代入到 (5.2.33) 中可得

$$\frac{\mathrm{d}z}{\mathrm{d}s_b} = \frac{h\lambda}{\pi}\left(1 - \frac{s_t - s_b}{2}\cot\frac{s_t - s_b}{2}\right). \tag{5.2.35}$$

由于 $0 < s_t - s_b < 2\pi$, 且有

$$\frac{\mathrm{d}(1 - x\cot x)}{\mathrm{d}x} = -\cot x + \frac{x}{\sin^2 x} = \frac{x - \sin x \cos x}{\sin^2 x} > 0, \quad 0 < x < \pi,$$

故 $\mathrm{d}z/\mathrm{d}s_b > 0$, 即 $z(x_0, y_0, s_b)$ 关于 s_b 是严格单调递增的函数. 再结合 (5.2.30) 与 (5.2.31) 可知

$$\lim_{s_b \to -\infty} z(x_0, y_0, s_b) = -\infty, \quad \lim_{s_b \to +\infty} z(x_0, y_0, s_b) = +\infty. \tag{5.2.36}$$

因此方程 (5.2.32) 存在唯一解 s_b. 从而螺旋线 C 仅存在唯一的 PI 线段经过 $\boldsymbol{x}_0$. 故引理得以证明. □

从引理 5.2.4 可知, U 中任意点 $\boldsymbol{x}$ 仅属于螺旋线 C 的唯一一条 PI 线段, 记该 PI 线段为 $L_{\mathrm{PI}}(\boldsymbol{x})$, 其参数区间为 $[s_b(\boldsymbol{x}), s_t(\boldsymbol{x})]$, 记为 $I_{\mathrm{PI}}(\boldsymbol{x})$, 相应的螺旋线称为 $\boldsymbol{x}$ 的 PI 弧, 记为 $C_{\mathrm{PI}}(\boldsymbol{x})$, 如图 5.2.3 所示.

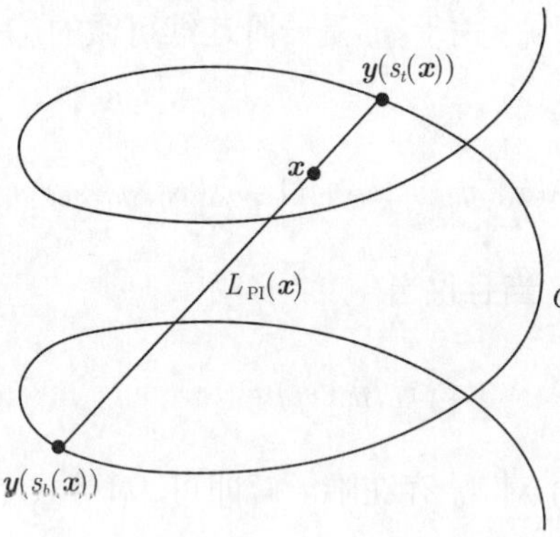

图 5.2.3　螺旋线的 PI 线段和 PI 弧示意图

考虑从 $C_{\mathrm{PI}}(\boldsymbol{x})$ 上的点 $\boldsymbol{y}(s_0)$ 处发出的锥形束投影, 其中 $s_0 \in I_{\mathrm{PI}}(\boldsymbol{x})$. 设探测平面始终位于放射源的对面, 与螺旋线的中心轴平行且与螺旋线相切, 其法方向为放射源到螺旋中心轴的垂线. 放射源关于螺旋中心轴的对称点记为探测平面的中心, 如 $\boldsymbol{y}(s_0)$ 对应的探测平面 $\mathrm{DP}(s_0)$ 的中心记为 $\tilde{O}(s_0)$, 如图 5.2.4 所示. 设全局直角坐标系为 $\{O, x_1, x_2, x_3\}$, 坐标原点为 $O = [0,0,0]^{\mathrm{T}}$, 其三个坐标轴方向分别为: $\boldsymbol{e}_1 = [1,0,0]^{\mathrm{T}}$, $\boldsymbol{e}_2 = [0,1,0]^{\mathrm{T}}$ 和 $\boldsymbol{e}_3 = [0,0,1]^{\mathrm{T}}$, $\boldsymbol{y}(s_0)$ 的坐标为 $[R\cos(s_0), R\sin(s_0), s_0(h/2\pi)]^{\mathrm{T}}$, $\tilde{O}(s_0)$ 的坐标为 $[-R\cos(s_0), -R\sin(s_0), s_0(h/(2\pi))]^{\mathrm{T}}$. 建立局部坐标系 $\{\tilde{O}(s_0), \tilde{x}_1, \tilde{x}_2, \tilde{x}_3\}$, 坐标原点为 $\tilde{O}(s_0)$, 其三个坐标轴方向分别为: $\tilde{\boldsymbol{e}}_1 = [-\sin(s_0), \cos(s_0), 0]^{\mathrm{T}}$, $\tilde{\boldsymbol{e}}_2 = [0,0,1]^{\mathrm{T}}$ 和 $\tilde{\boldsymbol{e}}_3 = [\cos(s_0), \sin(s_0), 0]^{\mathrm{T}}$, 如图 5.2.4 所示.

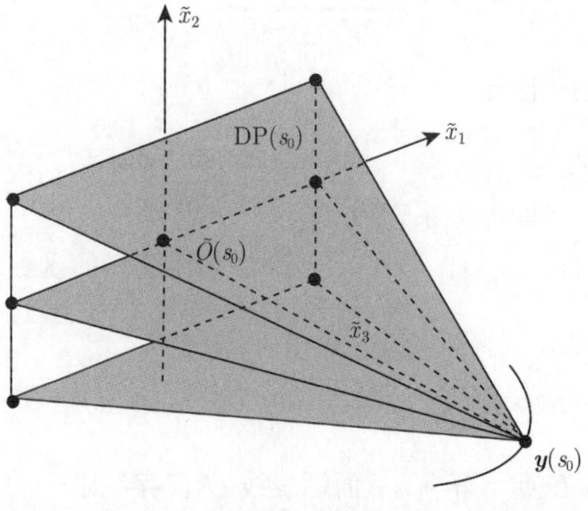

图 5.2.4　以 $\boldsymbol{y}(s_0)$ 为放射源发出锥形束投影到探测平面 $\mathrm{DP}(s_0)$ 的示意图

于是, 全局坐标系下的点 $\boldsymbol{x}$ 在局部坐标系下的坐标为 $\tilde{\boldsymbol{x}}=[\tilde{x}_1,\tilde{x}_2,\tilde{x}_3]^{\mathrm{T}}$, 满足

$$\begin{cases}\tilde{x}_1=(\boldsymbol{x}-\tilde{O}(s_0))^{\mathrm{T}}\tilde{\boldsymbol{e}}_1=-x_1\sin(s_0)+x_2\cos(s_0),\\ \tilde{x}_2=(\boldsymbol{x}-\tilde{O}(s_0))^{\mathrm{T}}\tilde{\boldsymbol{e}}_2=x_3-s_0(h/(2\pi)),\\ \tilde{x}_3=(\boldsymbol{x}-\tilde{O}(s_0))^{\mathrm{T}}\tilde{\boldsymbol{e}}_3=x_1\cos(s_0)+x_2\sin(s_0)+R.\end{cases}\tag{5.2.37}$$

容易得到, $\boldsymbol{y}(s_0)$ 在局部坐标系下的坐标为 $[0,0,2R]^{\mathrm{T}}$. 故以 $\boldsymbol{y}(s_0)$ 为 X 射线源, 经过视场范围内 $\tilde{\boldsymbol{x}}$ 位置的射线上的点在局部坐标系下的坐标为 $\tilde{\boldsymbol{x}}(t,s_0)=[\tilde{x}_1(t,s_0),\tilde{x}_2(t,s_0),\tilde{x}_3(t,s_0)]^{\mathrm{T}}$, 满足

$$\begin{cases}\tilde{x}_1(t,s_0)=-tx_1\sin(s_0)+tx_2\cos(s_0),\\ \tilde{x}_2(t,s_0)=tx_3-ts_0(h/(2\pi)),\\ \tilde{x}_3(t,s_0)=2R+tx_1\cos(s_0)+tx_2\sin(s_0)-tR.\end{cases}\tag{5.2.38}$$

当 $\tilde{x}_3(t,s_0)=0$ 时, 即

$$t=\frac{2R}{R-x_1\cos(s_0)-x_2\sin(s_0)},\tag{5.2.39}$$

可得从 $\boldsymbol{y}(s_0)$ 将 $\tilde{\boldsymbol{x}}$ 投影到探测平面 $\mathrm{DP}(s_0)$ 上的坐标为

$$\begin{cases}\tilde{x}_1(s_0)=\dfrac{2R(-x_1\sin(s_0)+x_2\cos(s_0))}{R-x_1\cos(s_0)-x_2\sin(s_0)},\\ \tilde{x}_2(s_0)=\dfrac{2R(x_3-s_0(h/(2\pi)))}{R-x_1\cos(s_0)-x_2\sin(s_0)}.\end{cases}\tag{5.2.40}$$

设 $\boldsymbol{y}(s_0)$ 的螺旋线上圈部分为 $C_{\mathrm{top}}(s_0)(0<s-s_0<2\pi)$ 和下圈部分为 $C_{\mathrm{bot}}(s_0)(-2\pi<s-s_0<0)$ 在探测平面 $\mathrm{DP}(s_0)$ 上的投影分别为 $B_{\mathrm{t}}(s_0)$ 和 $B_{\mathrm{b}}(s_0)$, 从而相应的投影坐标为

$$\begin{cases}\tilde{x}_1(s,s_0)=2R\cot\dfrac{s-s_0}{2},\\ \tilde{x}_2(s,s_0)=\dfrac{h(s-s_0)}{\pi(1-\cos(s-s_0))}.\end{cases}\tag{5.2.41}$$

进一步可得 $\tilde{x}_2$ 与 $\tilde{x}_1$ 之间的关系式为

$$\tilde{x}_2(\tilde{x}_1)=\frac{h}{4\pi R^2}(4R^2+\tilde{x}_1^2)\mathrm{arccot}\frac{\tilde{x}_1}{2R}.\tag{5.2.42}$$

经推导可得

$$\frac{\mathrm{d}^2\tilde{x}_2}{\mathrm{d}\tilde{x}_1^2}=\frac{h}{4\pi R^2}((s-s_0)-\sin(s-s_0)).\tag{5.2.43}$$

显然, 当 $0<s-s_0<2\pi$ 时, $\mathrm{d}^2\tilde{x}_2/\mathrm{d}\tilde{x}_1^2>0$, 故 $B_t(s_0)$ 为严格凸函数; 当 $-2\pi<s-s_0<0$ 时, $\mathrm{d}^2\tilde{x}_2/\mathrm{d}\tilde{x}_1^2<0$, 故 $B_b(s_0)$ 为严格凹函数.

由于 $f(\boldsymbol{x})=0, \boldsymbol{x}\notin U$, 故至多只需考虑穿过 U 范围内的投影. 若以 $\boldsymbol{y}(s_0)$ 为射线源, 其视场的左右边界在 $\mathrm{DP}(s_0)$ 上的投影对应的位置分别为 $\tilde{x}_1=\tilde{x}_1(s_0-\phi_U,s_0)$ 和 $\tilde{x}_1=\tilde{x}_1(s_0+\phi_U,s_0)$, 分别记为 $B_l(s_0)$, $B_r(s_0)$, 其中 $\phi_U=2\arccos(R_{\mathrm{FOV}}/R)$, 由图 5.2.5 可直观地确定 ϕ_U. 由 $B_t(s_0)$, $B_b(s_0)$, $B_l(s_0)$, $B_r(s_0)$ 所围成的区域成为 Tam-Danielsson 窗口[88, 276], 如图 5.2.6 所示.

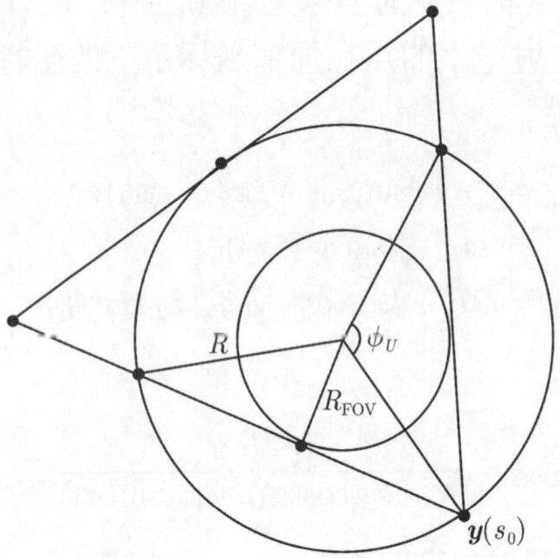

图 5.2.5　射线源在 $\boldsymbol{y}(s_0)$ 处锥形束投影的俯视图

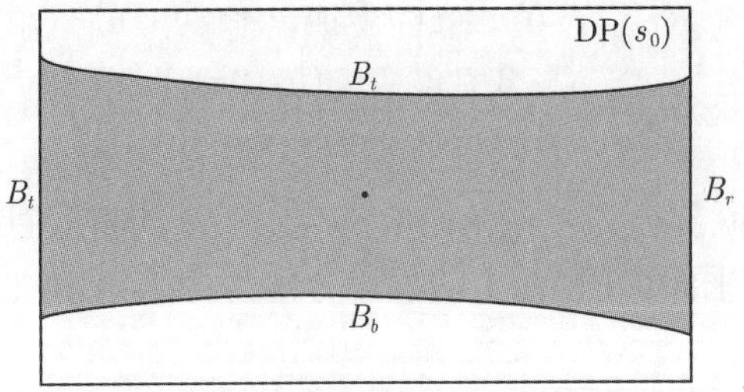

图 5.2.6　Tam-Danielsson 窗口

选取任意函数 $\varphi\in C^\infty([0,2\pi])$, 满足

$$\varphi(0)=0,\quad 0<\varphi'(t)<1,\quad t\in[0,2\pi], \tag{5.2.44}$$

$$\varphi'(0)=0.5,\quad \varphi^{(2k+1)}(0)=0,\quad k\geqslant 1. \tag{5.2.45}$$

假设 s, s_1, s_2 之间有如下关系:

$$s_1=\begin{cases}\varphi(s_2-s)+s, & s\leqslant s_2<s+2\pi,\\ \varphi(s-s_2)+s_2, & s-2\pi<s_2<s.\end{cases} \tag{5.2.46}$$

例如, 可选取 $\varphi(t)=t/2$ 满足条件 (5.2.44) 和 (5.2.45), 且有

$$s_1=(s+s_2)/2,\quad s-2\pi<s_2<s+2\pi. \tag{5.2.47}$$

令

$$\boldsymbol{\zeta}(s,s_2)=\begin{cases}\dfrac{\boldsymbol{y}(s_1-s)\times\boldsymbol{y}(s_2-s)}{\|\boldsymbol{y}(s_1-s)\times\boldsymbol{y}(s_2-s)\|}\operatorname{sgn}(s_2-s), & 0<|s_2-s|<2\pi,\\ \dfrac{\dot{\boldsymbol{y}}(s)\times\ddot{\boldsymbol{y}}(s)}{\|\dot{\boldsymbol{y}}(s)\times\ddot{\boldsymbol{y}}(s)\|}, & s_2=s.\end{cases}\tag{5.2.48}$$

显然, $\boldsymbol{\zeta}(s,s_2)$ 为通过点 $\boldsymbol{y}(s)$, $\boldsymbol{y}(s_1(s,s_2))$ 和 $\boldsymbol{y}(s_2)$ 的平面 $\Pi(s,s_2)$ 的单位法向量.

固定 $\boldsymbol{x}\in U$ 和 $s_0\in I_{\mathrm{PI}}(\boldsymbol{x})$, 寻找 $s_2\in I_{\mathrm{PI}}(\boldsymbol{x})$ 使得平面 $\Pi(s_0,s_2)$ 经过点 $\boldsymbol{x}$, 即求解下列关于 s_2 的方程:

$$(\boldsymbol{x}-\boldsymbol{y}(s_0))^{\mathrm{T}}\boldsymbol{\zeta}(s_0,s_2)=0.\tag{5.2.49}$$

由于 $s_2=s_2(s_0,\boldsymbol{x})$, 故不妨记 $\boldsymbol{\zeta}(s_0,\boldsymbol{x})=\boldsymbol{\zeta}(s_0,s_2)$.

下面以定理的形式给出 Katsevich 公式.

定理 5.2.5[170]　对于 $f\in C_0^\infty(U)$, 有以下公式成立:

$$f(\boldsymbol{x})=-\frac{1}{2\pi^2}\int_{I_{\mathrm{PI}}(\boldsymbol{x})}\frac{1}{\|\boldsymbol{x}-\boldsymbol{y}(s)\|}\int_0^{2\pi}\frac{\partial}{\partial q}\mathbf{D}f(\boldsymbol{y}(q),\boldsymbol{\nu}(s,\boldsymbol{x},\gamma))\Big|_{q=s}\frac{\mathrm{d}\gamma}{\sin\gamma}\mathrm{d}s,\tag{5.2.50}$$

其中 $\boldsymbol{\nu}(s,\boldsymbol{x},\gamma)=\boldsymbol{\beta}(s,\boldsymbol{x})\cos\gamma+\boldsymbol{\vartheta}(s,\boldsymbol{x})\sin\gamma$, $\boldsymbol{\vartheta}(s,\boldsymbol{x})=\boldsymbol{\beta}(s,\boldsymbol{x})\times\boldsymbol{\zeta}(s,\boldsymbol{x})$.

证明　令 (5.2.50) 的内层积分为 $F_f(s,\boldsymbol{x})$, 即

$$F_f(s,\boldsymbol{x})=\int_0^{2\pi}\frac{\partial}{\partial q}\mathbf{D}f(\boldsymbol{y}(q),\boldsymbol{\nu}(s,\boldsymbol{x},\gamma))\Big|_{q=s}\frac{1}{\sin\gamma}\mathrm{d}\gamma.\tag{5.2.51}$$

根据锥形束投影的定义 (5.2.2) 可知

$$F_f(s,\boldsymbol{x})=\int_0^{2\pi}\int_0^{\infty}\frac{\partial}{\partial q}f(\boldsymbol{y}(q)+t\boldsymbol{\nu}(s,\boldsymbol{x},\gamma))\Big|_{q=s}\frac{1}{t\sin\gamma}t\mathrm{d}t\mathrm{d}\gamma.\tag{5.2.52}$$

由于 $\boldsymbol{\vartheta}(s,\boldsymbol{x})$, $\boldsymbol{\beta}(s,\boldsymbol{x})$, $\boldsymbol{\zeta}(s,\boldsymbol{x})$ 互相正交, 故

$$\sin\gamma=\boldsymbol{\nu}(s,\boldsymbol{x},\gamma)^{\mathrm{T}}\boldsymbol{\vartheta}(s,\boldsymbol{x}).\tag{5.2.53}$$

将 (5.2.53) 代入 (5.2.52) 可得

$$F_f(s,\boldsymbol{x})=\int_0^{2\pi}\int_0^{\infty}\frac{\partial}{\partial q}f(\boldsymbol{y}(q)+t\boldsymbol{\nu}(s,\boldsymbol{x},\gamma))\Big|_{q=s}\frac{1}{t\boldsymbol{\nu}(s,\boldsymbol{x},\gamma)^{\mathrm{T}}\boldsymbol{\vartheta}(s,\boldsymbol{x})}t\mathrm{d}t\mathrm{d}\gamma.\tag{5.2.54}$$

对 (5.2.54) 作变量替换: $\boldsymbol{z}=t\boldsymbol{\nu}(s,\boldsymbol{x},\gamma)$, 则有

$$F_f(s,\boldsymbol{x})=\int_{\mathbb{R}^2}\frac{\partial}{\partial q}f(\boldsymbol{y}(q)+\boldsymbol{z})\Big|_{q=s}\frac{1}{\boldsymbol{z}^{\mathrm{T}}\boldsymbol{\vartheta}(s,\boldsymbol{x})}\mathrm{d}\boldsymbol{z},\tag{5.2.55}$$

其中 $\boldsymbol{z}$ 为以正交向量 $\boldsymbol{\vartheta}(s,\boldsymbol{x})$ 和 $\boldsymbol{\beta}(s,\boldsymbol{x})$ 为基底张成的空间中的任意向量, $\boldsymbol{\zeta}(s,\boldsymbol{x})$ 为该空间的单位法向量. 考虑 $f(\boldsymbol{y}(q)+\boldsymbol{z})$ 的 Fourier 变换关系, (5.2.55) 可转化为

$$F_f(s,\boldsymbol{x})=\int_{\mathbb{R}^3}\hat{f}(\boldsymbol{\xi})\mathrm{d}\boldsymbol{\xi}\int_{\mathbb{R}^2}\frac{\partial}{\partial q}\mathrm{e}^{\mathrm{i}2\pi\boldsymbol{\xi}^{\mathrm{T}}(\boldsymbol{y}(q)+\boldsymbol{z})}\Big|_{q=s}\frac{1}{\boldsymbol{z}^{\mathrm{T}}\boldsymbol{\vartheta}(s,\boldsymbol{x})}\mathrm{d}\boldsymbol{z}. \tag{5.2.56}$$

经简单推导, (5.2.56) 可写成

$$F_f(s,\boldsymbol{x})=\int_{\mathbb{R}^3}\hat{f}(\boldsymbol{\xi})\mathrm{i}2\pi\boldsymbol{\xi}^{\mathrm{T}}\dot{\boldsymbol{y}}(s)\mathrm{e}^{\mathrm{i}2\pi\boldsymbol{\xi}^{\mathrm{T}}\boldsymbol{y}(s)}\mathrm{d}\boldsymbol{\xi}\int_{\mathbb{R}^2}\frac{1}{\boldsymbol{z}^{\mathrm{T}}\vartheta(s,\boldsymbol{x})}\mathrm{e}^{\mathrm{i}2\pi\boldsymbol{\xi}^{\mathrm{T}}\boldsymbol{z}}\mathrm{d}\boldsymbol{z}. \tag{5.2.57}$$

不妨设 $\boldsymbol{z}=[z_1,z_2,z_3]^{\mathrm{T}}=z_1\boldsymbol{\vartheta}(s,\boldsymbol{x})+z_2\boldsymbol{\beta}(s,\boldsymbol{x})+z_3\boldsymbol{\zeta}(s,\boldsymbol{x})$, 其中 $z_3\equiv 0$, 故 $\boldsymbol{z}^{\mathrm{T}}\boldsymbol{\vartheta}(s,\boldsymbol{x})=z_1$. 于是由 (5.2.57) 可得

$$\begin{aligned}F_f(s,\boldsymbol{x})&=\int_{\mathbb{R}^3}\hat{f}(\boldsymbol{\xi})\mathrm{i}2\pi\boldsymbol{\xi}^{\mathrm{T}}\dot{\boldsymbol{y}}(s)\mathrm{e}^{\mathrm{i}2\pi\boldsymbol{\xi}^{\mathrm{T}}\boldsymbol{y}(s)}\mathrm{d}\boldsymbol{\xi}\int_{\mathbb{R}}\frac{1}{z_1}\mathrm{e}^{\mathrm{i}2\pi\xi_1 z_1}\mathrm{d}z_1\int_{\mathbb{R}}\mathrm{e}^{\mathrm{i}2\pi\xi_2 z_2}\mathrm{d}z_2\\&=\int_{\mathbb{R}^3}\hat{f}(\xi)\mathrm{i}2\pi\boldsymbol{\xi}^{\mathrm{T}}\dot{\boldsymbol{y}}(s)\mathrm{e}^{\mathrm{i}2\pi\boldsymbol{\xi}^{\mathrm{T}}\boldsymbol{y}(s)}\mathrm{i}\pi\mathrm{sgn}(\xi_1)\delta(\xi_2)\mathrm{d}\xi\\&=-2\pi^2\|\boldsymbol{x}-\boldsymbol{y}(s)\|\int_{\mathbb{R}^3}\hat{f}(\xi)\boldsymbol{\xi}^{\mathrm{T}}\dot{\boldsymbol{y}}(s)\mathrm{e}^{\mathrm{i}2\pi\boldsymbol{\xi}^{\mathrm{T}}\boldsymbol{y}(s)}\mathrm{sgn}(\boldsymbol{\xi}^{\mathrm{T}}\boldsymbol{\vartheta}(s,\boldsymbol{x}))\delta(\boldsymbol{\xi}^{\mathrm{T}}(\boldsymbol{x}-\boldsymbol{y}(s)))\mathrm{d}\boldsymbol{\xi}.\end{aligned} \tag{5.2.58}$$

将 (5.2.58) 代入 (5.2.50) 的右端, 由文献 [169] 的 (2.14)~(2.22) 可得该右端为

$$\int_{\mathbb{R}^3}\hat{f}(\xi)\mathrm{e}^{\mathrm{i}2\pi\boldsymbol{\xi}^{\mathrm{T}}\boldsymbol{y}(s)}B(\boldsymbol{x},\boldsymbol{\xi})\mathrm{d}\boldsymbol{\xi}, \tag{5.2.59}$$

其中 $B(\boldsymbol{x},\boldsymbol{\xi})=\sum\limits_{s_j\in I_{\mathrm{PI}}(\boldsymbol{x})}\mathrm{sgn}(\boldsymbol{\xi}^{\mathrm{T}}\dot{\boldsymbol{y}}(s_j))\mathrm{sgn}(\boldsymbol{\xi}^{\mathrm{T}}\boldsymbol{\vartheta}(s_j,\boldsymbol{x}))$. 根据文献 [170] 的分析可知 $B(\boldsymbol{x},\boldsymbol{\xi})$ 几乎处处为 1, 从而定理得以证明. □

5.3 内部问题的小波方法

设 $f\in L^2(\Omega^2)$, 如果 Rf 在 $\mathbf{S}^1\times[-1,+1]$ 上取值, 称数据是完全的; 否则是不完全的. 典型的三种不完全数据类型包括有限角度问题, 外部问题和内部问题. 有限角度问题是指 $\mathbf{R}_\theta f$ 满足 θ 仅在某个半圆的子集上取值时的不完全数据问题. 当 $\mathbf{R}f(\theta,s)$ 仅在 $|s|\geqslant a$ 上已知时称该不完全问题为外部问题, 其中 $0<a<1$. 设 $B\subset\Omega^2$ 为要重构的内部区域, 内部问题可以表述为如果投影图像 $\mathbf{R}f$ 仅在穿过 B 的局部区域 $\mathbf{S}^1\times[-a,+a]$ 上取值, 其中 $0<a<1$, 如何能够较好地重构函数 $f(\boldsymbol{x})$, 其中 $\boldsymbol{x}\in B$. 本节小波算法的基本思想是通过增加少量的非局部的数据, 能够获得较好的重构结果, 内容取自文献 [213].

设 $\psi(x)$ 表示小波函数, 根据 2.8.1 小节小波函数的定义可知, $\int_{\mathbb{R}}\psi(x)\mathrm{d}x=0$. 积分 $\int_{\mathbb{R}}\psi(x)\mathrm{d}x$ 称为 0 阶矩. 一般地, 定义 $\int_{\mathbb{R}}x^k\psi(x)\mathrm{d}x$ 为 $\psi(x)$ 的 k 阶矩. 如果

$$\int_{\mathbb{R}}x^k\psi(x)\mathrm{d}x=0, \tag{5.3.1}$$

那么称 $\psi(x)$ 有 k 阶消失矩. 根据 Fourier 变换的性质

$$\left(\hat{\psi}^{(k)}\right)\check{}(x)=(\mathrm{i}2\pi x)^k\psi(x),$$

可知 $\psi(x)$ 有 k 阶消失矩等价于

$$\hat{\psi}^{(k)}(0)=0.$$

在构造光滑紧支撑的小波函数时通常要求其有尽可能多的消失矩. 由下面的分析可知, 小波函数的这种特性使得滤波后投影算法具有较好的局部性.

定理 5.3.1　如果函数 $f(x)\in L^1(\mathbb{R})$, 并且存在某个 $k\in N$ 有 $x^kf(x)\in L^1(\mathbb{R})$, 那么 $\hat{f}(\xi)\in C^k$ 并且对于 $0\leqslant j\leqslant k$ 有

$$(x^jf)\check{}(\xi)=\left(\frac{-1}{\mathrm{i}2\pi}\right)^j\hat{f}^{(j)}(\xi).$$

上述定理可表述为 $f(x)$ 的衰减越迅速, $\hat{f}(\xi)$ 越光滑. 反过来也成立. 该定理的详细的证明参见文献 [290]. 根据定理 5.3.1 知, $\hat{f}(\xi)$ 光滑性越低, $f(x)$ 的衰减就越慢.

考虑滤波反投影公式

$$\begin{aligned}f(\boldsymbol{x})&=\int_{\mathbb{R}^2}\hat{f}(\xi)\mathrm{e}^{\mathrm{i}2\pi\boldsymbol{x}^{\mathrm{T}}\boldsymbol{\xi}}\mathrm{d}\boldsymbol{\xi}\\&=\frac{1}{2}\int_{\mathbf{S}^1}\int_{\mathbb{R}}\hat{f}(s\boldsymbol{\theta})|s|\mathrm{e}^{\mathrm{i}2\pi\boldsymbol{x}^{\mathrm{T}}(s\boldsymbol{\theta})}\mathrm{d}s\mathrm{d}\boldsymbol{\theta}\\&=\frac{1}{2}\int_{\mathbf{S}^1}\int_{\mathbb{R}}(\mathbf{R}_{\boldsymbol{\theta}}f)\hat{}(s)|s|\mathrm{e}^{\mathrm{i}2\pi\boldsymbol{x}^{\mathrm{T}}(s\boldsymbol{\theta})}\mathrm{d}s\mathrm{d}\boldsymbol{\theta}.\end{aligned}$$

通过引入窗口函数 $\omega(s)$, 得到如下二维滤波反投影的重构公式:

$$\begin{aligned}f_\omega(\boldsymbol{x})&=\frac{1}{2}\int_{\mathbf{S}^1}\int_{\mathbb{R}}(\mathbf{R}_{\boldsymbol{\theta}}f)\hat{}(s)\omega(s)|s|\mathrm{e}^{\mathrm{i}2\pi(\boldsymbol{x}^{\mathrm{T}}\boldsymbol{\theta})s}\mathrm{d}s\mathrm{d}\boldsymbol{\theta}\\&=\frac{1}{2}\int_{\mathbf{S}^1}\mathbf{R}_{\boldsymbol{\theta}}f(\boldsymbol{x}^{\mathrm{T}}\boldsymbol{\theta})*(\omega(s)|s|)\check{}(\boldsymbol{x}^{\mathrm{T}}\boldsymbol{\theta})\mathrm{d}\boldsymbol{\theta}.\end{aligned} \tag{5.3.2}$$

重构公式 (5.3.2) 的问题是 $(\omega(s)|s|)\check{}$ 不是局部紧支的或者本性局部紧的, 原因在于 $|s|$ 在原点 $(s=0)$ 处不可微, 并且由于 $\omega(0)\neq0$, 从而 $\omega(s)|s|$ 不可微. 根据定理

5.3.1 可知 $(\omega(s)|s|)\check{}$ 衰减性差. 这种非局部性使得在使用公式 (5.3.2) 计算每一点处的卷积时需要用到 Radon 变换的全部值. 窗口函数的引入并不能改变这种非局部性.

考虑卷积 $\mathbf{R}_{\boldsymbol{\theta}}f(\boldsymbol{x}^{\mathrm{T}}\boldsymbol{\theta})*(|s|)\check{}(\boldsymbol{x}^{\mathrm{T}}\boldsymbol{\theta})$ 或者在 Fourier 空间的乘积 $|s|\hat{f}(s\boldsymbol{\theta})$. 如果能够构造紧支撑的函数 f 使得 $\hat{f}(0)=0$, 那么 $|s|\hat{f}(s\boldsymbol{\theta})$ 关于 s 在原点可微. 并且如果 $\hat{f}^{(k)}(0)=0,\ 0\leqslant k\leqslant m-1$, $|s|\hat{f}(s\boldsymbol{\theta})$ 关于 s 在原点直到 m 阶可微, 从而卷积后的函数 $(|s|\hat{f}(s\boldsymbol{\theta}))\check{}$ 的本性支集 (essential support)[151] 与原函数的支集相比没有明显的改变. I. Daubechies 构造的紧支撑光滑小波函数族具有最高阶数的消失矩, 从而卷积后能够较好保持原函数的紧支性. 图 5.3.1 显示的是 Daubechies 小波函数 $D6$ 及其卷积后的函数.

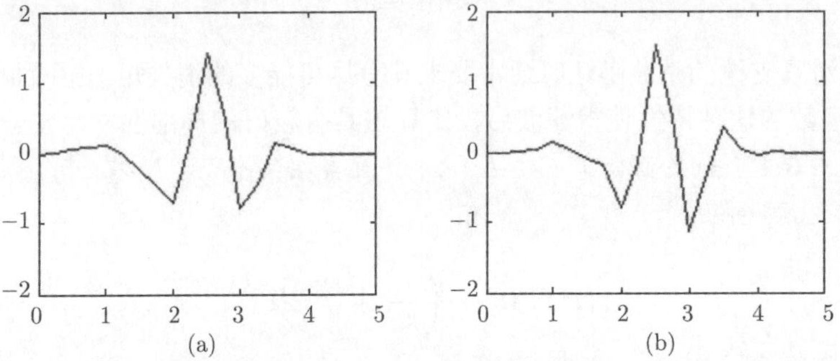

图 5.3.1 (a) Daubechies 小波函数 $D6$, 消失矩是 3, 支集是 $[0,5]$; (b) $D6$ 卷积后的函数

设函数 f 是带宽为 b 的本性带限函数, 小波函数 $\psi_{m,n}(x)=2^{m/2}\psi(2^m x-n)$ 有 k 阶的消失矩, 其中 $0\leqslant k\leqslant m-1$. 将投影 $\mathbf{R}_{\boldsymbol{\theta}}f(\boldsymbol{x}^{\mathrm{T}}\boldsymbol{\theta})$ 用小波基函数展开, 有

$$\mathbf{R}_{\boldsymbol{\theta}}f(\boldsymbol{x}^{\mathrm{T}}\boldsymbol{\theta})=\sum_{m,n}c_{m,n}(\boldsymbol{\theta})\psi_{m,n}(\boldsymbol{x}^{\mathrm{T}}\boldsymbol{\theta}).$$

将上式代入 (5.3.2) 可得

$$\begin{aligned}
f_\omega(\boldsymbol{x})&=\frac{1}{2}\int_{\mathbf{S}^1}\mathbf{R}_{\boldsymbol{\theta}}f(\boldsymbol{x}^{\mathrm{T}}\boldsymbol{\theta})*(|s|\omega(s))\check{}\,\mathrm{d}\boldsymbol{\theta}\\
&=\frac{1}{2}\int_{\mathbf{S}^1}\left(\sum_{m,n}c_{m,n}(\boldsymbol{\theta})\psi_{m,n}(\boldsymbol{x}^{\mathrm{T}}\boldsymbol{\theta})\right)*(|s|\omega(s))\check{}\,\mathrm{d}\boldsymbol{\theta}\\
&=\frac{1}{2}\int_{\mathbf{S}^1}\sum_{m,n}c_{m,n}(\boldsymbol{\theta})\left(\psi_{m,n}(\boldsymbol{x}^{\mathrm{T}}\boldsymbol{\theta})*(|s|\omega(s))\check{}\right)\mathrm{d}\boldsymbol{\theta}\\
&=\frac{1}{2}\int_{\mathbf{S}^1}\sum_{m,n}c_{m,n}(\boldsymbol{\theta})\left(\hat{\psi}_{m,n}(s\boldsymbol{\theta})|s|\omega(s)\right)\check{}(\boldsymbol{x}^{\mathrm{T}}\boldsymbol{\theta})\mathrm{d}\boldsymbol{\theta}.
\end{aligned}\tag{5.3.3}$$

根据上面的分析可知, 卷积后的函数 $(\hat{\psi}_{m,n}(s\boldsymbol{\theta})|s|\omega(s))\check{}$ 的本性支集跟原函数 $\psi_{m,n}$

的支集相比并没有明显的延伸.

当我们考虑使用 (5.3.3) 求解内部问题时, 滤波后的函数 $(\hat{\psi}_{m,n}(s\boldsymbol{\theta})|s|\omega(s))^{\check{}}$ 是本性紧支的并且本性支集与原函数 $\psi_{m,n}$ 的支集相近, 因此在每一点 $\boldsymbol{x}\in B$ 计算 (5.3.3) 时只需要使用 Radon 变换的局部信息. 但是随着小波函数尺度的变粗支集逐渐变大, 滤波后的函数本性支集也相应地变大, 因此在计算 (5.3.3) 时, 除了使用局部区域 $\mathbf{S}^1\times[-a,+a]$ 上的 Radon 变换外, 还要用到该局部区域之外的部分 Radon 变换.

记 L 为小波函数支集与局部区域 $[-a,+a]$ 相交的小波系数的指标集合. NL 为小波函数支集与局部区域 $[-a,+a]$ 不相交的小波系数的集合. 使用 (5.3.3) 求解内部问题的算法为

$$f_L(\boldsymbol{x})=\frac{1}{2}\int_{\mathbf{S}^1}\sum_{L}c_{m,n}(\boldsymbol{\theta})\big(\hat{\psi}_{m,n}(s\boldsymbol{\theta})|s|\omega(s)\big)^{\check{}}(\boldsymbol{x}^{\mathrm{T}}\boldsymbol{\theta})\mathrm{d}\boldsymbol{\theta}. \tag{5.3.4}$$

对于粗尺度的小波函数, 由于有较大的支集, 对每一个投影角度下的图像, 在计算相应的小波系数时需要用到局部区域之外的数据. 如果小波函数关于角度 θ 是本性有限带宽函数, 那么只需要计算部分角度下粗尺度小波函数的系数, 其他角度投影图像的粗尺度小波系数可以通过插值计算. 也就是只需要使用到部分角度下局部区域之外的数据.

定理 5.3.2　设 $\mathbf{R}_{\boldsymbol{\theta}}f(t)\in L^2(\mathbf{S}^1\times[-a,+a])$, 那么小波系数 $c_{m,n}(\boldsymbol{\theta})=\langle\psi_{m,n}(t),\mathbf{R}_{\boldsymbol{\theta}}f(t)\rangle$ 是本性带限函数.

关于该定理的证明可参考文献 [213]. 在实际问题中, 进一步假设 f 是带宽为 b 的带限函数, 从而 $\mathbf{R}_{\boldsymbol{\theta}}f(t)$ 关于 t 也是带宽为 b 的带限函数. 因此 t 以 $1/(2b)$ 的间隔采样. 至此我们给出内部问题的小波算法.

算法 5.3.1

(1) 设 $\Theta\subset\mathbf{S}^1, Q\subset[-a,+a]$ 分别表示 θ 和 t 的采样集合, 其中 $t=\boldsymbol{x}^{\mathrm{T}}\boldsymbol{\theta}$. 令 $\mathrm{d}\boldsymbol{\theta}$ 表示 Θ 的采样间距.

(2) 令 $L=L^h\cup L^l$, 其中 L^l 和 L^h 分别表示粗尺度和细尺度的小波系数指标集. $\Psi^{L^l}\subset\Theta$ 表示粗小波系数的采样角度集合. 由式 (5.3.4) 得到

$$\begin{aligned}f_L(\boldsymbol{x})=\frac{\mathrm{d}\boldsymbol{\theta}}{2}\Bigg[&\sum_{\boldsymbol{\theta}\in\Psi^{L^l}}\sum_{L^l}c_{m,n}(\boldsymbol{\theta})\big(\hat{\psi}_{m,n}(s\boldsymbol{\theta})|s|\omega(s)(s)\big)^{\check{}}(t)\\&+\sum_{\boldsymbol{\theta}\in\Theta\setminus\Psi^{L^l}}\sum_{L^l}c_{m,n}(\boldsymbol{\theta})\big(\hat{\psi}_{m,n}(s\boldsymbol{\theta})|s|\omega(s)(s)\big)^{\check{}}(t)\\&+\sum_{\boldsymbol{\theta}\in\Theta}\sum_{L^h}c_{m,n}(\boldsymbol{\theta})\big(\hat{\psi}_{m,n}(s\boldsymbol{\theta})|s|\omega(s)(s)\big)^{\check{}}(t)\Bigg].\end{aligned}$$

上式右边第一项的小波系数使用非局部的数据在部分角度上计算, 第二项通过利用第一项求得的小波系数插值可得. 第三项则在局部区域 $[-a,+a]$ 上计算.

当要成像的内部区域 B 不在图像的中心时, 可以先通过简单的变换将该区域变换为图像的中心. 一种简单的变换方法是将图像的周围补 0, 这会增大图像的尺寸, 但是不会改变重构的精度, 也不会增加投影的个数.

使用完整的投影数据求解内部问题的重构公式为

$$
\begin{aligned}
f(\boldsymbol{x})=&\frac{1}{2}\int_{\mathbf{S}^1}\sum_{L}c_{m,n}(\boldsymbol{\theta})\big(\hat{\psi}_{m,n}(s\boldsymbol{\theta})|s|\omega(s)\big)\check{}\,(\boldsymbol{x}^{\mathrm{T}}\boldsymbol{\theta})\mathrm{d}\boldsymbol{\theta}\\
&+\frac{1}{2}\int_{\mathbf{S}^1}\sum_{NL}c_{m,n}(\boldsymbol{\theta})\big(\hat{\psi}_{m,n}(s\boldsymbol{\theta})|s|\omega(s)\big)\check{}\,(\boldsymbol{x}^{\mathrm{T}}\boldsymbol{\theta})\mathrm{d}\boldsymbol{\theta}.
\end{aligned}
$$

从而算法 5.3.1 的截断误差为

$$
\begin{aligned}
|f(\boldsymbol{x})-f_L(\boldsymbol{x})|=&\frac{1}{2}\left|\int_{\mathbf{S}^1}\sum_{NL}c_{m,n}(\boldsymbol{\theta})\big(\hat{\psi}_{m,n}(s\boldsymbol{\theta})|s|\omega(s)\big)\check{}\,(\boldsymbol{x}^{\mathrm{T}}\boldsymbol{\theta})\mathrm{d}\boldsymbol{\theta}\right|\\
\leqslant&\frac{1}{2}\int_{\mathbf{S}^1}\sum_{NL}\left|c_{m,n}(\boldsymbol{\theta})\big(\hat{\psi}_{m,n}(s\boldsymbol{\theta})|s|\omega(s)\big)\check{}\,(\boldsymbol{x}^{\mathrm{T}}\boldsymbol{\theta})\right|\mathrm{d}\boldsymbol{\theta}\\
\leqslant&\frac{1}{2}\int_{\mathbf{S}^1}\left(\sum_{NL}|c_{m,n}(\boldsymbol{\theta})|^2\right)^{1/2}\left(\sum_{NL}\left|\big(\hat{\psi}_{m,n}(s\boldsymbol{\theta})|s|\omega(s)\big)\check{}\,(\boldsymbol{x}^{\mathrm{T}}\boldsymbol{\theta})\right|^2\right)^{1/2}\mathrm{d}\boldsymbol{\theta}\\
\leqslant&\int_0^{\pi}\|\mathbf{R}_{\boldsymbol{\theta}}f\|_2\left(\sum_{NL}\left|\big(\hat{\psi}_{m,n}(s\boldsymbol{\theta})|s|\omega(s)\big)\check{}\,(\boldsymbol{x}^{\mathrm{T}}\boldsymbol{\theta})\right|^2\right)^{1/2}\mathrm{d}\boldsymbol{\theta}\\
\leqslant&2\sqrt{2}\pi\max_{\boldsymbol{x}}|f(\boldsymbol{x})|\max_{\boldsymbol{\theta}}\max_{\boldsymbol{x}\in B}\left(\sum_{NL}\left|\big(\hat{\psi}_{m,n}(s\boldsymbol{\theta})|s|\omega(s)\big)\check{}\,(\boldsymbol{x}^{\mathrm{T}}\boldsymbol{\theta})\right|^2\right)^{1/2}.
\end{aligned}
$$

因此, 如果

$$
\max_{\boldsymbol{\theta}}\max_{\boldsymbol{x}\in B}\left(\sum_{NL}\left|\big(\hat{\psi}_{m,n}(s\boldsymbol{\theta})|s|\omega(s)\big)\check{}\,(\boldsymbol{x}^{\mathrm{T}}\boldsymbol{\theta})\right|^2\right)^{1/2}
$$

充分小, 那么算法 5.3.1 的截断误差可以忽略不计.

假设要重构的内部区域 B 位于图像的中心, 当 $\boldsymbol{x}\in B$ 时, 集合 $\{\boldsymbol{x}^{\mathrm{T}}\boldsymbol{\theta}:\boldsymbol{\theta}\in\mathbf{S}^1\}=[-a,+a]$ 表示投影空间的带状区域, 该区域不随变量 $\boldsymbol{\theta}$ 的变化而改变, 因此上述误差项可简化为

$$
\max_{t\in[-a,+a]}\left(\sum_{NL}\left|\big(\hat{\psi}_{m,n}(s\boldsymbol{\theta})|s|\omega(s)\big)\check{}\,(t)\right|^2\right)^{1/2},
$$

其测量的是经过滤波后的小波函数渗入到区域 $[-a,+a]$ 引起的误差. 通过使用具有更高阶消失矩的小波可以使得该项充分小以至于可以忽略不计.

另一个误差来源是算法 5.3.1 中 $f_L(\boldsymbol{x})$ 的右边的第二项插值引起的误差. 如果小波函数不是有限带宽的, 或者采样率不满足 Shannon 采样定理, 插值导致混淆, 从而导致误差增大. 选用具有更窄带宽的小波函数能够有效地减少混淆误差.

通过上面的分析可以看到, 通过选取合适的小波函数, 算法 5.3.1 只需要使用局部区域 $\mathbf{S}^1 \times [-a, +a]$ 上的 Radon 变换, 再加上少数非局部区域的数据, 就可以获得与使用全部投影数据重构内部区域 B 接近的结果.

第 6 章　图像重构的梯度流方法

本章介绍 L^2 梯度流方法, 包括基本的 L^2 梯度流方法, 它的显式、隐式、半隐式以及混合计算格式等. 这里假定所考虑的投影束是平行的, 所以本章的重构方法可用于平行投影的医学图像重构以及冷冻电镜图像重构.

6.1　特殊规整项的 L^2 梯度流的显式有限元方法

本节介绍基本的 L^2 梯度流方法.

6.1.1　L^2 梯度流方法

设 $f(\boldsymbol{x}) \in L^2(\Omega)$ 是要重构的三元函数, 其中 $\boldsymbol{x} = [x, y, z]^{\mathrm{T}} \in \Omega \subset \mathbb{R}^3$. $\{g_{\boldsymbol{\theta}}(x, y)\}$ 表示函数 $f(\boldsymbol{x})$ 的二维投影的集合, 其中 $[x, y]^{\mathrm{T}} \in \Omega_g \subset \Omega$. $\mathbf{P}_{\boldsymbol{\theta}}$ 表示沿方向 $\boldsymbol{\theta} \in \Theta \subset \mathbf{S}^2$ 的 X 射线变换. Θ 是全部投影方向的集合. 重构问题可描述为求三元函数 $f(\boldsymbol{x})$, $\boldsymbol{x} = [x, y, z]^{\mathrm{T}} \in \Omega \subset \mathbb{R}^3$, 使得 $\mathbf{P}_{\boldsymbol{\theta}} f$ 尽可能接近 $g_{\boldsymbol{\theta}}$ 并且满足边界条件: $f(\boldsymbol{x}) = 0$ 对全部的 $\boldsymbol{x} \in \partial\Omega$ 成立.

设 $\Gamma_c = \left\{\boldsymbol{x} \in \mathbb{R}^3 : f(\boldsymbol{x}) = c\right\}$ 是函数 f 的水平集. 为了重构 f, 极小化下面的能量泛函:

$$\mathscr{E}(f) = \mathscr{E}_1(f) + \lambda \mathscr{E}_2(f), \tag{6.1.1}$$

其中

$$\mathscr{E}_1(f) = \sum_{\boldsymbol{\theta} \in \Theta} \int_{\Omega_g} \left(\mathbf{P}_{\boldsymbol{\theta}} f - g_{\boldsymbol{\theta}}\right)^2 \mathrm{d}\boldsymbol{u},$$

$$\mathscr{E}_2(f) = \int_{-\infty}^{\infty} \int_{\Gamma_c} g(\boldsymbol{x}) \mathrm{d}A \, \mathrm{d}c,$$

$\boldsymbol{u} = [u_1, u_2]^{\mathrm{T}} \in \Omega_g$, $\lambda \geqslant 0$ 是权因子, 用来平衡两个能量泛函 $\mathscr{E}_1$ 和 $\mathscr{E}_2$. 其中 $\mathscr{E}_1$ 称为保真项, 用来衡量重构函数的投影与测量投影之间的整体误差. $\mathscr{E}_2$ 是正则项, 迫使等值面 Γ_c 具有一定的光滑性. 这依赖于 g 的选择. 取 $g(\boldsymbol{x}) = 1$ 或者 $g(\boldsymbol{x}) = \|\nabla f(\boldsymbol{x})\|$. 当 $g(\boldsymbol{x}) = 1$ 时, $\mathscr{E}_2$ 表示总的曲面面积. 极小化 $\mathscr{E}_2$ 导致解的水平集接近极小曲面. 当 $g(\boldsymbol{x}) = \|\nabla f(\boldsymbol{x})\|$ 时, 极小化 $\mathscr{E}_2$ 导致 f 接近一个分片常函数.

由余面积公式 (见文献 [114]), 有

$$\mathscr{E}_2(f) = \int_{\Omega} g(\boldsymbol{x}) \|\nabla f(\boldsymbol{x})\| \mathrm{d}\boldsymbol{x},$$

其中 ∇ 是梯度算子. 因此, 考虑极小化如下的能量泛函

$$\begin{aligned}\mathscr{E}(f) &= \sum_{\boldsymbol{\theta}\in\Theta}\int_{\Omega_g}(\mathbf{P}_{\boldsymbol{\theta}}f - g_{\boldsymbol{\theta}})^2\,\mathrm{d}\boldsymbol{u} + \lambda\int_{\Omega} g(\boldsymbol{x})\|\nabla f(\boldsymbol{x})\|\mathrm{d}\boldsymbol{x} \\ &= \mathscr{E}_1(f) + \lambda\mathscr{E}_2(f),\end{aligned} \tag{6.1.2}$$

其中

$$\mathscr{E}_1(f) = \sum_{\boldsymbol{\theta}\in\Theta}\int_{\Omega_g}(\mathbf{P}_{\boldsymbol{\theta}}f - g_{\boldsymbol{\theta}})^2\,\mathrm{d}\boldsymbol{u},$$

$$\mathscr{E}_2(f) = \int_{\Omega} g(\boldsymbol{x})\|\nabla f(\boldsymbol{x})\|\mathrm{d}\boldsymbol{x}.$$

对于任意的 $\psi(\boldsymbol{x}) \in L^2(\Omega)$, 设 $f_\epsilon = f + \epsilon\psi$, $\mathscr{E}_1(f)$ 的一阶变分为

$$\begin{aligned}\delta(\mathscr{E}_1(f),\psi) &= \left.\frac{\mathrm{d}\left[\displaystyle\sum_{\boldsymbol{\theta}\in\Theta}\int_{\Omega_g}(\mathbf{P}_{\boldsymbol{\theta}}f_\epsilon - g_{\boldsymbol{\theta}})^2\mathrm{d}\boldsymbol{u}\right]}{\mathrm{d}\epsilon}\right|_{\epsilon=0} \\ &= 2\sum_{\boldsymbol{\theta}\in\Theta}\int_{\Omega_g}(\mathbf{P}_{\boldsymbol{\theta}}f - g_{\boldsymbol{\theta}})\mathbf{P}_{\boldsymbol{\theta}}\psi\mathrm{d}\boldsymbol{u}.\end{aligned}$$

对于 $\mathscr{E}_2(f)$, 分别取 $g(\boldsymbol{x}) = 1, \|\nabla f(\boldsymbol{x})\|$, 相应的一阶变分推导如下. 取 $g(\boldsymbol{x}) = 1$, 那么

$$\begin{aligned}\delta(\mathscr{E}_2(f),\psi) &= \left.\frac{\mathrm{d}\left[\displaystyle\int_{\Omega}\|\nabla f_\epsilon(\boldsymbol{x})\|\mathrm{d}\boldsymbol{x}\right]}{\mathrm{d}\epsilon}\right|_{\epsilon=0} \\ &= \left.\frac{\mathrm{d}\left[\displaystyle\int_{\Omega}\sqrt{\langle\nabla f_\epsilon(\boldsymbol{x}), \nabla f_\epsilon(\boldsymbol{x})\rangle}\mathrm{d}\boldsymbol{x}\right]}{\mathrm{d}\epsilon}\right|_{\epsilon=0} \\ &= \left.\int_{\Omega}\frac{1}{2\|\nabla f(\boldsymbol{x})\|}\frac{\mathrm{d}\left[\langle\nabla f_\epsilon(\boldsymbol{x}), \nabla f_\epsilon(\boldsymbol{x})\rangle\right]}{\mathrm{d}\epsilon}\mathrm{d}\boldsymbol{x}\right|_{\epsilon=0} \\ &= \int_{\Omega}\frac{\nabla f(\boldsymbol{x})^{\mathrm{T}}\nabla\psi(\boldsymbol{x})}{\|\nabla f(\boldsymbol{x})\|}\mathrm{d}\boldsymbol{x}.\end{aligned} \tag{6.1.3}$$

取 $g(\boldsymbol{x}) = \|\nabla f(\boldsymbol{x})\|$, 用同样的方法可得

$$\delta(\mathscr{E}_2(f),\psi) = 2\int_{\Omega}\nabla f(\boldsymbol{x})^{\mathrm{T}}\nabla\psi(\boldsymbol{x})\mathrm{d}\boldsymbol{x}. \tag{6.1.4}$$

于是当 $g(\boldsymbol{x}) = 1$ 时,

$$\delta(\mathscr{E}(f),\psi) = 2\sum_{\boldsymbol{\theta}\in\Theta}\int_{\Omega_g}(\mathbf{P}_{\boldsymbol{\theta}}f - g_{\boldsymbol{\theta}})\mathbf{P}_{\boldsymbol{\theta}}\psi\mathrm{d}\boldsymbol{u} + \lambda\int_{\Omega}\frac{\nabla f(\boldsymbol{x})^{\mathrm{T}}\nabla\psi(\boldsymbol{x})}{\|\nabla f(\boldsymbol{x})\|}\mathrm{d}\boldsymbol{x}.$$

当 $g(\boldsymbol{x})=\|\nabla f(\boldsymbol{x})\|$ 时，

$$\delta(\mathscr{E}(f),\psi)=2\sum_{\boldsymbol{\theta}\in\Theta}\int_{\Omega_g}(\mathbf{P}_{\boldsymbol{\theta}}f-g_{\boldsymbol{\theta}})\mathbf{P}_{\boldsymbol{\theta}}\psi\mathrm{d}\boldsymbol{u}+2\int_{\Omega}\nabla f(\boldsymbol{x})^{\mathrm{T}}\nabla\psi(\boldsymbol{x})\mathrm{d}\boldsymbol{x}.$$

基于一阶变分构造弱形式的梯度流为

$$\int_{\Omega}\frac{\partial f}{\partial t}\psi\mathrm{d}\boldsymbol{x}+\delta(\mathscr{E}_1(f),\psi)+\lambda\delta(\mathscr{E}_2(f),\psi)=0. \tag{6.1.5}$$

6.1.2 L^2 梯度流的有限元求解算法

为了在区域 Ω 上求解方程 (6.1.5), 使用下面的有限维空间来逼近 $L^2(\Omega)$:

$$\mathcal{X}_B=\left\{f(\boldsymbol{x})\in L^2(\Omega),\Omega\subseteq\mathbb{R}^3:f(\boldsymbol{x})=\sum_{i=-m}^{m}\sum_{j=-n}^{n}\sum_{k=-t}^{t}f_{ijk}\phi_{ijk}(\boldsymbol{x})\right\},$$

其中 $\{\phi_{ijk}\}$ 表示给定的一组有限个三元三次 B 样条基函数的集合. 在有限维空间 $\mathcal{X}_B$ 上, 使用有限元方法求解 (6.1.5). 在重构问题中, Ω 一般是立方体区域. 因此, 很自然地使用立方体单元剖分区域 Ω, 三元三次 B 样条基函数取一元三次 B 样条基函数的张量积形式. 选取 B 样条作为有限元空间首先是因为正则项包含微分运算, 因此需要光滑函数. 其次, B 样条函数具有紧支集, 并且其 Fourier 变换有精确的公式. 最后, 从采样的图像转换到 B 样条函数的表示形式有快速的算法. B 样条的这些性质使得有限元的计算非常有效.

在求解 (6.1.5) 时, 取 (6.1.5) 中的测试函数 ψ 为 $\phi_{\alpha\beta\gamma}(\boldsymbol{x})$, 时间方向的离散使用显式的向前欧拉格式, 即在第 m 步

$$\int_{\Omega}\frac{\partial f^{(m)}}{\partial t}\psi_{\alpha\beta\gamma}\mathrm{d}\boldsymbol{x}\approx\int_{\Omega}\frac{f^{(m+1)}-f^{(m)}}{\tau}\psi_{\alpha\beta\gamma}\mathrm{d}\boldsymbol{x},$$

其中 τ 是时间步长. 空间方向的离散使用张量积形式的三次 B 样条基函数张成的空间中的有限元方法. 离散后得到 (6.1.5) 的矩阵形式

$$\boldsymbol{M}\boldsymbol{X}=\boldsymbol{v},$$

其中 $\boldsymbol{X}$ 为由 f 的系数构成的向量, 矩阵 $\boldsymbol{M}$ 的元素具有下面的形式:

$$\int_{\Omega}\phi_{ijk}(\boldsymbol{x})\phi_{\alpha\beta\gamma}(\boldsymbol{x})\mathrm{d}\boldsymbol{x}=\int_{\mathbb{R}}N_i(x)N_\alpha(x)\mathrm{d}x\int_{\mathbb{R}}N_j(y)N_\beta(y)\mathrm{d}y\int_{\mathbb{R}}N_k(z)N_\gamma(z)\mathrm{d}z.$$

向量 $\boldsymbol{v}$ 的元素是

$$-\left[\delta(\mathscr{E}_1(f),\phi_{\alpha\beta\gamma})+\lambda\delta(\mathscr{E}_2(f),\phi_{\alpha\beta\gamma})\right].$$

上面的一维积分可以通过第 2 章的精确格式计算或高斯积分公式计算[14, 302].

区域剖分　假定所有的测量图像有相同的尺寸 $(n+1)\times(n+1)$, 每一个图像的像素值 $g_{\boldsymbol{\theta}}$ 定义在整数格点 $[i,j]^{\mathrm{T}}\in\left[-\frac{n}{2},\frac{n}{2}\right]^2$ 上, 并且假定 n 是偶数. 如果 n 不是偶数, 可以通过重采样插值成偶数. 由于 $g_{\boldsymbol{\theta}}$ 是 f 的投影, 因此定义 Ω 如下:

$$\Omega=\left[-\frac{n}{2}-1,\frac{n}{2}+1\right]^2\times\left[-\frac{n_z}{2}-1,\frac{n_z}{2}+1\right].$$

对于 Cryo-EM 单颗粒重构问题, $n_z=n$. 对于 Cryo-ET 重构问题, 假设冷冻样本具有薄片形状, 因而 n_z/n 是一个较小的数. n_z+2 是 Ω 的厚度. 仍然假定 n_z 是一个偶数. 区域 Ω 在三个方向均比图像多出一维, 目的是满足零边界条件.

对给定的方向 $\boldsymbol{\theta}\in\Theta$, $g_{\boldsymbol{\theta}}$ 定义为

$$g_{\boldsymbol{\theta}}(i,j)=\int_{-\infty}^{\infty}f(i\boldsymbol{e}_{\boldsymbol{\theta}}^{(1)}+j\boldsymbol{e}_{\boldsymbol{\theta}}^{(2)}+t\boldsymbol{\theta})\,\mathrm{d}t,\quad [i,j]^{\mathrm{T}}\in\left[-\frac{n}{2},\frac{n}{2}\right]^2, \tag{6.1.6}$$

其中 $\boldsymbol{e}_{\boldsymbol{\theta}}^{(1)}$ 和 $\boldsymbol{e}_{\boldsymbol{\theta}}^{(2)}$ 满足

$$\|\boldsymbol{e}_{\boldsymbol{\theta}}^{(1)}\|=\|\boldsymbol{e}_{\boldsymbol{\theta}}^{(2)}\|=1,\quad \langle\boldsymbol{e}_{\boldsymbol{\theta}}^{(1)},\boldsymbol{e}_{\boldsymbol{\theta}}^{(2)}\rangle=0,\quad \langle\boldsymbol{e}_{\boldsymbol{\theta}}^{(1)},\boldsymbol{\theta}\rangle=0,\quad \langle\boldsymbol{e}_{\boldsymbol{\theta}}^{(2)},\boldsymbol{\theta}\rangle=0. \tag{6.1.7}$$

$\boldsymbol{e}_{\boldsymbol{\theta}}^{(1)}$, $\boldsymbol{e}_{\boldsymbol{\theta}}^{(2)}$ 和 $\boldsymbol{\theta}$ 构成了投影的局部坐标系. $\boldsymbol{e}_{\boldsymbol{\theta}}^{(1)}$ 和 $\boldsymbol{e}_{\boldsymbol{\theta}}^{(2)}$ 同时决定了平面内旋转.

给定一正偶数 $m=2(l+2)$, 令

$$h=\frac{n+2}{m},\quad t=\frac{n_z+2}{2h}-2.$$

考虑 h 和 t 都是整数的简单情况. 考虑如下的两种情形:

(1) 取 $m=n+2$, 那么 $h=1$, $l=\frac{n}{2}-1$, $t=\frac{n_z}{2}-1$.

(2) 取 $m=\frac{n+2}{2}$, 那么 $h=2$, $l=\frac{n+2}{4}-2$, $t=\frac{n_z+2}{4}-2$.

根据间隔 h, 区域 Ω 能够被均匀划分成格点 $[i,j,k]^{\mathrm{T}}h$, $[i,j,k]^{\mathrm{T}}\in[-l-2,l+2]^2\times[-t-2,t+2]$. 于是函数 f 可表示为

$$f(\boldsymbol{x})=\sum_{i=-l}^{l}\sum_{j=-l}^{l}\sum_{k=-t}^{t}f_{ijk}\phi_{ijk}(\boldsymbol{x}),\quad \boldsymbol{x}=[x,y,z]^{\mathrm{T}}\in\Omega, \tag{6.1.8}$$

其中 $\phi_{ijk}(\boldsymbol{x})=N_i(x)N_j(y)N_k(z)$, 而

$$N_\alpha(x)\triangleq\beta_\alpha^3(h^{-1}x)=\beta_0^3(h^{-1}x-\alpha)$$

为定义在均匀格点 $[\alpha h-2h,\alpha h-h,\cdots,\alpha h+2h]$ 上的一元三次 B 样条基函数, $\phi_{ijk}(\boldsymbol{x})$ 是一元三次 B 样条基函数的张量积形式, 称其为体三次 B 样条基函数.

刚度矩阵 $\boldsymbol{M}$ 的计算 设 L 和 T 分别是使用的基函数 $N_i(x)$ ($N_j(y)$ 个数与 $N_i(x)$ 相同) 和 $N_k(z)$ 的个数, 那么总的张量积基函数 $\phi_{ijk}(x,y,z)$ 的个数是 TL^2. 因此, 矩阵 $\boldsymbol{M}$ 的元素总数是 T^2L^4. 当 L 和 T 很大时, 有可能使得存储 $\boldsymbol{M}$ 所需的空间超过了计算机的内存容量. 为了克服这个困难, 使用施密特正交化过程将基函数 $N_\alpha(s)$ 正交化, 从而得到一组新的正交基函数 $\tilde{N}_\alpha(s)$, 使得

$$\int_{\mathbb{R}} \tilde{N}_\alpha(s)\tilde{N}_{\alpha'}(s)\mathrm{d}s = \delta_{\alpha\alpha'}.$$

令

$$\tilde{\phi}_{ijk}(\boldsymbol{x}) = \tilde{N}_i(x)\tilde{N}_j(y)\tilde{N}_k(z),$$

那么, 通过使用新基函数 $\tilde{\phi}_{ijk}$ 表示 f, 并且取测试函数 $\psi = \tilde{\phi}_{\alpha\beta\gamma}$, 得到单位矩阵 $\boldsymbol{M}$. 因此不需要存储矩阵.

现在有两种 f 的表示形式: (6.1.8) 和

$$f(\boldsymbol{x}) = \sum_i\sum_j\sum_k \tilde{f}_{ijk}\tilde{\phi}(\boldsymbol{x}), \quad \boldsymbol{x} = [x,y,z]^{\mathrm{T}}. \tag{6.1.9}$$

通过一个正交的下三角矩阵 $\boldsymbol{A}$ 将这两种基函数形式联系起来:

$$[N_1, N_2, \cdots, N_n]^{\mathrm{T}} = \boldsymbol{A}[\tilde{N}_1, \tilde{N}_2, \cdots, \tilde{N}_n]^{\mathrm{T}}. \tag{6.1.10}$$

通过使用正交矩阵 $\boldsymbol{A}$, f 的两种表示形式能够自由地互相转化. 我们将利用这两种对偶形式来减少 $\boldsymbol{v}$ 的计算. 使用正交化的基函数, 梯度流方程 (6.1.5) 转化为

$$\tilde{f}_{ijk}^{(m+1)} = \tilde{f}_{ijk}^{(m)} - \tau\left[\delta(\mathscr{E}_1(f^{(m)}), \tilde{\phi}_{\alpha\beta\gamma}) + \lambda\delta(\mathscr{E}_2(f^{(m)}), \tilde{\phi}_{\alpha\beta\gamma})\right]. \tag{6.1.11}$$

6.1.3 B 样条基函数的施密特正交化

设 $\{\beta_0^n, \cdots, \beta_m^n\}$ 是非正交的 B 样条基函数组, $\{\tilde{\beta}_0^n, \cdots, \tilde{\beta}_m^n\}$ 表示标准正交基. $\boldsymbol{C} = [c_{ij}]$ 表示由正交基到非正交基的转换矩阵, 即

$$\begin{bmatrix} \beta_0^n \\ \beta_1^n \\ \vdots \\ \beta_m^n \end{bmatrix} = \begin{bmatrix} c_{00} & & & \\ c_{10} & c_{11} & & \\ \vdots & \vdots & \ddots & \\ c_{m0} & c_{m1} & \cdots & c_{mm} \end{bmatrix} \begin{bmatrix} \tilde{\beta}_0^n \\ \tilde{\beta}_1^n \\ \vdots \\ \tilde{\beta}_m^n \end{bmatrix}.$$

当 $n = 3$ 时, 有

$$
\boldsymbol{C} = \begin{bmatrix} c_{00} & & & & & \\ c_{10} & c_{11} & & & & \\ c_{20} & c_{21} & c_{22} & & & \\ c_{30} & c_{31} & c_{32} & c_{33} & & \\ & \ddots & \ddots & \ddots & \ddots & \\ & & c_{m,m-3} & c_{m,m-2} & c_{m,m-1} & c_{m,m} \end{bmatrix},
$$

其中

$$
c_{00} = \|\beta_0^3\|, \quad c_{10} = \frac{\langle \beta_1^3, \beta_0^3 \rangle}{c_{00}}, \quad c_{11} = \sqrt{\langle \beta_1^3, \beta_1^3 \rangle - c_{10}^2},
$$

当 $k = 2, \cdots, m$ 时有

$$
\begin{aligned}
c_{k,k-3} &= \frac{\langle \beta_k^3, \beta_{k-3}^3 \rangle}{c_{k-3,k-3}}, \\
c_{k,k-2} &= \frac{\langle \beta_k^3, \beta_{k-2}^3 \rangle - c_{k-2,k-3} c_{k,k-3}}{c_{k-2,k-2}}, \\
c_{k,k-1} &= \frac{\langle \beta_k^3, \beta_{k-1}^3 \rangle - c_{k-1,k-3} c_{k,k-3} - c_{k-1,k-2} c_{k,k-2}}{c_{k-1,k-1}}, \\
c_{kk} &= \sqrt{\langle \beta_k^3, \beta_k^3 \rangle - c_{k,k-3}^2 - c_{k,k-2}^2 - c_{k,k-1}^2},
\end{aligned}
$$

并且

$$
\langle \beta_0^3, \beta_0^3 \rangle = \frac{151}{315}, \quad \langle \beta_0^3, \beta_1^3 \rangle = \frac{397}{1680}, \quad \langle \beta_0^3, \beta_2^3 \rangle = \frac{1}{42}, \quad \langle \beta_0^3, \beta_3^3 \rangle = \frac{1}{5040},
$$

此时, $N_i = \beta_i^3$, $\tilde{N}_i = \tilde{\beta}_i^3$. 当 $n = 1$ 时,

$$
\langle \beta_0^1, \beta_0^1 \rangle = \frac{2}{3}, \quad \langle \beta_0^1, \beta_1^1 \rangle = \frac{1}{6}.
$$

当 $n = 0$ 时, $\boldsymbol{C} = \boldsymbol{I}$, 即单位矩阵.

6.2 Cryo-EM 单颗粒重构的 L2GF 算法

本节的目的是应用 6.1 节中描述的 L^2 梯度流方法解决 Cryo-EM 单颗粒重构问题.

6.2.1 算法框架

对于 Cryo-EM 单颗粒重构问题, 通常假设 $n = n_z$, 即重构的体数据是个正立方体. 此外, 取 (6.1.2) 中的 $g(\boldsymbol{x}) = 1$, 从而得到求解 Cryo-EM 单颗粒重构问题的 TV 模型

$$\mathscr{E}(f) = \sum_{\boldsymbol{\theta}\in\Theta}\int_{\Omega_g}(\mathbf{P}_{\boldsymbol{\theta}}f - g_{\boldsymbol{\theta}})^2\,\mathrm{d}u\mathrm{d}v + \lambda\int_{\Omega}\|\nabla f(\boldsymbol{x})\|\mathrm{d}\boldsymbol{x} \tag{6.2.1}$$

以及相应的梯度流方程 (6.1.11),

$$\begin{aligned}\tilde{f}^{(m+1)}_{i'j'k'} = \tilde{f}^{(m)}_{i'j'k'} &- 2\tau\sum_{\boldsymbol{\theta}\in\Theta}\int_{\Omega_g}(\mathbf{P}_{\boldsymbol{\theta}}f^{(m)} - g_{\boldsymbol{\theta}})\mathbf{P}_{\boldsymbol{\theta}}\tilde{\phi}_{i'j'k'}\mathrm{d}\boldsymbol{u}\\ &-\tau\lambda\int_{\Omega}\frac{(\nabla f^{(m)})^{\mathrm{T}}\nabla\tilde{\phi}_{i'j'k'}}{\|\nabla f^{(m)}\|}\mathrm{d}\boldsymbol{x},\end{aligned} \tag{6.2.2}$$

其中 $\tilde{f}^{(m)}_{i'j'k'}$ 是正交体三次 B 样条张量积 $\tilde{\phi}_{i'j'k'}$ 第 m 次迭代的系数. 为了避免 $\|\nabla f^{(m)}\| = 0$, 在迭代格式 (6.2.2) 中使用 $\epsilon + \|\nabla f^{(m)}\|$ 代替 $\|\nabla f^{(m)}\|$, 其中 ϵ 是一个小正数.

格式 (6.2.2) 可以简记为

$$f^{(m+1)} = f^{(m)} + \tau\Delta f^{(m)}.$$

为了确定时间步长 τ, 求解如下的优化问题:

$$\sum_{\boldsymbol{\theta}\in\Theta}\int_{\Omega_g}\left[\mathbf{P}_{\boldsymbol{\theta}}(f^{(m)} + \tau\Delta f^{(m)}) - g_{\boldsymbol{\theta}}\right]^2\mathrm{d}\boldsymbol{u} + \lambda\int_{\Omega}\|\nabla(f^{(m)} + \tau\Delta f^{(m)})\|\mathrm{d}\boldsymbol{x} = \min$$

得到

$$\tau = -\frac{2a + \lambda c}{2b + \lambda d}, \tag{6.2.3}$$

其中

$$\begin{aligned}
a &= \sum_{\boldsymbol{\theta}\in\Theta}\int_{\Omega_g}\left[\mathbf{P}_{\boldsymbol{\theta}}(f^{(m)}) - g_{\boldsymbol{\theta}}\right]\mathbf{P}_{\boldsymbol{\theta}}(\Delta f^{(m)})\mathrm{d}\boldsymbol{u},\\
b &= \sum_{\boldsymbol{\theta}\in\Theta}\int_{\Omega_g}\left[\mathbf{P}_{\boldsymbol{\theta}}(\Delta f^{(m)})\right]^2\mathrm{d}\boldsymbol{u},\\
c &= \int_{\Omega}\frac{\langle\nabla(\Delta f^{(m)}), \nabla f^{(m)}\rangle}{\|\nabla f^{(m)}\|}\mathrm{d}\boldsymbol{x},\\
d &= \int_{\Omega}\left[\frac{\langle\nabla(\Delta f^{(m)}), \nabla(\Delta f^{(m)})\rangle}{\|\nabla f^{(m)}\|} - \frac{\langle\nabla(\Delta f^{(m)}), \nabla f^{(m)}\rangle^2}{\|\nabla f^{(m)}\|^3}\right]\mathrm{d}\boldsymbol{x}.
\end{aligned}$$

如果 $\lambda = 0$, 则 $\tau = -a/b$.

为了避免时间步长 (6.2.3) 取负值, 使用如下修正的时间步长计算公式

$$\tau_1 = \begin{cases}\tau, & \tau \geqslant 0,\\ -\dfrac{a}{b}, & \tau < 0, a < 0,\\ 0, & \tau < 0, a \geqslant 0.\end{cases} \tag{6.2.4}$$

使用迭代格式 (6.2.2), 得到如下的 L2GF 重构算法.

算法 6.2.1 (L2GF 算法)

输入数据: 投影图像 $\{g_{\boldsymbol{\theta}}:\boldsymbol{\theta}\in\Theta\}$, 方向 $\boldsymbol{\theta}\in\Theta$ 已知. 初始函数 $f^{(0)}=0$. 最大迭代次数 $K_{\max}$.

(1) 使用 $f^{(0)}$ 得到 B 样条系数 $f_{ijk}^{(0)}$, 然后使用 (6.1.10) 得到正交 B 样条系数 $\tilde{f}_{ijk}^{(0)}$.

(2) 对于 $m=0,1,\cdots,K_{\max}-1$,

使用 (6.2.4) 计算时间步长 τ.

使用迭代格式 (6.2.2) 计算 $\tilde{f}_{ijk}^{(m+1)}$.

使用 (6.1.10) 转换正交 B 样条系数 $\tilde{f}_{ijk}^{(m+1)}$ 到 B 样条系数 $f_{ijk}^{(m+1)}$.

使用 (6.1.8) 计算 $f^{(m+1)}$.

(3) 输出重构的三维密度图 $f^{(K_{\max})}$.

L2GF 算法的最大开销是在计算 $\delta(\mathscr{E}_1(f^{(m)}),\tilde{\phi}_{i'j'k'})$ 时需要计算全部的体三次 B 样条基函数的投影 $\{\mathbf{P}_{\boldsymbol{\theta}}\phi_{ijk}\}$. 给定方向 $\boldsymbol{\theta}$, 首先计算投影 $\mathbf{P}_{\boldsymbol{\theta}}\phi_{000}$, 其他体三次 B 样条基函数 ϕ_{ijk} 可以通过 $\mathbf{P}_{\boldsymbol{\theta}}\phi_{000}$ 的平移和插值得到:

$$(\mathbf{P}_{\boldsymbol{\theta}}\phi_{ijk})(u_1,u_2)=(\mathbf{P}_{\boldsymbol{\theta}}\phi_{000})\left(u_1-[i,j,k]\boldsymbol{e}_{\boldsymbol{\theta}}^{(1)},u_2-[i,j,k]\boldsymbol{e}_{\boldsymbol{\theta}}^{(2)}\right). \qquad (6.2.5)$$

由于

$$\delta(\mathscr{E}_1(f^{(m)}),\tilde{\phi}_{i'j'k'})=2\sum_{\boldsymbol{\theta}\in\Theta}\int_{\Omega_g}\left(\Sigma_{i,j,k}f_{ijk}^{(m)}\mathbf{P}_{\boldsymbol{\theta}}\phi_{ijk}-g_{\theta}\right)\mathbf{P}_{\boldsymbol{\theta}}\tilde{\phi}_{i'j'k'}\mathrm{d}\boldsymbol{u}, \qquad (6.2.6)$$

因此有如下计算 $\delta(\mathscr{E}_1(f^{(m)}),\tilde{\phi}_{i'j'k'})$ 的快速算法.

算法 6.2.2 (计算 $\delta(\mathscr{E}_1(f^{(m)}),\tilde{\phi}_{i'j'k'})$)

输入数据: $f^{(m)}$, $\{\boldsymbol{\theta}\in\Theta\}$.

(1) 对于每一个 $\boldsymbol{\theta}\in\Theta$

使用 (6.1.6) 计算 $\mathbf{P}_{\boldsymbol{\theta}}\phi_{000}$.

使用 (6.2.5) 对任意的 i,j,k, 计算 $\mathbf{P}_{\boldsymbol{\theta}}\phi_{ijk}$.

(2) 使用 (6.1.10) 转换 $\mathbf{P}_{\boldsymbol{\theta}}\phi_{ijk}$ 到 $\mathbf{P}_{\boldsymbol{\theta}}\tilde{\phi}_{i'j'k'}$.

(3) 使用 (6.2.6) 计算 $\delta(\mathscr{E}_1(f^{(m)}),\tilde{\phi}_{i'j'k'})$.

L2GF 算法迭代一步的计算复杂度是 $O(Nn^3)$, N 是集合 Θ 中元素的个数.

6.2.2　冷冻电镜单颗粒 L2GF 算法数值实验

首先构造模拟数据来测试算法的有效性. 取蛋白质数据库 PDB 中的 GroEL 原子结构 1J4Z.pdb, 通过将其与高斯函数作卷积并重采样获得分辨率为 10Å的体数据. 在单位球面 $\mathbf{S}^2$ 上随机产生一组方向 $\Theta\subset\mathbf{S}^2$ 并进行投影获得相应的二维图像. 取方向集 Θ 的个数分别为 1000, 10000, 50000 和 100000, 从而得到四组数据集. 对每组数据加入信噪比为 0.3 的高斯白噪声用以模拟真实的电镜投影图像. 对每组数据集分别使用 WBP, Fourier 方法, block-ART 算法, SIRT 和 L2GF 算法进行重构.

在冷冻电镜三维重构术中, 通常使用分辨率来评估算法的优劣. 分辨率用 Fourier 壳相关函数 (Fourier shell correlation, FSC) 来定义:

$$\mathrm{FSC}(r) = \frac{\sum\limits_{r_i \in r} \hat{f}_1(r_i) \cdot \bar{\hat{f}}_2(r_i)}{\sqrt{\sum\limits_{r_i \in r} \left|\hat{f}_1(r_i)\right|^2 \cdot \sum\limits_{r_i \in r} \left|\hat{f}_2(r_i)\right|^2}}, \tag{6.2.7}$$

其中 f_1 表示重构的三维密度图, f_2 表示真实的数据, 后者往往无法获得. 因此, 在实践中, 通常将数据集随机分成相等的两部分, 使用重构算法分别进行重构获得两个三维密度图, 使用这两个密度图来计算该重构算法结果的分辨率, 在获得 FSC 曲线后, 常用的分辨率的定义是取 FSC = 1/2 对应的频率的倒数为该密度图的分辨率. 其他的定义方法选取不同的 FSC 的值, 如 FSC = 0.143 等. 如果能够得到该生物大分子的晶体结构, 可以通过晶体结构构造出三维密度图, 从而作为 f_2 来进行计算. 在这种情况下, FSC 的取值会高于 1/2. 如在文献 [222] 中 FSC = 0.82.

表 6.2.1 给出了五种重构方法分别使用四种数据集重构的分辨率结果. WBP 算法需要调节阈值参数 thr, block-ART 算法与 SIRT 算法需要调节松弛参数 relax, L2GF 需要选取合适的 λ 值. 从表 6.2.1 可以看出, L2GF 算法获得了最好的分辨率. 并且随着图像个数的增多, L2GF 的优势逐渐减少.

表 6.2.1　五种重构方法分别使用四种数据集重构的 FSC 结果

	WBP/thr	Fourier	block-ART/relax	SIRT/relax/iters	L2GF/λ/iters
1000	4.33/0.03	4.61	5.15/0.005	5.15/0.1/40	4.10/10/40
10000	3.47/0.02	3.75	3.57/0.005	3.57/0.6/30	3.13/5/30
50000	2.96/0.005	2.99	3.44/0.007	3.13/0.6/16	2.92/5/15
100000	2.93/0.005	2.95	3.41/0.007	2.97/0.6/11	2.90/5/13

图 6.2.1 显示的是使用包含 10000 幅图像的数据集的五种方法的重构结果沿 z 轴抽取的一个切片.

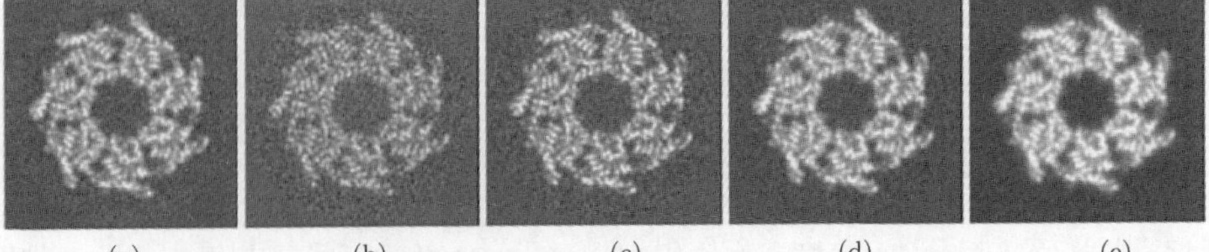

(a)　(b)　(c)　(d)　(e)

图 6.2.1　取包含 10000 幅图像的数据集并使用五种重构方法的重构结果沿 z 轴抽取的切片比较. (a) WBP; (b) Fourier 方法; (c) block-ART; (d) SIRT; (e) L2GF

第二个实验我们选取了古菌 (acidianus tengchongensis, AT)strainS5 的二型分子伴侣素 ATcpnα 的冷冻电镜数据集. 该数据集使用 FEI Titan Krios300KV 电镜收集, 包含了 9310 幅 143×143 大小的二维投影图像, 像素大小是 1.866Å. 通过构造初始模型使用投影匹配的方法确定每幅图像的投影方向. 进而使用 WBP, Fourier 方法, block-ART 算法, SIRT 和 L2GF 算法分别进行重构. 图 6.2.2 和图 6.2.3 分别显示的是重构结果的等值面表示及其放大后的部分. 从图 6.2.3 可以看出 L2GF 算法获得了更高分辨率的密度图.

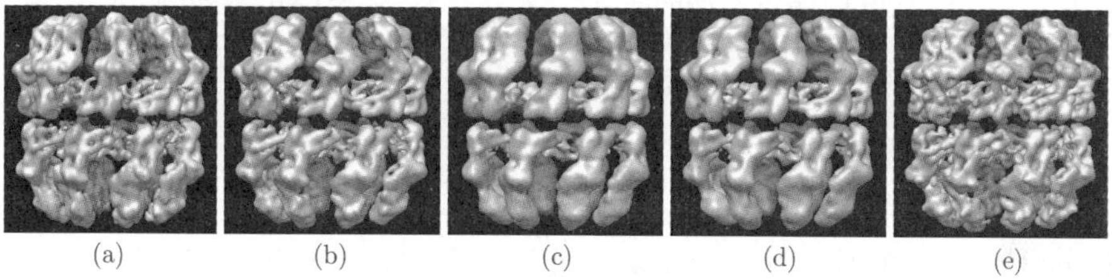

图 6.2.2　使用五种重构方法得到的密度图的等值面绘制. (a) WBP; (b) Fourier 方法; (c) block-ART; (d) SIRT; (e) L2GF

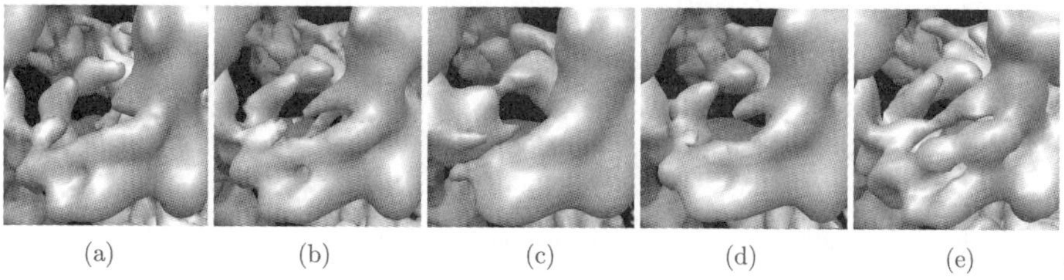

图 6.2.3　图 6.2.2 结果的局部放大. (a) WBP; (b) Fourier 方法; (c) block-ART; (d) SIRT; (e) L2GF

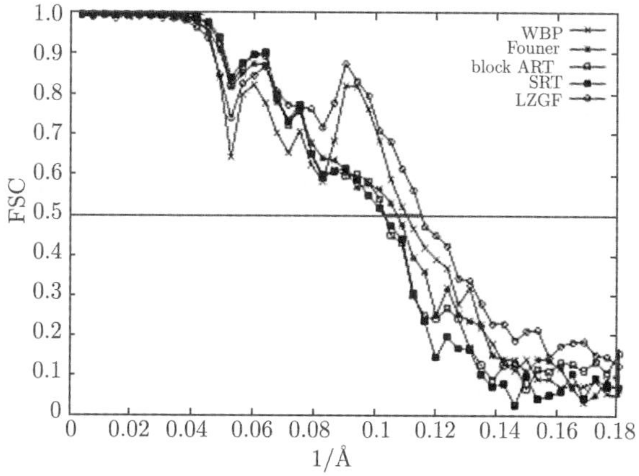

图 6.2.4　五种方法重构结果的分辨率曲线

进一步使用 FSC 计算五种结果的分辨率得到 WBP 9.07Å, Fourier 方法 9.35Å, block ART 9.72Å, SIRT 9.73Å以及 L2GF 8.69Å. 图 6.2.4 显示的是五种重构结果的 FSC 曲线.

6.3 Cryo-ET 重构的 L2GF 算法

对于 Cryo-ET 重构问题, 同样可以应用 6.1 节的 L^2 梯度流方法进行解决, 但是由于 $n_z \ll n$, 可以构造更有效的算法求解 (6.1.5). 首先给出算法的一般框架.

6.3.1 算法的一般框架

算法 6.3.1 (重构 f)

输入数据: 二维投影图像 $\{g_{\boldsymbol{\theta}}, \boldsymbol{\theta} \subset \Theta\}$, 初始函数 $f^{(0)}$ 以及给定的误差阈值 ϵ.

(1) $k=0$, 转换 $f^{(0)}$ 到 B 样条系数 $f_{ijk}^{(0)}$. 使用 (6.1.10) 得到正交化系数 $\tilde{f}_{ijk}^{(0)}$.

(2) 迭代计算 $\tilde{f}_{ijk}^{(k+1)}$.

使用 (6.1.11) 计算第 $k+1$ 步的系数 $\tilde{f}_{ijk}^{(k+1)} = \tilde{f}_{ijk}^{(k)} + \tau\Delta\tilde{f}_{ijk}^{(k)}$.

转换 $\tilde{f}_{ijk}^{(k+1)}$ 到 $f^{(k+1)}(\boldsymbol{x})$.

如果 $|\mathscr{E}(f^{(k+1)}) - \mathscr{E}(f^{(k)})| < \epsilon$, 终止循环; 否则, $k=k+1$, 继续迭代.

(3) 输出 $f = f^{(k+1)}$.

原则上, 初始函数 $f^{(0)}$ 可以任意选取, 比如取 $f^{(0)}(\boldsymbol{x}) \equiv 0$. 当然也可以取其他重构算法的结果作为初始的 $f^{(0)}$. 初始函数的选取影响算法运行的时间, 但是一般不影响最终的重构结果 f. 因此, 这里的方法也可看成原有重构算法的优化. 上述迭代算法计算量主要来自式 (6.1.11) 的右端项

$$\delta(\mathscr{E}_1(f^{(k)}), \tilde{\phi}_{\alpha\beta\gamma}) + \lambda\delta(\mathscr{E}_2(f^{(k)}), \tilde{\phi}_{\alpha\beta\gamma}).$$

下面给出快速计算该右端项的方法.

6.3.2 保真项的计算

考虑计算 (6.1.5) 中的 $\delta(\mathscr{E}_1(f), \psi)$. 使用公式 (6.1.8) 并且取 $\psi = \tilde{\phi}_{\alpha\beta\gamma}$, 有

$$\delta(\mathscr{E}_1(f), \tilde{\phi}_{\alpha\beta\gamma}) = 2\sum_{\boldsymbol{\theta}\in\Theta}\int_{\Omega_g}(\mathbf{P}_{\boldsymbol{\theta}}f - g_{\boldsymbol{\theta}})\mathbf{P}_{\boldsymbol{\theta}}\tilde{\phi}_{\alpha\beta\gamma}\mathrm{d}\boldsymbol{u}. \tag{6.3.1}$$

下面详细解释 (6.3.1) 如何能够有效和精确的计算. (6.3.1) 的计算主要包括下面两步:

(1) 对所有的 α, β, γ, 计算 $\delta(\mathscr{E}_1(f), \phi_{\alpha\beta\gamma})$.

(2) 从集合 $\{\delta(\mathscr{E}_1(f), \phi_{\alpha\beta\gamma})\}$ 到集合 $\{\delta(\mathscr{E}_1(f), \tilde{\phi}_{\alpha\beta\gamma})\}$ 的转化.

由于从 $\{\delta(\mathscr{E}_1(f),\phi_{\alpha\beta\gamma})\}$ 到 $\{\delta(\mathscr{E}_1(f),\tilde{\phi}_{\alpha\beta\gamma})\}$ 的转换通过乘以正交矩阵即可得到, 因此, 主要考虑 $\delta(\mathscr{E}_1(f),\phi_{\alpha\beta\gamma})$ 的计算. 使用 Parseval 定理计算. 设 $f_1(t)$ 和 $f_2(t)$ 是 L^2 意义下的可积函数. $\hat{f}_1(\lambda)$ 和 $\hat{f}_2(\lambda)$ 分别是 $f_1(t)$ 和 $f_2(t)$ 的 Fourier 变换. 由 Parseval 定理可得

$$\int_{\mathbb{R}} f_1(t)f_2(t)\mathrm{d}t = \int_{\mathbb{R}} \bar{\hat{f}}_1(\lambda)\hat{f}_2(\lambda)\mathrm{d}\lambda,$$

其中 $\bar{\hat{f}}_1$ 表示 $\hat{f}_1$ 的复共轭. 设 $\varPhi_{\alpha\beta\gamma}$ 表示 $\phi_{\alpha\beta\gamma}$ 的三维 Fourier 变换. 那么通过 Parseval 定理和中心截面定理, 有

$$\begin{aligned}\delta(\mathscr{E}_1(f),\phi_{\alpha\beta\gamma}) &= 2\sum_{\boldsymbol{\theta}\in\Theta}\int_{\Omega_g}(\mathbf{P}_{\boldsymbol{\theta}}(f)-g_{\boldsymbol{\theta}})\mathbf{P}_{\boldsymbol{\theta}}\phi_{\alpha\beta\gamma}\mathrm{d}\boldsymbol{u}\\ &= 2\sum_{\boldsymbol{\theta}\in\Theta}\int_{\Omega_g}\overline{(\mathbf{P}_{\boldsymbol{\theta}}(f)-g_{\boldsymbol{\theta}})\hat{}}(\mathbf{P}_{\boldsymbol{\theta}}\phi_{\alpha\beta\gamma})\hat{}\,\mathrm{d}\boldsymbol{u}\\ &= 2\sum_{\boldsymbol{\theta}\in\Theta}\int_{\Omega_g}\left(\bar{\hat{f}}\Big|_{P_{\boldsymbol{\theta}}}-\bar{\hat{g}}_{\boldsymbol{\theta}}\right)\varPhi_{\alpha\beta\gamma}\Big|_{P_{\boldsymbol{\theta}}}\mathrm{d}\boldsymbol{u},\end{aligned} \tag{6.3.2}$$

其中 $P_{\boldsymbol{\theta}}$ 是由 $\{\boldsymbol{x}:\boldsymbol{x}^{\mathrm{T}}\boldsymbol{\theta}=0\}$ 定义的平面. 为了加速式 (6.3.2) 中二重积分的计算, 使用 $\varPhi_{\alpha\beta\gamma}$ 的衰减性质. 由于

$$\varPhi_{\alpha\beta\gamma}(\omega_1,\omega_2,\omega_3) = h^3\mathrm{e}^{-\mathrm{i}2\pi h(\alpha\omega_1+\beta\omega_2+\gamma\omega_3)}\prod_{i=1}^{3}\left(\frac{\sin(\pi h\omega_i/2)}{\pi h\omega_i/2}\right)^4,$$

因此 $\varPhi_{\alpha\beta\gamma}(\omega_1,\omega_2,\omega_3)$ 的幅值由 $h^3\prod_{i=1}^{3}\left(\dfrac{1}{\pi h|\omega_i|/2}\right)^4$ 决定. $\varPhi_{\alpha\beta\gamma}(\omega_1,\omega_2,\omega_3)$ 的最大值是 h^3. 将 $[\omega_1,\omega_2,\omega_3]$ 的取值限制在下面的不等式定义的区域中:

$$\left(\frac{1}{\pi h|\omega_i|/2}\right)^4 > \epsilon,\quad i=1,2,3,\qquad \prod_{i=1}^{3}\left(\frac{1}{\pi h|\omega_i|/2}\right)^4 > \epsilon.$$

于是定义一个受限子区域 Ω_ω, $\varPhi_{\alpha\beta\gamma}(\omega_1,\omega_2,\omega_3)$ 只在 Ω_ω 内计算, 其中

$$\Omega_\omega = \left\{(\omega_1,\omega_2,\omega_3)\in\Omega:\ |\omega_i|<2\pi^{-1}\epsilon^{-\frac{1}{4}}h^{-1}\ ,\ |\omega_1\omega_2\omega_3|<8\pi^{-3}\epsilon^{-\frac{1}{4}}h^{-3}\right\}.$$

计算 Ω_ω 的体积并不困难. 对 $h=2$,

$$V(\Omega_\omega) = 16\epsilon^{-\frac{1}{4}}\ln(\epsilon^{-\frac{1}{4}})[1+\log(\epsilon^{-\frac{1}{4}})]+8\epsilon^{-\frac{1}{4}}.$$

将其与区域 $\Omega_\epsilon = \left[-\pi^{-1}\epsilon^{-\frac{1}{4}},\pi^{-1}\epsilon^{-\frac{1}{4}}\right]^3$ 的体积 $8\pi^{-3}\epsilon^{-\frac{3}{4}}$ 相比较, 可以看出, 这两个区域体积的比值当 $\epsilon\to 0$ 时趋于零. 例如, 如果 $\epsilon=(2\pi)^{-4}$, 比值是 0.289559. 因此, 通过限制计算在区域 Ω_ω 内可以节省 70% 以上的计算量. 在表 6.3.1 中, 列

出了对不同的 ϵ 这两个体积 $V(\Omega_\omega), V(\Omega_\epsilon)$ 的比值. 我们知道, 三次体 B 样条的逼近阶是 $O(h^4)=O(n^{-4})$. 因此, 如果要求 $\epsilon=O(n^{-4})$, 那么比值 $V(\Omega_\omega)/V(\Omega_\epsilon)=O\left(\frac{\ln(n)}{n}\right)^2$.

式 (6.3.2) 中第一项 $2\int_{\Omega_g}\left[\bar{\hat{f}}\Phi_{\alpha\beta\gamma}\right]\Big|_{P_{\boldsymbol\theta}}\mathrm{d}\boldsymbol{u}$ 的计算. 给定一投影方向 $\boldsymbol\theta$, 平面 $P_{\boldsymbol\theta}$ 定义为

$$[\omega_1(\boldsymbol{u}),\omega_2(\boldsymbol{u}),\omega_3(\boldsymbol{u})]^{\mathrm{T}}=u_1\boldsymbol{e}_{\boldsymbol\theta}^{(1)}+u_2\boldsymbol{e}_{\boldsymbol\theta}^{(2)}.$$

表 6.3.1　Ω_ω 和 Ω_ϵ 的体积及其比值

ϵ	$V(\Omega_\omega)$	$V(\Omega_\epsilon)$	$V(\Omega_\omega)/V(\Omega_\epsilon)$
10^0	8.0	8.0	1.000
10^{-1}	40.03	44.98	8.899×10^{-1}
10^{-2}	150.61	252.98	5.953×10^{-1}
10^{-3}	468.70	1244.62	3.294×10^{-1}
10^{-4}	1296.71	8000.0	1.620×10^{-1}
10^{-5}	3318.25	44987.30	7.376×10^{-2}

令

$$\boldsymbol{e}_{\boldsymbol\theta}^{(1)}=[e_x^{(1)},e_y^{(1)},e_z^{(1)}]^{\mathrm{T}},\quad \boldsymbol{e}_{\boldsymbol\theta}^{(2)}=[e_x^{(2)},e_y^{(2)},e_z^{(2)}]^{\mathrm{T}}.$$

不失一般性, 假定二维向量 $[e_x^{(1)},e_y^{(1)}]^{\mathrm{T}}$ 和 $[e_x^{(2)},e_y^{(2)}]^{\mathrm{T}}$ 是线性无关的. 这个假定对 Cryo-ET 数据通常是满足的, 因为在 x 或 y 方向没有投影. 那么

$$\boldsymbol{u}=E_{\boldsymbol\theta}^{-1}[\omega_1,\omega_2]^{\mathrm{T}},\quad E_{\boldsymbol\theta}=\begin{bmatrix} e_x^{(1)} & e_x^{(2)}\\ e_y^{(1)} & e_y^{(2)}\end{bmatrix}\tag{6.3.3}$$

在 u_1u_2 平面和 $\omega_1\omega_2$ 平面之间定义了一个线性变换. 并且

$$\mathrm{d}\boldsymbol{u}=\mathrm{d}u_1\mathrm{d}u_2=|\det(E_{\boldsymbol\theta}^{-1})|\mathrm{d}\omega_1\mathrm{d}\omega_2,\quad \omega_3(\omega_1,\omega_2)=[e_z^{(1)},e_z^{(2)}]E_{\boldsymbol\theta}^{-1}[\omega_1,\omega_2]^{\mathrm{T}}.$$

因此, $\delta(\mathscr{E}_1(f),\phi_{\alpha\beta\gamma})$ 的第一项, 记作 $T_{\alpha\beta\gamma}$, 能够表示成下面的形式:

$$\begin{aligned}T_{\alpha\beta\gamma}&=2\int_{\Omega_g}\left[\bar{\hat{f}}\Phi_{\alpha\beta\gamma}\right]\Big|_{P_{\boldsymbol\theta}}\mathrm{d}\boldsymbol{u}\\&=2\int_{\Omega_g}\bar{\hat{f}}(\omega_1(\boldsymbol{u}),\omega_2(\boldsymbol{u}),\omega_3(\boldsymbol{u}))\Phi_{\alpha\beta\gamma}(\omega_1(\boldsymbol{u}),\omega_2(\boldsymbol{u}),\omega_3(\boldsymbol{u}))\mathrm{d}\boldsymbol{u}\\&=2\int_{\Omega_g}\bar{\hat{f}}(\omega_1,\omega_2,\omega_3(\omega_1,\omega_2))\Phi_{\alpha\beta\gamma}(\omega_1,\omega_2,\omega_3(\omega_1,\omega_2))|\det(E_{\boldsymbol\theta}^{-1})|\mathrm{d}\omega_1\mathrm{d}\omega_2\\&=2h^3|\det(E_{\boldsymbol\theta}^{-1})|\int_{\mathbb{R}}\mathrm{e}^{-\mathrm{i}2\pi h\alpha\omega_1}\mathrm{d}\omega_1\int_{\mathbb{R}}Q(\omega_1,\omega_2)R_{\beta\gamma}(\omega_1,\omega_2)\mathrm{d}\omega_2,\end{aligned}\tag{6.3.4}$$

其中

$$Q(\omega_1,\omega_2)=\bar{\bar{f}}\,(\omega_1,\omega_2,\omega_3(\omega_1,\omega_2))\left[\prod_{k=1}^{2}\frac{\sin(\pi h\omega_k/2)}{\pi h\omega_k/2}\right]^4\left[\frac{\sin(\pi h\omega_3(\omega_1,\omega_2)/2)}{\pi h\omega_3(\omega_1,\omega_2)/2}\right]^4,$$

$$R_{\beta\gamma}(\omega_1,\omega_2)=\mathrm{e}^{-\mathrm{i}2\pi h(\beta\omega_2+\gamma\omega_3(\omega_1,\omega_2))}.$$

注意到 $Q(\omega_1,\omega_2)$ 并不依赖于 α, β 和 γ, 但是依赖于 f. 为了计算式 (6.3.4) 中的积分, 在 $\omega_1\omega_2$ 平面上定义一个均匀网格, 记作

$$G_{\boldsymbol{\theta}}=\left\{[\omega_1^{(j)},\omega_2^{(k)}]^{\mathrm{T}}\in\Omega_g:[\omega_1^{(j)},\omega_2^{(k)},\omega_3(\omega_1^{(j)},\omega_2^{(k)})]^{\mathrm{T}}\in\Omega_\omega\right\},$$

其中 $\omega_1^{(j)}=\dfrac{\pi j}{2^d hL}$ 和 $\omega_2^{(k)}=\dfrac{\pi k}{2^d hL}$ 是一维均匀节点, $L=2l+3$ 是在 x(和 y) 方向使用的 B 样条基函数的个数. d 控制着网格的密度. 较大的 d 产生较密的网格. 通常取 $d=0$ 或 $d=1$. 这里, 分别在 x 和 y 方向引入两个零 B 样条系数以使周期性条件得以满足. 使用二维的梯形求积公式, 得到下面的逼近

$$T_{\alpha\beta\gamma}\approx 2h^3|\det(E_{\boldsymbol{\theta}}^{-1})|\left(\frac{\pi}{2^d hL}\right)^2\sum_{j=m}^{M}\mathrm{e}^{-\mathrm{i}2\pi h\alpha\omega_1^{(j)}}\sum_{k=m_i}^{M_i}Q(\omega_1^{(j)},\omega_2^{(k)})R_{\beta\gamma}(\omega_1^{(j)},\omega_2^{(k)}).\tag{6.3.5}$$

现在的问题是如何使用式 (6.3.5) 有效的计算 $T_{\alpha\beta\gamma}$. 首先考虑计算 $Q(\omega_1^{(j)},\omega_2^{(k)})$. 使用 $\bar{\bar{f}}(\omega_1,\omega_2,\omega_3(\omega_1,\omega_2))$ 的精确表达式, 有

$$Q(\omega_1^{(j)},\omega_2^{(k)})=Q_1(\omega_1^{(j)},\omega_2^{(k)})Q_2(\omega_1^{(j)},\omega_2^{(k)}).\tag{6.3.6}$$

其中

$$Q_1(\omega_1^{(j)},\omega_2^{(k)})=\left[\frac{\sin\left(\pi h\omega_1^{(j)}/2\right)}{\pi h\omega_1^{(j)}/2}\frac{\sin\left(\pi h\omega_2^{(k)}/2\right)}{\pi h\omega_2^{(k)}/2}\frac{\sin\left(\pi h\omega_3(\omega_1^{(j)},\omega_2^{(k)})/2\right)}{\pi h\omega_3(\omega_1^{(j)},\omega_2^{(k)})/2}\right]^4,\tag{6.3.7}$$

$$Q_2(\omega_1^{(j)},\omega_2^{(k)})=\sum_{\gamma}\mathrm{e}^{\mathrm{i}2\pi h\gamma\omega_3(\omega_1^{(j)},\omega_2^{(k)})}Q_\gamma(\omega_1^{(j)},\omega_2^{(k)}),\tag{6.3.8}$$

以及

$$Q_\gamma(\omega_1^{(j)},\omega_2^{(k)})=\sum_\alpha\sum_\beta f_{\alpha\beta\gamma}\mathrm{e}^{\mathrm{i}2\pi h\alpha\omega_1^{(j)}}\mathrm{e}^{\mathrm{i}2\pi h\beta\omega_2^{(k)}}.\tag{6.3.9}$$

容易看出 $Q_\gamma(\omega_1^{(j)},\ \omega_2^{(k)})$ 有下面的周期属性:

$$Q_\gamma(\omega_1^{(j+s2^{d+1}L)},\omega_2^{(k+t2^{d+1}L)})=Q_\gamma(\omega_1^{(j)},\omega_2^{(k)}),\quad 0\leqslant j\leqslant 2^{d+1}L-1, 0\leqslant k\leqslant 2^{d+1}L-1,$$

对任意整数 s 和 t 成立. 利用上述公式, $Q(\omega_1^{(j)},\omega_2^{(k)})$ 可以使用如下的算法有效的计算.

算法 6.3.2 (计算 $Q(\omega_1^{(j)},\omega_2^{(k)})$, $[\omega_1^{(j)},\omega_2^{(k)}]^{\mathrm{T}}\in G_{\boldsymbol{\theta}}$)

(1) 对每个 γ, 通过使用快速 Fourier 变换计算 (6.3.9) 中的 $Q_\gamma(\omega_1^{(j)},\omega_2^{(k)})$.

(2) 使用 (6.3.8) 计算 $Q_2(\omega_1^{(j)},\omega_2^{(k)})$.

(3) 使用 (6.3.6) 和 (6.3.7) 计算 $Q(\omega_1^{(j)},\omega_2^{(k)})$.

第 2、3 步的计算直接使用公式即可. 下面主要分析第 1 步的计算方法. 令

$$G_s=\left[0,\frac{\pi}{2^dhL},\cdots,\frac{\pi(2^{d+1}L-1)}{2^dhL}\right]\times\left[0,\frac{\pi}{2^dhL},\cdots,\frac{\pi(2^{d+1}L-1)}{2^dhL}\right],$$

并且 $\alpha=\alpha'-(l+1)$, $\beta=\beta'-(l+1)$. 那么

$$\begin{aligned}Q_\gamma(\omega_1^{(j)},\omega_2^{(k)})&=\sum_{\alpha=-l-1}^{l+1}\sum_{\beta=-l-1}^{l+1}f_{\alpha\beta\gamma}\mathrm{e}^{\mathrm{i}2\pi h\alpha\omega_1^{(j)}}\mathrm{e}^{\mathrm{i}2\pi h\beta\omega_2^{(k)}}\\&=\mathrm{e}^{-\mathrm{i}2\pi h(l+1)(\omega_1^{(j)}+\omega_2^{(k)})}\sum_{\alpha'=0}^{L-1}\sum_{\beta'=0}^{L-1}f_{\alpha'-l-1,\beta'-l-1,\gamma}\mathrm{e}^{\mathrm{i}2\pi h\alpha'\omega_1^{(j)}}\mathrm{e}^{\mathrm{i}2\pi h\beta'\omega_2^{(k)}}\\&=\mathrm{e}^{-\mathrm{i}2\pi h(l+1)(\omega_1^{(j)}+\omega_2^{(k)})}\overline{Q'_\gamma(\omega_1^{(j)},\omega_2^{(k)})},\end{aligned}\tag{6.3.10}$$

其中

$$Q'_\gamma(\omega_1^{(j)},\omega_2^{(k)})=\sum_{\alpha'=0}^{L-1}\mathrm{e}^{-\mathrm{i}2\pi h\alpha'\omega_1^{(j)}}\sum_{\beta'=0}^{L-1}f_{\alpha'-l-1,\beta'-l-1,\gamma}\mathrm{e}^{-\mathrm{i}2\pi h\beta'\omega_2^{(k)}}.$$

首先对所有的 $[\omega_1^{(j)},\omega_2^{(k)}]^{\mathrm{T}}\in G_s$, 使用二维快速 Fourier 变换计算 $Q'_\gamma(\omega_1^{(j)},\omega_2^{(k)})$, 其中, 指标不在 $[0,L-1]$ 内的系数置为零. 那么对 $[\omega_1^{(j)},\omega_2^{(k)}]^{\mathrm{T}}\in G_{\boldsymbol{\theta}}$, 使用 (6.3.10) 计算 $Q_\gamma(\omega_1^{(j)},\omega_2^{(k)})$. 如果 $[\omega_1^{(j)},\omega_2^{(k)}]^{\mathrm{T}}\in G_{\boldsymbol{\theta}}\setminus G_s$, 那么 $Q_\gamma(\omega_1^{(j)},\omega_2^{(k)})$ 可以通过周期性获得.

容易看出第 (1) 步 $Q_\gamma(\omega_1^{(j)},\omega_2^{(k)})$ 的计算复杂度是 $O(TL^2\log L)$. 第 (2) 步的计算复杂度是 $O(TL^2)$. 第 (3) 步的计算复杂度是 $O(L^2)$. 考虑到投影的个数, 总的计算量是 $O(pTL^2\log L)$. 这里 p, T 和 L 分别表示投影方向的个数、所使用的 B 样条基函数 $N_k(z)$ 的个数以及 B 样条基函数 $N_i(x)$ ($N_j(y)$ 与 $N_i(x)$ 的相同) 的个数. 注意到在算法 6.3.2 中, $Q_1(\omega_1,\omega_2)$ 并不依赖于 α,β 和 γ. 因此, 它应该在 α,β 和 γ 循环之外计算.

现在考虑使用 (6.3.5) 计算 $T_{\alpha\beta\gamma}$, 计算步骤使用下面的算法.

算法 6.3.3 (计算 $T_{\alpha\beta\gamma}$)

(1) 对每一个 $\boldsymbol{\theta}\in\Theta$, 使用算法 6.3.2 计算 $Q(\omega_1^{(j)},\omega_2^{(k)})$.

(2) 对每个整数 $\gamma\in[-t,t]$, 计算

$$U_\gamma(\omega_1^{(j)},\omega_2^{(k)}):=Q(\omega_1^{(j)},\omega_2^{(k)})\mathrm{e}^{-\mathrm{i}2\pi h\gamma\omega_3(\omega_1^{(j)},\omega_2^{(k)})}.$$

(3) 对每个整数 $\beta\in[-l,l]$, 使用 FFT 计算

$$V_{\beta\gamma}(\omega_1^{(j)}):=\sum_k U_\gamma(\omega_1^{(j)},\omega_2^{(k)})\mathrm{e}^{-\mathrm{i}2\pi h\beta\omega_2^{(k)}}.$$

(4) 对每个整数 $\alpha\in[-l,l]$, 使用 FFT 计算

$$2h^3|\det(E_{\boldsymbol{\theta}}^{-1})|\left(\frac{\pi}{2^d hL}\right)^2\sum_j \mathrm{e}^{-\mathrm{i}2\pi h\alpha\omega_1^{(j)}}V_{\beta\gamma}(\omega_1^{(j)}).$$

第 (3)、第 (4) 步中 FFT 的使用类似于 (6.3.10) 中 $Q_\gamma(\omega_1^{(j)},\omega_2^{(k)})$ 的计算, 不同的是这里是一维的. 现在分析这个算法的计算复杂度. 第 (1) 步的计算量是 $O(pTL^2\log L)$. 第 (2) 步的计算量是 $O(pTL^2)$. 第 (3)、第 (4) 步计算复杂度都是 $O(pTL^2\log L)$. 因此算法 6.3.3 总的计算复杂度是 $O(pTL^2\log L)$. 由于 p 和 T 与 L 相比较小, 算法 6.3.3 的计算时间开销很小.

注6.3.1 直接计算 $T_{\alpha\beta\gamma}$ 需要 $O(pTL^4)$ 的计算量. 新的算法减少到 $O(pTL^2\log L)$.

式 (6.3.2) **中第二项** $2\int_{\Omega_g}\overline{\hat{g}_{\boldsymbol{\theta}}}\varPhi_{\alpha\beta\gamma}\Big|_{P_{\boldsymbol{\theta}}}\mathrm{d}\boldsymbol{u}$ **第二项的计算**. (6.3.2) 中的第二项可以和第一项一起计算. 首先函数 $\hat{g}_{\boldsymbol{\theta}}$ 表示为

$$\hat{g}_{\boldsymbol{\theta}}(\boldsymbol{u})=\left(\sum_i\sum_j g_{\boldsymbol{\theta}}^{(ij)}N_iN_j\right)\hat{}(\boldsymbol{u})=\sum_i\sum_j g_{\boldsymbol{\theta}}^{(ij)}\hat{N}_i(u)\hat{N}_j(v),$$

其中 $g_{\boldsymbol{\theta}}^{(ij)}$ 是 $g_{\boldsymbol{\theta}}$ 的 B 样条表示系数. 我们采用文献 [4, 18] 中转换离散数据到 B 样条系数的快速算法.

令

$$S_{\alpha\beta\gamma}=\int_{\Omega_g}\overline{\hat{g}_{\boldsymbol{\theta}}}\Phi_{\alpha\beta\gamma}\Big|_{P_{\boldsymbol{\theta}}}\mathrm{d}\boldsymbol{u}.$$

那么对于 $S_{\alpha\beta\gamma}$, 有与式 (6.3.4) 计算 $T_{\alpha\beta\gamma}$ 相同的表示形式, 即

$$S_{\alpha\beta\gamma}=h^3|\det(E_{\boldsymbol{\theta}}^{-1})|\int_{\mathbb{R}}\mathrm{e}^{-\mathrm{i}2\pi h\alpha\omega_1}\mathrm{d}\omega_1\int_{\mathbb{R}}Q(\omega_1,\omega_2)R_{\beta\gamma}(\omega_1,\omega_2)\mathrm{d}\omega_2,\quad(6.3.11)$$

$S_{\alpha\beta\gamma}$ 中的 $R_{\beta\gamma}(\omega_1,\omega_2)$ 与 $T_{\alpha\beta\gamma}$ 中的相同, 但 $Q(\omega_1,\omega_2)$ 与 $T_{\alpha\beta\gamma}$ 中的不同, 此处

$$\begin{aligned}Q(\omega_1,\omega_2)&=\overline{\hat{g}_{\boldsymbol{\theta}}}(\boldsymbol{u}(\omega_1,\omega_2))\left[\prod_{k=1}^2\frac{\sin(\pi h\omega_k/2)}{\pi h\omega_k/2}\right]^4\left[\frac{\sin(\pi h\omega_3(\omega_1,\omega_2)/2)}{\pi h\omega_3(\omega_1,\omega_2)/2}\right]^4\\&=h^2Q_1(\omega_1,\omega_2)Q_2(\boldsymbol{u}(\omega_1,\omega_2)),\end{aligned}\quad(6.3.12)$$

其中

$$Q_1(\omega_1,\omega_2)=\left[\prod_{k=1}^{2}\frac{\sin(\pi h u_k(\omega_1,\omega_2)/2)}{\pi h u_k(\omega_1,\omega_2)/2}\frac{\sin(\pi h\omega_k/2)}{\pi h\omega_k/2}\right]^4\left[\frac{\sin(\pi h\omega_3(\omega_1,\omega_2)/2)}{\pi h\omega_3(\omega_1,\omega_2)/2}\right]^4,$$

$$Q_2(u_1,u_2)=\sum_\alpha\sum_\beta g_\theta^{(\alpha\beta)}\mathrm{e}^{\mathrm{i}2\pi h\alpha u_1}\mathrm{e}^{\mathrm{i}2\pi h\beta u_2}.$$

上式中的 $\boldsymbol{u}(\omega_1,\omega_2)$ 由 (6.3.3) 给出. 算法 6.3.3 可以作一下调整, 从第 (1) 步的 Q 中减去此处的 $Q(\omega_1^{(j)},\omega_2^{(k)})$. $Q(\omega_1^{(j)},\omega_2^{(k)})$ 按如下步骤计算.

算法 6.3.4 (计算 $Q(\omega_1^{(j)},\omega_2^{(k)})$)

(1) 使用二维 FFT 在 u_1u_2 平面的均匀网格上计算 $Q_2(u_1^{(j)},u_2^{(k)})$.

(2) 使用离散数据 $Q_2(u_1^{(j)},u_2^{(k)})$, 由双线性插值计算 $Q_2(u_1(\omega_1^{(j)},\omega_2^{(k)}),u_2(\omega_1^{(j)},\omega_2^{(k)}))$. 如果 $[u_1(\omega_1^{(j)},\omega_2^{(k)}),u_2(\omega_1^{(j)},\omega_2^{(k)})]^{\mathrm{T}}$ 出离 G_s 的范围, 我们使用 $Q_2(u_1,u_2)$ 的周期性条件获得所需的数据.

(3) 通过 (6.3.12) 计算 $Q(\omega_1^{(j)},\omega_2^{(k)})$.

第 (1) 步中 $Q_2(u_1^{(j)},u_2^{(k)})$ 的计算类似于 (6.3.10) 中 $Q_\gamma(\omega_1^{(j)},\omega_2^{(k)})$ 的计算. 因此, 这一步的计算复杂度是 $O(pL^2\log L)$, 第 (2) 步是 $O(pL^2)$. 因此, (6.3.11) 中计算 Q 的开销远远小于 (6.3.5) 中 Q 的计算.

注6.3.2　也可以使用中心截面定理快速计算 $\int_{\Omega_g}(\mathbf{P}_{\boldsymbol{\theta}}f-g_{\boldsymbol{\theta}})\mathbf{P}_{\boldsymbol{\theta}}\phi_{\alpha\beta\gamma}\mathrm{d}u\mathrm{d}v$, 其步骤如下:

(i) 使用三维 FFT 计算 f 的 Fourier 变换 F.

(ii) 取 F 和 $\Phi_{\alpha\beta\gamma}$ 的中心截面得到 $(\mathbf{P}_{\boldsymbol{\theta}}f)\hat{}$ 和 $(\mathbf{P}_{\boldsymbol{\theta}}\phi_{\alpha\beta\gamma})\hat{}$.

(iii) 使用二维 FFT 计算 $(\mathbf{P}_{\boldsymbol{\theta}}f)\hat{}$ 和 $(\mathbf{P}_{\boldsymbol{\theta}}\phi_{\alpha\beta\gamma})\hat{}$ 的逆 $\mathbf{P}_{\boldsymbol{\theta}}f$ 和 $\mathbf{P}_{\boldsymbol{\theta}}\phi_{\alpha\beta\gamma}$.

(iv) 在实空间计算积分 $\int_{\Omega_g}(\mathbf{P}_{\boldsymbol{\theta}}f-g_{\boldsymbol{\theta}})\mathbf{P}_{\boldsymbol{\theta}}\phi_{\alpha\beta\gamma}\mathrm{d}u\mathrm{d}v$.

上面的算法是有效的. 不过, 数值实验表明计算结果不够精确.

6.3.3　正则项的计算

$\delta(\mathscr{E}_2,\psi)$ 的计算包括下面两步:

(i) 对所有的 α,β,γ, 计算 $\delta(\mathscr{E}_2(f),\phi_{\alpha\beta\gamma})$.

(ii) 转换 $\delta(\mathscr{E}_2(f),\phi_{\alpha\beta\gamma})$ 到 $\delta(\mathscr{E}_2(f),\tilde{\phi}_{\alpha\beta\gamma})$.

容易看出, 对固定的函数 f, $\delta(\mathscr{E}_2(f),\psi)$ 是 ψ 的线性函数. 因此, 从 $\delta(\mathscr{E}_2(f),\phi_{\alpha\beta\gamma})$ 到 $\delta(\mathscr{E}_2(f),\tilde{\phi}_{\alpha\beta\gamma})$ 的转换是可行的. 主要的任务是计算 $\delta(\mathscr{E}_2(f),\phi_{\alpha\beta\gamma})$.

对于 Ω 的均匀剖分, 可以通过在格点上计算被积函数, 求和, 然后除以体素的体积来计算积分. 由于 f 是 C^2 光滑函数, f 直到二阶的偏导数可以精确计算. 使用这些偏导数, 能容易地计算 (6.1.3) 或 (6.1.4) 中的被积函数. 对每个格点, 只有 3^3

个 B 样条基函数起作用. 因此, 在一个格点处计算所有的 $\phi_{\alpha\beta\gamma}$ 的计算量是 $O(1)$. 对 Ω 内的所有格点, 总的计算量是 $O(TL^2)$. 因此, 整个计算是非常有效的.

6.3.4　Cryo-ET 重构的数值实验

首先我们构造模拟数据来测试算法 6.3.1. 构造函数

$$f(x,y,z)=\begin{cases}1, & 25.0<\sqrt{x^2+y^2+z^2}<31.0,\\ 0, & \text{其他}.\end{cases} \tag{6.3.13}$$

将函数 f 沿倾斜轴 y 在 $[-45°,45°]$ 内以 $3°$ 的角度间隔进行投影, 获得 31 幅图像, 在 $[45°,69°]$ 和 $[-69°,-45°]$ 内以 $2°$ 间隔进行投影, 分别得到 12 幅图像, 共计 55 幅.

我们分别使用 WBP, ART, SIRT 以及算法 6.3.1 进行重构. 重构结果见图 6.3.1. 可以看出算法 6.3.1 重构的结果优于 WBP, ART 和 SIRT.

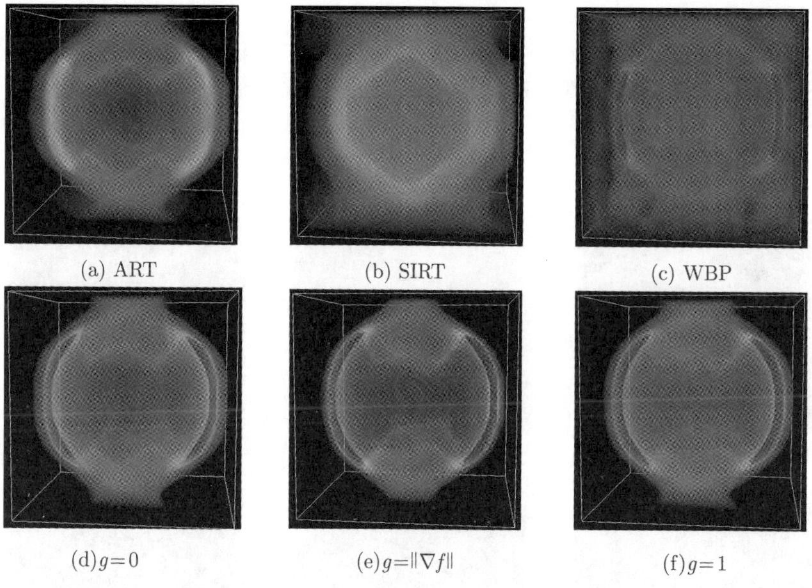

图 6.3.1　不同重构结果的体绘制. (a)~(c) 分别是 ART, SIRT 和 WBP 的重构结果. (d)~(f) 分别是算法 6.3.1 使用 $g=0$, $g=\|\nabla f\|$ 以及 $g=1$ 时的重构结果 (详见书后彩图)

其次我们使用猿类免疫缺乏病毒 (simian immunodeficiency virus, SIV)[24] 的电镜数据进行重构实验. 该 SIV 电镜数据集有 55 张大小为 512×512 的图像, 成像倾斜角在 $[-70°,+70°]$ 之间. 分别使用 WBP, ART, SIRT 以及算法 6.3.1 进行重构. 重构结果见图 6.3.2 和图 6.3.3. 可以看出, 算法 6.3.1 能够获得比较好的重构结果. 对图 6.3.3(e) 包含病毒 spikes 的部分放大后可以清楚地看到 spike(图 6.3.4).

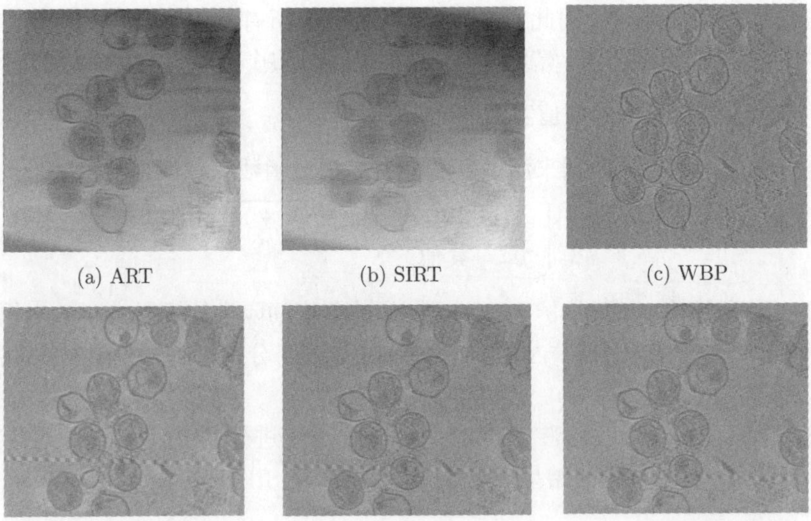

(a) ART (b) SIRT (c) WBP

(d)$g=0$ (e)$g=\|\nabla f\|$ (f)$g=1$

图 6.3.2 重构结果的切片比较. (a)~(c) 分别是抽取 ART, SIRT 和 WBP 重构结果沿 z 轴的一个切片. (d)~(f) 分别是算法 6.3.1 取 $g=0$, $g=\|\nabla f\|$ 和 $g=1$ 时重构结果沿 z 轴的一个切片

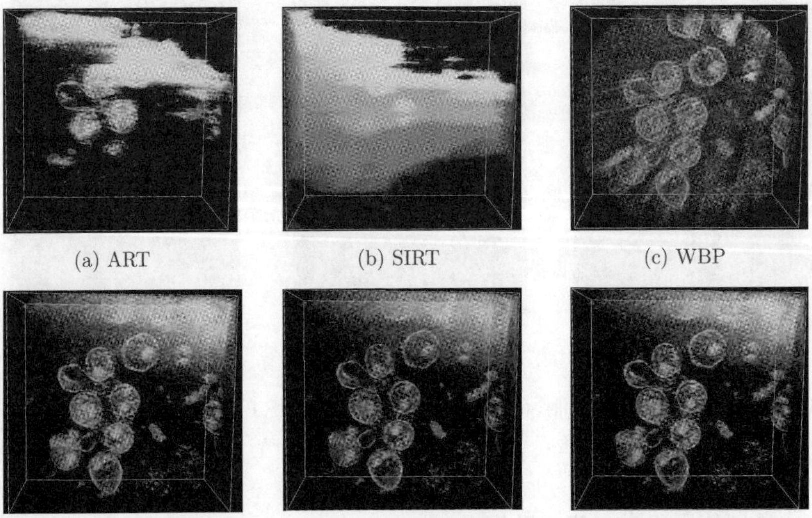

(a) ART (b) SIRT (c) WBP

(d)$g=0$ (e)$g=\|\nabla f\|$ (f)$g=1$

图 6.3.3 重构结果的体绘制. (a)~(c) 分别是 ART, SIRT 和 WBP 重构结果的体绘制. (d)~(f) 分别是算法 6.3.1 取 $g=0$, $g=\|\nabla f\|$ 和 $g=1$ 时重构结果的体绘制

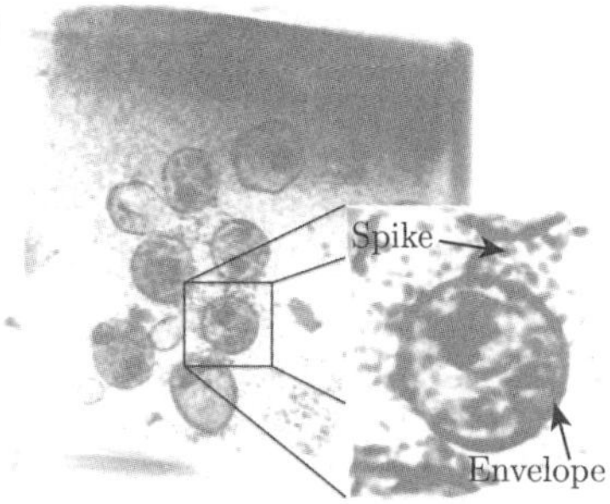

图 6.3.4　图 6.3.3(e) 包含病毒 spikes 的部分放大后的结果

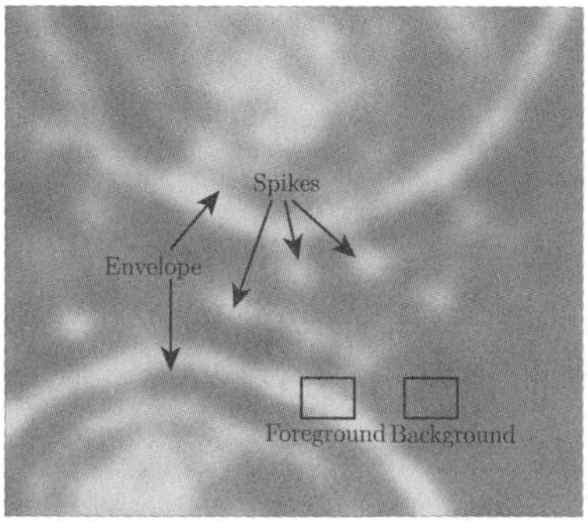

图 6.3.5　前景 (病毒包膜) 和背景的窗口区域分别用来估计前景和背景的均值和方差

为了进一步的量化比较不同重构方法结果的优劣, 考察重构结果的信噪比 SNR 和局部反差 LC:

$$\mathrm{SNR}=\frac{\mu_{\text{foreground}}-\mu_{\text{background}}}{\sigma_{\text{background}}},$$

$$\mathrm{LC}=\frac{\mu_{\text{foreground}}-\mu_{\text{background}}}{\mu_{\text{background}}}.$$

前景和背景的均值 $\mu_{\text{foreground}}, \mu_{\text{background}}$ 和方差 $\sigma_{\text{background}}$ 使用一个局部的窗口区域来估计, 如图 6.3.5 所示. 计算结果见表 6.3.2. 从表 6.3.2 可以看出对于 LC 值从大到小排序为

$$(g=\|\nabla f\|)>(g=1)>(g=0)>\mathrm{WBP}>\mathrm{ART}>\mathrm{SIRT}.$$

对于 SNR 值从大到小排序为

$$\mathrm{SIRT}>\mathrm{ART}>(g=\|\nabla f\|)>(g=1)>(g=0)>\mathrm{WBP}.$$

好的重构结果应该有高反差和高信噪比. 本节讨论的方法 LC 值高, 信噪比介于 SIRT, ART 和 WBP 之间.

表 6.3.2 重构结果 SNR 和 LC 值

重构方法	SNR	LC
ART	12.512	0.0894
SIRT	24.11096	0.05932
WBP	7.8138	0.267
$g=1$	9.144	0.3534
$g=\|\nabla f\|$	10.049	0.4275
$g=0$	8.8968	0.3514

6.4 一般规整项的 L^2 梯度流的显式有限元方法

为了节省篇幅, 这里仅讨论三维的情形. 考虑如下能量泛函:

$$\mathscr{E}(f)=\frac{1}{2}\sum_{\boldsymbol{\theta}\in\Theta}\int_{\mathbb{R}^2}(\mathbf{P}_{\boldsymbol{\theta}}f-g_{\boldsymbol{\theta}})^2\mathrm{d}\boldsymbol{y}+\lambda\int_{\Omega}\phi(\|\nabla f\|)\mathrm{d}\boldsymbol{x}, \tag{6.4.1}$$

其中 $\boldsymbol{y}=[u,v]^{\mathrm{T}}$, $\boldsymbol{x}=[x,y,z]^{\mathrm{T}}$, Θ 是投影角度的集合, $\mathrm{supp}(f)\subset\Omega=[-d,d]^3\subset\mathbb{R}^3$, $f\in\mathrm{BV}(\Omega)$ 表示需要重构的图像, $\mathbf{P}_{\boldsymbol{\theta}}f$ 表示 f 在投影角度 $\boldsymbol{\theta}$ 上的 X 射线变换, 并且 $g_{\boldsymbol{\theta}}$ 为该方向上的投影数据. 不难看出, $\mathbf{P}_{\boldsymbol{\theta}}f$ 和 $g_{\boldsymbol{\theta}}$ 均是有限支集的, 但在 (6.4.1) 中第一项还是考虑在 $\mathbb{R}^2$ 上积分.

能量泛函 (6.4.1) 右端的第一项表示逼近观测数据的保真项, 第二项表示基于概率意义下的最大后验误差估计或者具有几何意义的正则化项. 参数 λ 通常是非负的, 它用于调节这两项在能量泛函中的权重. 此外, 为了满足某些特殊的需求, 需适当的选取 $\phi(s)$, 譬如, 如果 $\phi(s)=0$, 则意味着正则化项不予考虑; 如果 $\phi(s)=s$, 则表示使用 TV 正则化项, 此时具有保持图像边缘特征的性质; 如果 $\phi(s)=s^2$, 则说明使用 Tikhonov 型的正则化项. 于是可以建立基于有限投影角度的图像重构模型如下:

$$f^*=\arg\min_{f\in\mathrm{BV}(\Omega)}\mathscr{E}(f)=\arg\min_{f\in\mathrm{BV}(\Omega)}(\mathscr{E}_1(f)+\lambda\mathscr{E}_2(f)), \tag{6.4.2}$$

其中

$$\mathscr{E}_1(f)=\frac{1}{2}\sum_{\boldsymbol{\theta}\in\Theta}\int_{\mathbb{R}^2}(\mathbf{P}_{\boldsymbol{\theta}}f-g_{\boldsymbol{\theta}})^2\mathrm{d}\boldsymbol{y}, \tag{6.4.3}$$

以及

$$\mathscr{E}_2(f)=\int_{\Omega}\phi(\|\nabla f\|)\mathrm{d}\boldsymbol{x}. \tag{6.4.4}$$

该模型已经在求解基于冷冻电镜的三维重构问题中提出, 包括 Cryo-ET 重构[301] 和单颗粒重构[185]. 值得注意的是, 最优化模型 (6.4.2) 中的第一项 (6.4.3) 是对有限角度求和的形式, 而不是基于无穷投影角度重构模型中的求积分, 故称其为基于有限投影角度的图像重构模型.

显式有限元方法 (L2GF) 是在求解变分模型 (6.4.2) 的过程中提出的[185]. 在该方法中, 重构图像 f 的目标转化为寻找能量泛函 (6.4.1) 的最小解. 为了求解此问题, 需对能量泛函 (6.4.1) 进行变分, 故得到如下 Euler-Lagrange 方程:

$$\begin{cases} \sum_{\boldsymbol{\theta}\in\Theta} \mathbf{P}_{\boldsymbol{\theta}}^*(\mathbf{P}_{\boldsymbol{\theta}} f - g_{\boldsymbol{\theta}}) - \lambda \mathrm{div}\left(\dfrac{\phi'(\|\nabla f\|)\nabla f}{\|\nabla f\|}\right) = 0, \quad \boldsymbol{x} \in \Omega, \\ f\big|_{\partial\Omega} = 0, \end{cases} \tag{6.4.5}$$

其中 $\mathbf{P}_{\boldsymbol{\theta}}^*$ 是算子 $\mathbf{P}_{\boldsymbol{\theta}}$ 的伴随算子, 其定义见 (2.4.12). 求解 Euler-Lagrange 方程 (6.4.5) 的 L^2 梯度流方法就是将此非线性椭圆方程转化为依赖于时间的抛物方程来求解, 其时间方向的定义域为 $[0, T_0]$, $T_0 \gg 0$. 当相应的抛物方程的解达到稳定状态时, 即得到此 Euler-Lagrange 方程的解[4]. 因此, 需要求解的问题如下所示:

$$\begin{cases} \dfrac{\partial f}{\partial t} = \sum_{\boldsymbol{\theta}\in\Theta} \mathbf{P}_{\boldsymbol{\theta}}^*(g_{\boldsymbol{\theta}} - \mathbf{P}_{\boldsymbol{\theta}} f) + \lambda \mathrm{div}\left(\dfrac{\phi'(\|\nabla f\|)\nabla f}{\|\nabla f\|}\right), \quad (\boldsymbol{x}, t) \in \Omega_{T_0}, \\ f\big|_{\partial\Omega_{T_0}} = 0, \end{cases} \tag{6.4.6}$$

给定的初始条件为 $f_0 = f(\boldsymbol{x}, 0)$, 其中 $\Omega_{T_0} := (0, T_0] \times \Omega$, $\partial\Omega_{T_0} := (0, T_0] \times \partial\Omega$. 含时间的有限元方法经常被用来解此梯度流 (见文献 [4] 及其中的文献). 现得到梯度流 (6.4.6) 的弱形式如下:

$$\int_\Omega \frac{\partial f}{\partial t} v_h \mathrm{d}\boldsymbol{x} = \sum_{\boldsymbol{\theta}\in\Theta} \int_{\mathbb{R}^2} (g_{\boldsymbol{\theta}} - \mathbf{P}_{\boldsymbol{\theta}} f)\mathbf{P}_{\boldsymbol{\theta}} v_h \mathrm{d}\boldsymbol{y} - \lambda \int_\Omega \frac{\phi'(\|\nabla f\|)}{\|\nabla f\|} \nabla f^{\mathrm{T}} \nabla v_h \mathrm{d}\boldsymbol{x}, \tag{6.4.7}$$

对 $\forall v_h \in V^h$ 均成立.

在空间方向上利用有限元离散. 假定 V^h 是张量积形式的三次 B 样条函数有限元空间, h 是均匀样条网格的步长, v_h 是张量积形式的三次 B 样条基函数, 可表示为 $\phi_{ijk}(\boldsymbol{x})$, $i, j, k = 0, 1, \cdots, N_1 - 1$, 其中 N_1 依赖于需要重构的图像的尺寸. 因此, 在有限元空间 V^h 中, 重构的图像 f 可由张量积形式的三次 B 样条基函数的线性组合来逼近, 即

$$f(\boldsymbol{x}) \approx \sum_{i,j,k} f_{ijk}\phi_{ijk}(\boldsymbol{x}), \tag{6.4.8}$$

其中 $\phi_{ijk}(\boldsymbol{x}) = N_i(x)N_j(y)N_k(z)$, 此处 N_i、N_j 和 N_k 均为一维空间中步长为 h 的均匀网格上的三次 B 样条基函数. 在时间方向上利用显式欧拉格式进行离散, 即

$$\frac{\partial F^m}{\partial t} \approx d_t F^m := \frac{F^m - F^{m-1}}{\tau_{m-1}}, \tag{6.4.9}$$

其中 $F^m \in V^h$. 从而得到如下显式有限元离散: 寻找 $F^{m+1} \in V^h$, $m = 0, 1, \cdots, m_0$, 满足

$$\int_{\Omega} d_t F^{m+1} v_h \mathrm{d}\boldsymbol{x} = \sum_{\boldsymbol{\theta}\in\Theta} \int_{\mathbb{R}^2} (g_{\boldsymbol{\theta}} - \mathbf{P}_{\boldsymbol{\theta}} F^m) \mathbf{P}_{\boldsymbol{\theta}} v_h \mathrm{d}\boldsymbol{y} - \lambda \int_{\Omega} \frac{\phi'(\|\nabla F^m\|)}{\|\nabla F^m\|} \nabla F^{m\mathrm{T}} \nabla v_h \mathrm{d}\boldsymbol{x}, \tag{6.4.10}$$

对 $\forall v_h \in V^h$ 均成立, 给定初始函数 f_0 的逼近 F^0, 其中 $\tau_m \in (0,1)$ 为时间段 $[t_m, t_{m+1}]$ 的长度. 为了便于表述, 我们引入一些记号. 令

$$\begin{aligned}
&f_\alpha^m = f_{ijk}^m, \quad B_{\alpha\beta} = \int_{\Omega} \phi_{ijk}(\boldsymbol{x}) \phi_{pqr}(\boldsymbol{x}) \mathrm{d}\boldsymbol{x}, \\
&R_{\alpha\beta}^{\theta} = \int_{\mathbb{R}^2} \mathbf{P}_{\boldsymbol{\theta}}(\phi_{ijk}) \mathbf{P}_{\boldsymbol{\theta}}(\phi_{pqr}) \mathrm{d}\boldsymbol{y}, \quad G_\beta^\theta = \int_{\mathbb{R}^2} g_{\boldsymbol{\theta}} \mathbf{P}_{\boldsymbol{\theta}}(\phi_{pqr}) \mathrm{d}\boldsymbol{y}, \\
&Q_{\alpha\beta}^m = \int_{\Omega} \frac{\phi'(\|\nabla F^m\|)}{\|\nabla F^m\|} (\nabla \phi_{ijk})^{\mathrm{T}} (\nabla \phi_{pqr}) \mathrm{d}\boldsymbol{x}, \\
&\tilde{Q}_{\alpha\beta} = \int_{\Omega} (\nabla \phi_{ijk})^{\mathrm{T}} (\nabla \phi_{pqr}) \mathrm{d}\boldsymbol{x}, \\
&R_{\alpha\beta} = \sum_{\boldsymbol{\theta}\in\Theta} R_{\alpha\beta}^{\theta}, \quad G_\beta = \sum_{\boldsymbol{\theta}\in\Theta} G_\beta^\theta,
\end{aligned}$$

其中

$$\alpha = iN_1^2 + jN_1 + k + 1, \quad \beta = pN_1^2 + qN_1 + r + 1, \quad i,j,k,p,q,r = 0,1,\cdots,N_1 - 1.$$

在 (6.4.10) 中, 取

$$F^m = \sum_{i,j,k} f_{ijk}^m \phi_{ijk}(\boldsymbol{x}), \quad v_h = \phi_{pqr}(\boldsymbol{x}),$$

可得

$$\sum_{\alpha} B_{\alpha\beta} f_\alpha^{m+1} = \sum_{\alpha} B_{\alpha\beta} f_\alpha^m + \tau_m \left(G_\beta - \sum_{\alpha} R_{\alpha\beta} f_\alpha^m - \lambda \sum_{\alpha} Q_{\alpha\beta}^m f_\alpha^m \right). \tag{6.4.11}$$

记

$$\begin{aligned}
&\boldsymbol{f}^m = (f_\alpha^m)_{N_1^3\times 1}, \quad \boldsymbol{G} = (G_\beta)_{N_1^3\times 1}, \quad \tilde{\boldsymbol{Q}} = (\tilde{Q}_{\alpha\beta})_{N_1^3\times N_1^3}, \\
&\boldsymbol{B} = (B_{\alpha\beta})_{N_1^3\times N_1^3}, \quad \boldsymbol{R} = (R_{\alpha\beta})_{N_1^3\times N_1^3}, \quad \boldsymbol{Q}^m = (Q_{\alpha\beta}^m)_{N_1^3\times N_1^3},
\end{aligned}$$

得到如下迭代格式:

$$\boldsymbol{f}^{m+1} = \boldsymbol{f}^m + \tau_m \boldsymbol{B}^{-1}(\boldsymbol{G} - (\boldsymbol{R} + \lambda \boldsymbol{Q}^m)\boldsymbol{f}^m). \tag{6.4.12}$$

注6.4.1 不难看出: ① 如果 $\phi(s) = s^2$, 则 $\boldsymbol{Q}^m$ 与 m 无关, 即 $\boldsymbol{Q}^m$ 为一常矩阵, 满足 $\boldsymbol{Q}^m = 2\tilde{\boldsymbol{Q}}$. ② 如果 $\phi(s) = s$, 则 $\boldsymbol{Q}^m$ 依赖于 m. 在第二种情况下, 由于 (6.4.10) 右端的第二项在 $\|\nabla F\| = 0$ 处是不适定的, 故取 $\phi(s) = \sqrt{s^2 + \epsilon^2}$, $0 < \epsilon \ll 1$, 即在实际的计算中采用修正的 TV 泛函.

注6.4.2　由 Gram 矩阵的定义可知, $\boldsymbol{B}$、$\boldsymbol{R}$ 与 $\boldsymbol{Q}^m$ 均为 Gram 矩阵. 由于函数 $\phi_{ijk}(\boldsymbol{x})$, $i,j,k=0,1,\cdots,N_1-1$ 是线性无关的, 故矩阵 $\boldsymbol{B}$ 是正定的. 现说明, 如果取 $\phi(s)=\sqrt{s^2+\epsilon^2}$ 或 s^2, 则矩阵 $\boldsymbol{Q}^m$ 也是正定的. 假设 $\boldsymbol{0}\neq\boldsymbol{q}=(q_\alpha)_{N_1^3\times 1}\in\mathbb{R}^{N_1^3}$ 满足 $\boldsymbol{q}^{\mathrm{T}}\boldsymbol{Q}^m\boldsymbol{q}=0$, 则基于 (6.4.8), 有

$$\int_\Omega \frac{\phi'(\|\nabla F^m\|)}{\|\nabla F^m\|}\|\nabla F\|^2\mathrm{d}x=0,$$

其中 $F=\sum\limits_\alpha q_\alpha\phi_\alpha$. 根据 $\phi(s)$ 的取法知, $\dfrac{\phi'(\|\nabla F^m\|)}{\|\nabla F^m\|}>0$. 又 $\|\nabla F\|^2$ 是 C^1 光滑的函数, 从而 $\|\nabla F\|^2=0$ 在 Ω 上处处等于 0. 因此, $F=c$, 其中 c 是常数. 结合 $F|_{\partial\Omega}=0$, 可得在 Ω 上 $F=0$, 故 $\boldsymbol{q}=\boldsymbol{0}$, 从而 $\boldsymbol{Q}^m$ 是正定的. 然而, $\{\mathbf{P}_{\boldsymbol{\theta}}(\phi_{ijk}(\boldsymbol{x}))\}_{\boldsymbol{\theta}\in\Theta}$ 不一定是线性无关的, 故 $\boldsymbol{R}$ 不一定是正定矩阵. 因此, $\boldsymbol{B}$ 和 $\boldsymbol{Q}^m$ 均为正定矩阵, 而 $\boldsymbol{R}$ 至少是半正定的.

现总结 L2GF 方法的主要步骤如下.

算法 6.4.1 (显式有限元方法)

(1) 给定初始点 $\boldsymbol{f}^0\in\mathbb{R}^{N_1^3\times 1}$, $0<\varepsilon\ll 1$, $0<\epsilon\ll 1$, 探测数据 g, 充分大的整数 $K>0$, 置 $m:=0$.

(2) 选取合适的 τ_m, 由迭代格式 (6.4.12) 计算 $\boldsymbol{f}^{m+1}$.

(3) 计算误差 $r_m=\dfrac{\|\boldsymbol{f}^{m+1}-\boldsymbol{f}^m\|}{\tau_m}$.

(4) 如果 $r_m\leqslant\varepsilon$ 或者 $m>K$, 则停止, 否则, 令 $m:=m+1$, 返回步 (2).

6.5　基于无穷投影角度的梯度流方法

在生物医学成像领域, 探测物体一般被限制在一个有限的区域中. 不失一般性, 假设在二维或者三维情形下需要重构的图像 (物体) 分别位于一个正方形或者立方体中. 在这里主要考虑二维图像的重构问题, 并且不同角度的探测数据是经过平行投影得到的. 二维平行投影探测数据的重构问题是最简单的图像重构问题, 故二维平行投影探测数据的重构方法是图像重构方法中最基础的. 由于大多数高维复杂投影几何的图像重构问题均可转化为二维平行投影数据的重构问题, 并且二维平行投影探测数据重构的一些方法和技巧也可直接推广到高维复杂投影几何的图像重构中去, 所以对低维简单投影几何图像重构问题的算法研究是有着重要意义的. 本节内容主要来自于文献 [65, 67].

6.5.1　基于无穷投影角度的图像重构模型

一般意义下基于优化的正则化图像重构模型是从离散形式出发的. 与之不同的是, 在这里我们考虑的变分模型是建立在连续框架之下的. 假定函数 $f(\boldsymbol{x})\in L^2(\Omega)$

是需要重构的图像, 定义如下:

$$f(\boldsymbol{x}): \Omega \subset \mathbb{R}^n \to \mathbb{R}, \tag{6.5.1}$$

其支集包含于有界区域 Ω 中, 即

$$\mathrm{supp}(f) \subset \Omega. \tag{6.5.2}$$

根据前面的假设有

$$f|_{\partial\Omega} = 0. \tag{6.5.3}$$

另外, 根据成像过程的实际物理原理, 可以假设成像系统是一个线性空不变系统. 由于系统噪声的存在, 所以在探测某个物体投影数据的时候噪声的影响是必须考虑的. 因此, 一般成像模型可定义为

$$g(\boldsymbol{\theta}, \boldsymbol{y}) = \mathbf{P}f(\boldsymbol{\theta}, \boldsymbol{y}) + \mathfrak{N}(\boldsymbol{\theta}, \boldsymbol{y}), \tag{6.5.4}$$

其中 $\mathbf{P}f$ 表示目标图像 f 的 X 射线变换, 即真实的探测数据, $\mathfrak{N}$ 代表加性随机噪声, g 表示被噪声干扰之后得到的观测数据. 接下来的任务就是如何从实际的探测数据 g 出发真实地重构出图像 f. 对于这个重构问题, 可以构造各向异性的变分模型, 即

$$f^* = \arg\min_{f\in \mathrm{BV}(\Omega)} (\mathscr{E}_1(f) + \lambda\mathscr{E}_2(f)), \tag{6.5.5}$$

其中

$$\mathscr{E}_1(f) = \frac{1}{2}\int_{\mathbf{T}^n} (\mathbf{P}f(\boldsymbol{\theta}, \boldsymbol{y}) - g(\boldsymbol{\theta}, \boldsymbol{y}))^2 \mathrm{d}\boldsymbol{\theta}\mathrm{d}\boldsymbol{y}, \tag{6.5.6}$$

以及

$$\mathscr{E}_2(f) = \int_{\Omega} \phi(\|\nabla f\|)\mathrm{d}\boldsymbol{x}. \tag{6.5.7}$$

上述第一项 $\mathscr{E}_1(f)$ 表示对观测数据的保真项. 第二项 $\mathscr{E}_2(f)$ 称为正则项, 来源于保持某种有几何意义的特征的处理或者概率意义下的最大后验误差估计. λ 是一个非负的正则化参数, 用来调节保真项与正则化项对整个能量泛函的权重. $\mathrm{BV}(\Omega)$ 表示定义在区域 Ω 上的有界变差函数空间. 注意到函数 ϕ 是去除干扰噪声并且同时保持图像几何特征的引擎, 为了满足一些性质或者要求, 需要对函数 ϕ 进行适当的选取, 我们将在下一节对其进行严格的讨论.

所谓基于无穷投影角度的图像重构模型, 是指假定得到的探测数据是连续地分布在整个 $\mathbf{T}^n$ 上的, 建立的能量泛函的第一项考虑在整个 $\mathbf{T}^n$ 上进行积分, 如 (6.5.6) 中所示, 注意与文献 [185, 301] 中能量模型的区别. 这样设计的原因是在数值计算的过程中可以利用 FFT 来提高计算速度和效率, 具体的做法见后面的表述.

为了进一步讨论, 给出以下两个引理.

引理 6.5.1 设 $L^p(\mathbf{S}_r^{n-1}) := \{f(\boldsymbol{x}) : f(\boldsymbol{x}) \in L^p(\mathbb{R}^n), \mathrm{supp}(f) \subset \mathbf{S}_r^{n-1}\}$, $p=1$ 或 2, 其中 $\mathbf{S}_r^{n-1}$ 表示在 $\mathbb{R}^n$ 空间中半径为 r 的球体, 则积分算子 $\mathbf{P}_{\boldsymbol{\theta}} : L^p(\mathbf{S}_r^{n-1}) \to L^p(\boldsymbol{\theta}^{\perp})$ 与 $\mathbf{P} : L^p(\mathbf{S}_r^{n-1}) \to L^p(\mathbf{T}^n)$ 是连续的.

值得注意的是, 若 f 具有有限支集, 则 $\mathbf{P}_{\boldsymbol{\theta}} f$ 与 $\mathbf{P} f$ 也具有有限支集. 令 $\mathrm{supp}(f) = U \subset \Omega$, 则

$$\mathrm{supp}(\mathbf{P}_{\boldsymbol{\theta}} f) \subset \mathrm{Proj}_{\boldsymbol{\theta}} U,$$

$$\mathrm{supp}(\mathbf{P} f) \subset \mathbf{T}^n \cap \{(\boldsymbol{\theta}, \boldsymbol{x}) : \boldsymbol{\theta} \in \mathbf{S}^{n-1}, \boldsymbol{x} \in \mathrm{Proj}_{\boldsymbol{\theta}} U\},$$

其中 $\mathrm{Proj}_{\boldsymbol{\theta}} U$ 表示 U 沿 $\boldsymbol{\theta}$ 方向在 $\boldsymbol{\theta}^{\perp}$ 上的投影区域.

引理 6.5.2 设 $L^1(\Omega) := \{f(\boldsymbol{x}) : f(\boldsymbol{x}) \in L^1(\mathbb{R}^n), \mathrm{supp}(f) = U \subset \Omega\}$, 则有如下结论:

(1) 如果 $\mathbf{P}_{\boldsymbol{\theta}}^* \mathbf{P}_{\boldsymbol{\theta}} f(\boldsymbol{x})$ 在 Ω 上关于 $L^1(\Omega)$ 中所有的 f 一致有界, 则积分算子 $\mathbf{P}_{\boldsymbol{\theta}} : L^1(\Omega) \to L^2(\boldsymbol{\theta}^{\perp})$ 是连续的.

(2) 如果 $\mathbf{P}^* \mathbf{P} f(\boldsymbol{x})$ 在 Ω 上关于 $L^1(\Omega)$ 中所有的 f 一致有界, 则积分算子 $\mathbf{P} : L^1(\Omega) \to L^2(\mathbf{T}^n)$ 是连续的,

引理 6.5.1 与引理 6.5.2 的证明可参考文献 [9].

从理论的角度来看, 变分模型 (6.5.5) 具有唯一的最优解. 下面的定理给出了该模型解的存在唯一性的结论.

定理 6.5.3 假设 $\phi : \mathbb{R}^+ \to \mathbb{R}^+$ 是一个严格凸的, 递增的函数, 满足 $\lim\limits_{s\to+\infty} \phi(s) = +\infty$, 并且存在两个常数 $c > 0$ 和 $b \geqslant 0$, 使得 $cs - b \leqslant \phi(s) \leqslant cs + b$, $\forall s \geqslant 0$ 成立, 正则化参数 $\lambda > 0$, 则变分问题

$$\min_{f \in \mathrm{BV}(\Omega)} (\mathscr{E}_1(f) + \lambda \mathscr{E}_2(f))$$

存在唯一的最优解.

定理 6.5.3 中对 ϕ 的性质的约束来自于参考文献 [62]. 由引理 6.5.1 可知, X 射线变换 $\mathbf{P} : L^2(\Omega) \to L^2(\mathbf{T}^n)$ 是一个连续的线性算子, 并且有 $\mathbf{P} 1_{\Omega} \neq 0$, 这里 1_{Ω} 表示定义在区域 Ω 上的非零常函数. 因此, 上述最优化问题解的存在唯一性的证明与文献 [287] 中的证明是类似的. 由于证明过程没有本质差别, 所以此处不给出详细的证明.

6.5.2 图像重构模型的初步探索

本节主要讨论基于无穷投影角度重构模型的一阶变分、正则项的选取方法、数值计算方法以及重构效果的测试.

1. 图像重构模型的变分

为了求解变分问题 (6.5.5), 需要计算 $\mathscr{E}(f)$ 的一阶变分, 其中

$$\mathscr{E}(f) = \mathscr{E}_1(f) + \lambda \mathscr{E}_2(f). \tag{6.5.8}$$

不妨假设 f 就是能量泛函 (6.5.8) 的最优解. 首先选取任意的光滑函数 $h \in C_0^\infty(\Omega)$, 考虑以下实值函数

$$e(\varepsilon) := \mathscr{E}(f + \varepsilon h), \quad \varepsilon \in \mathbb{R}. \tag{6.5.9}$$

由于 f 是 (6.5.8) 的最优解并且 $f + \varepsilon h|_{\partial\Omega} = f|_{\partial\Omega}$, 可知 $e(\varepsilon)$ 在 $\varepsilon = 0$ 处取最小值. 所以

$$e'(0) = 0. \tag{6.5.10}$$

从而, 利用 (6.5.6)~(6.5.10) 和 h 的紧支撑性, 并由分部积分可得

$$\begin{aligned} e'(0) &= \int_{\mathbf{T}^n} (\mathbf{P}f(\boldsymbol{\theta}, \boldsymbol{y}) - g(\boldsymbol{\theta}, \boldsymbol{y}))\mathbf{P}h(\boldsymbol{\theta}, \boldsymbol{y})\mathrm{d}\boldsymbol{y}\mathrm{d}\boldsymbol{\theta} + \lambda \int_\Omega \frac{\phi'(\|\nabla f\|)\nabla f^{\mathrm{T}}\nabla h}{\|\nabla f\|}\mathrm{d}\boldsymbol{x} \\ &= \int_\Omega (\mathbf{P}^*\mathbf{P}f(\boldsymbol{x}) - \mathbf{P}^*g(\boldsymbol{x}))h(\boldsymbol{x})\mathrm{d}\boldsymbol{x} + \lambda \int_\Omega \frac{\phi'(\|\nabla f\|)\nabla f^{\mathrm{T}}\nabla h}{\|\nabla f\|}\mathrm{d}\boldsymbol{x} \\ &= \int_\Omega (\mathbf{P}^*\mathbf{P}f(\boldsymbol{x}) - \mathbf{P}^*g(\boldsymbol{x}))h(\boldsymbol{x})\mathrm{d}\boldsymbol{x} - \lambda \int_\Omega \mathrm{div}\left(\frac{\phi'(\|\nabla f\|)\nabla f}{\|\nabla f\|}\right) h\mathrm{d}\boldsymbol{x} \\ &= 0. \end{aligned}$$

注意到上述等式对所有的测试函数 h 均成立, 故 f 满足如下非线性偏微分方程:

$$\mathbf{P}^*\mathbf{P}f - \mathbf{P}^*g - \lambda\, \mathrm{div}\left(\frac{\phi'(\|\nabla f\|)\nabla f}{\|\nabla f\|}\right) = 0. \tag{6.5.11}$$

方程 (6.5.11) 为能量泛函 (6.5.8) 的 Euler-Lagrange 方程. 利用 (2.4.14) 和定理 2.4.4, 方程 (6.5.11) 可转化为

$$2\int_\Omega \|\boldsymbol{x}-\boldsymbol{y}\|^{-1} f(\boldsymbol{y})\mathrm{d}\boldsymbol{y} - \int_{\mathbf{S}^1} g(\boldsymbol{\theta}, \boldsymbol{x}-(\boldsymbol{x}^{\mathrm{T}}\boldsymbol{\theta})\boldsymbol{\theta})\mathrm{d}\boldsymbol{\theta} - \lambda\, \mathrm{div}\left(\frac{\phi'(\|\nabla f\|)\nabla f}{\|\nabla f\|}\right) = 0. \tag{6.5.12}$$

显然, (6.5.12) 是一个典型的积分微分方程, 其前两项为积分项, 最后一项为微分项. 由于方程 (6.5.12) 是非线性的, 所以基于 Fourier 分析的方法是无法应用. 借助于梯度流方法来求解, 即将一个椭圆型偏微分方程转化成依赖于时间的抛物方程, 方程的定义域为 $[0, T_0] \times \Omega$, $T_0 \gg 0$. 当抛物方程的解达到稳定状态时, 即得到 Euler-Lagrange 方程的解, 故需求解如下梯度流方程:

$$\begin{cases} \dfrac{\partial f}{\partial t} = \lambda\, \mathrm{div}\left(\dfrac{\phi'(\|\nabla f\|)\nabla f}{\|\nabla f\|}\right) + \displaystyle\int_{\mathbf{S}^1} g(\boldsymbol{\theta}, \boldsymbol{x} - (\boldsymbol{x}^{\mathrm{T}}\boldsymbol{\theta})\boldsymbol{\theta})\mathrm{d}\boldsymbol{\theta} - 2\int_\Omega \|\boldsymbol{x} - \boldsymbol{y}\|^{-1} f(\boldsymbol{y})\mathrm{d}\boldsymbol{y}, \\ f|_{\partial\Omega_{T_0}} = 0, \end{cases} \tag{6.5.13}$$

其中 $\Omega_{T_0} := (0, T_0] \times \Omega$, $\partial\Omega_{T_0} := (0, T_0] \times \partial\Omega$, 初始条件 $f_0 = f(\boldsymbol{x}, \mathbf{0})$[4]. 为了能够在去除伪影和噪声的同时保持重构图像的几何特征, 需要选取合适的正则化势函数 $\phi(s)$.

2. 正则化方法

所谓正则化方法就是构造原问题近似解的方法. 目前在图像重构领域比较常用的正则化方法主要有两种: 一种是选取 Tikhonov 型正则化项的方法; 另一种是选取 TV 正则化项的方法. 根据实际成像模型 (6.5.4), 考虑如下最小二乘问题: 寻找 f^* 为如下最优化问题的解, 即

$$f^* = \arg \min_{f \in L^2(\Omega)} \frac{1}{2} \int_{\mathbf{T}^2} |\mathbf{P}f - g|^2 \mathrm{d}y \mathrm{d}\boldsymbol{\theta}. \tag{6.5.14}$$

如果最优化问题 (6.5.14) 的解存在, 则其必定满足相应的 Euler-Lagrange 方程, 即

$$\mathbf{P}^*\mathbf{P}f - \mathbf{P}^*g = 0. \tag{6.5.15}$$

倘若对其利用弱形式的 L^2 梯度流方法求解, 离散之后转变为求解一个线性方程组, 实质上为某种改进的 ART 方法, 我们会在后面章节中对其进行数值实验. 一般情况下由于 $\mathbf{P}^*\mathbf{P}$ 不是一对一的或者是严重病态的, 从而导致数值不稳定. 为了求解这种不适定的问题, 通常使用的方法是正则化方法, 进而得到一个近似的唯一解. 一般的做法是在能量泛函 (6.5.14) 的基础上加入一个正则化项. 最先使用的正则化项是 Tikhonov 提出来的, 称为 Tikhonov 正则化项[279]. 所谓 Tikhonov 型正则化方法就是指利用 Tikhonov 正则化项的方法.

考虑如下能量泛函:

$$\mathscr{E}_\lambda^1(f) = \frac{1}{2} \int_{\mathbf{T}^2} |\mathbf{P}f - g|^2 \mathrm{d}y \mathrm{d}\boldsymbol{\theta} + \frac{\lambda}{2} \int_\Omega |f|^2 \mathrm{d}\boldsymbol{x}, \tag{6.5.16}$$

其中 λ 为正则化参数, $\mathscr{E}_\lambda^1(f)$ 的第二项称为 Tikhonov 泛函.

能量泛函 (6.5.16) 的极小解的性质由如下定理给出.

定理 6.5.4　设 $\mathbf{P}$ 为 X 射线变换, $\lambda > 0$, 则 Tikhonov 泛函 $\mathscr{E}_\lambda^1(f)$ 具有唯一解 $f^\lambda \in L^2(\Omega)$, 并且最优解 f^λ 是如下 Euler-Lagrange 方程的唯一解

$$\mathbf{P}^*\mathbf{P}f - \mathbf{P}^*g + \lambda f = 0. \tag{6.5.17}$$

由引理 6.5.1 与引理 6.5.2 可知 $\mathbf{P}$ 为有界线性算子, 再根据文献 [175] 即知上述定理是成立的. 从定理 6.5.4 不难看出, Tikhonov 型正则化方法给出了原始问题的一个近似的唯一解, 从而能很好地解决原始问题的不适定性. 然而, 基于 Tikhonov 正则化的解对图像重构问题不一定有效, 于是如何去寻找对图像重构问题有效的正则化项是一个十分重要的问题. 根据图像的先验知识, 对于具有分片常数特性的图像, 提出如下能量泛函:

$$\mathscr{E}_\lambda^2(f) = \frac{1}{2} \int_{\mathbf{T}^2} |\mathbf{P}f - g|^2 \mathrm{d}y \mathrm{d}\boldsymbol{\theta} + \frac{\lambda}{2} \int_\Omega \|\nabla f\|^2 \mathrm{d}\boldsymbol{x}, \tag{6.5.18}$$

其中 ∇f 表示函数 f 的梯度. 上述正则化项, 即梯度的 L^2 范数, 亦为 Tikhonov 型正则化项[17]. 在适当的假设条件下, 能量泛函 $\mathscr{E}_\lambda^2(f)$ 在 $H^1(\Omega)$ 中的唯一最小解是以下具有适当边界条件的 Euler-Lagrange 方程的唯一解[113]

$$\mathbf{P}^*\mathbf{P}f - \mathbf{P}^*g - \lambda\Delta f = 0, \tag{6.5.19}$$

其中 Δ 为 Laplace 算子. 值得注意的是 Δf 总是可以分解为

$$\Delta f = f_{\boldsymbol{tt}} + f_{\boldsymbol{nn}}, \tag{6.5.20}$$

其中

$$f_{\boldsymbol{tt}} = \boldsymbol{t}^{\mathrm{T}}\nabla^2 f\boldsymbol{t}, \quad f_{\boldsymbol{nn}} = \boldsymbol{n}^{\mathrm{T}}\nabla^2 f\boldsymbol{n}, \tag{6.5.21}$$

$\nabla^2 f$ 表示 f 的 Hesse 矩阵, $\boldsymbol{t}$ 和 $\boldsymbol{n}$ 分别表示 f 的水平集的单位切向量和单位法向量. 由 (6.5.20) 可知 Laplace 算子具有各向同性的光滑性质, 即在两个相互正交的方向上扩散的权重是相等的, 从而在去除图像噪声和伪影时不能很好的保持其边缘特征. 我们会在本章后面部分对其重构效果进行数值实验.

由于 Tikhonov 型正则化项在去除图像噪声和伪影的同时将图像的边缘变得光滑, 故梯度的 L^2 范数惩罚太多图像边缘处的梯度. 为了克服该不足, L. Rudin、S. Osher 与 E. Fatemi 提出用梯度的 L^1 范数, 即 TV 泛函作为正则化项, 简称 TV 正则化项[241]. 考虑如下能量泛函:

$$\mathscr{E}_\lambda^3(f) = \frac{1}{2}\int_{\mathbf{T}^2}|\mathbf{P}f - g|^2\mathrm{d}y\mathrm{d}\boldsymbol{\theta} + \lambda\int_\Omega \|\nabla f\|\mathrm{d}\boldsymbol{x}. \tag{6.5.22}$$

基于极小化 (6.5.22) 的方法称为 TV 正则化方法.

为了对正则化方法进行系统的分析, 考虑下面的能量泛函

$$\mathscr{E}_\lambda(f) = \frac{1}{2}\int_{\mathbf{T}^2}|\mathbf{P}f - g|^2\mathrm{d}y\mathrm{d}\boldsymbol{\theta} + \lambda\int_\Omega \phi(\|\nabla f\|)\mathrm{d}\boldsymbol{x}, \tag{6.5.23}$$

其中 $\phi(s)$ 为正则化势函数. 接下来对正则化势函数 $\phi(s)$ 进行讨论. 假设 $\mathscr{E}_\lambda(f)$ 存在最小解, 则其必然满足与 (6.5.23) 相应的 Euler-Lagrange 方程

$$\mathbf{P}^*\mathbf{P}f - \mathbf{P}^*g - \lambda\mathrm{div}\left(\frac{\phi'(\|\nabla f\|)}{\|\nabla f\|}\nabla f\right) = 0. \tag{6.5.24}$$

使用 (6.5.21), 可将 $\mathrm{div}\left(\dfrac{\phi'(\|\nabla f\|)}{\|\nabla f\|}\nabla f\right)$ 分解成沿切向方向和法向方向的扩散, 即

$$\mathrm{div}\left(\frac{\phi'(\|\nabla f\|)}{\|\nabla f\|}\nabla f\right) = \frac{\phi'(\|\nabla f\|)}{\|\nabla f\|}f_{\boldsymbol{tt}} + \phi''(\|\nabla f\|)f_{\boldsymbol{nn}}. \tag{6.5.25}$$

通过 (6.5.25) 的分解, 容易看出如何选取正则化势函数 $\phi(s)$. 在图像灰度值变化很小 (梯度的范数很小) 的位置需要在所有方向进行均匀的扩散, 即各向同性的光滑, 则函数 $\phi(s)$ 需要满足

$$\phi(0)=0,\quad \lim_{s\to 0^+}\frac{\phi'(s)}{s}=\lim_{s\to 0^+}\phi''(s)=\phi''(0)>0. \tag{6.5.26}$$

于是在 $\|\nabla f\|$ 很小的地方, 结合 (6.5.20) 与 (6.5.26), (6.5.24) 可近似转化为

$$\mathbf{P}^*\mathbf{P}f-\mathbf{P}^*g-\lambda\phi''(0)\Delta f=0, \tag{6.5.27}$$

从而在局部区域达到均匀扩散的目的[17]. 相反, 图像在边缘处梯度的范数很大, 如果想保持图像的几何性质, 则需要沿着边缘处的切向方向扩散, 限制沿法向方向的扩散, 从而达到各向异性光滑的目的, 故函数 $\phi(s)$ 需要满足

$$\lim_{s\to\infty}\frac{\phi'(s)}{s}=\alpha>0,\quad \lim_{s\to\infty}\phi''(s)=0. \tag{6.5.28}$$

然而由于 (6.5.28) 中的两条件不可能同时满足, 故退而求其次, 让两者具有不同的收敛到 0 的速率, 即

$$\lim_{s\to\infty}\frac{\phi'(s)}{s}=\lim_{s\to\infty}\phi''(s)=0,\quad \lim_{s\to\infty}\frac{\phi''(s)}{\phi'(s)/s}=0. \tag{6.5.29}$$

因此需要寻找同时满足 (6.5.26) 与 (6.5.29) 的势函数, 在后面构造的图像重构模型中选取的正则化势函数为

$$\phi(s)=\sqrt{s^2+\epsilon^2}. \tag{6.5.30}$$

容易验证 (6.5.30) 同时满足上述条件, 然而 L. Rudin 等提出的 TV 正则化项不能同时满足上述条件. 事实上, 他们在计算过程中对 TV 正则化项进行了修正, 使用的是 (6.5.30). 于是上述讨论对修正的 TV 正则化方法为什么对图像重构有效的问题给出了合理的几何解释. 以后把与 (6.5.30) 相应的正则化项称为修正的 TV 正则化项. 另外, E. Candès 等也对为什么利用 TV 正则化项进行图像重构非常有效进行了解释[50]. 相关内容可参考第 2 章中对压缩感知的讨论.

综上可知, 势函数选取修正的 TV 泛函是比较合理的, 具有坚实的理论基础. 更重要的是, 修正的 TV 泛函已经在图像处理和图像重构中起到了很好的作用, 并且已得到广泛的应用[98, 241]. 注意到当势函数选取 TV 泛函 $\phi(s)=s$ 时, 梯度流 (6.5.13) 中第一个方程右端第一项在分母 $\|\nabla f\|=0$ 处无法适当的定义, 故需要选取修正的 TV 泛函势函数, 即

$$\phi(s)=\sqrt{s^2+\epsilon^2},\quad s\geqslant 0, 0<\epsilon\ll 1. \tag{6.5.31}$$

6.5.3 显式有限差分方法

下面用显式的有限差分法来计算梯度流 (6.5.13). 因为显格式的有限差分法相对其他数值方法而言比较容易实现, 能够快捷地检验我们构造的图像重构模型是否有效, 所以首先使用该方法来求解.

1. 算法描述

考虑二维图像 $f(\boldsymbol{x})$, $\boldsymbol{x} \in \Omega := [0,1] \times [0,1]$ 的重构问题. 给定由平行投影得到的探测数据 $g_{k,l} = g(\boldsymbol{\theta}_k, s_l\boldsymbol{\omega}_k)$, 其中 $\boldsymbol{\theta}_k = [\cos(\phi_k), \sin(\phi_k)]^{\mathrm{T}}$, $\boldsymbol{\theta}_k^{\mathrm{T}}\boldsymbol{\omega}_k = 0$, $\boldsymbol{\omega}_k \in \mathbf{S}^1$, $k = 1, \cdots, p$, $l = -q, \cdots, q$, 满足 $0 < \phi_k < \phi_{k+1} < \pi$, $-\dfrac{1}{2} \leqslant s_l < s_{l+1} \leqslant \dfrac{1}{2}$. 下面对梯度流 (6.5.13) 进行离散, 令

$$x_i = i\Delta h, \quad y_j = j\Delta h, \quad i, j = 0, 1, \cdots, N, \tag{6.5.32}$$

$$t_m = \sum_{k=0}^{m} \tau_k, \quad m = 0, 1, \cdots, \tag{6.5.33}$$

$$\Delta\phi_k = \frac{\phi_{k+1} - \phi_{k-1}}{2}, \tag{6.5.34}$$

$$f_{ij}^0 = f^0(x_i, y_i), \tag{6.5.35}$$

$$f_{ij}^m = f(x_i, y_i, t_m), \tag{6.5.36}$$

其中 Δh 为空间方向的步长, τ_k 为时间方向上的步长, f^0 为初值, $\phi_0 = 0$, $\phi_{p+1} = \pi$, 并且显然有 $N\Delta h = 1$.

(1) 在时间方向上用显式欧拉格式离散, 即

$$\frac{\partial f^{m+1}}{\partial t} \approx d_t f^{m+1} := \frac{f^{m+1} - f^m}{\tau_m}, \quad m = 0, 1, \cdots. \tag{6.5.37}$$

(2) 对微分项用有限差分离散, 离散的方式参见文献 [241], 有

$$\begin{aligned}
&\operatorname{div}\left(\frac{\phi'(\|\nabla f^m\|)\nabla f^m}{\|\nabla f^m\|}\right)\Big|_{ij} \\
&\approx \frac{1}{\Delta h}\left[\Delta_-^x\left(\frac{\Delta_+^x f_{ij}^m}{((\Delta_+^x f_{ij}^m)^2 + (\mathfrak{m}(\Delta_+^y f_{ij}^m,\, \Delta_-^y f_{ij}^m))^2 + \epsilon^2)^{1/2}}\right)\right. \\
&\quad \left. + \Delta_-^y\left(\frac{\Delta_+^y f_{ij}^m}{((\Delta_+^y f_{ij}^m)^2 + (\mathfrak{m}(\Delta_+^x f_{ij}^m,\, \Delta_-^x f_{ij}^m))^2 + \epsilon^2)^{1/2}}\right)\right],
\end{aligned} \tag{6.5.38}$$

其中

$$\Delta_\pm^x f_{ij}^m = \pm(f_{i\pm1,j}^m - f_{ij}^m), \quad \Delta_\pm^y f_{ij}^m = \pm(f_{i,j\pm1}^m - f_{ij}^m), \quad i, j = 1, 2, \cdots, N-1,$$

在边界上,

$$f_{0j}^m = f_{i0}^m = f_{Nj}^m = f_{iN}^m = 0, \quad i,j = 0,1,\cdots,N,$$

$\mathfrak{m}(\cdot,\cdot)$ 的定义如下:

$$\mathfrak{m}(a,b) := \left(\frac{\mathrm{sgn}(a)+\mathrm{sgn}(b)}{2}\right)\min(|a|,\,|b|).$$

针对这一项的离散方式有很多, 此处就不一一列举.

(3) 对反投影项进行离散

$$\begin{aligned}\int_{\mathbf{S}^1} g(\boldsymbol{\theta},\boldsymbol{x}-(\boldsymbol{x}^{\mathrm{T}}\boldsymbol{\theta})\boldsymbol{\theta})\mathrm{d}\boldsymbol{\theta}\Big|_{ij} &\approx 2\sum_k \Delta\phi_k g(\boldsymbol{\theta}_k,\boldsymbol{x}-(\boldsymbol{x}^{\mathrm{T}}\boldsymbol{\theta}_k)\boldsymbol{\theta}_k)\Big|_{ij}\\ &\approx 2\sum_k \Delta\phi_k((\lceil r_k\rceil - r_k)g(\boldsymbol{\theta}_k,s_{\lfloor r_k\rfloor}\boldsymbol{\omega}_k)+(r_k-\lfloor r_k\rfloor)g(\boldsymbol{\theta}_k,s_{\lceil r_k\rceil}\boldsymbol{\omega}_k))\Big|_{ij},\end{aligned} \tag{6.5.39}$$

其中 $s_{\lfloor r_k\rfloor}\boldsymbol{\omega}_k$ 和 $s_{\lceil r_k\rceil}\boldsymbol{\omega}_k$ 为与 $\boldsymbol{x}-(\boldsymbol{x}^{\mathrm{T}}\boldsymbol{\theta}_k)\boldsymbol{\theta}_k$ 最相近的两个采样位置. 关于 $\lceil\cdot\rceil$ 和 $\lfloor\cdot\rfloor$ 的定义见算法 4.2.1. (6.5.39) 是最简单, 也是最直接的离散方式. 值得注意的是, 反投影的计算已经经历了广泛的研究. 在 FBP 算法中, 反投影是第二步, 同时也是计算量最大的一步, 其计算量是 $O(pN^2)$, 所以如何降低后投影的计算量是一个具有重要意义的研究问题. 现在已经提出了许多快速和精确的计算方法, 如文献 [20, 21, 35].

(4) 对卷积项的计算采用快速 Fourier 变换, 于是有

$$\begin{aligned}\int_{\Omega}\|\boldsymbol{x}-\boldsymbol{y}\|^{-1}f(\boldsymbol{y})\mathrm{d}\boldsymbol{y}\Big|_{ij} &= ((\|\boldsymbol{y}\|^{-1})^{\wedge}(f(\boldsymbol{y}))^{\wedge})^{\vee}(\boldsymbol{x})\Big|_{ij}\\ &\approx \mathscr{F}_{\mathrm{d}}^{-1}\left[\mathscr{F}_{\mathrm{d}}[\|\boldsymbol{y}\|^{-1}]\mathscr{F}_{\mathrm{d}}[f(\boldsymbol{y})]\right](\boldsymbol{x})\Big|_{ij},\end{aligned} \tag{6.5.40}$$

其中 $\mathscr{F}_{\mathrm{d}}$ 和 $\mathscr{F}_{\mathrm{d}}^{-1}$ 分别表示离散 Fourier 变换和离散 Fourier 逆变换. 此外, 多水平计算方法也可以在本质上提高卷积的计算效率, 并且同时具有高精度. 关于这方面的工作可以参考文献 [34].

根据上述内容可知, 梯度流 (6.5.13) 的显式有限差分的离散逼近形式为

$$\begin{aligned}f_{ij}^{m+1} = f_{ij}^m + \lambda\frac{\tau_m}{\Delta h}&\left[\Delta_-^x\left(\frac{\Delta_+^x f_{ij}^m}{((\Delta_+^x f_{ij}^m)^2+(\mathfrak{m}(\Delta_+^y f_{ij}^m,\,\Delta_-^y f_{ij}^m))^2+\epsilon^2)^{1/2}}\right)\right.\\ &\left.+\Delta_-^y\left(\frac{\Delta_+^y f_{ij}^m}{((\Delta_+^y f_{ij}^m)^2+(\mathfrak{m}(\Delta_+^x f_{ij}^m,\,\Delta_-^x f_{ij}^m))^2+\epsilon^2)^{1/2}}\right)\right]\\ &+2\tau_m\sum_k \Delta\phi_k((\lceil r_k\rceil - r_k)g(\boldsymbol{\theta}_k,s_{\lfloor r_k\rfloor}\boldsymbol{\omega}_k)+(r_k-\lfloor r_k\rfloor)g(\boldsymbol{\theta}_k,s_{\lceil r_k\rceil}\boldsymbol{\omega}_k))\Big|_{ij}\\ &-2\tau_m\mathscr{F}_d^{-1}\Big[\mathscr{F}_d[\|\boldsymbol{y}\|^{-1}]\mathscr{F}_d[f(\boldsymbol{y})]\Big](\boldsymbol{x})\Big|_{ij},\end{aligned} \tag{6.5.41}$$

其中 $i,j=1,2,\cdots,N-1$, 在边界上满足

$$f_{0j}^m = f_{i0}^m = f_{Nj}^m = f_{iN}^m = 0, \quad i,j = 0,1,\cdots,N. \tag{6.5.42}$$

此外, 为了保证沿时间方向迭代演化的稳定性, 规定时间步长 τ_m 满足 Courant-Friedrichs-Lewy 条件, 简称 CFL 条件. 这里的 CFL 条件为

$$\frac{\tau_m}{(\Delta h)^2} \leqslant c\sqrt{\|\nabla f^m\|^2 + \epsilon^2}, \tag{6.5.43}$$

其中 c 是正的常数[215]. 于是, 得到如下算法.

算法 6.5.1 (显式有限差分方法)

(1) 给定初始图像 $\boldsymbol{f}^0 \in \mathbb{R}^{(N+1)\times(N+1)}$, 在边界上满足条件 (6.5.42), $0 < \varepsilon \ll 1$, $0 < \epsilon \ll 1$, $K > 0$, 置 $m := 0$.

(2) 取时间步长 τ_m, 使其满足条件 (6.5.43), 由迭代格式 (6.5.41) 计算 $\boldsymbol{f}^{m+1}$.

(3) 计算误差 $r_m = \dfrac{\|\boldsymbol{f}^{m+1} - \boldsymbol{f}^m\|}{\tau_m}$.

(4) 如果 $r_m \leqslant \varepsilon$ 或者 $m > K$, 则停止, 否则, 令 $m := m+1$, 返回步 (2).

2. 数值实验

我们利用平行投影的模拟数据进行数值实验. 不妨假设从一个投影方向得到的探测数据是均匀分布的.

无噪声的均匀分布的探测数据　由于考虑充分多的均匀投影角度的和无噪声的测量数据的情形, 故可不考虑正则化项, 仅考虑保真项. 模拟的例子是一个 Shepp-Logan 头颅模型, 即用多个不同灰度值的椭圆来模拟人体大脑的中心截面. 由于 CT 真实数据从公共资源中很难获得, 所以 Shepp-Logan 头颅模型经常被用来检验图像重构算法的好坏. 这里考虑的原始图像由 256×256 个像素组成, 如图 6.5.1 所示. 探测数据是从 180 个均匀分布的角度投影, 每个投影角度有 256 个测量数据. 由于没有噪声的干扰, 所以正则化参数 λ 取 0. 经过 120 次迭代, 重构的结果如图 6.5.1 所示.

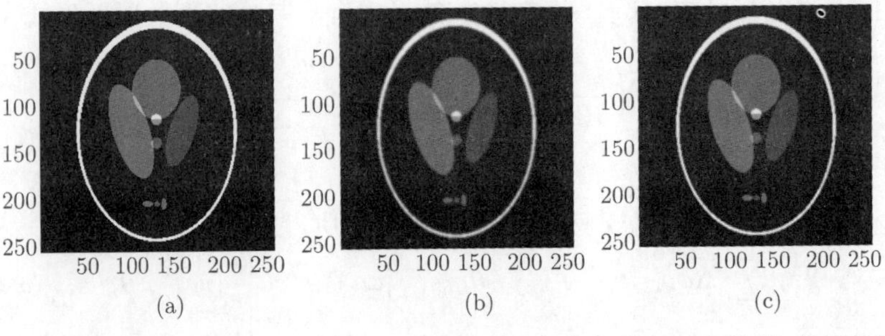

图 6.5.1　无噪声的模拟数据 (180 个均匀分布的角度, 每个角度 256 个投影) 的重构图像, (a) 是真实图像; (b) 是由显式有限差分方法得到的重构图像, 正则化参数 $\lambda = 0$; (c) 是由 FBP 方法得到的重构图像

从图 6.5.1 可以看出, 对均匀分布的投影数据, 显式有限差分算法重构的效果和 FBP 方法的重构效果差不多, 与原始图像相比也相差无几. 下面我们将进一步用随机分布的投影角度数据来检验提出的方法.

无噪声的随机分布的探测数据　对于无噪声随机分布的探测数据的例子, 我们继续考虑 256×256 的 Shepp-Logan 头颅模型. 由于考虑的是无噪声的情形, 故取正则化参数 $\lambda = 0$. 在数值实验中探测数据是从 180 个随机角度投影得到的, 每个投影角度测得 256 个数据. 经过 120 次迭代, 显式有限差分方法重构的结果如图 6.5.2 所示.

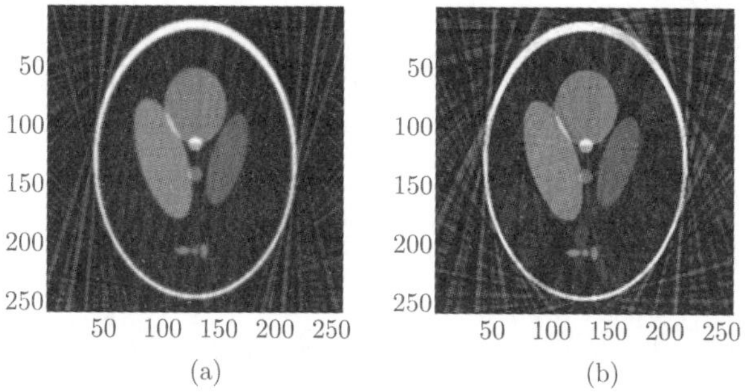

图 6.5.2　无噪声的模拟数据 (180 个随机分布的角度, 每个角度 256 个投影) 的重构图像, (a) 是由显式有限差分方法得到的重构图像, 取正则化参数 $\lambda = 0$; (b) 是由 FBP 方法得到的重构图像, 真实图像如图 6.5.1 所示

当投影角度相邻间距很大的时候, 条状伪影通常会出现在重构图像的背景中. 注意我们得到的数据个数为 180×256, 要少于未知量的个数 (256×256), 从而该问题是不适定的. 如图 6.5.2 显示, FBP 方法重构结果的条状伪影明显比我们重构出来的严重. 这说明模型 (6.5.5) 在处理随机角度探测数据的时候更有效并且能在一定程度上克服条状伪影.

有噪声的均匀分布的探测数据　正则化项在去除噪声和伪影的同时, 对保持图像的几何特征起着关键的作用. 如果观测数据被噪声干扰, 那么选取的正则化项就需要考虑进来. 图 6.5.3 所示的重构结果是基于冷冻电子显微重构的腺病毒沿 Z 轴的一个中心截面. 探测数据来源于 180 个均匀角度的投影, 每个投影有 145 个数据, 同时受到高斯白噪声的干扰. 测试图像的大小为 100×100.

从图 6.5.3 可以看出, 与 FBP 方法相比, 显式有限差分方法重构出更多的特征, 与原始图像更接近. 为了更加明显地比较, 我们绘制出了各个图像沿 y 轴中心线的灰度值函数, 如图 6.5.4 所示. 可以看出, 显式有限差分算法能够更好地保持重构图像的几何特征.

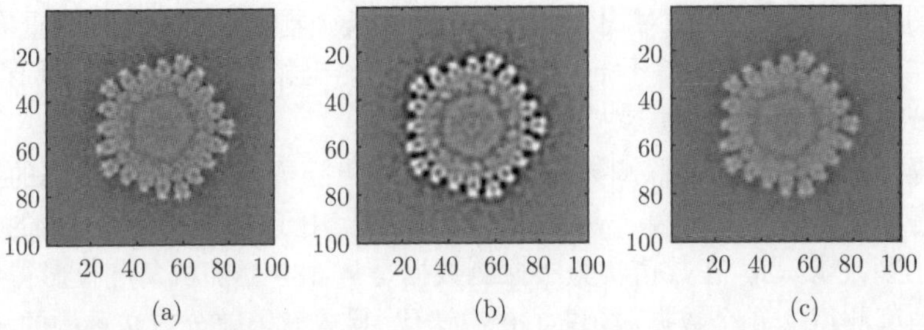

图 6.5.3　有高斯白噪声的模拟数据 (180 个均匀的投影角度, 每个角度有 145 个投影) 的重构图像. 原始图像是基于冷冻电子显微重构的腺病毒沿 z 轴的一个中心截面. (a) 是原始图像; (b) 是显式有限差分算法重构出来的结果, 此时 $\lambda = 1.3$; (c) 是 FBP 方法的重构结果

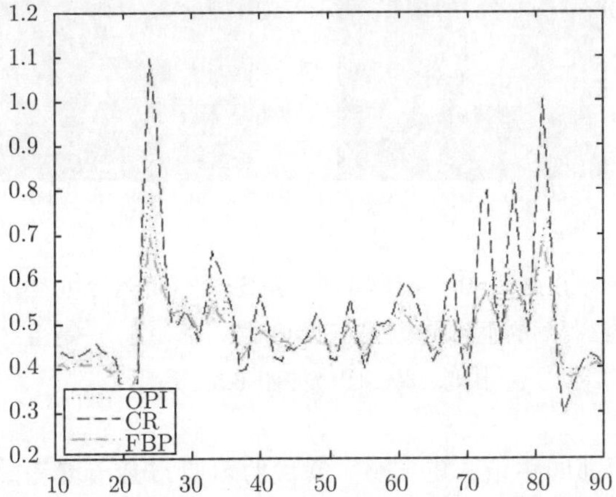

图 6.5.4　绘制图像沿 y 轴中心线的灰度值函数, 图中 ORI 表示原始图像, CR 表示显式有限差分算法的重构图像, FBP 表示 FBP 方法的重构图像

有噪声的随机分布的探测数据　最后对随机分布的有噪声的测量数据进行重构. 测试图像是基于冷冻电子显微重构的腺病毒沿 z 轴的一个中心截面, 大小为 100×100. 探测数据来源于 180 个随机角度的投影, 每个投影有 145 个数据, 同时受到高斯白噪声的干扰. 在这里我们选取 $\lambda = 0.6$. 重构结果如图 6.5.5 所示.

从图 6.5.5 可以看出, 与 FBP 方法相比, 显式有限差分方法重构出更多的细节. 为了更加明显的比较, 还绘制了各个图像沿 y 轴中心线的灰度值函数, 如图 6.5.6 所示. 可以看出, 显式有限差分算法能够起到保持图像几何特征的效果.

这些数值实验表明了提出的基于无穷角度保持几何特征的变分模型能重构出令人满意的结果, 特别是对被噪声干扰的均匀分布的和随机分布的投影探测数据而言有着良好的重构效果.

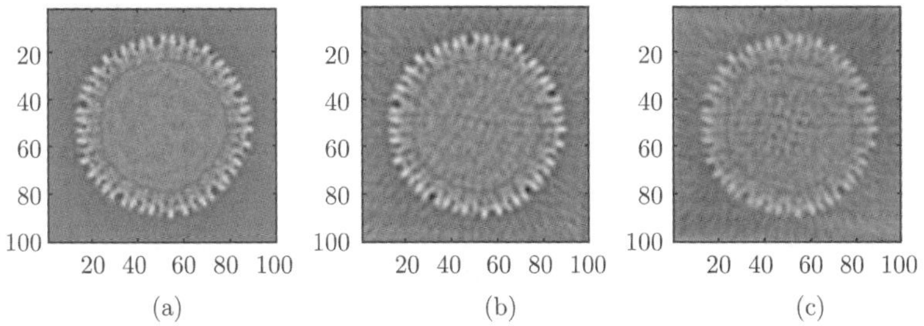

图 6.5.5　有高斯白噪声的模拟数据 (180 个随机的投影角度, 每个角度有 145 个投影) 的重构图像. 原始图像是基于冷冻电子显微重构的腺病毒沿 z 轴的一个中心截面. (a) 是原始图像; (b) 是显式有限差分算法重构出来的结果, 此时 $\lambda = 0.6$; (c) 是 FBP 方法的重构结果

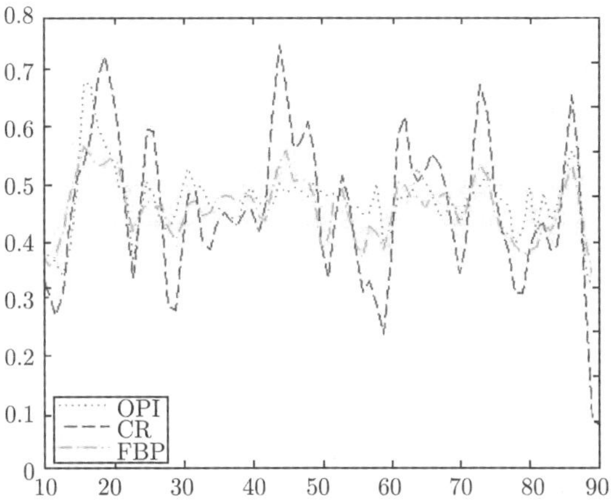

图 6.5.6　绘制图像沿 $y = 50$ 的中心线的灰度值函数, 图中 ORI 表示原始图像, CR 表示显式有限差分算法的重构图像, FBP 表示 FBP 方法的重构图像

6.5.4　半隐式有限元方法

从 6.5.3 小节的数值实验可知, 基于无穷角度的图像重构模型对于较复杂的投影数据不但能够重构出高质量的图像, 而且在计算上能够利用 FFT, 使得每个迭代步的计算速度大大提高. 用显式的有限差分方法进行数值计算虽然实现起来简单, 但是存在一些不足, 譬如: ① 时间步长 τ_m 的选取对算法的影响十分大, 既不能太大又不能太小; ② 收敛性无法保证; ③ 收敛速度较慢; ④ 微分项的离散方式不唯一, 并且不同的离散方式对数值结果的影响差别很大等. 因此, 必须寻找更合适的数值计算方法. 在本节里, 我们将引入半隐式的有限元方法, 其基本思想是在时间方向上借助于半隐式的欧拉格式去离散, 在空间方向上利用有限元离散, 最终在有限元空间中寻找问题的解.

1. 半隐式有限元方法

半隐式有限元方法是在有限元空间中逐步演化产生梯度流的解, 使其最终达到稳定状态的数值算法.

根据前面的推导, 考虑如下梯度流方程:

$$\begin{cases} \dfrac{\partial f}{\partial t} = \lambda \operatorname{div}\left(\dfrac{\phi'(\|\nabla f\|)\nabla f}{\|\nabla f\|}\right) - \mathbf{P}^*\mathbf{P}f + \mathbf{P}^*g, \quad (\boldsymbol{x}, t) \in \Omega_{T_0}, \\ f|_{\partial\Omega_{T_0}} = 0, \end{cases} \tag{6.5.44}$$

其中 $\Omega_{T_0} := (0, T_0] \times \Omega$, $\partial\Omega_{T_0} := (0, T_0] \times \partial\Omega$, 初始条件为 $f_0 = f(\boldsymbol{x}, 0)$. 正则化泛函的选取同上一节一样, 为修正的 TV 泛函. 由于半隐式方法能够直接推广到三维情形, 故为了简单起见, 仅考虑二维情形的数值计算.

设 V^h 是由张量积形式的三次 B 样条函数构成的有限元空间, v_h 为 V^h 的基函数, 可表示成 $B_k(x)B_l(y)$, $k, l = 0, 1, \cdots, N_1 - 1$, 其中 N_1 依赖于被重构图像的显示网格的大小. 令 $h \in (0, 1)$ 是均匀样条网格的步长, τ 是时间间隔 $[t_{m-1}, t_m]$ 的长度, 这里的时间步长是均匀的, 即将区间 $[0, T_0]$ 分成 m_0 个等距时间段[282].

注6.5.1 为了满足边界条件, 在图像网格上建立的 B 样条网格不考虑重结点的情形.

在时间方向上利用半隐式的欧拉格式离散, 在空间方向上进行有限元离散. 从而梯度流 (6.5.44) 的半隐式有限元离散格式如下所示: 寻找 $F^m \in V^h$, 其中 $m = 1, 2, \cdots, m_0$, 满足

$$\int_\Omega \left[d_t F^m v_h + \lambda \frac{\phi'(\|\nabla F^{m-1}\|)}{\|\nabla F^{m-1}\|} \nabla F^{m\mathrm{T}} \nabla v_h + (\mathbf{P}^*\mathbf{P}F^m - \mathbf{P}^*g)v_h\right] \mathrm{d}\boldsymbol{x} = 0, \tag{6.5.45}$$

对于 $\forall v_h \in V^h$ 成立, 其中函数 g 已知, 初始的 $F^0 \in V^h$ 是对初始函数 f_0 的逼近, $d_t F^m$ 是对 $\dfrac{\partial F^m}{\partial t}$ 的近似, 即

$$\frac{\partial F^m}{\partial t} \approx d_t F^m := \frac{F^m - F^{m-1}}{\tau}, \quad F^m \in V^h. \tag{6.5.46}$$

注6.5.2 半隐式方法的新颖之处在于使用 $\displaystyle\int_{\mathbb{R}^n} (\mathbf{P}^*\mathbf{P}F^m - \mathbf{P}^*g)v_h \mathrm{d}\boldsymbol{x}$ 去替代文献 [185, 301] 中的 $\displaystyle\sum_i \int_{\mathbb{R}^{n-1}} (\mathbf{P}F^m(\boldsymbol{\theta}_i, \boldsymbol{y}) - g(\boldsymbol{\theta}_i, \boldsymbol{y}))\mathbf{P}v_h(\boldsymbol{\theta}_i, \boldsymbol{y})\mathrm{d}\boldsymbol{y}$. 注意到, 由定理 2.4.4 可知 $\mathbf{P}^*\mathbf{P}f$ 并不依赖于具体的投影. 这种新的形式使得半隐式方法对相对困难的投影数据 (如稀疏或随机的投影角度) 均非常有效.

注6.5.3 对半隐式离散格式而言, 在文献 [117] 中的 Remark 1.6 的论述在这里依然成立. 另外, 在图像除噪领域, X. Feng 等提出了求解变分模型的隐式有限元

方法, 在其离散格式中, $\mathbf{P}$ 相当于一个单位算子. 计算上, 隐式有限元方法是非线性的, 对数值计算不便, 而半隐式有限元方法是线性的, 计算起来更可行. 从而, 半隐式有限元方法对图像除噪也是可用的.

为了简洁起见, 引入一些记号. 令

$$F^m(\boldsymbol{x}) = \sum_{i,j} f_N^m B_i(x)B_j(y), \quad \boldsymbol{x} = [x,y]^{\mathrm{T}}, \tag{6.5.47}$$

$$B_{MN} = \int_\Omega B_iB_jB_kB_l\mathrm{d}\boldsymbol{x}, \tag{6.5.48}$$

$$P_{MN} = \int_\Omega \mathbf{P}^*\mathbf{P}(B_iB_j)B_kB_l\mathrm{d}\boldsymbol{x} = \int_{\mathbf{T}^2} \mathbf{P}(B_iB_j)\mathbf{P}(B_kB_l)\mathrm{d}\boldsymbol{\theta}\mathrm{d}y, \tag{6.5.49}$$

$$G_M = \int_\Omega \mathbf{P}^*(g)B_kB_l\mathrm{d}\boldsymbol{x} = \int_{\mathbf{T}^2} g\mathbf{P}(B_kB_l)\mathrm{d}\boldsymbol{\theta}\mathrm{d}y, \tag{6.5.50}$$

$$Q_{MN}^m = \int_\Omega \frac{\phi'(\|\nabla F^m\|)}{\|\nabla F^m\|}\nabla\big(B_iB_j\big)^{\mathrm{T}}\nabla\big(B_kB_l\big)\mathrm{d}\boldsymbol{x}, \tag{6.5.51}$$

其中

$$\begin{aligned}
&M = kN_1 + l + 1,\ N = iN_1 + j + 1, \quad i,j,k,l = 0,1,\cdots,N_1-1,\\
&B_iB_j = B_i(x)B_j(y),\\
&B_kB_l = B_k(x)B_l(y).
\end{aligned}$$

为了便于描述, 令

$$\begin{aligned}
&\boldsymbol{f}^m = (f_N^m)_{N_1^2\times 1}, \qquad \boldsymbol{G} = (G_M)_{N_1^2\times 1}, \qquad \boldsymbol{B} = (B_{MN})_{N_1^2\times N_1^2},\\
&\boldsymbol{P} = (P_{MN})_{N_1^2\times N_1^2}, \qquad \boldsymbol{Q}^m = (Q_{MN}^m)_{N_1^2\times N_1^2},
\end{aligned}$$

其中 $m = 0,1,\cdots$.

注6.5.4　根据 Gram 矩阵的定义, 矩阵 $\boldsymbol{B}$, $\boldsymbol{P}$ 和 $\boldsymbol{Q}^m$ 均为 Gram 矩阵. 注意到函数 $\{B_iB_j\}$, $\{\mathbf{P}(B_iB_j)\}$ 和 $\{\nabla(B_iB_j)\}, i,j = 0,1,\cdots,N_1-1$, 都分别是线性无关的, 因此, $\boldsymbol{B}$, $\boldsymbol{P}$ 和 $\boldsymbol{Q}^m$ 均是正定矩阵.

取 $v_h = B_kB_l$, $k,l = 0,1,\cdots,N_1-1$. 利用 (6.5.47), (6.5.45) 可转化为

$$\sum_N B_{MN}f_N^{m+1} = \sum_N B_{MN}f_N^m + \tau\left(G_M - \sum_N P_{MN}f_N^{m+1} - \lambda\sum_N Q_{MN}^m f_N^{m+1}\right), \tag{6.5.52}$$

其中 $m = 0,1,\cdots,m_0-1$. 利用上面引进的矩阵标记, 进一步可以得到如下迭代格式:

$$(\boldsymbol{B} + \tau(\boldsymbol{P} + \lambda\boldsymbol{Q}^m))\boldsymbol{f}^{m+1} = \boldsymbol{B}\boldsymbol{f}^m + \tau\boldsymbol{G}. \tag{6.5.53}$$

根据备注 6.5.4 可知, $\boldsymbol{B}+\tau(\boldsymbol{P}+\lambda\boldsymbol{Q}^m)$ 为正定矩阵. 因此, 广义最小残量法 (generalized minimal residual, GMRES) 可以有效地求解线性方程组 (6.5.53)[5, 242]. 从而可得半隐式有限元方法如下.

算法 6.5.2 (半隐式有限元方法)

(1) 给定初始点 $\boldsymbol{f}^0\in\mathbb{R}^{N_1^2\times 1}$, $0<\varepsilon\ll 1$, $0<\epsilon\ll 1$, $\tau>0$, 充分大的整数 $K>0$, 设置 $m:=0$.

(2) 由迭代格式 (6.5.53) 计算 $\boldsymbol{f}^{m+1}$, 即 $\boldsymbol{f}^{m+1}=\mathrm{GMRES}\,(\boldsymbol{f}^m)$.

(3) 计算误差 $r_m=\dfrac{\|\boldsymbol{f}^{m+1}-\boldsymbol{f}^m\|}{\tau}$.

(4) 如果 $r_m\leqslant\varepsilon$ 或者 $m>K$, 则停止, 否则, 令 $m:=m+1$, 返回步 (2).

根据定义, 很容易看出矩阵 $\boldsymbol{B}$ 和 $\boldsymbol{Q}^m$ 都是稀疏的, 而矩阵 $\boldsymbol{P}$ 是稠密的. 从而 $\boldsymbol{B}+\tau(\boldsymbol{P}+\lambda\boldsymbol{Q}^m)$ 是稠密矩阵. 如果 N_1 非常大, 那么存储 $\boldsymbol{B}+\tau(\boldsymbol{P}+\lambda\boldsymbol{Q}^m)$ 所需要的空间可能会超过使用计算机的存储能力. 因此, 预先直接计算系数矩阵不可行. 为了克服这个困难, 在 GMRES 中用前一步的 $\boldsymbol{f}^m$ 来计算 $\big(\boldsymbol{B}+\tau(\boldsymbol{P}+\lambda\boldsymbol{Q}^m)\big)\boldsymbol{f}^m$, 进而得到 $\boldsymbol{f}^{m+1}$. 注意到

$$\sum_N P_{MN}f_N^m=\int_{\mathbf{T}^2}\mathbf{P}F^m\mathbf{P}(B_kB_l)\mathrm{d}\boldsymbol{\theta}\mathrm{d}\boldsymbol{y}. \tag{6.5.54}$$

利用定理 2.4.4, 上式可以转化为

$$\sum_N P_{MN}f_N^m=2\int_\Omega\int_{\mathbb{R}^2}\|\boldsymbol{x}-\boldsymbol{y}\|^{-1}F^m(\boldsymbol{y})\mathrm{d}\boldsymbol{y}B_kB_l(\boldsymbol{x})\mathrm{d}\boldsymbol{x}. \tag{6.5.55}$$

显然, 为了加速计算, 可以用 FFT 计算其卷积部分.

2. 数值实验

在这里我们将进一步通过一些数值实验来揭示半隐式有限元方法的有效性. 实验数据来源于模拟的 Shepp-Logan 头颅模型, 分别是从均匀稀疏的投影角度和随机投影角度得到的, 并且受到不同程度随机噪声的干扰. 不妨假设从一个探测角度得到的数据是均匀分布的, 这样与实际成像的物理背景一致.

函数 ϕ 的选取如 (6.5.31), 为一个严格的凸函数. 包含在 ϕ 中的参数 ϵ 为一个充分小的正数, 使得能量泛函 (6.5.8) 中的第二项成为修正的 TV 泛函, 其意义已经在前面章节中说明. 在数值实验中, 统一选取 $\epsilon=0.001$, 时间步长 $\tau=0.01$. 与之不同的是, 因子 λ 的选取是不定的, 仅依赖于探测数据的性质, 如信噪比的大小、重构图像的大小、投影角度分布等, 其值的选取将直接影响重构图像的质量. 如果选得太小或者太大, 那么导致重构图像含有相当多的伪影和噪声或者光滑的边缘, 这些现象在数值实验中会得以体现. 考虑探测数据的噪声为加性的高斯白噪声, 以分贝 (dB) 的方式定义投影数据的信噪比如下:

$$\mathrm{SNR} = 10\log\frac{1}{VP\sigma^2}\sum_{v=0}^{V-1}\sum_{p=0}^{P-1}\left|g(\boldsymbol{\theta}_v,\, y_p)\right|^2, \tag{6.5.56}$$

其中 V 为总的投影角度个数, P 为每个角度的投影点总数, σ^2 为噪声的方差. 关于这一定义可以参考文献 [97].

为了验证半隐式有限元方法的收敛性、稳定性和广泛的适用性, 将其与标准的 FBP、Tikhonov 型正则化方法以及其他无正则化项的 ART、修正的 ART 算法进行比较. 在生物医学成像领域, 这些方法已经被大量的应用于求解与图像重构相关的不定的或者病态的线性方程组.

3. 与 FBP 方法和选取其他正则化项情形的比较

稀疏均匀的投影数据　首先在有噪声的均匀稀疏投影角度探测数据的情况下对半隐式算法进行研究. 对此数值模拟而言, 从每一采样角度获得一组由 512 个均匀间隔的测量构成的探测数据. 总共使用的采样角度有 60 个, 即在 $[0°, 180°)$ 上每隔 3° 采样一次. 显然, 角度方向的采样个数严重不足. 接下来, 将加性的高斯白噪声加到每个角度的投影数据上, 使得探测数据的信噪比为 SNR = 20dB. 重构的结果如图 6.5.7 所示. 从上图可以看出, 经过 40 步迭代, 半隐式有限元方法重构图像的质量要好于用 FBP 方法和其他惩罚正则化项方法重构的结果.

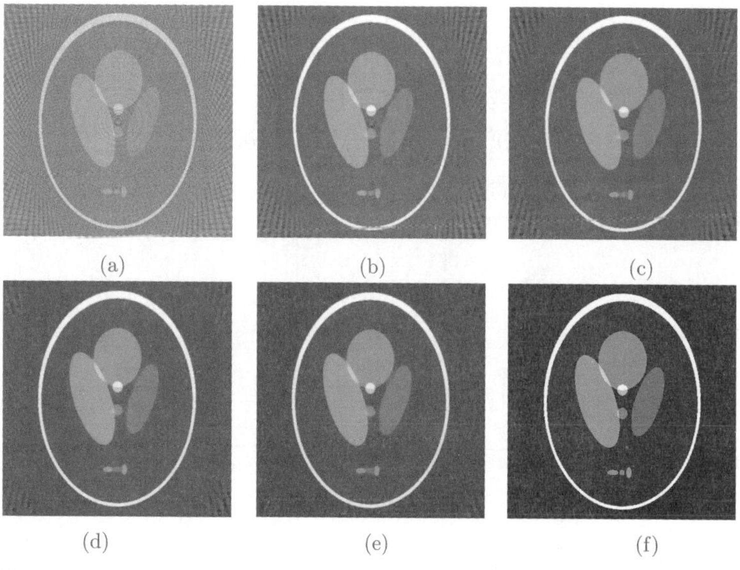

图 6.5.7　信噪比 SNR = 20dB. (a) FBP 方法重构的图像; (b) 无正则化项的 ART 型方法重构的图像; (c) 选取 $\lambda = 40$ 的 Tikhonov 型正则化方法重构的图像. 下面一行: 半隐式方法重构的图像, 分别选取 $\lambda = 4$ (d)、$\lambda = 5$(e); 显示在 512×512 的像素网格上的原始图像 (f), 其灰度值在 $[0.0, 1.0]$ 之间

在这个数值实验中, FBP 方法可以选择不同的滤波函数, 如 Ram-Lak、Shepp-Logan、Hamming、Hann 等滤波和不同的插值方式, 如最近邻居、线性、三次样条等插值. 然而, 当我们选取不同的滤波和插值组合的时候, FBP 方法的效果没有明显的改善. 不失一般性, 在图 6.5.7 以及后面相应的数值实验中, 仅显示对 FBP 方法利用 Ram-Lak 滤波和线性插值的重构图像. 此外, 为了做更加充分的比较, 选择其他惩罚泛函的情形也被考虑, 譬如, 无正则化项的 ART 型方法, 即 $\phi(s)=0$, 还有 Tikhonov 型正则化方法, 即 $\phi(s)=s^2$. 值得注意的是, 当 $\phi(s)=0$ 时, 我们建立的能量泛函仅含有保真项, 利用半隐式有限元方法求解的过程相当于某种 SIRT 方法, 可参考第 2 章中的相关内容. 因为角度稀疏, 所以系数矩阵是严重病态的. 在图 6.5.7 中显示的重构结果很好的印证了这一缺陷. 同样可以从图 6.5.7 看出, Tikhonov 型正则化方法不具有保持图像几何特征的性质. 即使正则化参数取得非常大, 其重构的结果也会充满振荡, 并且变得越来越模糊. 相对而言, 如图 6.5.7 所示, 当 $\lambda=40$ 的时候, 其重构效果最好. 从而对有噪声均匀稀疏的探测数据来说, 上面提到的方法都受到严重影响. 但是, 将参数 λ 在一个有限的范围内调节, 半隐式的方法能大大减少条状伪影和振荡.

另一方面, 除了上述从视觉效果上进行比较, 我们在图 6.5.8 和图 6.5.9 中还绘制出了各个图像沿水平方向的中心相交线的灰度值图, 进而作出更加明显的对比. 为了节省篇幅, 对半隐式方法, 只考虑 $\lambda=5$ 的情形. 因为从图 6.5.7 可以看出当 λ 取其他值时的效果也好于别的方法. 图 6.5.8(a) 表明半隐式方法能很好的保持图像的特征, 其重构的图像几乎与原始图像一样. 相反, 如图 6.5.8(b) 所示, 在原始图像分片常数的区域, FBP 方法产生了严重的伪影和振荡.

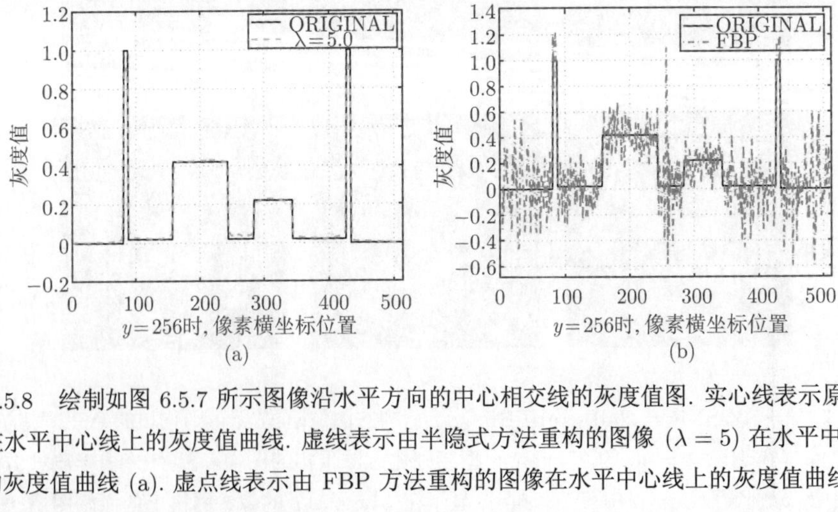

图 6.5.8　绘制如图 6.5.7 所示图像沿水平方向的中心相交线的灰度值图. 实心线表示原始图像在水平中心线上的灰度值曲线. 虚线表示由半隐式方法重构的图像 ($\lambda=5$) 在水平中心线上的灰度值曲线 (a). 虚点线表示由 FBP 方法重构的图像在水平中心线上的灰度值曲线 (b)

类似地, 从图 6.5.9(a) 得到的结论是如果正则化项不考虑, 重构图像的质量会遭受严重的振荡. 也就是说, 如果投影角度均匀分布但是非常稀疏, 则从 ART 型算法得到的线性方程组是病态的. 于是, 在这种情况下, 正则化项是必要的. 需要注意的是正则化参数的选取会直接影响到重构图像的质量. 如图 6.5.9(b) 所示, 相对上述两种方法而言, 虽然 Tikhonov 型正则化方法对重构图像有了许多改进, 但是振荡还是明显地呈现在图像水平方向的中心相交线上. 相反, 由半隐式方法重构的图像与原始模拟图像相比基本上没有差别. 简言之, 半隐式算法具有理想的重构效果, 并且能够成功地解决因投影角度稀疏且噪声干扰的探测数据难重构的问题.

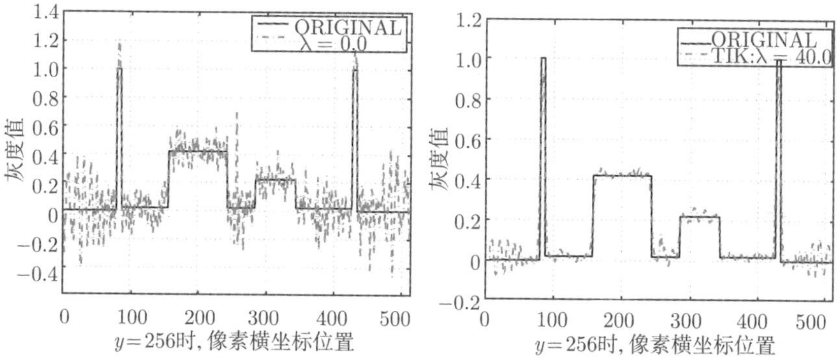

(a)　　(b)

图 6.5.9　绘制如图 6.5.7 所示图像沿水平方向的中心相交线的灰度值图. 实心线和虚点线分别表示原始图像和由 ART 型算法重构的图像 ($\phi(s)=0$)(a)、由 Tikhonov 型正则化方法重构的图像 ($\lambda=40$)(b) 在水平中心线上的灰度值曲线

随机的投影数据　在 $[0^\circ, 180^\circ)$ 的范围内对物体进行随机投影, 生成 180 个随机角度投影的探测数据. 从每个投影角度得到均匀分布的 512 个采样数据. 然后对得到的采样数据加入高斯白噪声, 使信噪比达到 25dB. 这种类型数据的实际应用背景是基于冷冻电镜的单颗粒分析, 其中投影角度相当于随机分布在探测单颗粒的周围. 利用 FBP 方法、无正则化项的 ART 型的方法、Tikhonov 型正则化方法 ($\lambda=20$) 以及半隐式方法进行重构, 重构的结果如图 6.5.10 所示. 其中算法的总迭代次数均为 40 次.

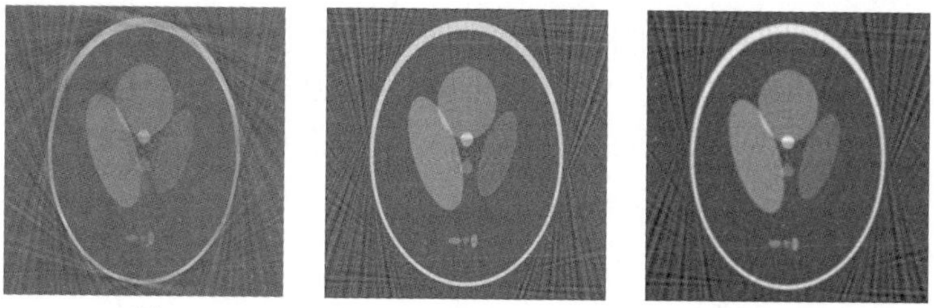

(a)　　(b)　　(c)

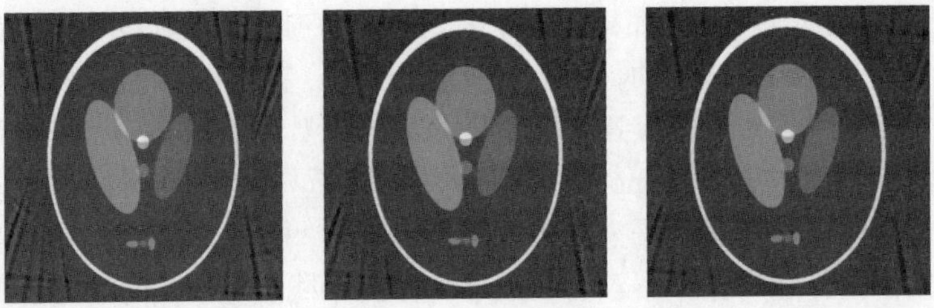

(d)　(e)　(f)

图 6.5.10　信噪比 SNR = 25dB. (a) 由 FBP 方法重构的图像; (b) 无正则化项的 ART 型方法重构的图像; (c) 选取 $\lambda = 20$ 的 Tikhonov 型正则化方法重构的图像. 下面一行: 半隐式的方法重构的图像, 分别选取 $\lambda = 3$(d)、$\lambda = 4$(e) 和 $\lambda = 5$(f). 显示在 512×512 的像素网格上的原始图像如图 6.5.7 所示, 其灰度值在 [0.0, 1.0] 之间

为了更详细的比较, 绘制出上述各个重构图像沿水平方向的中心相交线的灰度值曲线, 如图 6.5.11 和图 6.5.12 所示. 图 6.5.11(a) 的结果表明使用半隐式方法重构的图像与真实图像相比几乎没有区别. 然而, FBP 方法和无正则化项的 ART 型方法重构的图像在其分片常数的区域产生了严重的振荡, 分别如图 6.5.11(b) 和图 6.5.12(a) 所示. 另外, 虽然 Tikhonov 型正则化方法在很大程度上减少了振荡, 见图 6.5.12(b), 但是半隐式有限元方法的重构效果, 见图 6.5.11(a), 要明显好于 Tikhonov 型正则化方法的重构效果.

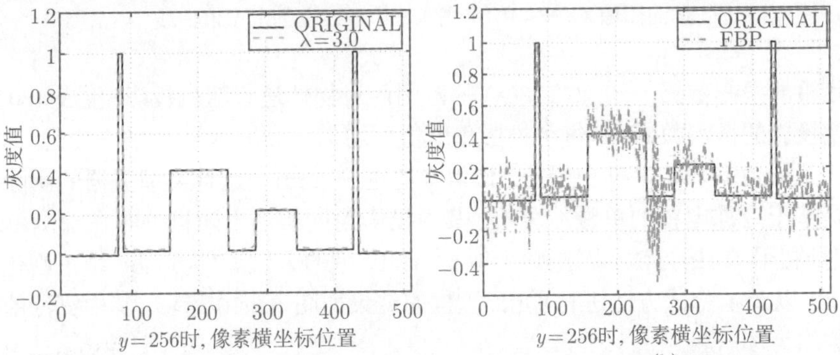

(a)　(b)

图 6.5.11　绘制如图 6.5.10 所示图像沿水平方向的中心相交线的灰度值图, 其中实线、虚线以及虚点线分别表示原始图像、半隐式有限元方法重构的图像 ($\lambda = 3$) (a) 以及 FBP 方法重构的图像 (b) 的相交线的灰度值曲线图

4. 与修正的 ART 方法的比较

在这部分, 我们将对半隐式有限元方法与最近提出的修正的 ART 方法作数值

比较, 如推广约束的 Kacmarz 算法 (Kacmarz extended and constrained, KEC)[223]、推广的 Kacmarz 共轭梯度算法 (Kacmarz extended conjugate gradient, KECG)[225] 以及推广约束对角加权算法 (extended constrained diagonal weighting, ECDW)[224] 等.

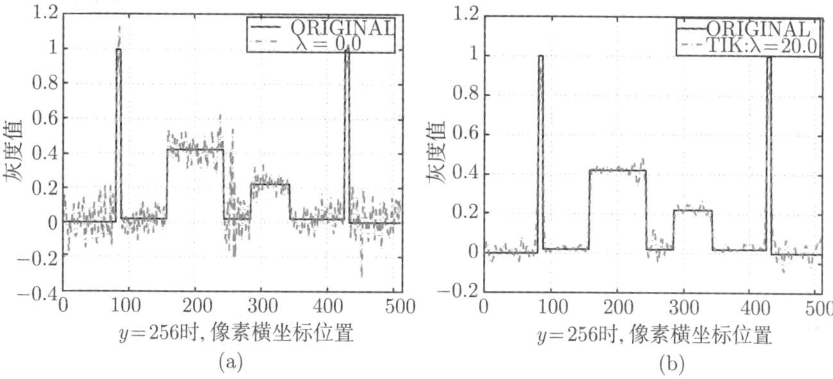

图 6.5.12　绘制如图 6.5.10 所示图像沿水平方向的中心相交线的灰度值图, 其中实心线和虚点线分别表示原始图像和由 ART 型算法重构的图像 ($\phi(s) = 0$)(a)、由 Tikhonov 型正则化方法重构的图像 ($\lambda = 20$)(b) 在水平中心线上的灰度值曲线

稀疏均匀的投影数据　此处考虑的探测物体依然是模拟的 Shepp-Logan 头颅模型, 其尺寸为 65×65, 如图 6.5.13 的右下方所示. 在模型中每个椭圆的灰度值在 [0.0, 1.0] 中选取. 利用这个模型, 在 $[0°, 180°)$ 的范围内均匀产生 60 个投影方向的探测数据. 另外, 在每个投影方向有 65 个均匀投影数据. 对这个扫描过程而言, 获得的采样数据显然是不够的. 接着将随机的噪声加入到探测数据上, 使其信噪比 SNR = 25dB.

对此处有噪声的稀疏数据, 分别利用 KEC、KECG、ECDW 算法和半隐式方法进行图像重构, 其结果如图 6.5.13 所示.

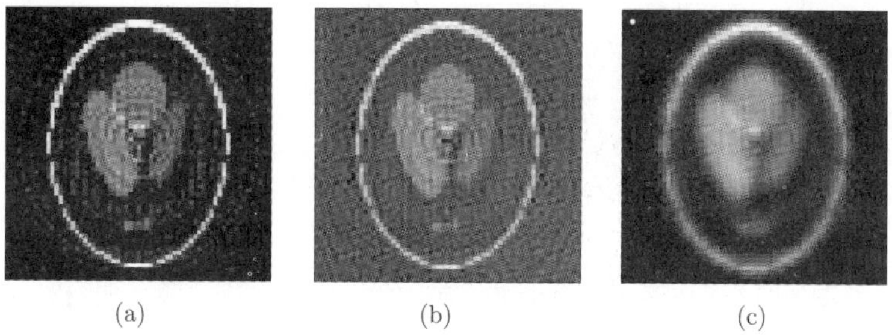

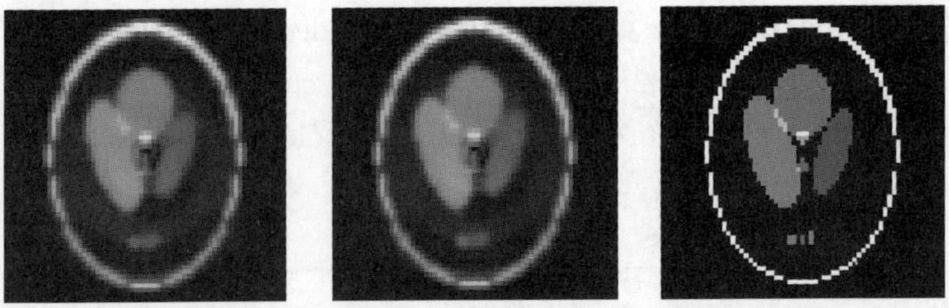

(d)　　(e)　　(f)

图 6.5.13　信噪比 SNR = 25dB. 上面一行: 分别由 KEC(a)、KECG(b) 和 ECDW (c) 算法重构的图像. 下面一行: 由半隐式有限元方法重构的图像, 正则化参数分别选取 $\lambda = 0.165$(d) 和 $\lambda = 0.175$(e); 原始图像 (f) 的大小为 65×65, 灰度值在 [0.0, 1.0] 之间

上面方法的总迭代次数均为 60 次, 初始值都选为零初始图像. 为了进一步比较, 我们同样绘制出了各重构图像沿水平中心线的灰度值曲线图, 比较结果如图 6.5.14 所示.

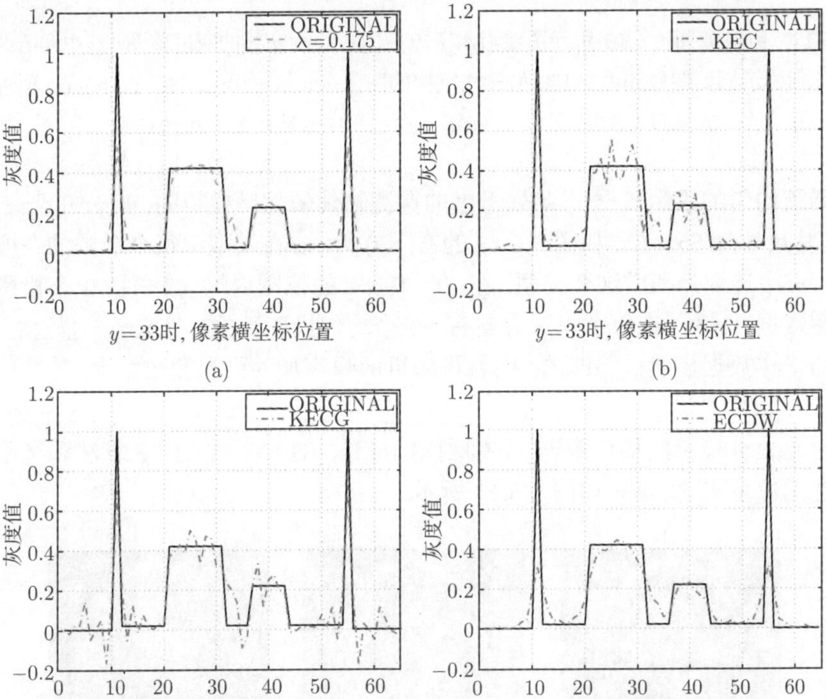

(a)　　(b)

(c)　　(d)

图 6.5.14　绘制如图 6.5.13 所示图像沿水平方向的中心相交线的灰度值曲线图, 其中实线、虚线以及虚点线分别表示原始图像、半隐式有限元方法重构的图像 ($\lambda = 0.175$)(a) 以及由 KEC(b)、KECG(c)、ECDW(d) 算法重构的图像在水平中心线上的灰度值曲线

图 6.5.13 中的重构图像显示由半隐式方法重构的图像比由 KEC、KECG 和 ECDW 算法重构的图像更加接近真实的图像. 此外, 图 6.5.13 和图 6.5.14 说明, KEC 和 KECG 方法使重构图像产生了非常明显的条状伪影和振荡. 值得注意的是, 在由 ECDW 和半隐式方法重构的图像中, 这些现象得以大大减少. 然而 ECDW 方法使重构图像的相对灰度强度发生了改变, 这一现象可以从图 6.5.14(d) 的比较图中很明显的看出. 相反, 半隐式方法很好的保持了真实图像的相对灰度强度. 另外, 为了更好地区别这两种方法的好坏, 我们使用了三种逼近误差来度量比较, 即距离误差, 相对误差和标准离差, 其定义参考文献 [224]. 如图 6.5.15 所示, 相应的比较结果表明随着迭代次数不断增加半隐式方法要好于 ECDW 算法.

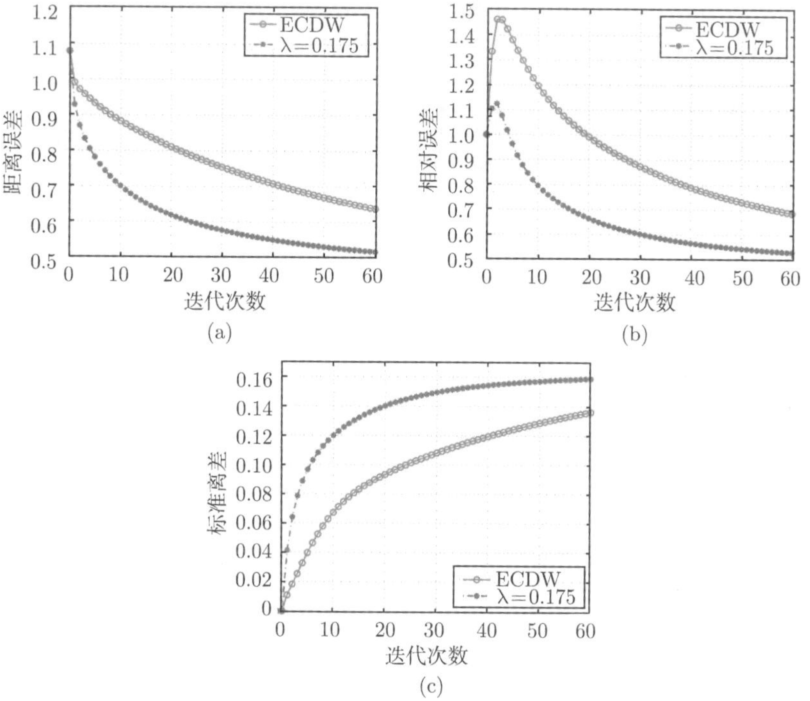

图 6.5.15　随着迭代次数的增加, 圆形实线和星形虚点线分别表示 ECDW 算法和半隐式有限元方法 ($\lambda = 0.175$) 的各种逼近误差比较图, (a) 表示距离误差的比较, (b) 表示相对误差的比较, (c) 表示标准离差的比较

随机的投影数据　另外一个具有重要实际意义的问题是如何处理投影角度是随机分布的有噪声干扰的探测数据的重构问题此问题发生在三维单颗粒重构过程中[120]. 于是和 6.5.3 小节一样, 我们进一步用有噪声随机投影数据对上述的算法作比较. 对这一实验, 遭受干扰的 180 个投影随机分布在 $[0°, 180°)$ 范围内, 其中信噪比

SNR=25dB. 利用 KEC、KECG、ECDW 和半隐式算法重构的结果如图 6.5.16 所示.

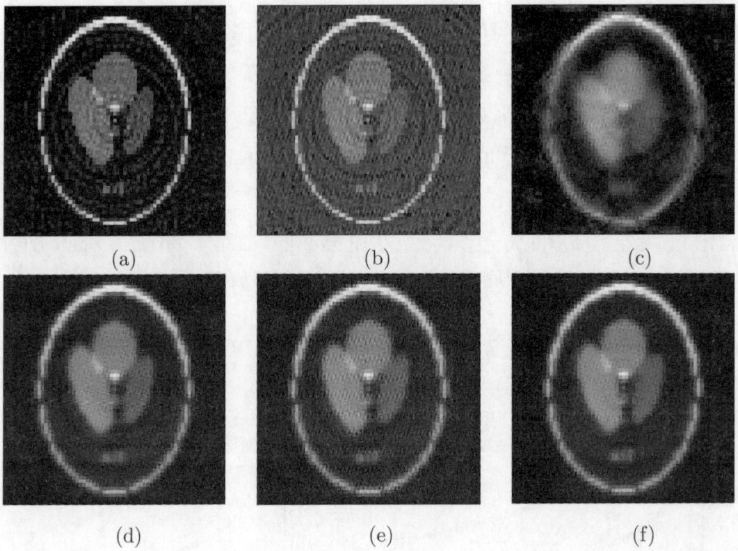

图 6.5.16 信噪比 SNR=25dB. 上面一行: 分别由 KEC(a)、KECG(b) 和 ECDW (c) 算法重构的图像. 下面一行: 由半隐式有限元方法重构的图像, 正则化参数分别选取 $\lambda=0.095$(d)、$\lambda=0.1$(e) 和 $\lambda=0.115$(f). 原始图像的大小为 65×65, 灰度值在 [0.0, 1.0] 之间, 如图 6.5.13 所示

每个方法的迭代次数均为 60 次, 并且初始值均取零图像. 图 6.5.16 表明半隐式方法的重构效果和质量要优于 KEC, KECG 和 ECDW 算法. 此外, 如图 6.5.17 所示, 在图像沿水平方向的中心相交线上, KEC 和 KECG 产生了大量的扭曲和严重的振荡. 更重要的是, 图像的相对强度特征已经被 ECDW 改变, 见图 6.5.17(c) 的比较. 与这些修正的 ART 算法相比, 半隐式算法能更好地保持图像的几何特征.

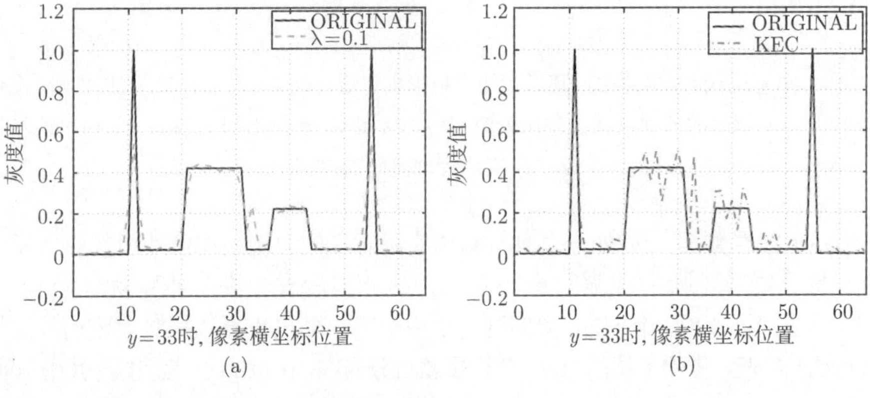

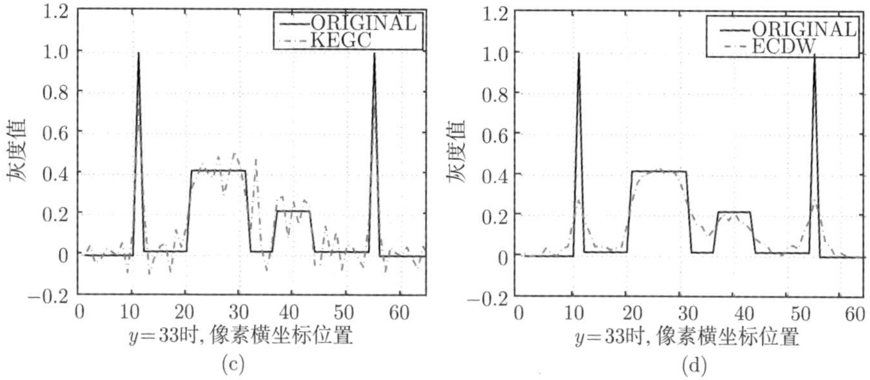

图 6.5.17　绘制如图 6.5.16 所示图像沿水平方向的中心相交线的灰度值曲线图, 其中实线、虚线以及虚点线分别表示原始图像、半隐式有限元方法重构的图像 ($\lambda = 0.1$)(a) 以及由 KEC(b)、KECG(c)、ECDW(d) 算法重构的图像在水平相交线上的灰度值曲线

和前面的数值实验一样, 此处也提供各种逼近误差, 包括距离误差、相对误差和标准离差, 对 ECDW 算法和半隐式方法的重构效果进行比较. 比较的结果见图 6.5.18, 说明相对 ECDW 方法而言, 半隐式方法的重构结果能更好地逼近真实的图像.

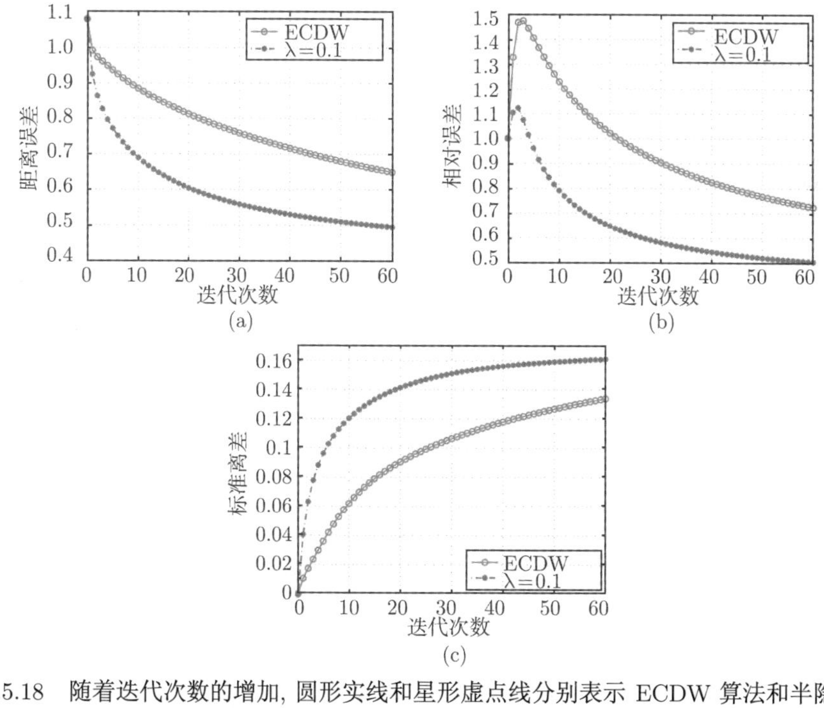

图 6.5.18　随着迭代次数的增加, 圆形实线和星形虚点线分别表示 ECDW 算法和半隐式有限元方法 ($\lambda = 0.1$) 的各种逼近误差比较图, 其中 (a) 表示距离误差的比较, (b) 表示相对误差的比较, (c) 表示标准离差的比较

6.6 有限角度的半隐式有限元方法

基于 6.5 节的想法, 在这里将引入有限角度的半隐式有限元方法, 其基本思想是在时间方向上借助于半隐式的欧拉格式去离散, 在空间方向上利用有限元离散, 最终在有限元空间中寻找问题的解.

由于考虑的研究问题与 6.4 节一样, 符号的定义完全相同, 故在此处就不再作说明. 现考虑梯度流的弱形式 (6.4.7) 的半隐式的有限元离散: 寻找 $F^{m+1} \in V^h$, $m = 0, 1, \cdots, m_0$, 满足

$$\int_{\Omega} d_t F^{m+1} \mathrm{d}\boldsymbol{x} = \sum_{\boldsymbol{\theta} \in \Theta} \int_{\mathbb{R}^2} (g_{\boldsymbol{\theta}} - \mathbf{P}_{\boldsymbol{\theta}} F^{m+1}) \mathbf{P}_{\boldsymbol{\theta}} v_h \mathrm{d}\boldsymbol{u} - \lambda \int_{\Omega} \frac{\phi'(\|\nabla F^m\|)}{\|\nabla F^m\|} \nabla F^{m+1^{\mathrm{T}}} \nabla v_h \mathrm{d}\boldsymbol{x}, \tag{6.6.1}$$

对 $\forall v_h \in V^h$ 均成立, 给定的初始函数 f_0 的逼近 F^0, 其中 $\tau_m \in (0,1)$ 为时间段 $[t_m, t_{m+1}]$ 的长度. 使用 6.4 节的记号, 可得如下迭代格式:

$$(\boldsymbol{B} + \tau_m(\boldsymbol{R} + \lambda \boldsymbol{Q}^m))\boldsymbol{f}^{m+1} = \boldsymbol{B}\boldsymbol{f}^m + \tau_m \boldsymbol{G}, \tag{6.6.2}$$

从而有如下半隐式有限元方法.

算法 6.6.1 (半隐式有限元方法)

(1) 给定初始点 $\boldsymbol{f}^0 \in \mathbb{R}^{N_1^3}$, $0 < \varepsilon \ll 1$, $0 < \epsilon \ll 1$, $\tau > 0$, 充分大的整数 $K > 0$, 置 $m := 0$.

(2) 由迭代格式 (6.6.2) 计算 $\boldsymbol{f}^{m+1}$, 即 $\boldsymbol{f}^{m+1} = \mathrm{GMRES}(\boldsymbol{f}^m)$.

(3) 计算误差 $r_m = \dfrac{\|\boldsymbol{f}^{m+1} - \boldsymbol{f}^m\|}{\tau_m}$.

(4) 如果 $r_m \leqslant \varepsilon$ 或者 $m > K$, 则停止, 否则, 令 $m := m + 1$, 返回步 (2).

6.7 混合格式

前面 6.4 节与 6.6 节分别给出了有限投影角度的显式和半隐式有限元方法. 显式有限元方法的优点在于容易实现, 不需要求解线性方程组, 缺点在于其收敛性容易受到时间步长的影响, 即时间步长选得太短导致收敛速度太慢, 相反选得太长导致不收敛, 无法达到稳定状态, 从而给正则化参数的选取带来极大的困难, 很难选取适当的时间步长与正则化参数使得迭代既收敛又能达到理想的重构效果. 另外, 半隐式有限元方法的收敛性完全不依赖于时间步长和正则化参数的选取, 故能够先固定某一个参数, 再去调节另一个参数, 从而得到能达到理想重构效果的最佳参数组合. 然而, 半隐式有限元方法的缺点是需要求解线性方程组, 这样就使计算效

率大打折扣. 虽然总的迭代次数会有很大程度的减少, 但是每步迭代所花的时间会增加.

综合上述两种方法的优缺点, 提出了混合格式有限元方法, 即显式有限元方法和半隐式有限元方法的线性组合. 混合格式有限元方法结合了显式和半隐式的优点, 使得时间步长的选取较显式格式有更广的范围, 并且不需要求解线性方程组, 从而其收敛速度要明显快于显式格式的收敛速度, 每步迭代计算所花的时间也要远远少于半隐式. 本节内容主要来自文献 [299].

6.7.1 算法提出

由于考虑的问题背景与 6.4 节类似, 故对梯度流 (6.4.6) 的推导过程略去. 直接对其弱形式 (6.4.7) 进行混合格式的有限元离散: 寻找 $F^m \in V^h$, 使得

$$\begin{aligned}&\int_\Omega \left[d_t F^m v_h + \alpha \frac{\lambda\phi'(\|\nabla F^{m-1}\|)}{\|\nabla F^{m-1}\|}\nabla F^{m\mathrm{T}}\nabla v_h\right]\mathrm{d}\boldsymbol{x} + \alpha\sum_{i=1}^{p}\int_{\mathbb{R}^2}(\mathbf{P}_{\boldsymbol{\theta}_i}F^m - g_i)\mathbf{P}_{\boldsymbol{\theta}_i}v_h\mathrm{d}\boldsymbol{y}\\ =&(\alpha-1)\int_\Omega \frac{\lambda\phi'(\|\nabla F^{m-1}\|)}{\|\nabla F^{m-1}\|}\nabla F^{m-1\,\mathrm{T}}\nabla v_h\mathrm{d}\boldsymbol{x}\\ &+(\alpha-1)\sum_{i=1}^{p}\int_{\mathbb{R}^2}(\mathbf{P}_{\boldsymbol{\theta}_i}F^{m-1} - g_i)\mathbf{P}_{\boldsymbol{\theta}_i}v_h\mathrm{d}\boldsymbol{y},\end{aligned} \tag{6.7.1}$$

对 $m = 1, 2, \cdots, m_0$ 以及 $\forall v_h \in V^h$ 均成立, 其中 $\alpha \in [0, 1]$, $\tau_m \in (0,\ 1)$, 投影角度集合 $\Theta = \{\theta_1, \cdots, \theta_p\}$, 给定逼近初始条件 f_0 的 $F^0 \in V^h$.

利用第 4 章中的记号, (6.7.1) 可转化为

$$(\boldsymbol{B} + \tau_{m-1}\alpha(\lambda\boldsymbol{Q}^{m-1} + \boldsymbol{R}))\boldsymbol{f}^m = (\boldsymbol{B} - \tau_{m-1}(1-\alpha)(\lambda\boldsymbol{Q}^{m-1} + \boldsymbol{R}))\boldsymbol{f}^{m-1} + \tau_{m-1}\boldsymbol{G}. \tag{6.7.2}$$

显然, 当 $\alpha = 0$ 和 $\alpha = 1$ 时, (6.7.2) 分别转化为显式格式和半隐式格式. 值得注意的是, (6.7.2) 是如下显式格式和半隐式格式的线性组合:

$$\boldsymbol{B}\boldsymbol{f}^m = (\boldsymbol{B} - \tau_{m-1}(\lambda\boldsymbol{Q}^{m-1} + \boldsymbol{R}))\boldsymbol{f}^{m-1} + \tau_{m-1}\boldsymbol{G}, \tag{6.7.3}$$

$$(\boldsymbol{B} + \tau_{m-1}(\lambda\boldsymbol{Q}^{m-1} + \boldsymbol{R}))\boldsymbol{f}^m = \boldsymbol{B}\boldsymbol{f}^{m-1} + \tau_{m-1}\boldsymbol{G}, \tag{6.7.4}$$

其中系数分别是 $1-\alpha$ 与 α. 显然 (6.7.3) 与 (6.4.12) 等价, (6.7.4) 与 (6.6.2) 等价. 设

$$\boldsymbol{f}^m = \boldsymbol{f}^{m-1} + \tau_{m-1}\sum_{i=0}^{\infty}\tau_{m-1}^i\boldsymbol{Y}_i^{m-1}, \tag{6.7.5}$$

将 (6.7.5) 代入到 (6.7.2) 中, 有

$$(\boldsymbol{B} + \alpha\tau_{m-1}(\lambda\boldsymbol{Q}^{m-1} + \boldsymbol{R}))\sum_{i=0}^{\infty}\tau_{m-1}^i\boldsymbol{Y}_i^{m-1} = \boldsymbol{G} - (\lambda\boldsymbol{Q}^{m-1} + \boldsymbol{R})\boldsymbol{f}^{m-1}. \tag{6.7.6}$$

由 (6.7.6) 可知

$$\sum_{i=0}^{\infty}\tau_{m-1}^{i}\boldsymbol{Y}_{i}^{m-1}=(\boldsymbol{I}+\alpha\tau_{m-1}\boldsymbol{B}^{-1}(\lambda\boldsymbol{Q}^{m-1}+\boldsymbol{R}))^{-1}\boldsymbol{B}^{-1}(\boldsymbol{G}-(\lambda\boldsymbol{Q}^{m-1}+\boldsymbol{R})\boldsymbol{f}^{m-1})$$

$$=\sum_{i=0}^{\infty}(-\alpha)^{i}\tau_{m-1}^{i}(\boldsymbol{B}^{-1}(\lambda\boldsymbol{Q}^{m-1}+\boldsymbol{R}))^{i}\boldsymbol{B}^{-1}(\boldsymbol{G}-(\lambda\boldsymbol{Q}^{m-1}+\boldsymbol{R})\boldsymbol{f}^{m-1}).\tag{6.7.7}$$

比较 τ_{m-1}^{i} 系数可得

$$\boldsymbol{Y}_{0}^{m-1}=\boldsymbol{B}^{-1}(\boldsymbol{G}-(\lambda\boldsymbol{Q}^{m-1}+\boldsymbol{R})\boldsymbol{f}^{m-1}),\tag{6.7.8}$$

$$\boldsymbol{Y}_{i}^{m-1}=-\alpha\boldsymbol{B}^{-1}(\lambda\boldsymbol{Q}^{m-1}+\boldsymbol{R})\boldsymbol{Y}_{i-1}^{m-1},\quad i=1,2,\cdots.\tag{6.7.9}$$

注意到需要选择合适的 α 使得 $\alpha\boldsymbol{B}^{-1}(\lambda\boldsymbol{Q}^{m-1}+\boldsymbol{R})$ 的谱半径小于 1, 从而级数 (6.7.5) 是收敛的. 假设

$$y_{i}^{m}(\boldsymbol{x})=\sum_{j}y_{ij}^{m}\phi_{j}(\boldsymbol{x}),\quad i=0,1,\cdots,\tag{6.7.10}$$

则有

$$F^{m}(\boldsymbol{x})=F^{m-1}(\boldsymbol{x})+\tau_{m-1}\sum_{i=0}^{\infty}\tau_{m-1}^{i}y_{i}^{m-1}(\boldsymbol{x}).$$

将 $F^{m}(\boldsymbol{x})$ 代入 (6.4.1), 并设

$$e(\tau_{m-1}):=E\left(F^{m-1}(\boldsymbol{x})+\tau_{m-1}\sum_{i=0}^{\infty}\tau_{m-1}^{i}y_{i}^{m-1}(\boldsymbol{x})\right),$$

对 $e'(\tau_{m-1})$ 利用级数展开可得

$$e'(\tau_{m-1})=\sum_{i=0}^{\infty}e_{i}\tau_{m-1}^{i}.$$

在实际计算时, 对 (6.7.5) 进行截断, 从而有

$$\boldsymbol{f}^{m}=\boldsymbol{f}^{m-1}+\tau_{m-1}\boldsymbol{Y}_{0}^{m-1}+\tau_{m-1}^{2}Y_{1}^{m-1}.\tag{6.7.11}$$

令

$$e'(\tau_{m-1})=0,$$

忽略高于四次的项, 可得如下关于 τ_{m} 的三次方程:

$$e_{0}+e_{1}\tau_{m-1}+e_{2}\tau_{m-1}^{2}+e_{3}\tau_{m-1}^{3}=0.\tag{6.7.12}$$

从而选取 τ_{m-1} 为方程 (6.7.12) 的最小正根. 为了满足迭代过程的收敛性条件, τ_{m-1} 可能还需要进行适当的调整来满足约束条件 (7.4.2)(参考注 7.4.2). 计算完 τ_{m-1}、

$\boldsymbol{Y}_0^{m-1}$ 与 $\boldsymbol{Y}_1^{m-1}$ 之后, $\boldsymbol{f}^m$ 可通过 (6.7.11) 得到. (6.7.12) 中的系数 e_i 由下面的公式给出:

$$e_0 = \sum_{i=1}^{p} \int_{\mathbb{R}^2} (\mathbf{P}_{\boldsymbol{\theta}_i} F^{m-1} - g_i)(\mathbf{P}_{\boldsymbol{\theta}_i} y_0) \mathrm{d}\boldsymbol{x} + \lambda r'(0), \tag{6.7.13}$$

$$e_1 = \sum_{i=1}^{p} \int_{\mathbb{R}^2} (\mathbf{P}_{\boldsymbol{\theta}_i} y_0)^2 + 2(\mathbf{P}_{\boldsymbol{\theta}_i} F^{m-1} - g_i)(\mathbf{P}_{\boldsymbol{\theta}_i} y_1) \mathrm{d}\boldsymbol{x} + \lambda r''(0), \tag{6.7.14}$$

$$e_2 = \sum_{i=1}^{p} \int_{\mathbb{R}^2} 3(\mathbf{P}_{\boldsymbol{\theta}_i} y_0)(\mathbf{P}_{\boldsymbol{\theta}_i} y_1) \mathrm{d}\boldsymbol{x} + \frac{\lambda}{2} r'''(0), \tag{6.7.15}$$

$$e_3 = \sum_{i=1}^{p} \int_{\mathbb{R}^2} 2(\mathbf{P}_{\boldsymbol{\theta}_i} y_1)^2 \mathrm{d}\boldsymbol{x} + \frac{\lambda}{6} r''''(0), \tag{6.7.16}$$

其中

$$r(\tau) = \int_{\mathbb{R}^3} \phi(g(\tau)) \mathrm{d}\boldsymbol{x}, \quad g(\tau) = \|\nabla F^{m-1} + \tau \nabla y_0 + \tau^2 \nabla y_1\|,$$

r'、r''、r''' 与 r'''' 分别表示 $r(\tau)$ 关于 τ 的一阶、二阶、三阶与四阶导数. 利用链式法则容易得到

$$\begin{aligned}
r' &= \int_{\mathbb{R}^3} \phi' g' \mathrm{d}\boldsymbol{x}, \\
r'' &= \int_{\mathbb{R}^3} (\phi''(g')^2 + \phi' g'') \mathrm{d}\boldsymbol{x}, \\
r''' &= \int_{\mathbb{R}^3} (\phi'''(g')^3 + 3\phi'' g' g'' + \phi' g''') \mathrm{d}\boldsymbol{x}, \\
r'''' &= \int_{\mathbb{R}^3} (\phi''''(g')^4 + 6\phi'''(g')^2 g'' + 3\phi''(g'')^2 + 4\phi'' g' g''' + \phi' g'''') \mathrm{d}\boldsymbol{x}.
\end{aligned}$$

不难看出

$$g' g = \left(\nabla F^{m-1} + \tau \nabla y_0 + \tau^2 \nabla y_1\right)^{\mathrm{T}} (\nabla y_0 + 2\tau \nabla y_1).$$

于是 g 的更高阶导数可由以下公式逐步计算:

$$\begin{aligned}
& g'' g + (g')^2 = (\nabla y_0 + 2\tau \nabla y_1)^{\mathrm{T}} (\nabla y_0 + 2\tau \nabla y_1) + 2\left(\nabla F^{m-1} + \tau \nabla y_0 + \tau^2 \nabla y_1\right)^{\mathrm{T}} \nabla y_1, \\
& g''' g + 3g'' g' = 6\left(\nabla y_0 + 2\tau \nabla y_1\right)^{\mathrm{T}} \nabla y_1, \\
& g'''' g + 4g''' g' + 3(g'')^2 = 12\left(\nabla y_1\right)^{\mathrm{T}} \nabla y_1,
\end{aligned}$$

其中 g'、g''、g''' 与 g'''' 分别表示 $g(\tau)$ 关于 τ 的一阶、二阶、三阶与四阶导数. 根据前面的推导, 可得如下引理.

引理 6.7.1　假设 $\boldsymbol{Y}_0^{m-1} \neq \mathbf{0}$, e_0 与 e_1 分别由 (6.7.13) 与 (6.7.14) 定义, 则有 $e_0 < 0$ 和 $e_1 \geqslant 0$.

证明 利用第 4 章中的记号和公式 (6.7.8), (6.7.9), e_0 可转化为

$$\begin{aligned} e_0 &= \boldsymbol{Y}_0^{m-1\mathrm{T}} \boldsymbol{R} \boldsymbol{f}^{m-1} - \boldsymbol{Y}_0^{m-1\mathrm{T}} \boldsymbol{G} + \lambda \boldsymbol{Y}_0^{m-1\mathrm{T}} \boldsymbol{Q}^{m-1} \boldsymbol{f}^{m-1} \\ &= \boldsymbol{Y}_0^{m-1\mathrm{T}} ((\lambda \boldsymbol{Q}^{m-1} + \boldsymbol{R}) \boldsymbol{f}^{m-1} - \boldsymbol{G}) \\ &= -\boldsymbol{Y}_0^{m-1\mathrm{T}} \boldsymbol{B} \boldsymbol{Y}_0^{m-1}. \end{aligned} \tag{6.7.17}$$

由于 $\boldsymbol{B}$ 为正定的 Gram 矩阵, 故有

$$e_0 = -\boldsymbol{Y}_0^{m-1\mathrm{T}} \boldsymbol{B} \boldsymbol{Y}_0^{m-1} < 0.$$

同理, 可得

$$\begin{aligned} e_1 = & \boldsymbol{Y}_0^{m-1\mathrm{T}} \boldsymbol{R} \boldsymbol{Y}_0^{m-1} + 2(\boldsymbol{Y}_1^{m-1\mathrm{T}} \boldsymbol{R} \boldsymbol{f}^{m-1} - \boldsymbol{Y}_1^{m-1\mathrm{T}} \boldsymbol{G}) \\ & + \lambda \boldsymbol{Y}_0^{m-1\mathrm{T}} \boldsymbol{Q}^{m-1} \boldsymbol{Y}_0^{m-1} + 2\lambda \boldsymbol{Y}_1^{m-1\mathrm{T}} \boldsymbol{Q}^{m-1} \boldsymbol{f}^{m-1} \\ & + \lambda \int_{\mathbb{R}^3} \left(\frac{\phi''(\|\nabla F^{m-1}\|)}{\|\nabla F^{m-1}\|^2} - \frac{\phi'(\|\nabla F^{m-1}\|)}{\|\nabla F^{m-1}\|^3} \right) ((\nabla F^{m-1})^{\mathrm{T}} (\nabla y_0^{m-1}))^2 \mathrm{d}\boldsymbol{x}. \end{aligned} \tag{6.7.18}$$

由 (6.7.8), (6.7.9) 以及 $\boldsymbol{Q}^{m-1}$、$\boldsymbol{R}$ 和 $\boldsymbol{B}$ 的对称性可知, (6.7.18) 的右端前四项经推导有

$$\begin{aligned} & \boldsymbol{Y}_0^{m-1\mathrm{T}} (\lambda \boldsymbol{Q}^{m-1} + \boldsymbol{R}) \boldsymbol{Y}_0^{m-1} + 2\boldsymbol{Y}_1^{m-1\mathrm{T}} ((\lambda \boldsymbol{Q}^{m-1} + \boldsymbol{R}) \boldsymbol{f}^{m-1} - \boldsymbol{G}) \\ = & \boldsymbol{Y}_0^{m-1\mathrm{T}} (\lambda \boldsymbol{Q}^{m-1} + \boldsymbol{R}) \boldsymbol{Y}_0^{m-1} - 2\boldsymbol{Y}_1^{m-1\mathrm{T}} \boldsymbol{B} \boldsymbol{Y}_0^{m-1} \\ = & (1 + 2\alpha) \boldsymbol{Y}_0^{m-1\mathrm{T}} (\lambda \boldsymbol{Q}^{m-1} + \boldsymbol{R}) \boldsymbol{Y}_0^{m-1}. \end{aligned} \tag{6.7.19}$$

又由于 $\phi(s) = \sqrt{s^2 + \epsilon^2}$, 立得

$$\phi'(s) = \frac{s}{\sqrt{s^2 + \epsilon^2}}, \quad \phi''(s) = \frac{\epsilon^2}{(s^2 + \epsilon^2)^{3/2}}. \tag{6.7.20}$$

从而 (6.7.18) 的右端最后一项中的

$$\frac{\phi''(\|\nabla F^{m-1}\|)}{\|\nabla F^{m-1}\|^2} - \frac{\phi'(\|\nabla F^{m-1}\|)}{\|\nabla F^{m-1}\|^3} = -\frac{1}{(\epsilon^2 + \|\nabla F^{m-1}\|^2)^{3/2}}. \tag{6.7.21}$$

由 (6.7.21) 及 Cauchy-Schwarz 不等式即知 (6.7.18) 的右端最后一项可转化为

$$\begin{aligned} -\lambda \int_{\mathbb{R}^3} \frac{((\nabla F^{m-1})^{\mathrm{T}} \nabla y_0^{m-1})^2}{(\epsilon^2 + \|\nabla F^{m-1}\|^2)^{3/2}} \mathrm{d}\boldsymbol{x} & \geqslant -\lambda \int_{\mathbb{R}^3} \frac{\|\nabla F^{m-1}\|^2 \|\nabla y_0^{m-1}\|^2}{(\epsilon^2 + \|\nabla F^{m-1}\|^2)^{3/2}} \mathrm{d}\boldsymbol{x} \\ & \geqslant -\lambda \int_{\mathbb{R}^3} \frac{\|\nabla y_0^{m-1}\|^2}{\sqrt{\epsilon^2 + \|\nabla F^{m-1}\|^2}} \mathrm{d}\boldsymbol{x} \\ & = -\lambda \int_{\mathbb{R}^3} \frac{\phi'(\|\nabla F^{m-1}\|)}{\|\nabla F^{m-1}\|} \|\nabla y_0^{m-1}\|^2 \mathrm{d}\boldsymbol{x} \\ & = -\boldsymbol{Y}_0^{m-1\mathrm{T}} \boldsymbol{Q}^{m-1} \boldsymbol{Y}_0^{m-1}. \end{aligned} \tag{6.7.22}$$

因此, 利用 (6.7.18)、(6.7.19) 与 (6.7.22), 可得

$$e_1 \geqslant (1+2\alpha)\boldsymbol{Y}_0^{m-1\mathrm{T}}\boldsymbol{R}\boldsymbol{Y}_0^{m-1} + 2\alpha\boldsymbol{Y}_0^{m-1\mathrm{T}}\boldsymbol{Q}^{m-1}\boldsymbol{Y}_0^{m-1}, \quad \alpha \in [0,1].$$

由于 $\boldsymbol{Q}^{m-1}$ 是正定的且 $\boldsymbol{R}$ 至少是半正定的, 故有 $e_1 \geqslant 0$. 从而该引理得证. □

注6.7.1　由引理 6.7.1 可知 $e_0 < 0$, 故 $e(\tau)$ 在 $\tau = 0$ 附近是一个单调下降的函数. 如果方程 (6.7.12) 存在正根, 则选取 τ_{m-1} 为正根中最小的一个. 否则, 选取忽略 (6.7.12) 中二次项及以上的得到的方程的根, 由引理 6.7.1 可知, 此根必为正根. 值得注意的是, 混合格式要满足收敛性, 对 τ_{m-1} 还有一定的限制, 即须满足约束条件 (7.4.2), 故在实际计算的过程中令 $\tau_{m-1} < c$, 其中 c 为给定的时间步长的上限.

总结上述讨论, 可得混合格式的有限元方法如下:

算法 6.7.1 (混合格式有限元方法)

(1) 给定初始点 $\boldsymbol{f}^0 \in \mathbb{R}^{N_1^3}$, $0 < \varepsilon \ll 1$, $0 < \epsilon \ll 1$, 充分大的整数 $K > 0$, 置 $m := 0$.

(2) 分别利用 (6.7.8) 与 (6.7.9) 计算 $\boldsymbol{Y}_0^m$ 与 $\boldsymbol{Y}_1^m$.

(3) 利用 (6.7.13)~(6.7.16) 计算 e_0、e_1、e_2 与 e_3. 根据注 6.7.1 计算 τ_m.

(4) 由迭代格式 (6.7.11) 计算 $\boldsymbol{f}^{m+1}$.

(5) 计算误差 $r_m = \dfrac{\|\boldsymbol{f}^{m+1} - \boldsymbol{f}^m\|}{\tau_m}$.

(6) 如果 $r_m \leqslant \varepsilon$ 或者 $m > K$, 则停止, 否则, 令 $m := m+1$, 返回步 (2).

注6.7.2　如果在 (6.7.11) 中选取 $\boldsymbol{Y}_1^{m-1} = \boldsymbol{0}$, 则混合格式有限元方法与显式有限元方法是等价的. 因此该方法可看成是显式有限元方法的校正, 其中校正项为 $\tau_{m-1}^2\boldsymbol{Y}_1^{m-1}$. 虽然从 (6.7.5) 可以得到更高阶的校正项, 但是一般情况下由于 τ_{m-1} 十分小, 故这些更高阶的项可以忽略不计.

$\boldsymbol{Rf}$ 的计算　在算法 6.7.1 中需要计算稠密矩阵 $\boldsymbol{R}$ 与向量 $\boldsymbol{f}$ 乘积. 如果 N_1 非常大, 譬如 $N_1 = 512$, 那么矩阵 $\boldsymbol{R}$ 的大小为 $N_1^3 \times N_1^3 = 512^6$, 从而存储 $\boldsymbol{R}$ 所需的空间很可能会超过计算机的存储能力. 因此, 直接先存储矩阵 $\boldsymbol{R}$ 再与向量 $\boldsymbol{f}$ 作乘积是不切实际的. 为了便于表述, 给出 $\boldsymbol{Rf}$ 的表达式如下:

$$(\boldsymbol{Rf})_j = \sum_{i=1}^{p}\int_{\mathbb{R}^2}\sum_k f_k(\mathbf{P}_{\boldsymbol{\theta}_i}\phi_k)(\boldsymbol{y})(\mathbf{P}_{\boldsymbol{\theta}_i}\phi_j)(\boldsymbol{y})\mathrm{d}\boldsymbol{y}, \quad j = 1,2,\cdots,N_1^3.$$

计算 $\boldsymbol{Rf}$ 的方法如下: 首先计算

$$\mathbf{P}_{\boldsymbol{\theta}_i}f(\boldsymbol{y}) = \sum_k f_k(\mathbf{P}_{\boldsymbol{\theta}_i}\phi_k)(\boldsymbol{y}), \quad i = 1,\cdots,p, \tag{6.7.23}$$

其次计算

$$y_{ij} = \int_{\mathbb{R}^2} \mathbf{P}_{\boldsymbol{\theta}_i} f(\boldsymbol{y})(\mathbf{P}_{\boldsymbol{\theta}_i}\phi_j)(\boldsymbol{y})\mathrm{d}\boldsymbol{y}, \quad i=1,\cdots,p, \quad j=1,2,\cdots,N_1^3. \tag{6.7.24}$$

最后, 有

$$\boldsymbol{R}\boldsymbol{f} = \left[\sum_{i=1}^{p} y_{i1}, \cdots, \sum_{i=1}^{p} y_{iN_1^3}\right]^{\mathrm{T}}. \tag{6.7.25}$$

6.7.2 算法细节和复杂性分析

这里将给出算法 6.7.1 的细节和复杂性分析.

(1) 利用张量积形式的三次 B 样条基函数的性质可知矩阵 $\boldsymbol{B}$ 为三个相同的一次 B 样条基函数构成的 Gram 矩阵的 Kronecker 积, 其元素均可由解析形式表示. 显然 $\boldsymbol{B}$ 是稀疏矩阵. 根据 Kronecker 积的性质即知仅需存储一个 $N_1 \times N_1$ 的小矩阵, 且只需对该小矩阵求逆再与其本身作两次 Kronecker 积即可得到 $\boldsymbol{B}$ 的逆, 那么求 $\boldsymbol{B}$ 的逆的计算量为 $O(N_1^3)$. 此外, 假设 p 为总的投影个数, 利用基函数的平移性质可知计算 $\mathbf{P}_{\boldsymbol{\theta}_i}\phi_j$ 可由 $\mathbf{P}_{\boldsymbol{\theta}_i}\phi_1$ 的计算平移得到. 假设总的投影有 p 个, 由于 $\mathbf{P}_{\boldsymbol{\theta}_i}\phi_j$ 具有紧支集, 所以 G 的计算复杂度为 $O(pN_1^3)$. 值得注意的是, 由于 $\boldsymbol{B}$ 与 $\boldsymbol{G}$ 的计算在循环之外, 故可在循环之前将 $\boldsymbol{B}$ 与 $\boldsymbol{G}$ 计算好.

(2) 计算 $\boldsymbol{Q}^m$ 的复杂度与计算 $\boldsymbol{B}$ 的相同, 亦为 $O(N_1^3)$. 由于 $\boldsymbol{Q}^m$ 依赖于迭代步数 m, 所以每次迭代均需要对其重新计算.

(3) 为了计算 $\boldsymbol{Y}_0^m$ 与 $\boldsymbol{Y}_1^m$, 首先需要计算 $\boldsymbol{Q}^m\boldsymbol{f}^m$ 与 $\boldsymbol{R}\boldsymbol{f}^m$. 由于 $\boldsymbol{Q}^m$ 是稀疏矩阵, 所以计算 $\boldsymbol{Q}^m\boldsymbol{f}^m$ 的计算量是 $O(N_1^3)$. 另外, 利用 (6.7.23)~(6.7.25) 来计算 $\boldsymbol{R}\boldsymbol{f}^m$. 由 (6.7.23) 计算 $\mathbf{P}_{\boldsymbol{\theta}_i}f(\boldsymbol{y})$ 的计算量是 $O(N_1^3)$, 要计算所有的 $\mathbf{P}_{\boldsymbol{\theta}_i}f(\boldsymbol{y}), i=1,\cdots,p$, 则总计算量是 $O(pN_1^3)$. 因为 $\mathbf{P}_{\boldsymbol{\theta}_i}\phi_j$ 是紧支集的, 所以计算 y_{ij} 的复杂度是 $O(1)$, 故总的计算量为 $O(pN_1^3)$. 最后利用 (6.7.25) 计算 $\boldsymbol{R}\boldsymbol{f}^m$ 需要 $O(pN_1^3)$ 的运算. 将总的运算量累加起来, 计算 $\boldsymbol{R}\boldsymbol{f}^m$ 的运算量是 $O(pN_1^3)$. 由于 $\boldsymbol{B}^{-1}$ 可用带状矩阵进行逼近, 所以计算 $\boldsymbol{B}^{-1}$ 与向量相乘的运算量为 $O(N_1^3)$. 综上所述, $\boldsymbol{Y}_0^m$ 的计算复杂度为 $O(pN_1^3)$. $\boldsymbol{Y}_0^m$ 计算结束之后, 可通过 (6.7.9) 计算 $\boldsymbol{Y}_1^m$, 同理, 其计算复杂度亦为 $O(pN_1^3)$.

(4) 现在考虑 $e_0,\cdots,e_3$ 的计算. 从上面的分析可以看出所有 $\mathbf{P}_{\boldsymbol{\theta}_i}y$ 的计算量是 $O(pN_1^3)$. 计算 ∇F^{m-1}, ∇y_0 与 ∇y_1 的运算量是 $O(N_1^3)$. 利用 (6.7.13)~(6.7.16) 计算 $e_0,\cdots,e_3$ 的复杂度是 $O(pN_1^3)$.

(5) 利用 (6.7.11) 计算 $\boldsymbol{f}^m$ 复杂度是 $O(N_1^3)$.

综上所述, 迭代一步总的计算量为 $O(pN_1^3)$.

注6.7.3 从上述算法的复杂性分析可知, 混合格式有限元方法每次迭代的计算量是 $O(pN_1^3)$, 这与显式格式有限元方法[301] 的计算量是同阶的. 然而, 由于混合

格式的有限元方法所需的总迭代次数比显式格式的要少, 所以相对显式格式而言该方法更加有效.

参数 α 的选取　对于给定的 τ_{m-1}, 虽然选取 $\alpha \geqslant 0$ 越小级数 (6.7.5) 收敛的越快, 但是迭代格式 (6.7.2) 越接近显式格式. 另一方面, 当 α 接近 1 的时候, 迭代格式 (6.7.2) 更接近半隐式格式, 此时可以选取更大的时间步长 τ_{m-1}. 然而, 展开的级数的收敛速度会变得更慢, 并且截断的级数可能不会精确地逼近矩阵 $\boldsymbol{I} + \alpha\tau_{m-1}\boldsymbol{B}^{-1}(\lambda\boldsymbol{Q}^{m-1} + \boldsymbol{R})$ 的逆. 因此, α 选取得太大 (接近 1) 或者太小 (接近 0) 都不是理想的选择. 下面对一个模拟的球体用混合格式有限元方法进行重构. 选取不同的参数 α 时随着迭代次数增加得到的 L^2 误差曲线图. 数值实验的细节如下: 首先构造一个球体数据, 可看成是精确的数据, 然后从不同的方向对其进行投影, 得到一系列的投影图像, 最后用混合格式有限元方法进行重构. 如图 6.7.1 所示, 在迭代格式 (6.7.2) 中利用不同的 α 的进行测试, 得到重构图像与精确图像的 L^2 误差. 从图 6.7.1 可以看出, 当选取 $\alpha = 0.25$ 时可达到最佳的收敛效果. 需要说明的是, 参数 $\alpha = 0.25$ 并不一定是选择区域 $[0, 1]$ 中理论或数值上的最佳选取值, 此处仅用一组简单的测试为 α 的选取提供参考.

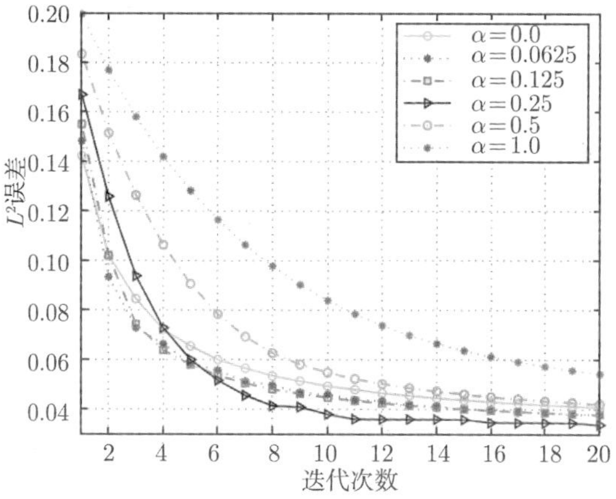

图 6.7.1　选取不同 $\alpha \in [0, 1]$ 绘制的 L^2 误差曲线

6.7.3　数值实验

在本节中将给出三组数值实验, 分别对不同的的探测数据进行重构. 第一组数值例子用来测试正则化参数 λ 对有噪声投影数据重构效果的影响. 第二组例子从数值计算的角度说明混合格式有限元方法是收敛的. 第三组例子是比较混合格式有限元方法与显式有限元方法和半隐式有限元方法的有效性.

1. 正则化参数测试

对于有噪声的投影数据而言, 在重构过程中需要考虑正则化项. 在这组测试中首先对三维 $129\times129\times129$ 的 Shepp-Logan 头颅模型进行投影, 总共获得 36×36 个投影角度均匀分布的二维图像, 然后对这些投影图像加入高斯白噪声, 利用信噪比公式 (6.5.56) 计算噪声水平, 再利用混合格式有限元方法进行图像重构. 对于 SNR= 6dB 和 SNR = 12dB 的投影数据, 当选取不同正则化参数 λ 时, 随着迭代次数的增加, 分别得到的 L^2 误差曲线如图 6.7.2 所示.

只考虑迭代过程前 20 步的情况. 从图 6.7.2 容易看出, λ 在一定范围内变化时, L^2 误差曲线的下降速度会有所变化, 但 λ 的选取值不能太大也不能太小, 中间会有一个最佳的位置. 为了更细致的比较, 在不同噪声水平下选取不同的正则化参数 λ, 给出迭代 20 步之后重构图像与真实图像的 L^2 误差值, 如表 6.7.1 所示.

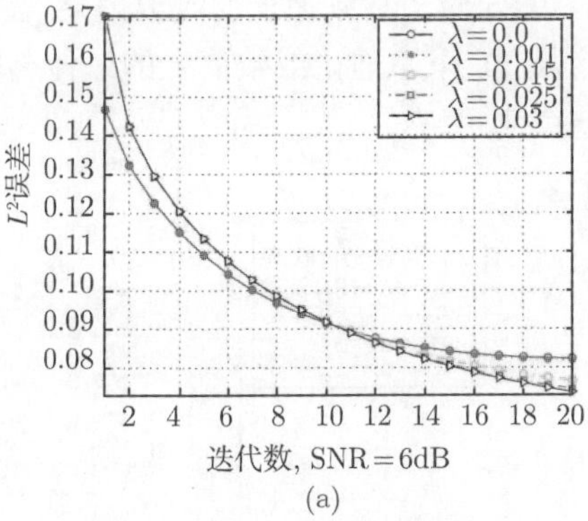

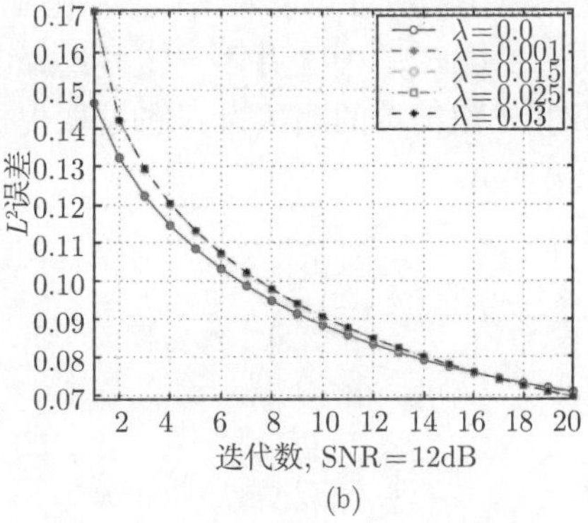

图 6.7.2　SNR = 6dB (a) 和 SNR = 12dB (b). 选取不同正则化参数 λ 时重构图像与真实图像的 L^2 误差曲线图

从表 6.7.1 可以看出, 对于第一组重构图像, 当 $\lambda = 0.03$ 时给出最佳逼近, 然而对第二组重构图像而言, 当 $\lambda = 0.025$ 时给出最佳逼近, 并且由图 6.7.2 给出的曲线分布是不同的, 这说明参数 λ 最理想的选取值依赖于给定探测数据的噪声水平.

表 6.7.1　对不用信噪比的探测数据, 选取不同正则化参数 λ 时重构图像与真实图像的 L^2 误差值

SNR	$\lambda=0$	$\lambda=0.001$	$\lambda=0.015$	$\lambda=0.025$	$\lambda=0.03$
6dB	0.082 300	0.081 761	0.076 641	0.074 744	0.073 688
12dB	0.070 841	0.070 587	0.069 594	0.069 406	0.069 477

为了进一步说明正则化项的有效性, 图 6.7.3 与图 6.7.4 比较了迭代第 20 步时重构切片的效果. 从图 6.7.3 可以看出, 当选取正则化参数 $\lambda = 0.03$ 时重构效果

要好于不加正则化项的重构效果. 另外, 从图 6.7.4 可以看出, 当选取正则化参数 $\lambda = 0.025$ 时重构效果要好于不加正则化项的重构效果. 然而, 若考虑实际的探测数据, 真实体数据是无法获得的, 因此如何选取 λ 去获得在某种意义下 (如在 L^2 范数意义下) 的最佳重构效果是一个困难的问题. 在接下来的实验中, 由于没有解决 λ 的选取问题, 故只能将其选取固定值, 当然这可能不是最佳的选择.

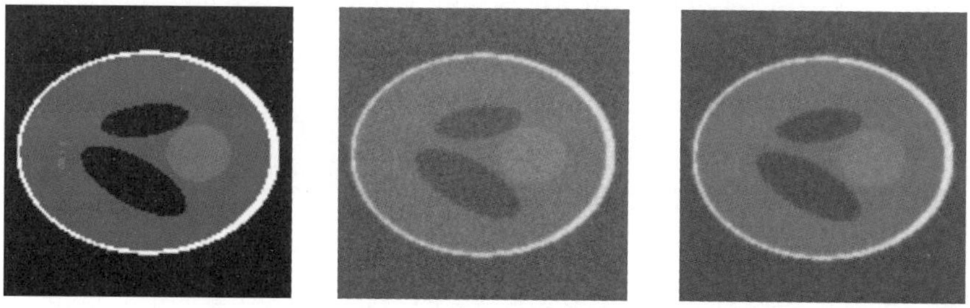

(a)　(b)　(c)

图 6.7.3　SNR = 6dB, 体数据垂直于 z 轴的中心切片. 真实 Shepp-Logan 头颅模型的体数据 (a); 不加正则化项时的重构体数据 ($\lambda=0$) (b); 正则化参数 $\lambda=0.03$ 时的重构体数据 (c)

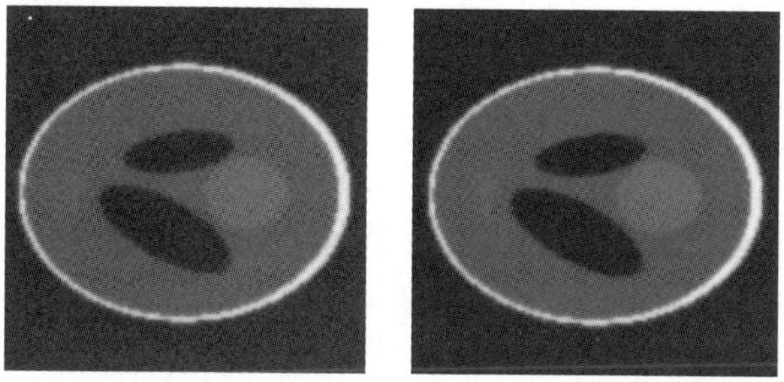

(a)　(b)

图 6.7.4　SNR = 12dB, 体数据垂直于 z 轴的中心切片. 不加正则化项时的重构体数据 ($\lambda = 0$)(a); 正则化参数 $\lambda = 0.025$ 时的重构体数据 (b)

2. 收敛性测试

给定定义在 Ω 上的函数 f, 从均匀分布的角度对 f 进行投影, 再利用获得的数据进行重构. 由于得到的数据没有噪声干扰, 所以选取很小的正则化参数 $\lambda = 0.001$, 使得重构问题具有适定性. 随着迭代次数和投影角度的增加, 可得到重构图像与真实图像之间的 L^2 误差表格. 函数 f 定义为

$$f(\boldsymbol{x}) = \sum_{i=1}^{10} \mathrm{e}^{\sigma\left(\frac{\|\boldsymbol{x}-\boldsymbol{x}_i\|^2}{r_i^2}-1\right)}, \tag{6.7.26}$$

其中 $\sigma = -0.125$, $\boldsymbol{x} \in \Omega = [-32, -8] \times [-26, -2] \times [-35, -11]$, $[\boldsymbol{x}_i^{\mathrm{T}}, r_i]$ 取为

$$\begin{aligned}
&[16.0, 27.0, 26.0, 20.0], \quad [19.2, 35.0, 32.0, 20.0],\\
&[22.4, 43.0, 38.0, 20.0], \quad [25.6, 31.0, 31.0, 20.0],\\
&[28.8, 39.0, 37.0, 24.0], \quad [32.0, 27.0, 30.0, 24.0],\\
&[35.2, 35.0, 36.0, 24.0], \quad [38.4, 43.0, 29.0, 24.0],\\
&[41.6, 31.0, 35.0, 28.0], \quad [44.8, 39.0, 28.0, 28.0].
\end{aligned}$$

重构体数据的维数为 $143 \times 143 \times 143$. 在采样投影角度不同的情况下, 经过 21 次迭代, 在迭代次数分别为 3, 6, $\cdots$, 21 时重构体数据与原始体数据的 L^2 误差如表 6.7.2 所示.

表 6.7.2　重构体数据与原始体数据的 L^2 误差

	3×3	6×6	12×12	24×24	48×48	96×96
3	0.060 928	0.039 551	0.034 565	0.034 424	0.034 423	0.034 422
6	0.055 311	0.023 134	0.014 116	0.013 738	0.013 731	0.013 730
9	0.053 429	0.017 421	0.007 177	0.006 572	0.006 550	0.006 540
12	0.052 398	0.014 749	0.004 348	0.003 651	0.003 600	0.003 573
15	0.051 702	0.013 295	0.003 065	0.002 446	0.002 357	0.002 305
18	0.051 178	0.012 400	0.002 431	0.001 987	0.001 868	0.001 793
21	0.050 755	0.011 788	0.002 096	0.001 832	0.001 695	0.001 604

从表 6.7.2 可以看出, 固定投影角度, 随着迭代次数的增加, 重构体数据与原始体数据的 L^2 误差随之下降. 随着投影角度的增加, 在同样迭代次数的情况下重构体数据与原始体数据的 L^2 误差也随之下降. 从而可知混合格式有限元方法是数值收敛的. 另外, 重构体数据的效果比较在图 6.7.5 中给出. 从中可以看出, 当角度充分多的时候, 混合格式有限元方法的重构图像与真实图像几乎没有差别, 当角度严重缺失的时候, 该方法虽然收敛, 但重构的图像有明显的伪影.

3. 有效性测试

利用单颗粒 (1FFK) 投影数据对算法的有效性进行测试. 该数据共有 5000 个随机投影角度的二维图像, 每幅投影图像的大小为 143×143, 并且有严重的噪声干扰. 选取参数 $\lambda = 0.05$, 对混合格式有限元方法与显式的和半隐式的有限元方法的计算时间进行比较.

首先设置时间上界为 T_1, 对显式的和混合格式的有限元方法进行迭代, 在选取同样的时间步长下进行计算, 直到 $\tau = \sum_{s=0}^{K} \tau_s > T_1$, 其中 K 为总时间刚好超过 T_1

时的最小迭代次数. 对于半隐式有限元方法, 仅迭代一次, 取时间步长为 T_1, 利用 GMRES 方法对线性方程组 (6.7.4) 求解, 其中精度控制设置为 10^{-5}. 然后对上述三种方法计算各自所需要的 CPU 时间.

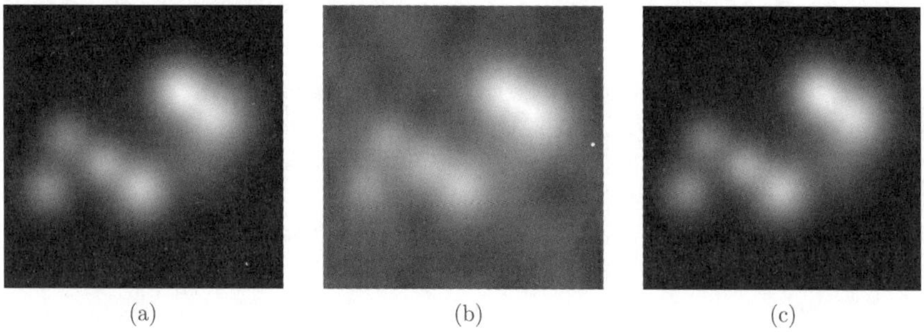

图 6.7.5　体数据垂直于 z 轴的中心切片. 真实图像 (a); 3×3 个均匀分布投影角度探测数据的重构图像 ($\lambda = 0.001$) (b); 96×96 个均匀分布投影角度探测数据的重构图像 ($\lambda = 0.001$)(c)

此处所有的数值计算均在配置为八核的 Intel(R) Xeon(R) CPU X5550 2.76GHz 的台式机上运行. 设置时间上界为 $T = 0.38$. 利用混合格式有限元方法计算, 除了第一步的时间步长为 0.00606, 其他迭代步时间步长均为 0.02. 由设置的时间上界可知混合格式正好迭代 20 次, 计算一次迭代所花的 CPU 时间大约为 1.225 小时, 总时间为 24.5 小时. 而利用显式格式有限元方法计算, 每步迭代计算所花的 CPU 时间大约为 0.4 小时. 在演化时间步长与混合格式相同的情况下, 显式格式不收敛, 使显式格式收敛的每步时间步长大约为 0.0025. 要达到 $T = 0.38$, 显式格式至少需要 152 次迭代, 因此总时间至少为 61 小时. 总的来看, 混合格式的收敛速度要明显快于显式格式的收敛速度且时间步长的选取有更广的范围. 如果利用半隐式有限元方法计算, 时间步长取为 0.38, 仅迭代一次, 所花的 CPU 时间大约为 26.25 小时.

另外, 分别利用重构图像的切片及其等值面绘制图来对混合格式与半隐式格式和显式格式的有限元方法的重构效果进行比较, 如图 6.7.6 和图 6.7.7 所示. 通过图 6.7.6 和图 6.7.7 可以看出, 混合格式与显式格式有限元方法得到的结果几乎没有差别, 虽然比半隐式有限元方法迭代一次得到的重构图像在背景中的伪影多, 但前者重构单颗粒的几何特征相对更明显, 后者重构的单颗粒显得更模糊. 事实上, 仅利用半隐式有限元方法迭代一次是不够的, 因为该格式不是全隐式的, 其中有一些量需要利用了前一步的计算结果. 如果仅迭代一次, 那么前一步的量即为给定的初始值. 在数值实验中将初始值均取为零, 所以得到下一步的数据的精确性是不够的. 因此, 利用半隐式有限元方法至少需要迭代两步, 这样其计算时间就自然增加到了 52.5 小时.

综上可知, 混合格式有限元方法不仅比半隐式有限元方法的重构效果好, 而且与其相比所需的计算时间也少, 从而说明混合格式有限元方法比半隐式有限元方法更有效. 从计算时间上来看, 混合格式有限元方法比显式有限元方法也更有效.

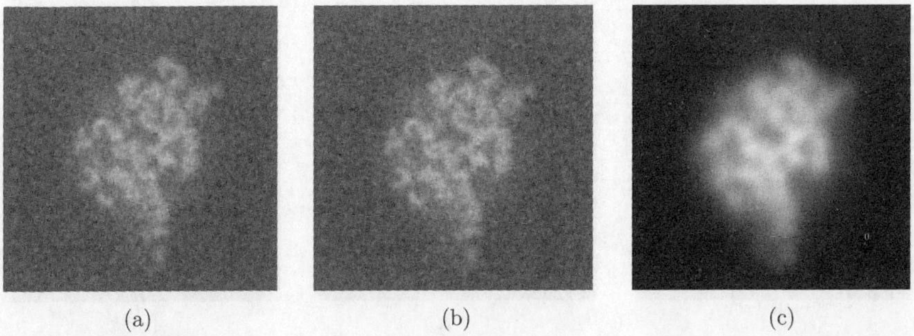

图 6.7.6　重构图像垂直于 z 轴的中心切片. 混合格式有限元方法迭代 20 次得到的重构图像 (a); 显式格式有限元方法迭代 152 次得到的重构图像 (b), 半隐式有限元方法迭代一次得到的重构图像 (c)

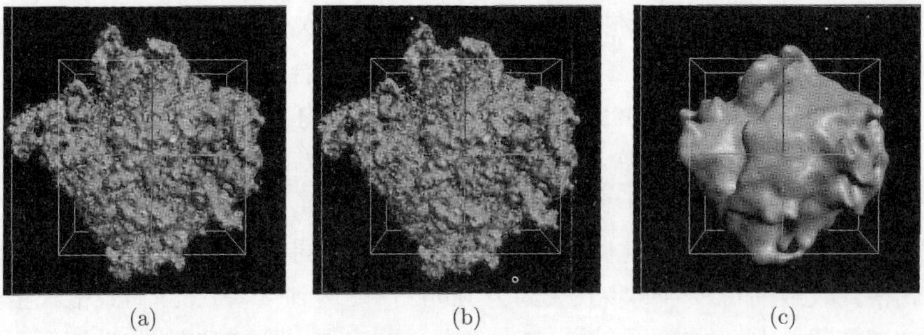

图 6.7.7　重构图像灰度中间值的等值面绘制. 混合格式有限元方法迭代 20 次得到的重构图像 (a), 显式格式有限元方法迭代 152 次得到的重构图像 (b), 半隐式有限元方法迭代一次得到的重构图像 (c)

第 7 章　图像重构的梯度流方法的理论分析

本章给出第 6 章所阐述的 L^2 梯度流方法的收敛性分析, 包括 L^2 梯度流的显式有限元方法的理论分析, 无穷投影角度半隐式有限元方法的收敛性, 有限投影角度半隐式有限元方法的收敛性, 以及混合格式的收敛性等. 只关注算法的读者可以跳过这一章.

7.1　显式有限元方法的收敛性

本节主要讨论选取不同正则化项时基于梯度流的显式有限元方法的收敛性问题. 我们将此问题分成两部分来讨论. 第一部分对无正则化项和含 Tikhonov 型正则化项的情形进行分析, 即选取 $\phi(s)=s^2$, 分别取正则化参数 $\lambda=0$ 和 $\lambda>0$ 的情况, 统一称为选取 Tikhonov 型正则化项的情况. 第二部分对含修正 TV 正则化项的情形进行讨论, 即选取 $\phi(s)=\sqrt{s^2+\epsilon^2}$ 且正则化参数 $\lambda>0$ 的情况. 由于当正则化参数 $\lambda=0$ 时, 与选取 Tikhonov 型正则化项 $(\lambda=0)$ 的情况相同, 故此处仅考虑正则化参数 $\lambda>0$ 的情形.

7.1.1　选取 Tikhonov 型正则化项的收敛性分析

由 6.4 节可知, $\boldsymbol{B}\in\mathbb{R}^{N_1^3\times N_1^3}$ 为对称正定矩阵. 设 $\boldsymbol{f},\boldsymbol{g}$ 为 $\mathbb{R}^{N_1^3\times 1}$ 中两个任意向量. 可分别定义 $\boldsymbol{B}$ 内积和 $\boldsymbol{B}$ 范数如下:

$$\langle \boldsymbol{f},\boldsymbol{g}\rangle_{\boldsymbol{B}}=\langle \boldsymbol{f},\boldsymbol{B}\boldsymbol{g}\rangle,\quad \|\boldsymbol{f}\|_{\boldsymbol{B}}=\sqrt{\langle \boldsymbol{f},\boldsymbol{f}\rangle_{\boldsymbol{B}}}.$$

令 $\phi(s)=s^2$. 利用 (6.4.1) 和 (6.4.8), 经推导可得

$$\tilde{\mathscr{E}}(\boldsymbol{f})=\frac{1}{2}\|\boldsymbol{f}\|^2_{\boldsymbol{R}+\lambda\boldsymbol{Q}}-\boldsymbol{f}^{\mathrm{T}}\boldsymbol{G}+\frac{1}{2}\sum_{\boldsymbol{\theta}\in\Theta}\int_{\mathbb{R}}g_{\boldsymbol{\theta}}^2\mathrm{d}\boldsymbol{y},\tag{7.1.1}$$

其中 $\boldsymbol{Q}=2\tilde{\boldsymbol{Q}}$, $\|\cdot\|_{\boldsymbol{R}+\lambda\boldsymbol{Q}}$ 的定义如 $\|\cdot\|_{\boldsymbol{B}}$ 所定义, $\tilde{\boldsymbol{Q}}$, $\boldsymbol{R}$, $\boldsymbol{G}$ 的定义请参考 6.4 节. 显然, 能量泛函 $\tilde{\mathscr{E}}(\boldsymbol{f})$ 为能量泛函 $\mathscr{E}(f)$ 在有限元空间 V^h 中的逼近. 注意到 $\boldsymbol{f}=(f_\alpha)_{N_1^3\times 1}$, 其中元素 f_0 与初值条件的意义是不同的, 在不产生歧义的情况下, 不特别加以说明. 计算 $\tilde{\mathscr{E}}(\boldsymbol{f})$ 的梯度可得

$$\nabla\tilde{\mathscr{E}}(\boldsymbol{f})=(\boldsymbol{R}+\lambda\boldsymbol{Q})\boldsymbol{f}-\boldsymbol{G}.\tag{7.1.2}$$

由此可知, 如果 $\boldsymbol{B}$ 为单位矩阵, 则算法 6.4.1 就是梯度下降法. 此处 $\boldsymbol{B}$ 为一正定矩阵, 故算法 6.4.1 可认为是修正的梯度下降方法.

给定初始条件 $\boldsymbol{f}^0$, 不妨假设 $\boldsymbol{G}-(\boldsymbol{R}+\lambda\boldsymbol{Q})\boldsymbol{f}^0\neq\boldsymbol{0}$. 利用迭代格式 (6.4.12) 与 (7.1.1), 可知

$$\begin{aligned}\tilde{\mathscr{E}}(\boldsymbol{f}^{m+1})-\tilde{\mathscr{E}}(\boldsymbol{f}^m)&=\frac{\|\boldsymbol{f}^{m+1}-\boldsymbol{f}^m\|^2_{\boldsymbol{R}+\lambda\boldsymbol{Q}}}{2}-\frac{\|\boldsymbol{f}^{m+1}-\boldsymbol{f}^m\|^2_{\boldsymbol{B}}}{\tau_m}\\&=\frac{\tau_m^2}{2}\|\boldsymbol{B}^{-1}(\boldsymbol{G}-(\boldsymbol{R}+\lambda\boldsymbol{Q})\boldsymbol{f}^m)\|^2_{\boldsymbol{R}+\lambda\boldsymbol{Q}}\\&\quad-\tau_m\|\boldsymbol{B}^{-1}(\boldsymbol{G}-(\boldsymbol{R}+\lambda\boldsymbol{Q})\boldsymbol{f}^m)\|^2_{\boldsymbol{B}}.\end{aligned}\tag{7.1.3}$$

因此如何在每次迭代中确定时间步长 τ_m 是需要考虑的重要问题. 从最优化的角度来看, 具体的 τ_m 应该满足

$$\tilde{\mathscr{E}}(\boldsymbol{f}^m+\tau_m B^{-1}(\boldsymbol{G}-(\boldsymbol{R}+\lambda\boldsymbol{Q})\boldsymbol{f}^m))=\min_{\tau>0}\tilde{\mathscr{E}}(\boldsymbol{f}^m+\tau\boldsymbol{B}^{-1}(\boldsymbol{G}-(\boldsymbol{R}+\lambda\boldsymbol{Q})\boldsymbol{f}^m)).\tag{7.1.4}$$

利用式 (6.4.12) 和式 (7.1.3), 当

$$\tau_m=\frac{\|\boldsymbol{B}^{-1}(\boldsymbol{G}-(\boldsymbol{R}+\lambda\boldsymbol{Q})\boldsymbol{f}^m)\|^2_{\boldsymbol{B}}}{\|\boldsymbol{B}^{-1}(\boldsymbol{G}-(\boldsymbol{R}+\lambda\boldsymbol{Q})\boldsymbol{f}^m)\|^2_{\boldsymbol{R}+\lambda\boldsymbol{Q}}}=\frac{\|\boldsymbol{f}^{m+1}-\boldsymbol{f}^m\|^2_{\boldsymbol{B}}}{\|\boldsymbol{f}^{m+1}-\boldsymbol{f}^m\|^2_{\boldsymbol{R}+\lambda\boldsymbol{Q}}},\tag{7.1.5}$$

式 (7.1.4) 对每个迭代步均成立. 将 (7.1.5) 代入 (7.1.3) 中, 不难得到如下引理.

引理 7.1.1　假设 $\phi(s)=s^2$, 正则化参数 $\lambda\geqslant 0$, 设 $\{\boldsymbol{f}^m\}$ 为经过迭代格式 (6.4.12) 产生的向量序列, 且与每次迭代相应的时间步长 τ_m 由 (7.1.5) 给定, 则有

$$\tilde{\mathscr{E}}(\boldsymbol{f}^{m+1})-\tilde{\mathscr{E}}(\boldsymbol{f}^m)=-\frac{1}{2}\|\boldsymbol{f}^{m+1}-\boldsymbol{f}^m\|^2_{\boldsymbol{R}+\lambda\boldsymbol{Q}}=-\frac{\|\boldsymbol{f}^{m+1}-\boldsymbol{f}^m\|^2_{\boldsymbol{B}}}{2\tau_m}\leqslant 0.\tag{7.1.6}$$

根据引理 7.1.1 可得推论如下.

推论7.1.2　设 $\phi(s)=s^2$, 正则化参数 $\lambda\geqslant 0$, 算法 6.4.1 产生的序列为 $\{\boldsymbol{f}^m\}$, 其相应的步长 τ_m 由 (7.1.5) 确定, 则有

(i) $0\leqslant\tilde{\mathscr{E}}(\boldsymbol{f}^{m+1})\leqslant\tilde{\mathscr{E}}(\boldsymbol{f}^m)\leqslant\cdots\leqslant\tilde{\mathscr{E}}(\boldsymbol{f}^0), m=0,1,\cdots$,

(ii) $\tilde{\mathscr{E}}(\boldsymbol{f}^{m+1})+\dfrac{1}{2}\displaystyle\sum_{j=0}^{m}\|\boldsymbol{f}^{j+1}-\boldsymbol{f}^j\|^2_{\boldsymbol{R}+\lambda\boldsymbol{Q}}=\tilde{\mathscr{E}}(\boldsymbol{f}^0)$,

(iii) $\displaystyle\sum_{m=0}^{\infty}\|\boldsymbol{f}^{m+1}-\boldsymbol{f}^m\|^2_{\boldsymbol{R}+\lambda\boldsymbol{Q}}$ 与 $\displaystyle\sum_{m=0}^{\infty}\frac{\|\boldsymbol{f}^{m+1}-\boldsymbol{f}^m\|^2_{\boldsymbol{B}}}{\tau_m}$ 均是收敛的,

(iv) 如果 $m\to\infty$, 则 $\|\boldsymbol{f}^{m+1}-\boldsymbol{f}^m\|^2_{\boldsymbol{R}+\lambda\boldsymbol{Q}}\to 0$ 且 $\dfrac{\|\boldsymbol{f}^{m+1}-\boldsymbol{f}^m\|^2_{\boldsymbol{B}}}{\tau_m}\to 0$.

证明　由引理 7.1.1 即知 (i)、(ii) 成立, 再结合 (7.1.3), 知 (iii) 亦成立. 由 (iii) 可知 (iv) 成立. □

考虑内积空间 $\mathbb{R}^{N_1^3}$, 其内积定义为 B 内积. 利用文献 [162] 的证明思想. 对 $\mathbb{R}^{N_1^3}$ 作直和分解有

$$\mathbb{R}^{N_1^3}=\mathcal{N}(\boldsymbol{R}+\lambda\boldsymbol{Q})\oplus\mathcal{N}(\boldsymbol{R}+\lambda\boldsymbol{Q})^{\perp^{\boldsymbol{B}}},\tag{7.1.7}$$

其中

$$\mathcal{N}(\boldsymbol{R}+\lambda\boldsymbol{Q}):=\left\{\boldsymbol{f}\in\mathbb{R}^{N_1^3}:(\boldsymbol{R}+\lambda\boldsymbol{Q})\boldsymbol{f}=\boldsymbol{0}\right\},$$

且 $\mathcal{N}(\boldsymbol{R}+\lambda\boldsymbol{Q})^{\perp^{\boldsymbol{B}}}$ 表示子空间 $\mathcal{N}(\boldsymbol{R}+\lambda\boldsymbol{Q})$ 关于 $\boldsymbol{B}$ 内积的正交补空间, 即

$$\mathcal{N}(\boldsymbol{R}+\lambda\boldsymbol{Q})^{\perp^{\boldsymbol{B}}}:=\{\boldsymbol{g}\in\mathbb{R}^{N_1^3}:\langle\boldsymbol{f},\boldsymbol{g}\rangle_{\boldsymbol{B}}=0,\forall\boldsymbol{f}\in\mathcal{N}(\boldsymbol{R}+\lambda\boldsymbol{Q})\}.$$

利用直和分解 (7.1.7), 可定义两个投影算子.

定义7.1.1　对任意的 $\boldsymbol{f}\in\mathbb{R}^{N_1^3}$, 定义投影算子 $\mathbf{P}_1:\boldsymbol{f}\to\mathcal{N}(\boldsymbol{R}+\lambda\boldsymbol{Q})$ 以及投影算子 $\mathbf{P}_2:\boldsymbol{f}\to\mathcal{N}(\boldsymbol{R}+\lambda\boldsymbol{Q})^{\perp^{\boldsymbol{B}}}$.

根据定义 7.1.1 可知, 对任意的 $\boldsymbol{f}\in\mathcal{N}(\boldsymbol{R}+\lambda\boldsymbol{Q})$, 有 $\mathbf{P}_1\boldsymbol{f}=\boldsymbol{f}$, 而 $\mathbf{P}_2\boldsymbol{f}=\boldsymbol{0}$; 对任意的 $\boldsymbol{f}\in\mathcal{N}(\boldsymbol{R}+\lambda\boldsymbol{Q})^{\perp^{\boldsymbol{B}}}$, 有 $\mathbf{P}_1\boldsymbol{f}=\boldsymbol{0}$, 而 $\mathbf{P}_2\boldsymbol{f}=\boldsymbol{f}$. 进一步得到如下引理.

引理 7.1.3　假设 $\phi(s)=s^2$, 正则化参数 $\lambda\geqslant 0$, 则线性方程组

$$(\boldsymbol{R}+\lambda\boldsymbol{Q})\boldsymbol{f}=\boldsymbol{G}\tag{7.1.8}$$

在线性子空间 $\mathcal{N}(\boldsymbol{R}+\lambda\boldsymbol{Q})^{\perp^{\boldsymbol{B}}}$ 中存在唯一的解 $\boldsymbol{f}^*$. 此外, $\boldsymbol{f}^*$ 也是在 $\boldsymbol{B}$ 范数意义下的最小解 (即在解集中 $\boldsymbol{f}^*$ 的 $\boldsymbol{B}$ 范数最小).

证明　由注 6.4.1 和注 6.4.2 可知, 当 $\phi(s)=s^2$ 且 $\lambda>0$ 时, $\boldsymbol{R}+\lambda\boldsymbol{Q}$ 为正定矩阵, 显然线性方程组 (7.1.8) 存在唯一的解, 故引理 (7.1.3) 的结论自然成立.

现考虑 $\lambda=0$ 的情形. 此处线性方程组 (7.1.8) 简化为 $\boldsymbol{R}\boldsymbol{f}=\boldsymbol{G}$. 由积分项 $R_{\alpha\beta}^{\theta}$ 与 G_{β}^{θ} 的具体形式可知, 方程 $\boldsymbol{R}\boldsymbol{f}=\boldsymbol{G}$ 为某个线性方程组的法方程, 从而线性方程组 $\boldsymbol{R}\boldsymbol{f}=\boldsymbol{G}$ 的解集是非空的. 故方程组 (7.1.8) 在线性子空间 $\mathcal{N}(\boldsymbol{R})^{\perp^{\boldsymbol{B}}}$ 中必定存在一个解. 下面证明其唯一性. 若在空间 $\mathcal{N}(\boldsymbol{R})^{\perp^{\boldsymbol{B}}}$ 中存在两个解, 记其为 $\boldsymbol{f}_1^*$ 和 $\boldsymbol{f}_2^*$. 于是有

$$\boldsymbol{R}\boldsymbol{f}_1^*=\boldsymbol{G},\quad \boldsymbol{R}\boldsymbol{f}_2^*=\boldsymbol{G},$$

两式相减可得

$$\boldsymbol{R}(\boldsymbol{f}_1^*-\boldsymbol{f}_2^*)=\boldsymbol{0},$$

故 $\boldsymbol{f}_1^*-\boldsymbol{f}_2^*\in\mathcal{N}(\boldsymbol{R})$. 另一方面, 有 $\boldsymbol{f}_1^*-\boldsymbol{f}_2^*\in\mathcal{N}(\boldsymbol{R})^{\perp^{\boldsymbol{B}}}$, 故有 $\langle\boldsymbol{f}_1^*-\boldsymbol{f}_2^*,\boldsymbol{f}_1^*-\boldsymbol{f}_2^*\rangle_{\boldsymbol{B}}=0$. 又因为 $\boldsymbol{B}$ 为一正定矩阵, 所以可得 $\boldsymbol{f}_1^*=\boldsymbol{f}_2^*$, 从而解的唯一性得以证明.

进一步证明, $\boldsymbol{f}^*$ 是在 $\boldsymbol{B}$ 范数意义下的最小解. 假定 $\boldsymbol{g}$ 是线性方程组 (7.1.8) 的任意解. 由直和分解可得 $\boldsymbol{g}=\boldsymbol{f}^*+\boldsymbol{h}$, 其中 $\boldsymbol{h}\in\mathcal{N}(\boldsymbol{R}+\lambda\boldsymbol{Q})$, $\boldsymbol{f}^*$ 是子空间 $\mathcal{N}(\boldsymbol{R}+\lambda\boldsymbol{Q})^{\perp^{\boldsymbol{B}}}$ 中的唯一解. 故有

$$\begin{aligned}\|\boldsymbol{g}\|_{\boldsymbol{B}}^2 &= \|\boldsymbol{f}^*\|_{\boldsymbol{B}}^2 + \|\boldsymbol{h}\|_{\boldsymbol{B}}^2 + 2\langle \boldsymbol{f}^*, \boldsymbol{h}\rangle_{\boldsymbol{B}} \\ &= \|\boldsymbol{f}^*\|_{\boldsymbol{B}}^2 + \|\boldsymbol{h}\|_{\boldsymbol{B}}^2 \\ &\geqslant \|\boldsymbol{f}^*\|_{\boldsymbol{B}}^2.\end{aligned}$$

所以, $\boldsymbol{f}^*$ 是线性方程组 (7.1.8) 在 $\boldsymbol{B}$ 范数意义下的最小解. 从而, 引理 7.1.3 得以证明. □

为了证明收敛性的结论, 需要如下重要的引理.

引理 7.1.4 假定 $\phi(s)=s^2$, 且 $\lambda\geqslant 0$, 则在有限维子空间 $\mathcal{N}(\boldsymbol{R}+\lambda\boldsymbol{Q})^{\perp^{\boldsymbol{B}}}$ 中定义的任意两个范数 $\|\cdot\|_1$ 和 $\|\cdot\|_2$ 是等价的, 也就是说, 存在两个正常数 c 和 C, 使得

$$c\|\boldsymbol{f}\|_1 \leqslant \|\boldsymbol{f}\|_2 \leqslant C\|\boldsymbol{f}\|_1, \quad \forall \boldsymbol{f}\in\mathcal{N}(\boldsymbol{R}+\lambda\boldsymbol{Q})^{\perp^{\boldsymbol{B}}}$$

成立.

引理 7.1.4 的证明可由一般的泛函分析教材得到, 故在此不再赘述.

不难看出, $\|\cdot\|_{\boldsymbol{B}}$ 与 $\|\cdot\|_{\boldsymbol{R}+\lambda\boldsymbol{Q}}$ 均为空间 $\mathcal{N}(\boldsymbol{R}+\lambda\boldsymbol{Q})^{\perp^{\boldsymbol{B}}}$ 中的范数. 根据引理 7.1.4 可知, 存在两个正常数 a 和 b 满足以下不等式:

$$a\|\boldsymbol{f}\|_{\boldsymbol{B}} \leqslant \|\boldsymbol{f}\|_{\boldsymbol{R}+\lambda\boldsymbol{Q}} \leqslant b\|\boldsymbol{f}\|_{\boldsymbol{B}}, \quad \forall \boldsymbol{f}\in\mathcal{N}(\boldsymbol{R}+\lambda\boldsymbol{Q})^{\perp^{\boldsymbol{B}}}. \tag{7.1.9}$$

定理 7.1.5 假设 $\phi(s)=s^2$, 且 $\lambda\geqslant 0$, $\{\boldsymbol{f}^m\}$ 为由迭代格式 (6.4.12) 产生的向量序列, 且相应的时间步长 τ_m 由 (7.1.5) 确定, 则下面不等式成立:

$$\|\boldsymbol{e}^{m+1}\|_{\boldsymbol{R}+\lambda\boldsymbol{Q}} < \|\boldsymbol{e}^m\|_{\boldsymbol{R}+\lambda\boldsymbol{Q}}, \quad m=0,1,\cdots, \tag{7.1.10}$$

其中 $\boldsymbol{e}^m=\boldsymbol{f}^m-\boldsymbol{f}^*$, $\boldsymbol{f}^*$ 为方程组 (7.1.8) 在 $\boldsymbol{B}$ 范数意义下的最小解.

证明 对 (6.4.12) 两边同时减去 $\boldsymbol{f}^*$, 则有

$$\boldsymbol{f}^{m+1}-\boldsymbol{f}^* = \boldsymbol{f}^m-\boldsymbol{f}^*+\tau_m\boldsymbol{B}^{-1}(\boldsymbol{R}+\lambda\boldsymbol{Q})(\boldsymbol{f}^*-\boldsymbol{f}^m). \tag{7.1.11}$$

即得

$$\boldsymbol{e}^{m+1}=\boldsymbol{e}^m-\tau_m\boldsymbol{B}^{-1}(\boldsymbol{R}+\lambda\boldsymbol{Q})\boldsymbol{e}^m. \tag{7.1.12}$$

从 (7.1.5)、(7.1.11) 和 (7.1.12) 即得

$$\begin{aligned}&\|\boldsymbol{e}^{m+1}\|_{\boldsymbol{R}+\lambda\boldsymbol{Q}}^2-\|\boldsymbol{e}^m\|_{\boldsymbol{R}+\lambda\boldsymbol{Q}}^2 = \|\boldsymbol{f}^{m+1}-\boldsymbol{f}^*\|_{\boldsymbol{R}+\lambda\boldsymbol{Q}}^2-\|\boldsymbol{f}^m-\boldsymbol{f}^*\|_{\boldsymbol{R}+\lambda\boldsymbol{Q}}^2\\ =&\|\boldsymbol{f}^m-\boldsymbol{f}^*+\tau_m\boldsymbol{B}^{-1}(\boldsymbol{R}+\lambda\boldsymbol{Q})(\boldsymbol{f}^*-\boldsymbol{f}^m)\|_{\boldsymbol{R}+\lambda\boldsymbol{Q}}^2-\|\boldsymbol{f}^m-\boldsymbol{f}^*\|_{\boldsymbol{R}+\lambda\boldsymbol{Q}}^2\\ =&-2\tau_m\|\boldsymbol{B}^{-1}(\boldsymbol{R}+\lambda\boldsymbol{Q})(\boldsymbol{f}^*-\boldsymbol{f}^m)\|_{\boldsymbol{B}}^2+\tau_m^2\|\boldsymbol{B}^{-1}(\boldsymbol{R}+\lambda\boldsymbol{Q})(\boldsymbol{f}^*-\boldsymbol{f}^m)\|_{\boldsymbol{R}+\lambda\boldsymbol{Q}}^2\\ =&-\frac{\|\boldsymbol{B}^{-1}(\boldsymbol{R}+\lambda\boldsymbol{Q})(\boldsymbol{f}^*-\boldsymbol{f}^m)\|_{\boldsymbol{B}}^4}{\|\boldsymbol{B}^{-1}(\boldsymbol{R}+\lambda\boldsymbol{Q})(\boldsymbol{f}^*-\boldsymbol{f}^m)\|_{\boldsymbol{R}+\lambda\boldsymbol{Q}}^2}\\ <&0.\end{aligned}$$

因此不等式 (7.1.10) 成立. □

定理 7.1.6　假定 $\phi(s)=s^2$, 且 $\lambda\geqslant 0$, $\{\boldsymbol{f}^m\}$ 为由迭代格式 (6.4.12) 产生的向量序列, 且相应的时间步长 τ_m 由 (7.1.5) 确定, 则序列 $\{\|\boldsymbol{e}^m\|_{\boldsymbol{B}}\}$ 的极限存在, 其中 $\boldsymbol{e}^m=\boldsymbol{f}^m-\boldsymbol{f}^*$, $\boldsymbol{f}^*$ 为方程组 (7.1.8) 在 $\boldsymbol{B}$ 范数意义下的最小解.

证明　从 (7.1.12) 可知

$$\boldsymbol{B}\boldsymbol{e}^{m+1}=\boldsymbol{B}\boldsymbol{e}^m-\tau_m(\boldsymbol{R}+\lambda\boldsymbol{Q})\boldsymbol{e}^m. \tag{7.1.13}$$

对式 (7.1.13) 两边同时与 $\boldsymbol{e}^m$ 作内积可得

$$\langle\boldsymbol{B}\boldsymbol{e}^{m+1},\boldsymbol{e}^m\rangle=\|\boldsymbol{e}^m\|_{\boldsymbol{B}}^2-\tau_m\|\boldsymbol{e}^m\|_{\boldsymbol{R}+\lambda\boldsymbol{Q}}^2. \tag{7.1.14}$$

利用 (7.1.14) 即知

$$\begin{aligned}\|\boldsymbol{e}^{m+1}-\boldsymbol{e}^m\|_{\boldsymbol{B}}^2&=\|\boldsymbol{e}^{m+1}\|_{\boldsymbol{B}}^2+\|\boldsymbol{e}^m\|_{\boldsymbol{B}}^2-2\langle\boldsymbol{B}\boldsymbol{e}^{m+1},\boldsymbol{e}^m\rangle\\&=\|\boldsymbol{e}^{m+1}\|_{\boldsymbol{B}}^2-\|\boldsymbol{e}^m\|_{\boldsymbol{B}}^2+2\tau_m\|\boldsymbol{e}^m\|_{\boldsymbol{R}+\lambda\boldsymbol{Q}}^2.\end{aligned}$$

经整理得

$$\|\boldsymbol{e}^{m+1}\|_{\boldsymbol{B}}^2=\|\boldsymbol{e}^m\|_{\boldsymbol{B}}^2+\|\boldsymbol{e}^{m+1}-\boldsymbol{e}^m\|_{\boldsymbol{B}}^2-2\tau_m\|\boldsymbol{e}^m\|_{\boldsymbol{R}+\lambda\boldsymbol{Q}}^2. \tag{7.1.15}$$

由 (7.1.15) 可得

$$\|\boldsymbol{e}^{m+1}\|_{\boldsymbol{B}}^2\leqslant\|\boldsymbol{e}^m\|_{\boldsymbol{B}}^2+\|\boldsymbol{e}^{m+1}-\boldsymbol{e}^m\|_{\boldsymbol{B}}^2. \tag{7.1.16}$$

对上式从 $m=0$ 到 k 求和, 可得

$$\begin{aligned}\|\boldsymbol{e}^{k+1}\|_{\boldsymbol{B}}^2&\leqslant\|\boldsymbol{e}^0\|_{\boldsymbol{B}}^2+\sum_{m=0}^{k}\|\boldsymbol{e}^{m+1}-\boldsymbol{e}^m\|_{\boldsymbol{B}}^2\\&\leqslant\|\boldsymbol{e}^0\|_{\boldsymbol{B}}^2+\sum_{m=0}^{\infty}\|\boldsymbol{e}^{m+1}-\boldsymbol{e}^m\|_{\boldsymbol{B}}^2\\&=\|\boldsymbol{e}^0\|_{\boldsymbol{B}}^2+\sum_{m=0}^{\infty}\|\boldsymbol{f}^{m+1}-\boldsymbol{f}^m\|_{\boldsymbol{B}}^2.\end{aligned} \tag{7.1.17}$$

不妨设步长 τ_m 有上界. 利用推论 7.1.2 与 (7.1.17) 可知序列 $\{\|\boldsymbol{e}^m\|_{\boldsymbol{B}}\}$ 有上界, 从而序列 $\{\|\boldsymbol{e}^m\|_{\boldsymbol{B}}\}$ 存在上下极限. 对 (7.1.16) 从 $m=p$ 到 q $(q>p)$ 求和, 可得

$$\|\boldsymbol{e}^q\|_{\boldsymbol{B}}^2\leqslant\|\boldsymbol{e}^p\|_{\boldsymbol{B}}^2+\sum_{m=p}^{q}\|\boldsymbol{f}^{m+1}-\boldsymbol{f}^m\|_{\boldsymbol{B}}^2.$$

固定 p, 对上式关于 q 取上极限, 可得

$$\limsup_{q\to\infty}\|\boldsymbol{e}^q\|_{\boldsymbol{B}}^2 \leqslant \|\boldsymbol{e}^p\|_{\boldsymbol{B}}^2 + \sum_{m=p}^{\infty}\|\boldsymbol{f}^{m+1}-\boldsymbol{f}^m\|_{\boldsymbol{B}}^2. \tag{7.1.18}$$

再对 (7.1.18) 关于 p 取下极限, 可得

$$\limsup_{q\to\infty}\|\boldsymbol{e}^q\|_{\boldsymbol{B}}^2 \leqslant \liminf_{p\to\infty}\|\boldsymbol{e}^p\|_{\boldsymbol{B}}^2 + \lim_{p\to\infty}\sum_{m=p}^{\infty}\|\boldsymbol{f}^{m+1}-\boldsymbol{f}^m\|_{\boldsymbol{B}}^2. \tag{7.1.19}$$

由推论 7.1.2 与 (7.1.19) 可知

$$\limsup_{q\to\infty}\|\boldsymbol{e}^q\|_{\boldsymbol{B}}^2 \leqslant \liminf_{p\to\infty}\|\boldsymbol{e}^p\|_{\boldsymbol{B}}^2. \tag{7.1.20}$$

又存在如下关系自然成立:

$$\limsup_{q\to\infty}\|\boldsymbol{e}^q\|_{\boldsymbol{B}}^2 \geqslant \liminf_{p\to\infty}\|\boldsymbol{e}^p\|_{\boldsymbol{B}}^2. \tag{7.1.21}$$

结合 (7.1.20) 和 (7.1.21), 有

$$\limsup_{q\to\infty}\|\boldsymbol{e}^q\|_{\boldsymbol{B}}^2 = \liminf_{p\to\infty}\|\boldsymbol{e}^p\|_{\boldsymbol{B}}^2,$$

故序列 $\{\|\boldsymbol{e}^m\|_{\boldsymbol{B}}\}$ 的极限存在. □

定理 7.1.7 假设 $\phi(s)=s^2$, 且 $\lambda\geqslant 0$, $\{\boldsymbol{f}^m\}$ 为由迭代格式 (6.4.12) 产生的向量序列, 且相应的时间步长 τ_m 由 (7.1.5) 确定, 则下面的结论成立:

$$\lim_{m\to\infty}\|\boldsymbol{e}^m\|_{\boldsymbol{R}+\lambda\boldsymbol{Q}} = 0. \tag{7.1.22}$$

证明 利用 (7.1.15), 有

$$\|\boldsymbol{e}^m\|_{\boldsymbol{R}+\lambda\boldsymbol{Q}}^2 = \frac{1}{2\tau_m}(\|\boldsymbol{e}^m\|_{\boldsymbol{B}}^2 - \|\boldsymbol{e}^{m+1}\|_{\boldsymbol{B}}^2 + \|\boldsymbol{e}^{m+1}-\boldsymbol{e}^m\|_{\boldsymbol{B}}^2). \tag{7.1.23}$$

结合 (7.1.5) 与 (7.1.9), 即得

$$\tau_m \geqslant \frac{1}{b^2}. \tag{7.1.24}$$

根据等式 (7.1.23) 与 (7.1.24), 可知下面的不等式成立:

$$\|\boldsymbol{e}^m\|_{\boldsymbol{R}+\lambda\boldsymbol{Q}}^2 \leqslant \frac{b^2}{2}\left|\|\boldsymbol{e}^m\|_{\boldsymbol{B}}^2 - \|\boldsymbol{e}^{m+1}\|_{\boldsymbol{B}}^2\right| + \frac{1}{2\tau_m}\|\boldsymbol{e}^{m+1}-\boldsymbol{e}^m\|_{\boldsymbol{B}}^2. \tag{7.1.25}$$

由定理 7.1.6 可得序列 $\{\|\boldsymbol{e}^m\|_{\boldsymbol{B}}^2\}$ 的极限是存在的, 因此

$$\lim_{m\to\infty}(\|\boldsymbol{e}^{m+1}\|_{\boldsymbol{B}}^2 - \|\boldsymbol{e}^m\|_{\boldsymbol{B}}^2) = 0. \tag{7.1.26}$$

利用推论 7.1.2 的结论 (iv) 与 (7.1.26), 对不等式 (7.1.25) 的两端同时取极限可得

$$\lim_{m\to\infty}\|\boldsymbol{e}^m\|_{\boldsymbol{R}+\lambda\boldsymbol{Q}}=0.$$

从而定理得证. □

定理 7.1.8　假设 $\phi(s)=s^2$, 且 $\lambda\geqslant 0$, $\{\boldsymbol{f}^m\}$ 为由迭代格式 (6.4.12) 产生的向量序列, 且相应的时间步长 τ_m 由 (7.1.5) 确定, 初始条件为 $\boldsymbol{f}^0$. 设 $\boldsymbol{f}^*$ 是线性方程组 $(\boldsymbol{R}+\lambda\boldsymbol{Q})\boldsymbol{f}=\boldsymbol{G}$ 在子空间 $\mathcal{N}(\boldsymbol{R}+\lambda\boldsymbol{Q})^{\perp^{\boldsymbol{B}}}$ 中的解, 则序列 $\{\boldsymbol{f}^m\}$ 是收敛的, 更进一步,

$$\lim_{m\to 0}\|\boldsymbol{f}^m-\mathbf{P}_1\boldsymbol{f}_0-\boldsymbol{f}^*\|=0, \tag{7.1.27}$$

其中 $\mathbf{P}_1\boldsymbol{f}_0$ 表示 $\boldsymbol{f}_0$ 在子空间 $\mathcal{N}(\boldsymbol{R}+\lambda\boldsymbol{Q})$ 上的投影.

证明　因为 $\boldsymbol{e}^m=\boldsymbol{f}^m-\boldsymbol{f}^*$ 且 $\boldsymbol{f}^*\in\mathcal{N}(\boldsymbol{R}+\lambda\boldsymbol{Q})^{\perp^{\boldsymbol{B}}}$, 所以将 $\boldsymbol{e}^m$ 直和分解到子空间 $\mathcal{N}(\boldsymbol{R}+\lambda\boldsymbol{Q})$ 和 $\mathcal{N}(\boldsymbol{R}+\lambda\boldsymbol{Q})^{\perp^{\boldsymbol{B}}}$ 中, 可得

$$\boldsymbol{e}^m=\mathbf{P}_1\boldsymbol{f}^m+\mathbf{P}_2\boldsymbol{f}^m-\boldsymbol{f}^*.$$

于是

$$\begin{aligned}\|\boldsymbol{e}^m\|^2_{\boldsymbol{R}+\lambda\boldsymbol{Q}}&=\langle(\boldsymbol{R}+\lambda\boldsymbol{Q})(\mathbf{P}_2\boldsymbol{f}^m-\boldsymbol{f}^*),\mathbf{P}_1\boldsymbol{f}^m+\mathbf{P}_2\boldsymbol{f}^m-\boldsymbol{f}^*\rangle\\&=\langle(\boldsymbol{R}+\lambda\boldsymbol{Q})(\mathbf{P}_2\boldsymbol{f}^m-\boldsymbol{f}^*),\mathbf{P}_2\boldsymbol{f}^m-\boldsymbol{f}^*\rangle\\&=\|\mathbf{P}_2\boldsymbol{f}^m-\boldsymbol{f}^*\|^2_{\boldsymbol{R}+\lambda\boldsymbol{Q}}\\&\geqslant c\|\mathbf{P}_2\boldsymbol{f}^m-\boldsymbol{f}^*\|^2,\end{aligned} \tag{7.1.28}$$

其中 c 为正常数. 对 (7.1.28) 两边同时取极限可知

$$\lim_{m\to\infty}\|\mathbf{P}_2\boldsymbol{f}^m-\boldsymbol{f}^*\|=0. \tag{7.1.29}$$

另外, 考虑迭代格式 (6.4.12), 对任意的 $\boldsymbol{h}\in\mathcal{N}(\boldsymbol{R}+\lambda\boldsymbol{Q})$, 有

$$\begin{aligned}\langle\boldsymbol{B}^{-1}(\boldsymbol{G}-(\boldsymbol{R}+\lambda\boldsymbol{Q})\boldsymbol{f}^m),\boldsymbol{h}\rangle_{\boldsymbol{B}}&=\langle\boldsymbol{B}^{-1}(\boldsymbol{R}+\lambda\boldsymbol{Q})(\boldsymbol{f}^*-\boldsymbol{f}^m),\boldsymbol{h}\rangle_{\boldsymbol{B}}\\&=\langle(\boldsymbol{R}+\lambda\boldsymbol{Q})(\boldsymbol{f}^*-\boldsymbol{f}^m),\boldsymbol{h}\rangle\\&=\langle\boldsymbol{f}^*-\boldsymbol{f}^m,(\boldsymbol{R}+\lambda\boldsymbol{Q})\boldsymbol{h}\rangle\\&=0.\end{aligned}$$

从而

$$\boldsymbol{B}^{-1}(\boldsymbol{G}-(\boldsymbol{R}+\lambda\boldsymbol{Q})\boldsymbol{f}^m)\in\mathcal{N}(\boldsymbol{R}+\lambda\boldsymbol{Q})^{\perp^{\boldsymbol{B}}}. \tag{7.1.30}$$

将投影算子 $\mathbf{P}_1$ 作用于迭代格式 (6.4.12) 的两端, 再利用 (7.1.30) 即得

$$\mathbf{P}_1\boldsymbol{f}^{m+1}=\mathbf{P}_1\boldsymbol{f}^{m}. \tag{7.1.31}$$

从而

$$\mathbf{P}_1\boldsymbol{f}^{m}=\mathbf{P}_1\boldsymbol{f}^{m-1}=\cdots=\mathbf{P}_1\boldsymbol{f}^{0}=\mathbf{P}_1\boldsymbol{f}_0,$$

即知 $\{\mathbf{P}_1\boldsymbol{f}^m\}$ 为常序列. 因此, 当 $m\to\infty$ 时,

$$\boldsymbol{f}^m=\mathbf{P}_1\boldsymbol{f}^m+\mathbf{P}_2\boldsymbol{f}^m\to\mathbf{P}_1\boldsymbol{f}_0+\boldsymbol{f}^*.$$

故定理得以证明. □

由定理 7.1.8、注 6.4.1 与注 6.4.2 可知: 当 $\lambda=0$ 时, 子空间 $\mathcal{N}(\boldsymbol{R}+\lambda\boldsymbol{Q})$ 的维数依赖于矩阵 $\boldsymbol{R}$ 的秩. 如果矩阵 $\boldsymbol{R}$ 满秩, 则显式有限元方法产生的序列是收敛的且不依赖于初始条件的选取, 否则, 生成的序列收敛, 但其收敛点的位置依赖于初始点的位置. 从而得到当初始条件 $\boldsymbol{f}^0$ 取为原点时, 生成的序列 $\{\boldsymbol{f}^m\}$ 收敛到线性方程组 $(\boldsymbol{R}+\lambda\boldsymbol{Q})\boldsymbol{f}=\boldsymbol{G}$ 在子空间 $\mathcal{N}(\boldsymbol{R}+\lambda\boldsymbol{Q})^{\perp_{\boldsymbol{B}}}$ 中的解, 也是在 $\boldsymbol{B}$ 范数意义下的最小解; 当初始条件 $\boldsymbol{f}^0$ 取为非原点时, 即可选取 $\mathbf{P_2}\boldsymbol{f}^0$ 为初始点, 从而可得 $\mathbf{P_2}\lim\limits_{m\to\infty}\boldsymbol{f}^m=\lim\limits_{m\to\infty}\mathbf{P_2}\boldsymbol{f}^m$ 为所需要的解. 另外, 当 $\lambda>0$ 时, 矩阵 $\boldsymbol{R}+\lambda\boldsymbol{Q}$ 是正定的, 则 $\mathcal{N}(\boldsymbol{R}+\lambda\boldsymbol{Q})$ 为零空间, 所以此时所生成的序列是收敛的并且不依赖于初始条件的选取.

7.1.2 选取修正 TV 正则化项的收敛性分析

本小节对选取修正 TV 正则化项时的情况作收敛性分析, 即取

$$\phi(s)=\sqrt{s^2+\epsilon^2},$$

其中 $0<\epsilon\ll 1$, 同时正则化参数 $\lambda>0$.

定理 7.1.9 假设 $f_0\in L^2(\mathbb{R}^3)$, $g_{\boldsymbol{\theta}}\in L^2(\mathbb{R}^2)$, 其支撑集均在 Ω 上, $\boldsymbol{\theta}\in\Theta\subset\mathbf{S}^2$, 初始条件 $F^0\in V^h$ 是对 f_0 的逼近, $\boldsymbol{f}^0$ 为 F^0 的基函数的系数, $\epsilon>0$, 则当时间步长满足如下约束条件时, 即

$$0<\tau_{m-1}\leqslant\frac{\|\boldsymbol{f}^m-\boldsymbol{f}^{m-1}\|_{\boldsymbol{B}}^2}{2\|\boldsymbol{f}^m-\boldsymbol{f}^{m-1}\|_{\boldsymbol{R}}^2+2\|\boldsymbol{f}^m-\boldsymbol{f}^{m-1}\|_{\boldsymbol{Q}^m}^2}, \tag{7.1.32}$$

由迭代格式 (6.4.12) 产生的函数序列 $\{F^m\}$ 使得

$$\frac{\tau_{m-1}}{2}\|d_tF^m\|_{L^2(\mathbb{R}^3)}^2+\frac{\tau_{m-1}^2}{2}\sum_{\boldsymbol{\theta}\in\Theta}\|d_t(\mathbf{P}_{\boldsymbol{\theta}}F^m-g_{\boldsymbol{\theta}})\|_{L^2(\mathbb{R}^2)}^2+\mathscr{E}(F^m)\leqslant\mathscr{E}(F^{m-1}) \tag{7.1.33}$$

成立, 其中 $m=1,2,\cdots$.

证明　为了证明不等式 (7.1.33), 在 (6.4.10) 中选取测试函数 $v_h = d_t F^m \in V^h$, 可得

$$\|d_tF^m\|_{L^2(\mathbb{R}^3)}^2 + \int_{\mathbb{R}^3} \lambda \frac{\phi'(\|\nabla F^{m-1}\|)}{\|\nabla F^{m-1}\|} \nabla F^{m-1\mathrm{T}} \nabla d_t F^m \mathrm{d}\boldsymbol{x} + \sum_{\boldsymbol{\theta}\in\Theta} \int_{\mathbb{R}^2} (\mathbf{P}_{\boldsymbol{\theta}} F^{m-1} - g_{\boldsymbol{\theta}}) d_t \mathbf{P}_{\boldsymbol{\theta}} F^m \mathrm{d}\boldsymbol{y} = 0. \tag{7.1.34}$$

由 (7.1.34) 的左端最后一项可知

$$\int_{\mathbb{R}^2} (\mathbf{P}_{\boldsymbol{\theta}} F^{m-1} - g_{\boldsymbol{\theta}}) d_t \mathbf{P}_{\boldsymbol{\theta}} F^m \mathrm{d}\boldsymbol{y} = \frac{d_t \|\mathbf{P}_{\boldsymbol{\theta}} F^m - g_{\boldsymbol{\theta}}\|_{L^2(\mathbb{R}^2)}^2}{2} - \frac{\tau_{m-1} \|d_t(\mathbf{P}_{\boldsymbol{\theta}} F^m - g_{\boldsymbol{\theta}})\|_{L^2(\mathbb{R}^2)}^2}{2}, \tag{7.1.35}$$

同理有

$$\nabla F^{m-1\mathrm{T}} \nabla d_t F^m = \frac{d_t \|\nabla F^m\|^2}{2} - \frac{\tau_{m-1} \|\nabla d_t F^m\|^2}{2}. \tag{7.1.36}$$

于是结合 (7.1.35) 与 (7.1.36), (7.1.34) 可转化为

$$\begin{aligned}
&\|d_tF^m\|_{L^2(\mathbb{R}^3)}^2 + \frac{\sum\limits_{\boldsymbol{\theta}\in\Theta} d_t \|\mathbf{P}_{\theta} F^m - g_{\boldsymbol{\theta}}\|_{L^2(\mathbb{R}^2)}^2}{2} - \frac{\tau_{m-1} \sum\limits_{\boldsymbol{\theta}\in\Theta} \|d_t(\mathbf{P}_{\boldsymbol{\theta}} F^m - g_{\boldsymbol{\theta}})\|_{L^2(\mathbb{R}^2)}^2}{2} \\
&+ \frac{\lambda}{2} \int_{\mathbb{R}^3} \frac{\phi'(\|\nabla F^{m-1}\|)}{\|\nabla F^{m-1}\|} (d_t \|\nabla F^m\|^2 + \tau_{m-1} \|\nabla d_t F^m\|^2) \mathrm{d}\boldsymbol{x} \\
&- \lambda \int_{\mathbb{R}^3} \frac{\phi'(\|\nabla F^{m-1}\|)}{\|\nabla F^{m-1}\|} \tau_{m-1} \|\nabla d_t F^m\|^2 \mathrm{d}\boldsymbol{x} = 0.
\end{aligned} \tag{7.1.37}$$

利用 (7.1.32) 可得如下不等式成立:

$$\frac{\|d_tF^m\|_{L^2(\mathbb{R}^3)}^2}{2} - \tau_{m-1} \sum_{\boldsymbol{\theta}\in\Theta} \|d_t(\mathbf{P}_{\boldsymbol{\theta}} F^m - g_{\boldsymbol{\theta}})\|_{L^2(\mathbb{R}^2)}^2 - \lambda \int_{\mathbb{R}^3} \frac{\phi'(\|\nabla F^{m-1}\|)}{\|\nabla F^{m-1}\|} \tau_{m-1} \|\nabla d_t F^m\|^2 \mathrm{d}\boldsymbol{x} \geqslant 0. \tag{7.1.38}$$

从 (7.1.37) 与 (7.1.38) 可知

$$\begin{aligned}
&\frac{\|d_tF^m\|_{L^2(\mathbb{R}^3)}^2}{2} + \frac{\sum\limits_{\boldsymbol{\theta}\in\Theta} d_t \|\mathbf{P}_{\boldsymbol{\theta}} F^m - g_{\boldsymbol{\theta}}\|_{L^2(\mathbb{R}^2)}^2}{2} + \frac{\tau_{m-1} \sum\limits_{\boldsymbol{\theta}\in\Theta} \|d_t(\mathbf{P}_{\boldsymbol{\theta}} F^m - g_{\boldsymbol{\theta}})\|_{L^2(\mathbb{R}^2)}^2}{2} \\
&+ \frac{\lambda}{2} \int_{\mathbb{R}^3} \frac{\phi'(\|\nabla F^{m-1}\|)}{\|\nabla F^{m-1}\|} (d_t \|\nabla F^m\|^2 + \tau_{m-1} \|\nabla d_t F^m\|^2) \mathrm{d}\boldsymbol{x} \leqslant 0.
\end{aligned}$$

利用如定理 7.2.1 中同样的推导即得 (7.1.33).　□

定理 7.1.10 假定时间步长 τ_{m-1} 满足如下约束条件:

$$c_0 \leqslant \tau_{m-1} \leqslant \frac{\|\boldsymbol{f}^m - \boldsymbol{f}^{m-1}\|_{\boldsymbol{B}}^2}{2\|\boldsymbol{f}^m - \boldsymbol{f}^{m-1}\|_{\boldsymbol{R}}^2 + 2\|\boldsymbol{f}^m - \boldsymbol{f}^{m-1}\|_{\boldsymbol{Q}^m}^2}, \tag{7.1.39}$$

其中 c_0 为一正常数, 则由迭代格式 (6.4.12) 生成的函数序列 $\{F^m\}$ 使得

$$\mathscr{E}(F^m) < \mathscr{E}(F^{m-1}), \quad m = 1, 2, \cdots \tag{7.1.40}$$

成立, 即在迭代的过程中, 能量泛函是严格下降的. 此外

$$\lim_{m\to\infty} F^m = F^*, \tag{7.1.41}$$

其中 F^* 是最优化问题 (6.4.2) 在有限元空间 V^h 中的最优解.

证明 当 τ_{m-1} 满足条件 (7.1.39) 时, 根据定理 7.1.9 可知

$$\begin{aligned}\mathscr{E}(F^m) - \mathscr{E}(F^{m-1}) \leqslant & -\frac{\tau_{m-1}}{2}\|d_t F^m\|_{L^2(\mathbb{R}^3)}^2 - \frac{\tau_{m-1}^2}{2}\sum_{\boldsymbol{\theta}\in\Theta}\|d_t(\mathbf{P}_{\boldsymbol{\theta}}F^m - g_{\boldsymbol{\theta}})\|_{L^2(\mathbb{R}^2)}^2 \\ < & \, 0.\end{aligned} \tag{7.1.42}$$

因此 (7.1.40) 得证. 然后对 (7.1.42) 从 $m = 1, 2, \cdots, q$ 求和, 可知不等式

$$\mathscr{E}(F^q) + \sum_{m=1}^{q}\frac{\tau_{m-1}}{2}\|d_t F^m\|_{L^2(\mathbb{R}^3)}^2 \leqslant \mathscr{E}(F^0) \tag{7.1.43}$$

对任意的 $q > 0$ 均成立. 由 (7.1.43) 可知不等式

$$\int_\Omega \sqrt{\|\nabla F^m\|^2 + \epsilon^2}\mathrm{d}\boldsymbol{x} < C \tag{7.1.44}$$

对任意 $m > 0$ 成立, 其中 C 为一正常数. 从而存在一个正常数 C_1 使得

$$\|\nabla F^m\| < C_1$$

在 Ω 上几乎处处成立. 进而对任意的向量 $\boldsymbol{f}$ 有

$$C_2\|\boldsymbol{f}\|_Q \leqslant \|\boldsymbol{f}\|_{\boldsymbol{Q}^m} \leqslant C_3\|\boldsymbol{f}\|_{\boldsymbol{Q}}, \tag{7.1.45}$$

其中 C_2 与 C_3 均为正常数, 矩阵 $\boldsymbol{Q}$ 如前面所定义的正定矩阵. 由 (7.1.44) 与 (7.1.45) 可知, 序列 $\{\|\boldsymbol{f}^m\|_2\}$ 是有界的, 故序列 $\{\boldsymbol{f}^m\}$ 存在收敛子列, 记为 $\{\boldsymbol{f}^{m_k}\}$, 即

$$\lim_{k\to\infty} \boldsymbol{f}^{m_k} = \boldsymbol{f}^*. \tag{7.1.46}$$

基于 (7.1.43), 由于 τ_{m-1} 是正的, 不妨设 $0<\tau_{m-1}<1$, 且正项序列

$$\sum_{m=1}^{q}\tau_{m-1}\|d_tF^m\|_{L^2(\mathbb{R}^3)}^2$$

有界, 故有

$$\lim_{m\to\infty}\|\boldsymbol{f}^m-\boldsymbol{f}^{m-1}\|_{\boldsymbol{B}}^2=\lim_{m\to\infty}\|F^m-F^{m-1}\|_{L^2(\mathbb{R}^3)}^2=0. \tag{7.1.47}$$

根据引理 (7.1.4), 利用迭代格式 (6.4.12)、(7.1.39) 和 (7.1.47) 即得

$$\lim_{m\to\infty}\|\boldsymbol{f}^m-\boldsymbol{f}^{m-1}\|_2^2=\lim_{m\to\infty}\|\boldsymbol{G}-(\boldsymbol{R}+\lambda\boldsymbol{Q}^{m-1})\boldsymbol{f}^{m-1}\|_2^2=0. \tag{7.1.48}$$

不难看出

$$\nabla\tilde{\mathscr{E}}(\boldsymbol{f}^m)=\boldsymbol{G}-(\boldsymbol{R}+\lambda\boldsymbol{Q}^m)\boldsymbol{f}^m. \tag{7.1.49}$$

利用 (7.1.48) 和 (7.1.49), 可得

$$\lim_{m\to\infty}\|\nabla\tilde{\mathscr{E}}(\boldsymbol{f}^m)\|_2=0. \tag{7.1.50}$$

从而

$$\lim_{m\to\infty}\tilde{\mathscr{E}}(\boldsymbol{f}^m)=\lim_{m\to\infty}\mathscr{E}(F^m)=\min_{F^m\in V^h}\mathscr{E}(F^m), \tag{7.1.51}$$

注意到上述最优化问题是凸优化的事实, 结合 (7.1.46)、(7.1.51) 和能量泛函 $\mathscr{E}$ 为下半连续的结论 [287], 有

$$\tilde{\mathscr{E}}(\boldsymbol{f}^*)=\mathscr{E}(F^*)\leqslant\lim_{m\to\infty}\mathscr{E}(F^m)=\min_{F^m\in V^h}\mathscr{E}(F^m), \tag{7.1.52}$$

其中 $F^*=\sum\limits_{i,j,k}f_\alpha^*\phi_{ijk}$. 因此 $\boldsymbol{f}^*$ 是下述最优化问题的最优解:

$$\min_{\boldsymbol{f}\in\mathbb{R}^{N_1^3}}\tilde{\mathscr{E}}(\boldsymbol{f}).$$

由上述最优化问题解的存在唯一性可知, 序列 $\{\boldsymbol{f}^m\}$ 是收敛的, 即

$$\lim_{m\to\infty}\boldsymbol{f}^m=\boldsymbol{f}^*.$$

因此

$$\lim_{m\to\infty}F^m=F^*.$$

从而定理得证. □

注7.1.1　需要指出的是在定理 7.1.10 中所假定的正常数 c_0 实际上是存在的. 由 (7.1.45) 可知范数 $\|\cdot\|_{\boldsymbol{Q}^m}$ 与 $\|\cdot\|_{\boldsymbol{Q}}$ 是等价的, 故范数 $\|\cdot\|_{\boldsymbol{B}}$ 与 $\|\cdot\|_{\boldsymbol{R}+\lambda\boldsymbol{Q}^m}$ 亦等价. 更进一步, 可得满足约束条件 (7.1.39) 的 τ_{m-1} 的上界存在一个一致的下界, 不妨记为 c_1. 从而正常数 c_0 是存在的, 例如取 $c_0=\dfrac{c_1}{2}$ 即可.

7.1.3　稳定性与鲁棒性分析

1. 稳定性分析

假设 $\{\boldsymbol{f}^m\}$ 和 $\{\tilde{\boldsymbol{f}}^m\}$ 是由显式有限元算法 6.4.1 产生的两个序列, 其初始条件分别为 $\boldsymbol{f}^0$ 与 $\tilde{\boldsymbol{f}}^0$, 相应的时间步长分别由 (7.1.5) 给定. 对算法的稳定性, 给出如下定义: 对于任意给定的 $\boldsymbol{f}^0$ 与 $\tilde{\boldsymbol{f}}^0$, 如果存在正的常数 C, 使得

$$\|\boldsymbol{f}^m-\tilde{\boldsymbol{f}}^m\|<C\|\boldsymbol{f}^0-\tilde{\boldsymbol{f}}^0\|, \tag{7.1.53}$$

则称算法是稳定的. 为了证明存在上述常数使得 (7.1.53) 满足, 假定 $\boldsymbol{f}^*$ 为线性方程组 $(\boldsymbol{R}+\lambda\boldsymbol{Q})\boldsymbol{f}=\boldsymbol{G}$ 在 $\boldsymbol{B}$ 范数意义下的最小解. 利用三角不等式可得

$$\|\boldsymbol{f}^m-\tilde{\boldsymbol{f}}^m\|\leqslant\|\boldsymbol{f}^m-\mathbf{P}_1\boldsymbol{f}^0-\boldsymbol{f}^*\|+\|\tilde{\boldsymbol{f}}^m-\mathbf{P}_1\tilde{\boldsymbol{f}}^0-\boldsymbol{f}^*\|+\|\mathbf{P}_1\boldsymbol{f}^0-\mathbf{P}_1\tilde{\boldsymbol{f}}^0\|. \tag{7.1.54}$$

假设 $\|\boldsymbol{f}^0-\tilde{\boldsymbol{f}}^0\|\neq 0$, 则由定理 7.1.8 可知, 存在正常数 C_1、C_2 满足

$$\|\boldsymbol{f}^m-\mathbf{P}_1\boldsymbol{f}^0-\boldsymbol{f}^*\|<C_1\|\boldsymbol{f}^0-\tilde{\boldsymbol{f}}^0\|,\quad \|\tilde{\boldsymbol{f}}^m-\mathbf{P}_1\tilde{\boldsymbol{f}}^0-\boldsymbol{f}^*\|<C_2\|\boldsymbol{f}^0-\tilde{\boldsymbol{f}}^0\|.$$

另一方面, 由于 $\mathbf{P}_1$ 为有限元空间 V^h 中的线性投影算子, 故其亦是连续的. 因此, 存在正常数 C_3 满足

$$\|\mathbf{P}_1\boldsymbol{f}^0-\mathbf{P}_1\tilde{\boldsymbol{f}}^0\|<C_3\|\boldsymbol{f}^0-\tilde{\boldsymbol{f}}^0\|.$$

将上述不等式估计代入到 (7.1.54) 中, 即得到 (7.1.53).

2. 鲁棒性分析

现考虑显式有限元算法 6.4.1 的鲁棒性. 所谓鲁棒性, 是指得到的解连续地依赖于探测数据 $\{g_{\boldsymbol{\theta}}\}$, 其中 $\boldsymbol{\theta}\in\Theta\subset\mathbf{S}^2$, 即连续地依赖于向量 $\boldsymbol{G}$. 假设以同样的方式分别给定两组测量数据 $\{g_{\boldsymbol{\theta}}\}$ 与 $\{\tilde{g}_{\boldsymbol{\theta}}\}$, 则分别得到两个不同的向量 $\boldsymbol{G}$ 与 $\tilde{\boldsymbol{G}}$, 又假定 $\{\boldsymbol{f}^m\}$ 和 $\{\tilde{\boldsymbol{f}}^m\}$ 是由显式有限元算法 6.4.1 产生的两个序列, 其初始条件相同, 相应的时间步长分别由 (7.1.5) 给定, 但分别来自于不同的测量数据 $\{g_{\boldsymbol{\theta}}\}$ 和 $\{\tilde{g}_{\boldsymbol{\theta}}\}$. 不妨设 $\|\boldsymbol{G}-\tilde{\boldsymbol{G}}\|\neq 0$, 现证明存在正常数 $C>0$ 满足

$$\|\boldsymbol{f}^m-\tilde{\boldsymbol{f}}^m\|<C\|\boldsymbol{G}-\tilde{\boldsymbol{G}}\|. \tag{7.1.55}$$

假定 $\boldsymbol{f}^*$ 与 $\tilde{\boldsymbol{f}}^*$ 分别是从不同探测数据 $\{g_{\boldsymbol{\theta}}\}$ 与 $\{\tilde{g}_{\boldsymbol{\theta}}\}$ 产生的序列在子空间 $\mathcal{N}(\boldsymbol{R}+\lambda\boldsymbol{Q})^{\perp_{\boldsymbol{B}}}$ 中的收敛部分. 由定理 7.1.8 可知, 由于初始条件相同, 则在 $\mathcal{N}(\boldsymbol{R}+\lambda\boldsymbol{Q})$ 中的收敛部分亦是相同的, 故

$$\|\boldsymbol{f}^m-\tilde{\boldsymbol{f}}^m\|\leqslant\|\boldsymbol{f}^m-\mathbf{P}_1\boldsymbol{f}^0-\boldsymbol{f}^*\|+\|\tilde{\boldsymbol{f}}^m-\mathbf{P}_1\boldsymbol{f}^0-\tilde{\boldsymbol{f}}^*\|+\|\boldsymbol{f}^*-\tilde{\boldsymbol{f}}^*\|. \tag{7.1.56}$$

根据定理 7.1.8 即知存在正常数 C_1、C_2 满足

$$\|\boldsymbol{f}^m - \mathbf{P}_1\boldsymbol{f}^0 - \boldsymbol{f}^*\| < C_1\|\boldsymbol{G} - \tilde{\boldsymbol{G}}\|, \quad \|\tilde{\boldsymbol{f}}^m - \mathbf{P}_1\boldsymbol{f}^0 - \tilde{\boldsymbol{f}}^*\| < C_2\|\boldsymbol{G} - \tilde{\boldsymbol{G}}\|.$$

因为 $\boldsymbol{f}^*$ 是方程组 $(\boldsymbol{R} + \lambda\boldsymbol{Q})\boldsymbol{f} = \boldsymbol{G}$ 在 $\boldsymbol{B}$ 范数意义下的最小解, 故 $\boldsymbol{B}^{\frac{1}{2}}\boldsymbol{f}^*$ 是其相应的最佳逼近解, 其中 $\boldsymbol{B}^{\frac{1}{2}}$ 表示正定矩阵 $\boldsymbol{B}$ 的平方根, 它是正定且唯一的. 由 Moore-Penrose 广义逆理论, 有

$$\boldsymbol{f}^* = \boldsymbol{B}^{-\frac{1}{2}}\boldsymbol{V}^{\mathrm{T}}\boldsymbol{\varSigma}^{-1}\boldsymbol{U}\boldsymbol{G}, \quad \tilde{\boldsymbol{f}}^* = \boldsymbol{B}^{-\frac{1}{2}}\boldsymbol{V}^{\mathrm{T}}\boldsymbol{\varSigma}^{-1}\boldsymbol{U}\tilde{\boldsymbol{G}},$$

其中 $\boldsymbol{U}^{\mathrm{T}}\boldsymbol{\varSigma}\boldsymbol{V}$ 是矩阵 $\boldsymbol{R} + \lambda\boldsymbol{Q}$ 的奇异值分解且

$$\boldsymbol{\varSigma}^{-1} = \mathrm{diag}(\sigma_1^{-1}, \sigma_2^{-1}, \cdots, \sigma_k^{-1}, 0, \cdots, 0),$$

σ_i, $i = 1, 2, \cdots, k$ 为矩阵 $\boldsymbol{R} + \lambda\boldsymbol{Q}$ 的奇异值且满足 $\sigma_1 \geqslant \sigma_2 \geqslant \cdots \geqslant \sigma_k > 0$. 因此, 存在正常数 C_3 满足

$$\|\boldsymbol{f}^* - \tilde{\boldsymbol{f}}^*\| \leqslant C_3\|\boldsymbol{G} - \tilde{\boldsymbol{G}}\|.$$

将上述不等式代入 (7.1.56) 中, 即得 (7.1.55). 从而从理论的角度来说, 基于梯度流的显式有限元方法是鲁棒的.

7.2　无穷投影角度半隐式有限元方法的收敛性

本节将给出无穷投影角度半隐式有限元方法的收敛性分析. 首先对有限元解 $\{F^m\}$, 在时间方向 t 上给出其分片常的和线性的插值 (同样的做法可以参考文献 [117]).

$$\bar{F}^{\epsilon,h,\tau}(\cdot, t) := F^{m-1}, \tag{7.2.1}$$

$$\bar{\bar{F}}^{\epsilon,h,\tau}(\cdot, t) := \frac{t - t_{m-1}}{\tau}F^m + \frac{t_m - t}{\tau}F^{m-1}, \tag{7.2.2}$$

其中 $t \in [t_{m-1}, t_m)$, $1 \leqslant m \leqslant m_0$. 容易看出, $\bar{F}^{\epsilon,h,\tau}$ 在空间方向上是连续的, 但在时间方向上不连续. $\bar{\bar{F}}^{\epsilon,h,\tau}$ 在空间方向和时间方向上都是连续的.

定理 7.2.1　*假设 $f_0 \in L^2(\varOmega)$, $g \in L^2(\mathbf{T}^n)$, 并且 $\partial\varOmega$ 是 Lipschitz 的, 则对任一固定的 $\epsilon > 0$, 由半隐式有限元迭代格式 (6.5.53) 产生的序列 $\{F^m\}_{m=1}^{m_0}$ 满足*

$$\tau\sum_{m=1}^{q}\left[\|d_tF^m\|_{L^2}^2 + \frac{\tau}{2}\|d_t(\mathbf{P}F^m - g)\|_{L^2}^2\right] + \mathscr{E}(F^q) \leqslant \mathscr{E}(F^0), \quad 1 \leqslant q \leqslant m_0. \tag{7.2.3}$$

另外, 在下面初始约束条件下,

$$\lim_{h\to 0}\|f_0 - F^0\|_{L^2} = 0,$$

存在唯一的函数 $f^\epsilon \in L^\infty([0,T_0];\mathrm{BV}(\Omega)) \cap H^1([0,T_0];L^2(\Omega))$ 使得

$$\lim_{h,\tau\to 0} \|f^\epsilon - \bar{F}^{\epsilon,h,\tau}\|_{L^\infty((0,T_0);L^p(\Omega))} = 0, \tag{7.2.4}$$

$$\lim_{h,\tau\to 0} \|f^\epsilon - \bar{\bar{F}}^{\epsilon,h,\tau}\|_{L^\infty((0,T_0);L^p(\Omega))} = 0, \tag{7.2.5}$$

对任意的 $p \in \left[1, \dfrac{n}{n-1}\right)$ (这里的 n 是空间维数) 均成立.

证明 为了证明 (7.2.3), 在 (6.5.45) 中选取测试函数 $v_h = d_t F^m \in V^h$, 可得

$$\|d_t F^m\|_{L^2}^2 + \int_\Omega \left[\lambda \frac{\phi'(\|\nabla F^{m-1}\|)}{\|\nabla F^{m-1}\|} \nabla F^{m\mathrm{T}} \nabla d_t F^m + (\mathbf{P}^*\mathbf{P}F^m - \mathbf{P}^* g) d_t F^m\right] \mathrm{d}\boldsymbol{x} = 0. \tag{7.2.6}$$

关于 (7.2.6) 左端第三项, 可推得

$$\int_\Omega (\mathbf{P}^*\mathbf{P}F^m - \mathbf{P}^* g) d_t F^m \mathrm{d}\boldsymbol{x} = \frac{d_t\|\mathbf{P}F^m - g\|_{L^2}^2}{2} + \frac{\tau\|d_t(\mathbf{P}F^m - g)\|_{L^2}^2}{2}. \tag{7.2.7}$$

类似地, 有

$$\nabla F^{m\mathrm{T}} \nabla d_t F^m = \frac{d_t\|\nabla F^m\|^2 + \tau\|\nabla d_t F^m\|^2}{2}. \tag{7.2.8}$$

因此, 由 (7.2.7) 和 (7.2.8) 知, (7.2.6) 可表示为

$$\begin{aligned} &\|d_t F^m\|_{L^2}^2 + \frac{d_t\|\mathbf{P}F^m - g\|_{L^2}^2}{2} + \frac{\tau\|d_t(\mathbf{P}F^m - g)\|_{L^2}^2}{2} \\ &+ \frac{\lambda}{2} \int_\Omega \frac{\phi'(\|\nabla F^{m-1}\|)}{\|\nabla F^{m-1}\|} (d_t\|\nabla F^m\|^2 + \tau\|\nabla d_t F^m\|^2) \mathrm{d}\boldsymbol{x} = 0. \end{aligned} \tag{7.2.9}$$

对于 (7.2.9) 左端的第四项, 有

$$\begin{aligned} &\frac{1}{2} \int_\Omega \frac{\phi'(\|\nabla F^{m-1}\|)}{\|\nabla F^{m-1}\|} d_t\|\nabla F^m\|^2 \mathrm{d}\boldsymbol{x} \\ =& \frac{1}{\tau} \int_\Omega \phi'(\|\nabla F^{m-1}\|)(\|\nabla F^m\| - \|\nabla F^{m-1}\|) \mathrm{d}\boldsymbol{x} \\ &+ \frac{1}{2\tau} \int_\Omega \frac{\phi'(\|\nabla F^{m-1}\|)}{\|\nabla F^{m-1}\|} (\|\nabla F^m\| - \|\nabla F^{m-1}\|)^2 \mathrm{d}\boldsymbol{x}. \end{aligned} \tag{7.2.10}$$

利用 Cauchy-Schwarz 不等式和 $\phi'(s) \geqslant 0$ 知

$$\begin{aligned} &\frac{1}{2\tau} \int_\Omega \frac{\phi'(\|\nabla F^{m-1}\|)}{\|\nabla F^{m-1}\|} (\|\nabla F^m\| - \|\nabla F^{m-1}\|)^2 \mathrm{d}\boldsymbol{x} \\ \leqslant& \frac{\tau}{2} \int_\Omega \frac{\phi'(\|\nabla F^{m-1}\|)}{\|\nabla F^{m-1}\|} \|\nabla d_t F^m\|^2 \mathrm{d}\boldsymbol{x}. \end{aligned} \tag{7.2.11}$$

将 (7.2.10) 和 (7.2.11) 代入到 (7.2.9), 可得

$$
\begin{aligned}
&\|d_tF^m\|_{L^2}^2+\frac{d_t\|\mathbf{P}F^m-g\|_{L^2}^2}{2}+\frac{\tau\|d_t(\mathbf{P}F^m-g)\|_{L^2}^2}{2}\\
&+\frac{\lambda}{\tau}\int_\Omega\phi'(\|\nabla F^{m-1}\|)(\|\nabla F^m\|-\|\nabla F^{m-1}\|)\mathrm{d}\boldsymbol{x}\\
&+\frac{\lambda}{\tau}\int_\Omega\frac{\phi'(\|\nabla F^{m-1}\|)}{\|\nabla F^{m-1}\|}(\|\nabla F^m\|-\|\nabla F^{m-1}\|)^2\mathrm{d}\boldsymbol{x}\leqslant 0.
\end{aligned}
\tag{7.2.12}
$$

现在证明

$$
\begin{aligned}
&\int_\Omega\phi'(\|\nabla F^{m-1}\|)(\|\nabla F^m\|-\|\nabla F^{m-1}\|)\mathrm{d}\boldsymbol{x}\\
&+\int_\Omega\frac{\phi'(\|\nabla F^{m-1}\|)}{\|\nabla F^{m-1}\|}\Big(\|\nabla F^m\|-\|\nabla F^{m-1}\|\Big)^2\mathrm{d}\boldsymbol{x}\\
\geqslant&\int_\Omega\phi'(\|\nabla F^m\|)\big(\|\nabla F^m\|-\|\nabla F^{m-1}\|\big)\mathrm{d}\boldsymbol{x} \qquad (7.2.13)\\
\geqslant&\int_\Omega\phi(\|\nabla F^m\|)-\phi(\|\nabla F^{m-1}\|)\mathrm{d}\boldsymbol{x}. \qquad (7.2.14)
\end{aligned}
$$

为了证明上述不等式, 将积分区域 Ω 分解成两个不相交的子集, 即

$$
\Omega=\Omega_1\cup\Omega_2,\quad \Omega_1\cap\Omega_2=\varnothing,
$$

其中 $\Omega_1:=\big\{\boldsymbol{x}\in\Omega:\|\nabla F^m\|\geqslant\|\nabla F^{m-1}\|\big\}$ 与 $\Omega_2:=\big\{\boldsymbol{x}\in\Omega:\|\nabla F^m\|<\|\nabla F^{m-1}\|\big\}$. 在 Ω_1 中, 有

$$
\frac{1}{\sqrt{\|\nabla F^{m-1}\|^2+\epsilon^2}}\geqslant\frac{1}{\sqrt{\|\nabla F^m\|^2+\epsilon^2}},
$$

于是有

$$
\frac{\phi'(\|\nabla F^{m-1}\|)}{\|\nabla F^{m-1}\|}\geqslant\frac{\phi'(\|\nabla F^m\|)}{\|\nabla F^m\|},
$$

即

$$
\phi'(\|\nabla F^{m-1}\|)\|\nabla F^m\|\geqslant\phi'(\|\nabla F^m\|)\|\nabla F^{m-1}\|.
$$

将 $-\phi'(\|\nabla F^{m-1}\|)\|\nabla F^{m-1}\|$ 加到上面不等式的两端, 即得

$$
\phi'(\|\nabla F^{m-1}\|)(\|\nabla F^m\|-\|\nabla F^{m-1}\|)\geqslant(\phi'(\|\nabla F^m\|)-\phi'(\|\nabla F^{m-1}\|))\|\nabla F^{m-1}\|.
$$

因此, 有

$$
\frac{\phi'(\|\nabla F^{m-1}\|)}{\|\nabla F^{m-1}\|}(\|\nabla F^m\|-\|\nabla F^{m-1}\|)\geqslant\phi'(\|\nabla F^m\|)-\phi'(\|\nabla F^{m-1}\|).
$$

由于在 Ω_1 上, $\|\nabla F^m\|-\|\nabla F^{m-1}\|\geqslant 0$, 故将其乘到上面不等式的两边有

$$\begin{aligned}&\frac{\phi'(\|\nabla F^{m-1}\|)}{\|\nabla F^{m-1}\|}(\|\nabla F^m\|-\|\nabla F^{m-1}\|)^2\\ \geqslant&(\phi'(\|\nabla F^m\|)-\phi'(\|\nabla F^{m-1}\|))(\|\nabla F^m\|-\|\nabla F^{m-1}\|).\end{aligned}$$

从而在 Ω_1 中下面的不等式得以证明

$$\begin{aligned}&\phi'(\|\nabla F^{m-1}\|)(\|\nabla F^m\|-\|\nabla F^{m-1}\|)+\frac{\phi'(\|\nabla F^{m-1}\|)}{\|\nabla F^{m-1}\|}(\|\nabla F^m\|-\|\nabla F^{m-1}\|)^2\\ \geqslant&\phi'(\|\nabla F^m\|)\big(\|\nabla F^m\|-\|\nabla F^{m-1}\|\big).\end{aligned}\tag{7.2.15}$$

另一方面, 由于在 Ω_2 上有 $\|\nabla F^m\|<\|\nabla F^{m-1}\|$, 于是下式成立

$$\frac{1}{\sqrt{\|\nabla F^{m-1}\|^2+\epsilon^2}}<\frac{1}{\sqrt{\|\nabla F^m\|^2+\epsilon^2}},$$

即

$$\frac{\phi'(\|\nabla F^{m-1}\|)}{\|\nabla F^{m-1}\|}<\frac{\phi'(\|\nabla F^m\|)}{\|\nabla F^m\|}.$$

于是有

$$\phi'(\|\nabla F^{m-1}\|)\|\nabla F^m\|\leqslant\phi'(\|\nabla F^m\|)\|\nabla F^{m-1}\|.$$

将 $-\phi'(\|\nabla F^{m-1}\|)\|\nabla F^{m-1}\|$ 加入上面不等式的两端, 可知

$$\phi'(\|\nabla F^{m-1}\|)(\|\nabla F^m\|-\|\nabla F^{m-1}\|)\leqslant(\phi'(\|\nabla F^m\|)-\phi'(\|\nabla F^{m-1}\|))\|\nabla F^{m-1}\|.$$

从而有

$$\frac{\phi'(\|\nabla F^{m-1}\|)}{\|\nabla F^{m-1}\|}(\|\nabla F^m\|-\|\nabla F^{m-1}\|)\leqslant\phi'(\|\nabla F^m\|)-\phi'(\|\nabla F^{m-1}\|).$$

由于在 Ω_2 上 $\|\nabla F^m\|-\|\nabla F^{m-1}\|<0$ 成立, 则将 $\|\nabla F^m\|-\|\nabla F^{m-1}\|$ 乘到上面不等式的两边, 得

$$\begin{aligned}&\frac{\phi'(\|\nabla F^{m-1}\|)}{\|\nabla F^{m-1}\|}(\|\nabla F^m\|-\|\nabla F^{m-1}\|)^2\\ \geqslant&(\phi'(\|\nabla F^m\|)-\phi'(\|\nabla F^{m-1}\|))(\|\nabla F^m\|-\|\nabla F^{m-1}\|).\end{aligned}$$

因此, 在 Ω_2 上 (7.2.15) 亦成立. 从而在 Ω 上下式成立:

$$\begin{aligned}&\phi'(\|\nabla F^{m-1}\|)(\|\nabla F^m\|-\|\nabla F^{m-1}\|)+\frac{\phi'(\|\nabla F^{m-1}\|)}{\|\nabla F^{m-1}\|}(\|\nabla F^m\|-\|\nabla F^{m-1}\|)^2\\ \geqslant&\phi'(\|\nabla F^m\|)(\|\nabla F^m\|-\|\nabla F^{m-1}\|).\end{aligned}\tag{7.2.16}$$

于是同时对 (7.2.16) 的两端在 Ω 上积分可知

$$\begin{aligned}&\int_{\Omega}\phi'(\|\nabla F^{m-1}\|)(\|\nabla F^{m}\|-\|\nabla F^{m-1}\|)\mathrm{d}\boldsymbol{x}\\&+\int_{\Omega}\frac{\phi'(\|\nabla F^{m-1}\|)}{\|\nabla F^{m-1}\|}(\|\nabla F^{m}\|-\|\nabla F^{m-1}\|)^2\mathrm{d}\boldsymbol{x}\\ \geqslant&\int_{\Omega}\phi'(\|\nabla F^{m}\|)(\|\nabla F^{m}\|-\|\nabla F^{m-1}\|)\mathrm{d}\boldsymbol{x}.\end{aligned}\tag{7.2.17}$$

从而 (7.2.13) 得以证明. 更进一步, 由函数 $\phi(s)$ 的凸性可知, (7.2.17) 的右端项可被下界控制, 即

$$\int_{\Omega}\phi'(\|\nabla F^{m}\|)(\|\nabla F^{m}\|-\|\nabla F^{m-1}\|)\mathrm{d}\boldsymbol{x}\geqslant\tau d_t\int_{\Omega}\phi(\|\nabla F^{m}\|)\mathrm{d}\boldsymbol{x}.\tag{7.2.18}$$

所以 (7.2.14) 亦获证. 由 (7.2.12)、(7.2.17) 与 (7.2.18) 可知

$$\|d_tF^m\|_{L^2}^2+\frac{d_t\|\mathbf{P}F^m-g\|_{L^2}^2}{2}+\frac{\tau\|d_t(\mathbf{P}F^m-g)\|_{L^2}^2}{2}+\lambda d_t\int_{\Omega}\phi(\|\nabla F^m\|)\mathrm{d}\boldsymbol{x}\leqslant 0.\tag{7.2.19}$$

对上面的不等式应用求和运算 $\tau\sum\limits_{m=1}^{q}$ 即得 (7.2.3).

为了证明收敛性的结论 (7.2.4) 与 (7.2.5), 首先注意到 (7.2.3) 蕴涵着如下不等式估计:

$$\|\bar{\bar{F}}_t^{\epsilon,h,\tau}\|_{L^2(L^2)}=\left(\tau\sum_{m=1}^{m_0}\|d_tF^m\|_{L^2}^2\right)^{\frac{1}{2}}\leqslant C,\tag{7.2.20}$$

$$\|\mathbf{P}\bar{F}^{\epsilon,h,\tau}\|_{L^\infty(L^2)}\leqslant\|\mathbf{P}\bar{\bar{F}}^{\epsilon,h,\tau}\|_{L^\infty(L^2)}=\max_{0\leqslant m\leqslant m_0}\|\mathbf{P}F^m\|_{L^2}\leqslant C,\tag{7.2.21}$$

$$\|\nabla\bar{F}^{\epsilon,h,\tau}\|_{L^\infty(L^1)}\leqslant\|\nabla\bar{\bar{F}}^{\epsilon,h,\tau}\|_{L^\infty(L^1)}=\max_{0\leqslant m\leqslant m_0}\|\nabla F^m\|_{L^1}\leqslant C,\mathrm{if}\lambda\neq 0,\tag{7.2.22}$$

$$\sum_{m=1}^{m_0}\|\mathbf{P}F^m-\mathbf{P}F^{m-1}\|_{L^2}^2\leqslant C,\tag{7.2.23}$$

其中 C 为充分大的常数.

在 (6.5.45) 中选取测试函数 $v_h=F^m\in V^h$, 可得

$$\int_{\Omega}\left[d_tF^m\cdot F^m+\lambda\frac{\phi'(\|\nabla F^{m-1}\|)}{\|\nabla F^{m-1}\|}\nabla F^{m\mathrm{T}}\nabla F^m+\mathbf{P}^*(\mathbf{P}F^m-g)F^m\right]\mathrm{d}\boldsymbol{x}=0.\tag{7.2.24}$$

在 (7.2.24) 中, 对被积函数的第一项和第三项经过推导可得

$$d_tF^m\cdot F^m=\frac{F^m-F^{m-1}}{\tau}F^m=\frac{d_t|F^m|^2}{2}+\frac{\tau|d_tF^m|^2}{2},\tag{7.2.25}$$

以及

$$\int_{\Omega}\mathbf{P}^*(\mathbf{P}F^m-g)F^m\mathrm{d}\boldsymbol{x}=\int_{\mathbf{T}^n}(\mathbf{P}F^m-g)\mathbf{P}F^m\mathrm{d}\boldsymbol{y}\mathrm{d}\boldsymbol{\theta}$$
$$=\frac{\|\mathbf{P}F^m-g\|_{L^2}^2+\|\mathbf{P}F^m\|_{L^2}^2-\|g\|_{L^2}^2}{2}. \tag{7.2.26}$$

由 (7.2.25) 和 (7.2.26), (7.2.24) 可转化为

$$\frac{d_t\|F^m\|_{L^2}^2}{2}+\frac{\tau\|d_tF^m\|_{L^2}^2}{2}+\int_{\Omega}\lambda\frac{\phi'(\|\nabla F^{m-1}\|)}{\|\nabla F^{m-1}\|}\|\nabla F^m\|^2\mathrm{d}\boldsymbol{x}$$
$$+\frac{\|\mathbf{P}F^m-g\|_{L^2}^2}{2}+\frac{\|\mathbf{P}F^m\|_{L^2}^2}{2}=\frac{\|g\|_{L^2}^2}{2}. \tag{7.2.27}$$

因此, 对 (7.2.27) 应用求和运算 $2\tau\sum\limits_{m=1}^{q}$, 有

$$\|F^q\|_{L^2}^2+\tau\sum_{m=1}^{q}\tau\|d_tF^m\|_{L^2}^2$$
$$+\tau\sum_{m=1}^{q}\int_{\Omega}\lambda\frac{\phi'(\|\nabla F^{m-1}\|)}{\|\nabla F^{m-1}\|}\|\nabla F^m\|^2\mathrm{d}\boldsymbol{x}+\tau\sum_{m=1}^{q}\|\mathbf{P}F^m-g\|_{L^2}^2$$
$$+\tau\sum_{m=1}^{q}\|\mathbf{P}F^m\|_{L^2}^2\leqslant\tau q\|g\|_{L^2}^2+\|F^0\|_{L^2}^2,\quad\forall 1\leqslant q\leqslant m_0. \tag{7.2.28}$$

不难发现 $\tau q\leqslant T_0$, 于是

$$\tau q\|g\|_{L^2}^2+\|F^0\|_{L^2}^2\leqslant T_0\|g\|_{L^2}^2+\|F^0\|_{L^2}^2\leqslant C,\quad\forall 1\leqslant q\leqslant m_0. \tag{7.2.29}$$

利用 (7.2.28) 与 (7.2.29), 可得

$$\|\bar{F}^{\epsilon,h,\tau}\|_{L^\infty(L^2)}\leqslant\|\bar{\bar{F}}^{\epsilon,h,\tau}\|_{L^\infty(L^2)}=\max_{0\leqslant m\leqslant m_0}\|F^m\|_{L^2}\leqslant C, \tag{7.2.30}$$

$$\sum_{m=1}^{m_0}\|F^m-F^{m-1}\|_{L^2}^2=\tau\sum_{m=1}^{m_0}\tau\|d_tF^m\|_{L^2}^2\leqslant C. \tag{7.2.31}$$

由 (7.2.20)、(7.2.22)、(7.2.30) 和 (7.2.31) 知, 存在一个收敛子列 $\{\bar{\bar{F}}^{\epsilon,h,\tau}\}$ (不妨用同样的符号表示)[117, 267] 和函数 $f^\epsilon\in L^\infty([0,T_0];\mathrm{BV}(\Omega))\cap H^1([0,T_0];L^2(\Omega))$, 当 $h,\tau\to 0$ 时,

$$\bar{\bar{F}}^{\epsilon,h,\tau}\to f^\epsilon\quad\begin{array}{l}\text{在 } L^\infty((0,T_0);L^2(\Omega)) \text{ 中弱 } * \text{ 收敛},\\ \text{在 } L^2((0,T_0);L^2(\Omega)) \text{ 中弱收敛},\\ \text{在 } L^p(\Omega) \text{ 中强收敛}, 1\leqslant p<\dfrac{n}{n-1}, \text{ a.e. } t\in[0,T_0],\end{array} \tag{7.2.32}$$

和

$$\bar{\bar{F}}_t^{\epsilon,h,\tau} \to f_t^\epsilon \quad 在\ L^2((0,T_0);L^2(\Omega))\ 中弱收敛. \tag{7.2.33}$$

在 (7.2.32) 中, 利用了对任意的 $1 \leqslant p < \dfrac{n}{n-1}$, $\mathrm{BV}(\Omega)$ 紧嵌入到 $L^p(\Omega)$ 的结论. 应用对 F^0 的假设, 有 $f^\epsilon(0) = f_0$. 如同文献 [117, 187] 的做法, 可以得到 $f^\epsilon \in L^\infty([0,T_0];\mathrm{BV}(\Omega)) \cap H^1([0,T_0];L^2(\Omega))$, 且以下不等式成立

$$\int_0^s (f_t^\epsilon,(v-f^\epsilon))\mathrm{d}t + \int_0^s (\mathscr{E}(v)-\mathscr{E}(f^\epsilon))\mathrm{d}t \geqslant 0 \tag{7.2.34}$$

对任意 $s \in [0,T_0]$ 和任意 $v \in L^1([0,T_0];\mathrm{BV}(\Omega)) \cap L^2(\Omega_{T_0})$ 均成立. 另外, 如果对给定的初始条件 $f_i^\epsilon(0)$ 和已知函数 g_i 有相应的两个函数 $f_i^\epsilon \in L^\infty([0,T_0];\mathrm{BV}(\Omega)) \cap H^1([0,T_0];L^2(\Omega)), i=1,2$, 分别满足 (7.2.34), 则有如下不等式:

$$\|f_1^\epsilon(s)-f_2^\epsilon(s)\|_{L^2} \leqslant \|f_1^\epsilon(0)-f_2^\epsilon(0)\|_{L^2} + \|g_1-g_2\|_{L^2}, \quad \forall s \in [0,T_0]. \tag{7.2.35}$$

从 (7.2.35) 不难看出, 对给定的初始条件 f_0 和已知的观测数据 g, 半隐式有限元离散 (6.5.45) 的收敛解 f^ϵ 是唯一的. 从而 (7.2.5) 的证明得以完成.

另一方面, 注意到

$$\begin{aligned}
\|\bar{\bar{F}}^{\epsilon,h,\tau} - \bar{F}^{\epsilon,h,\tau}\|_{L^\infty(L^2)}^2 &= \max_{0\leqslant t\leqslant T_0} \|\bar{\bar{F}}^{\epsilon,h,\tau} - \bar{F}^{\epsilon,h,\tau}\|_{L^2}^2 \\
&= \max_{1\leqslant m\leqslant m_0} \max_{t_{m-1}\leqslant t\leqslant t_m} \|\bar{\bar{F}}^{\epsilon,h,\tau} - \bar{F}^{\epsilon,h,\tau}\|_{L^2}^2 \\
&= \max_{1\leqslant m\leqslant m_0} \max_{t_{m-1}\leqslant t\leqslant t_m} \left(\frac{t-t_m}{\tau}\right)^2 \|F^m - F^{m-1}\|_{L^2}^2 \\
&\leqslant \max_{1\leqslant m\leqslant m_0} \|F^m - F^{m-1}\|_{L^2}^2 \\
&\leqslant \sum_{m=1}^{m_0} \tau^2 \|d_t F^m\|_{L^2}^2.
\end{aligned}$$

由 (7.2.20) 可知

$$\|\bar{\bar{F}}^{\epsilon,h,\tau} - \bar{F}^{\epsilon,h,\tau}\|_{L^\infty(L^2)} \leqslant C\sqrt{\tau},$$

于是对于 $1 \leqslant p < \dfrac{n}{n-1}$ 有

$$\|\bar{\bar{F}}^{\epsilon,h,\tau} - \bar{F}^{\epsilon,h,\tau}\|_{L^\infty(L^p)} \leqslant \tilde{C}\|\bar{\bar{F}}^{\epsilon,h,\tau} - \bar{F}^{\epsilon,h,\tau}\|_{L^\infty(L^2)} \leqslant C\sqrt{\tau}, \tag{7.2.36}$$

其中 $\tilde{C}$ 为正常数. 利用 (7.2.5) 与 (7.2.36), 即得 (7.2.4). 从而在 $[0,T_0]$ 上半隐式有限元离散格式的收敛性得以证明. □

注7.2.1 对于给定的初始条件 $\hat{f}_0^\epsilon = f_0$, 如果梯度流 (6.5.44) 存在唯一的弱解 $\hat{f}^\epsilon \in L^\infty([0,T_0];W^{1,1}(\Omega)) \cap L^\infty([0,T_0];H^1_{\text{loc}}(\Omega))$, 则有 $\hat{f}^\epsilon = f^\epsilon$. 但是, 如果其解不存在, 那么仅能得到半隐式有限元离散是收敛的结果.

定理 7.2.2 假设 $\{F^m\}$ 是由半隐式有限元方法产生的序列, 则下面的结果是成立的

$$\mathscr{E}(F^m) < \mathscr{E}(F^{m-1}), \quad m = 1, 2, \cdots, \tag{7.2.37}$$

即在迭代的过程中能量泛函是严格下降的. 此外, 还有

$$\lim_{m\to\infty} F^m = F^*, \tag{7.2.38}$$

其中 F^* 是最优化问题 (6.5.5) 在有限元空间 V^h 中的最优解.

证明 由定理 7.2.1 的证明和 (6.5.46) 中 d_t 的定义可知

$$\mathscr{E}(F^m) - \mathscr{E}(F^{m-1}) \leqslant -\tau\|d_t F^m\|_{L^2}^2 - \frac{\tau^2\|d_t(\mathbf{P}F^m - g)\|_{L^2}^2}{2} < 0. \tag{7.2.39}$$

从而 (7.2.37) 得以证明. 对 (7.2.39) 从 $m = 1, 2, \cdots$ 求和, 则不等式

$$\mathscr{E}(F^q) + \sum_{m=1}^{q} \tau\|d_t F^m\|_{L^2}^2 \leqslant \mathscr{E}(F^0) \tag{7.2.40}$$

对任意 $q > 0$ 均成立. 于是, 正项级数 $\sum\limits_{m=1}^{\infty} \tau\|d_t F^m\|_{L^2}^2$ 有上界. 由于 τ 为给定的正常数, 故

$$\lim_{m\to\infty} \|\boldsymbol{f}^m - \boldsymbol{f}^{m-1}\|_{\boldsymbol{B}}^2 = \lim_{m\to\infty} \|F^m - F^{m-1}\|_{L^2}^2 = 0, \tag{7.2.41}$$

其中 $\|\boldsymbol{f}\|_{\boldsymbol{B}}^2 := \boldsymbol{f}^{\mathrm{T}}\boldsymbol{B}\boldsymbol{f}$. 值得注意的是有限维空间中范数具有等价性, 由迭代格式 (6.5.53) 与 (7.2.41) 即得

$$\lim_{m\to\infty} \|\boldsymbol{f}^m - \boldsymbol{f}^{m+1}\|_2^2 = \lim_{m\to\infty} \|\boldsymbol{G} - (\boldsymbol{P} + \lambda\boldsymbol{Q}^m)\boldsymbol{f}^{m+1}\|_2^2 = 0, \tag{7.2.42}$$

其中 $\|\boldsymbol{f}\|_2^2 := \boldsymbol{f}^{\mathrm{T}}\boldsymbol{f}$. 根据 (7.2.40) 可知, 不等式

$$\int_\Omega \sqrt{\|\nabla F^m\|^2 + \epsilon^2}\mathrm{d}\boldsymbol{x} < C \tag{7.2.43}$$

对任意的 $m > 0$ 均成立, 其中 C 为正常数. 从而存在正常数 C_1, 使得

$$\|\nabla F^m\| < C_1$$

在 Ω 上几乎处处成立. 故不难发现, 对任意向量 $\boldsymbol{f}$ 有

$$C_2\|\boldsymbol{f}\|_{\boldsymbol{Q}} \leqslant \|\boldsymbol{f}\|_{\boldsymbol{Q}^m} \leqslant C_3\|\boldsymbol{f}\|_{\boldsymbol{Q}}, \tag{7.2.44}$$

其中 C_2 与 C_3 为正常数, $\boldsymbol{Q}=(Q_{\alpha\beta})_{N_1^3\times N_1^3}$ 为正定矩阵, 其元素定义为

$$Q_{\alpha\beta}=\int_{\Omega}\nabla(\phi_{ijk})^{\mathrm{T}}\nabla(\phi_{pqr})\mathrm{d}\boldsymbol{x}.$$

利用 (7.2.43) 与 (7.2.44) 可知序列 $\{\|\boldsymbol{f}^m\|_2\}$ 一致有界. 故序列 $\{\boldsymbol{f}^m\}$ 有收敛子列, 记为 $\{\boldsymbol{f}^{m_k}\}$, 即

$$\lim_{k\to\infty}\boldsymbol{f}^{m_k}=\boldsymbol{f}^*. \tag{7.2.45}$$

由 (7.2.44)、三角不等式和范数等价性可知

$$\begin{aligned}\|\nabla\tilde{\mathscr{E}}(\boldsymbol{f}^m)\|_2&=\|\boldsymbol{G}-(\boldsymbol{P}+\lambda\boldsymbol{Q}^m)\boldsymbol{f}^m\|_2\\&\leqslant\|\boldsymbol{G}-(\boldsymbol{P}+\lambda\boldsymbol{Q}^m)\boldsymbol{f}^{m+1}\|_2+\|(\boldsymbol{P}+\lambda\boldsymbol{Q}^m)(\boldsymbol{f}^m-\boldsymbol{f}^{m+1})\|_2\\&\leqslant\|\boldsymbol{G}-(\boldsymbol{P}+\lambda\boldsymbol{Q}^m)\boldsymbol{f}^{m+1}\|_2+C_4\|\boldsymbol{f}^m-\boldsymbol{f}^{m+1}\|_2,\end{aligned}$$

其中 C_4 为正常数, 并且

$$\tilde{\mathscr{E}}(\boldsymbol{f}^m):=\mathscr{E}(F^m).$$

对上面的不等式两边同时取极限, 并利用 (7.2.42), 可得

$$\lim_{m\to\infty}\|\nabla\tilde{\mathscr{E}}(\boldsymbol{f}^m)\|_2=0. \tag{7.2.46}$$

因此

$$\lim_{m\to\infty}\tilde{\mathscr{E}}(\boldsymbol{f}^m)=\lim_{m\to\infty}\mathscr{E}(F^m)=\min_{F^m\in V^h}\mathscr{E}(F^m). \tag{7.2.47}$$

结合 (7.2.45)、(7.2.47) 和文献 [287] 中能量泛函为下半连续性的结论, 立即得到

$$\tilde{\mathscr{E}}(\boldsymbol{f}^*)=\mathscr{E}(F^*)\leqslant\lim_{m\to\infty}\mathscr{E}(F^m)=\min_{F^m\in V^h}\mathscr{E}(F^m), \tag{7.2.48}$$

其中 $F^*=\sum\limits_{i,j,k}f_N^*\phi_{ijk}$. 于是, $\boldsymbol{f}^*$ 是如下最优化问题的解:

$$\min_{\boldsymbol{f}\in\mathbb{R}^{N_1^3\times 1}}\tilde{\mathscr{E}}(\boldsymbol{f}).$$

由定理 6.5.3 知上面最优化问题的解是存在唯一的, 故序列 $\{\boldsymbol{f}^m\}$ 是收敛的, 即

$$\lim_{m\to\infty}\boldsymbol{f}^m=\boldsymbol{f}^*.$$

从而得到

$$\lim_{m\to\infty}F^m=F^*,$$

故定理 7.2.2 得证. □

结合定理 7.2.1 和定理 7.2.2 的结果, 立即可以得到半隐式有限元方法是收敛的. 也就是说半隐式有限元的解逼近梯度流的解, 更重要的是, 当时间演化到无穷大的时候, 半隐式有限元的解能达到稳定状态, 这正好逼近于相应的 Euler-Lagrange 方程的解, 从而半隐式有限元方法收敛性得以证明.

7.3 有限投影角度半隐式有限元方法的收敛性

本节给出有限投影角度半隐式有限元方法的收敛性分析. 由于有限角度的半隐式有限元方法与基于无穷角度的半隐式有限元方法十分相似, 只是将积分变成求和的形式, 所以其收敛性的分析也与基于无穷投影角度的类似.

定理 7.3.1 假设 $f_0 \in L^2(\Omega)$, $g \in L^2(\mathbf{T}^n)$, 并且 $\partial\Omega$ 是 Lipschitz 的, 则对任一固定的 $\epsilon > 0$, 由半隐式有限元迭代格式 (6.6.2) 产生的序列 $\{F^m\}$ 满足

$$\tau \sum_{m=1}^{q} \left[\|d_t F^m\|_{L^2}^2 + \frac{\tau}{2} \sum_{\boldsymbol{\theta} \in \Theta} \|d_t(\mathbf{P}_{\boldsymbol{\theta}} F^m - g_{\boldsymbol{\theta}})\|_{L^2}^2 \right] + \mathscr{E}(F^q) \leqslant \mathscr{E}(F^0), \quad q \geqslant 1. \tag{7.3.1}$$

另外, 在下面初始的约束条件下,

$$\lim_{h \to 0} \|f_0 - F^0\|_{L^2} = 0,$$

存在唯一的函数 $f^\epsilon \in L^\infty([0,T_0]; \mathrm{BV}(\Omega)) \cap H^1([0,T_0]; L^2(\Omega))$, 使得

$$\lim_{h,\tau \to 0} \|f^\epsilon - \bar{F}^{\epsilon,h,\tau}\|_{L^\infty((0,T_0);L^p(\Omega))} = 0, \tag{7.3.2}$$

$$\lim_{h,\tau \to 0} \|f^\epsilon - \bar{\bar{F}}^{\epsilon,h,\tau}\|_{L^\infty((0,T_0);L^p(\Omega))} = 0, \tag{7.3.3}$$

对任意的 $p \in \left[1, \dfrac{n}{n-1}\right)$ (这里的 n 是空间维数) 成立.

证明 该定理的证明只需要将基于无穷角度的半隐式有限元方法的收敛性定理 7.2.1 的证明过程中的 $\|d_t(\mathbf{P}F^m - g)\|_{L^2}^2$ 修改成 $\sum\limits_{\boldsymbol{\theta} \in \Theta} \|d_t(\mathbf{P}_{\boldsymbol{\theta}} F^m - g_\theta)\|_{L^2}^2$ 即可, 推理过程类似, 故略. 应当指出的是, 虽然两者都是 L^2 范数, 但是其意义是不一样的, 其中

$$\|d_t(\mathbf{P}F^m - g)\|_{L^2}^2 = \int_{\mathbf{S}^{n-1}} \int_{\boldsymbol{\theta}^\perp} (d_t(\mathbf{P}F^m - g))^2 \mathrm{d}\boldsymbol{y} \mathrm{d}\boldsymbol{\theta},$$

$$\sum_{\boldsymbol{\theta} \in \Theta} \|d_t(\mathbf{P}_{\boldsymbol{\theta}} F^m - g_{\boldsymbol{\theta}})\|_{L^2}^2 = \sum_{\boldsymbol{\theta} \in \Theta} \int_{\boldsymbol{\theta}^\perp} (d_t(\mathbf{P}_{\boldsymbol{\theta}} F^m - g_{\boldsymbol{\theta}}))^2 \mathrm{d}\boldsymbol{y}.$$

同时注意到上式中的 d_t 与 $\mathrm{d}t$ 的定义是不一样的, 前者由 (6.4.9) 定义, 后者是在 $\mathbb{R}$ 上的微分. □

对于计算产生的迭代序列而言, 同样有如下定理成立.

定理 7.3.2　假设 $\{F^m\}$ 是由半隐式有限元方法产生的序列, 则有

$$\mathscr{E}(F^m) < \mathscr{E}(F^{m-1}), \quad m = 1, 2, \cdots, \tag{7.3.4}$$

即在迭代的过程中能量泛函是严格下降的. 此外, 还有

$$\lim_{m\to\infty} F^m = F^*, \tag{7.3.5}$$

其中 F^* 是最优化问题 (6.4.2) 在有限元空间 V^h 中的最优解.

证明　此定理的证明与基于无穷角度的半隐式有限元方法的收敛性定理 7.2.2 的证明类似, 此处不加以赘述. □

由定理 7.3.1 与定理 7.3.2 可知, 基于有限角度的半隐式有限元方法的收敛性已得到证明, 一方面在有限时间范围内半隐式有限元逼近是收敛的, 另一方面当迭代过程不断进行下去的时候, 迭代序列最终收敛到最优化问题在有限元空间中的最优解. 另外不难看出, 与基于无穷投影角度的半隐式有限元方法一样, 其收敛性不依赖于时间步长 τ 和正则化参数 λ 的选取, 从而对在实际计算中如何选取合适的时间步长和正则化参数的问题给出了十分有效的解决办法.

7.4　混合格式的收敛性

本节给出混合格式有限元方法的收敛性分析. 首先, 在满足适当的条件下, 随着迭代的不断进行, 能量泛函在有限元空间中总是严格下降的, 此结论由如下定理给出.

定理 7.4.1　给定 $\alpha \in [0,1]$. 假设 $f_0 \in L^2(\mathbb{R}^3)$ 且具有紧支集 Ω, $g_i \in L^2(\mathbb{R}^2)$, 其中 $i = 1, 2, \cdots, p$, $\{F^m\}$ 是由如下混合格式有限元离散产生的函数序列:

$$\boldsymbol{f}^m - \boldsymbol{f}^{m-1} = \tau_{m-1}(\boldsymbol{B} + \tau_{m-1}\alpha(\boldsymbol{R} + \lambda\boldsymbol{Q}^{m-1}))^{-1}(\boldsymbol{G} - (\boldsymbol{R} + \lambda\boldsymbol{Q}^{m-1})\boldsymbol{f}^{m-1}), \tag{7.4.1}$$

时间步长 τ_{m-1} 满足以下约束条件:

$$0 < \tau_{m-1} \leqslant \frac{\|\boldsymbol{f}^m - \boldsymbol{f}^{m-1}\|_{\boldsymbol{B}}^2}{2(1-\alpha)(\|\boldsymbol{f}^m - \boldsymbol{f}^{m-1}\|_{\boldsymbol{R}}^2 + \|\boldsymbol{f}^m - \boldsymbol{f}^{m-1}\|_{\lambda\boldsymbol{Q}^{m-1}}^2)}, \tag{7.4.2}$$

则下面的不等式成立:

$$\sum_{m=1}^{l} \left(\frac{\tau_{m-1}}{2} \|d_t F^m\|_{L^2(\Omega)}^2 + \frac{\tau_{m-1}^2}{2} \sum_{i=1}^{p} \|d_t(\mathbf{P}_{\boldsymbol{\theta}_i} F^m - g_i)\|_{L^2(\mathbb{R}^2)}^2 \right) + \mathscr{E}(F^l) \leqslant \mathscr{E}(F^0). \tag{7.4.3}$$

证明　在 (6.7.1) 中选取测试函数 v_h 为 $d_tF^m\in V^h$, 有

$$\|d_tF^m\|_{L^2(\Omega)}^2+\int_\Omega\lambda\Big(\frac{\phi'(\|\nabla F^{m-1}\|)}{\|\nabla F^{m-1}\|}(\alpha\nabla F^m+(1-\alpha)\nabla F^{m-1})^{\mathrm T}\nabla d_tF^m\Big)\mathrm d\boldsymbol x$$
$$+\sum_{i=1}^p\int_{\mathbb R^2}((\alpha\mathbf P_{\boldsymbol\theta_i}F^m+(1-\alpha)\mathbf P_{\boldsymbol\theta_i}F^{m-1})-g_i)d_t\mathbf P_{\boldsymbol\theta_i}F^m\mathrm d\boldsymbol y=0. \tag{7.4.4}$$

由 (7.4.4) 的左端最后一项可得

$$\begin{aligned}&\int_{\mathbb R^2}((\alpha\mathbf P_{\boldsymbol\theta_i}F^m+(1-\alpha)\mathbf P_{\boldsymbol\theta_i}F^{m-1})-g_i)d_t\mathbf P_{\boldsymbol\theta_i}F^m\mathrm d\boldsymbol y\\=&\int_{\mathbb R^2}(\alpha(\mathbf P_{\boldsymbol\theta_i}F^m-\mathbf P_{\boldsymbol\theta_i}F^{m-1})d_t\mathbf P_{\boldsymbol\theta_i}F^m+(\mathbf P_{\boldsymbol\theta_i}F^{m-1}-g_i)d_t\mathbf P_{\boldsymbol\theta_i}F^m)\mathrm d\boldsymbol y\\=&\frac{d_t\|\mathbf P_{\boldsymbol\theta_i}F^m-g_i\|_{L^2(\mathbb R^2)}^2}{2}+\frac{(2\alpha-1)\tau_{m-1}\|d_t(\mathbf P_{\boldsymbol\theta_i}F^m-g_i)\|_{L^2(\mathbb R^2)}^2}{2}.\end{aligned} \tag{7.4.5}$$

同理有

$$(\alpha\nabla F^m+(1-\alpha)\nabla F^{m-1})^{\mathrm T}\nabla d_tF^m=\frac{d_t\|\nabla F^m\|^2}{2}+\frac{(2\alpha-1)\tau_{m-1}\|\nabla d_tF^m\|^2}{2}. \tag{7.4.6}$$

从而结合 (7.4.5) 与 (7.4.6) 两式, (7.4.4) 可转变为

$$\begin{aligned}&\|d_tF^m\|_{L^2(\Omega)}^2+\frac{\sum\limits_{i=1}^p d_t\|\mathbf P_{\boldsymbol\theta_i}F^m-g_i\|_{L^2(\mathbb R^2)}^2}{2}\\&+\frac{(2\alpha-1)\tau_{m-1}\sum\limits_{i=1}^p\|d_t(\mathbf P_{\boldsymbol\theta_i}F^m-g_i)\|_{L^2(\mathbb R^2)}^2}{2}\\&+\frac{\lambda}{2}\int_\Omega\frac{\phi'(\|\nabla F^{m-1}\|)}{\|\nabla F^{m-1}\|}(d_t\|\nabla F^m\|^2+\tau_{m-1}\|\nabla d_tF^m\|^2)\mathrm d\boldsymbol x\\&+\frac{\lambda}{2}\int_\Omega\frac{\phi'(\|\nabla F^{m-1}\|)}{\|\nabla F^{m-1}\|}(2\alpha-2)\tau_{m-1}\|\nabla d_tF^m\|^2\mathrm d\boldsymbol x=0.\end{aligned} \tag{7.4.7}$$

由于

$$d_t\|\nabla F^m\|^2=\frac{2\|\nabla F^{m-1}\|(\|\nabla F^m\|-\|\nabla F^{m-1}\|)+(\|\nabla F^m\|-\|\nabla F^{m-1}\|)^2}{\tau_{m-1}},$$

故由 (7.4.7) 的左端第四项有

$$\begin{aligned}&\frac12\int_\Omega\frac{\phi'(\|\nabla F^{m-1}\|)}{\|\nabla F^{m-1}\|}d_t\|\nabla F^m\|^2\mathrm d\boldsymbol x\\=&\frac{1}{\tau_{m-1}}\int_\Omega\phi'(\|\nabla F^{m-1}\|)(\|\nabla F^m\|-\|\nabla F^{m-1}\|)\mathrm d\boldsymbol x\\&+\frac{1}{2\tau_{m-1}}\int_\Omega\frac{\phi'(\|\nabla F^{m-1}\|)}{\|\nabla F^{m-1}\|}(\|\nabla F^m\|-\|\nabla F^{m-1}\|)^2\mathrm d\boldsymbol x.\end{aligned} \tag{7.4.8}$$

利用 Cauchy-Schwarz 不等式易得

$$\|\nabla d_t F^m\|^2 \geqslant \frac{(\|\nabla F^m\| - \|\nabla F^{m-1}\|)^2}{\tau_{m-1}^2}.$$

又由于 $\phi'(s) \geqslant 0$, 故有

$$\begin{aligned}&\frac{1}{2}\int_\Omega \frac{\phi'(\|\nabla F^{m-1}\|)}{\|\nabla F^{m-1}\|}\tau_{m-1}\|\nabla d_t F^m\|^2 \mathrm{d}\boldsymbol{x}\\ \geqslant &\frac{1}{2\tau_{m-1}}\int_\Omega \frac{\phi'(\|\nabla F^{m-1}\|)}{\|\nabla F^{m-1}\|}(\|\nabla F^m\| - \|\nabla F^{m-1}\|)^2 \mathrm{d}\boldsymbol{x}.\end{aligned} \tag{7.4.9}$$

从而将 (7.4.8) 与 (7.4.9) 代入到 (7.4.7) 中可得

$$\begin{aligned}&\|d_t F^m\|_{L^2(\Omega)}^2 + \frac{\sum_{i=1}^p d_t\|\mathbf{P}_{\boldsymbol{\theta}_i} F^m - g_i\|_{L^2(\mathbb{R}^2)}^2}{2}\\ &+\frac{(2\alpha-1)\tau_{m-1}\sum_{i=1}^p \|d_t(\mathbf{P}_{\boldsymbol{\theta}_i} F^m - g_i)\|_{L^2(\mathbb{R}^2)}^2}{2}\\ &+\frac{\lambda}{\tau_{m-1}}\int_\Omega \phi'(\|\nabla F^{m-1}\|)(\|\nabla F^m\| - \|\nabla F^{m-1}\|)\mathrm{d}\boldsymbol{x}\\ &+\frac{\lambda}{\tau_{m-1}}\int_\Omega \frac{\phi'(\|\nabla F^{m-1}\|)}{\|\nabla F^{m-1}\|}(\|\nabla F^m\| - \|\nabla F^{m-1}\|)^2 \mathrm{d}\boldsymbol{x}\\ &+\frac{\lambda}{2}\int_\Omega \frac{\phi'(\|\nabla F^{m-1}\|)}{\|\nabla F^{m-1}\|}(2\alpha-2)\tau_{m-1}\|\nabla d_t F^m\|^2 \mathrm{d}\boldsymbol{x} \leqslant 0.\end{aligned} \tag{7.4.10}$$

由定理 7.2.1 的证明可知

$$\begin{aligned}&\int_\Omega \phi'(\|\nabla F^{m-1}\|)(\|\nabla F^m\| - \|\nabla F^{m-1}\|)\mathrm{d}\boldsymbol{x}\\ &\quad+\int_\Omega \frac{\phi'(\|\nabla F^{m-1}\|)}{\|\nabla F^{m-1}\|}(\|\nabla F^m\| - \|\nabla F^{m-1}\|)^2 \mathrm{d}\boldsymbol{x}\\ &\geqslant \int_\Omega \phi'(\|\nabla F^m\|)(\|\nabla F^m\| - \|\nabla F^{m-1}\|)\mathrm{d}\boldsymbol{x}.\end{aligned} \tag{7.4.11}$$

利用 $\phi(s)$ 的凸性即知 (7.4.11) 的右端有如下估计:

$$\int_\Omega \phi'(\|\nabla F^m\|)(\|\nabla F^m\| - \|\nabla F^{m-1}\|)\mathrm{d}\boldsymbol{x} \geqslant \tau_{m-1} d_t \int_\Omega \phi(\|\nabla F^m\|)\mathrm{d}\boldsymbol{x}. \tag{7.4.12}$$

将 (7.4.12) 代入 (7.4.11) 中, 然后再将得到的不等式代入 (7.4.10) 且两边同时乘上 τ_{m-1} 可得

$$\tau_{m-1}\|d_tF^m\|^2_{L^2(\Omega)}+\frac{\displaystyle\sum_{i=1}^{p}\tau_{m-1}d_t\|\mathbf{P}_{\boldsymbol{\theta}_i}F^m-g_i\|^2_{L^2(\mathbb{R}^2)}}{2}$$
$$+\frac{\displaystyle(2\alpha-1)\tau_{m-1}^2\sum_{i=1}^{p}\|d_t(\mathbf{P}_{\boldsymbol{\theta}_i}F^m-g_i)\|^2_{L^2(\mathbb{R}^2)}}{2}+\lambda\tau_{m-1}d_t\int_{\Omega}\phi(\|\nabla F^m\|)\mathrm{d}\boldsymbol{x}$$
$$+\frac{\lambda}{2}\int_{\Omega}\frac{\phi'(\|\nabla F^{m-1}\|)}{\|\nabla F^{m-1}\|}(2\alpha-2)\tau_{m-1}^2\|\nabla d_tF^m\|^2\mathrm{d}\boldsymbol{x}\leqslant 0. \tag{7.4.13}$$

显然可将 (7.4.13) 的左端写成如下两部分求和的形式:

$$P_1=\frac{\tau_{m-1}}{2}\|d_tF^m\|^2_{L^2(\Omega)}+\frac{\displaystyle\sum_{i=1}^{p}\tau_{m-1}d_t\|\mathbf{P}_{\boldsymbol{\theta}_i}F^m-g_i\|^2_{L^2(\mathbb{R}^2)}}{2}+\lambda\tau_{m-1}d_t\int_{\Omega}\phi(\|\nabla F^m\|)\mathrm{d}\boldsymbol{x},$$

$$P_2=\frac{\tau_{m-1}}{2}\|d_tF^m\|^2_{L^2(\Omega)}+\frac{\displaystyle(2\alpha-1)\tau_{m-1}^2\sum_{i=1}^{p}\|d_t(\mathbf{P}_{\boldsymbol{\theta}_i}F^m-g_i)\|^2_{L^2(\mathbb{R}^2)}}{2}$$
$$+\frac{\lambda}{2}\int_{\Omega}\frac{\phi'(\|\nabla F^{m-1}\|)}{\|\nabla F^{m-1}\|}(2\alpha-2)\tau_{m-1}^2\|\nabla d_tF^m\|^2\mathrm{d}\boldsymbol{x}.$$

由于

$$\tau_{m-1}^2\|d_tF^m\|^2_{L^2(\Omega)}=\|\boldsymbol{f}^m-\boldsymbol{f}^{m-1}\|^2_{\boldsymbol{B}},$$
$$\tau_{m-1}^2\sum_{i=1}^{p}\|d_t(\mathbf{P}_{\boldsymbol{\theta}_i}F^m-g_i)\|^2_{L^2(\mathbb{R}^2)}=\|\boldsymbol{f}^m-\boldsymbol{f}^{m-1}\|^2_{\boldsymbol{R}},$$
$$\tau_{m-1}^2\int_{\Omega}\frac{\phi'(\|\nabla F^{m-1}\|)}{\|\nabla F^{m-1}\|}\|\nabla d_tF^m\|^2\mathrm{d}\boldsymbol{x}=\|\boldsymbol{f}^m-\boldsymbol{f}^{m-1}\|^2_{\boldsymbol{Q}^{m-1}},$$

故利用约束条件 (7.4.2) 即知

$$2P_2\geqslant\tau_{m-1}^2\sum_{i=1}^{p}\|d_t(\mathbf{P}_{\boldsymbol{\theta}_i}F^m-g_i)\|^2_{L^2(\mathbb{R}^2)}.$$

因此 (7.4.13) 转变为

$$\frac{\tau_{m-1}}{2}\|d_tF^m\|^2_{L^2(\Omega)}+\frac{\displaystyle\tau_{m-1}^2\sum_{i=1}^{p}\|d_t(\mathbf{P}_{\boldsymbol{\theta}_i}F^m-g_i)\|^2_{L^2(\mathbb{R}^2)}}{2}$$
$$+\frac{\displaystyle\sum_{i=1}^{p}\tau_{m-1}d_t\|\mathbf{P}_{\boldsymbol{\theta}_i}F^m-g_i\|^2_{L^2(\mathbb{R}^2)}}{2}+\lambda\tau_{m-1}d_t\int_{\Omega}\phi(\|\nabla F^m\|)\mathrm{d}\boldsymbol{x}\leqslant 0. \tag{7.4.14}$$

对 (7.4.14) 应用求和运算 $\sum_{m=1}^{l}$ 易得 (7.4.3). 从而该定理获证. □

注7.4.1　从定理 7.4.1 容易看出:

(1) 如果 $\alpha=0$, 则迭代格式 (6.7.2) 为显式格式, 不等式 (7.4.2) 变为

$$0<\tau_{m-1}\leqslant\frac{\|\boldsymbol{f}^m-\boldsymbol{f}^{m-1}\|_{\boldsymbol{B}}^2}{2\|\boldsymbol{f}^m-\boldsymbol{f}^{m-1}\|_{\boldsymbol{R}}^2+2\|\boldsymbol{f}^m-\boldsymbol{f}^{m-1}\|_{\lambda\boldsymbol{Q}^{m-1}}^2},\tag{7.4.15}$$

其中

$$\boldsymbol{f}^m-\boldsymbol{f}^{m-1}=\tau_{m-1}\boldsymbol{B}^{-1}(\boldsymbol{G}-(\boldsymbol{R}+\lambda\boldsymbol{Q}^{m-1})\boldsymbol{f}^{m-1}).$$

从数值计算的角度来看, 显式格式满足收敛性的必要条件是时间步长的选取是有限的, 这与理论约束条件 (7.4.15) 一致.

(2) 如果 $\alpha=1$, 则迭代格式 (6.7.2) 为半隐式的, 不等式 (7.4.2) 变为

$$0<\tau_{m-1}\leqslant+\infty.\tag{7.4.16}$$

从而由上式可以看出半隐式有限元方法时间步长的选取是任意的, 这与实际计算和第 6 章半隐式迭代格式的收敛性均等价.

(3) 如果 $\alpha\in(0,1)$, 则迭代格式 (6.7.2) 是混合格式. 由有限元空间中的范数等价性可知存在正常数 a 和 b 满足

$$a\|v\|_{\boldsymbol{R}}\leqslant\|v\|_{\boldsymbol{B}},\quad b\|v\|_{\lambda\boldsymbol{Q}^{m-1}}\leqslant\|v\|_{\boldsymbol{B}},$$

则有

$$\frac{\|\boldsymbol{f}^m-\boldsymbol{f}^{m-1}\|_{\boldsymbol{B}}^2}{(2-2\alpha)\|\boldsymbol{f}^m-\boldsymbol{f}^{m-1}\|_{\boldsymbol{R}}^2+(2-2\alpha)\|\boldsymbol{f}^m-\boldsymbol{f}^{m-1}\|_{\lambda\boldsymbol{Q}^{m-1}}^2}\geqslant\frac{a^2b^2}{2(1-\alpha)(a^2+b^2)}.\tag{7.4.17}$$

因此, 如果

$$\frac{a^2b^2}{4(1-\alpha)(a^2+b^2)}\leqslant\tau_{m-1}\leqslant\frac{\|\boldsymbol{f}^m-\boldsymbol{f}^{m-1}\|_{\boldsymbol{B}}^2}{(2-2\alpha)(\|\boldsymbol{f}^m-\boldsymbol{f}^{m-1}\|_{\boldsymbol{R}}^2+\|\boldsymbol{f}^m-\boldsymbol{f}^{m-1}\|_{\lambda\boldsymbol{Q}^{m-1}}^2)},$$

则 (7.4.2) 是成立的, 即对时间步长 τ_{m-1} 的约束是有意义的.

注7.4.2　对 $\alpha\in(0,1)$ 的情形, 利用 (6.7.12), 可通过求解一个三次代数方程对 τ_{m-1} 的下界 $\tau_{m-1}^{(1)}$ 进行估计, 其中

$$\tau_{m-1}^{(1)}=\min\left\{\tau_{m-1}>0:\tau_{m-1}=\frac{\|\boldsymbol{f}^m-\boldsymbol{f}^{m-1}\|_{\boldsymbol{B}}^2}{2(1-\alpha)(\|\boldsymbol{f}^m-\boldsymbol{f}^{m-1}\|_{\boldsymbol{R}}^2+\|\boldsymbol{f}^m-\boldsymbol{f}^{m-1}\|_{\lambda\boldsymbol{Q}^{m-1}}^2)}\right\},$$

则要求 $\tau_{m-1}\leqslant\tau_{m-1}^{(1)}$.

由定理 7.4.1, 可以建立收敛性的结论. 给定 $\alpha \in [0,1]$, 假设 $\{F^m\}_{m=1}^{m_0}$ 为混合格式有限元的解, 其相应的时间步长 τ_{m-1} 满足约束条件 (7.4.2). 与 7.2 节一样, 给出在时间方向的分片常的和线性的插值 [117]:

$$\bar{F}^{h,\tau}(\boldsymbol{x},t) := F^{m-1}(\boldsymbol{x}), \quad \forall t \in [t_{m-1}, t_m), \quad 1 \leqslant m \leqslant m_0, \tag{7.4.18}$$

$$\bar{\bar{F}}^{h,\tau}(\boldsymbol{x},t) := \frac{t-t_{m-1}}{\tau_{m-1}} F^m(\boldsymbol{x}) + \frac{t_m - t}{\tau_{m-1}} F^{m-1}(\boldsymbol{x}), \tag{7.4.19}$$

$\forall t \in [t_{m-1}, t_m]$, $1 \leqslant m \leqslant m_0$, 其中 m_0 定义为

$$m_0 = \arg\min \left\{ l \geqslant 1 : \sum_{m=1}^{l} \tau_{m-1} \geqslant T_0 \right\},$$

且 T_0 为给定的充分大的正常数, 有

$$\sum_{m=1}^{m_0} \tau_{m-1} = T_0.$$

显然, $\bar{F}^{h,\tau}$ 关于 $\boldsymbol{x}$ 连续而关于 t 不连续. 但是, $\bar{\bar{F}}^{h,\tau}$ 关于 $\boldsymbol{x}$ 与 t 都连续.

定理 7.4.2 假设 $f_0 \in L^2(\mathbb{R}^3)$ 且具有紧支集 Ω, $g_i \in L^2(\mathbb{R}^2)$, $i = 1, 2, \cdots, p$, $\{F^m\}$ 是由混合格式有限元方法产生的序列且时间步长 τ_{m-1} 满足约束条件 (7.4.2), $\bar{F}^{h,\tau}(\boldsymbol{x},t)$ 与 $\bar{\bar{F}}^{h,\tau}(\boldsymbol{x},t)$ 分别由 (7.4.18) 与 (7.4.19) 定义, 如果初始条件满足

$$\lim_{h\to 0} \|f_0 - F^0\|_{L^2(\Omega)} = 0,$$

那么存在 $f \in L^\infty([0,T_0]; \mathrm{BV}(\Omega)) \cap H^1([0,T_0]; L^2(\Omega))$, 使得

$$\lim_{h,k\to 0} \|f - \bar{F}^{h,\tau}\|_{L^\infty((0,T_0);L^q(\Omega))} = 0, \tag{7.4.20}$$

$$\lim_{h,k\to 0} \|f - \bar{\bar{F}}^{h,\tau}\|_{L^\infty((0,T_0);L^q(\Omega))} = 0, \tag{7.4.21}$$

对 $q \in \left[1, \dfrac{n}{n-1}\right)$ $(n=3)$ 均成立.

证明 由定理 7.4.1 可知, (7.4.3) 蕴涵着如下估计:

$$\|\bar{\bar{F}}_t^{h,\tau}\|_{L^2(L^2(\Omega))} = \left(\sum_{m=1}^{m_0} \tau_{m-1} \|d_t F^m\|_{L^2(\Omega)}^2 \right)^{\frac{1}{2}} \leqslant C, \tag{7.4.22}$$

$$\begin{aligned} \|\mathbf{P}_{\boldsymbol{\theta}_i} \bar{F}^{h,\tau}\|_{L^\infty(L^2(\mathbb{R}^2))} &\leqslant \|\mathbf{P}_{\boldsymbol{\theta}_i} \bar{\bar{F}}^{h,\tau}\|_{L^\infty(L^2(\mathbb{R}^2))} = \max_{0\leqslant m\leqslant m_0} \|\mathbf{P}_{\boldsymbol{\theta}_i} F^m\|_{L^2(\mathbb{R}^2)} \\ &\leqslant \max_{0\leqslant m\leqslant m_0} \|\mathbf{P}_{\boldsymbol{\theta}_i} F^m - g_i\|_{L^2(\mathbb{R}^2)} + \|g_i\|_{L^2(\mathbb{R}^2)} \leqslant C, \end{aligned} \tag{7.4.23}$$

$$
\begin{aligned}
\|\nabla \bar{F}^{h,\tau}\|_{L^\infty(L^1(\Omega))} &\leqslant \|\nabla \bar{\bar{F}}^{h,\tau}\|_{L^\infty(L^1(\Omega))} = \max_{0\leqslant m\leqslant m_0} \|\nabla F^m\|_{L^1(\Omega)} \\
&\leqslant \max_{0\leqslant m\leqslant m_0} \int_\Omega \phi(\|\nabla F^m\|)\mathrm{d}\boldsymbol{x} \leqslant C, \qquad (7.4.24)\\
&\sum_{m=1}^{m_0}\sum_{i=1}^{p} \|\mathbf{P}_{\boldsymbol{\theta}_i}F^m - \mathbf{P}_{\boldsymbol{\theta}_i}F^{m-1}\|^2_{L^2(\mathbb{R}^2)}\\
&= \sum_{m=1}^{m_0}\tau_{m-1}^2\sum_{i=1}^{p}\|d_t(\mathbf{P}_{\boldsymbol{\theta}_i}F^m - g_i)\|^2_{L^2(\mathbb{R}^2)} \leqslant C, \quad \lambda\neq 0, \qquad (7.4.25)
\end{aligned}
$$

其中 C 为正常数. 然后在 (6.7.1) 中选取测试函数 $v_h = F^m \in V^h$, 则有

$$
\int_\Omega \left[F^m d_t F^m + \frac{\lambda\phi'(\|\nabla F^{m-1}\|)}{\|\nabla F^{m-1}\|}(\alpha\nabla F^m + (1-\alpha)\nabla F^{m-1})^{\mathrm{T}}\nabla F^m\right]\mathrm{d}\boldsymbol{x}
$$
$$
+\sum_{i=1}^{p}\int_{\mathbb{R}^2}((\alpha\mathbf{P}_{\boldsymbol{\theta}_i}F^m + (1-\alpha)\mathbf{P}_{\boldsymbol{\theta}_i}F^{m-1}) - g_i)\mathbf{P}_{\boldsymbol{\theta}_i}F^m\mathrm{d}\boldsymbol{y} = 0. \qquad (7.4.26)
$$

对于 (7.4.26) 中的第一个积分项, 易知

$$
F^m d_t F^m = \frac{F^m - F^{m-1}}{\tau_{m-1}}F^m = \frac{d_t|F^m|^2}{2} + \frac{\tau_{m-1}|d_tF^m|^2}{2}. \qquad (7.4.27)
$$

利用前面定义的矩阵, (7.4.26) 可写为

$$
\begin{aligned}
&\frac{d_t\|F^m\|^2_{L^2(\Omega)}}{2} + \frac{\tau_{m-1}\|d_tF^m\|^2_{L^2(\Omega)}}{2} + \alpha\lambda\boldsymbol{f}^{m\mathrm{T}}\boldsymbol{Q}^{m-1}\boldsymbol{f}^m + (1-\alpha)\lambda\boldsymbol{f}^{m\mathrm{T}}\boldsymbol{Q}^{m-1}\boldsymbol{f}^{m-1}\\
&+\alpha\boldsymbol{f}^{m\mathrm{T}}\boldsymbol{R}\boldsymbol{f}^m + (1-\alpha)\boldsymbol{f}^{m\mathrm{T}}\boldsymbol{R}\boldsymbol{f}^{m-1} - \boldsymbol{f}^{m\mathrm{T}}\boldsymbol{G}\\
=&\frac{d_t\|F^m\|^2_{L^2(\Omega)}}{2} + \frac{\tau_{m-1}\|d_tF^m\|^2_{L^2(\Omega)}}{2}\\
&+\boldsymbol{f}^{m\mathrm{T}}(\alpha(\boldsymbol{R}+\lambda\boldsymbol{Q}^{m-1})\boldsymbol{f}^m + (1-\alpha)(\boldsymbol{R}+\lambda\boldsymbol{Q}^{m-1})\boldsymbol{f}^{m-1} - \boldsymbol{G}) = 0. \qquad (7.4.28)
\end{aligned}
$$

不难看出

$$
\begin{aligned}
\boldsymbol{f}^{m\mathrm{T}}((\boldsymbol{R}+\lambda\boldsymbol{Q}^{m-1})\boldsymbol{f}^m - \boldsymbol{G}) =& \|\boldsymbol{f}^m\|^2_{\lambda\boldsymbol{Q}^{m-1}} + \frac{\sum_{i=1}^{p}\|\mathbf{P}_{\boldsymbol{\theta}_i}F^m - g_i\|^2_{L^2(\mathbb{R}^2)}}{2}\\
&+\frac{\sum_{i=1}^{p}\|\mathbf{P}_{\boldsymbol{\theta}_i}F^m\|^2_{L^2(\mathbb{R}^2)}}{2} - \frac{\sum_{i=1}^{p}\|g_i\|^2_{L^2(\mathbb{R}^2)}}{2}. \qquad (7.4.29)
\end{aligned}
$$

由 (7.4.29) 与迭代格式 (7.4.1) 可得

$$
\begin{aligned}
&\boldsymbol{f}^{m\mathrm{T}}\big((\boldsymbol{R}+\lambda\boldsymbol{Q}^{m-1})\boldsymbol{f}^{m-1}-\boldsymbol{G}\big)\\
=&\boldsymbol{f}^{m-1\mathrm{T}}((\boldsymbol{R}+\lambda\boldsymbol{Q}^{m-1})\boldsymbol{f}^{m-1}-\boldsymbol{G})\\
&-\tau_{m-1}\|(\boldsymbol{R}+\lambda\boldsymbol{Q}^{m-1})\boldsymbol{f}^{m-1}-\boldsymbol{G}\|^2_{(\boldsymbol{B}+\tau_{m-1}\alpha(\boldsymbol{R}+\lambda\boldsymbol{Q}^{m-1}))^{-1}}\\
=&\|\boldsymbol{f}^{m-1}\|^2_{\lambda\boldsymbol{Q}^{m-1}}+\frac{\displaystyle\sum_{i=1}^{p}\|\mathbf{P}_{\boldsymbol{\theta}_i}F^{m-1}-g_i\|^2_{L^2(\mathbb{R}^2)}+\|\mathbf{P}_{\boldsymbol{\theta}_i}F^{m-1}\|^2_{L^2(\mathbb{R}^2)}-\|g_i\|^2_{L^2(\mathbb{R}^2)}}{2}\\
&-\tau_{m-1}\|(\boldsymbol{R}+\lambda\boldsymbol{Q}^{m-1})\boldsymbol{f}^{m-1}-\boldsymbol{G}\|^2_{(\boldsymbol{B}+\tau_{m-1}\alpha(\boldsymbol{R}+\lambda\boldsymbol{Q}^{m-1}))^{-1}}\\
=&\|\boldsymbol{f}^{m-1}\|^2_{\lambda\boldsymbol{Q}^{m-1}}+\frac{\displaystyle\sum_{i=1}^{p}\|\mathbf{P}_{\boldsymbol{\theta}_i}F^{m-1}-g_i\|^2_{L^2(\mathbb{R}^2)}+\|\mathbf{P}_{\boldsymbol{\theta}_i}F^{m-1}\|^2_{L^2(\mathbb{R}^2)}-\|g_i\|^2_{L^2(\mathbb{R}^2)}}{2}\\
&-\tau_{m-1}^{-1}\|\boldsymbol{f}^m-\boldsymbol{f}^{m-1}\|^2_{\boldsymbol{B}+\tau_{m-1}\alpha(\boldsymbol{R}+\lambda\boldsymbol{Q}^{m-1})}.
\end{aligned}
\tag{7.4.30}
$$

利用 (7.4.29) 与 (7.4.30), (7.4.28) 可写为

$$
\begin{aligned}
&\frac{d_t\|F^m\|^2_{L^2(\Omega)}}{2}+\frac{\tau_{m-1}\|d_tF^m\|^2_{L^2(\Omega)}}{2}\\
&+\boldsymbol{f}^{m\mathrm{T}}(\alpha(\boldsymbol{R}+\lambda\boldsymbol{Q}^{m-1})\boldsymbol{f}^m+(1-\alpha)(\boldsymbol{R}+\lambda\boldsymbol{Q}^{m-1})\boldsymbol{f}^{m-1}-\boldsymbol{G})\\
=&\frac{d_t\|F^m\|^2_{L^2(\Omega)}}{2}+\frac{\tau_{m-1}\|d_tF^m\|^2_{L^2(\Omega)}}{2}+\alpha\|\boldsymbol{f}^m\|^2_{\lambda\boldsymbol{Q}^{m-1}}+(1-\alpha)\|\boldsymbol{f}^{m-1}\|^2_{\lambda\boldsymbol{Q}^{m-1}}\\
&+\alpha\frac{\displaystyle\sum_{i=1}^{p}\|\mathbf{P}_{\boldsymbol{\theta}_i}F^m-g_i\|^2_{L^2(\mathbb{R}^2)}+\|\mathbf{P}_{\boldsymbol{\theta}_i}F^m\|^2_{L^2(\mathbb{R}^2)}-\|g_i\|^2_{L^2(\mathbb{R}^2)}}{2}\\
&+(1-\alpha)\frac{\displaystyle\sum_{i=1}^{p}\|\mathbf{P}_{\boldsymbol{\theta}_i}F^{m-1}-g_i\|^2_{L^2(\mathbb{R}^2)}+\|\mathbf{P}_{\boldsymbol{\theta}_i}F^{m-1}\|^2_{L^2(\mathbb{R}^2)}-\|g_i\|^2_{L^2(\mathbb{R}^2)}}{2}\\
&-\tau_{m-1}^{-1}(1-\alpha)\|\boldsymbol{f}^m-\boldsymbol{f}^{m-1}\|^2_{\boldsymbol{B}+\tau_{m-1}\alpha(\boldsymbol{R}+\lambda\boldsymbol{Q}^{m-1})}=0.
\end{aligned}
\tag{7.4.31}
$$

忽略 (7.4.31) 中的几个非负项可得

$$
\begin{aligned}
&\frac{d_t\|F^m\|^2_{L^2(\Omega)}}{2}+\frac{\tau_{m-1}\|d_tF^m\|^2_{L^2(\Omega)}}{2}\\
&-(1-\alpha)\tau_{m-1}^{-1}\|\boldsymbol{f}^m-\boldsymbol{f}^{m-1}\|^2_{\boldsymbol{B}+\tau_{m-1}\alpha(\boldsymbol{R}+\lambda\boldsymbol{Q}^{m-1})}\\
\leqslant&\frac{1}{2}\sum_{i=1}^{p}\|g_i\|^2_{L^2(\mathbb{R}^2)}.
\end{aligned}
\tag{7.4.32}
$$

由 (7.4.32) 即得

$$
\frac{d_t\|F^m\|^2_{L^2(\Omega)}}{2}+\alpha\tau_{m-1}\|d_tF^m\|^2_{L^2(\Omega)}-\alpha(1-\alpha)\|\boldsymbol{f}^m-\boldsymbol{f}^{m-1}\|^2_{\boldsymbol{R}+\lambda\boldsymbol{Q}^{m-1}}
$$

$$\leqslant \frac{1}{2}\sum_{i=1}^{p}\|g_i\|_{L^2(\mathbb{R}^2)}^2 + \frac{\tau_{m-1}\|d_tF^m\|_{L^2(\Omega)}^2}{2}. \tag{7.4.33}$$

利用约束条件 (7.4.2), 有

$$\alpha\tau_{m-1}\|d_tF^m\|_{L^2(\Omega)}^2 - \alpha(1-\alpha)\|\boldsymbol{f}^m - \boldsymbol{f}^{m-1}\|_{\boldsymbol{R}+\lambda\boldsymbol{Q}^{m-1}}^2 \geqslant 0,$$

从而由 (7.4.33) 可知

$$\frac{d_t\|F^m\|_{L^2(\Omega)}^2}{2} \leqslant \frac{1}{2}\sum_{i=1}^{p}\|g_i\|_{L^2(\mathbb{R}^2)}^2 + \frac{\tau_{m-1}\|d_tF^m\|_{L^2(\Omega)}^2}{2}. \tag{7.4.34}$$

对 (7.4.34) 两边同时作运算 $2\sum_{m=1}^{l}\tau_{m-1}$ 可得

$$\|F^l\|_{L^2(\Omega)}^2 \leqslant \sum_{m=1}^{l}\tau_{m-1}\sum_{i=1}^{p}\|g_i\|_{L^2(\mathbb{R}^2)}^2 + \|F^0\|_{L^2(\Omega)}^2 + \sum_{m=1}^{l}\tau_{m-1}^2\|d_tF^m\|_{L^2(\Omega)}^2, \tag{7.4.35}$$

$\forall 1 \leqslant l \leqslant m_0$. 由定理 7.4.1 的结论 (7.4.3) 可知存在正常数 C 使得如下不等式成立:

$$\sum_{m=1}^{m_0}\tau_{m-1}\|d_tF^m\|_{L^2(\Omega)}^2 \leqslant C.$$

不妨假设 $0 < \tau_{m-1} < 1$, 则容易得到

$$\begin{aligned}\sum_{m=1}^{m_0}\tau_{m-1}^2\|d_tF^m\|_{L^2(\Omega)}^2 &= \sum_{m=1}^{m_0}\|\boldsymbol{f}^m - \boldsymbol{f}^{m-1}\|_{\boldsymbol{B}}^2 \leqslant \sum_{m=1}^{m_0}\frac{\|\boldsymbol{f}^m - \boldsymbol{f}^{m-1}\|_{\boldsymbol{B}}^2}{\tau_{m-1}} \\ &= \sum_{m=1}^{m_0}\tau_{m-1}\|d_tF^m\|_{L^2(\Omega)}^2 \leqslant C.\end{aligned} \tag{7.4.36}$$

从而由 (7.4.35) 与 (7.4.36) 可得

$$\|F^l\|_{L^2(\Omega)}^2 \leqslant \sum_{m=1}^{l}\tau_{m-1}\sum_{i=1}^{p}\|g_i\|_{L^2(\mathbb{R}^2)}^2 + \|F^0\|_{L^2(\Omega)}^2 + C, \quad \forall 1 \leqslant l \leqslant m_0. \tag{7.4.37}$$

利用已知条件即得

$$\sum_{m=1}^{l}\tau_{m-1}\sum_{i=1}^{p}\|g_i\|_{L^2(\mathbb{R}^2)}^2 + \|F^0\|_{L^2(\Omega)}^2 \leqslant T_0\sum_{i=1}^{p}\|g_i\|_{L^2(\mathbb{R}^2)}^2 + \|F^0\|_{L^2(\Omega)}^2 \leqslant C. \tag{7.4.38}$$

结合 (7.4.37) 与 (7.4.38) 可知

$$\|F^l\|_{L^2(\Omega)}^2 \leqslant C, \quad \forall 1 \leqslant l \leqslant m_0. \tag{7.4.39}$$

由 (7.4.39) 有

$$\|\bar{F}^{h,\tau}\|_{L^\infty(L^2(\mathbb{R}^3))} \leqslant \|\bar{\bar{F}}^{h,\tau}\|_{L^\infty(L^2(\mathbb{R}^3))} = \max_{0\leqslant m\leqslant m_0} \|F^m\|_{L^2(\mathbb{R}^3)} \leqslant C. \tag{7.4.40}$$

使用 (7.4.22)、(7.4.24)、(7.4.36) 与 (7.4.40), 并利用定理 7.2.1 的证明方法, 即可得到收敛性结论 (7.4.20) 与 (7.4.21), 因此定理得以证明. □

对于计算过程中所得到的迭代序列而言, 有以下定理.

定理 7.4.3 假设已知条件与定理 7.4.1 和定理 7.4.2 一样, $\{F^m\}$ 是由混合格式有限元方法产生的序列, 则有

$$\mathscr{E}(F^m) < \mathscr{E}(F^{m-1}), \quad m = 1, 2, \cdots, \tag{7.4.41}$$

即在迭代的过程中能量泛函是严格下降的. 此外,

$$\lim_{m\to\infty} F^m = F^*, \tag{7.4.42}$$

其中 F^* 是最优化问题 (6.4.2) 在有限元空间 V^h 的最优解.

证明 该定理的证明与基于无穷角度半隐式有限元方法的收敛性定理 7.2.2 和基于有限角度显式有限元方法的收敛性定理 7.1.10 的证明类似, 故此处不再赘述. □

由定理 7.4.1~定理 7.4.3 知, 基于有限角度的混合格式有限元方法的收敛性得以证明, 一方面在有限时间范围内混合格式有限元逼近是收敛的, 另一方面当迭代过程不断进行下去的时候, 迭代序列最终收敛到最优化问题在有限元空间中的最优解. 此外值得注意的是, 与显式有限元方法一样, 其收敛性依赖于时间步长 τ 的选取, 但与之不同的是, 混合格式有限元方法对时间步长的选取具有更广的范围, 即在每步迭代的过程中时间步长可以选得更大, 从而使总的收敛速度更快.

第 8 章　冷冻电镜图像重构的双梯度下降法

对于 ET(electron tomography) 数据的重构和单颗粒数据的重构, 前面介绍了 L^2 梯度流方法, 以及该方法的收敛性分析. 本章旨在进一步加强或改进 L^2 梯度流方法, 使其更为有效. 本章的内容源自文献 [300].

8.1　双梯度下降法

问题描述　设 $\{g_{\boldsymbol{\theta}_l}\}_{l=1}^{p}$, $\theta_l \in \mathbf{S}^2$, 为一组 2D 测量图像, 它们是未知函数 f 的 X 射线变换 $\mathbf{P}_{\boldsymbol{\theta}_l} f$, 即

$$g_{\boldsymbol{\theta}_l}(\boldsymbol{u}) = \mathbf{P}_{\boldsymbol{\theta}_l} f(\boldsymbol{u}) := \int_{\mathbb{R}^3} f([\boldsymbol{e}_{\boldsymbol{\theta}_l}^{(1)}, \boldsymbol{e}_{\boldsymbol{\theta}_l}^{(2)}]\boldsymbol{u} + t\boldsymbol{\theta}_l)\mathrm{d}t, \quad \boldsymbol{\theta}_l \in \mathbf{S}^2, \quad \boldsymbol{u} \in \mathbb{R}^2,$$

其中 $\boldsymbol{e}_{\boldsymbol{\theta}_l}^{(1)}$ 和 $\boldsymbol{e}_{\boldsymbol{\theta}_l}^{(2)}$ 为 $\boldsymbol{\theta}_l^{\perp}$ 中的两个单位正交向量, 即

$$\|\boldsymbol{e}_{\boldsymbol{\theta}_l}^{(1)}\| = \|\boldsymbol{e}_{\boldsymbol{\theta}_l}^{(2)}\| = 1, \quad \langle \boldsymbol{e}_{\boldsymbol{\theta}_l}^{(1)}, \boldsymbol{e}_{\boldsymbol{\theta}_l}^{(2)} \rangle = 0. \tag{8.1.1}$$

方向 $\boldsymbol{e}_{\boldsymbol{\theta}_l}^{(1)}$ 和 $\boldsymbol{e}_{\boldsymbol{\theta}_l}^{(2)}$ 也同时决定了投影的平面内旋转. 与以前一样, 我们的目的是构造 $f^*(\boldsymbol{x})$, $\boldsymbol{x} \in \Omega \subset \mathbb{R}^3$, 使得 $\mathbf{P}_{\boldsymbol{\theta}_l} f^*(\boldsymbol{u})$ 在下述意义下尽可能逼近 $g_{\boldsymbol{\theta}_l}(\boldsymbol{u})$:

$$f^* = \arg\min \mathscr{E}(f),$$

其中

$$\mathscr{E}(f) = \frac{1}{p}\sum_{l=1}^{p}\int_{\mathbb{R}^2} [\mathbf{P}_{\boldsymbol{\theta}_l} f(\boldsymbol{u}) - g_{\boldsymbol{\theta}_l}(\boldsymbol{u})]^2 \,\mathrm{d}\boldsymbol{u}. \tag{8.1.2}$$

假定所有测量图像的尺寸为 $(n+1)\times(n+1)$, 图像的像素值 $g_{\boldsymbol{\theta}_l}(\boldsymbol{u})$ 定义在整数格点 $(i,j)^{\mathrm{T}} \in \left[-\frac{n}{2}, \frac{n}{2}\right]^2$ 上, 假定 n 是一个偶数. 因为 $g_{\boldsymbol{\theta}_l}(\boldsymbol{u})$ 为 f 的投影, 定义一个球体 Ω 如下:

$$\Omega = \left\{\boldsymbol{x} \in \mathbb{R}^3 : \|\boldsymbol{x}\| \leqslant \frac{n}{2} + 1\right\}.$$

我们把 Ω 放在一个立方体 $\Omega_c = \left[-\frac{n}{2} - 1, \frac{n}{2} + 1\right]^3$ 里面, 并假定

$$\begin{aligned} f(\boldsymbol{x}) &= 0, \qquad \text{若} \quad \boldsymbol{x} \in \Omega_c \setminus \Omega, \\ g_{\boldsymbol{\theta}_l}(i,j) &= 0, \quad \text{若} \quad \sqrt{i^2 + j^2} > \frac{n}{2}. \end{aligned}$$

于是图像在格点上的值 $g_{\boldsymbol{\theta}_l}(\boldsymbol{u})$ 定义为

$$g_{\boldsymbol{\theta}_l}(i,j)=\int_{-\infty}^{\infty}f(i\boldsymbol{e}_{\boldsymbol{\theta}_l}^{(1)}+j\boldsymbol{e}_{\boldsymbol{\theta}_l}^{(2)}+t\boldsymbol{\theta}_l)\,\mathrm{d}t,\quad (i,j)^{\mathrm{T}}\in\left[-\frac{n}{2},\frac{n}{2}\right]^2.$$

由于测量图像 $g_{\boldsymbol{\theta}_l}(\boldsymbol{u})$ 含有很高的噪声, 引入规整化机制是必要的. 为了减轻规整化机制对重构结果精度的影响, 使用如下两步策略来构造 f.

第一步 使用双梯度下降法计算一个近似的极小解 (见算法 8.3.1)

$$f_1\approx\arg\min_{f\in V}\mathscr{E}(f),\tag{8.1.3}$$

其中 V 是一个给定的函数空间, 这里使用径向基函数空间 (见 8.3.1 小节).

第二步 在约束条件

$$\mathscr{E}(f)\leqslant\mathscr{E}(f_1)\tag{8.1.4}$$

之下, 用几何流计算一个规整了的 f_1, 其结果记为 f (见算法 8.3.2).

注8.1.1 应当指出的是, 第二步不是第一步结果的简单的平滑或后处理, 它要求能量泛函不能增加.

8.2 梯度和几何流

我们用迭代法调整 f 以极小化 $\mathscr{E}(f)$. 迭代过程由双梯度流结合几何流实现. 下面计算梯度并引入所用的几何流. 设

$$f(\boldsymbol{x})=\sum_{\boldsymbol{i}}f_{\boldsymbol{i}}\phi_{\boldsymbol{i}}(\boldsymbol{x}),\quad \boldsymbol{i}=[i,j,k]^{\mathrm{T}},$$

则

$$\frac{\partial\mathscr{E}(f)}{\partial f_{\boldsymbol{i}}}=\frac{2}{p}\sum_{l=1}^{p}\int_{\mathbb{R}^2}[\mathbf{P}_{\boldsymbol{\theta}_l}f(\boldsymbol{u})-g_{\boldsymbol{\theta}_l}(\boldsymbol{u})](\mathbf{P}_{\boldsymbol{\theta}_l}\phi_{\boldsymbol{i}})(\boldsymbol{u})\,\mathrm{d}\boldsymbol{u}.$$

$\mathscr{E}(f)$ 关于 f 的梯度记为 $\nabla(\mathscr{E}(f))$.

由于投影方向的不足或缺失, 问题 (8.1.3) 是不适定的. 为了克服这一困难, 在极小化的过程中用曲面扩散流对解进行规整. 如果曲面用参数形式表示, 那么曲面扩散流可以写为 (见文献 [304], 第 56 页)

$$\frac{\partial\boldsymbol{x}}{\partial t}=-2\Delta_s H\boldsymbol{n},\tag{8.2.1}$$

其中 $\boldsymbol{x}\in\mathbb{R}^3$ 为曲面上的点, $\boldsymbol{n}\in\mathbf{S}^2$ 是曲面的法向量, H 是曲面的平均曲率以及 Δ_s 为曲面上的 Laplace-Beltrami 算子. 对于演化一个封闭的曲面, 曲面扩散流是保体

积且面积缩减的. 因此, 曲面扩散流有非常理想的规整化效果. 如果曲面用水平集形式表示, 那么曲面扩散流可以写为 (见文献 [304], 第 75 页)

$$\frac{\partial f}{\partial t} = -\Delta_f \left[\mathrm{div}\left(\frac{\nabla f}{\|\nabla f\|}\right)\right]\|\nabla f\|, \tag{8.2.2}$$

其中 Δ_f 代表 f 的水平集 $\Gamma_c = \{\boldsymbol{x} \in \mathbb{R}^3 \colon f(\boldsymbol{x}) = c\}$ 上的 Laplace-Beltrami 算子 (见文献 [304], 第 28 页). 曲面扩散流的弱形式可以写为

$$\int_{\mathbb{R}^3} \frac{\partial f}{\partial t}\phi \,\mathrm{d}\boldsymbol{x} = 2\int_{\mathbb{R}^3} H\left[\Delta\phi + 2H\boldsymbol{n}^{\mathrm{T}}\nabla\phi - \boldsymbol{n}^{\mathrm{T}}\nabla^2\phi\boldsymbol{n}\right]\|\nabla f\| \,\mathrm{d}\boldsymbol{x}, \tag{8.2.3}$$

其中 $\nabla^2\phi$ 为 ϕ 的 Hesse 矩阵,

$$H = -\frac{1}{2}\mathrm{div}\left(\frac{\nabla f}{\|\nabla f\|}\right)$$

为水平集曲面 Γ_c 的平均曲率. 该弱形式的推导稍后给出. 曲面扩散流是一个四阶方程, 但使用弱形式只需二阶导数. 而三次 B 样条恰有足够的光滑度.

记 (8.2.3) 的右端为 $\delta(f,\phi)$, 取 ϕ 为 $\phi_{\boldsymbol{i}}$ 并把 $\delta(f,\phi_{\boldsymbol{i}})$ 排成一个列向量. 我们把该向量看成是某一能量泛函 $\mathscr{F}(f)$ 的负梯度 $-\nabla\mathscr{F}(f)$. 在极小化过程中, 只需这个向量而不需知道能量泛函.

容易看到, $\delta(f,\phi)$ 关于 ϕ 是线性的. 对于一个给定的向量 $\boldsymbol{h}$, 设

$$h(\boldsymbol{x}) = \sum_{\boldsymbol{i}} h_{\boldsymbol{i}}\phi_{\boldsymbol{i}}(\boldsymbol{x}), \quad \boldsymbol{i} = [i,j,k]^{\mathrm{T}},$$

那么若取 $\phi = h$, 则

$$\delta(f,h) = -\nabla\mathscr{F}(f)^{\mathrm{T}}\boldsymbol{h}.$$

因此, 可以计算 $\mathscr{F}(f)$ 在方向 $\boldsymbol{h}$ 上的方向导数.

弱形式的推导　用具有紧支集的测试函数 $\phi \in C^2(\mathbb{R}^2)$ 同乘 (8.2.2) 的两端, 然后使用余面积公式 (见文献 [114]) 和 Green 公式 (见文献 [304] 第 24 页), 有

$$\begin{aligned}
\int_{\mathbb{R}^3} \frac{\partial f}{\partial t}\phi \,\mathrm{d}\boldsymbol{x} &= -\int_{\mathbb{R}^3} \Delta_f\left[\mathrm{div}\left(\frac{\nabla f}{\|\nabla f\|}\right)\right]\|\nabla f\|\phi \,\mathrm{d}\boldsymbol{x} \\
&= -\int_{\mathbb{R}}\int_{\Gamma_c} \Delta_f\left[\mathrm{div}\left(\frac{\nabla f}{\|\nabla f\|}\right)\right]\phi \,\mathrm{d}\sigma\mathrm{d}c \\
&= -\int_{\mathbb{R}}\int_{\Gamma_c} \mathrm{div}\left(\frac{\nabla f}{\|\nabla f\|}\right)\Delta_f\phi \,\mathrm{d}\sigma\mathrm{d}c \\
&= 2\int_{\mathbb{R}^3} H\Delta_f\phi\|\nabla f\| \,\mathrm{d}\boldsymbol{x},
\end{aligned} \tag{8.2.4}$$

其中 (见文献 [64])

$$\begin{aligned}\Delta_f\phi &= \mathrm{div}_f(\nabla_f\phi)\\ &= \mathrm{div}_f(\mathbf{P}\nabla\phi)\\ &= \mathrm{div}(\mathbf{P}\nabla\phi) - \boldsymbol{n}^{\mathrm{T}}\nabla(\mathbf{P}\nabla\phi)\boldsymbol{n},\end{aligned}$$

以及 $\mathbf{P} = \boldsymbol{I} - \boldsymbol{n}\boldsymbol{n}^{\mathrm{T}}$. 因此

$$\Delta_f\phi = \Delta\phi - \mathrm{div}(\boldsymbol{n}\boldsymbol{n}^{\mathrm{T}}\nabla\phi) - \boldsymbol{n}^{\mathrm{T}}\nabla^2\phi\boldsymbol{n} + \boldsymbol{n}^{\mathrm{T}}\nabla(\boldsymbol{n}\boldsymbol{n}^{\mathrm{T}}\nabla\phi)\boldsymbol{n}.$$

因为

$$\begin{aligned}\mathrm{div}(\boldsymbol{n}\boldsymbol{n}^{\mathrm{T}}\nabla\phi) &= \mathrm{div}(\boldsymbol{n})\boldsymbol{n}^{\mathrm{T}}\nabla\phi + \boldsymbol{n}^{\mathrm{T}}\nabla(\boldsymbol{n}^{\mathrm{T}}\nabla\phi)\\ &= -2H\boldsymbol{n}^{\mathrm{T}}\nabla\phi + \boldsymbol{n}^{\mathrm{T}}\left[\frac{\nabla^2 f\mathbf{P}\nabla\phi}{\|\nabla f\|} + \nabla^2\phi\boldsymbol{n}\right],\\ \nabla(\boldsymbol{n}\boldsymbol{n}^{\mathrm{T}}\nabla\phi) &= \nabla(\boldsymbol{n})\boldsymbol{n}^{\mathrm{T}}\nabla\phi + \nabla(\boldsymbol{n}^{\mathrm{T}}\nabla\phi)\boldsymbol{n}^{\mathrm{T}}\\ &= \nabla(\boldsymbol{n})\boldsymbol{n}^{\mathrm{T}}\nabla\phi + \frac{\nabla^2 f\mathbf{P}\nabla\phi\boldsymbol{n}^{\mathrm{T}}}{\|\nabla f\|} + \nabla^2\phi\boldsymbol{n}\boldsymbol{n}^{\mathrm{T}},\end{aligned}$$

$$\nabla\boldsymbol{n} = \frac{\nabla^2 f}{\|\nabla f\|} - \frac{\nabla^2 f\nabla f(\nabla f)^{\mathrm{T}}}{\|\nabla f\|^3} = \frac{\nabla^2 f\mathbf{P}}{\|\nabla f\|},$$

有

$$\boldsymbol{n}\nabla(\boldsymbol{n}\boldsymbol{n}^{\mathrm{T}}\nabla\phi)\boldsymbol{n} = \frac{\boldsymbol{n}^{\mathrm{T}}\nabla^2 f\mathbf{P}\nabla\phi}{\|\nabla f\|} + \boldsymbol{n}^{\mathrm{T}}\nabla^2\phi\boldsymbol{n}.$$

因此

$$\Delta_f\phi = \Delta\phi + 2H\boldsymbol{n}^{\mathrm{T}}\nabla\phi - \boldsymbol{n}^{\mathrm{T}}\nabla^2\phi\boldsymbol{n}. \tag{8.2.5}$$

把 (8.2.5) 代入到 (8.2.4) 中, 则得到曲面扩散流的弱形式 (8.2.3).

8.3 数 值 计 算

在本节中, 我们在径向基函数空间中离散极小化问题, 然后用双梯度下降法求解离散的极小化问题.

8.3.1 离散化

给定一个偶数 $m \geqslant 4$, 用格点

$$\boldsymbol{x_i} = \boldsymbol{i}h, \quad -\frac{m}{2} \leqslant \boldsymbol{i} \leqslant \frac{m}{2}, \quad \boldsymbol{i} = (i_1, i_2, i_3),$$

均匀剖分区域 $\Omega_c = \left[-\frac{n}{2} - 1, \frac{n}{2} + 1\right]^3$, 其中 $h = \frac{n+2}{m}$. 把函数 f 表为

$$f(\boldsymbol{x}) = \sum_{-\frac{m}{2}+2\leqslant i\leqslant \frac{m}{2}-2} f_{\boldsymbol{i}}\phi_{\boldsymbol{i}}(\boldsymbol{x},h), \quad \boldsymbol{x}=[x_1,x_2,x_3]^{\mathrm{T}}\in \Omega_c, \tag{8.3.1}$$

其中

$$\phi_{\boldsymbol{i}}(\boldsymbol{x},h) = N(\|\boldsymbol{x}-\boldsymbol{i}h\|/h),$$

$N(s)$ 为定义在节点 $-2,-1,0,1,2$ 上的三次 B 样条基函数 (见 2.6 节), 即

$$N(s) = \begin{cases} \dfrac{2}{3} - s^2 + \dfrac{|s|^3}{2}, & 0\leqslant |s| < 1, \\ \dfrac{1}{6}(2-|s|)^3, & 1\leqslant |s| < 2, \\ 0, & 2\leqslant |s|. \end{cases} \tag{8.3.2}$$

$N(s/h)$ 的支集是 $(-2h,2h)$. 因此, $\phi_{\boldsymbol{i}}(\boldsymbol{x},h)$ 的支集是 $\{\boldsymbol{x}\in\mathbb{R}^3 : \|\boldsymbol{x}-\boldsymbol{i}h\| < 2h\}$. 不难证明如下定理.

定理 8.3.1　函数集合 $\{\phi_{\boldsymbol{i}}\}_{-\frac{m}{2}+2\leqslant i\leqslant \frac{m}{2}-2}$ 是线性无关的.

因为 $N(s)$ 是一个 C^2 函数, $\phi_{\boldsymbol{i}}(\boldsymbol{x},h)$ 也是 C^2 的, 且

$$\frac{\partial\phi_{\boldsymbol{i}}(\boldsymbol{x},h)}{\partial x_j} = \begin{cases} \dfrac{y_j N'(\|\boldsymbol{y}\|/h)}{h\|\boldsymbol{y}\|}, & \|\boldsymbol{y}\|\neq 0, \\ 0, & \|\boldsymbol{y}\| = 0, \end{cases} \quad j=1,2,3,$$

$$\frac{\partial^2\phi_{\boldsymbol{i}}(\boldsymbol{x},h)}{\partial x_j\partial x_k} = \begin{cases} \dfrac{y_j y_k N''(\|\boldsymbol{y}\|/h)}{h^2\|\boldsymbol{y}\|^2} - \dfrac{y_j y_k N'(\|\boldsymbol{y}\|/h)}{h\|\boldsymbol{y}\|^3}, & \|\boldsymbol{y}\|\neq 0, \\ 0, & \|\boldsymbol{y}\| = 0, \end{cases} \quad j,k=1,2,3, \quad j\neq k,$$

$$\frac{\partial^2\phi_{\boldsymbol{i}}(\boldsymbol{x},h)}{\partial x_j^2} = \begin{cases} \dfrac{y_j^2 N''(\|\boldsymbol{y}\|/h)}{h^2\|\boldsymbol{y}\|^2} - \dfrac{(y_j^2-\|\boldsymbol{y}\|^2) N'(\|\boldsymbol{y}\|/h)}{h\|\boldsymbol{y}\|^3}, & \|\boldsymbol{y}\|\neq 0, \\ -\dfrac{2}{h^2}, & \|\boldsymbol{y}\| = 0, \end{cases} \quad j=1,2,3,$$

其中 $\boldsymbol{y}=\boldsymbol{x}-\boldsymbol{i}h=[y_1,y_2,y_3]^{\mathrm{T}}$.

文献中, 分子的电子密度函数经常用 Gauss 函数的和来逼近 (见文献 [26, 139, 316]). 在该逼近中, 每一个原子用一个球来模拟. 使用径向基函数, 原子的球的性质可以很好地逼近. 图 8.3.1 中的左图显示的是双三次 B 样条基函数的等值线. 当水平值接近于零时, 等值线和圆周偏离很大. 右图显示的是三次 B 样条径向基函数的等值线. 对于由 (2.6.9) 所定义的基函数 ϕ, 函数 $\mathbf{P}_{\boldsymbol{\theta}}\phi$ 不仅依赖于 ϕ 的支集的位置, 也依赖于投影方向 $\boldsymbol{\theta}$, 当投影方向非常多时, $\mathbf{P}_{\boldsymbol{\theta}}\phi$ 的计算量是巨大的. 使用径向基函数, 可以很好地解决该问题. 如果 ϕ 是一个径向基函数, 那么 $\mathbf{P}_{\boldsymbol{\theta}}\phi$ 不依赖于 $\boldsymbol{\theta}$, 只依赖于 ϕ 的支集的位置.

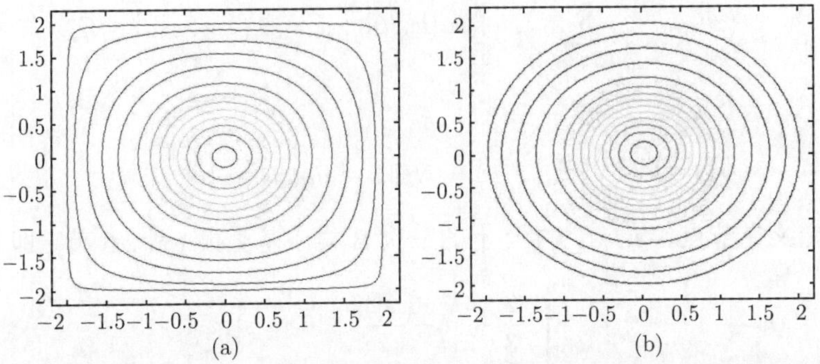

图 8.3.1　(a) 双三次 B 样条基函数的等值线; (b) 三次 B 样条径向基函数的等值线

$\mathscr{E}(f)$ 的偏导数的快速计算　在双梯度下降法中, 需计算 $\mathscr{E}(f)$ 关于 f 的系数 $f_{\boldsymbol{i}}$ 的偏导数. 容易看到

$$\frac{\partial \mathscr{E}(f)}{\partial f_{\boldsymbol{i}}}=\frac{2}{p}\sum_{l=1}^{p}\int_{-\frac{n}{2}}^{\frac{n}{2}}\int_{-\frac{n}{2}}^{\frac{n}{2}}[\mathbf{P}_{\boldsymbol{\theta}_l}f-g_{\boldsymbol{\theta}}]\mathbf{P}_{\boldsymbol{\theta}_l}\phi_{\boldsymbol{i}}\mathrm{d}u\mathrm{d}v. \tag{8.3.3}$$

下面说明如何快速计算 (8.3.3) 中的每一项.

计算 $\mathbf{P}_{\boldsymbol{\theta}_l}\phi_{\boldsymbol{i}}$　设 $\boldsymbol{\theta}\in\mathbf{S}^2$ 为一个给定的方向, 则 $\phi_{\boldsymbol{i}}$ 在方向 $\boldsymbol{\theta}$ 的投影为

$$\begin{aligned}(\mathbf{P}_{\boldsymbol{\theta}}\phi_{\boldsymbol{i}})(u,v)&=\int_{-\infty}^{\infty}\phi_{\boldsymbol{i}}(u\boldsymbol{e}_{\boldsymbol{\theta}}^{(1)}+v\boldsymbol{e}_{\boldsymbol{\theta}}^{(2)}+t\boldsymbol{\theta},h)\ \mathrm{d}t\\&=\int_{-\infty}^{\infty}N(\|u\boldsymbol{e}_{\boldsymbol{\theta}}^{(1)}+v\boldsymbol{e}_{\boldsymbol{\theta}}^{(2)}+t\boldsymbol{\theta}-\boldsymbol{i}h\|/h)\ \mathrm{d}t\\&=\int_{-\infty}^{\infty}N\left(\left\|\left(u/h-\boldsymbol{i}^{\mathrm{T}}\boldsymbol{e}_{\boldsymbol{\theta}}^{(1)}\right)\boldsymbol{e}_{\boldsymbol{\theta}}^{(1)}+\left(v/h-\boldsymbol{i}^{\mathrm{T}}\boldsymbol{e}_{\boldsymbol{\theta}}^{(2)}\right)\boldsymbol{e}_{\boldsymbol{\theta}}^{(2)}+t\boldsymbol{\theta}/h\right\|\right)\ \mathrm{d}t\\&=h\int_{-\infty}^{\infty}N\left(\|\boldsymbol{a}_{\boldsymbol{i}}(u,v)+t\boldsymbol{\theta}\|\right)\ \mathrm{d}t\\&=h\int_{-\infty}^{\infty}N\left(\sqrt{a^2+t^2}\right)\ \mathrm{d}t.\end{aligned} \tag{8.3.4}$$

对于三次 B 样条基函数

$$(\mathbf{P}_{\boldsymbol{\theta}}\phi_{\boldsymbol{i}})(u,v)=\begin{cases}2h\displaystyle\int_0^{\sqrt{1-a^2}}N\left(\sqrt{a^2+t^2}\right)\ \mathrm{d}t\\+2h\displaystyle\int_{\sqrt{1-a^2}}^{\sqrt{4-a^2}}N\left(\sqrt{a^2+t^2}\right)\ \mathrm{d}t, & 0\leqslant a\leqslant 1,\\2h\displaystyle\int_0^{\sqrt{4-a^2}}N\left(\sqrt{a^2+t^2}\right)\ \mathrm{d}t, & 1<a<2,\\0, & 2\leqslant a<\infty,\end{cases} \tag{8.3.5}$$

其中

$$
\begin{aligned}
a &= \|\boldsymbol{a}_{\boldsymbol{i}}(u,v)\|,\\
\boldsymbol{a}_{\boldsymbol{i}}(u,v) &= \left(u/h - \boldsymbol{i}^{\mathrm{T}}\boldsymbol{e}_{\boldsymbol{\theta}}^{(1)}\right)\boldsymbol{e}_{\boldsymbol{\theta}}^{(1)} + \left(v/h - \boldsymbol{i}^{\mathrm{T}}\boldsymbol{e}_{\boldsymbol{\theta}}^{(2)}\right)\boldsymbol{e}_{\boldsymbol{\theta}}^{(2)},
\end{aligned}
$$

$\boldsymbol{e}_{\boldsymbol{\theta}}^{(1)}$ 和 $\boldsymbol{e}_{\boldsymbol{\theta}}^{(2)}$ 为 $\boldsymbol{\theta}^{\perp}$ 中的两个单位正交向量, 它们满足

$$
\|\boldsymbol{e}_{\boldsymbol{\theta}}^{(1)}\| = \|\boldsymbol{e}_{\boldsymbol{\theta}}^{(2)}\| = 1, \quad \langle \boldsymbol{e}_{\boldsymbol{\theta}}^{(1)}, \boldsymbol{e}_{\boldsymbol{\theta}}^{(2)} \rangle = 0,
$$

且张成 $\mathbb{R}^3$ 中的 (u,v) 平面. 使用表达式 (8.3.2) 和下面的公式, (8.3.5) 中的积分可以精确地计算.

$$
\begin{aligned}
\int (t^2+a^2)^{\frac{1}{2}}\mathrm{d}t &= \frac{1}{2}\left[t(t^2+a^2)^{\frac{1}{2}} + a^2\log\left(t+(t^2+a^2)^{\frac{1}{2}}\right)\right] + C,\\
\int (t^2+a^2)\mathrm{d}t &= \frac{1}{3}t^3 + a^2 t + C,\\
\int (t^2+a^2)^{\frac{3}{2}}\mathrm{d}t &= \frac{1}{16}\Big[2t(5a^2+2t^2)(t^2+a^2)^{\frac{1}{2}} + 8a^4\log\left(t+(t^2+a^2)^{\frac{1}{2}}\right)\\
&\quad -a^4\log\left(t^2+\frac{a^2}{2}+t(a^2+t^2)^{\frac{1}{2}}\right)\Big] + C.
\end{aligned}
$$

计算 $\mathbf{P}_{\boldsymbol{\theta}_l} f$　下面给出一个有效的计算 $\mathbf{P}_{\boldsymbol{\theta}_l} f$ 的方法.

$$
\begin{aligned}
(\mathbf{P}_{\boldsymbol{\theta}_l} f)(u,v) &= \mathbf{P}_{\boldsymbol{\theta}_l}\left(\sum_{\boldsymbol{i}} f_{\boldsymbol{i}}\phi_{\boldsymbol{i}}\right)(u,v)\\
&= \sum_{\boldsymbol{i}} f_{\boldsymbol{i}}(\mathbf{P}_{\boldsymbol{\theta}_l}\phi_{\boldsymbol{i}})(u,v),
\end{aligned}
$$

其中 $(\mathbf{P}_{\boldsymbol{\theta}_l}\phi_{\boldsymbol{i}})(u,v)$ 用 (8.3.4) 计算. 因为 $N(s)$ 是局部支集的, $\mathbf{P}_{\boldsymbol{\theta}_l} f$ 的计算量是 $O(m^3)$. 所以总的计算量为 $O(pm^3)$, 其中 p 表示投影方向的个数. 与使用 FFT 相比, 该方法的计算量高一个数量级. 然而, 该方法的效果要好得多. 如果忽略 $\mathbf{P}_{\boldsymbol{\theta}_l} f$ 的上述表达式中具有较小系数的项, 即

$$
(\mathbf{P}_{\boldsymbol{\theta}_l} f)(u,v) \approx \sum_{\{f_{\boldsymbol{i}}>\epsilon\}} f_{\boldsymbol{i}}(\mathbf{P}_{\boldsymbol{\theta}_l}\phi_{\boldsymbol{i}})(u,v),
$$

则该方法可以被加速, 其中 ϵ 是一个给定的小正数.

8.3.2　L^2 梯度流

我们使用如下的 L^2 梯度流来极小化 $\mathscr{E}(f)$,

$$
\int_{\mathbb{R}^3} \frac{\partial f}{\partial t}\phi_{\boldsymbol{i}}\mathrm{d}\boldsymbol{x} = -\frac{\partial(\mathscr{E}(f))}{\partial f_{\boldsymbol{i}}}, \quad -\frac{m}{2} \leqslant \boldsymbol{i} \leqslant \frac{m}{2},
$$

其矩阵形式为

$$
\boldsymbol{M}\frac{\partial \boldsymbol{f}}{\partial t} = -\nabla\mathscr{E}(f),
$$

其中 $\boldsymbol{M}=\left[\int_{\mathbb{R}^3}\phi_{\boldsymbol{i}}\phi_{\boldsymbol{j}}\mathrm{d}\boldsymbol{x}\right]$ 为一个稀疏矩阵, $\nabla\mathscr{E}(f)=\boldsymbol{R}\,\boldsymbol{f}-\boldsymbol{G}$, $\boldsymbol{R}$ 和 $\boldsymbol{G}$ 由 (8.3.3) 的右端定义. 把向量 $\boldsymbol{M}^{-1}\nabla\mathscr{E}(f)$ 称为 $\mathscr{E}(f)$ 的 L^2 梯度. 为了快速地计算 $\boldsymbol{M}^{-1}\nabla\mathscr{E}(f)$, 矩阵 $\boldsymbol{M}$ 的元素逼近如下:

$$\int_{\mathbb{R}^3}\phi_{\boldsymbol{i}}\phi_{\boldsymbol{j}}\mathrm{d}\boldsymbol{x}\approx\left(\frac{3}{2}\right)^4\prod_{k=1}^{3}\int_{\mathbb{R}}N\left(\frac{x_k}{h}-i_k\right)N\left(\frac{x_k}{h}-j_k\right)\mathrm{d}x_k,$$

$$\boldsymbol{i}=(i_1,i_2,i_3),\quad \boldsymbol{j}=(j_1,j_2,j_3).$$

使用该逼近, 近似的 $\boldsymbol{M}^{-1}$ 可以快速计算 (参见 2.6.2 小节).

第一步: 极小化 $\mathscr{E}(f)$.

下面介绍双梯度下降法, 该方法依赖于一个参数 $\beta\in[0,1]$.

算法 8.3.1 (双梯度下降法)

(1) 计算迭代终止的阈值 $\varepsilon_{\text{stop}}>0$.

(2) 置初始值 $f^{(0)}=0$. 设 $k=0$.

(3) 计算 $\boldsymbol{r}_k:=-\nabla\mathscr{E}(f^{(k)})$ 以及 $\boldsymbol{h}_k:=\boldsymbol{M}^{-1}\boldsymbol{r}_k$.

(4) 计算 α_k 和 β_k 使得

$$\mathscr{E}(f^{(k)}+\alpha_k r^{(k)}+\beta_k h^{(k)})=\min, \tag{8.3.6}$$

其中 $r^{(k)}$ 和 $h^{(k)}$ 为系数向量为 $\boldsymbol{r}_k$ 和 $\boldsymbol{h}_k$ 的样条函数. 实数 α_k 和 β_k 可通过求解从 (8.3.6) 导出的一个 2×2 线性系统得到.

(5) 设 $d_k=(\alpha_k/\beta_k)r^{(k)}+h^{(k)}$, 则对于给定的 $\beta=\dfrac{\alpha}{1+\alpha}\in[0,1]$, 确定 τ_k, 使得

$$\mathscr{E}\left(f^{(k)}+\tau_k((1-\beta)r^{(k)}+\beta d_k)\right)=\min.$$

(6) 计算

$$f^{(k+1)}=f^{(k)}+\tau_k\left((1-\beta)r^{(k)}+\beta d_k\right).$$

(7) 若条件

$$\mathscr{E}(f^{(k+1)})\leqslant\varepsilon_{\text{stop}}\quad 或\quad k=N-1 \tag{8.3.7}$$

满足, 终止迭代, 则 $f_1:=f^{(k+1)}$ 为所需要的结果. 否则, 置 k 为 $k+1$, 然后返回第 3 步. 终止条件 (8.3.7) 中的整数 $N>1$ 为一给定的迭代次数的上界.

计算终止阈值 设 f^* 为未知的要重构的函数, 那么测量的图像 $g_{\boldsymbol{\theta}_l}$ 可以表示为

$$g_{\boldsymbol{\theta}_l}(\boldsymbol{u})=(\mathbf{P}_{\boldsymbol{\theta}_l}f^*)(\boldsymbol{u})+n_{\boldsymbol{\theta}_l}(\boldsymbol{u}),$$

其中 $n_{\boldsymbol{\theta}_l}(\boldsymbol{u})$ 为加性噪声图像. 于是

$$\begin{aligned}\mathscr{E}(f^*) &= \frac{1}{p}\sum_{l=1}^{p}\int_{\mathbb{R}^2}\left[(\mathbf{P}_{\boldsymbol{\theta}_l}f^*)(\boldsymbol{u}) - g_{\boldsymbol{\theta}_l}(\boldsymbol{u})\right]^2 \mathrm{d}\boldsymbol{u} \\ &= \frac{1}{p}\sum_{l=1}^{p}\int_{\mathbb{R}^2}\left[n_{\boldsymbol{\theta}_l}(\boldsymbol{u})\right]^2 \mathrm{d}\boldsymbol{u}.\end{aligned} \tag{8.3.8}$$

因此, 可以取

$$\varepsilon_{\text{stop}} = \frac{1}{p}\sum_{l=1}^{p}\int_{\mathbb{R}^2}\left[n_{\boldsymbol{\theta}_l}(\boldsymbol{u})\right]^2 \mathrm{d}\boldsymbol{u}.$$

为了计算 $\varepsilon_{\text{stop}}$, 需估计 $n_{\boldsymbol{\theta}_l}(\boldsymbol{u})$. 虽然噪声图像 $n_{\boldsymbol{\theta}_l}(\boldsymbol{u})$ 一般是未知的, 但是 $n_{\boldsymbol{\theta}_l}(\boldsymbol{u})$ 的某些部分出现在测量图像 $g_{\boldsymbol{\theta}_l}(\boldsymbol{u})$ 中, 可以使用这些已知的部分来估计 $\varepsilon_{\text{stop}}$. 在本章中, 把图像 $g_{\boldsymbol{\theta}_l}(\boldsymbol{u})$ 中定义在 $[-R,R]^2 \setminus \{\boldsymbol{u} : \|\boldsymbol{u}\| \leqslant R\}$ 上的部分视为噪声. 因此, $\varepsilon_{\text{stop}}$ 可计算如下:

$$\begin{aligned}\varepsilon_{\text{stop}} &\approx \frac{4}{p(4-\pi)}\sum_{l=1}^{p}\int_{[-R,R]^2\setminus\{\boldsymbol{u}:\|\boldsymbol{u}\|\leqslant R\}}\left[g_{\boldsymbol{\theta}_l}(\boldsymbol{u})\right]^2 \mathrm{d}\boldsymbol{u} \\ &\approx \frac{4}{p(4-\pi)}\sum_{l=1}^{p}\sum_{i^2+j^2\geqslant \frac{n}{2}}\left[g_{\boldsymbol{\theta}_l}(i,j)\right]^2,\end{aligned}$$

其中 $[-R,R]^2$ 为测量图像的定义域.

第二步: 置入几何流.

构造 f 的第二步用下述算法实施.

算法 8.3.2 (置入几何流).

(1) 取初始值 $f^{(0)} = f_1$, 其中 f_1 为算法 8.3.1 的输出. 置 $k = 0$.

(2) 计算 $\nabla\mathscr{E}(f^{(k)})$ 和 $\nabla\mathscr{F}(f^{(k)})$.

(3) 计算组合方向 $\boldsymbol{h}_k = -\alpha_k\nabla\mathscr{E}(f^{(k)}) - \beta_k\nabla\mathscr{F}(f^{(k)})(\lambda_k = \dfrac{\beta_k}{\alpha_k}$, 详见 8.3.3 小节).

(4) 计算 τ_k (详见 (8.3.15) 和 8.3.3 小节), 再计算

$$f^{(k+1)} = f^{(k)} + \tau_k h^{(k)}, \tag{8.3.9}$$

其中 $h^{(k)}$ 为系数向量为 $\boldsymbol{h}_k$ 的 B 样条径向基函数的线性组合.

(5) 如果终止条件

$$\frac{\|\nabla\mathscr{F}(f^{(k)})\|}{\|\nabla\mathscr{F}(f^{(0)})\|} < \epsilon \quad 或 \quad k = N-1 \tag{8.3.10}$$

满足, 停止迭代, 则 $f := f^{(k+1)}$ 为最后结果. 否则, 置 $k = k + 1$, 返回到第 (2) 步. 在判断条件 (8.3.10) 中, ϵ 为一小的正数, 取其为 10^{-5}, 整数 $N > 1$ 是一给定的迭代次数的上界.

8.3.3 计算组合方向

令

$$\boldsymbol{r}_k := -\frac{\nabla\mathscr{E}(f^{(k)})}{\|\nabla\mathscr{E}(f^{(k)})\|}, \quad \boldsymbol{g}_k := -\frac{\nabla\mathscr{F}(f^{(k)})}{\|\nabla\mathscr{F}(f^{(k)})\|}.$$

若 $\boldsymbol{r}_k^{\mathrm{T}}\boldsymbol{g}_k = 1$ (即 $\boldsymbol{g}_k = \boldsymbol{r}_k$), 则取组合方向为 $\boldsymbol{r}_k$. 若 $\boldsymbol{g}_k^{\mathrm{T}}\boldsymbol{r}_k = -1$ (即 $\boldsymbol{g}_k = -\boldsymbol{r}_k$), 则由 $\boldsymbol{g}_k$ 和 $\boldsymbol{r}_k$ 张成的空间是一维的. 此时用 $\boldsymbol{h}_{k-1}$ 代替 $\boldsymbol{g}_k$, 重新开始确定组合方向. 下面假定 $|\boldsymbol{r}_k^{\mathrm{T}}\boldsymbol{g}_k| < 1$. 令

$$\tilde{\boldsymbol{r}}_k = \frac{\boldsymbol{g}_k - \alpha_k\boldsymbol{r}_k}{\sqrt{1-\alpha_k^2}}, \quad \tilde{\boldsymbol{g}}_k = \frac{\boldsymbol{r}_k - \alpha_k\boldsymbol{g}_k}{\sqrt{1-\alpha_k^2}},$$

其中 $\alpha_k = \boldsymbol{r}_k^{\mathrm{T}}\boldsymbol{g}_k$, 容易看出

$$\|\tilde{\boldsymbol{r}}_k\| = \|\tilde{\boldsymbol{g}}_k\| = 1, \ \ \tilde{\boldsymbol{g}}_k^{\mathrm{T}}\boldsymbol{g}_k = 0, \ \ \tilde{\boldsymbol{r}}_k^{\mathrm{T}}\boldsymbol{r}_k = 0, \ \ \tilde{\boldsymbol{g}}_k^{\mathrm{T}}\boldsymbol{r}_k = \tilde{\boldsymbol{r}}_k^{\mathrm{T}}\boldsymbol{g}_k = \sqrt{1-\alpha_k^2} \geqslant 0.$$

设

$$\theta_0 = -\mathrm{sgn}(\alpha_k)\arccos(\boldsymbol{r}_k^{\mathrm{T}}\tilde{\boldsymbol{g}}_k),$$

则有

$$|\theta_0| < \pi/2.$$

在 $\boldsymbol{g}_k$ 和 $\boldsymbol{r}_k$ 张成的二维平面上, 引入从向量 $\boldsymbol{r}_k$ 到向量 $\boldsymbol{g}_k$ 的角度 θ. 为了在方向

$$\begin{aligned}\boldsymbol{r}(\theta) &= \cos(\theta)\boldsymbol{r}_k + \sin(\theta)\tilde{\boldsymbol{r}}_k, \quad \theta \in (-\pi/2, \pi/2),\\ \boldsymbol{g}(\theta) &= \sin(\vartheta)\boldsymbol{g}_k + \cos(\vartheta)\tilde{\boldsymbol{g}}_k, \quad \vartheta = \theta - \theta_0 \in (0, \pi)\end{aligned}$$

上分别减小 $\mathscr{E}(f)$ 和 $\mathscr{F}(f)$, 定义如下两条步长曲线:

$$\tau_r(\theta) = \frac{2\cos(\theta)a_r}{\cos^2(\theta)b_r + 2\cos(\theta)\sin(\theta)c_r + \sin^2(\theta)d_r}, \quad \theta \in (-\pi/2, \pi/2), \tag{8.3.11}$$

$$\tau_g(\theta) = \frac{\sin(\vartheta)a_g}{\sin^2(\vartheta)b_g + 2\cos(\vartheta)\sin(\vartheta)c_g + \cos^2(\vartheta)d_g}, \quad \vartheta = \theta - \theta_0 \in (0, \pi). \tag{8.3.12}$$

(8.3.11) 中的常数 a_r, b_r, c_r 和 d_r 由 (8.3.18)~(8.3.21) 确定. (8.3.12) 中的常数 a_g, b_g, c_g 和 d_g 由 (8.3.23)~(8.3.26) 确定. 注意

$$\boldsymbol{r}(\theta) = \boldsymbol{g}(\theta), \quad \theta \in [\theta_0, \pi/2].$$

设

$$\tau(\theta)=\min\{\tau_r(\theta),\tau_g(\theta)\},\quad \theta\in[\theta_0,\pi/2],$$

则 $\tau(\theta)$ 是在方向 $\boldsymbol{r}(\theta)$ 上使 $\mathscr{E}(f)$ 不增以及 $\mathscr{F}(f)$ 减小的正确的步长. 我们要确定一个 $\theta^*\in[\theta_0,\pi/2]$, 使得 $\mathscr{F}(f)$ 减小得最快. 因为

$$\begin{aligned}\mathscr{F}(f+\tau(\theta)\boldsymbol{g}(\theta))&=\mathscr{F}(f)+\tau(\theta)\nabla\mathscr{F}(f)^{\mathrm{T}}\boldsymbol{g}(\theta)+O(\tau^2(\theta))\\&=\mathscr{F}(f)+\sin(\theta-\theta_0)\tau(\theta)\nabla\mathscr{F}(f)^{\mathrm{T}}\boldsymbol{g}_k+O(\tau^2(\theta))\\&=\mathscr{F}(f)-\sin(\theta-\theta_0)\tau(\theta)\|\nabla\mathscr{F}(f)\|+O(\tau^2(\theta)).\end{aligned}$$

忽略掉高阶项 $O(\tau^2(\theta))$, 则最佳的 θ^* 确定为

$$\theta^*=\arg\max_{\theta\in[\theta_0,\pi/2]}\sin(\theta-\theta_0)\tau(\theta).$$

于是组合方向为

$$\boldsymbol{h}_k=\sin(\theta^*-\theta_0)\boldsymbol{g}_k+\cos(\theta^*-\theta_0)\tilde{\boldsymbol{g}}_k=\cos(\theta^*)\boldsymbol{r}_k+\sin(\theta^*)\tilde{\boldsymbol{r}}_k.\tag{8.3.13}$$

注8.3.1　因为 $\tilde{\boldsymbol{r}}_k^{\mathrm{T}}\boldsymbol{r}_k=0$, 从 (8.3.13) 可以知道

$$\boldsymbol{h}_k^{\mathrm{T}}\boldsymbol{r}_k=\cos(\theta^*)>0.\tag{8.3.14}$$

因此, $\boldsymbol{h}_k$ 是 $\mathscr{E}(f)$ 的下降方向.

有了 θ^* 和组合方向 $\boldsymbol{h}_k$ 以后, 在方向 $\boldsymbol{h}_k$ 上的步长取为

$$\tau_k=\tau(\theta^*).\tag{8.3.15}$$

8.3.4　步长曲线

先考虑步长曲线 $\tau_r(\theta)$. 给定一下降方向 h, 欲极小化 $\mathscr{E}(f^{(k)}+\tau h)$, 须有

$$J'(f^{(k)}+\tau h)=0,$$

由此得出

$$\tau=-\frac{N_1}{D_1},$$

其中

$$N_1=\sum_{l=1}^{p}\int_{\mathbb{R}^2}\left[\mathbf{P}_{\boldsymbol{\theta}_l}f^{(k)}-g_{\boldsymbol{\theta}_l}(\boldsymbol{u})\right]\mathbf{P}_{\boldsymbol{\theta}_l}h\ \mathrm{d}\boldsymbol{u},\tag{8.3.16}$$

$$D_1=\sum_{l=1}^{p}\int_{\mathbb{R}^2}\left[\mathbf{P}_{\boldsymbol{\theta}_l}h\right]^2\ \mathrm{d}\boldsymbol{u}.\tag{8.3.17}$$

为使 $\mathscr{E}(f)$ 不增, 重新定义

$$\tau = -\frac{2N_1}{D_1}.$$

取

$$\boldsymbol{h} = \cos(\theta)\boldsymbol{r}_k + \sin(\theta)\tilde{\boldsymbol{r}}_k,$$

则得到 (8.3.11), 其中

$$a_r = -\sum_{l=1}^{p}\int_{\mathbb{R}^2}\left[\mathbf{P}_{\boldsymbol{\theta}_l}f^{(k)} - g_{\boldsymbol{\theta}_l}(\boldsymbol{u})\right]\mathbf{P}_{\theta_l}r_k\ \mathrm{d}\boldsymbol{u}, \tag{8.3.18}$$

$$b_r = \sum_{l=1}^{p}\int_{\mathbb{R}^2}[\mathbf{P}_{\boldsymbol{\theta}_l}r_k]^2\ \mathrm{d}\boldsymbol{u}, \tag{8.3.19}$$

$$c_r = \sum_{l=1}^{p}\int_{\mathbb{R}^2}\mathbf{P}_{\boldsymbol{\theta}_l}r_k\mathbf{P}_{\boldsymbol{\theta}_l}\tilde{r}_k\ \mathrm{d}\boldsymbol{u}, \tag{8.3.20}$$

$$d_r = \sum_{l=1}^{p}\int_{\mathbb{R}^2}[\mathbf{P}_{\boldsymbol{\theta}_l}\tilde{r}_k]^2\ \mathrm{d}\boldsymbol{u}. \tag{8.3.21}$$

下面考虑步长曲线 $\tau_g(\theta)$. 因为

$$\mathscr{F}(f+\tau(g(\theta))) = \mathscr{F}(f) + \tau\nabla\mathscr{F}(f)^{\mathrm{T}}\boldsymbol{g}(\theta) + \frac{1}{2}\tau^2\boldsymbol{g}(\theta)^{\mathrm{T}}\nabla^2\mathscr{F}(f)\boldsymbol{g}(\theta) + O(\tau^3),$$

所以从 $G'(f+\tau(g(\theta)))=0$ 以及略去高阶项 $O(\tau^2)$, 得到

$$\tau = -\frac{\nabla\mathscr{F}(f)^{\mathrm{T}}\boldsymbol{g}(\theta)}{\boldsymbol{g}(\theta)^{\mathrm{T}}\nabla^2\mathscr{F}(f)\boldsymbol{g}(\theta)}. \tag{8.3.22}$$

把

$$\boldsymbol{g}(\theta) = \sin(\vartheta)\boldsymbol{g}_k + \cos(\vartheta)\tilde{\boldsymbol{g}}_k$$

代入到 (8.3.22), 得到 (8.3.12), 且

$$a_g = -[\nabla\mathscr{F}(f^{(k)})]^{\mathrm{T}}\boldsymbol{g}_k = -\mathscr{F}_{g_k}(f^{(k)}), \tag{8.3.23}$$

$$b_g = \boldsymbol{g}_k^{\mathrm{T}}\nabla^2\mathscr{F}(f^{(k)})\boldsymbol{g}_k = \mathscr{F}_{g_k g_k}(f^{(k)}), \tag{8.3.24}$$

$$c_g = \boldsymbol{g}_k^{\mathrm{T}}\nabla^2\mathscr{F}(f^{(k)})\tilde{\boldsymbol{g}}_k = \mathscr{F}_{g_k\tilde{g}_k}(f^{(k)}), \tag{8.3.25}$$

$$d_g = \tilde{\boldsymbol{g}}_k^{\mathrm{T}}\nabla^2\mathscr{F}(f^{(k)})\tilde{\boldsymbol{g}}_k = \mathscr{F}_{\tilde{g}_k\tilde{g}_k}(f^{(k)}), \tag{8.3.26}$$

其中 $\mathscr{F}_{g_k}(f^{(k)})$ 和 $\mathscr{F}_{g_k g_k}(f^{(k)})$ 分别为 $\mathscr{F}$ 关于 g_k 的一阶和二阶变分. 下面给出这些变分的计算细节.

曲面扩散流的弱形式已写为 (见 (8.2.3))

$$\int_{\mathbb{R}^3} \frac{\partial f}{\partial t}\phi\, \mathrm{d}\boldsymbol{x} = 2\int_{\mathbb{R}^3} H\left[\Delta\phi + 2H\boldsymbol{n}^{\mathrm{T}}\nabla\phi - \boldsymbol{n}^{\mathrm{T}}\nabla^2\phi\boldsymbol{n}\right]\|\nabla f\|\, \mathrm{d}\boldsymbol{x}. \tag{8.3.27}$$

众所周知

$$\boldsymbol{n} = \frac{\nabla f}{\|\nabla f\|}, \quad H = -\frac{1}{2}\mathrm{div}\Big(\frac{\nabla f}{\|\nabla f\|}\Big).$$

进一步计算得出

$$H = \frac{1}{2}\frac{\nabla f^{\mathrm{T}}\nabla^2 f\nabla f}{\|\nabla f\|^3} - \frac{1}{2}\frac{\Delta f}{\|\nabla f\|},$$
$$2H^2 = \frac{1}{2}\left(\frac{\Delta f}{\|\nabla f\|}\right)^2 - \Delta f\frac{\nabla f^{\mathrm{T}}\nabla^2 f\nabla f}{\|\nabla f\|^4} + \frac{1}{2}\frac{(\nabla f^{\mathrm{T}}\nabla^2 f\nabla f)^2}{\|\nabla f\|^6}.$$

于是曲面扩散流可写为

$$\int_{\Omega} \frac{\partial f}{\partial t}\phi\, \mathrm{d}\boldsymbol{x} = -\int_{\Omega} Q(f)R_\phi(f)\mathrm{d}\boldsymbol{x},$$

其中

$$Q(f) = 2H\|\nabla f\| = -\Delta f + Q^{(0)}(f),$$
$$R_\phi(f) = -\Delta\phi + Q_\phi^{(1)}(f) - Q_\phi^{(2)}(f) + Q_\phi^{(3)}(f),$$

以及

$$Q^{(0)}(f) = \frac{\nabla f^{\mathrm{T}}\nabla^2 f\nabla f}{\|\nabla f\|^2}, \qquad Q_\phi^{(1)}(f) = \frac{\Delta f\nabla f^{\mathrm{T}}\nabla\phi}{\|\nabla f\|^2},$$
$$Q_\phi^{(2)}(f) = \frac{Q^{(0)}(f)\nabla f^{\mathrm{T}}\nabla\phi}{\|\nabla f\|^2}, \qquad Q_\phi^{(3)}(f) = \frac{\nabla f^{\mathrm{T}}\nabla^2\phi\nabla f}{\|\nabla f\|^2}.$$

把曲面扩散流的右端看成某一未知能量泛函 $\mathscr{F}(f)$ 的关于 ϕ 的一阶变分 $\mathscr{F}_\phi(f)$，则 $\mathscr{F}_\phi(f)$ 关于 ψ 的一阶变分为

$$\mathscr{F}_{\phi\psi}(f) = \int_{\mathbb{R}^3} [Q_\psi(f)R_\phi(f) + Q(f)R_{\phi\psi}(f)]\, \mathrm{d}\boldsymbol{x},$$

其中

$$Q_\psi(f) = Q_\psi^{(0)}(f) - \Delta\psi,$$
$$R_{\phi\psi}(f) = Q_{\phi\psi}^{(1)}(f) - Q_{\phi\psi}^{(2)}(f) + Q_{\phi\psi}^{(3)}(f).$$

现在计算 $Q_\psi^{(0)}(f)$, $Q_{\phi\psi}^{(1)}(f)$, $Q_{\phi\psi}^{(2)}(f)$ 和 $Q_{\phi\psi}^{(3)}(f)$. 容易看出

$$(\nabla f)_\psi = \nabla\psi, \qquad \|\nabla f\|_\psi = \frac{(\nabla f)^{\mathrm{T}}\nabla\psi}{\|\nabla f\|},$$
$$(\nabla^2 f)_\psi = \nabla^2\psi, \quad (\Delta f)_\psi = \Delta\psi.$$

使用这些等式可以得到

$$Q_{\psi}^{(0)}(f)=\frac{2(\nabla\psi)^{\mathrm{T}}\nabla^2 f\nabla f+(\nabla f)^{\mathrm{T}}\nabla^2\psi\nabla f}{\|\nabla f\|^2}-\frac{2Q^{(0)}(f)\|\nabla f\|_{\psi}}{\|\nabla f\|},$$

$$Q_{\phi\psi}^{(1)}(f)=\frac{\Delta\psi\nabla f^{\mathrm{T}}\nabla\phi+\Delta f\nabla\psi^{\mathrm{T}}\nabla\phi}{\|\nabla f\|^2}-\frac{2Q_{\phi}^{(1)}(f)\|\nabla f\|_{\psi}}{\|\nabla f\|},$$

$$Q_{\phi\psi}^{(2)}(f)=\frac{Q_{\psi}^{(0)}(f)\nabla f^{\mathrm{T}}\nabla\phi+Q^{(0)}(f)\nabla\psi^{\mathrm{T}}\nabla\phi}{\|\nabla f\|^2}-\frac{2Q_{\phi}^{(2)}(f)\|\nabla\|_{\psi}}{\|\nabla f\|},$$

$$Q_{\phi\psi}^{(3)}(f)=\frac{2\nabla\psi^{\mathrm{T}}\nabla^2\phi\nabla f}{\|\nabla f\|^2}-\frac{2Q_{\phi}^{(3)}(f)\|\nabla f\|_{\psi}}{\|\nabla f\|}.$$

讨论 现在说明由算法 8.3.2 所产生的 f 满足条件 (8.1.4). 为说明这一点, 考虑一个一般形式的泛函

$$\mathscr{E}(f)=\int_{\mathbb{R}^3}E(f(\boldsymbol{x}))\,\mathrm{d}\boldsymbol{x}.$$

假定 f 表示为样条基函数的线性组合, 则 $\mathscr{E}(f)$ 关于样条函数系数的偏导数为

$$\frac{\mathscr{E}(f)}{\partial f_i}=r_i\quad 其中\quad r_i=-\int_{\mathbb{R}^3}E'(f)\phi_i\,\mathrm{d}\boldsymbol{x}.$$

令

$$r=\sum_i r_i\phi_i,$$

则 $\mathscr{E}(f)$ 沿方向 r 的方向导数为

$$\begin{aligned}\frac{\mathrm{d}}{\mathrm{d}t}\mathscr{E}(f+tr)\bigg|_{t=0}&=\frac{\mathrm{d}}{\mathrm{d}t}\int_{\mathbb{R}^3}E(f+tr)\,\mathrm{d}\boldsymbol{x}\bigg|_{t=0}\\&=\int_{\mathbb{R}^3}E'(f)r\,\mathrm{d}\boldsymbol{x}\\&=\sum_i r_i\int_{\mathbb{R}^3}E'(f)\phi_i\,\mathrm{d}\boldsymbol{x}\\&=-\sum_i r_i^2.\end{aligned}$$

因此, $\mathscr{E}(f)$ 沿方向 r 是非增的. 令 $h=\sum_i h_i\phi_i$ 为另一个函数, 若

$$\sum_i h_i r_i\geqslant 0,\tag{8.3.28}$$

则容易推得

$$\frac{\mathrm{d}}{\mathrm{d}t}\mathscr{E}(f+th)\bigg|_{t=0}=-\sum_i h_i r_i\leqslant 0.$$

因此, $\mathscr{E}(f)$ 沿方向 h 是不增的.

从上述讨论可知, 如果条件 (8.3.14) 满足, $\mathscr{E}(f)$ 在 $f^{(k)}$ 处沿着方向 $\boldsymbol{h}_k$ 是不增的. 进一步, 由 (8.3.15) 给出的步长使得 $\mathscr{E}(f^{(k+1)}) \leqslant \mathscr{E}(f^{(k)})$. 因此, 由算法 8.3.2 所产生的函数序列 $\{f^{(k)}\}$ 使序列 $\{\mathscr{E}(f^{(k)})\}$ 单调地下降.

8.4　数值实验和讨论

为了评价上述重构算法的表现, 本节给出若干例子. 先在 8.4.1 小节中考察算法对于无噪声数据的表现, 然后在 8.4.2 小节和 8.4.3 小节中分别考察算法对于中等噪声和高噪声数据的表现. 算法重构的结果将与目前仍然在广泛采用的 WBP 方法的重构结果进行比较.

8.4.1　无噪声数据的数值实验

给定一个尺寸为 $131 \times 131 \times 131$ 的体数据 $F = \{f_{ijk}\}$, 先在随机选取的 5000 个投影方向 $\{\theta_i\}_{i=1}^{5000}$ 上产生 5000 幅尺寸为 131×131 的投影图像 $\{I_i\}_{i=1}^{5000}$. 图 8.4.1 显示的是前五个投影图像. 然后用各种重构算法重构 F. 设 $R^{(l)} = \{r_{ijk}^{(l)}\}_{i,j,k=1}^{131}$, $l = 1, \cdots, 5$分别为使用 WBP、双梯度下降法取 $\beta = 0$, $\beta = \dfrac{1}{3}$, $\beta = \dfrac{1}{2}$ 和 $\beta = 1$ 时的重构的体数据. 表 8.4.1 列出了 L^2 误差 $E^{(l)}$, 其中 $E^{(l)}$ 定义为

$$E^{(l)} = \sqrt{\frac{1}{m^3}\sum_{i=1}^{m}\sum_{j=1}^{m}\sum_{k=1}^{m}\left[f_{ijk} - r_{ijk}^{(l)}\right]^2}, \quad l = 1, \cdots, 5,$$

m 取为 131. 因为数据是无噪声的, 故在重构方程中没有使用规整项. 从表中可看出, L^2 误差随着迭代次数的增加而单调下降, 而且随着 β 从 0 增加到 1, L^2 误差单调下降. 因此, 取 $\beta = 1$ 得到最精确的结果, 其次是 WBP 的结果 (L^2 误差为 0.08131). WBP 之后依次是 $\beta = \dfrac{1}{2}$, $\beta = \dfrac{1}{3}$ 和 $\beta = 0$. 使用更多次数的迭代会使 $\beta = \dfrac{1}{2}$ 时的结果比 WBP 的好. 例如, 迭代 40 次以后, L^2 误差是 0.07855. 在下一小节中我们要说明, 对于有噪声的数据, 最精确的方法未必得出最好的结果.

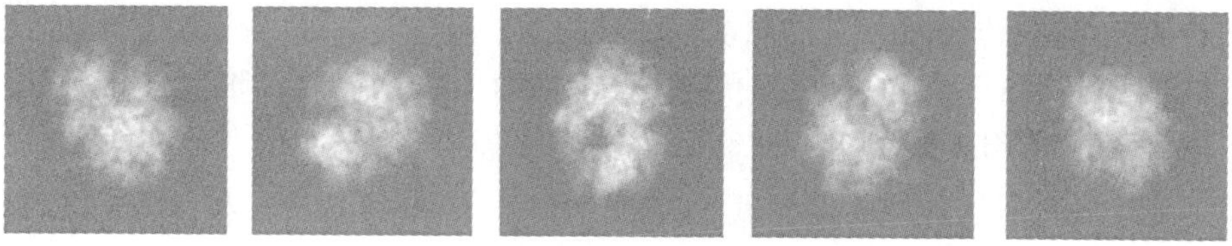

图 8.4.1　体数据 F 的 5 个投影图像

表 8.4.1　对于无噪声数据, 不同迭代次数的 L^2 误差 $E^{(2)},\cdots,E^{(5)}$. $E^{(1)}=0.08131$

迭代次数	$\beta=0$	$\beta=\frac{1}{3}$	$\beta=\frac{1}{2}$	$\beta=1$
5	0.15519	0.15368	0.14793	0.07803
10	0.13726	0.13419	0.12313	0.05790
15	0.12838	0.12416	0.10977	0.05686
20	0.12167	0.11635	0.09931	0.05674
25	0.11733	0.11115	0.09246	0.05672
30	0.11354	0.10652	0.08653	0.05671

图 8.4.2 显示的是重构的体数据的中心截面, 其中图 (a) 来自初始数据. 图 (b), (c), (d), (e) 和 (f) 分别来自 WBP、双梯度下降法取 $\beta=0$、$\beta=\frac{1}{3}$、$\beta=\frac{1}{2}$ 和 $\beta=1$ 时, 迭代 30 次的重构结果. 这些图所给出的结论与前面的数值结果吻合.

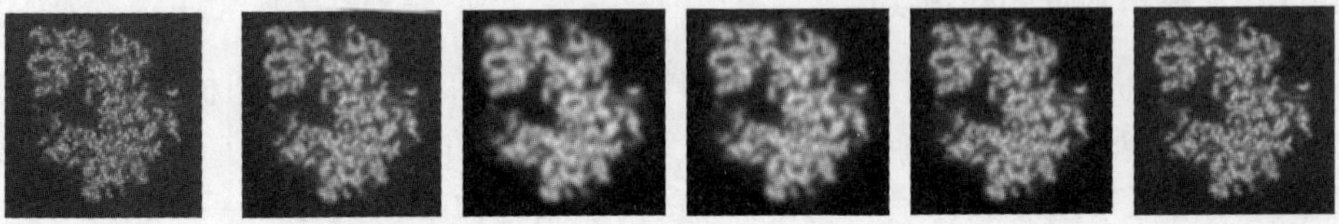

(a)　(b)　(c)　(d)　(e)　(f)

图 8.4.2　重构的体数据的中心截面. (a) 来自初始数据. (b) 来自 WBP 的重构结果. (c), (d), (e) 和 (f) 分别来自双梯度下降法取 $\beta=0$, $\beta=\frac{1}{3}$, $\beta=\frac{1}{2}$ 和 $\beta=1$ 时, 迭代 30 次的重构结果

注8.4.1　我们看到, 双梯度下降法的精度随着 β 的增加而增加, 这一事实是因为当 $\beta=0$ 时, 算法在一维空间 $\mathrm{span}\{\boldsymbol{r}_k\}$ 中搜索极小点, 而当 $\beta=1$ 时, 算法在二维空间 $\mathrm{span}\{\boldsymbol{r}_k, \boldsymbol{h}_k\}$ 中搜索极小点. 当 $\beta\in(0,1)$ 时, 双梯度下降法是 $\beta=0$ 和 $\beta=1$ 这两种情况的加权平均.

8.4.2　信噪比为 1.0 的有噪声数据的数值实验

对于由 8.4.1 小节所产生的每一幅图像, 加上信噪比为 1.0 的加性 Gauss 白噪声, 得到一组新的有噪声的图像. 图 8.4.3 所显示的 5 幅图像就是图 8.4.1 所显示的 5 幅图像加噪后的结果. 然后使用不同的重构算法从有噪声的投影图像出发重构 F. 因为数据有噪声, 重构的模型里使用了规整项. 和以前一样, 仍用 $\boldsymbol{R}^{(l)}$ 表示重构的体数据. 对于双梯度下降法, 使用的迭代次数均为 30. 表 8.4.2 列出了由 (8.1.2) 定义的重构结果 (迭代 30 次) 的能量. 从中可看出, 当 $\beta=1$ 时, 双梯度下降法导致最小的能量. 因此, 它确实是最精确的方法. 然而最精确的方法未能给出最有意义的结果. 这可从图 8.4.4 看出. 图 8.4.4 显示的是重构的体数据的中心截面. 从第一幅到第五幅依次为 WBP、双梯度下降法取 $\beta=0$, $\beta=\frac{1}{3}$, $\beta=\frac{1}{2}$ 和 $\beta=1$ 时的重构的体数据的中心截面. 容易看出, $\beta=1$ 导致噪声最大的重构结果.

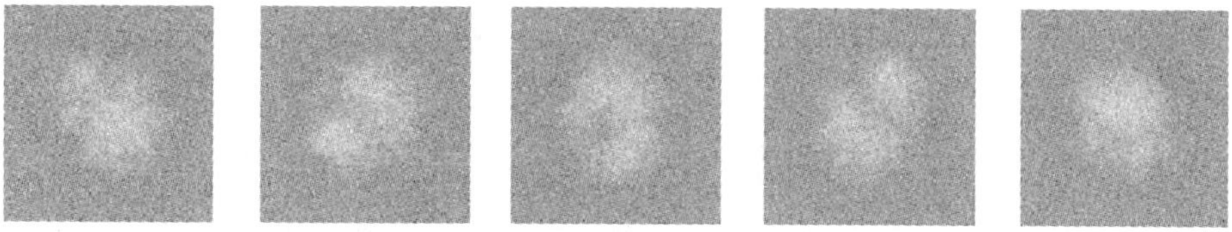

图 8.4.3　在体数据 F 的投影图像上加上了信噪比为 1.0 的 Gauss 白噪声

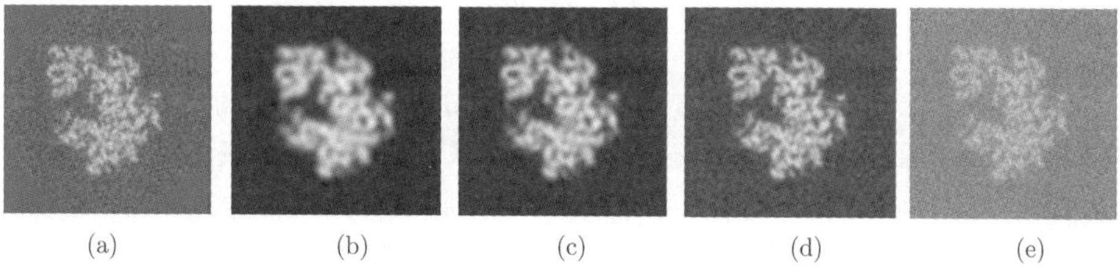

图 8.4.4　利用信噪比为 1.0 的图像重构的体数据的中心截面. (a) 为 WBP 的重构结果; (b)~(e) 为双梯度下降法的取 $\beta=0$, $\beta=\dfrac{1}{3}$, $\beta=\dfrac{1}{2}$ 和 $\beta=1$ 时迭代 30 次的重构结果

表 8.4.2　不同方法迭代 30 次的能量

SNR	$\beta=0$	$\beta=\dfrac{1}{3}$	$\beta=\dfrac{1}{2}$	$\beta=1$
1.0	10174781.537	10155248.877	10091605.869	9908452.694

表 8.4.3 列出了迭代 5, 10, 15, 20, 25 和 30 次时的重构体数据和精确体数据之间的 L^2 误差. 这些误差并不像无噪声的情形那样随着迭代次数的增加而单调递减. 容易看到, 无噪声时最精确的方法 ($\beta=1$) 反而给出最大的 L^2 误差. 其他三种情况给出相近的 L^2 误差. 但是它们都比 WBP 的误差小. 图 8.4.5 所显示的体数据的等值面说明了如下事实:

(1) $\beta=0$ 时, 双梯度下降法给出最粗层次的结构, 接下来依次是 $\beta=\dfrac{1}{3}$, $\beta=\dfrac{1}{2}$ 和 $\beta=1.0$.

(2) $\beta=1$ 时, 双梯度下降法没有给出有价值的等值面.

表 8.4.3　不同迭代次数的 L^2 误差 $E^{(2)},\cdots,E^{(5)}$. 所用数据的信噪比为 1.0. $E^{(1)}=0.15005$

迭代次数	$E^{(2)}$	$E^{(3)}$	$E^{(4)}$	$E^{(5)}$
5	0.15521	0.15379	0.15071	0.36863
10	0.13770	0.13567	0.14074	0.45722
15	0.13374	0.12946	0.13406	0.45476
20	0.13394	0.12671	0.12680	0.45221
25	0.13419	0.12618	0.12378	0.45170
30	0.13428	0.12571	0.12203	0.45145

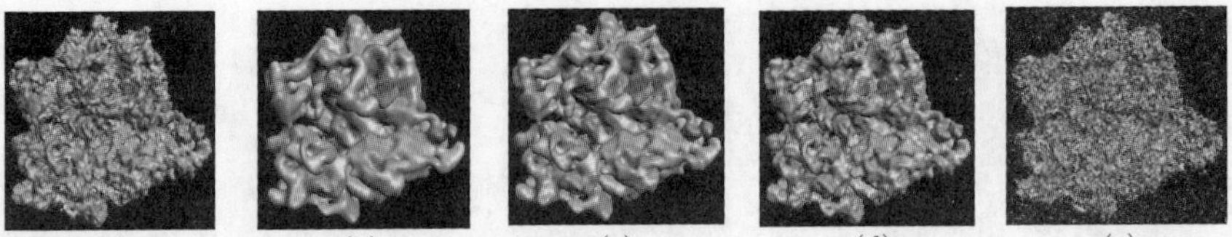

(a)　(b)　(c)　(d)　(e)

图 8.4.5　重构的体数据在中间值处的等值面. 图 (a) 来自 WBP 的重构结果. 图 (b)~(e) 分别来自双梯度下降法取 $\beta=0$, $\beta=\dfrac{1}{3}$, $\beta=\dfrac{1}{2}$ 和 $\beta=1$ 时, 迭代 30 次的重构结果 (详见书后彩图)

注8.4.2　注意到噪声是加于二维图像 I_i, 而非加于体数据 F. 如果所加的噪声很大, 以至于噪声水平比信号还高的多, 那么从这些被污染的图像所重构的体数据会远离初始的体数据 F. 因此要求重构的体数据接近初始的体数据是不合理的. 因此, 重构的体数据和初始数据之间的 L^2 误差不是评价重构方法好坏的合理的度量. 在下一小节中, 我们说明如何用 Fourier 薄壳相关性 (FSC) 来评价重构算法的表现.

注8.4.3　在 8.4.1 小节中曾说明, 对于无噪声的数据, 双梯度下降法的精度随着 β 从 0 到 1 的增加而增加. 在本小节中, 我们看到, $\beta=0$ 导致最光滑的结果. 现在解释出现这些现象的原因. 从前一章的分析我们知道, 如果取 $\boldsymbol{f}^{(0)}=\boldsymbol{0}$ 并沿方向 $\boldsymbol{r}_k$ 搜索极小点, 则 $\boldsymbol{f}^{(k)}$ 收敛于方程 $\boldsymbol{Rf}=\boldsymbol{G}$ 在空间 $N(\boldsymbol{R})^{\perp}=\{\boldsymbol{x}:\boldsymbol{x}^{\mathrm{T}}\boldsymbol{y}=0,\ \forall \boldsymbol{y}\in \mathcal{N}(\boldsymbol{R})\}$ 中, 在欧几里得范数 $\|\boldsymbol{f}\|=\sqrt{\boldsymbol{f}^{\mathrm{T}}\boldsymbol{f}}$ 意义下的极小解 $\boldsymbol{f}^*$, 其中 $\mathcal{N}(\boldsymbol{R})$ 为矩阵 $\boldsymbol{R}$ 的零空间. 然而, 当沿方向 $\boldsymbol{h}_k$ 搜索极小点时, $\boldsymbol{f}^{(k)}$ 收敛于方程 $\boldsymbol{Rf}=\boldsymbol{G}$ 在空间 $\mathcal{N}(\boldsymbol{R})^{\perp^M}=\{\boldsymbol{x}:\boldsymbol{x}^{\mathrm{T}}M\boldsymbol{y}=0,\ \forall \boldsymbol{y}\in\mathcal{N}(\boldsymbol{R})\}$ 中, 在范数 $\|\boldsymbol{f}\|_M=\sqrt{\boldsymbol{f}^{\mathrm{T}}\boldsymbol{M}\boldsymbol{f}}$ 意义下的极小解 $\boldsymbol{f}^*$. 欧几里得范数的极小性致使 $\beta=0$ 得出最光滑的结果. 表 8.4.4 列出了当 $\beta=0,\dfrac{1}{3},\dfrac{1}{2},1$ 时的欧几里得范数. 容易看到, 当 β 增加时, 欧几里得范数也增加.

表 8.4.4　重构结果的欧几里得范数, WBP 的是 4.067898×10^2

迭代次数	$\beta=0$	$\beta=\dfrac{1}{3}$	$\beta=\dfrac{1}{2}$	$\beta=1$
5	3.046299×10^2	3.048806×10^2	3.061394×10^2	3.759363×10^2
10	3.225103×10^2	3.231880×10^2	3.270741×10^2	4.281541×10^2
15	3.321209×10^2	3.335966×10^2	3.378084×10^2	4.239439×10^2
20	3.340637×10^2	3.356739×10^2	3.410555×10^2	4.227851×10^2
25	3.355638×10^2	3.377481×10^2	3.444411×10^2	4.227860×10^2
30	3.360086×10^2	3.384513×10^2	3.451244×10^2	4.227148×10^2

8.4.3　信噪比为 0.1 的有噪声数据的数值实验

对于给定的大小为 $151\times151\times151$ 的体数据 $F=\{f_{ijk}\}$, 首先在球面上随机选取的 20000 个点作为投影方向 $\{\theta_i\}_{i=1}^{20000}$, 然后在这些方向上产生 20000 幅大小为

151×151 的投影图像 $\{I_i\}_{i=1}^{20000}$, 最后对每一幅图像加上信噪比为 0.1 的加性 Gauss 白噪声, 得到一组新的有噪声的图像. 图 8.4.6 所显示的是 5 幅加噪后的投影图像. 把这 20000 幅加噪的图像随机地分成两组, 记为 A 组和 B 组, 每组含 10000 幅图像. 取 $\beta = 0, \frac{1}{3}, \frac{1}{2}, \frac{2}{3}$, 使用双梯度下降法对两组数据各重构 F. 8.4.2 小节曾说明, 取 $\beta = 1$ 时没有得出有意义的结果, 所以这里不取 $\beta = 1$. 因为数据有噪声, 重构的模型里使用了规整项. 把投影图像随机分成两组的目的是能够使用 FSC 研究重构结果的相关性.

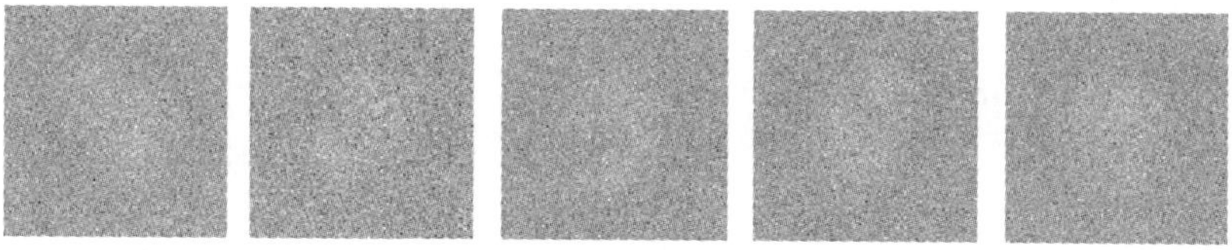

图 8.4.6　在体数据 F 的投影图像上加上了信噪比为 0.1 的 Gauss 白噪声

同前面一样, 使用 $\boldsymbol{R}^{(l)}$ 表示重构的体数据. 对于每一个 β, 使用双梯度重构算法迭代 30 次. 在表 8.4.5 中列出了重构结果的能量. 这些能量是随着 β 的增加而下降的, 且当 $\beta = \frac{2}{3}$ 时得到最小的能量. 图 8.4.7 显示的是重构体数据的中心截面. 从第一列到第五列的图依次为来自 WBP 的、双梯度下降法的当取 $\beta = 0$, $\beta = \frac{1}{3}$, $\beta = \frac{1}{2}$ 和 $\beta = \frac{2}{3}$ 时迭代 30 次的重构结果. 这些图清楚地表明, 取 $\beta = \frac{2}{3}$ 时得到最高噪的、最多细节的结果, 接下来依次为取 $\beta = \frac{1}{2}, \frac{1}{3}, 0$ 时的结果.

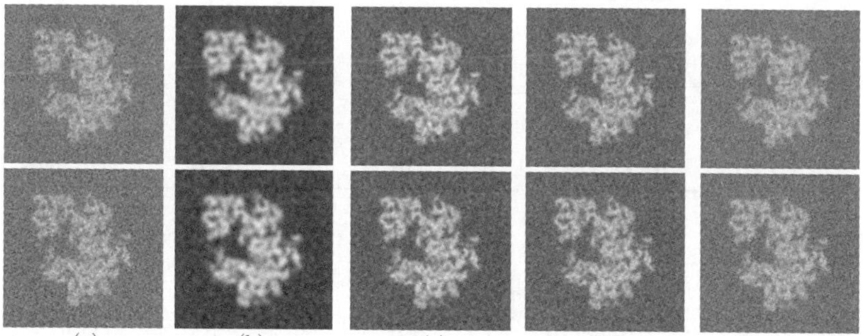

(a)　(b)　(c)　(d)　(e)

图 8.4.7　重构体数据的中心截面. 第一行和第二行分别为使用 A 组和 B 组数据的结果. (a) 列为 WBP 的重构结果; (b)~(e) 列为双梯度下降法的取 $\beta = 0$, $\beta = \frac{1}{3}$, $\beta = \frac{1}{2}$ 和 $\beta = \frac{2}{3}$ 时迭代 30 次的重构结果

表 8.4.8 和表 8.4.7 列出了迭代 5, 10, 15, 20, 25 和 30 次时, 重构的体数据和

初始的数据之间的 L^2 误差. 容易看出, 当取 $\beta=0$ 时, 双梯度下降法给出最小 L^2 误差, 接下来依次是取 $\beta=\frac{1}{3}$, $\beta=\frac{1}{2}$ 和 $\beta=\frac{2}{3}$ 时的情况. 迭代 30 次以后, 这些结果均好于 WBP 的重构结果. 图 8.4.8 所显示的重构体数据的等值面说明, 取 $\beta=0$ 时, 双梯度下降法给出最粗颗粒的结构, 接下来依次是取 $\beta=\frac{1}{3}$, $\beta=\frac{1}{2}$ 和 $\beta=\frac{2}{3}$ 时的情况.

表 8.4.5　不同方法迭代 30 次后的能量

数据	$\beta=0$	$\beta=\frac{1}{3}$	$\beta=\frac{1}{2}$	$\beta=\frac{2}{3}$
A 组	135429907.779	135138283.715	134896618.185	134531987.307
B 组	135409723.391	135117692.553	134875769.350	134510933.838

表 8.4.6　A 组数据不同迭代次数的重构结果的 L^2 误差, $E^{(2)},\cdots,E^{(5)}$. $E^{(1)}=0.29193$

迭代次数	$E^{(2)}$	$E^{(3)}$	$E^{(4)}$	$E^{(5)}$
5	0.17066	0.16985	0.17464	0.19615
10	0.14953	0.16200	0.19536	0.28074
15	0.14286	0.15583	0.19542	0.29516
20	0.14033	0.14994	0.18813	0.28671
25	0.13990	0.14878	0.18605	0.28404
30	0.13981	0.15085	0.18804	0.28388

表 8.4.7　B 组数据不同迭代次数的重构结果的 L^2 误差, $E^{(2)},\cdots,E^{(5)}$. $E^{(1)}=0.29208$

迭代次数	$E^{(2)}$	$E^{(3)}$	$E^{(4)}$	$E^{(5)}$
5	0.17064	0.16984	0.17466	0.19621
10	0.14956	0.16210	0.19553	0.28105
15	0.14290	0.15600	0.19576	0.29572
20	0.14035	0.15018	0.18841	0.28768
25	0.13992	0.14895	0.18635	0.28452
30	0.13984	0.15097	0.18836	0.28435

表 8.4.8 列出了迭代 10, 20 和 30 次以后, 重构的体数据的分辨率, 这里分辨率是在 FSC 的值为 0.5 的地方计算的, 其中 FSC 的定义由 (6.2.7) 给出. 可以看出, 大部分情况下重构体数据的分辨率高于 WBP 的. 图 8.4.9 显示了五种情况不同迭代次数的 FSC 曲线.

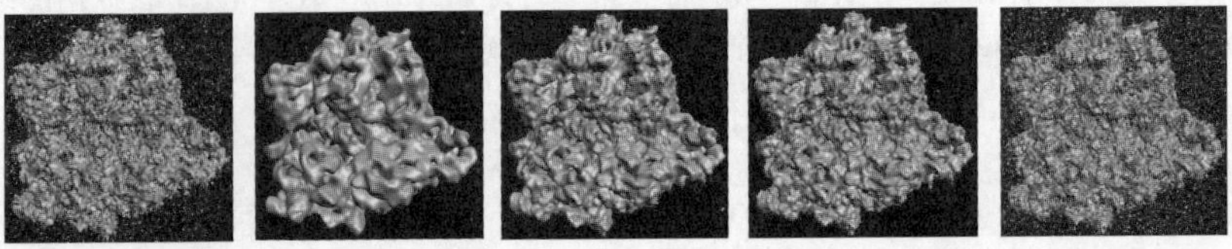

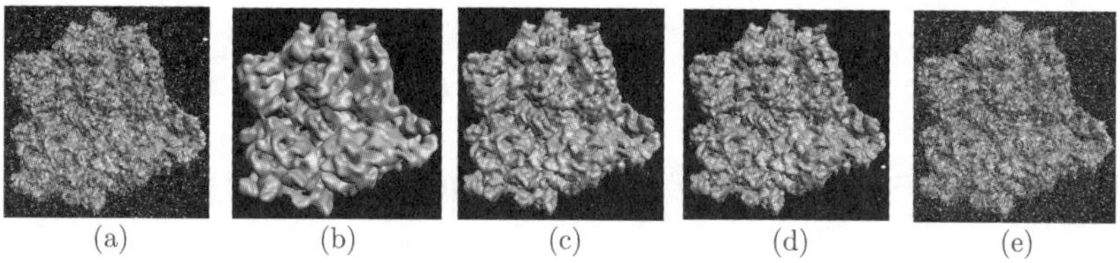

图 8.4.8　重构的体数据在中间值处的等值面. 第一行和第二行分别为使用 A 组数据和 B 组数据的结果. (a) 列为来自 WBP 的重构结果. (b)~(e) 列分别为来自双梯度下降法取 $\beta=0$, $\beta=\frac{1}{3}$, $\beta=\frac{1}{2}$ 和 $\beta=\frac{2}{3}$ 时, 迭代 30 次的重构结果 (详见书后彩图)

表 8.4.8　β 取值不同时双梯度法重构的体数据的分辨率. WBP 的分辨率 12.362563Å

迭代次数	$\beta=0$	$\beta=\frac{1}{3}$	$\beta=\frac{1}{2}$	$\beta=\frac{2}{3}$
10	12.055628 Å	12.107415 Å	12.152935 Å	12.227004 Å
20	12.079924 Å	12.199175 Å	12.280208 Å	12.391474 Å
30	12.108918 Å	12.334633 Å	12.476160 Å	12.527178 Å

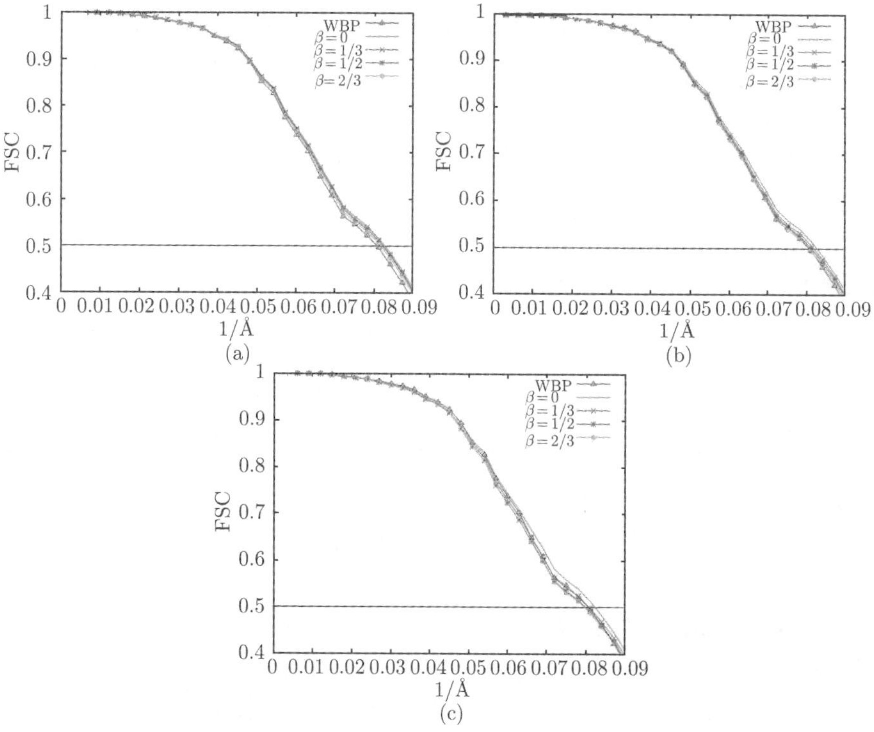

图 8.4.9　WBP 和双梯度下降法的 FSC 曲线. (a), (b), (c) 分别为迭代 10、20、30 次的结果

注8.4.4　数值结果和图例均表明, A 组和 B 组数据的重构结果非常相似, 这进一步说明双梯度下降法是鲁棒的.

第 9 章　基于稀疏逼近的图像重构方法

本章介绍基于稀疏逼近的图像重构方法, 包括压缩感知方法、Framelet 方法以及 Bregman 迭代方法. 这些方法是近年来发展起来的十分新颖而有效的方法.

9.1　压缩感知方法

本节主要介绍基于压缩感知建模的图像重构方法、基于统计建模的 CT 图像重构方法以及它们的关系.

9.1.1　压缩感知模型

所谓压缩感知方法就是指利用压缩感知的数学理论进行图像重构的方法. 压缩感知的基本思想在 2.7 节中有较详细的介绍. 下面将进一步说明如何利用压缩感知理论进行图像重构.

在生物医学图像重构问题中, 考虑需重构的图像为 $\boldsymbol{f} \in \mathbb{R}^N$, 其中 $\boldsymbol{f}$ 为由像素或体素基函数表示原始图像 $f(\boldsymbol{x})$ 的系数, 即 $\boldsymbol{f}$ 为 $f(\boldsymbol{x})$ 的离散像素图像 $\boldsymbol{I}$ 的向量化表示, 更详细的表述可参考 4.3 节. 由于每个测量值对应一个线性方程, 故结合所有的测量值可得下面的线性方程组:

$$\boldsymbol{P}\boldsymbol{f} = \boldsymbol{g}, \tag{9.1.1}$$

其中 $\boldsymbol{f} = [f_1, f_2, \cdots, f_N]^{\mathrm{T}}$, $\boldsymbol{g} = [g_1, g_2, \cdots, g_M]^{\mathrm{T}}$, $\boldsymbol{P} = [\boldsymbol{p}_1, \boldsymbol{p}_2, \cdots, \boldsymbol{p}_M]^{\mathrm{T}}$, $\boldsymbol{p}_m = [p_{m1}, p_{m2}, \cdots, p_{mN}]^{\mathrm{T}}$, $m = 1, 2, \cdots, M$, $\boldsymbol{f}$ 为向量化的离散图像, $\boldsymbol{g}$ 为向量化的探测数据, $\boldsymbol{P}$ 的元素为相应投影射线与像素或体素的相交线的长度, M 为所有投影方向上测量值的总个数. 在引入图像重构的压缩感知方法之前, 先给出图像稀疏变换的定义.

定义9.1.1　所谓图像的稀疏变换是指一个算子映射, 该映射能将一幅向量化的图像映射成一个稀疏向量, 即绝大部分元素为零的向量.

例如一幅像素 (或体素) 值为分片常数的图像可由离散梯度变换将其变换成一个稀疏向量. 还有很多图像能由离散 Fourier 变换、离散余弦变换或者小波变换稀疏化.

假设向量化的图像 $\boldsymbol{f}$ 可由变换 T 稀疏化. 由压缩感知理论可知, 当采样数据个数远小于未知量的个数时 (即 $M \ll N$), 在适当的条件下, 图像 $\boldsymbol{f}$ 可由如下约束

最优化模型精确地重构:

$$\min_{\boldsymbol{f}} \|T\boldsymbol{f}\|_1, \quad \text{s.t.} \quad \boldsymbol{P}\boldsymbol{f} = \boldsymbol{g}. \tag{9.1.2}$$

事实上, 医学中的 CT 图像, 磁共振图像, 或者结构生物学中的 Cryo-EM 图像往往具有不同的稀疏性质[68,189,264,301]. 针对不同类型的图像, 如何找到合适的稀疏变换 T 是一个非常关键的问题.

另一方面, 实际的探测数据通常会受到噪声的干扰, 因此根据测量值我们得不到线性方程组 (9.1.1), 而是得到下面的关系:

$$\boldsymbol{P}\boldsymbol{f} \approx \boldsymbol{g} \quad \text{或者} \quad \boldsymbol{g} = \boldsymbol{P}\boldsymbol{f} + \boldsymbol{e}, \tag{9.1.3}$$

其中 $\boldsymbol{e}$ 为噪声. 同样根据压缩感知理论, 当 $M \ll N$ 时, 在适当的条件下, 图像 $\boldsymbol{f}$ 可由如下约束最优化模型鲁棒地重构:

$$\min_{\boldsymbol{f}} \|T\boldsymbol{f}\|_1, \quad \text{s.t.} \quad \|\boldsymbol{P}\boldsymbol{f} - \boldsymbol{g}\|_2 \leqslant \sigma, \tag{9.1.4}$$

其中 σ 为噪声水平的上界, 即 $\|\boldsymbol{e}\|_2 \leqslant \sigma$.

特别地, 当选取稀疏变换 T 为离散梯度变换时, 可得到如下定理.

定理 9.1.1 [209]　假设投影矩阵 $\boldsymbol{P}$ 满足 S 阶限制等距性条件, $\boldsymbol{f}_0 \in \mathbb{R}^N$, $\boldsymbol{g} = \boldsymbol{P}\boldsymbol{f}_0 + \boldsymbol{e}$, $\|\boldsymbol{e}\|_2 \leqslant \sigma$, 则约束最优化模型 (9.1.4) 的解 $\boldsymbol{f}^*$ 满足

$$\|\boldsymbol{f}^* - \boldsymbol{f}_0\|_2 \leqslant C \log\left(\frac{N}{S}\right)\left(\frac{\|T\boldsymbol{f}^* - (T\boldsymbol{f}_0)^S\|_1}{\sqrt{S}} + \sigma\right), \tag{9.1.5}$$

其中, $T = \nabla$ 为离散梯度变换, C 为正常数, $(T\boldsymbol{f}_0)^S$ 表示 $T\boldsymbol{f}_0$ 的 S 阶最佳稀疏逼近.

目前基于优化模型 (9.1.2) 与 (9.1.4) 的图像重构方法称为基于压缩感知的方法[69, 189, 219]. 该方法能有效地处理稀疏采样或有噪声干扰的图像重构问题. 需要指出的是, 在实际的 CT 成像和 Cryo-EM 成像中投影矩阵 $\boldsymbol{P}$ 是否满足上述定理的限制等距性条件尚需进一步研究. 针对图像重构问题中的优化模型 (9.1.2) 与 (9.1.4) 的数值计算方法可参考 9.3 节.

在定理 9.1.1 中, 稀疏变换 T 表示离散梯度变换. 为了进一步说明, 接下来给出图像的离散梯度变换的具体形式.

如前所述, I 表示图像 $f(\boldsymbol{x})$ 的离散像素表示, 其中 $\mathrm{I} \in \mathbb{R}^{N_x \times N_y}$ (一般 $N_x = N_y$), $\mathrm{I}_{i,j}$ 表示第 $iN_y + j$ 个像素, $\boldsymbol{f}$ 为 I 的向量化表示 (本书采用的是逐行向量化的方式). 下面以逐点的方式定义图像的离散梯度变换 $\nabla : \mathbb{R}^{N_x \times N_y} \to \mathbb{R}^{N_x \times N_y \times 2}$:

$$(\nabla_x \mathrm{I})_{i,j} := \begin{cases} 0, & i = 1, \quad 1 \leqslant j \leqslant N_y, \\ \mathrm{I}_{i,j} - \mathrm{I}_{i-1,j}, & 2 \leqslant i \leqslant N_x, \quad 1 \leqslant j \leqslant N_y, \end{cases} \tag{9.1.6}$$

$$(\nabla_y \mathrm{I})_{i,j} := \begin{cases} 0, & 1 \leqslant i \leqslant N_x, \ \ j=1, \\ \mathrm{I}_{i,j} - \mathrm{I}_{i,j-1}, & 1 \leqslant i \leqslant N_x, \ \ 2 \leqslant j \leqslant N_y, \end{cases} \tag{9.1.7}$$

其中 $\nabla \mathrm{I} = (\nabla_x \mathrm{I}, \nabla_y \mathrm{I})$. 注意, 上述定义采用了向后差分格式进行离散, 且在边界处考虑的是第二类边界条件. 经过推导, 可定义相应的离散梯度变换的转置变换 $\nabla^{\mathrm{T}} : \mathbb{R}^{N_x \times N_y \times 2} \longrightarrow \mathbb{R}^{N_x \times N_y}$ 为

$$(\nabla_x^{\mathrm{T}} \boldsymbol{d}_1)_{i,j} := \begin{cases} -(\boldsymbol{d}_1)_{i+1,j}, & i=1, \ 1 \leqslant j \leqslant N_y, \\ -((\boldsymbol{d}_1)_{i+1,j} - (\boldsymbol{d}_1)_{i,j}), & 2 \leqslant i \leqslant N_x - 1, \ 1 \leqslant j \leqslant N_y, \\ (\boldsymbol{d}_1)_{i,j}, & i = N_x, \ \ 1 \leqslant j \leqslant N_y, \end{cases} \tag{9.1.8}$$

$$(\nabla_y^{\mathrm{T}} \boldsymbol{d}_2)_{i,j} := \begin{cases} -(\boldsymbol{d}_2)_{i,j+1}, & 1 \leqslant i \leqslant N_x, \ \ j=1, \\ -((\boldsymbol{d}_2)_{i+1,j} - (\boldsymbol{d}_2)_{i,j}), & 1 \leqslant i \leqslant N_x, \ \ 2 \leqslant j \leqslant N_y - 1, \\ (\boldsymbol{d}_2)_{i,j}, & 1 \leqslant i \leqslant N_x, \ \ j = N_y, \end{cases} \tag{9.1.9}$$

其中 $\boldsymbol{d} = (\boldsymbol{d}_1, \boldsymbol{d}_2)$, $\nabla^{\mathrm{T}} \boldsymbol{d} = \nabla_x^{\mathrm{T}} \boldsymbol{d}_1 + \nabla_y^{\mathrm{T}} \boldsymbol{d}_2$.

有兴趣的读者可以推导离散梯度变换的向前差分格式以及相应的转置变换的形式.

9.1.2 压缩感知模型与统计模型的关系

本小节主要介绍 CT 图像重构的压缩感知模型与统计模型的关系. 首先给出 CT 图像重构的统计模型.

Poisson 分布为 CT 图像重构统计建模的基础[278], 其概率分布为

$$\boldsymbol{P}(X = k) = \frac{\mu^k}{k!} \mathrm{e}^{-\mu}, \tag{9.1.10}$$

其中 X 表示随机变量, k 为随机变量 X 的一个实现, 参数 μ 是单位时间 (或单位面积) 内随机事件的平均发生率. Poisson 分布 (9.1.10) 的期望和方差均为 μ. 若随机变量 X 服从参数为 μ 的 Poisson 分布, 则记为 $X \sim \mathrm{Poisson}\{\mu\}$.

事实上, 在 X 射线 CT 中, 投影的测量值 $\boldsymbol{g}$ 并不是直接得到的, 而是通过空扫描与扫描物体时相同探测器上分别接受的光子数来推导沿该扫描路径 X 射线的衰减率. 设单位时间内空扫描时探测器上接受的光子数为 $I_{0,m}$, $m = 1, 2, \cdots, M$. 该数据可由预扫描校准来精确地近似. 根据 Beer-Lambert 定律, 单位时间内扫描物体时相同路径上探测器测量的光子数 $\mathcal{I}_m$ 为一服从如下 Poisson 分布的随机变量:

$$\mathcal{I}_m \sim \mathrm{Poisson}\left\{ I_{0,m} \mathrm{e}^{-\tilde{g}_m} \right\}, \tag{9.1.11}$$

其中 $\tilde{g}_m = \boldsymbol{p}_m^{\mathrm{T}} \boldsymbol{f}$. 值得注意的是, 图像重构的统计建模的一个潜在假设是 $\boldsymbol{f}$ 和 $\boldsymbol{g}$ 均为随机向量.

由于在一般情况下不同测量值之间是相互独立的, 故相应的联合条件概率分布, 等价地, $\boldsymbol{f}$ 的似然函数为

$$\mathrm{P}(\mathbf{I}|\boldsymbol{f}) = \prod_{m=1}^{M} \frac{(I_{0,m}\mathrm{e}^{-\tilde{g}_m})^{I_m}}{I_m!}\mathrm{e}^{-I_{0,m}\mathrm{e}^{-\tilde{g}_m}}, \tag{9.1.12}$$

其中 I_m 为随机变量 $\mathcal{I}_m$ 的实现, $\mathbf{I} = (I_1, I_2, \cdots, I_M)$.

不直接寻求 $\boldsymbol{f}$ 的最大似然估计, 而将图像重构问题转化为下面的最大实验估计:

$$\boldsymbol{f}^* = \arg\max_{\boldsymbol{f}} \mathrm{P}(\boldsymbol{f}|\mathbf{I}), \tag{9.1.13}$$

根据 Bayes 理论框架, 上述问题等价于

$$\boldsymbol{f}^* = \arg\max_{\boldsymbol{f}} \mathrm{P}(\mathbf{I}|\boldsymbol{f})\mathrm{P}(\boldsymbol{f}). \tag{9.1.14}$$

取自然对数, (9.1.14) 可转化为

$$\begin{aligned}\boldsymbol{f}^* &= \arg\max_{\boldsymbol{f}} \{\ln \mathrm{P}(\mathbf{I}|\boldsymbol{f}) + \ln \mathrm{P}(\boldsymbol{f})\} \\ &= \arg\min_{\boldsymbol{f}} \left\{ \sum_{m=1}^{M} (I_{0,m}\mathrm{e}^{-\tilde{g}_m} + I_m\tilde{g}_m) - \ln \mathrm{P}(\boldsymbol{f}) \right\},\end{aligned} \tag{9.1.15}$$

其中 $-\ln \mathrm{P}(\boldsymbol{f})$ 表示基于重构图像先验信息的正则化项.

注意到 (9.1.15) 的目标函数的第一项中含有指数项, 因此求解该优化问题是困难的. 如何设计简单的优化模型去逼近原始复杂的优化模型呢? 通常可考虑用原始目标函数的二阶 Taylor 级数展开式去逼近[30]. 设

$$L_m(x) = I_{0,m}\mathrm{e}^{-x} + I_m x.$$

分别计算 $L_m(x)$ 的一阶和二阶导数可得

$$\begin{aligned}L'_m(x) &= -I_{0,m}\mathrm{e}^{-x} + I_m, \\ L''_m(x) &= I_{0,m}\mathrm{e}^{-x}.\end{aligned}$$

令 $L'_m(x) = 0$, 可得

$$x = -\ln \frac{I_m}{I_{0,m}}.$$

此时

$$L''_m(-\ln(I_m/I_{0,m})) = I_m > 0,$$

于是 $L_m(x)$ 在 g_m 处达到最小值, 相应的二阶 Taylor 级数展开式为

$$L_m(x) \approx L_m(g_m) + \frac{I_m}{2}(x - g_m)^2,$$

其中 $g_m = -\ln(I_m/I_{0,m})$.

于是优化问题 (9.1.15) 可由如下问题逼近:

$$\begin{aligned}
\boldsymbol{f}^* &= \arg\min_{\boldsymbol{f}} \left\{ \frac{1}{2}\sum_{m=1}^{M} I_m(\tilde{g}_m - g_m)^2 - \ln \mathrm{P}(\boldsymbol{f}) \right\} \\
&= \arg\min_{\boldsymbol{f}} \left\{ \frac{1}{2}\sum_{m=1}^{M} I_m(\boldsymbol{p}_m^{\mathrm{T}}\boldsymbol{f} - g_m)^2 - \ln \mathrm{P}(\boldsymbol{f}) \right\} \\
&= \arg\min_{\boldsymbol{f}} \left\{ \frac{1}{2}(\boldsymbol{P}\boldsymbol{f} - \boldsymbol{g})^{\mathrm{T}}\boldsymbol{D}(\boldsymbol{P}\boldsymbol{f} - \boldsymbol{g}) + \mathrm{R}(\boldsymbol{f}) \right\} \\
&= \arg\min_{\boldsymbol{f}} \left\{ \frac{1}{2}\|\boldsymbol{P}\boldsymbol{f} - \boldsymbol{g}\|_{\boldsymbol{D}}^2 + \mathrm{R}(\boldsymbol{f}) \right\},
\end{aligned} \tag{9.1.16}$$

其中 $\boldsymbol{D} = \mathrm{diag}(I_1, I_2, \cdots, I_M)$, $\mathrm{R}(\boldsymbol{f}) = -\ln \mathrm{P}(\boldsymbol{f})$.

显然, 优化问题 (9.1.16) 为基于正则化的加权最小二乘问题, 其中 $\mathrm{R}(\boldsymbol{f})$ 为基于重构图像先验信息的正则化项, 具体的加权方式依赖于相同时间内扫描物体时探测器接受的光子数的多少, 接受越多则权重越大.

下面讨论如何考虑重构图像的先验信息. 文献 [29] 引入了广义的 Gaussian Markov 随机场 (generalized Gaussian Markov random fields, GGMRF) 作为先验信息, 具体形式为

$$\mathrm{R}(\boldsymbol{f}) = \frac{1}{p\alpha^p}\sum_{\{k,l\}\in\mathcal{N}} w_{k,l}\rho(f_k - f_l), \quad \rho(x) = |x|^p, \ \ 1 \leqslant p \leqslant 2, \tag{9.1.17}$$

其中 $w_{k,l}$ 表示与邻居方向相关的权重系数, 一般选取为邻域集合 $\mathcal{N}$ 中的元素与中心元素的距离的倒数, 且满足 $\sum\limits_{\{k,l\}\in\mathcal{N}} w_{k,l} = 1$, 参数 p 用来控制保持重构图像边缘的程度, 参数 α 用以调节先验项在整个目标函数中的权重.

文献 [278] 对先验信息项进行了推广, 主要变化在于对函数 $\rho(x)$ 的定义, 其表达式为

$$\rho(x) = \frac{|x|^p}{1 + |x/c|^{p-q}}, \tag{9.1.18}$$

特别地,

(1) $p = q = 2$: 为 Gauss 先验;

(2) $p = 2$, $q = 1$: 为近似的 Huber 先验;

(3) $1 \leqslant p = q \leqslant 2$: 为 GGMRF;

(4) $1 \leqslant q < p \leqslant 2$: 为 q-GGMRF.

容易发现: 当 $p = q = 1$ 时, 选取适当的邻域集合 $\mathcal{N}$ 和权重系数 $w_{k,l}$, 上述统计模型等价于基于各向异性的 TV 正则化的加权最小二乘模型. 由 9.3 节中的说明可知, 压缩感知模型 (9.1.4) 等价于基于 TV 正则化的最小二乘模型. 因此, 从形式上看, 两者主要区别在于对最小二乘项是否加权.

另外需要指出的是, 压缩感知建模与统计建模的出发点也是不同的, 前者是考虑在投影数据严重不足且有噪声干扰的情况下, 利用重构图像的稀疏性进行建模, 而后者则是借助光子的物理统计信息, 在 Bayes 理论框架下挖掘重构图像的先验信息进行建模. 但从本质上来讲, 不管利用重构图像的稀疏性还是先验信息, 都是对重构图像的内在性质进行探索, 其实没有本质的差别.

因此, 利用压缩感知建模的方法, 在统计建模的过程中, 可将先验信息项 $\mathrm{R}(\boldsymbol{f})$ 选取为

$$\mathrm{R}(\boldsymbol{f}) = \frac{1}{\lambda}\|T\boldsymbol{f}\|_1, \tag{9.1.19}$$

其中 $\lambda > 0$. 从而结合两者的优点, 可以得到如下 CT 图像重构模型:

$$\boldsymbol{f}^* = \arg\min_{\boldsymbol{f}} \left\{ \frac{\lambda}{2}\|\boldsymbol{P}\boldsymbol{f} - \boldsymbol{g}\|_D^2 + \|T\boldsymbol{f}\|_1 \right\}. \tag{9.1.20}$$

因此优化模型 (9.1.20) 是对 CT 图像重构问题更为精确的数学模型.

9.2 小波紧框架方法

考虑重构模型 $\boldsymbol{A}\boldsymbol{u} = \boldsymbol{g} - \boldsymbol{\epsilon}$, 其中, $\boldsymbol{g}$ 表示测量的冷冻电镜二维图像, 矩阵 $\boldsymbol{A}$ 表示 X 射线变换离散后的矩阵形式, $\boldsymbol{u}$ 表示待重构的图像. 本节研究基于小波紧框架的三维重构算法. 假设序列 $\{\phi_n\}_{n\in\mathcal{N}} \subset \mathcal{H}$ 构成 Hilbert 空间 $\mathcal{H}$ 框架界为 1 的紧框架. 根据 2.8 节紧框架的定义有

$$\|f\|_2^2 = \sum_{n\in\mathcal{N}} |\langle f, \phi_n\rangle|^2, \quad \forall f \in \mathcal{H}.$$

定义算子 (又称解析算子)

$$\mathbf{W} : f \in \mathcal{H} \longrightarrow \{\langle f, \phi_n\rangle\} \in \ell^2(\mathcal{N})$$

和它的伴随算子 (又称合成算子)

$$\mathbf{W}^* : \{a_n\} \in \ell^2(\mathcal{N}) \longrightarrow \sum_{n\in\mathcal{N}} a_n\phi_n \in \mathcal{H}.$$

那么, 序列 $\{\phi_n\} \subset \mathcal{H}$ 构成紧框架的充分必要条件为 $\boldsymbol{W}^*\boldsymbol{W} = \boldsymbol{I}$, 其中, $\boldsymbol{I}: \mathcal{H} \longrightarrow \mathcal{H}$ 是单位算子.

在 $\mathbb{R}^N$ 空间, $\{\phi_n\}_{n=1}^L \subset \mathbb{R}^N$, 解析算子具有矩阵的形式, 即 $\boldsymbol{W} = [\phi_1, \phi_2, \cdots, \phi_L]^{\mathrm{T}}$, 合成算子即为 $\boldsymbol{W}^{\mathrm{T}}$. 显然, $\{\phi_n\}_{n=1}^L$ 形成 $\mathbb{R}^N$ 中的紧框架当且仅当 $\boldsymbol{W}^{\mathrm{T}}\boldsymbol{W} = \boldsymbol{I}_N$, 其中 $\boldsymbol{I}_N$ 是单位矩阵.

9.2.1 算法及理论分析

本节基于一类小波紧框架 framelet 来构造三维重构算法, 内容取自文献 [184]. 关于 framelet, 有兴趣的读者可以参考文献 [240, 259]. 假设 $\mu > 0$, $\lambda \in \mathbb{R}_+^L$, 考虑如下的迭代格式:

$$\boldsymbol{u}_{k+1} = (\boldsymbol{I} - \mu \boldsymbol{A}^{\mathrm{T}}\boldsymbol{A})\boldsymbol{W}^{\mathrm{T}} T_\lambda(\boldsymbol{W}\boldsymbol{u}_k) + \mu \boldsymbol{A}^{\mathrm{T}}\boldsymbol{g}. \tag{9.2.1}$$

算子 T_λ 定义为

$$T_\lambda([\alpha_1, \alpha_2, \cdots, \alpha_L]^{\mathrm{T}}) = [t_{\lambda_1}(\alpha_1), t_{\lambda_2}(\alpha_2), \cdots, t_{\lambda_L}(\alpha_L)]^{\mathrm{T}}, \tag{9.2.2}$$

其中 $t_{\lambda_i}(\alpha_i) = \mathrm{sgn}(\alpha_i)\max(|\alpha_i| - \lambda_i, 0)$.

下面的定理表明该格式收敛到一个模型的最优解[184].

定理 9.2.1 对任意的初值 $\boldsymbol{u}_0 \in \mathbb{R}^N$, 设 $\{\boldsymbol{u}_k\} \subset \mathbb{R}^N$ 是由 (9.2.1) 产生的迭代序列, 选择 $\mu > 0$ 使得 $\boldsymbol{D} := (\boldsymbol{I} - \mu \boldsymbol{A}^{\mathrm{T}}\boldsymbol{A})^{-1}$ 是正定矩阵. 那么, 序列 $\{\boldsymbol{u}_k\}$ 收敛, 并且极限是极小化问题

$$\min_{\boldsymbol{u} \in \mathbb{R}^N} F(\boldsymbol{u}) \tag{9.2.3}$$

的最优解, 其中

$$F(\boldsymbol{u}) = \frac{\mu}{2}\|\boldsymbol{A}\boldsymbol{u} - \boldsymbol{g}\|_2^2 + \frac{\mu^2}{2}\|\boldsymbol{A}^{\mathrm{T}}\boldsymbol{A}\boldsymbol{u} - \boldsymbol{A}^{\mathrm{T}}\boldsymbol{g}\|_{\boldsymbol{D}}^2 + H_\lambda(\boldsymbol{W}\boldsymbol{u}),$$

$\|\cdot\|_{\boldsymbol{D}}$ 定义为 $\|\boldsymbol{x}\|_{\boldsymbol{D}} = (\boldsymbol{x}^{\mathrm{T}}\boldsymbol{D}\boldsymbol{x})^{\frac{1}{2}}, \boldsymbol{x} \in \mathbb{R}^N$.

下面对定理 9.2.1 的证明过程进行分析. 首先分析如何由迭代格式 (9.2.1) 导出其可能收敛的目标函数 (9.2.3). 设 $\lambda \in \mathbb{R}_+^L$, 多变量 Huber 函数 H_λ 定义如下:

$$H_\lambda([\alpha_1, \alpha_2, \cdots, \alpha_L]^{\mathrm{T}}) = \sum_{i=1}^L h_{\lambda_i}(\alpha_i), \tag{9.2.4}$$

其中

$$h_{\lambda_i}(\alpha_i) = \begin{cases} \dfrac{1}{2}\alpha_i^2, & |\alpha_i| < \lambda_i, \\ \lambda_i\left(|\alpha_i| - \dfrac{1}{2}\lambda_i\right), & |\alpha_i| \geqslant \lambda_i. \end{cases} \tag{9.2.5}$$

(9.2.1) 可以写成下面的交替迭代格式:

$$\begin{cases} \boldsymbol{\alpha}_{k+1} = T_\lambda(\boldsymbol{W}\boldsymbol{u}_k), \\ \boldsymbol{u}_{k+1} = (\boldsymbol{I} - \mu\boldsymbol{A}^{\mathrm{T}}\boldsymbol{A})W^{\mathrm{T}}\boldsymbol{\alpha}_{k+1} + \mu\boldsymbol{A}^{\mathrm{T}}\boldsymbol{g}. \end{cases} \tag{9.2.6}$$

为了证明定理 9.2.1, 引入下面的引理.

引理 9.2.2　设 α_{k+1} 和 $\boldsymbol{u}_{k+1}$ 是由 (9.2.6) 产生的迭代序列, 那么

$$\boldsymbol{\alpha}_{k+1} = \arg\min_{\boldsymbol{\alpha}}\left\{\frac{1}{2}\|\boldsymbol{W}\boldsymbol{u}_k - \boldsymbol{\alpha}\|_2^2 + \|\mathrm{diag}(\lambda)\boldsymbol{\alpha}\|_1\right\}, \tag{9.2.7}$$

$$\boldsymbol{u}_{k+1} = \arg\min_{\boldsymbol{u}}\left\{\frac{\mu}{2}\|\boldsymbol{A}\boldsymbol{u}-\boldsymbol{g}\|_2^2+\frac{\mu^2}{2}\|\boldsymbol{A}^{\mathrm{T}}\boldsymbol{A}\boldsymbol{u}-\boldsymbol{A}^{\mathrm{T}}\boldsymbol{g}\|_{\boldsymbol{D}}^2+\frac{1}{2}\|\boldsymbol{W}\boldsymbol{u}-\alpha_{k+1}\|_2^2\right\}. \tag{9.2.8}$$

证明　由文献 [44, 77] 可知, $T_\lambda(W\mathbf{u}_k)$ 是极小化问题 (9.2.7) 的精确解.

由于矩阵 $\boldsymbol{D}$ 正定, 极小化问题 (9.2.8) 的目标函数是凸的而且是可微的. 定义 $\boldsymbol{u}'$ 为 (9.2.8) 的极小解, 那么

$$0 = \mu\boldsymbol{A}^{\mathrm{T}}(\boldsymbol{A}\boldsymbol{u}' - \boldsymbol{g}) + \mu^2\boldsymbol{A}^{\mathrm{T}}\boldsymbol{A}\boldsymbol{D}(\boldsymbol{A}^{\mathrm{T}}\boldsymbol{A}\boldsymbol{u}' - \boldsymbol{A}^{\mathrm{T}}\boldsymbol{g}) + \boldsymbol{u}' - \boldsymbol{W}^{\mathrm{T}}\boldsymbol{\alpha}_{k+1}. \tag{9.2.9}$$

由于

$$\boldsymbol{I} + \mu\boldsymbol{A}^{\mathrm{T}}\boldsymbol{A}\boldsymbol{D} = \boldsymbol{D}, \quad \boldsymbol{I} + \mu\boldsymbol{D}\boldsymbol{A}^{\mathrm{T}}\boldsymbol{A} = \boldsymbol{D}, \tag{9.2.10}$$

于是有

$$\boldsymbol{u}' = (\boldsymbol{I} - \mu\boldsymbol{A}^{\mathrm{T}}\boldsymbol{A})\boldsymbol{W}^{\mathrm{T}}T_\lambda(\boldsymbol{W}\boldsymbol{u}_k) + \mu\boldsymbol{A}^{\mathrm{T}}\boldsymbol{g},$$

$\boldsymbol{u}'$ 即为 (9.2.6) 中的 $\boldsymbol{u}_{k+1}$.　□

引理 9.2.2 表明 (9.2.6) 是如下极小化问题的交替迭代格式:

$$\min_{\boldsymbol{u},\boldsymbol{\alpha}}\left\{\frac{\mu}{2}\|\boldsymbol{A}\boldsymbol{u} - \boldsymbol{g}\|_2^2 + \frac{\mu^2}{2}\|\boldsymbol{A}^{\mathrm{T}}\boldsymbol{A}\boldsymbol{u} - \boldsymbol{A}^{\mathrm{T}}\boldsymbol{g}\|_{\boldsymbol{D}}^2 + \frac{1}{2}\|\boldsymbol{W}\boldsymbol{u} - \boldsymbol{\alpha}\|_2^2 + \|\mathrm{diag}(\lambda)\boldsymbol{\alpha}\|_1\right\}. \tag{9.2.11}$$

那么现在的问题是 (9.2.1) 是不是极小化问题

$$\min_{\boldsymbol{u}}\left\{\frac{\mu}{2}\|\boldsymbol{A}\boldsymbol{u} - \boldsymbol{g}\|_2^2 + \frac{\mu^2}{2}\|\boldsymbol{A}^{\mathrm{T}}\boldsymbol{A}\boldsymbol{u} - \boldsymbol{A}^{\mathrm{T}}\boldsymbol{g}\|_{\boldsymbol{D}}^2 + \left(\min_{\boldsymbol{\alpha}}\frac{1}{2}\|\boldsymbol{W}\boldsymbol{u} - \boldsymbol{\alpha}\|_2^2 + \|\mathrm{diag}(\lambda)\boldsymbol{\alpha}\|_1\right)\right\} \tag{9.2.12}$$

的迭代格式? 由于 $T_\lambda(\boldsymbol{W}\boldsymbol{u}) = \arg\min_\alpha\left\{\frac{1}{2}\|\boldsymbol{W}\boldsymbol{u} - \boldsymbol{\alpha}\|_2^2 + \|\mathrm{diag}(\lambda)\boldsymbol{\alpha}\|_1\right\}$, 相应的极小值为 Huber 函数 $H_\lambda(\boldsymbol{W}\boldsymbol{u}) = \frac{1}{2}\|\boldsymbol{W}\boldsymbol{u} - T_\lambda(\boldsymbol{W}\boldsymbol{u})\|_2^2 + \|\mathrm{diag}(\lambda)\boldsymbol{T}_\lambda(\boldsymbol{W}\boldsymbol{u})\|_1$. 由此猜测 (9.2.1) 可能收敛的目标函数为

$$\frac{\mu}{2}\|\boldsymbol{A}\boldsymbol{u} - \boldsymbol{g}\|_2^2 + \frac{\mu^2}{2}\|\boldsymbol{A}^{\mathrm{T}}\boldsymbol{A}\boldsymbol{u} - \boldsymbol{A}^{\mathrm{T}}\boldsymbol{g}\|_{\boldsymbol{D}}^2 + H_\lambda(\boldsymbol{W}\boldsymbol{u}),$$

即式 (9.2.3). 为了证明定理 9.2.1, 需要证明迭代格式 (9.2.1) 收敛, 并且收敛到上述目标函数的极小解.

在凸分析里, 对于任意取值在 $(-\infty,+\infty]$ 的、适定的、凸下半连续函数 φ, 定义迫近算子

$$\mathrm{prox}_{\varphi}(x) := \arg\min_{y} \left\{\frac{1}{2}\|x-y\|_2^2+\varphi(y)\right\}.$$

文献 [77] 给出了迭代格式

$$x_{k+1}=\mathrm{prox}_{F_1}(x_k-\nabla F_2(x_k)) \tag{9.2.13}$$

收敛的定理.

定理 9.2.3[77]　*考虑极小化问题*

$$\min_{x} \left\{F_1(x)+F_2(x)\right\}, \tag{9.2.14}$$

其中 F_1 为值域在 $(-\infty,+\infty]$ 的适定的、凸下半连续函数, F_2 是值域在 $\mathbb{R}$ 中的凸可微函数并且梯度满足 $1/b$-Lipschitz 连续. 假定 (9.2.14) 的极小解存在, 并且 $b>1/2$, 那么对任意的初始值 x_0, 迭代格式 (9.2.13) 收敛到 F_1+F_2 的极小值.

为了运用定理 9.2.3 来证明定理 9.2.1, 需要将 (9.2.3) 中的目标函数 F 表示成 F_1+F_2 的形式. 令

$$\begin{cases} F_1(\boldsymbol{u})=\dfrac{\mu}{2}\|\boldsymbol{A}\boldsymbol{u}-\boldsymbol{g}\|_2^2+\dfrac{\mu^2}{2}\|\boldsymbol{A}^{\mathrm{T}}\boldsymbol{A}\boldsymbol{u}-\boldsymbol{A}^{\mathrm{T}}\boldsymbol{g}\|_{\boldsymbol{D}}^2, \\ F_2(\boldsymbol{u})=H_{\lambda}(\boldsymbol{W}\boldsymbol{u}), \end{cases} \tag{9.2.15}$$

显然 F_1 是值域为 $(-\infty,+\infty]$ 的适定的、凸的且可微的函数.

引理 9.2.4　*设 F_2 由式 (9.2.15) 定义, 那么 F_2 是凸可微函数, 并且具有 1-Lipschitz 连续梯度.*

证明　由于 $F_2=\sum\limits_{i=1}^{L} h_{\lambda_i}((W\mathbf{u})_i)$, h_{λ_i} 是凸函数, W 是线性算子, 因此 F_2 是凸函数. 根据 h_{λ_i} 的定义可得 h_{λ_i} 是可微的, 它的梯度为

$$\nabla h_{\lambda_i}(\alpha_i)=\alpha_i-t_{\lambda_i}(\alpha_i),$$

其中 t_{λ_i} 由式 (9.2.2) 定义. 因此 F_2 是可微的并且

$$\begin{aligned}\nabla F_2(\boldsymbol{u})&=\boldsymbol{W}^{\mathrm{T}}[\nabla h_{\lambda_1}((\boldsymbol{W}\boldsymbol{u})_1),\nabla h_{\lambda_2}((\boldsymbol{W}\boldsymbol{u})_2),\cdots,\nabla h_{\lambda_L}((\boldsymbol{W}\boldsymbol{u})_L)]^{\mathrm{T}}\\ &=\boldsymbol{W}^{\mathrm{T}}(\boldsymbol{W}\boldsymbol{u}-T_{\lambda}(\boldsymbol{W}\boldsymbol{u})),\end{aligned} \tag{9.2.16}$$

这隐含着 F_2 有 1-Lipschitz 连续梯度. □

由此可知 (9.2.3) 中的 F_1 和 F_2 满足定理 9.2.3 的条件. 接下来需要验证迭代格式 (9.2.1) 也具有定理 9.2.3 中的迭代形式 (9.2.13).

引理 9.2.5　*设 F_1 和 F_2 由式 (9.2.15) 定义, 那么迭代格式 (9.2.1) 可以表示成 (9.2.13) 的形式.*

证明　使用 (9.2.7), (9.2.8) 以及迫近函数的定义, (9.2.1) 可转化为

$$\begin{aligned}\boldsymbol{u}_{k+1} &= \mathrm{prox}_{F_1}(\boldsymbol{W}^{\mathrm{T}}\boldsymbol{\alpha}_{k+1})\\ &= \mathrm{prox}_{F_1}(\boldsymbol{W}^{\mathrm{T}}T_\lambda(\boldsymbol{W}\boldsymbol{u}_k))\\ &= \mathrm{prox}_{F_1}(\boldsymbol{u}_k - \boldsymbol{W}^{\mathrm{T}}\boldsymbol{W}\boldsymbol{u}_k + \boldsymbol{W}^{\mathrm{T}}T_\lambda(\boldsymbol{W}\boldsymbol{u}_k))\\ &= \mathrm{prox}_{F_1}(\boldsymbol{u}_k - \boldsymbol{W}^{\mathrm{T}}(\boldsymbol{W}\boldsymbol{u}_k - T_\lambda(\boldsymbol{W}\boldsymbol{u}_k))).\end{aligned}$$

进一步利用 (9.2.16) 可得

$$\boldsymbol{u}_{k+1} = \mathrm{prox}_{F_1}(\boldsymbol{u}_k - \nabla F_2(\boldsymbol{u}_k)). \tag{9.2.17}$$

□

最后, 需要证明 (9.2.3) 至少有一个极小解.

引理 9.2.6　*设 F_1 和 F_2 由式 (9.2.15) 定义, 极小化问题 (9.2.3) 至少有一个解.*

证明　根据文献 [77] 中的命题 3.1, $\min_{\boldsymbol{u}}\{F_1(\boldsymbol{u}) + F_2(\boldsymbol{u})\}$ 至少有一个解的条件是 $F_1 + F_2$ 是强制的, 即当 $\|\boldsymbol{u}\|_2 \to \infty$ 时, $F_1(\boldsymbol{u}) + F_2(\boldsymbol{u}) \to \infty$. 由 $\lambda \in \mathbb{R}_+^L$ 以及 $\boldsymbol{W}^{\mathrm{T}}\boldsymbol{W} = \boldsymbol{I}$ 可得 F_1+F_2 是强制的. 详细的证明过程参见文献 [43] 中的引理 4.3.　□

设 $\{\boldsymbol{u}_k\}$ 是式 (9.2.1) 产生的迭代序列, $\boldsymbol{u}_0$ 是任意给定的初始值. 根据文献 [104] Theorem4.4 可得

$$F(\boldsymbol{u}_k) - F(\boldsymbol{u}^*) \leqslant \frac{\|\boldsymbol{u}^* - \boldsymbol{u}_0\|_2^2}{2k}, \tag{9.2.18}$$

其中 $\boldsymbol{u}^*$ 是 (9.2.3) 的一个极小解. 至此定理 9.2.1 得证.

迭代格式 (9.2.1) 可以进一步加速, 从而得到如下的算法.

算法 9.2.1　*给定 $k_{\max}$, $\lambda \in \mathbb{R}_+^L$ 和 $\mu > 0$,*

(1) *取初始值 $\boldsymbol{v}_0, \boldsymbol{v}_1$ 以及 $t_{-1} := 0, t_0 := 1$.*

(2) *当 $k = 0, 1, \cdots, k_{\max}$, 计算*

$$\begin{cases}\bar{\boldsymbol{v}}_k := \boldsymbol{v}_k + \dfrac{t_{k-1} - 1}{t_k}(\boldsymbol{v}_k - \boldsymbol{v}_{k-1}),\\ \boldsymbol{v}_{k+1} := (I - \mu\boldsymbol{A}^{\mathrm{T}}\boldsymbol{A})\boldsymbol{W}^{\mathrm{T}}T_\lambda(\boldsymbol{W}\bar{\boldsymbol{v}}_k) + \mu\boldsymbol{A}^{\mathrm{T}}\boldsymbol{g},\\ t_{k+1} := \dfrac{1 + \sqrt{1 + 4t_k^2}}{2}.\end{cases}$$

设 $\{\boldsymbol{v}_k\}$ 是算法 9.2.1 产生的迭代序列, $\boldsymbol{v}^*$ 是 (9.2.3) 的某个极小解, 根据文献 [104] Theorem 4.5 可得

$$F(\boldsymbol{v}_k) - F(\boldsymbol{v}^*) \leqslant \frac{2\|\boldsymbol{v}^* - \boldsymbol{v}_0\|_2^2}{(k+1)^2}. \tag{9.2.19}$$

由上式可知, 对于给定的误差 $\epsilon > 0$, 算法 9.2.1 需要 $K = O(\epsilon^{-\frac{1}{2}})$ 次迭代获得 ϵ 最优解:

$$\|F(\boldsymbol{v}_k) - F(\boldsymbol{v}^*)\| < \epsilon;$$

而迭代格式 (9.2.1) 需要 K^2 次迭代获得同样精度的解.

9.2.2 算法实现及数值实验

考虑到冷冻电镜三维重构数据集的大规模特点, 需要将算法 9.2.1 并行化. 算法 9.2.1 主要的计算量来自第 2 步:

$$\boldsymbol{v}_{k+1} = \boldsymbol{w}_k - \mu \boldsymbol{A}^{\mathrm{T}}(\boldsymbol{A}\boldsymbol{w}_k - \boldsymbol{g}), \tag{9.2.20}$$

其中 $\boldsymbol{w}_k = \boldsymbol{W}^{\mathrm{T}} T_\lambda(\boldsymbol{W}\bar{\boldsymbol{v}}_k)$. 矩阵 $\boldsymbol{A}$, $\boldsymbol{W}$ 和向量 $\boldsymbol{g}$ 有下面的块结构:

$$\boldsymbol{A} = \begin{bmatrix} \boldsymbol{A}_1 \\ \boldsymbol{A}_2 \\ \vdots \\ \boldsymbol{A}_m \end{bmatrix}, \quad \boldsymbol{g} = \begin{bmatrix} \boldsymbol{g}_1 \\ \boldsymbol{g}_2 \\ \vdots \\ \boldsymbol{g}_m \end{bmatrix}, \quad \boldsymbol{W} = \begin{bmatrix} \boldsymbol{W}_0 \\ \boldsymbol{W}_1 \\ \vdots \\ \boldsymbol{W}_l \end{bmatrix},$$

其中 $\boldsymbol{g}_i$ 定义了第 i 幅图像, $\boldsymbol{A}_i$ 是相应的测量矩阵, $\boldsymbol{W}_j$ 对应第 j 个小波滤波器. 一共有 m 幅图像和 $l+1$ 个滤波器. 使用这些块矩阵定义, 式 (9.2.20) 可重写为

$$\begin{aligned} \boldsymbol{w}_k &= \sum_{j=0}^{l} \boldsymbol{W}_j^{\mathrm{T}} T_{\lambda_j}(\boldsymbol{W}_j \bar{\boldsymbol{v}}_k), \\ \boldsymbol{v}_{k+1} &= \boldsymbol{w}_k - \mu \sum_{i=1}^{m} \left(\boldsymbol{A}_i^{\mathrm{T}}(\boldsymbol{A}_i \boldsymbol{w}_k - \boldsymbol{g}_i) \right). \end{aligned}$$

由上式可以看出, 计算 $\boldsymbol{v}_{k+1}$ 时, 可以将 $\boldsymbol{A}_i^{\mathrm{T}}(\boldsymbol{A}_i\boldsymbol{w}_k - \boldsymbol{g}_i)$ $(i = 1, 2, \cdots, m)$ 分布到 s $(\leqslant m)$ 个处理器上并行处理; 计算 $\boldsymbol{w}_k$ 时, 可以将 $\boldsymbol{W}_j^{\mathrm{T}} T_{\lambda_j}(\boldsymbol{W}_j \bar{\boldsymbol{v}}_k)$ $(j = 0, 1, 2, \cdots, l)$ 分布到 l 个处理器上并行处理.

下面通过使用模拟数据考察算法处理大规模冷冻电镜数据的能力. 首先使用分子伴侣 GroEL 的原子结构文件 1J4Z.pdb 产生两个体数据, 大小分别为 $256 \times 256 \times 256$ 和 $512 \times 512 \times 512$. 然后对每一个体数据通过随机生成的投影方向得到三组投

影数据集, 图像个数分别为 10^3, 10^4 和 10^5, 从而得到六组测试数据集. 算法 9.2.1 使用 MPI (message passing interface) 并行化编程, 在计算机集群 LSSC3①上使用 100 个进程进行计算, 所需内存和运行一步消耗的时间显示在表 9.2.1 中.

表 9.2.1　算法 9.2.1 迭代一次的内存使用和计算时间表

图像个数	图像大小	三维密度图大小	进程数	内存开销/GB	时间开销/s
10^3	$2^8 \times 2^8$	$2^8 \times 2^8 \times 2^8$	100	2.00	54
10^4	$2^8 \times 2^8$	$2^8 \times 2^8 \times 2^8$	100	2.16	223
10^5	$2^8 \times 2^8$	$2^8 \times 2^8 \times 2^8$	100	3.92	1551
10^3	$2^9 \times 2^9$	$2^9 \times 2^9 \times 2^9$	100	15.60	586
10^4	$2^9 \times 2^9$	$2^9 \times 2^9 \times 2^9$	100	16.32	1610
10^5	$2^9 \times 2^9$	$2^9 \times 2^9 \times 2^9$	100	23.36	12078

下面, 我们使用模拟的冷冻电镜数据进行数值试验, 将算法 9.2.1 与 L_2 梯度流算法 TV-L2GF[185]、WBP 方法[229]、Fourier-4NN 方法[152], ART 方法[149] 以及 SIRT 方法[127] 进行比较.

我们使用三种方法来评价这些算法重构结果的好坏, 包括重构切面的比较、等值面比较以及更重要的分辨率比较. 在冷冻电镜三维重构术中, 分辨率用 (6.2.18) 所定义的 Fourier 壳相关函数 Fourier shell correlation (FSC) 来确定. (6.2.18) 中的 f_1 表示重构的三维密度图, f_2 表示真实的数据, 但后者往往无法获得. 因此, 在实践中, 通常将数据集随机分成相等的两部分, 使用重构算法分别进行重构获得两个三维密度图, 使用这两个密度图来计算该重构算法结果的分辨率, 在获得 FSC 曲线后, 常用的分辨率的定义是取 FSC = 1/2 对应的频率的倒数为该密度图的分辨率. 其他的定义方法选取不同的 FSC 的值, 例如 FSC = 0.143 等. 如果能够得到该生物大分子的晶体结构, 可以通过晶体结构构造出三维密度图, 从而作为 f_2 来进行计算. 在这种情况下, FSC 的取值会高于 1/2. 例如在文献 [222] 中 FSC = 0.82.

在如下的重构试验中, 算法 9.2.1 运行 20 步后停止. 通过有序选取投影数据的 ART 方法[149] 通常 1 到 2 步就可以获得很好的结果. SIRT 方法[127] 和 TV-L2GF 方法分别运行 50 步迭代后停止. 对于 ART 和 SIRT 松弛因子的选取, 可以参考文献 [270, 271].

选取大肠杆菌核糖体晶体结构 3I1M.pdb 和 3I1N.pdb 构造像素大小为 2.82Å 的尺寸为 $131 \times 131 \times 131$ 的三维密度图. 之后, 用随机产生的投影方向获得 5000 个大小为 131×131 的二维投影图像. 考虑到真实的电镜图像信噪比低, 因此, 投影

① 科学与工程计算国家重点实验室 3 号集群 LSSC-III, 282 个计算节点, 每个节点 2 颗 4 核 X55508 处理器, 24GB 内存

数据加入了 SNR 为 0.1 的高斯白噪声. 图 9.2.1 显示了部分加噪后的投影图像.

图 9.2.1　模拟的有噪声的大肠杆菌核糖体投影图像, 加入了 SNR 为 0.1 的高斯白噪声

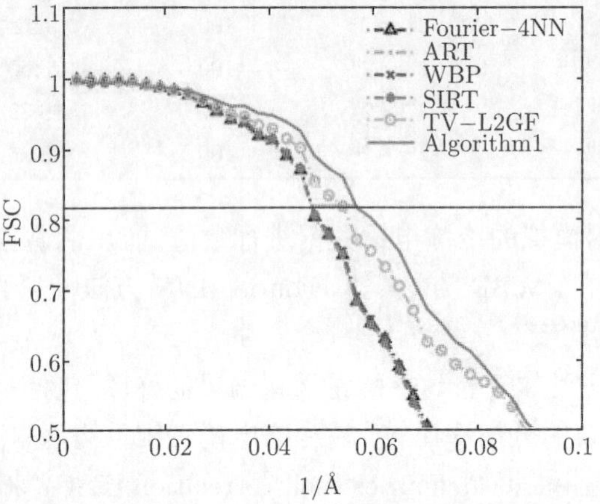

图 9.2.2　六种重构算法: Fourier-4NN, ART, WBP, SIRT, TV-L2GF 和算法 9.2.1 的 FSC 曲线

数值结果显示在表 9.2.2 中, 这里分辨率使用 FSC = 0.82 的定义. 可以看出, 算法 9.2.1 获得了比其他五种方法更高的分辨率. 图 9.2.3 显示了可视化的比较. 显然, 算法 9.2.1 获得了更加清晰的三维密度图.

表 9.2.2　六种重构方法: Fourier-4NN, ART, WBP, SIRT, TV-L2GF 和算法 9.2.1 的重构结果的比较

	进程数	迭代次数	分辨率	时间开销/s
Fourier-4NN[152]	1	non.	20.80Å	294
ART[149]	32	2	20.84Å	2172
WBP[229]	1	non.	20.76Å	2114
SIRT[127]	32	50	20.75Å	1083
TV-L2GF[185]	32	50	18.51Å	24148
算法 9.2.1	32	20	17.65Å	733

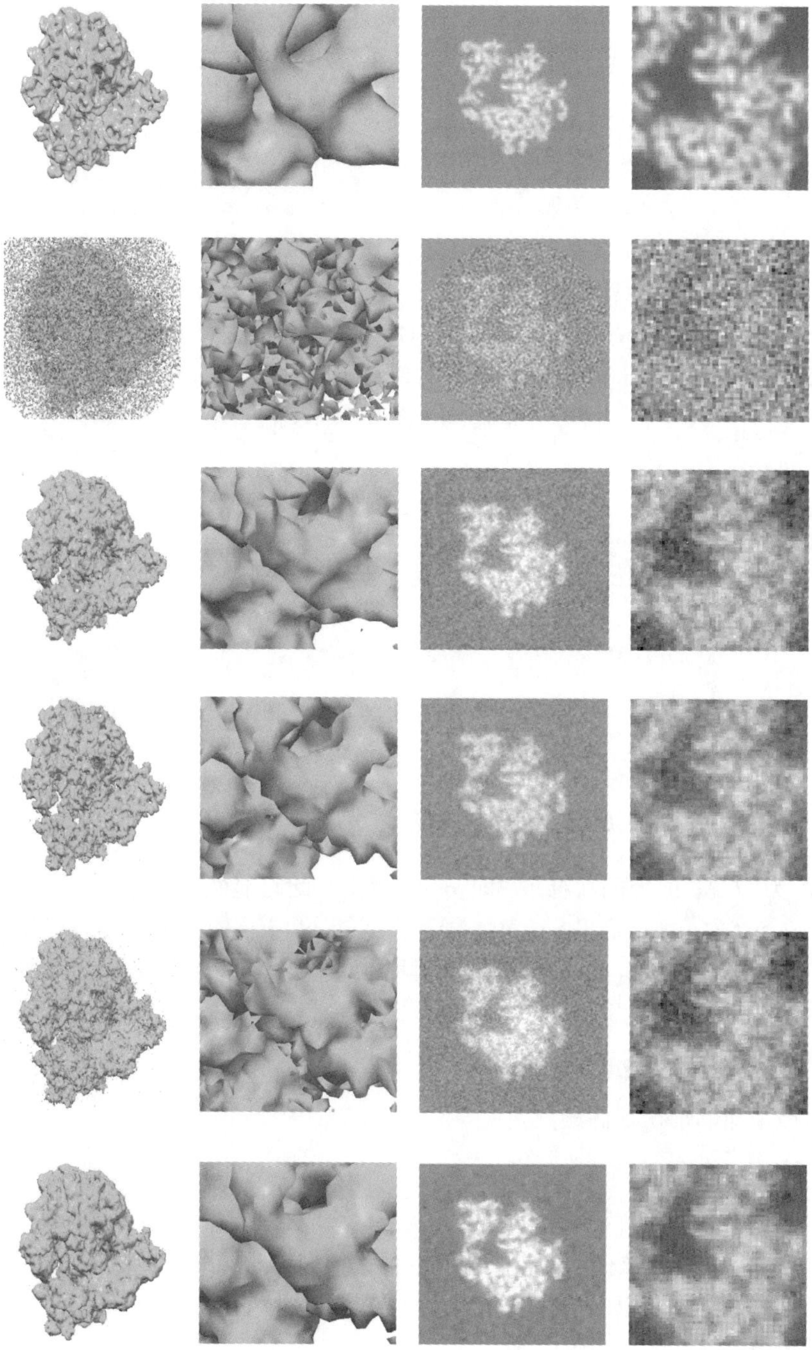

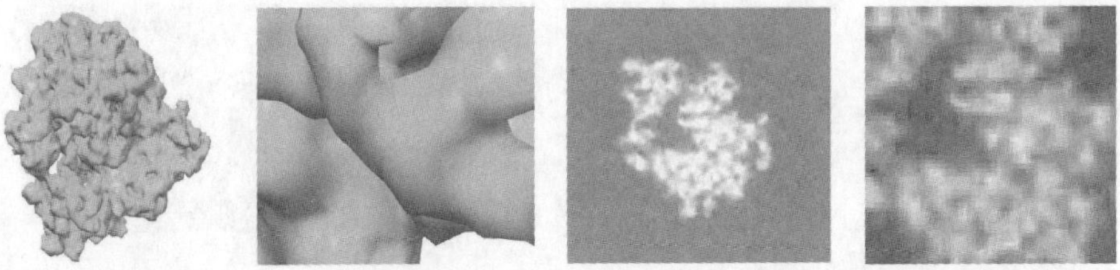

(a) (b) (c) (d)

图 9.2.3 真实结构与六种重构结果的比较. 从第一行到最后一行显示的分别是真实结构、Fourier-4NN、ART、WBP、SIRT、TV-L2GF 和算法 9.2.1 的结果. (a) 列: 七个三维密度图的等值面. (b) 列: (a) 列局部放大后的部分. (c) 列: 密度图的一个切片. (d) 列: 对应于 (c) 列的局部放大

9.3 Bregman 迭代法

在本节, 首先介绍凸分析中的几个定义[239]. 令 $J:\mathbb{R}^n \to \mathbb{R}$ 为凸函数. 如果

$$J(\boldsymbol{u}) - J(\boldsymbol{v}) - \langle \boldsymbol{q}, \boldsymbol{u}-\boldsymbol{v}\rangle \geqslant 0, \quad \forall \boldsymbol{u} \in \mathbb{R}^n, \tag{9.3.1}$$

那么称向量 $\boldsymbol{q}\in\mathbb{R}^n$ 为 J 在 $\boldsymbol{v}\in\mathbb{R}^n$ 处的*次梯度*. J 在 $\boldsymbol{v}$ 处的所有次梯度的集合称为 J 在 $\boldsymbol{v}$ 处的*次微分*, 记为 $\partial J(\boldsymbol{v})$. Bregman 距离定义为

$$D_J^{\boldsymbol{q}}(\boldsymbol{u},\boldsymbol{v}) = J(\boldsymbol{u}) - J(\boldsymbol{v}) - \langle \boldsymbol{q}, \boldsymbol{u}-\boldsymbol{v}\rangle, \tag{9.3.2}$$

其中 $\boldsymbol{q}$ 为 J 在 $\boldsymbol{v}$ 处的次梯度, 即 $\boldsymbol{q}\in\partial J(\boldsymbol{v})$. 此时显然有 $D_J^{\boldsymbol{q}}(\boldsymbol{u},\boldsymbol{v}) \geqslant 0$, 并且 $D_J^{\boldsymbol{q}}(\boldsymbol{u},\boldsymbol{v}) \geqslant D_J^{\boldsymbol{q}}(\boldsymbol{w},\boldsymbol{v})$, 这里 $\boldsymbol{w}\in\mathbb{R}^n$ 固定在连接 $\boldsymbol{u}$ 与 $\boldsymbol{v}$ 的线段上. 注意到, 在一般情况下 $D_J^{\boldsymbol{q}}(\boldsymbol{u},\boldsymbol{v}) \neq D_J^{\boldsymbol{q}}(\boldsymbol{v},\boldsymbol{u})$, 即距离的对称性不满足, 因此 $D_J^{\boldsymbol{q}}(\boldsymbol{u},\boldsymbol{v})$ 不是通常意义下的距离[37, 214].

9.3.1 经典的 Bregman 迭代算法

考虑下面的最优化问题:

$$\min_{\boldsymbol{f}} J(\boldsymbol{f}), \quad \text{s.t.} \ \ \boldsymbol{P}\boldsymbol{f} = \boldsymbol{g}. \tag{9.3.3}$$

如果 $J(\boldsymbol{f}) = \|\nabla \boldsymbol{f}\|_1$, 该模型经常被用到图像去模糊和断层图像重构中; 如果 $J(\boldsymbol{f}) = \|\boldsymbol{f}\|_1$, 上述模型通常用于压缩感知问题[133,214,294,312]. 注意到, 在 (9.3.3) 中实际的观测数据 $\boldsymbol{g}$ 容易受到噪声的干扰.

经典的 Bregman 迭代算法首先被应用于图像处理之中[214], 之后被发展到求解压缩感知的 ℓ_1 最优化问题[312]. 实质上, 该算法与大家所熟知的增广拉格朗日方

法是等价的[312]. 为了求解最优化问题 (9.3.3), 我们给出如下经典的 Bregman 迭代算法:

$$\boldsymbol{f}^{k+1}=\arg\min_{\boldsymbol{f}}\left\{D_J^{\boldsymbol{q}_f^k}(\boldsymbol{f},\boldsymbol{f}^k)+\frac{\lambda}{2}\|\boldsymbol{P}\boldsymbol{f}-\boldsymbol{g}\|_2^2\right\}, \tag{9.3.4}$$

$$\boldsymbol{q}_f^{k+1}=\boldsymbol{q}_f^k-\lambda\boldsymbol{P}^{\mathrm{T}}(\boldsymbol{P}\boldsymbol{f}^{k+1}-\boldsymbol{g}), \tag{9.3.5}$$

其中 $\boldsymbol{q}_f^k\in\partial J(\boldsymbol{f}^k)$. 由文献 [161, 312] 可知, 上面看似复杂的迭代格式与如下简化的格式等价:

$$\boldsymbol{f}^{k+1}=\arg\min_{\boldsymbol{f}}\left\{J(\boldsymbol{f})+\frac{\lambda}{2}\|\boldsymbol{P}\boldsymbol{f}-\boldsymbol{b}^k\|_2^2\right\}, \tag{9.3.6}$$

$$\boldsymbol{b}^{k+1}=\boldsymbol{b}^k+\boldsymbol{g}-\boldsymbol{P}\boldsymbol{f}^{k+1}. \tag{9.3.7}$$

该算法的主要优点在于: ① 对于某些类型的问题, 收敛速度快; ② 在计算过程中, 罚因子 λ 的值不需要趋于无穷[214].

9.3.2　分裂 Bregman 迭代算法

当 $J(\boldsymbol{f})=\|\nabla\boldsymbol{f}\|_1$ 时, 目标函数同时含有 ℓ_1 和 ℓ_2 两部分, 因此无约束优化子问题 (9.3.6) 不存在闭形式解. 为了有效地求解此问题, T. Goldstein 和 S. Osher 提出了分裂 Bregman 迭代算法[133]. 对于求解等式约束优化问题, 该算法实际上与交替方向乘子法是等价的[112, 130]. 他们算法的核心思想是将 (9.3.6) 的目标函数中的 ℓ_1 项与 ℓ_2 项进行解耦. 这种类似的分裂方法亦被应用到求解基于 ℓ_1 正则化的去模糊问题中[294]. 因此, 考虑如下最优化问题:

$$\min_{\boldsymbol{f},\boldsymbol{d}}\left\{\|\boldsymbol{d}\|_1+\frac{\lambda}{2}\|\boldsymbol{P}\boldsymbol{f}-\boldsymbol{g}\|_2^2\right\},\quad \text{s.t.}\ \ \boldsymbol{d}=\nabla\boldsymbol{f}. \tag{9.3.8}$$

下面是求解问题 (9.3.8) 的 Bregman 迭代格式:

$$(\boldsymbol{f}^{k+1},\boldsymbol{d}^{k+1})=\arg\min_{\boldsymbol{f},\boldsymbol{d}}\left\{\|\boldsymbol{d}\|_1+\frac{\lambda}{2}\|\boldsymbol{P}\boldsymbol{f}-\boldsymbol{g}\|_2^2+\frac{\mu}{2}\|\boldsymbol{d}-\nabla\boldsymbol{f}-\boldsymbol{s}^k\|_2^2\right\}, \tag{9.3.9}$$

$$\boldsymbol{s}^{k+1}=\boldsymbol{s}^k+\nabla\boldsymbol{f}^{k+1}-\boldsymbol{d}^{k+1}, \tag{9.3.10}$$

其中 μ 为一正常数, $\boldsymbol{s}^k$ 为引入的辅助变量. 由于子问题 (9.3.9) 需要精确求解, 故须执行大量的内部迭代. 如果将内部迭代次数固定为 1 步, 则得到下面的算法 9.3.1.

算法 9.3.1 (分裂 Bregman 迭代算法)

(1) 给定初始值 $\boldsymbol{f}^0=\boldsymbol{0}$, $\boldsymbol{d}^0=\boldsymbol{0}$, $\boldsymbol{s}^0=\boldsymbol{0}$, $0<\epsilon\ll 1$, 整数 $K>0$. 置 $k:=0$.

(2) 更新 $\boldsymbol{d}$:

$$\boldsymbol{d}^{k+1}=\arg\min_{\boldsymbol{d}}\left\{\|\boldsymbol{d}\|_1+\frac{\mu}{2}\|\boldsymbol{d}-\nabla\boldsymbol{f}^k-\boldsymbol{s}^k\|_2^2\right\}. \tag{9.3.11}$$

(3) 更新 $\boldsymbol{f}$:

$$\boldsymbol{f}^{k+1}=\arg\min_{\boldsymbol{f}}\left\{\frac{\lambda}{2}\|\boldsymbol{P}\boldsymbol{f}-\boldsymbol{g}\|_2^2+\frac{\mu}{2}\|\boldsymbol{d}^{k+1}-\nabla\boldsymbol{f}-\boldsymbol{s}^k\|_2^2\right\}. \tag{9.3.12}$$

计算 $r_k=\|\boldsymbol{f}^{k+1}-\boldsymbol{f}^k\|_2$. 如果 $r_k<\epsilon$ 或 $k+1>K$, 停止迭代, 否则执行下一步.

(4) 更新 $\boldsymbol{s}$:

$$\boldsymbol{s}^{k+1}=\boldsymbol{s}^k+\nabla\boldsymbol{f}^{k+1}-\boldsymbol{d}^{k+1}.$$

(5) 置 $k:=k+1$, 返回步 (2).

注意到, 为了保证算法 9.3.1 收敛, 第 (2) 步和第 (3) 步应该精确求解相应的子问题 (参考文献 [45]). 幸运的是, 在第 (2) 步中, 利用广义收缩 (shrinkage) 公式, 可以显式地得到最优解 $\boldsymbol{d}^{k+1}$:

$$\boldsymbol{d}^{k+1}=\max\left(\boldsymbol{h}^k-\frac{1}{\mu},0\right)\frac{\nabla\boldsymbol{f}^k+\boldsymbol{s}^k}{\boldsymbol{h}^k}, \tag{9.3.13}$$

其中

$$d_i^{k+1}=\max\left(h_i^k-\frac{1}{\mu},0\right)\frac{\nabla f_i^k+s_i^k}{h_i^k}, \tag{9.3.14}$$

$$h_i^k=\|\nabla f_i^k+s_i^k\|. \tag{9.3.15}$$

对于第 (3) 步中的最优化问题, 容易得到如下一阶最优性条件:

$$(\lambda\boldsymbol{P}^{\mathrm{T}}\boldsymbol{P}+\mu\nabla^{\mathrm{T}}\nabla)\boldsymbol{f}^{k+1}=\lambda\boldsymbol{P}^{\mathrm{T}}\boldsymbol{g}+\mu\nabla^{\mathrm{T}}(\boldsymbol{d}^{k+1}-\boldsymbol{s}^k). \tag{9.3.16}$$

显然, 欲得到 $\boldsymbol{f}^{k+1}$, 需要计算 $\lambda\boldsymbol{P}^{\mathrm{T}}\boldsymbol{P}+\mu\nabla^{\mathrm{T}}\nabla$ 的逆, 或者需要进行大量的迭代步去求解上述的大规模线性方程组. 因此, 针对断层图像重构问题, 执行这一步是相当耗时的, 且几乎不可能得到精确解.

事实上, 可以采用梯度下降法、共轭梯度法、Gauss-Seidel 迭代法或者牛顿型方法等数值算法来求解 (9.3.12). 例如, 利用梯度下降法, 有

$$\boldsymbol{f}^{k+1}=\boldsymbol{f}^k-\alpha(\lambda\boldsymbol{P}^{\mathrm{T}}(\boldsymbol{P}\boldsymbol{f}^k-\boldsymbol{g})+\mu\nabla^{\mathrm{T}}(\nabla\boldsymbol{f}^k-\boldsymbol{d}^{k+1}+\boldsymbol{s}^k)), \tag{9.3.17}$$

其中 $\alpha>0$ 为步长.

另外, (9.3.11) 与下面的方程等价:

$$\boldsymbol{q}_d^{k+1}+\mu(\boldsymbol{d}^{k+1}-\nabla\boldsymbol{f}^k-\boldsymbol{s}^k)=\boldsymbol{0},\quad \boldsymbol{q}_d^{k+1}\in\partial J(\boldsymbol{d}^{k+1}). \tag{9.3.18}$$

于是可得如下基于梯度下降的分裂 Bregman gradient-descent-bayed splif Bregman, (GDSB) 迭代算法:

$$\begin{cases} \boldsymbol{q}_d^{k+1} + \mu(\boldsymbol{d}^{k+1} - \nabla \boldsymbol{f}^k - \boldsymbol{s}^k) = \boldsymbol{0}, \\ \boldsymbol{f}^{k+1} = \boldsymbol{f}^k - \alpha(\lambda \boldsymbol{P}^{\mathrm{T}}(\boldsymbol{P}\boldsymbol{f}^k - \boldsymbol{g}) + \mu \nabla^{\mathrm{T}}(\nabla \boldsymbol{f}^k - \boldsymbol{d}^{k+1} + \boldsymbol{s}^k)), \\ \boldsymbol{s}^{k+1} = \boldsymbol{s}^k + \nabla \boldsymbol{f}^{k+1} - \boldsymbol{d}^{k+1}. \end{cases} \tag{9.3.19}$$

关于离散梯度变换 ∇ 及其转置变换 ∇^{T} 的具体离散形式可参考 9.1 节.

9.3.3　线性化 Bregman 迭代算法

线性化 Bregman 迭代算法通常用于求解如下图像去模糊或者压缩感知问题:

$$\min_{\boldsymbol{f}} J(\boldsymbol{f}), \quad \text{s.t.} \ \ \boldsymbol{P}\boldsymbol{f} = \boldsymbol{g}, \tag{9.3.20}$$

其中 $J(\boldsymbol{f}) = \|\nabla \boldsymbol{f}\|_1$ 或 $\|\boldsymbol{f}\|_1$, $\boldsymbol{P}$ 为卷积矩阵或者感知矩阵, $\boldsymbol{g}$ 为无噪声干扰的测量数据[216, 312]. 线性化 Bregman 迭代过程为

$$\boldsymbol{f}^{k+1} = \arg\min_{\boldsymbol{f}} \left\{ D_J^{\boldsymbol{q}_f^k}(\boldsymbol{f}, \boldsymbol{f}^k) + \frac{\mu}{2\alpha} \|\boldsymbol{f} - (\boldsymbol{f}^k - \alpha \boldsymbol{P}^{\mathrm{T}}(\boldsymbol{P}\boldsymbol{f}^k - \boldsymbol{g}))\|_2^2 \right\}, \tag{9.3.21}$$

$$\boldsymbol{q}^{k+1} = \boldsymbol{q}^k + \frac{\mu}{\alpha}(\boldsymbol{f}^{k+1} - (\boldsymbol{f}^k - \alpha \boldsymbol{P}^{\mathrm{T}}(\boldsymbol{P}\boldsymbol{f}^k - \boldsymbol{g}))), \tag{9.3.22}$$

其中 $\alpha > 0$ 为步长, μ 为一充分大的正常数.

为了求解 (9.3.21), 进一步给出其下面的等价形式:

$$\boldsymbol{f}^{k+1} = \arg\min_{\boldsymbol{f}} \left\{ J(\boldsymbol{f}) + \frac{\mu}{2\alpha} \left\| \boldsymbol{f} - \left(\boldsymbol{f}^k + \alpha \left(\frac{1}{\lambda} \boldsymbol{q}^k - \boldsymbol{P}^{\mathrm{T}}(\boldsymbol{P}\boldsymbol{f}^k - \boldsymbol{g}) \right) \right) \right\|_2^2 \right\}. \tag{9.3.23}$$

假设 $J(\boldsymbol{f}) = \|\boldsymbol{f}\|_1$. 类似于 (9.3.11), 利用收缩公式, 易得 (9.3.23) 的显式解. 此种情况为压缩感知问题, 相关的收敛性分析可参考文献 [46]. 然而, 如果 $J(\boldsymbol{f}) = \|\nabla \boldsymbol{f}\|_1$, 由于其特殊形式导致不可微性, 无法从 (9.3.23) 获得 $\boldsymbol{f}^{k+1}$ 的闭形式解. 因此, 线性化 Bregman 迭代算法不能直接用来求解断层图像的重构问题.

9.3.4　线性化分裂 Bregman 迭代算法

实际上, 观测的数据通常会受到噪声的干扰. 因此, 为了解决断层图像重构问题, 通常建立如下约束最优化模型:

$$\min_{\boldsymbol{f}} J(\boldsymbol{f}), \quad \text{s.t.} \ \ \|\boldsymbol{P}\boldsymbol{f} - \boldsymbol{g}\|_2 \leqslant \sigma, \tag{9.3.24}$$

或者与之等价的无约束最优化模型

$$\min_{\boldsymbol{f}} \left\{ J(\boldsymbol{f}) + \frac{\lambda}{2} \|\boldsymbol{P}\boldsymbol{f} - \boldsymbol{g}\|_2^2 \right\}, \tag{9.3.25}$$

其中 $J(\boldsymbol{f})=\|\nabla \boldsymbol{f}\|_1$. σ 为噪声水平的上界, 但其大小通常是不知道的. $\lambda>0$ 为正则化参数, 该参数用来调节拟合 (保真) 项与正则化项的权重.

在适当的条件下上述两个优化问题是相互等价的. 先引入下面的引理.

引理 9.3.1 令 $\lambda \geqslant 0$. 如果 $\boldsymbol{f}_\lambda$ 为 (9.3.25) 的最优解, 那么 $\boldsymbol{f}_\lambda$ 亦为 (9.3.24) 的最优解, 其中 $\sigma=\|\boldsymbol{P}\boldsymbol{f}_\lambda-\boldsymbol{g}\|_2$.

证明 由于 $\boldsymbol{f}_\lambda$ 为 (9.3.25) 的最优解, 故对任意满足 (9.3.24) 的约束条件的 $\boldsymbol{f}$, 有

$$J(\boldsymbol{f}_\lambda)+\frac{\lambda}{2}\|\boldsymbol{P}\boldsymbol{f}_\lambda-\boldsymbol{g}\|_2^2 \leqslant J(\boldsymbol{f})+\frac{\lambda}{2}\|\boldsymbol{P}\boldsymbol{f}-\boldsymbol{g}\|_2^2. \tag{9.3.26}$$

对 (9.3.26) 进行移项, 可得

$$J(\boldsymbol{f}_\lambda)+\frac{\lambda}{2}(\|\boldsymbol{P}\boldsymbol{f}_\lambda-\boldsymbol{g}\|_2^2-\|\boldsymbol{P}\boldsymbol{f}-\boldsymbol{g}\|_2^2) \leqslant J(\boldsymbol{f}). \tag{9.3.27}$$

利用

$$\sigma=\|\boldsymbol{P}\boldsymbol{f}_\lambda-\boldsymbol{g}\|_2 \tag{9.3.28}$$

与 $\sigma \geqslant \|\boldsymbol{P}\boldsymbol{f}-\boldsymbol{g}\|_2$, 立即获得如下不等式:

$$J(\boldsymbol{f}_\lambda) \leqslant J(\boldsymbol{f}). \tag{9.3.29}$$

因此, $\boldsymbol{f}_\lambda$ 也是优化问题 (9.3.24) 的最优解. □

假定优化问题 (9.3.24) 与 (9.3.25) 均有唯一解. 由引理 9.3.1 可知, 如果 $\sigma=\|\boldsymbol{P}\boldsymbol{f}_\lambda-\boldsymbol{g}\|_2$, 那么最优化问题 (9.3.24) 与 (9.3.25) 是等价的. 由于求解约束优化问题通常比求解无约束的优化问题更困难, 故转而求解问题 (9.3.25) 以替代问题 (9.3.24). 然而, 因为 (9.3.28) 的反函数无法计算, 所以参数 λ 的值不易得到. 于是一个很重要的问题就是如何寻找有效的方法去选择合适的正则化参数. 但在这里暂时不讨论该问题, 我们将主要关注点放在如何发展有效地求解 (9.3.25) 的算法上.

由于分裂 Bregman 迭代算法在求解断层图像重构的 ℓ_1 正则化模型时存在限制, 故下面给出线性化分裂 Bregman 迭代算法.

不直接考虑最优化问题 (9.3.25), 转而考虑下面的问题:

$$\min_{\boldsymbol{f},\boldsymbol{d},\boldsymbol{b}}\left\{\|\boldsymbol{d}\|_1+\frac{\lambda}{2}\|\boldsymbol{b}\|_2^2\right\}, \quad \text{s.t. } \boldsymbol{d}=\nabla\boldsymbol{f},\ \ \boldsymbol{b}=\boldsymbol{P}\boldsymbol{f}-\boldsymbol{g}. \tag{9.3.30}$$

不难看出问题 (9.3.30) 与 (9.3.25) 是等价的. 注意到, 优化问题 (9.3.30) 中同时考虑分裂两项, 这也是线性化分裂 Bregman 迭代算法与经典的分裂 Bregman 迭代算法的区别之一. 另外, 同时分裂两项的思想在文献 [112, 307] 中也能找到. 为了简单起见, 令

$$E(\boldsymbol{f},\boldsymbol{d},\boldsymbol{b})=\|\boldsymbol{d}\|_1+\frac{\lambda}{2}\|\boldsymbol{b}\|_2^2. \tag{9.3.31}$$

显然, $E(\boldsymbol{f},\boldsymbol{d},\boldsymbol{b})$ 关于变量 $\boldsymbol{d}$, $\boldsymbol{b}$ 和 $\boldsymbol{f}$ 是可分的. 令

$$E(\boldsymbol{f},\boldsymbol{d},\boldsymbol{b})=E_1(\boldsymbol{f})+E_2(\boldsymbol{d})+E_3(\boldsymbol{b}), \tag{9.3.32}$$

$$D_E^{\boldsymbol{q}}(\boldsymbol{f},\bar{\boldsymbol{f}},\boldsymbol{d},\bar{\boldsymbol{d}},\boldsymbol{b},\bar{\boldsymbol{b}})=D_{E_1}^{\boldsymbol{q}_f}(\boldsymbol{f},\bar{\boldsymbol{f}})+D_{E_2}^{\boldsymbol{q}_d}(\boldsymbol{d},\bar{\boldsymbol{d}})+D_{E_3}^{\boldsymbol{q}_b}(\boldsymbol{b},\bar{\boldsymbol{b}}), \tag{9.3.33}$$

其中 $\boldsymbol{q}=(\boldsymbol{q}_f,\boldsymbol{q}_d,\boldsymbol{q}_b)$, 并且

$$E_1(\boldsymbol{f})\equiv 0,\quad E_2(\boldsymbol{d})=\|\boldsymbol{d}\|_1,\quad E_3(\boldsymbol{b})=\frac{\lambda}{2}\|\boldsymbol{b}\|_2^2. \tag{9.3.34}$$

记 $F^k=(\boldsymbol{f}^k,\boldsymbol{d}^k,\boldsymbol{b}^k)$, $\boldsymbol{q}^k=(\boldsymbol{q}_f^k,\boldsymbol{q}_d^k,\boldsymbol{q}_b^k)$. 为了惩罚等式约束, 利用如下 Bregman 迭代算法来求解最优化问题 (9.3.25):

$$\begin{aligned}F^{k+1}=&\arg\min_{\boldsymbol{f},\boldsymbol{d},\boldsymbol{b}}\left\{D_E^{\boldsymbol{q}^k}(\boldsymbol{f},\boldsymbol{f}^k,\boldsymbol{d},\boldsymbol{d}^k,\boldsymbol{b},\boldsymbol{b}^k)+\frac{\beta_1}{2}\|\boldsymbol{d}-\nabla\boldsymbol{f}\|_2^2\right.\\&\left.+\frac{\beta_2}{2}\|\boldsymbol{b}-(\boldsymbol{P}\boldsymbol{f}-\boldsymbol{g})\|_2^2\right\},\end{aligned} \tag{9.3.35}$$

$$\boldsymbol{q}_f^{k+1}=\boldsymbol{q}_f^k-\beta_1\nabla^{\mathrm{T}}(\nabla\boldsymbol{f}^{k+1}-\boldsymbol{d}^{k+1})-\beta_2\boldsymbol{P}^{\mathrm{T}}(\boldsymbol{P}\boldsymbol{f}^{k+1}-\boldsymbol{g}-\boldsymbol{b}^{k+1}), \tag{9.3.36}$$

$$\boldsymbol{q}_d^{k+1}=\boldsymbol{q}_d^k-\beta_1(\boldsymbol{d}^{k+1}-\nabla\boldsymbol{f}^{k+1}), \tag{9.3.37}$$

$$\boldsymbol{q}_b^{k+1}=\boldsymbol{q}_b^k-\beta_2(\boldsymbol{b}^{k+1}-\boldsymbol{P}\boldsymbol{f}^{k+1}+\boldsymbol{g}). \tag{9.3.38}$$

为了简化 (9.3.35), 交替考虑 $\boldsymbol{f}^{k+1}$, $\boldsymbol{d}^{k+1}$ 和 $\boldsymbol{b}^{k+1}$ 的更新. 由 (9.3.30)~(9.3.35), 可算得

$$\begin{aligned}\boldsymbol{b}^{k+1}&=\arg\min_{\boldsymbol{b}}\left\{D_{E_3}^{\boldsymbol{q}_b^k}(\boldsymbol{b},\boldsymbol{b}^k)+\frac{\beta_2}{2}\|\boldsymbol{b}-\boldsymbol{P}\boldsymbol{f}^k+\boldsymbol{g}\|_2^2\right\}\\&=\arg\min_{\boldsymbol{b}}\left\{E_3(\boldsymbol{b})-\langle\boldsymbol{q}_b^k,\boldsymbol{b}-\boldsymbol{b}^k\rangle+\frac{\beta_2}{2}\|\boldsymbol{b}-\boldsymbol{P}\boldsymbol{f}^k+\boldsymbol{g}\|_2^2\right\}\\&=\arg\min_{\boldsymbol{b}}\left\{\frac{\lambda}{2}\left\|\boldsymbol{b}-\frac{\boldsymbol{q}_b^k}{\lambda}\right\|_2^2+\frac{\beta_2}{2}\|\boldsymbol{b}-\boldsymbol{P}\boldsymbol{f}^k+\boldsymbol{g}\|_2^2\right\}\\&=\frac{\boldsymbol{q}_b^k+\beta_2\boldsymbol{P}\boldsymbol{f}^k-\beta_2\boldsymbol{g}}{\lambda+\beta_2}.\end{aligned} \tag{9.3.39}$$

同样根据 (9.3.30)~(9.3.35), 可得

$$\begin{aligned}\boldsymbol{d}^{k+1}&=\arg\min_{\boldsymbol{d}}\left\{D_{E_2}^{\boldsymbol{q}_d^k}(\boldsymbol{d},\boldsymbol{d}^k)+\frac{\beta_1}{2}\|\boldsymbol{d}-\nabla\boldsymbol{f}^k\|_2^2\right\}\\&=\arg\min_{\boldsymbol{d}}\left\{E_2(\boldsymbol{d})-\langle\boldsymbol{q}_d^k,\boldsymbol{d}-\boldsymbol{d}^k\rangle+\frac{\beta_1}{2}\|\boldsymbol{d}-\nabla\boldsymbol{f}^k\|_2^2\right\}\\&=\arg\min_{\boldsymbol{d}}\left\{\|\boldsymbol{d}\|_1+\frac{\beta_1}{2}\left\|\boldsymbol{d}-\left(\nabla\boldsymbol{f}^k+\frac{\boldsymbol{q}_d^k}{\beta_1}\right)\right\|_2^2\right\}\end{aligned}$$

$$=\max\left(\boldsymbol{h}^k-\frac{1}{\beta_1},0\right)\frac{\nabla\boldsymbol{f}^k+\dfrac{\boldsymbol{q}_d^k}{\beta_1}}{\boldsymbol{h}^k}. \tag{9.3.40}$$

现在考虑 $\boldsymbol{f}^{k+1}$ 和 $\boldsymbol{q}_f^{k+1}$ 的更新. 求解 $\boldsymbol{f}^{k+1}$ 和 $\boldsymbol{q}_f^{k+1}$ 的子问题 (9.3.35) 和 (9.3.36) 与下面的 Bregman 迭代等价:

$$\boldsymbol{f}^{k+1}=\arg\min_{\boldsymbol{f}}\left\{D_{E_1}^{\boldsymbol{q}_f^k}(\boldsymbol{f},\boldsymbol{f}^k)+\frac{\beta_1}{2}\|\boldsymbol{d}^{k+1}-\nabla\boldsymbol{f}\|_2^2+\frac{\beta_2}{2}\|\boldsymbol{b}^{k+1}-(\boldsymbol{P}\boldsymbol{f}-\boldsymbol{g})\|_2^2\right\}, \tag{9.3.41}$$

$$\boldsymbol{q}_f^{k+1}=\boldsymbol{q}_f^k-\beta_1\nabla^{\mathrm{T}}(\nabla\boldsymbol{f}^{k+1}-\boldsymbol{d}^{k+1})-\beta_2\boldsymbol{P}^{\mathrm{T}}(\boldsymbol{P}\boldsymbol{f}^{k+1}-\boldsymbol{g}-\boldsymbol{b}^{k+1}). \tag{9.3.42}$$

由 (9.3.34) 知 $E_1(\boldsymbol{f})\equiv 0$, 因此有 $\partial E_1(\boldsymbol{f})=\{\boldsymbol{0}\}$, 从而

$$\boldsymbol{q}_f^k\equiv\boldsymbol{0}. \tag{9.3.43}$$

通过简单的计算, 容易发现最优化问题 (9.3.41) 与 (9.3.42) 是等价的. 换言之, 两者均导致

$$(\beta_1\nabla^{\mathrm{T}}\nabla+\beta_2\boldsymbol{P}^{\mathrm{T}}\boldsymbol{P})\boldsymbol{f}^{k+1}=\beta_1\nabla^{\mathrm{T}}\boldsymbol{d}^{k+1}+\beta_2\boldsymbol{P}^{\mathrm{T}}\boldsymbol{b}^{k+1}+\beta_2\boldsymbol{P}^{\mathrm{T}}\boldsymbol{g}. \tag{9.3.44}$$

在断层图像重构中, 矩阵 $\beta_1\nabla^{\mathrm{T}}\nabla+\beta_2\boldsymbol{P}^{\mathrm{T}}\boldsymbol{P}$ 通常规模相当大, 并且是稠密的. 因此, 由 (9.3.44) 直接计算 $\boldsymbol{f}^{k+1}$ 是非常耗时的且很可能不稳定. 为了有效地更新 $\boldsymbol{f}^{k+1}$ 和 $\boldsymbol{q}_f^{k+1}$, 可将 Bregman 迭代 (9.3.41), (9.3.42) 转化成如下线性化的 Bregman 迭代:

$$\begin{aligned}\boldsymbol{f}^{k+1}=\arg\min_{\boldsymbol{f}}\Big\{&D_{E_1}^{\boldsymbol{q}_f^k}(\boldsymbol{f},\boldsymbol{f}^k)+\frac{\beta_1}{2\alpha_1}\|\boldsymbol{f}-(\boldsymbol{f}^k-\alpha_1\nabla^{\mathrm{T}}(\nabla\boldsymbol{f}^k-\boldsymbol{d}^{k+1}))\|_2^2\\&+\frac{\beta_2}{2\alpha_2}\|\boldsymbol{f}-(\boldsymbol{f}^k-\alpha_2\boldsymbol{P}^{\mathrm{T}}(\boldsymbol{P}\boldsymbol{f}^k-\boldsymbol{g}-\boldsymbol{b}^{k+1}))\|_2^2\Big\},\end{aligned} \tag{9.3.45}$$

$$\begin{aligned}\boldsymbol{q}_f^{k+1}=\boldsymbol{q}_f^k&-\frac{\beta_1}{\alpha_1}(\boldsymbol{f}^{k+1}-(\boldsymbol{f}^k-\alpha_1\nabla^{\mathrm{T}}(\nabla\boldsymbol{f}^k-\boldsymbol{d}^{k+1})))\\&-\frac{\beta_2}{\alpha_2}(\boldsymbol{f}^{k+1}-(\boldsymbol{f}^k-\alpha_2\boldsymbol{P}^{\mathrm{T}}(\boldsymbol{P}\boldsymbol{f}^k-\boldsymbol{g}-\boldsymbol{b}^{k+1}))).\end{aligned} \tag{9.3.46}$$

分别利用 (9.3.34) 与 (9.3.43) 中 $E_1(\boldsymbol{f})$ 与 $\boldsymbol{q}_f^k$ 的特点, 可将 (9.3.45), (9.3.46) 组合成一步用以更新 $\boldsymbol{f}^{k+1}$:

$$\boldsymbol{f}^{k+1}=\boldsymbol{f}^k-\frac{\beta_1\nabla^{\mathrm{T}}(\nabla\boldsymbol{f}^k-\boldsymbol{d}^{k+1})+\beta_2\boldsymbol{P}^{\mathrm{T}}(\boldsymbol{P}\boldsymbol{f}^k-\boldsymbol{g}-\boldsymbol{b}^{k+1})}{\omega_1+\omega_2}, \tag{9.3.47}$$

其中 $\omega_1=\dfrac{\beta_1}{\alpha_1}$ 与 $\omega_2=\dfrac{\beta_2}{\alpha_2}$. 注意到 $\omega_1+\omega_2$ 可以视为一个参数 ω.

下面对线性化分裂 Bregman 迭代算法进行概括. 将该算法用于求解断层图像重构问题, 其中 $J(\boldsymbol{f})=\|\nabla\boldsymbol{f}\|_1$.

算法 9.3.2(线性化分裂 Bregman 迭代算法)

(1) 给定初值 $\boldsymbol{f}^0=\boldsymbol{0}, \boldsymbol{d}^0=\boldsymbol{0}, \boldsymbol{b}^0=\boldsymbol{0}, \boldsymbol{q}^0=\boldsymbol{0}, 0<\epsilon\ll 1$, 整数 $K>0$. 置 $k:=0$.

(2) 更新 $\boldsymbol{b}$:

$$\boldsymbol{b}^{k+1}=\frac{\boldsymbol{q}_b^k+\beta_2\boldsymbol{P}\boldsymbol{f}^k-\beta_2\boldsymbol{g}}{\lambda+\beta_2}.$$

(3) 更新 $\boldsymbol{d}$:

$$\boldsymbol{d}^{k+1}=\max\left(\boldsymbol{h}^k-\frac{1}{\beta_1},0\right)\frac{\nabla\boldsymbol{f}^k+\dfrac{\boldsymbol{q}_d^k}{\beta_1}}{\boldsymbol{h}^k}.$$

(4) 更新 $\boldsymbol{f}$:

$$\boldsymbol{f}^{k+1}=\boldsymbol{f}^k-\frac{\beta_1\nabla^{\mathrm{T}}(\nabla\boldsymbol{f}^k-\boldsymbol{d}^{k+1})+\beta_2\boldsymbol{P}^{\mathrm{T}}(\boldsymbol{P}\boldsymbol{f}^k-\boldsymbol{g}-\boldsymbol{b}^{k+1})}{\omega}.$$

计算 $r_k=\|\boldsymbol{f}^{k+1}-\boldsymbol{f}^k\|_2$. 如果 $r_k<\epsilon$ 或者 $k+1>K$, 停止迭代, 否则执行下述步骤.

(5) 更新 $\boldsymbol{q}_d$:

$$\boldsymbol{q}_d^{k+1}=\boldsymbol{q}_d^k-\beta_1(\boldsymbol{d}^{k+1}-\nabla\boldsymbol{f}^{k+1}).$$

(6) 更新 $\boldsymbol{q}_b$:

$$\boldsymbol{q}_b^{k+1}=\boldsymbol{q}_b^k-\beta_2(\boldsymbol{b}^{k+1}-\boldsymbol{P}\boldsymbol{f}^{k+1}+\boldsymbol{g}).$$

(7) 置 $k:=k+1$, 返回步 (2).

有兴趣的读者可以推导求解优化模型 (9.1.20) 的线性化分裂 Bregman 迭代算法.

注9.3.1 　若直接将线性化 Bregman 迭代用于求解 (9.3.35)~(9.3.38), 而不仅仅对 (9.3.41), (9.3.42) 实施该算法, 可得到下面的迭代格式:

$$\begin{aligned}
F^{k+1}=&\arg\min_{\boldsymbol{f},\boldsymbol{d},\boldsymbol{b}}\Big\{D_E^{q^k}(\boldsymbol{f},\boldsymbol{f}^k,\boldsymbol{d},\boldsymbol{d}^k,\boldsymbol{b},\boldsymbol{b}^k)+\frac{\beta_1}{2}\|\boldsymbol{d}-\nabla\boldsymbol{f}^k\|_2^2+\frac{\beta_2}{2}\|\boldsymbol{b}-(\boldsymbol{P}\boldsymbol{f}^k-\boldsymbol{g})\|_2^2\\
&+\frac{\beta_1}{2\alpha_1}\|\boldsymbol{f}-(\boldsymbol{f}^k-\alpha_1\nabla^{\mathrm{T}}(\nabla\boldsymbol{f}^k-\boldsymbol{d}^k))\|_2^2\\
&+\frac{\beta_2}{2\alpha_2}\|\boldsymbol{f}-(\boldsymbol{f}^k-\alpha_2\boldsymbol{P}^{\mathrm{T}}(\boldsymbol{P}\boldsymbol{f}^k-\boldsymbol{g}-\boldsymbol{b}^k))\|_2^2\Big\},\\
\boldsymbol{q}_f^{k+1}=&\boldsymbol{q}_f^k-\frac{\beta_1}{\alpha_1}(\boldsymbol{f}^{k+1}-(\boldsymbol{f}^k-\alpha_1\nabla^{\mathrm{T}}(\nabla\boldsymbol{f}^k-\boldsymbol{d}^k)))\\
&-\frac{\beta_2}{\alpha_2}(\boldsymbol{f}^{k+1}-(\boldsymbol{f}^k-\alpha_2\boldsymbol{P}^{\mathrm{T}}(\boldsymbol{P}\boldsymbol{f}^k-\boldsymbol{g}-\boldsymbol{b}^k))),\\
\boldsymbol{q}_d^{k+1}=&\boldsymbol{q}_d^k-\beta_1(\boldsymbol{d}^{k+1}-\nabla\boldsymbol{f}^k),\\
\boldsymbol{q}_b^{k+1}=&\boldsymbol{q}_b^k-\beta_2(\boldsymbol{b}^{k+1}-\boldsymbol{P}\boldsymbol{f}^k+\boldsymbol{g}).
\end{aligned}$$

不难看出, 对 $\boldsymbol{b}^{k+1}$ 和 $\boldsymbol{d}^{k+1}$ 的更新与算法 9.3.2 是一致的, 然而, 对 $\boldsymbol{f}^{k+1}$, $\boldsymbol{q}_d^{k+1}$ 和 $\boldsymbol{q}_b^{k+1}$ 的更新却截然不同. 原因在于最新的 $\boldsymbol{b}^{k+1}$ 和 $\boldsymbol{d}^{k+1}$ 没有用来更新 $\boldsymbol{f}^{k+1}$, 最新的 $\boldsymbol{f}^{k+1}$ 没有用来更新 $\boldsymbol{q}_d^{k+1}$ 和 $\boldsymbol{q}_b^{k+1}$.

注9.3.2　线性化 Bregman 迭代算法主要用于求解等式约束优化问题. 因为 $\|\boldsymbol{P}\boldsymbol{f}-\boldsymbol{g}\|_2^2$ 不是用来惩罚等式约束, 所以此项不能被线性化. 因此该算法思想不能直接应用到 (9.3.12), 即算法 9.3.1 的第 (3) 步. 这也是为什么要分裂成两项的原因.

注9.3.3　线性化与固定点技巧已经被成功地应用到求解各种反问题, 其中主要包括压缩感知问题、核范数极小问题、矩阵秩极小化问题、约束线性最小二乘问题, 等[58, 144, 190, 306]. 我们进一步将这种技巧推广到求解更复杂的问题, 譬如涉及两项分裂的断层图像重构问题, 这与上述问题有着显著的差别.

注9.3.4　算法9.3.2的计算量主要来源于第(4)步中矩阵与向量的乘法 $\boldsymbol{P}^{\mathrm{T}}\boldsymbol{P}\boldsymbol{f}$. 假定 $\boldsymbol{f}$ 的维数是 $N\ (=n^c,\ c=2$ 或 $3)$, 投影角度的个数是 m, 每个投影角度有 $O(n^{c-1})$ 个探测数据. 相应地, 投影矩阵 $\boldsymbol{P}$ 是稀疏的, 并且其每行至多只有 $O(n)$ 个非零元素. 因此, $\boldsymbol{P}\boldsymbol{f}$ 的计算复杂度为 $O(mn^c)$. 更进一步, $\boldsymbol{P}^{\mathrm{T}}\boldsymbol{P}\boldsymbol{f}$ 的计算复杂度为 $O(mn^c)$. 总的来说, 算法 9.3.2 每步迭代的计算量为 $O(mn^c)$.

1. 等价形式

本段给出线性化分裂 Bregman 迭代算法的另一等价形式. 与算法 9.3.2 一样, 令 $\boldsymbol{q}^0=\boldsymbol{0}$. 由 (9.3.36)~(9.3.38) 可得

$$\boldsymbol{q}_f^{k+1}=-\sum_{i=1}^{k+1}(\beta_1\nabla^{\mathrm{T}}(\nabla\boldsymbol{f}^i-\boldsymbol{d}^i)+\beta_2\boldsymbol{P}^{\mathrm{T}}(\boldsymbol{P}\boldsymbol{f}^i-\boldsymbol{g}-\boldsymbol{b}^i)), \tag{9.3.48}$$

$$\boldsymbol{q}_d^{k+1}=-\beta_1\sum_{i=1}^{k+1}(\boldsymbol{d}^i-\nabla\boldsymbol{f}^i), \tag{9.3.49}$$

$$\boldsymbol{q}_b^{k+1}=-\beta_2\sum_{i=1}^{k+1}(\boldsymbol{b}^i-\boldsymbol{P}\boldsymbol{f}^i+\boldsymbol{g}). \tag{9.3.50}$$

为了便于叙述, 令

$$\boldsymbol{s}^k=\sum_{i=1}^{k}(\boldsymbol{d}^i-\nabla\boldsymbol{f}^i), \tag{9.3.51}$$

$$\boldsymbol{t}^k=\sum_{i=1}^{k}(\boldsymbol{b}^i-\boldsymbol{P}\boldsymbol{f}^i+\boldsymbol{g}), \tag{9.3.52}$$

于是可得

$$\boldsymbol{q}_f^k=\beta_1\nabla^{\mathrm{T}}\boldsymbol{s}^k+\beta_2\boldsymbol{P}^{\mathrm{T}}\boldsymbol{t}^k, \tag{9.3.53}$$

$$\boldsymbol{q}_d^k=-\beta_1\boldsymbol{s}^k, \tag{9.3.54}$$

$$q_b^k = -\beta_2 t^k. \tag{9.3.55}$$

由于 $E_1(\boldsymbol{f}) \equiv 0$, 故有 $\boldsymbol{q}_f^k \equiv \boldsymbol{0}$, 即

$$\beta_1 \nabla^{\mathrm{T}} \boldsymbol{s}^k + \beta_2 \boldsymbol{P}^{\mathrm{T}} \boldsymbol{t}^k \equiv \boldsymbol{0}. \tag{9.3.56}$$

利用 (9.3.53)~(9.3.55) 代替 (9.3.35) 中的 $\boldsymbol{q}_f^k$, $\boldsymbol{q}_d^k$, $\boldsymbol{q}_b^k$, 可得 (9.3.35)~(9.3.38) 的等价形式如下:

$$\begin{aligned} F^{k+1} = & \arg\min_{\boldsymbol{f},\boldsymbol{d},\boldsymbol{b}} \Big\{ E_1(\boldsymbol{f}) + E_2(\boldsymbol{d}) + E_3(\boldsymbol{b}) \\ & + \frac{\beta_1}{2} \|\boldsymbol{d} - \nabla \boldsymbol{f} + \boldsymbol{s}^k\|_2^2 + \frac{\beta_2}{2} \|\boldsymbol{b} - (\boldsymbol{P}\boldsymbol{f} - \boldsymbol{g}) + \boldsymbol{t}^k\|_2^2 \Big\}, \end{aligned} \tag{9.3.57}$$

$$\boldsymbol{s}^{k+1} = \boldsymbol{s}^k + (\boldsymbol{d}^{k+1} - \nabla \boldsymbol{f}^{k+1}), \tag{9.3.58}$$

$$\boldsymbol{t}^{k+1} = \boldsymbol{t}^k + (\boldsymbol{b}^{k+1} - \boldsymbol{P}\boldsymbol{f}^{k+1} + \boldsymbol{g}). \tag{9.3.59}$$

为了求解优化子问题 (9.3.57), 可应用如下策略: 与算法 9.3.2 一样, 首先更新 $\boldsymbol{b}$:

$$\begin{aligned} \boldsymbol{b}^{k+1} &= \arg\min_{\boldsymbol{b}} \left\{ E_3(\boldsymbol{b}) + \frac{\beta_2}{2} \|\boldsymbol{b} - (\boldsymbol{P}\boldsymbol{f}^k - \boldsymbol{g}) + \boldsymbol{t}^k\|_2^2 \right\} \\ &= \frac{-\beta_2 \boldsymbol{t}^k + \beta_2 \boldsymbol{P}\boldsymbol{f}^k - \beta_2 \boldsymbol{g}}{\lambda + \beta_2}. \end{aligned} \tag{9.3.60}$$

然后更新 $\boldsymbol{d}$:

$$\begin{aligned} \boldsymbol{d}^{k+1} &= \arg\min_{\boldsymbol{d}} \left\{ E_2(\boldsymbol{d}) + \frac{\beta_1}{2} \|\boldsymbol{d} - \nabla \boldsymbol{f}^k + \boldsymbol{s}^k\|_2^2 \right\} \\ &= \max\left(\boldsymbol{h}^k - \frac{1}{\beta_1}, 0 \right) \frac{\nabla \boldsymbol{f}^k - \boldsymbol{s}^k}{\boldsymbol{h}^k}. \end{aligned} \tag{9.3.61}$$

注意到 $E_1(\boldsymbol{f}) \equiv 0$, 最后更新 $\boldsymbol{f}$:

$$\boldsymbol{f}^{k+1} = \arg\min_{\boldsymbol{f}} \left\{ \frac{\beta_1}{2} \|\boldsymbol{d}^{k+1} - \nabla \boldsymbol{f} + \boldsymbol{s}^k\|_2^2 + \frac{\beta_2}{2} \|\boldsymbol{b}^{k+1} - (\boldsymbol{P}\boldsymbol{f} - \boldsymbol{g}) + \boldsymbol{t}^k\|_2^2 \right\}. \tag{9.3.62}$$

仍然使用线性化方法更新 $\boldsymbol{f}$, 即

$$\begin{aligned} \boldsymbol{f}^{k+1} = & \arg\min_{\boldsymbol{f}} \Big\{ \frac{\beta_1}{2\alpha_1} \|\boldsymbol{f} - (\boldsymbol{f}^k - \alpha_1 \nabla^{\mathrm{T}} (\nabla \boldsymbol{f}^k - \boldsymbol{d}^{k+1} - \boldsymbol{s}^k))\|_2^2 \\ & + \frac{\beta_2}{2\alpha_2} \|\boldsymbol{f} - (\boldsymbol{f}^k - \alpha_2 \boldsymbol{P}^{\mathrm{T}} (\boldsymbol{P}\boldsymbol{f}^k - \boldsymbol{g} - \boldsymbol{b}^{k+1} - \boldsymbol{t}^k))\|_2^2 \Big\}. \end{aligned} \tag{9.3.63}$$

利用等式 (9.3.56), 获得如下更新形式:

$$\boldsymbol{f}^{k+1} = \boldsymbol{f}^k - \frac{\beta_1 \nabla^{\mathrm{T}} (\nabla \boldsymbol{f}^k - \boldsymbol{d}^{k+1}) + \beta_2 \boldsymbol{P}^{\mathrm{T}} (\boldsymbol{P}\boldsymbol{f}^k - \boldsymbol{g} - \boldsymbol{b}^{k+1})}{\omega}. \tag{9.3.64}$$

综上所述, 可将算法 9.3.2 转化为下面的等价形式:

$$\left\{\begin{aligned}\boldsymbol{b}^{k+1}&=\frac{-\beta_2\boldsymbol{t}^k+\beta_2\boldsymbol{P}\boldsymbol{f}^k-\beta_2\boldsymbol{g}}{\lambda+\beta_2},\\ \boldsymbol{d}^{k+1}&=\max\left(\boldsymbol{h}^k-\frac{1}{\beta_1},0\right)\frac{\nabla\boldsymbol{f}^k-\boldsymbol{s}^k}{\boldsymbol{h}^k},\\ \boldsymbol{f}^{k+1}&=\boldsymbol{f}^k-\frac{\nabla^{\mathrm{T}}(\nabla\boldsymbol{f}^k-\boldsymbol{d}^{k+1})+\beta_2\boldsymbol{P}^{\mathrm{T}}(\boldsymbol{P}\boldsymbol{f}^k-\boldsymbol{g}-\boldsymbol{b}^{k+1})}{\omega},\\ \boldsymbol{s}^{k+1}&=\boldsymbol{s}^k+(\boldsymbol{d}^{k+1}-\nabla\boldsymbol{f}^{k+1}),\\ \boldsymbol{t}^{k+1}&=\boldsymbol{t}^k+(\boldsymbol{b}^{k+1}-\boldsymbol{P}\boldsymbol{f}^{k+1}+\boldsymbol{g}).\end{aligned}\right. \tag{9.3.65}$$

2. 进一步推广

现考虑有噪声干扰的压缩感知问题, 即约束优化问题 (9.3.24), 其中 $J(\boldsymbol{f})=\|\boldsymbol{f}\|_1$. 结合引理 9.3.1 与线性化分裂 Bregman 算法的思想, 可求解相应等价问题如下:

$$\min_{\boldsymbol{f},\boldsymbol{b}}\left\{\|\boldsymbol{f}\|_1+\frac{\lambda}{2}\|\boldsymbol{b}\|_2^2\right\},\quad \text{s.t.}\ \ \boldsymbol{b}=\boldsymbol{P}\boldsymbol{f}-\boldsymbol{g}. \tag{9.3.66}$$

为了简便, 令

$$\tilde{E}(\boldsymbol{f},\boldsymbol{b})=\|\boldsymbol{f}\|_1+\frac{\lambda}{2}\|\boldsymbol{b}\|_2^2, \tag{9.3.67}$$

则 $\tilde{E}(\boldsymbol{f},\boldsymbol{b})$ 关于 $\boldsymbol{f}$ 和 $\boldsymbol{b}$ 是可分的. 设

$$\tilde{E}(\boldsymbol{f},\boldsymbol{b})=\tilde{E}_1(\boldsymbol{f})+\tilde{E}_2(\boldsymbol{b}), \tag{9.3.68}$$

$$D_{\tilde{E}}^{\tilde{\boldsymbol{q}}^k}(\boldsymbol{f},\boldsymbol{f}^k,\boldsymbol{b},\boldsymbol{b}^k)=D_{\tilde{E}_1}^{\tilde{\boldsymbol{q}}_f^k}(\boldsymbol{f},\boldsymbol{f}^k)+D_{\tilde{E}_2}^{\tilde{\boldsymbol{q}}_b^k}(\boldsymbol{b},\boldsymbol{b}^k), \tag{9.3.69}$$

其中 $\tilde{\boldsymbol{q}}^k=(\tilde{\boldsymbol{q}}_f^k,\tilde{\boldsymbol{q}}_b^k)$, $\tilde{\boldsymbol{q}}_f^k\in\partial\tilde{E}_1(\boldsymbol{f}^k)$, $\tilde{\boldsymbol{q}}_b^k\in\partial\tilde{E}_2(\boldsymbol{b}^k)$, 且

$$\tilde{E}_1(\boldsymbol{f})=\|\boldsymbol{f}\|_1,\quad \tilde{E}_2(\boldsymbol{b})=\frac{\lambda}{2}\|\boldsymbol{b}\|_2^2. \tag{9.3.70}$$

利用 Bregman 迭代算法求解 (9.3.66) 可得

$$(\boldsymbol{f}^{k+1},\boldsymbol{b}^{k+1})=\arg\min_{\boldsymbol{f},\boldsymbol{b}}\left\{D_{\tilde{E}}^{\tilde{\boldsymbol{q}}^k}(\boldsymbol{f},\boldsymbol{f}^k,\boldsymbol{b},\boldsymbol{b}^k)+\frac{\beta}{2}\|\boldsymbol{b}-(\boldsymbol{P}\boldsymbol{f}-\boldsymbol{g})\|_2^2\right\}, \tag{9.3.71}$$

$$\tilde{\boldsymbol{q}}_f^{k+1}=\tilde{\boldsymbol{q}}_f^k-\beta\boldsymbol{P}^{\mathrm{T}}(\boldsymbol{P}\boldsymbol{f}^{k+1}-\boldsymbol{g}-\boldsymbol{b}^{k+1}), \tag{9.3.72}$$

$$\tilde{\boldsymbol{q}}_b^{k+1}=\tilde{\boldsymbol{q}}_b^k-\beta(\boldsymbol{b}^{k+1}-\boldsymbol{P}\boldsymbol{f}^{k+1}+\boldsymbol{g}). \tag{9.3.73}$$

下面给出求解有噪声干扰的压缩感知问题的线性化分裂 Bregman 迭代法.

算法 9.3.3

(1) 给定初始值 $\boldsymbol{f}^0=\boldsymbol{0}$, $\boldsymbol{b}^0=\boldsymbol{0}$, $\tilde{\boldsymbol{q}}^0=\boldsymbol{0}$, $0<\epsilon\ll 1$, 整数 $K>0$. 置 $k:=0$.

(2) 更新 $\boldsymbol{b}$:

$$\boldsymbol{b}^{k+1}=\frac{\tilde{\boldsymbol{q}}_b^k+\beta\boldsymbol{P}\boldsymbol{f}^k-\beta\boldsymbol{g}}{\lambda+\beta}. \tag{9.3.74}$$

(3) 更新 $\boldsymbol{f}$:

$$\boldsymbol{f}^{k+1}=\arg\min_{\boldsymbol{f}}\left\{D_{\tilde{E}_1}^{\tilde{\boldsymbol{q}}_f^k}(\boldsymbol{f},\boldsymbol{f}^k)+\frac{\beta}{2\alpha}\|\boldsymbol{f}-(\boldsymbol{f}^k-\alpha\boldsymbol{P}^{\mathrm{T}}(\boldsymbol{P}\boldsymbol{f}^k-\boldsymbol{g}-\boldsymbol{b}^{k+1}))\|_2^2\right\}. \tag{9.3.75}$$

计算 $r_k=\|\boldsymbol{f}^{k+1}-\boldsymbol{f}^k\|_2$. 如果 $r_k<\epsilon$ 或者 $k+1>K$, 停止迭代, 否则执行下述步骤.

(4) 更新 $\tilde{\boldsymbol{q}}_f$:

$$\tilde{\boldsymbol{q}}_f^{k+1}=\tilde{\boldsymbol{q}}_f^k-\frac{\beta}{\alpha}(\boldsymbol{f}^{k+1}-(\boldsymbol{f}^k-\alpha\boldsymbol{P}^{\mathrm{T}}(\boldsymbol{P}\boldsymbol{f}^k-\boldsymbol{g}-\boldsymbol{b}^{k+1}))). \tag{9.3.76}$$

(5) 更新 $\tilde{\boldsymbol{q}}_d$:

$$\tilde{\boldsymbol{q}}_b^{k+1}=\tilde{\boldsymbol{q}}_b^k-\beta(\boldsymbol{b}^{k+1}-\boldsymbol{P}\boldsymbol{f}^{k+1}+\boldsymbol{g}). \tag{9.3.77}$$

(6) 置 $k:=k+1$, 返回步 (2).

注意算法 9.3.3 第 (3) 步中的优化问题 (9.3.75) 可由收缩公式得到闭形式解. 与第 1 部分中的推导类似, 可获得算法 9.3.3 的等价形式如下:

$$\begin{cases}\tilde{\boldsymbol{q}}_b^{k+1}+\beta(\boldsymbol{b}^{k+1}-\boldsymbol{P}\boldsymbol{f}^k+\boldsymbol{g}-\boldsymbol{t}^k)=\boldsymbol{0},\\[2mm] \tilde{\boldsymbol{q}}_f^{k+1}+\dfrac{\beta}{\alpha}(\boldsymbol{f}^{k+1}-\boldsymbol{f}^k+\alpha\boldsymbol{P}^{\mathrm{T}}(\boldsymbol{P}\boldsymbol{f}^k-\boldsymbol{g}-\boldsymbol{b}^{k+1}+\boldsymbol{t}^k))=\boldsymbol{0},\\[2mm] \boldsymbol{t}^{k+1}=\boldsymbol{t}^k+(\boldsymbol{P}\boldsymbol{f}^{k+1}-\boldsymbol{g}-\boldsymbol{b}^{k+1}),\end{cases} \tag{9.3.78}$$

其中 $\boldsymbol{t}^k=-\sum\limits_{i=1}^{k}(\boldsymbol{b}^i-\boldsymbol{P}\boldsymbol{f}^i+\boldsymbol{g})=\tilde{\boldsymbol{q}}_b^k/\beta$, 并且 $\tilde{\boldsymbol{q}}_f^k=-\beta\boldsymbol{P}^{\mathrm{T}}\boldsymbol{t}^k$.

可以进一步推广算法 9.3.2 和算法 9.3.3, 用以求解下面的问题:

$$\min_{\boldsymbol{f}} J(\boldsymbol{f}),\quad \text{s.t.}\ \ \|\boldsymbol{P}\boldsymbol{f}-\boldsymbol{g}\|_1\leqslant\sigma, \tag{9.3.79}$$

其中 $J(\boldsymbol{f})=\|\nabla\boldsymbol{f}\|_1$ 或 $\|\boldsymbol{f}\|_1$. 模型 (9.3.79) 能用来求解有噪声干扰的断层图像重构问题或者压缩感知问题. 与 (9.3.79) 等价的无约束优化问题为

$$\min_{\boldsymbol{f}}\left\{J(\boldsymbol{f})+\lambda\|\boldsymbol{P}\boldsymbol{f}-\boldsymbol{g}\|_1\right\}. \tag{9.3.80}$$

上述论断可由下面的引理得到.

引理 9.3.2 令 $\lambda \geqslant 0$. $\boldsymbol{f}_\lambda$ 为 (9.3.80) 的最优解, 则 $\boldsymbol{f}_\lambda$ 亦为优化问题 (9.3.79) 的最优解, 其中 $\sigma = \|\boldsymbol{P}\boldsymbol{f}_\lambda - \boldsymbol{g}\|_1$.

证明 本引理的证明与引理 9.3.1 的证明没有本质差别, 故在此略去. □

如果 $J(\boldsymbol{f}) = \|\boldsymbol{f}\|_1$, 则 (9.3.80) 为 ℓ_1-ℓ_1 问题, 等价于

$$\min_{\boldsymbol{f},\boldsymbol{b}} \{\|\boldsymbol{f}\|_1 + \lambda\|\boldsymbol{b}\|_1\}, \quad \text{s.t.} \ \ \boldsymbol{b} = \boldsymbol{P}\boldsymbol{f} - \boldsymbol{g}. \tag{9.3.81}$$

重新定义 $\tilde{E}_2(\boldsymbol{b}) = \lambda\|\boldsymbol{b}\|_1$, 可利用算法 9.3.3 的思想来求解 (9.3.81), 区别在于需利用收缩公式对 b 进行更新. 与之等价的迭代格式为 (9.3.78).

此外, 如果 $J(\boldsymbol{f}) = \|\nabla \boldsymbol{f}\|_1$, 则 (9.3.80) 为 TV-$\ell_1$ 问题, 等价于

$$\min_{\boldsymbol{f},\boldsymbol{b},\boldsymbol{d}} \{\|\boldsymbol{d}\|_1 + \lambda\|\boldsymbol{b}\|_1\}, \quad \text{s.t.} \ \ \boldsymbol{d} = \nabla \boldsymbol{f}, \ \ \boldsymbol{b} = \boldsymbol{P}\boldsymbol{f} - \boldsymbol{g}. \tag{9.3.82}$$

重设 $E_3(\boldsymbol{b}) = \lambda\|\boldsymbol{b}\|_1$, 则问题 (9.3.82) 可用算法 9.3.2 进行求解. 除了在第 (1) 步中更新 $\boldsymbol{b}$ 需使用收缩公式以外, 其他步骤均与算法 9.3.2 相同. 与之等价的迭代格式为 9.3.5 小节中的 (9.3.83).

9.3.5 收敛性分析

针对不同应用领域, 包括断层图像重构以及进一步推广情形, 本小节给出相应线性化分裂 Bregman 迭代算法的收敛性分析. 此外, 还给出基于梯度下降的分裂 Bregman 方法的收敛性证明.

1. 线性化分裂 Bregman 迭代算法的收敛性

众所周知, 如果证明了算法等价形式的收敛性, 那么就获得了原算法的收敛性. 因此, 首先考虑迭代格式 (9.3.65) 的收敛性.

事实上, (9.3.65) 的第一个等式和第二个等式可重写为

$$\begin{aligned}
&\boldsymbol{q}_b^{k+1} + \beta_2(\boldsymbol{b}^{k+1} - (\boldsymbol{P}\boldsymbol{f}^k - \boldsymbol{g}) + \boldsymbol{t}^k) = \boldsymbol{0}, \quad \boldsymbol{q}_b^{k+1} \in \partial E_3(\boldsymbol{b}^{k+1}),\\
&\boldsymbol{q}_d^{k+1} + \beta_1(\boldsymbol{d}^{k+1} - \nabla \boldsymbol{f}^k + \boldsymbol{s}^k) = \boldsymbol{0}, \quad \boldsymbol{q}_d^{k+1} \in \partial E_2(\boldsymbol{d}^{k+1}).
\end{aligned}$$

因此 (9.3.65) 可转化为

$$\left\{\begin{aligned}
&\boldsymbol{q}_b^{k+1} + \beta_2(\boldsymbol{b}^{k+1} - (\boldsymbol{P}\boldsymbol{f}^k - \boldsymbol{g}) + \boldsymbol{t}^k) = \boldsymbol{0},\\
&\boldsymbol{q}_d^{k+1} + \beta_1(\boldsymbol{d}^{k+1} - \nabla \boldsymbol{f}^k + \boldsymbol{s}^k) = \boldsymbol{0},\\
&\boldsymbol{f}^{k+1} = \boldsymbol{f}^k - \frac{\beta_1 \nabla^{\mathrm{T}}(\nabla \boldsymbol{f}^k - \boldsymbol{d}^{k+1}) + \beta_2 \boldsymbol{P}^{\mathrm{T}}(\boldsymbol{P}\boldsymbol{f}^k - \boldsymbol{g} - \boldsymbol{b}^{k+1})}{\omega},\\
&\boldsymbol{s}^{k+1} = \boldsymbol{s}^k + (\boldsymbol{d}^{k+1} - \nabla \boldsymbol{f}^{k+1}),\\
&\boldsymbol{t}^{k+1} = \boldsymbol{t}^k + (\boldsymbol{b}^{k+1} - \boldsymbol{P}\boldsymbol{f}^{k+1} + \boldsymbol{g}).
\end{aligned}\right. \tag{9.3.83}$$

下面的定理给出了线性化分裂 Bregman 迭代算法在适当条件下的收敛性.

定理 9.3.3　令 $J(\boldsymbol{f})=\|\nabla \boldsymbol{f}\|_1$. 假设优化问题 (9.3.25) 存在唯一解, 且 $\beta_1>0$, $\beta_2>0$, $\alpha>0$, $\boldsymbol{I}-(\alpha\beta_1\nabla^{\mathrm{T}}\nabla+\alpha\beta_2\boldsymbol{P}^{\mathrm{T}}\boldsymbol{P})$ 是半正定的, 其中 $\boldsymbol{I}$ 为单位阵, 那么迭代格式 (9.3.83) 是收敛的, 满足

$$\lim_{k\to+\infty}\left(\|\nabla \boldsymbol{f}^k\|_1+\frac{\lambda}{2}\|\boldsymbol{P}\boldsymbol{f}^k-\boldsymbol{g}\|_2^2\right)=\|\nabla \boldsymbol{f}^*\|_1+\frac{\lambda}{2}\|\boldsymbol{P}\boldsymbol{f}^*-\boldsymbol{g}\|_2^2, \tag{9.3.84}$$

并且

$$\lim_{k\to+\infty}\|\boldsymbol{f}^k-\boldsymbol{f}^*\|_2=0, \tag{9.3.85}$$

其中 $\alpha=1/\omega$.

证明　由假设可知 $\boldsymbol{f}^*$ 为优化问题 (9.3.25) 的唯一解, 则有如下最优性条件:

$$\nabla^{\mathrm{T}}\boldsymbol{q}_d^*+\boldsymbol{P}^{\mathrm{T}}\boldsymbol{q}_b^*=\boldsymbol{0}, \tag{9.3.86}$$

其中 $\boldsymbol{q}_d^*\in\partial E_2(\boldsymbol{d}^*)$ 满足 $\boldsymbol{d}^*=\nabla \boldsymbol{f}^*$ 并且 $\boldsymbol{q}_b^*\in\partial E_3(\boldsymbol{b}^*)$ 满足 $\boldsymbol{b}^*=\boldsymbol{P}\boldsymbol{f}^*-\boldsymbol{g}$. 记 $\boldsymbol{s}^*=-\dfrac{\boldsymbol{q}_d^*}{\beta_1}$, $\boldsymbol{t}^*=-\dfrac{\boldsymbol{q}_b^*}{\beta_2}$. 显然

$$\beta_1\nabla^{\mathrm{T}}\boldsymbol{s}^*+\beta_2\boldsymbol{P}^{\mathrm{T}}\boldsymbol{t}^*=\boldsymbol{0}. \tag{9.3.87}$$

容易得到下面的等式:

$$\begin{cases}\boldsymbol{q}_b^*+\beta_2(\boldsymbol{b}^*-(\boldsymbol{P}\boldsymbol{f}^*-\boldsymbol{g})+\boldsymbol{t}^*)=\boldsymbol{0},\\[2mm] \boldsymbol{q}_d^*+\beta_1(\boldsymbol{d}^*-\nabla\boldsymbol{f}^*+\boldsymbol{s}^*)=\boldsymbol{0},\\[2mm] \boldsymbol{f}^*=\boldsymbol{f}^*-\dfrac{\beta_1\nabla^{\mathrm{T}}(\nabla\boldsymbol{f}^*-\boldsymbol{d}^*)+\beta_2\boldsymbol{P}^{\mathrm{T}}(\boldsymbol{P}\boldsymbol{f}^*-\boldsymbol{g}-\boldsymbol{b}^*)}{\omega},\\[2mm] \boldsymbol{s}^*=\boldsymbol{s}^*+(\boldsymbol{d}^*-\nabla\boldsymbol{f}^*),\\[2mm] \boldsymbol{t}^*=\boldsymbol{t}^*+(\boldsymbol{b}^*-\boldsymbol{P}\boldsymbol{f}^*+\boldsymbol{g}).\end{cases} \tag{9.3.88}$$

令

$$\begin{aligned}&\boldsymbol{f}_e^k=\boldsymbol{f}^k-\boldsymbol{f}^*,\quad \boldsymbol{t}_e^k=\boldsymbol{t}^k-\boldsymbol{t}^*,\quad \boldsymbol{s}_e^k=\boldsymbol{s}^k-\boldsymbol{s}^*,\\ &\boldsymbol{d}_e^k=\boldsymbol{d}^k-\boldsymbol{d}^*,\quad \boldsymbol{q}_{d_e}^k=\boldsymbol{q}_d^k-\boldsymbol{q}_d^*,\\ &\boldsymbol{b}_e^k=\boldsymbol{b}^k-\boldsymbol{b}^*,\quad \boldsymbol{q}_{b_e}^k=\boldsymbol{q}_b^k-\boldsymbol{q}_b^*.\end{aligned}$$

利用 (9.3.83) 的第三式的两端分别减去 (9.3.88) 的第三式的两端, 将得到的等式的

两端同时乘以 $(\boldsymbol{f}_e^{k+1}-\boldsymbol{f}_e^k)$, 有

$$\begin{aligned}&-\|\boldsymbol{f}_e^{k+1}-\boldsymbol{f}_e^k\|_2^2+\alpha\beta_1\|\nabla\boldsymbol{f}_e^{k+1}-\nabla\boldsymbol{f}_e^k\|_2^2+\alpha\beta_2\|\boldsymbol{P}\boldsymbol{f}_e^{k+1}-\boldsymbol{P}\boldsymbol{f}_e^k\|_2^2\\=&\alpha\beta_1\langle\nabla\boldsymbol{f}_e^{k+1}-\boldsymbol{d}_e^{k+1},\nabla\boldsymbol{f}_e^{k+1}-\nabla\boldsymbol{f}_e^k\rangle\\&+\alpha\beta_2\langle\boldsymbol{P}\boldsymbol{f}_e^{k+1}-\boldsymbol{b}_e^{k+1},\boldsymbol{P}\boldsymbol{f}_e^{k+1}-\boldsymbol{P}\boldsymbol{f}_e^k\rangle.\end{aligned}\tag{9.3.89}$$

再将得到的等式的两端同时乘以 $(\boldsymbol{f}_e^{k+1}+\boldsymbol{f}_e^k)$ 可得

$$\begin{aligned}&-\|\boldsymbol{f}_e^{k+1}\|_2^2+\|\boldsymbol{f}_e^k\|_2^2+\alpha\beta_1(\|\nabla\boldsymbol{f}_e^{k+1}\|_2^2-\|\nabla\boldsymbol{f}_e^k\|_2^2)+\alpha\beta_2(\|\boldsymbol{P}\boldsymbol{f}_e^{k+1}\|_2^2-\|\boldsymbol{P}\boldsymbol{f}_e^k\|_2^2)\\=&\alpha\beta_1\langle\nabla\boldsymbol{f}_e^{k+1}-\boldsymbol{d}_e^{k+1},\nabla\boldsymbol{f}_e^{k+1}+\nabla\boldsymbol{f}_e^k\rangle\\&+\alpha\beta_2\langle\boldsymbol{P}\boldsymbol{f}_e^{k+1}-\boldsymbol{b}_e^{k+1},\boldsymbol{P}\boldsymbol{f}_e^{k+1}+\boldsymbol{P}\boldsymbol{f}_e^k\rangle.\end{aligned}\tag{9.3.90}$$

将 (9.3.89) 与 (9.3.90) 两端分别相加, 得到

$$\begin{aligned}&\frac{1}{2\alpha}(\|\boldsymbol{A}\boldsymbol{f}_e^k\|_2^2-\|\boldsymbol{A}\boldsymbol{f}_e^{k+1}\|_2^2-\|\boldsymbol{A}(\boldsymbol{f}_e^{k+1}-\boldsymbol{f}_e^k)\|_2^2)\\=&\beta_1\|\nabla\boldsymbol{f}_e^{k+1}\|_2^2+\beta_2\|\boldsymbol{P}\boldsymbol{f}_e^{k+1}\|_2^2-\beta_1\langle\boldsymbol{d}_e^{k+1},\nabla\boldsymbol{f}_e^{k+1}\rangle-\beta_2\langle\boldsymbol{b}_e^{k+1},\boldsymbol{P}\boldsymbol{f}_e^{k+1}\rangle,\end{aligned}\tag{9.3.91}$$

其中 $\boldsymbol{A}=\sqrt{\boldsymbol{I}-(\alpha\beta_1\nabla^{\mathrm{T}}\nabla+\alpha\beta_2\boldsymbol{P}^{\mathrm{T}}\boldsymbol{P})}$. 由 $\boldsymbol{I}-(\alpha\beta_1\nabla^{\mathrm{T}}\nabla+\alpha\beta_2\boldsymbol{P}^{\mathrm{T}}\boldsymbol{P})$ 的半正定性假设可知 $\boldsymbol{A}$ 是有定义的并且也是半正定的.

从 (9.3.83) 的第一式的两端分别减去 (9.3.88) 的第一式的两端, 然后将 $\boldsymbol{b}_e^{k+1}$ 乘到所得等式的两端, 可得

$$\boldsymbol{0}=\langle\boldsymbol{q}_{b_e}^{k+1},\boldsymbol{b}_e^{k+1}\rangle+\beta_2\|\boldsymbol{b}_e^{k+1}\|_2^2-\beta_2\langle\boldsymbol{P}\boldsymbol{f}_e^k,\boldsymbol{b}_e^{k+1}\rangle+\beta_2\langle\boldsymbol{t}_e^k,\boldsymbol{b}_e^{k+1}\rangle.\tag{9.3.92}$$

类似地,

$$\boldsymbol{0}=\langle\boldsymbol{q}_{d_e}^{k+1},\boldsymbol{d}_e^{k+1}\rangle+\beta_1\|\boldsymbol{d}_e^{k+1}\|_2^2-\beta_1\langle\nabla\boldsymbol{f}_e^k,\boldsymbol{d}_e^{k+1}\rangle+\beta_1\langle\boldsymbol{s}_e^k,\boldsymbol{d}_e^{k+1}\rangle.\tag{9.3.93}$$

将 (9.3.92), (9.3.93) 和 (9.3.91) 的两端分别相加, 有

$$\begin{aligned}&\frac{1}{2\alpha}(\|\boldsymbol{A}\boldsymbol{f}_e^k\|_2^2-\|\boldsymbol{A}\boldsymbol{f}_e^{k+1}\|_2^2-\|\boldsymbol{A}(\boldsymbol{f}_e^{k+1}-\boldsymbol{f}_e^k)\|_2^2)\\=&\langle\boldsymbol{q}_{b_e}^{k+1},\boldsymbol{b}_e^{k+1}\rangle+\langle\boldsymbol{q}_{d_e}^{k+1},\boldsymbol{d}_e^{k+1}\rangle\\&+\beta_1(\|\nabla\boldsymbol{f}_e^{k+1}\|_2^2+\|\boldsymbol{d}_e^{k+1}\|_2^2-\langle\nabla\boldsymbol{f}_e^{k+1}+\nabla\boldsymbol{f}_e^k,\boldsymbol{d}_e^{k+1}\rangle+\langle\boldsymbol{s}_e^k,\boldsymbol{d}_e^{k+1}\rangle)\\&+\beta_2(\|\boldsymbol{P}\boldsymbol{f}_e^{k+1}\|_2^2+\|\boldsymbol{b}_e^{k+1}\|_2^2-\langle\boldsymbol{P}\boldsymbol{f}_e^{k+1}+\boldsymbol{P}\boldsymbol{f}_e^k,\boldsymbol{b}_e^{k+1}\rangle+\langle\boldsymbol{t}_e^k,\boldsymbol{b}_e^{k+1}\rangle).\end{aligned}\tag{9.3.94}$$

从 (9.3.83) 的第四式减去 (9.3.88) 的第四式, 可得

$$\boldsymbol{s}_e^{k+1}=\boldsymbol{s}_e^k+\boldsymbol{d}_e^{k+1}-\nabla\boldsymbol{f}_e^{k+1},\tag{9.3.95}$$

接着对 (9.3.95) 两端同时平方, 经过移项, 得

$$\langle \boldsymbol{s}_e^k, \boldsymbol{d}_e^{k+1} \rangle = \frac{1}{2}(\|\boldsymbol{s}_e^{k+1}\|_2^2 - \|\boldsymbol{s}_e^k\|_2^2 - \|\boldsymbol{d}_e^{k+1} - \nabla \boldsymbol{f}_e^{k+1}\|_2^2) + \langle \boldsymbol{s}_e^k, \nabla \boldsymbol{f}_e^{k+1} \rangle. \tag{9.3.96}$$

类似地, 对 (9.3.83) 与 (9.3.88) 的第五式进行同样的计算可知

$$\langle \boldsymbol{t}_e^k, \boldsymbol{b}_e^{k+1} \rangle = \frac{1}{2}(\|\boldsymbol{t}_e^{k+1}\|_2^2 - \|\boldsymbol{t}_e^k\|_2^2 - \|\boldsymbol{b}_e^{k+1} - \boldsymbol{P}\boldsymbol{f}_e^{k+1}\|_2^2) + \langle \boldsymbol{t}_e^k, \boldsymbol{P}\boldsymbol{f}_e^{k+1} \rangle. \tag{9.3.97}$$

由于存在事实 (9.3.56) 和 (9.3.87), 有

$$\beta_1 \nabla^{\mathrm{T}} \boldsymbol{s}_e^k + \beta_2 \boldsymbol{P}^{\mathrm{T}} \boldsymbol{t}_e^k = \boldsymbol{0}. \tag{9.3.98}$$

在 (9.3.94) 中, 可将部分项转化为

$$\begin{aligned}
&\|\nabla \boldsymbol{f}_e^{k+1}\|_2^2 + \|\boldsymbol{d}_e^{k+1}\|_2^2 - \langle \nabla \boldsymbol{f}_e^{k+1} + \nabla \boldsymbol{f}_e^k, \boldsymbol{d}_e^{k+1} \rangle \\
=&\frac{1}{2}(\|\nabla \boldsymbol{f}_e^{k+1} - \boldsymbol{d}_e^{k+1}\|_2^2 + \|\nabla \boldsymbol{f}_e^k - \boldsymbol{d}_e^{k+1}\|_2^2 + \|\nabla \boldsymbol{f}_e^{k+1}\|_2^2 - \|\nabla \boldsymbol{f}_e^k\|_2^2),
\end{aligned} \tag{9.3.99}$$

$$\begin{aligned}
&\|\boldsymbol{P}\boldsymbol{f}_e^{k+1}\|_2^2 + \|\boldsymbol{b}_e^{k+1}\|_2^2 - \langle \boldsymbol{P}\boldsymbol{f}_e^{k+1} + \boldsymbol{P}\boldsymbol{f}_e^k, \boldsymbol{b}_e^{k+1} \rangle \\
=&\frac{1}{2}(\|\boldsymbol{P}\boldsymbol{f}_e^{k+1} - \boldsymbol{b}_e^{k+1}\|_2^2 + \|\boldsymbol{P}\boldsymbol{f}_e^k - \boldsymbol{b}_e^{k+1}\|_2^2 + \|\boldsymbol{P}\boldsymbol{f}_e^{k+1}\|_2^2 - \|\boldsymbol{P}\boldsymbol{f}_e^k\|_2^2).
\end{aligned} \tag{9.3.100}$$

将 (9.3.96)~(9.3.100) 代入 (9.3.94), 可得下面的等式:

$$\begin{aligned}
&\frac{1}{2\alpha}(\|\boldsymbol{A}\boldsymbol{f}_e^k\|_2^2 - \|\boldsymbol{A}\boldsymbol{f}_e^{k+1}\|_2^2) + \frac{\beta_1}{2}(\|\boldsymbol{s}_e^k\|_2^2 - \|\boldsymbol{s}_e^{k+1}\|_2^2) + \frac{\beta_2}{2}(\|\boldsymbol{t}_e^k\|_2^2 - \|\boldsymbol{t}_e^{k+1}\|_2^2) \\
=&\frac{1}{2\alpha}\|\boldsymbol{A}(\boldsymbol{f}_e^{k+1} - \boldsymbol{f}_e^k)\|_2^2 + \langle \boldsymbol{q}_{b_e}^{k+1}, \boldsymbol{b}_e^{k+1} \rangle + \langle \boldsymbol{q}_{d_e}^{k+1}, \boldsymbol{d}_e^{k+1} \rangle \\
&+\frac{\beta_1}{2}(\|\nabla \boldsymbol{f}_e^k - \boldsymbol{d}_e^{k+1}\|_2^2 + \|\nabla \boldsymbol{f}_e^{k+1}\|_2^2 - \|\nabla \boldsymbol{f}_e^k\|_2^2) \\
&+\frac{\beta_2}{2}(\|\boldsymbol{P}\boldsymbol{f}_e^k - \boldsymbol{b}_e^{k+1}\|_2^2 + \|\boldsymbol{P}\boldsymbol{f}_e^{k+1}\|_2^2 - \|\boldsymbol{P}\boldsymbol{f}_e^k\|_2^2).
\end{aligned} \tag{9.3.101}$$

对 (9.3.101) 从 $k=0$ 到 K 求和, 有

$$\begin{aligned}
&\frac{1}{2\alpha}\sum_{k=0}^{K}\|\boldsymbol{A}(\boldsymbol{f}_e^{k+1} - \boldsymbol{f}_e^k)\|_2^2 + \sum_{k=0}^{K}\langle \boldsymbol{q}_{b_e}^{k+1}, \boldsymbol{b}_e^{k+1} \rangle + \sum_{k=0}^{K}\langle \boldsymbol{q}_{d_e}^{k+1}, \boldsymbol{d}_e^{k+1} \rangle \\
&+\frac{\beta_1}{2}\sum_{k=0}^{K}\|\nabla \boldsymbol{f}_e^k - \boldsymbol{d}_e^{k+1}\|_2^2 + \frac{\beta_2}{2}\sum_{k=0}^{K}\|\boldsymbol{P}\boldsymbol{f}_e^k - \boldsymbol{b}_e^{k+1}\|_2^2 + \frac{\beta_1}{2}\|\nabla \boldsymbol{f}_e^{K+1}\|_2^2 \\
&+\frac{\beta_2}{2}\|\boldsymbol{P}\boldsymbol{f}_e^{K+1}\|_2^2 + \frac{1}{2\alpha}\|\boldsymbol{A}\boldsymbol{f}_e^{K+1}\|_2^2 + \frac{\beta_1}{2}\|\boldsymbol{s}_e^{K+1}\|_2^2 + \frac{\beta_2}{2}\|\boldsymbol{t}_e^{K+1}\|_2^2 \qquad (9.3.102)\\
=&\frac{1}{2\alpha}\|\boldsymbol{A}\boldsymbol{f}_e^0\|_2^2 + \frac{\beta_1}{2}\|\boldsymbol{s}_e^0\|_2^2 + \frac{\beta_2}{2}\|\boldsymbol{t}_e^0\|_2^2 + \frac{\beta_1}{2}\|\nabla \boldsymbol{f}_e^0\|_2^2 + \frac{\beta_2}{2}\|\boldsymbol{P}\boldsymbol{f}_e^0\|_2^2 \\
<&C,
\end{aligned}$$

其中 K 为一任意正整数, C 为一正常数.

由于对任意凸函数 J, 其 Bregman 距离 (9.3.2) 总是非负的, 故下面的等式成立:

$$D_J^{\boldsymbol{p}}(\boldsymbol{u},\boldsymbol{v})+D_J^{\boldsymbol{q}}(\boldsymbol{v},\boldsymbol{u})=\langle \boldsymbol{q}-\boldsymbol{p},\boldsymbol{u}-\boldsymbol{v}\rangle \geqslant 0,\quad \forall \boldsymbol{p}\in\partial J(\boldsymbol{v}),\forall \boldsymbol{q}\in\partial J(\boldsymbol{u}). \tag{9.3.103}$$

因此, 由 (9.3.103), 可得

$$D_{E_2}^{\boldsymbol{q}_d^*}(\boldsymbol{d}^k,\boldsymbol{d}^*)+D_{E_2}^{\boldsymbol{q}_d^k}(\boldsymbol{d}^*,\boldsymbol{d}^k)=\langle \boldsymbol{q}_d^k-\boldsymbol{q}_d^*,\boldsymbol{d}^k-\boldsymbol{d}^*\rangle=\langle \boldsymbol{q}_{d_e}^k,\boldsymbol{d}_e^k\rangle\geqslant 0, \tag{9.3.104}$$

$\forall \boldsymbol{q}_d^*\in\partial E_2(\boldsymbol{d}^*),\forall \boldsymbol{q}_d^k\in\partial E_2(\boldsymbol{d}^k)$. 同理

$$D_{E_3}^{\boldsymbol{q}_b^*}(\boldsymbol{b}^k,\boldsymbol{b}^*)+D_{E_3}^{\boldsymbol{q}_b^k}(\boldsymbol{b}^*,\boldsymbol{b}^k)=\langle \boldsymbol{q}_b^k-\boldsymbol{q}_b^*,\boldsymbol{b}^k-\boldsymbol{b}^*\rangle=\langle \boldsymbol{q}_{b_e}^k,\boldsymbol{b}_e^k\rangle\geqslant 0, \tag{9.3.105}$$

$\forall \boldsymbol{q}_b^*\in\partial E_3(\boldsymbol{b}^*),\forall \boldsymbol{q}_b^k\in\partial E_3(\boldsymbol{b}^k)$.

根据 (9.3.102), (9.3.104) 与 (9.3.105), 有

$$\sum_{k=0}^{K}\langle \boldsymbol{q}_{b_e}^{k+1},\boldsymbol{b}_e^{k+1}\rangle < C,\quad \forall K>0, \tag{9.3.106}$$

$$\sum_{k=0}^{K}\langle \boldsymbol{q}_{d_e}^{k+1},\boldsymbol{d}_e^{k+1}\rangle < C,\quad \forall K>0. \tag{9.3.107}$$

结合 (9.3.104)~(9.3.107), 可得

$$\lim_{k\to+\infty} D_{E_2}^{\boldsymbol{q}_d^*}(\boldsymbol{d}^k,\boldsymbol{d}^*)=\lim_{k\to+\infty}(E_2(\boldsymbol{d}^k)-E_2(\boldsymbol{d}^*)-\langle \boldsymbol{q}_d^*,\boldsymbol{d}^k-\boldsymbol{d}^*\rangle)=0, \tag{9.3.108}$$

$$\lim_{k\to+\infty} D_{E_3}^{\boldsymbol{q}_b^*}(\boldsymbol{b}^k,\boldsymbol{b}^*)=\lim_{k\to+\infty}(E_3(\boldsymbol{b}^k)-E_3(\boldsymbol{b}^*)-\langle \boldsymbol{q}_b^*,\boldsymbol{b}^k-\boldsymbol{b}^*\rangle)=0. \tag{9.3.109}$$

利用 (9.3.102), 且 $\beta_1>0,\beta_2>0$, 得

$$\sum_{k=0}^{K}\|\nabla \boldsymbol{f}_e^k-\boldsymbol{d}_e^{k+1}\|_2^2 < C,\quad \forall K>0, \tag{9.3.110}$$

$$\sum_{k=0}^{K}\|\boldsymbol{P}\boldsymbol{f}_e^k-\boldsymbol{b}_e^{k+1}\|_2^2 < C,\quad \forall K>0. \tag{9.3.111}$$

因此

$$\lim_{k\to+\infty}\|\nabla \boldsymbol{f}_e^k-\boldsymbol{d}_e^{k+1}\|_2^2=0, \tag{9.3.112}$$

$$\lim_{k\to+\infty}\|\boldsymbol{P}\boldsymbol{f}_e^k-\boldsymbol{b}_e^{k+1}\|_2^2=0. \tag{9.3.113}$$

利用关系 $\boldsymbol{d}^* = \nabla \boldsymbol{f}^*$ 和 $\boldsymbol{b}^* = \boldsymbol{P}\boldsymbol{f}^* - \boldsymbol{g}$, 结合 (9.3.112) 与 (9.3.113), 可得下面的结果:

$$\lim_{k\to+\infty} \|\nabla \boldsymbol{f}^k - \boldsymbol{d}^{k+1}\|_2^2 = 0, \tag{9.3.114}$$

$$\lim_{k\to+\infty} \|\boldsymbol{P}\boldsymbol{f}^k - \boldsymbol{g} - \boldsymbol{b}^{k+1}\|_2^2 = 0. \tag{9.3.115}$$

由于 E_2 和 E_3 具有连续性, 结合 (9.3.108), (9.3.109), (9.3.114) 和 (9.3.115), 有

$$\lim_{k\to+\infty} (E_2(\nabla \boldsymbol{f}^k) - E_2(\nabla \boldsymbol{f}^*) - \langle \boldsymbol{q}_d^*, \nabla(\boldsymbol{f}^k - \boldsymbol{f}^*)\rangle) = 0, \tag{9.3.116}$$

$$\lim_{k\to+\infty} (E_3(\boldsymbol{P}\boldsymbol{f}^k - \boldsymbol{g}) - E_3(\boldsymbol{P}\boldsymbol{f}^* - \boldsymbol{g}) - \langle \boldsymbol{q}_b^*, \boldsymbol{P}(\boldsymbol{f}^k - \boldsymbol{f}^*)\rangle) = 0. \tag{9.3.117}$$

利用 (9.3.86), 由 (9.3.116) 与 (9.3.117) 相加得到

$$\lim_{k\to+\infty} (E_2(\nabla \boldsymbol{f}^k) + E_3(\boldsymbol{P}\boldsymbol{f}^k - \boldsymbol{g}) - E_2(\nabla \boldsymbol{f}^*) - E_3(\boldsymbol{P}\boldsymbol{f}^* - \boldsymbol{g})) = 0.$$

换言之

$$\lim_{k\to+\infty} (\|\nabla \boldsymbol{f}^k\|_1 + \frac{\lambda}{2}\|\boldsymbol{P}\boldsymbol{f}^k - \boldsymbol{g}\|_2^2) = \|\nabla \boldsymbol{f}^*\|_1 + \frac{\lambda}{2}\|\boldsymbol{P}\boldsymbol{f}^* - \boldsymbol{g}\|_2^2.$$

因此, 结论 (9.3.84) 获得证明.

现在利用反证法证明结论 (9.3.85). 如果 (9.3.85) 不成立, 则对某一正数 ε, 存在子序列 $\{\boldsymbol{f}^{k_i}\}$ 满足 $\|\boldsymbol{f}^{k_i} - \boldsymbol{f}^*\|_2 > \varepsilon, \forall k_i > 0$. 令 $\tilde{\boldsymbol{f}}^{k_i}$ 为球面 $\{\boldsymbol{f} : \|\boldsymbol{f} - \boldsymbol{f}^*\|_2 = \varepsilon\}$ 与 $\boldsymbol{f}^*$, $\boldsymbol{f}^{k_i}$ 之间线段的交点, 那么必然存在唯一的 $t \in (0,1)$ 使得 $\tilde{\boldsymbol{f}}^{k_i} = t\boldsymbol{f}^* + (1-t)\boldsymbol{f}^{k_i}$ 在上述球面上. 令 $J_0(\boldsymbol{f}) = \|\nabla \boldsymbol{f}\|_1 + \frac{\lambda}{2}\|\boldsymbol{P}\boldsymbol{f} - \boldsymbol{g}\|_2^2$, 并且 $\tilde{\boldsymbol{f}} = \arg\min\limits_{\boldsymbol{f}}\{J_0(\boldsymbol{f}) : \|\boldsymbol{f} - \boldsymbol{f}^*\|_2 = \varepsilon\}$. 由于 J_0 为凸函数且 $\boldsymbol{f}^*$ 为优化问题 (9.3.25) 的唯一解, 故

$$\begin{aligned} &J_0(\boldsymbol{f}^*) < J_0(\tilde{\boldsymbol{f}}) \leqslant J_0(\tilde{\boldsymbol{f}}^{k_i}) = J_0(t\boldsymbol{f}^* + (1-t)\boldsymbol{f}^{k_i}) \\ \leqslant &tJ_0(\boldsymbol{f}^*) + (1-t)J_0(\boldsymbol{f}^{k_i}) < J_0(\boldsymbol{f}^{k_i}). \end{aligned} \tag{9.3.118}$$

对 (9.3.118) 两边同时取极限, 有

$$J_0(\boldsymbol{f}^*) < J_0(\tilde{\boldsymbol{f}}) \leqslant \lim_{k\to+\infty} J_0(\boldsymbol{f}^{k_i}) = J_0(\boldsymbol{f}^*). \tag{9.3.119}$$

因此, 产生矛盾, 也就是说, 结论 (9.3.85) 成立. □

注9.3.5　从定理 9.3.3 的证明容易看出, 算法 9.3.2 对 $\boldsymbol{b}^{k+1}$, $\boldsymbol{d}^{k+1}$ 与 $\boldsymbol{f}^{k+1}$ 的更新顺序可交换, 对其收敛性没有影响.

定理 9.3.4　令 $J(\boldsymbol{f}) = \|\boldsymbol{f}\|_1$. 假设 $\boldsymbol{f}^*$ 为优化问题 (9.3.25) 的唯一解, $\alpha > 0$, $\beta > 0$, $\boldsymbol{I} - \alpha\boldsymbol{P}^{\mathrm{T}}\boldsymbol{P}$ 为半正定矩阵. 对迭代格式 (9.3.78) 有如下收敛性结果:

$$\lim_{k\to+\infty} \left(\|\boldsymbol{f}^k\|_1 + \frac{\lambda}{2}\|\boldsymbol{P}\boldsymbol{f}^k - \boldsymbol{g}\|_2^2\right) = \|\boldsymbol{f}^*\|_1 + \frac{\lambda}{2}\|\boldsymbol{P}\boldsymbol{f}^* - \boldsymbol{g}\|_2^2, \tag{9.3.120}$$

且

$$\lim_{k\to+\infty}\|\boldsymbol{f}^k-\boldsymbol{f}^*\|_2=0. \tag{9.3.121}$$

证明 令

$$\boldsymbol{b}^*=\boldsymbol{P}\boldsymbol{f}^*-\boldsymbol{g},\quad \beta\boldsymbol{t}^*=\tilde{\boldsymbol{q}}_b^*,\quad \beta\boldsymbol{P}^{\mathrm{T}}\boldsymbol{t}^*=-\tilde{\boldsymbol{q}}_f^*.$$

因此

$$\boldsymbol{P}^{\mathrm{T}}\tilde{\boldsymbol{q}}_b^*+\tilde{\boldsymbol{q}}_f^*=\boldsymbol{0}. \tag{9.3.122}$$

故存在下面等式:

$$\begin{cases}\tilde{\boldsymbol{q}}_b^*+\beta(\boldsymbol{b}^*-(\boldsymbol{P}\boldsymbol{f}^*-\boldsymbol{g})-\boldsymbol{t}^*)=\boldsymbol{0},\\ \tilde{\boldsymbol{q}}_f^*+\dfrac{\beta}{\alpha}(\boldsymbol{f}^*-\boldsymbol{f}^*+\alpha\boldsymbol{P}^{\mathrm{T}}(\boldsymbol{P}\boldsymbol{f}^*-\boldsymbol{g}-\boldsymbol{b}^*+\boldsymbol{t}^*))=\boldsymbol{0},\\ \boldsymbol{t}^*=\boldsymbol{t}^*+(\boldsymbol{P}\boldsymbol{f}^*-\boldsymbol{g}-\boldsymbol{b}^*).\end{cases} \tag{9.3.123}$$

类似定理 9.3.3 的证明, 对 (9.3.78) 和 (9.3.123) 进行同样的运算, 有

$$\begin{aligned}&\frac{\beta}{2\alpha}(\|\tilde{\boldsymbol{A}}\boldsymbol{f}_e^k\|_2^2-\|\tilde{\boldsymbol{A}}\boldsymbol{f}_e^{k+1}\|_2^2-\|\boldsymbol{A}(\boldsymbol{f}_e^{k+1}-\boldsymbol{f}_e^k)\|_2^2)\\&=\langle\tilde{\boldsymbol{q}}_{f_e}^{k+1},\boldsymbol{f}_e^{k+1}\rangle+\beta\|\boldsymbol{P}\boldsymbol{f}_e^{k+1}\|_2^2-\beta\langle\boldsymbol{b}_e^{k+1}-\boldsymbol{t}_e^k,\boldsymbol{P}\boldsymbol{f}_e^{k+1}\rangle,\end{aligned} \tag{9.3.124}$$

其中 $\tilde{\boldsymbol{A}}=\sqrt{\boldsymbol{I}-\alpha\boldsymbol{P}^{\mathrm{T}}\boldsymbol{P}}$, $\tilde{\boldsymbol{A}}$ 为半正定的.

从 (9.3.78) 的第一式两端分别减去 (9.3.123) 的第一式两端, 再对结果的两端同时乘以 b_e^{k+1} 可得

$$\langle\tilde{\boldsymbol{q}}_{b_e}^{k+1},\boldsymbol{b}_e^{k+1}\rangle+\beta\|\boldsymbol{b}_e^{k+1}\|_2^2-\beta\langle\boldsymbol{P}\boldsymbol{f}_e^k,\boldsymbol{b}_e^{k+1}\rangle-\beta\langle\boldsymbol{t}_e^k,\boldsymbol{b}_e^{k+1}\rangle=0. \tag{9.3.125}$$

从 (9.3.78) 的第三式两端分别减去 (9.3.123) 的第三式两端有

$$\boldsymbol{t}_e^{k+1}=\boldsymbol{t}_e^k+\boldsymbol{P}\boldsymbol{f}_e^{k+1}-\boldsymbol{b}_e^{k+1}, \tag{9.3.126}$$

再对 (9.3.126) 的两端同时平方, 得到

$$\langle\boldsymbol{t}_e^k,\boldsymbol{P}\boldsymbol{f}_e^{k+1}-\boldsymbol{b}_e^{k+1}\rangle=\frac{1}{2}(\|\boldsymbol{t}_e^{k+1}\|_2^2-\|\boldsymbol{t}_e^k\|_2^2-\|\boldsymbol{P}\boldsymbol{f}_e^{k+1}-\boldsymbol{b}_e^{k+1}\|_2^2). \tag{9.3.127}$$

结合 (9.3.124), (9.3.125) 和 (9.3.127), 有

$$\begin{aligned}&\sum_{k=1}^K\langle\tilde{\boldsymbol{q}}_{f_e}^{k+1},\boldsymbol{f}_e^{k+1}\rangle+\sum_{k=1}^K\langle\tilde{\boldsymbol{q}}_{b_e}^{k+1},\boldsymbol{b}_e^{k+1}\rangle+\frac{\beta}{2}\sum_{k=1}^K\|\boldsymbol{P}\boldsymbol{f}_e^k-\boldsymbol{b}_e^{k+1}\|_2^2+\frac{\beta}{2}\|\boldsymbol{P}\boldsymbol{f}_e^{K+1}\|_2\\&+\frac{\beta}{2}\|\boldsymbol{t}_e^{K+1}\|_2^2+\frac{\beta}{2\alpha}\sum_{k=1}^K\|\tilde{A}(\boldsymbol{f}_e^{k+1}-\boldsymbol{f}_e^k)\|_2^2+\frac{\beta}{2\alpha}\|\tilde{\boldsymbol{A}}\boldsymbol{f}_e^{K+1}\|_2^2\\&=\frac{\beta}{2\alpha}\|\tilde{\boldsymbol{A}}\boldsymbol{f}_e^0\|_2^2+\frac{\beta}{2}\|\boldsymbol{P}\boldsymbol{f}_e^0\|_2^2+\frac{\beta}{2}\|\boldsymbol{t}_e^0\|_2^2<C.\end{aligned} \tag{9.3.128}$$

与定理 9.3.3 的证明推导类似, 可得

$$\lim_{k\to+\infty} D_{\tilde{E}_1}^{\tilde{\boldsymbol{q}}_f^*}(\boldsymbol{f}^k,\boldsymbol{f}^*) = \lim_{k\to+\infty}(\tilde{E}_1(\boldsymbol{f}^k) - \tilde{E}_1(\boldsymbol{f}^*) - \langle \tilde{\boldsymbol{q}}_f^*, \boldsymbol{f}^k - \boldsymbol{f}^*\rangle) = 0, \tag{9.3.129}$$

$$\lim_{k\to+\infty} D_{\tilde{E}_2}^{\tilde{\boldsymbol{q}}_b^*}(\boldsymbol{b}^k,\boldsymbol{b}^*) = \lim_{k\to+\infty}(\tilde{E}_2(\boldsymbol{b}^k) - \tilde{E}_2(\boldsymbol{b}^*) - \langle \tilde{\boldsymbol{q}}_b^*, \boldsymbol{b}^k - \boldsymbol{b}^*\rangle) = 0. \tag{9.3.130}$$

利用 (9.3.128) 和 $\boldsymbol{b}^* = \boldsymbol{P}\boldsymbol{f}^* - \boldsymbol{g}$ 可得

$$\lim_{k\to+\infty} \|\boldsymbol{P}\boldsymbol{f}^k - \boldsymbol{g} - \boldsymbol{b}^{k+1}\|_2 = 0. \tag{9.3.131}$$

再结合 (9.3.130) 和 (9.3.131) 给出

$$\lim_{k\to+\infty}(\tilde{E}_2(\boldsymbol{P}\boldsymbol{f}^k - \boldsymbol{g}) - \tilde{E}_2(\boldsymbol{P}\boldsymbol{f}^* - \boldsymbol{g}) - \langle \tilde{\boldsymbol{q}}_b^*, \boldsymbol{P}\boldsymbol{f}^k - \boldsymbol{P}\boldsymbol{f}^*\rangle) = 0. \tag{9.3.132}$$

利用 (9.3.122), 将 (9.3.129) 与 (9.3.132) 相加, 得到 (9.3.120).

结论 (9.3.121) 的证明方法与定理 9.3.3 的证法类似, 故略. □

定理 9.3.5　令 $J(\boldsymbol{f}) = \|\nabla \boldsymbol{f}\|_1$. 假设 $\boldsymbol{f}^*$ 为 (9.3.80) 的唯一解, $\alpha_1 > 0$, $\alpha_2 > 0$, $\beta_1 > 0$, $\beta_2 > 0$, $\boldsymbol{I} - (\alpha\beta_1\nabla^{\mathrm{T}}\nabla + \alpha\beta_2\boldsymbol{P}^{\mathrm{T}}\boldsymbol{P})$ 是半正定的, 则迭代格式 (9.3.83) 是收敛的, 即

$$\lim_{k\to+\infty}(\|\nabla \boldsymbol{f}^k\|_1 + \lambda\|\boldsymbol{P}\boldsymbol{f}^k - \boldsymbol{g}\|_1) = \|\nabla \boldsymbol{f}^*\|_1 + \lambda\|\boldsymbol{P}\boldsymbol{f}^* - \boldsymbol{g}\|_1, \tag{9.3.133}$$

并且

$$\lim_{k\to+\infty} \|\boldsymbol{f}^k - \boldsymbol{f}^*\|_2 = 0, \tag{9.3.134}$$

其中 $\alpha = 1/\omega$.

证明　因其证明过程与定理 9.3.3 的类似, 故不再赘述. □

定理 9.3.6　令 $J(\boldsymbol{f}) = \|\boldsymbol{f}\|_1$. 假设 $\boldsymbol{f}^*$ 为 (9.3.80) 的唯一解, $\alpha > 0$, $\beta > 0$, $\boldsymbol{I} - \alpha\boldsymbol{P}^{\mathrm{T}}\boldsymbol{P}$ 是半正定的, 则对迭代格式 (9.3.78), 有如下收敛性结论:

$$\lim_{k\to+\infty}(\|\boldsymbol{f}^k\|_1 + \lambda\|\boldsymbol{P}\boldsymbol{f}^k - \boldsymbol{g}\|_1) = \|\boldsymbol{f}^*\|_1 + \lambda\|\boldsymbol{P}\boldsymbol{f}^* - \boldsymbol{g}\|_1, \tag{9.3.135}$$

且

$$\lim_{k\to+\infty} \|\boldsymbol{f}^k - \boldsymbol{f}^*\|_2 = 0. \tag{9.3.136}$$

证明　定理 9.3.4 的证明可直接应用于此, 故略去. □

2. 基于梯度下降的分裂 Bregman 迭代算法的收敛性

在 9.3.2 小节中, 我们引入了基于梯度下降的分裂 Bregman 迭代算法. 本段将进一步对其收敛性进行分析. 在文献 [45] 中, 所描述的算法是在理想情形下更新 $\boldsymbol{f}^{k+1}$, 即在精确计算大规模线性方程组解的情形下来获得 $\boldsymbol{f}^{k+1}$. 文中作者证明了求解约束/无约束优化问题的分裂 Bregman 迭代算法的收敛性. 但实际上大规模线性方程组一般不可能精确求解, 通常只能借助于某种迭代算法去近似求解. 现在回顾基于梯度下降的分裂 Bregman 迭代算法如下:

$$\begin{cases} \boldsymbol{q}_d^{k+1} + \mu(\boldsymbol{d}^{k+1} - \nabla \boldsymbol{f}^k - \boldsymbol{s}^k) = \boldsymbol{0}, \\ \boldsymbol{f}^{k+1} = \boldsymbol{f}^k - \alpha(\lambda \boldsymbol{P}^{\mathrm{T}}(\boldsymbol{P}\boldsymbol{f}^k - \boldsymbol{g}) + \mu \nabla^{\mathrm{T}}(\nabla \boldsymbol{f}^k - \boldsymbol{d}^{k+1} + \boldsymbol{s}^k)), \\ \boldsymbol{s}^{k+1} = \boldsymbol{s}^k + \nabla \boldsymbol{f}^{k+1} - \boldsymbol{d}^{k+1}. \end{cases} \tag{9.3.137}$$

定理 9.3.7 设 $\boldsymbol{f}^*$ 是无约束优化问题 (9.3.25) 的唯一解, $\alpha > 0$, $\lambda > 0$, $\mu > 0$, $\boldsymbol{I} - (\alpha\mu\nabla^{\mathrm{T}}\nabla + \alpha\lambda \boldsymbol{P}^{\mathrm{T}}\boldsymbol{P})$ 为半正定矩阵, 那么关于迭代格式 (9.3.137) 有下列收敛性结论:

$$\lim_{k\to+\infty}\left(\|\nabla \boldsymbol{f}^k\|_1 + \frac{\lambda}{2}\|\boldsymbol{P}\boldsymbol{f}^k - \boldsymbol{g}\|_2^2\right) = \|\nabla \boldsymbol{f}^*\|_1 + \frac{\lambda}{2}\|\boldsymbol{P}\boldsymbol{f}^* - \boldsymbol{g}\|_2^2, \tag{9.3.138}$$

特别地,

$$\lim_{k\to+\infty}\|\nabla \boldsymbol{f}^k\|_1 = \|\nabla \boldsymbol{f}^*\|_1, \tag{9.3.139}$$

$$\lim_{k\to+\infty}\|\boldsymbol{P}\boldsymbol{f}^k - \boldsymbol{g}\|_2 = \|\boldsymbol{P}\boldsymbol{f}^* - \boldsymbol{g}\|_2, \tag{9.3.140}$$

以及

$$\lim_{k\to+\infty}\|\boldsymbol{f}^k - \boldsymbol{f}^*\|_2 = 0. \tag{9.3.141}$$

证明 由于 $\boldsymbol{f}^*$ 是 (9.3.25) 的唯一解, 故有下面的一阶最优性条件:

$$\nabla^{\mathrm{T}}\boldsymbol{q}_d^* + \lambda \boldsymbol{P}^{\mathrm{T}}(\boldsymbol{P}\boldsymbol{f}^* - \boldsymbol{g}) = \boldsymbol{0}, \tag{9.3.142}$$

其中 $\boldsymbol{q}_d^* \in \partial E_2(\boldsymbol{d}^*)$, 且 $\boldsymbol{d}^* = \nabla \boldsymbol{f}^*$. 令 $\boldsymbol{s}^* = \boldsymbol{q}_d^*/\mu$, 则有

$$\begin{cases} \boldsymbol{q}_d^* + \mu(\boldsymbol{d}^* - \nabla \boldsymbol{f}^* - \boldsymbol{s}^*) = \boldsymbol{0}, \\ \boldsymbol{f}^* = \boldsymbol{f}^* - \alpha(\lambda \boldsymbol{P}^{\mathrm{T}}(\boldsymbol{P}\boldsymbol{f}^* - \boldsymbol{g}) + \mu \nabla^{\mathrm{T}}(\nabla \boldsymbol{f}^* - \boldsymbol{d}^* + \boldsymbol{s}^*)), \\ \boldsymbol{s}^* = \boldsymbol{s}^* + \nabla \boldsymbol{f}^* - \boldsymbol{d}^*. \end{cases} \tag{9.3.143}$$

如定理 9.3.3 的证明, 对 (9.3.137) 与 (9.3.143) 的第二式进行同样的运算, 可得

$$\begin{aligned} &\frac{1}{2\alpha}(\|\boldsymbol{B}\boldsymbol{f}_e^k\|_2^2 - \|\boldsymbol{B}\boldsymbol{f}_e^{k+1}\|_2^2 - \|\boldsymbol{B}(\boldsymbol{f}_e^{k+1} - \boldsymbol{f}_e^k)\|_2^2) \\ =&\mu\|\nabla \boldsymbol{f}_e^{k+1}\|_2^2 + \lambda\|\boldsymbol{P}\boldsymbol{f}_e^{k+1}\|_2^2 - \mu\langle \boldsymbol{d}_e^{k+1} - \boldsymbol{s}_e^k, \nabla \boldsymbol{f}_e^{k+1}\rangle, \end{aligned} \tag{9.3.144}$$

其中 $\boldsymbol{B}=\sqrt{\boldsymbol{I}-(\alpha\mu\nabla^{\mathrm{T}}\nabla+\alpha\lambda\boldsymbol{P}^{\mathrm{T}}\boldsymbol{P})}$. 由假设条件可知, $\boldsymbol{B}$ 是半正定的.

从 (9.3.137) 的第一式的两端分别减去 (9.3.143) 的第一式的两端, 再将结果的两端同时乘以 $\boldsymbol{d}_e^{k+1}$, 有

$$\langle \boldsymbol{q}_{d_e}^{k+1},\boldsymbol{d}_e^{k+1}\rangle+\mu\|\boldsymbol{d}_e^{k+1}\|_2^2-\mu\langle\nabla\boldsymbol{f}_e^k,\boldsymbol{d}_e^{k+1}\rangle-\mu\langle\boldsymbol{s}_e^k,\boldsymbol{d}_e^{k+1}\rangle=0. \tag{9.3.145}$$

将 (9.3.145) 的左端加到 (9.3.144) 的右端, 可得

$$\begin{aligned}&\frac{1}{2\alpha}(\|\boldsymbol{B}\boldsymbol{f}_e^k\|_2^2-\|\boldsymbol{B}\boldsymbol{f}_e^{k+1}\|_2^2-\|\boldsymbol{B}(\boldsymbol{f}_e^{k+1}-\boldsymbol{f}_e^k)\|_2^2)\\&=\mu\|\nabla\boldsymbol{f}_e^{k+1}\|_2^2+\lambda\|\boldsymbol{P}\boldsymbol{f}_e^{k+1}\|_2^2+\langle\boldsymbol{q}_{d_e}^{k+1},\boldsymbol{d}_e^{k+1}\rangle+\mu\|\boldsymbol{d}_e^{k+1}\|_2^2\\&\quad-\mu\langle\nabla\boldsymbol{f}_e^{k+1}+\nabla\boldsymbol{f}_e^k,\boldsymbol{d}_e^{k+1}\rangle+\mu\langle\boldsymbol{s}_e^k,\nabla\boldsymbol{f}_e^{k+1}-\boldsymbol{d}_e^{k+1}\rangle.\end{aligned} \tag{9.3.146}$$

从 (9.3.137) 的第三式的两端分别减去 (9.3.143) 的第三式的两端, 有

$$\boldsymbol{s}_e^{k+1}=\boldsymbol{s}_e^k+\nabla\boldsymbol{f}_e^{k+1}-\boldsymbol{d}_e^{k+1}. \tag{9.3.147}$$

再对 (9.3.147) 的两端平方, 经过移项可知

$$\langle\boldsymbol{s}_e^k,\nabla\boldsymbol{f}_e^{k+1}-\boldsymbol{d}_e^{k+1}\rangle=\frac{1}{2}(\|\boldsymbol{s}_e^{k+1}\|_2^2-\|\boldsymbol{s}_e^k\|_2^2-\|\nabla\boldsymbol{f}_e^{k+1}-\boldsymbol{d}_e^{k+1}\|_2^2). \tag{9.3.148}$$

注意, (9.3.146) 中的项可转化为

$$\begin{aligned}&\|\nabla\boldsymbol{f}_e^{k+1}\|_2^2+\|\boldsymbol{d}_e^{k+1}\|_2^2-\langle\nabla\boldsymbol{f}_e^{k+1}+\nabla\boldsymbol{f}_e^k,\boldsymbol{d}_e^{k+1}\rangle\\&=\frac{1}{2}(\|\nabla\boldsymbol{f}_e^{k+1}-\boldsymbol{d}_e^{k+1}\|_2^2+\|\nabla\boldsymbol{f}_e^k-\boldsymbol{d}_e^{k+1}\|_2^2+\|\nabla\boldsymbol{f}_e^{k+1}\|_2^2-\|\nabla\boldsymbol{f}_e^k\|_2^2).\end{aligned} \tag{9.3.149}$$

将 (9.3.148) 和 (9.3.149) 代入到 (9.3.146), 再从 $k=0$ 到 K 求和可得

$$\begin{aligned}&\sum_{k=1}^K\langle\boldsymbol{q}_{d_e}^{k+1},\boldsymbol{d}_e^{k+1}\rangle+\frac{\mu}{2}\sum_{k=1}^K\|\nabla\boldsymbol{f}_e^k-\boldsymbol{d}_e^{k+1}\|_2^2+\lambda\sum_{k=1}^K\|\boldsymbol{P}\boldsymbol{f}_e^{k+1}\|_2\\&+\frac{\mu}{2}\|\nabla\boldsymbol{f}_e^{K+1}\|_2^2+\frac{\mu}{2}\|\boldsymbol{s}_e^{K+1}\|_2^2+\frac{1}{2\alpha}\sum_{k=1}^K\|\boldsymbol{B}(\boldsymbol{f}_e^{k+1}-\boldsymbol{f}_e^k)\|_2^2+\frac{1}{2\alpha}\|\boldsymbol{B}\boldsymbol{f}_e^{K+1}\|_2^2\\&=\frac{1}{2\alpha}\|\boldsymbol{B}\boldsymbol{f}_e^0\|_2^2+\frac{\mu}{2}\|\nabla\boldsymbol{f}_e^0\|_2^2+\frac{\mu}{2}\|\boldsymbol{s}_e^0\|_2^2<C.\end{aligned}$$

因此,

$$\lim_{k\to+\infty}\|\boldsymbol{P}\boldsymbol{f}_e^k\|_2=0. \tag{9.3.150}$$

故

$$\lim_{k\to+\infty}\|\boldsymbol{P}\boldsymbol{f}^k-\boldsymbol{g}\|_2=\|\boldsymbol{P}\boldsymbol{f}^*-\boldsymbol{g}\|_2. \tag{9.3.151}$$

即 (9.3.140) 得以证明. 由 (9.3.150) 可知

$$\lim_{k\to+\infty}\langle \boldsymbol{P}^{\mathrm{T}}(\boldsymbol{P}\boldsymbol{f}^*-\boldsymbol{g}),\boldsymbol{f}^k-\boldsymbol{f}^*\rangle=0. \tag{9.3.152}$$

如定理 9.3.3 的证明, 有

$$\lim_{k\to+\infty}(\|\nabla \boldsymbol{f}^k\|_1-\|\nabla \boldsymbol{f}^*\|-\langle\nabla^{\mathrm{T}}\boldsymbol{q}_d^*,\boldsymbol{f}^k-\boldsymbol{f}^*\rangle)=0. \tag{9.3.153}$$

利用 (9.3.142), 结合 (9.3.152) 与 (9.3.153) 可得 (9.3.139).

最后, (9.3.141) 的证明与定理 9.3.3 中的证明类似, 故略去. □

注9.3.6 比较定理 9.3.3 与定理 9.3.7, 可知线性化分裂 Bregman 迭代算法的收敛性与所选正则化参数无关, 但是基于梯度下降的分裂 Bregman 迭代算法的收敛性与之相关. 也就是说, 对于前者而言, 参数 λ 的选取仅仅影响重构质量; 而对于后者, 参数 λ 的选取不仅影响重构质量, 而且影响算法的收敛性. 因此, 前者比后者更加灵活和稳定.

9.3.6 数值实验

本小节主要用一些数值实验来说明线性化分裂 Bregman 迭代方法的有效性, 特别对投影角度分布均匀且稀少、被加性高斯白噪声干扰的探测数据具有高质量的重构效果.

假设每个投影方向的测量值都是等距分布的. 除了 FBP 方法以外, 参与比较的其他算法都是由 C/C++ 语言实现的. 运行环境: 处理器配置为英特尔 Xeon X5550 2.67GHz, 操作系统为 Fedora 11, 编译器为 GCC 4.3.2. 整个实施过程均无并行处理.

1. 与 FBP 方法和基于梯度流的半隐式有限元方法的比较

首先要比较的是线性化分裂 Bregman 迭代方法 (以下简称 LSB 算法) 与经典的 FBP 方法和基于梯度流的半隐式有限元方法 (以下简称 SFEM 算法) 的重构质量.

在这一数值比较中, 测试图像选为模拟的 Shepp-Logan 头颅模型, 如图 9.3.1 所示. 该模型经常用于评估断层图像重构算法的好坏. 这里图像的大小为 257×257, 像素值的取值范围为 $[0,1]$. 每个投影方向上的测量值均由 257 个平行等距的 X 射线变换得到. 投影总方向仅有 60 个, 即相当于每 3° 作一次投影. 显然, 相对重构图像的总像素个数而言, 总采样数是远远不够的. 在获得投影数据之后, 将加性的高斯白噪声加到每个测量值上去, 从而得到有噪声干扰的投影数据. 由公式 (6.5.56) 计算该组数据的信噪比为 24.7dB. 注意, 这种添加噪声的方式经常被用来评价 CT 图像重构算法的抗噪能力 (参考 [264, 219]).

由定理 9.3.3 可知, 在 LSB 算法中, 只有参数 β_1, β_2 和 α 的取值对算法的收敛性有影响, 而参数 λ 仅影响图像重构质量. 因此, 在该定理的指导下, 参数值的选取变得更简单. 在数值计算中, 参数的取值分别为: $\lambda = 0.1$, $\beta_1 = 0.06$, $\beta_2 = 3 \times 10^{-5}$, $\alpha = 10/3$, 迭代次数为 1500.

另一方面, 在 FBP 方法中, 可以采用不同的滤波 (如 Ramp, Shepp-Logan, Hamming 和 Hann 等) 和不同的插值方式 (如最近邻居、线性、三次样条等插值). 但对此数据而言, 选择不同的滤波和插值的组合对 FBP 方法的重构效果并无明显改进. 因此, 不失一般性, 这里 FBP 方法使用的是 Ramp 滤波和线性插值. 在 SFEM 算法中, 修正参数 $\epsilon = 0.001$, 时间步长 $\tau = 0.01$, 正则化参数 $\lambda = 2$, 迭代 50 次.

如图 9.3.1 所示, 在重构质量方面, LSB 算法和 SFEM 算法均要优于 FBP 方法, SFEM 算法重构的图像比 LSB 算法重构的图像在边缘处更模糊. 后一点可从图 9.3.2 更清楚地看出. 从计算时间的角度来看, LSB 算法迭代 1500 次仅需 73.8 秒, 而 SFEM 算法迭代 50 次需 1831 秒.

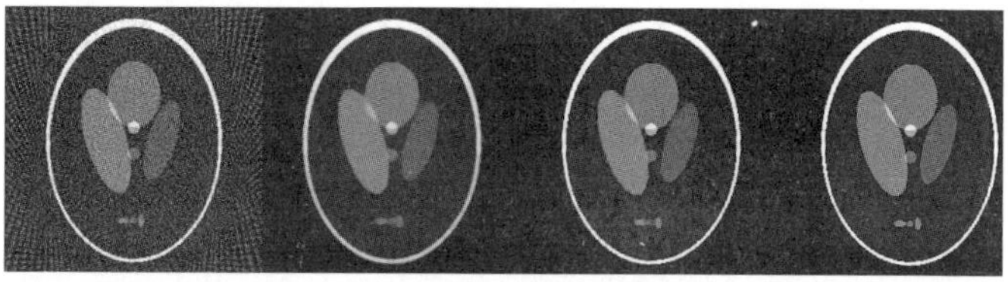

(a)　(b)　(c)　(d)

图 9.3.1　信噪比为 24.7dB. (a) FBP 方法重构的图像; (b) SFEM 算法重构的图像; (c) LSB 算法重构的图像; (d) 原始图像

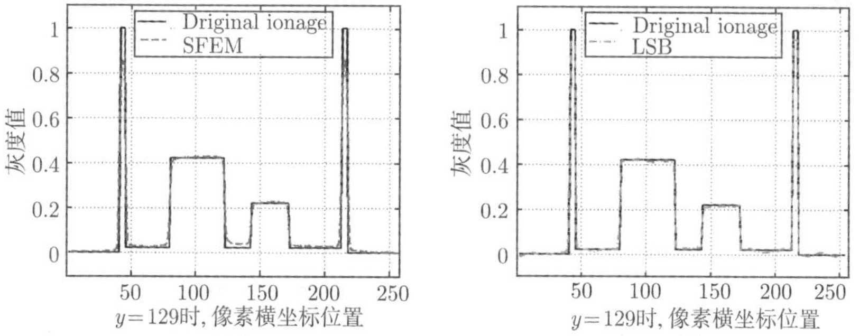

(a)　(b)

图 9.3.2　图 9.3.1 中各图像在水平方向上沿中心线的像素值的绘制. 实线表示原始图像的像素值的绘制. 虚线 (a) 和虚点线 (b) 分别表示由 SFEM 算法和 LSB 算法重构的图像的像素值的绘制

2. 与经典的分裂 Bregman 迭代算法的比较

考虑一幅真实的 CT 图像, 其像素大小为 257 × 257, 灰度值的取值范围为

[0,1], 如图 9.3.4 所示. 采集数据的方式与前一数值例子相同, 探测数据的信噪比为 29.6dB. 由于原始图像的大小与前面实验的也相同, 故影响 LSB 算法收敛性的各参数值的选取不需改变, 分别为: $\beta_1 = 0.06, \beta_2 = 3 \times 10^{-5}, \alpha = 10/3$. 由于信噪比不同, 故影响重构质量的正则化参数 λ 取为 1.

在 GDSB 算法中正则化参数 λ 同样取为 1. 因 μ 与前面 β_1 的意义相同, 故同取为 0.06. 根据定理 9.3.3 和定理 9.3.7, 由于相对大的参数 λ 取代了 β_2, 为了保证 GDSB 算法的收敛性, 故须充分地减小步长 α. 于是选取 $\alpha = 2 \times 10^{-6}$. 显然, GDSB 算法的收敛速度应该比 LSB 算法更慢. 这一结论也可从图 9.3.3 明显看出, 随着迭代的进行, 各自目标能量的下降速度有着明显的区别.

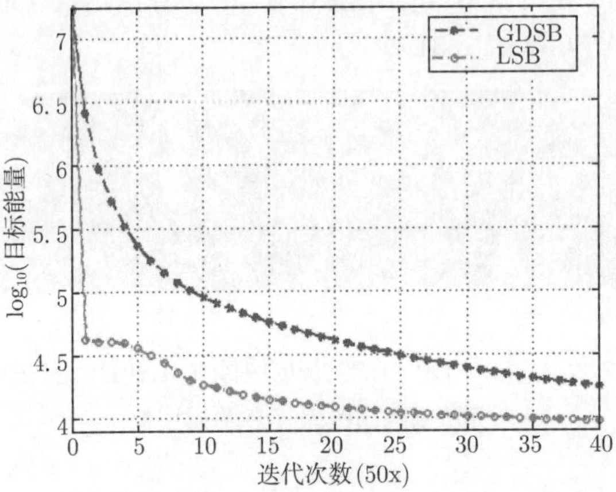

图 9.3.3　随着迭代次数的增加, 星形虚线和圆形虚点线分别表示 GDSB 算法和 LSB 算法的目标能量值

经过 2000 步迭代之后, 两个算法重构的图像如图 9.3.4 所示. 从该图容易看出 LSB 算法的重构效果要明显好于 GDSB 算法的重构效果. 值得注意的是, 后者在背景中产生了大量的伪影, 从而导致模糊的结果. 另一方面, 若选取其他的正则化参数值, 例如取 $\lambda = 20$, LSB 算法依然能重构出高质量的图像, 而 GDSB 算法却不收敛.

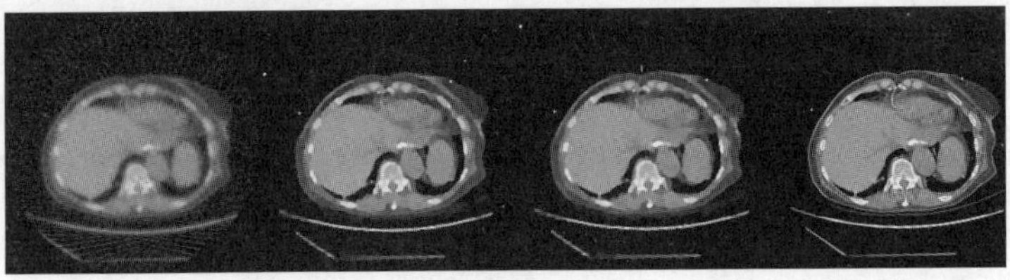

(a)　(b)　(c)　(d)

图 9.3.4　信噪比为 29.6dB. (a) GDSB 算法重构的图像; (b) LSB 算法 ($\lambda = 1$) 重构的图像; (c) LSB 算法 ($\lambda = 20$) 重构的图像; (d) 原始图像

第 10 章 冷冻电镜图像的重构的前处理

冷冻电镜图像的重构涉及一系列步骤, 其中包括电镜图像的 CTF 矫正、粒子挑选、图像对齐、图像定向以及图像分类等. 真正的重构过程是在上述诸步骤完成之后进行的, 故把这些步骤统称为图像重构的前处理. 本章旨在讨论这些前处理步骤.

10.1 CTF 矫正、粒子挑选与对齐

在 3.3 节中, 我们给出了如下 CTF 函数的定义以及图像强度的 Fourier 变换公式 (3.3.6):

$$\hat{I}(\omega) \simeq \delta(\omega) + 2\sigma V_t(\omega) A(\omega) E(\omega) \sin(\chi(\omega)).$$

在不考虑噪声的影响时, 正弦函数 $\sin(\chi(\omega))$ 取负值会改变电势投影 $\hat{I}(\omega)$ 的符号, 因此最简单的 CTF 校正方法是相位翻转:

$$\hat{I}(\omega)' = \begin{cases} -\hat{I}(\omega), & \sin(\chi(\omega)) < 0, \\ \hat{I}(\omega), & \sin(\chi(\omega)) \geqslant 0. \end{cases} \tag{10.1.1}$$

在对电镜图像进行 CTF 校正后, 下面需要进行粒子挑选, 也就是将每幅电镜图像中的生物大分子投影粒子挑选出来. 常用的粒子挑选方法有手动挑选以及自动挑选. 手动挑选具有主观性及耗时等缺点, 不适合大规模冷冻电镜数据集的处理, 因此自动挑选的方法逐渐发展起来, 包括基于方差的方法[283], 基于互相关函数的方法[123], 统计方法[180] 以及神经网络方法[212] 等. 自动挑选方法适合处理大规模的冷冻电镜数据, 但是由于电镜图像的高噪声, 低衬度等问题, 不可避免的会产生错误的挑选结果. 因此, 需要进一步结合手动处理, 使用可视化工具将不可信的粒子剔除出去.

在经过粒子挑选后我们获得了大量的二维粒子图像, 每一个粒子图像对应一个生物大分子在不同取向下的投影. 图像对齐的目的是将相同取向的粒子对齐. 由于挑选后的粒子会相差一个平移和旋转, 因此对齐包括平移对齐和旋转对齐. 平移和旋转对齐常用的工具是互相关函数, 包括平移互相关函数 (translational cross-correlation function, TCCF) 和旋转互相关函数 (rotational cross-correlation function, RCCF). 设 $f_1(x,y)$ 和 $f_2(x,y)$ 是实二元函数, 那么定义平移互相关函数为

$$\begin{aligned}\mathrm{TCCF}_{f_1f_2}(x_m,y_n) &= \sum_i\sum_j f_1(x_i,y_j)f_2(x_m+x_i,y_n+y_j)\\ &= \left[\bar{\hat{f}}_1\hat{f}_2\right]^{\vee}(x_m,y_n).\end{aligned} \tag{10.1.2}$$

当 $f_1=f_2$ 时, 互相关函数称为自动相关函数. 由式 (10.1.2) 可以看出, 可以使用二维快速 Fourier 变换算法来加速 TCCF 的计算. 通过在已知的变化空间内遍历 (x_m,y_n) 的所有可能的取值, 并找到使 TCCF 达到最大的参数值 $(x_{\max},y_{\max})$, 从而确定平移对齐量. 类似地, 定义旋转互相关函数为

$$\begin{aligned}&\mathrm{RCCF}_{f_1f_2}(k)\\ &=\sum_{l=l_1}^{l_2}w(l)\sum_{m=0}^{M-1}f_1\left(l\Delta r,m\Delta\phi\right)f_2\left(l\Delta r,\mathrm{mod}[k+m,M]\Delta\phi\right)l\Delta\phi\Delta r,\end{aligned} \tag{10.1.3}$$

其中, $\mathrm{mod}[k+m,M]$ 表示取 $k+m$ 除以 M 后的余数, $w(l)$ 表示沿径向的权函数, $\Delta r,\Delta\phi$ 分别表示沿径向和角度的采样步长. RCCF 也可以使用一维快速 Fourier 变换来加速计算. 通过遍历 k 的所有可能的取值, 计算所有的 RCCF 值并找到使 RCCF 值达到最大的 $k_{\max}$ 从而得到旋转对齐角度 $k_{\max}\Delta\phi$.

在投影匹配算法中, 需要将每个粒子与每个重构结果的投影进行匹配, 因此属于基于参考的对齐方法. 又由于参考投影的个数众多, 因此又称为多参考对齐方法. 在对齐策略上, 如果同时确定平移和旋转对齐参数, 需要在三维空间 $(\Delta x,\Delta y,\Delta\phi)$ 进行搜索和计算互相关函数的值, 计算量巨大, 因此通常的作法是分别进行平移和旋转对齐. 设 f_i 和 g_j 分别是第 i 个粒子图像和第 j 个参考投影. 考虑到自相关函数具有平移不变属性, 先对 f_i 和 g_j 分别计算自相关, 得到平移不变的新图像 $\mathrm{TCCF}_{f_if_i}$ 和 $\mathrm{TCCF}_{g_jg_j}$. 然后对得到的新图像使用 RCCF 进行旋转对齐计算, 在获得旋转对齐角 $k_{ij}\Delta\phi$ 后, 将其应用到原始图像 f_i 中, 得到 f_i'. 然后再使用 f_i' 和 g_j 进行平移对齐从而得到最大相关值 $\mathrm{TCCF}_{f_i'g_j}$ 并确定平移对齐参数 (x_{ij},y_{ij}). 通过遍历所有的参考图像 $g_j,j=1,\cdots,J$, 得到 J 个互相关函数值 $\mathrm{TCCF}_{f_i'g_j},j=1,\cdots,J$. 取其中的最大值对应的参考投影 $g_{\max}$ 为粒子图像 f_i 对应的图像, 从而确定粒子图像 f_i 的对齐参数. 再通过遍历所有的粒子图像 $f_i,i=1,\cdots,K$, 从而确定每一个粒子图像对应的参考投影以及相应的对齐参数.

另一种有参考的对齐方法使用 Radon 变换. 对每幅图像以一定的角度间隔进行一系列的 Radon 变换, 在变换后的空间同时进行平移和旋转对齐[178].

10.2　电镜图像分类

电镜成像的一个问题是样品会在曝光的过程中严重受损. 为了解决样品的受损问题, 必须使用较低的电子照射剂量, 但这又导致得到的投影图像信噪比很低 (一般低于 1/3) 以及对比度很差[269]. 解决这一问题的方法是在样品盘里放置大量相同的粒子, 从而得到大量的同样粒子在不同 (未知的) 方向的投影图像[208]. 为了减少信噪比低以及对比度差对于重构结果的不良影响, 通常要采集大量的 ($10^4 \sim 10^6$) 投影图像, 这无疑带来了巨大的计算量[310]. 所以在电镜图像重构之前通常需要把得到的投影图像依据其相似度进行分类 (参见 [171]), 并对同一类的图像进行平均以期降低噪声水平[121, 284]. 在度量两图像的相似度时, 一般需假定这两幅图像进行了对齐. 然而对于高噪声的图像, 可靠地实现图像对齐是一个相当困难的任务. 本节中介绍的图像分类方法使用了基于 Fourier 变换的平移旋转不变量, 从而避免了频繁地使用图像的对齐操作. 本节的内容源自文献 [293].

10.2.1　预备知识

本节引入一些预备知识, 包括连续的平移旋转不变量、截断的平移旋转不变量、Fourier 谱以及解析 Fourier-Mellin 变换等.

1. 平移旋转不变量

连续的平移旋转不变量　本书所介绍的图像分类方法依赖于 Fourier 变换的平移旋转不变性质[238]. 设 f_1 为一给定的二维图像 (二元函数), f_2 为 f_1 的平移, 其平移量为 (x_0, y_0), 即

$$f_2(x,y) = f_1(x - x_0, y - y_0), \tag{10.2.1}$$

那么 f_1 和 f_2 的 Fourier 变换 $F_1 := \hat{f}_1$ 和 $F_2 := \hat{f}_2$ 之间有如下关系 (见性质 2.2.3):

$$F_2(\xi,\eta) = \mathrm{e}^{-\mathrm{i}2\pi(\xi x_0 + \eta y_0)} F_1(\xi,\eta), \tag{10.2.2}$$

其中 i 为虚数单位. 因此, f_1 和 f_2 的 Fourier 谱是相同的, 即 $|F_1| = |F_2|$.

当一个图像旋转一个角度时, 该图像的 Fourier 谱图像也旋转同样的角度. 因此, 如果 $f_2(x,y)$ 是 $f_1(x,y)$ 的平移和旋转的结果, 即

$$f_2(x,y) = f_1(x\cos\theta_0 + y\sin\theta_0 - x_0, -x\sin\theta_0 + y\cos\theta_0 - y_0),$$

其中 (x_0, y_0) 和 θ_0 分别为平移量和旋转角, 那么根据 Fourier 变换的性质有

$$F_2(\xi,\eta) = \mathrm{e}^{-\mathrm{i}2\pi(\xi x_0 + \eta y_0)} F_1(\xi\cos\theta_0 + \eta\sin\theta_0, -\xi\sin\theta_0 + \eta\cos\theta_0). \tag{10.2.3}$$

若记 M_1 和 M_2 分别为 F_1 和 F_2 的模, 那么从 (10.2.3) 有

$$M_2(\xi,\eta)=M_1(\xi\cos\theta_0+\eta\sin\theta_0,-\xi\sin\theta_0+\eta\cos\theta_0).$$

容易看出, 两个模函数相差一个角度为θ_0的旋转, 使用极坐标$(\xi,\eta)=(\rho\cos\theta,\rho\sin\theta)$, 该旋转运动可用平移表示

$$M_2(\rho\cos\theta,\rho\sin\theta)=M_1(\rho\cos(\theta-\theta_0),\rho\sin(\theta-\theta_0)),$$

记之为

$$\tilde{M}_2(\rho,\theta)=\tilde{M}_1(\rho,\theta-\theta_0). \tag{10.2.4}$$

从方程 (10.2.1) 和 (10.2.2) 知, $\tilde{M}_1$ 和 $\tilde{M}_2$ 的 Fourier 变换的模函数相同. 该模函数是原始图像的一个平移旋转不变量. 如果用对数极坐标代替极坐标, 则可得到另一个平移旋转不变量.

低频处谱的能量 图像 $I(u,v)$ 的谱的能量定义为

$$P(u,v)=|\hat{I}(u,v)|^2=[\mathrm{Re}(\hat{I}(u,v))]^2+[\mathrm{Im}(\hat{I}(u,v))]^2.$$

我们要确定一个频率的取舍点 (cut-off), 使得频率在取舍点之内的谱的能量等于总能量 P_T (见文献 [135]) 的一个指定的百分比. 一个 $N\times N$ 的离散图像 $I(u,v)$ 总能量定义为

$$P_T=\sum_{u=0}^{N-1}\sum_{v=0}^{N-1}P(u,v).$$

在图 10.2.1 中, (a) 图显示的是一幅大小为 143×143 的投影图像, (b) 图显示的是 (a) 图的 Fourier 谱以及一些原点在中心的半径为 r 的圆, 其中 r 分别取为 5, 10, 15, 20, 25, 30 和 35. 在每一圆内, 按下式计算谱的能量占总能量的百分比 α:

$$\alpha=\sum_{u^2+v^2\leqslant r^2}P(u,v)/P_T,$$

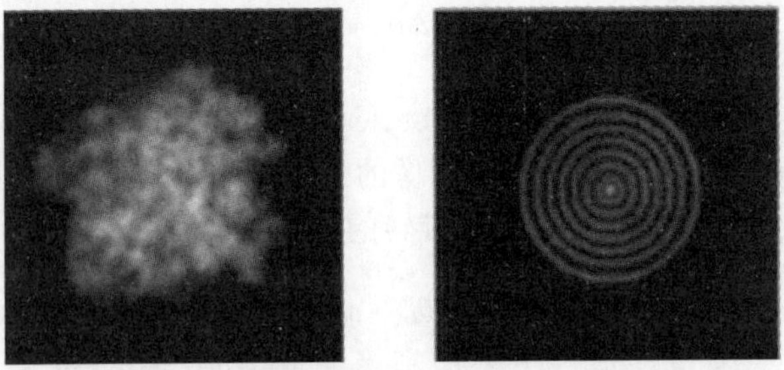

(a) (b)

图 10.2.1 (a) 一幅大小为 143×143 的投影图像. (b) Fourier 谱和半径为 r 的圆, 其中 $r=5$, 10, 15, 20, 25, 30 和 35. 这些圆中所包含的能量占总能量的百分比分别为91.07%, 94.97%, 97.42%, 98.46%, 99.07%, 99.43% 和 99.68%

得到相应的百分比 α 分别为 91.07%, 94.97%, 97.42%, 98.46%, 99.07%, 99.43% 和 99.68%. 因此, 当把频率规范到范围 $[-\pi, \pi]$ 时, 则把频率取舍点定为 $\pi/2$ 时, 超过 99.6% 的能量分布在圆内. 下面把频率取舍点定为 $\pi/2$.

解析 Fourier-Mellin 变换　设 $f(t,\theta)$ 为图像 I 的在极坐标 (t,θ) 意义下的 Fourier 谱, 则解析 Fourier-Mellin 变换定义为

$$F(\omega,\nu)=\int_0^R\int_0^{2\pi} f(t,\theta)t^{\sigma-\mathrm{i}\omega}\mathrm{e}^{-\mathrm{i}\theta\nu}\mathrm{d}\theta\frac{\mathrm{d}t}{t},$$

其中 σ 是一固定的正实数.

在本章的分类算法中, 我们用 r^σ 对极坐标 (或对数极坐标) 下的 Fourier 谱进行加权, 这实际上意味着使用了解析 Fourier-Mellin 变换. 根据 S. Goh 在文献 [131] 中的建议, σ 取为 0.5.

2. 其他平移旋转不变量

现在简述几种其他的平移旋转不变量. 在后面的数值实验一节, 我们将与使用这些不变量对图像进行分类的结果比较.

自动相关函数　自动相关函数① (auto-correlation function, ACF) 是一个在信号处理领域熟知的且广泛使用的函数, 其定义如下: 设 f 为一个 L^2 意义下的可积函数, 则一维的 ACF 定义为[248]

$$\mathrm{ACF}(r)=\int_{-\infty}^{\infty} f(x)f(x-r)\mathrm{d}x.$$

容易看出, ACF 对于函数 f 具有平移不变性. 两维的 ACF 可类似地定义. 为了获得一个两维图像的平移旋转不变量, 先计算该图像的两维 ACF, 然后把该 ACF 转换成极坐标形式, 最后对于极坐标形式的角度变量进行一维的 ACF 运算. 经这样的操作之后得到的函数是一个平移旋转不变量. 在该操作过程中, 计算了两次自动相关函数, 所以称最后的结果为双自动相关函数 (DACF) (见文献 [248]).

自相关函数　设 M 为函数 f 的 Fourier 变换 F 的模, 称 M 的逆 Fourier 变换为 f 的自相关函数 (self-correlation function, SCF). 显然, SCF 是一个平移不变量. 为了获得一幅二维图像的平移旋转不变量, 先计算该图像的两维 SCF, 然后把该 SCF 转换成极坐标形式, 最后对极坐标形式的角度变量进行一维的 SCF 运算. 经这样的操作之后, 得到的函数是一个平移旋转不变量, 称其为双自相关函数 (DSCF).

完全的旋转不变量　在文献 [99, 126] 中, 作者引入了一种完全的旋转不变量. 所谓完全的, 是指在变换的过程中没有信息丢失, 因而变换是可逆的. 变换的第一

① 文献中, “自动相关函数” (auto-correlation function) 也称为 “自相关函数”, 为了区别下面的 “自相关函数” (self-correlation function), 这里使用术语 “自动相关函数”.

步是把给定图像的质量中心平移到坐标系的原点, 然后把平移后的图像转换成极坐标形式 $f(r,\theta)$ 并计算其解析 Fourier-Mellin 变换:

$$\mathcal{M}_{f_\sigma}(k,v)=\frac{1}{2\pi}\int_0^\infty\int_0^{2\pi}f(r,\theta)r^{\sigma-\mathrm{i}v}\mathrm{e}^{-\mathrm{i}k\theta}\mathrm{d}\theta\frac{\mathrm{d}r}{r},\quad \forall(k,v)\in\mathbb{Z}\times\mathbb{R}.$$

最后, 从 $\mathcal{M}_{f_\sigma}(k,v)$ 计算

$$\mathcal{I}_{f_\sigma}(k,v)=\mathcal{M}_{f_\sigma}(0,0)^{\frac{-\sigma+\mathrm{i}v}{\sigma}}\mathrm{e}^{\mathrm{i}k\arg(\mathcal{M}_{f_\sigma}(1,0))}\mathcal{M}_{f_\sigma}(k,v),\quad \forall(k,v)\in\mathbb{Z}\times\mathbb{R},$$

这里 arg 表示辐角. 因为 $f(r,\theta)$ 是一个完全的旋转不变量, 所以 $\mathcal{I}_{f_\sigma}(k,v)$ 是一个完全的平移旋转不变量.

10.2.2 分类算法

本小节先引入一些记号和定义, 然后再阐述分类算法及其实现细节.

1. 记号和定义

基于 Fourier 变换的平移旋转不变量 首先计算给定图像的 Fourier 谱, 然后把 Fourier 谱转换成极坐标表示 (或对数极坐标表示) 并进行加权. 最后再计算上述运算结果的 Fourier 谱并再次加权, 最后的结果称为基于 Fourier 变换的平移旋转不变量 (简记为 FTTR 不变量). 在下文中, 用 I_i 表示第 i 个投影图像, 用 $\tilde{I}_i$ 表示 I_i 的 FTTR 不变量. 应指出的是, 这里的不变量仍然是一个二维图像.

相似性度量 令 I_i 和 I_j 为两个二维的离散图像, 其大小均为 $N\times N$. 再令 $\tilde{I}_i$ 和 $\tilde{I}_j$ 分别为 I_i 和 I_j 的 FTTR 不变量, 其大小为 $P\times P$ $(P\leqslant N)$. 用 $d(I_i,I_j)$ 表示 I_i 和 I_j 的相似性度量 (距离), 定义如下:

$$d(I_i,I_j):=d(\tilde{I}_i,\tilde{I}_j)=\|\tilde{I}_i-\tilde{I}_j\|_F,$$

其中 $\|\cdot\|_F$ 代表矩阵的 Frobenius 范数.

类及其代表元 对于给定的 ε, 类 $\mathbf{C}_i$ 和它的代表元 R_i 定义为: $\mathbf{C}_i$ 是一个图像的集合, R_i 是 $\mathbf{C}_i$ 的成员之一, 满足 $d(I_k,R_i)<\varepsilon$, $\forall I_k\in\mathbf{C}_i$.

令 $\tilde{\mathbf{C}}_i$ 为 $\mathbf{C}_i$ 中所有投影图像的不变量的集合, 称之为不变量类. 不变量类 $\tilde{\mathbf{C}}_i$ 的基数用 $|\tilde{\mathbf{C}}_i|$ 表示. 不变量类的中心 $\tilde{C}_i$ 定义为

$$\tilde{C}_i=\frac{1}{|\tilde{\mathbf{C}}_i|}\sum_{\tilde{I}_j\in\tilde{\mathbf{C}}_i}\tilde{I}_j. \tag{10.2.5}$$

次类 假定已把一组大小为 $N\times N$ 的二维图像 $\{I_i\}_{i=1}^n$ 分为 m 类 $\mathbf{C}_1,\cdots,\mathbf{C}_m$. 令

$$\gamma=\max_{i=1,\cdots,m}\max_{I_k\in\mathbf{C}_i}d(\tilde{I}_k,\tilde{C}_i), \tag{10.2.6}$$

其中 $\tilde{C}_1, \tilde{C}_2, \cdots, \tilde{C}_m$ 为由式 (10.2.5) 定义的不变量类的中心. 于是

$$d(\tilde{I}_k, \tilde{C}_i) \leqslant \gamma, \quad I_k \in \mathbf{C}_i, \ i = 1, \cdots, m.$$

与类 $\mathbf{C}_i$ 相伴的次类 $\mathbf{S}_i$ 由所有满足条件 $d(\tilde{C}_j, \tilde{C}_i) \leqslant 2\gamma$ 的不变量类的中心 C_j 组成. 应指出的是, 每一个 C_i 可以属于若干个次类. 即次类彼此可能有非空的交集.

2. 算法概要

假定要把一组图像 $\{I_i\}_{i=1}^n$ 分成 m 类, 下面先给出算法概要, 稍后给出细节.

算法 10.2.1 (计算 FTTR 不变量)

对于 $i = 1, 2, \cdots, n$, 执行如下操作:

(1) 对投影图像 I_i 用 FFT 计算其离散 Fourier 变换, 得到 F_i. 对于高噪声的数据, 在进行 FFT 之前可以用补零的方法扩充投影图像的尺寸以提高分类的精度.

(2) 计算 F_i 的模 M_i, 然后确定 M_i 的有效区域 (详见下一部分. 设该有效区域的大小为 $N_1 \times N_1$.

(3) 把 M_i 的有效区域从直角坐标表示转换成极坐标表示 (或对数极坐标). 再对极坐标表示 (或对数极坐标) 用 r^{σ_1} $(\sigma_1 > 0)$ 进行加权. 然后用 FFT 计算上述结果的离散 Fourier 变换, 得到图像 W_i.

(4) 置 W_i 的有效区域为 $[-N_1/2, N_1/2] \times [-N_1/2, N_1/2]$. 在 W_i 的有效区域内计算它的模, 并用 $\left(\dfrac{\sqrt{2}N_1}{2} - r\right)^{\sigma_2}$ $(\sigma_2 > 0)$ 对模函数进行加权, 其结果即为 FTTR 不变量 $\tilde{I}_i$.

上述算法的第一个加权操作对于重构算法的成败至关重要, 根据 S. Goh[131] 的建议, σ_1 取为 0.5. 第二个权 $\left(\dfrac{\sqrt{2}N_1}{2} - r\right)^{\sigma_2}$ 的作用不如第一个权那么显著, 它只使重构的结果略好一点. 我们要求 $0 < \sigma_2 \leqslant 2$. 图 10.2.2 显示的是两个只差平移和旋转的图像的不变量, 而图 10.2.3 显示的则是两个不同图像的不变量. 因为在 Fourier 空间中使用了不变量的有效区域, 所以所计算的不变量是抗噪的.

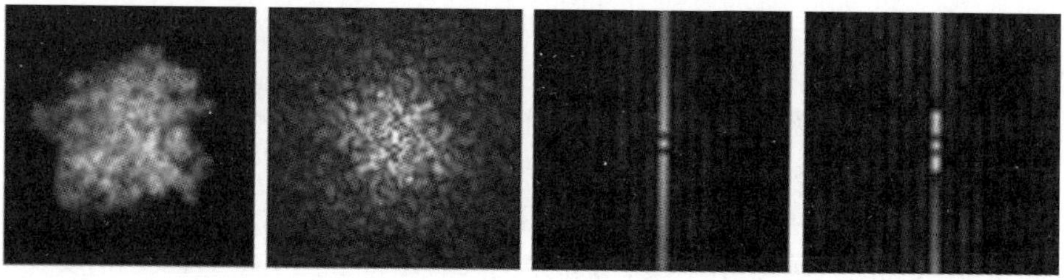

(a)　(b)　(c)　(d)

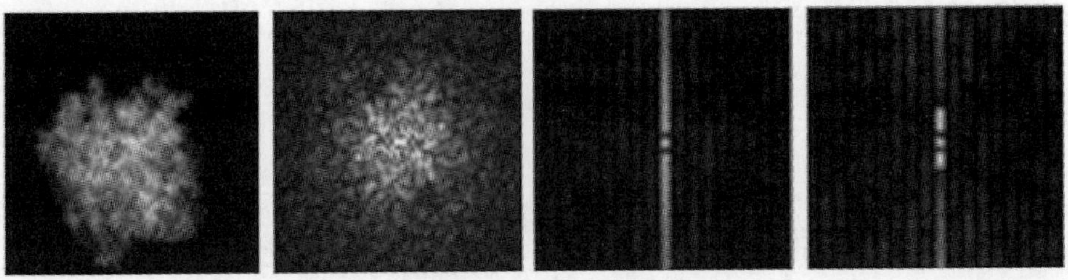

(e)　(f)　(g)　(h)

图 10.2.2　(a) 为一个投影图像. (e) 为图像 (a) 经旋转后的图像. (b) 和 (f) 分别为 (a) 和 (e) 的 Fourier 谱. (c) 和 (g) 分别为 (b) 和 (f) 的极坐标表示的 Fourier 谱. (d) 和 (h) 分别为 (c) 和 (g) 的加权后的结果. (d) 和 (h) 为 FTTR 不变量

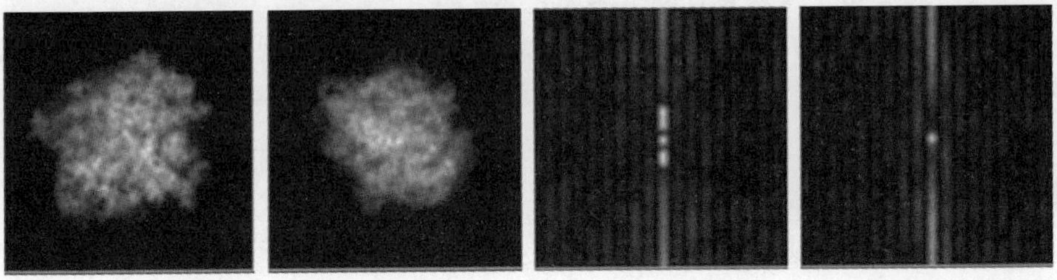

(a)　(b)　(c)　(d)

图 10.2.3　(a) 和 (b) 为两幅不同的投影图像. (c) 和 (d) 分别为图像 (a) 和 (b) 的 FTTR 不变量

算法 10.2.2(用 FFTR 不变量分类)

(1) 置迭代步数 $s=0$, 计算 ε 的一个初始值.

(2) 在 ε 的控制之下, 分类投影图像. 假定得到了 ν 类 $\mathbf{C}_1, \mathbf{C}_2, \cdots, \mathbf{C}_\nu$, 计算 δ:

$$\delta = \max_{i=1,\cdots,\nu} \max_{I_k \in \mathbf{C}_i} d(I_k, R_i). \tag{10.2.7}$$

(3) 如果 $\nu < am$ $(0<a<1)$ 或 $\nu > bm$ $(b>1)$ 和 $s \leqslant S$ (取 S 为 10), 用所计算的 ν 和 δ 计算一个新的 ε. 置 s 为 $s+1$. 回到第 (2) 步.

(4) 如果 $am \leqslant \nu < m$, 反复分裂大的类, 一直到 $\nu = m$. 如果 $m < \nu \leqslant bm$, 反复合并两个距离最近的类, 一直到 $\nu = m$.

(5) 运用投影图像到次类中的元素 (不变量类中心) 的最小距离调整分类.

(6) 确定类的代表元或者类平均 (可选项).

在上述算法的第 3 步中, a $(a<1)$ 和 b $(b>1)$ 为接近 1 的实数, 它们越接近于 1, 分类的结果越均匀. 但是, 会带来更大的计算 ε 的负担, 在我们的实验中, 取 $a=0.95$, $b=1.05$. 在算法的第 6 步中, 一个类的代表元是这样一个投影图像,它的 FTTR 不变量离式 (10.2.5) 中的不变量类的中心最近. 类平均可以用公共软件 xmipp_average, 通过在实空间中对齐同一类中的图像的方法计算. 图 10.2.7 和图 10.2.10 显示了若干个分类结果的类平均.

3. 实现细节

本小节的目的是给出 10.2.1 小节的算法的实现细节.

计算初始的 ε　随机取 p 个投影图像, 再计算它们彼此之间的距离. 取初始的 ε 为这些距离的平均值. 我们希望有这样一个初始的 ε, 它可以大致代表投影图像之间的距离的均值. 所以 p 不必取得很大. 但是若 p 取得过小, 所确定的 ε 没有代表性. 在我们的实验中, 取 p 为 m, 其中 m 为要分的类的个数.

计算有效区域　在算法 10.2.1 中, 有效区域计算如下:

(1) 计算算法 10.2.1 的第 2 步中 $\{M_i\}_{i=1}^n$ 的均值: $\bar{M} = \dfrac{1}{n}\sum_{i=1}^{n} M_i$.

(2) 从 $R=1$ 到 $R=N/2$, 计算 $\bar{M}$ 在半径为 R 的圆的外部的均值, 记其为 μ_R, 其中 $N\times N$ 为 $\bar{M}$ 的大小.

(3) 从 $r=1$ 到 $r=R$, 比较 μ_R 和 M_i 在半径为 r 圆上的模的大小, 一直到出现 M_i 在半径为 r 的圆上的模小于 μ_R 为止. 记此时的 r 为 D_R. 设

$$D_0 = \frac{2}{N}\sum_{R=1}^{N/2} D_R.$$

把频域规范化在范围 $[-\pi,\pi]$, 并取频域的取舍点为 $-D$ 和 D, 其中 $D=\min\left\{\dfrac{2\pi D_0}{N}, \dfrac{\pi}{2}\right\}$. 在 10.2.1 小节第 1 部分中, 曾解释过取频域选取范围为 $[-\pi/2,\pi/2]$ 的原因. 设 $D_1=\dfrac{DN}{2\pi}$, 则在算法 10.2.1 的第二步取 $[-D_1,D_1]\times[-D_1,D_1]$ 为有效区域.

分类　在 ε 的控制之下, 渐进地分类投影图像. 开始时, 把 I_1 放在第一类里. 假定已经把 $I_1, I_2, \cdots, I_{k-1}$ 分类为 $\mathbf{C}_1, \mathbf{C}_2, \cdots, \mathbf{C}_m$. 设 R_i 为类 $\mathbf{C}_i$ 的代表元, $i=1,2,\cdots,m$. 现在需确定 I_k 属于哪一类. 首先计算 $\tilde{I}_k$ 和 $\tilde{R}_i$ 之间的距离, $i=1,2,\cdots,m$.

(1) 如果 $\min\limits_{i=1,\cdots,m} d(\tilde{I}_k,\tilde{R}_i) < \varepsilon$, 则把 I_k 分配到类 $\mathbf{C}_\beta$ 中, 其中 $\beta = \arg\min\limits_{i=1,\cdots,m} d(\tilde{I}_k,\tilde{R}_i)$.

(2) 如果 $\min\limits_{i=1,\cdots,m} d(\tilde{I}_k,\tilde{R}_i) \geqslant \varepsilon$, 则把 I_k 定义为新创的、第 $m+1$ 类的代表元.

对于 $k=2,\ldots,n$, 重复上述过程, 我们得到所有图像的分类 $\{\mathbf{C}_j\}_{j=1}^{\nu}$ 以及由方程 (10.2.7) 计算的 δ.

更新 ε　根据上面描述的分类过程, 对于给定的 ε, 得到了 ν 类. 显然, ε 越大, 分类的个数 ν 越小. 如果 ε 太大或太小, ν 会远离所希望的类数 m. 因此, 需根据前面计算的 ν 和 δ 计算一个新的 ε. 可以采取二分法从已有的 δ 和 ν 计算新的 ε.

类分裂　如果 $am < \nu < m$, 需分裂最大的类. 操作如下: 先把 $|\mathbf{C}_1|, |\mathbf{C}_2|, \cdots, |\mathbf{C}_\nu|$ 从大到小排序, 得到

$$|\mathbf{C}_{s_1}| \geqslant |\mathbf{C}_{s_2}| \geqslant \cdots \geqslant |\mathbf{C}_{s_\nu}|.$$

再分裂 $\mathbf{C}_{s_i}, i = 1, 2, \cdots, m - \nu$ 如下:

(1) 首先在 $\mathbf{C}_{s_i}$ 中寻找图像 I_i, 使其 FTTR 不变量 $\tilde{I}_i$ 离 $\tilde{C}_{s_i}$ 最远. 然后在 $\mathbf{C}_{s_i}$ 中寻找图像 $I_{\nu+i}$, 使其为 $\mathbf{C}_{s_i}$ 中离 I_i 最远的元素.

(2) 取 I_i 和 $I_{\nu+i}$ 为两个新创的类的代表元, $\mathbf{C}_{s_i}$ 中所有其他的元素根据其与代表元的距离分配到这两个新类中. 如果 $\mathbf{C}_{s_i}$ 中某元素与两代表元的距离相等 (极少发生), 则把该元素分配到元素较少的类中. 如果两类的元素个数恰好相同, 则把该元素分配到任意一个类中. 记这两个新类为 $\mathbf{C}_{s_i}$ 和 $\mathbf{C}_{\nu+i}$.

使用以上的分裂过程, 把类 $\mathbf{C}_{s_i}$ $(i = 1, 2, \cdots, m-\nu)$ 一分为二, 得到了类 $\mathbf{C}_i$, $i = 1, 2, \cdots, m$. 注意这里使用类的基数而非类的大小 (直径) 作为分裂的条件, 这是因为经过初始的分类, 每一类的大小均不超过 ε, 即类的大小是比较均匀的.

类合并　如果 $m < \nu < bm$, 需合并最近的类, 操作如下:

(1) 计算

$$d(\tilde{C}_i, \tilde{C}_l), \quad i = 1, 2, \cdots, \nu - 1;\ l = i+1, i+2, \cdots, \nu.$$

(2) 把 $\{d(\tilde{C}_i, \tilde{C}_l)\}$ 按从小到大排序, 得到

$$d(\tilde{C}_{i_1}, \tilde{C}_{l_1}) \leqslant d(\tilde{C}_{i_2}, \tilde{C}_{l_2}) \leqslant \cdots \leqslant d(\tilde{C}_{i_L}, \tilde{C}_{l_L}),\ L = \nu(\nu-1)/2.$$

(3) 对于 $k = 2, \cdots, L$, 反复地删除 $\{d(\tilde{C}_{i_k}, \tilde{C}_{l_k})\}_{k=2}^{L}$ 中的元素: 如果 $d(\tilde{C}_{i_k}, \tilde{C}_{l_k}) \in \{d(\tilde{C}_{i_k}, \tilde{C}_{l_k})\}_{k=1}^{L}$ 是一个未删除的元素, 那么删除所有满足以下条件的元素 $d(\tilde{C}_{i_j}, \tilde{C}_{l_j})$,

$$j > k \ \text{ 且 } \ \{i_k, l_k\} \cap \{i_j, l_j\} \neq \varnothing.$$

完成这个删除步骤之后, 得到一个新的递增的序列 $\{d(\tilde{C}_{p_k}, \tilde{C}_{q_k})\}_{k=1}^{L_1}$, 满足 $\{p_i, q_i\} \cap \{p_j, q_j\} = \varnothing$ $(i \neq j)$.

(4) 重新把类 $\mathbf{C}_{q_k}$ 中的元素分配到类 $\mathbf{C}_{p_k}$ 中, $k = 1, 2, \cdots, \nu - m$. 然后删除类 $\mathbf{C}_{q_k}$, $k = 1, 2, \cdots, \nu - m$. 最后, 得到类 $\mathbf{C}_i, i = 1, 2, \cdots, m$.

类调整　如果 $\nu = m$, 则借助 10.2.2 小节第 1 部分中所定义的次类, 对分类结果进行调整, 以优化分类的结果. 因为次类 $\mathbf{S}_i$ 记录了在第 i 类 $\mathbf{C}_i$ 附近的不变量类的中心, 所以类调整在 $\mathbf{S}_i$ 中进行, 执行如下:

(1) 计算次类 $\mathbf{S}_i, i=1,\cdots,m$.

(2) 对于每一 $I_j \in \mathbf{C}_i$, 执行如下操作:

(a) 计算 q 使得

$$\tilde{C}_q = \arg\min_{\tilde{C}_k \in \mathbf{S}_i} d(\tilde{I}_j, \tilde{C}_k).$$

(b) 如果 $d(\tilde{I}_j,\tilde{C}_q) < d(\tilde{I}_j,\tilde{C}_i)$, 把 I_j 重新分配到类 $\mathbf{C}_q$ 中.

(3) 如果下面终止条件之一满足, 结束迭代, 否则返回到第 (1) 步.

(a) 迭代步数达到给定值 (我们取该给定值为 20).

(b) 调整的图像的个数与全部图像的个数的比率低于一给定的百分比 (取其为 1%).

次类的计算　次类计算如下:

(1) 用 (10.2.5) 计算不变量类的中心 $\tilde{C}_1,\tilde{C}_2,\cdots,\tilde{C}_m$.

(2) 使用公式 (10.2.6) 计算 γ.

(3) 计算距离 $d(\tilde{C}_i,\tilde{C}_j), i=1,2,\cdots,m-1;\ j=i+1,i+2,\cdots,m$. 如果 $d(\tilde{C}_i,\tilde{C}_j)\leqslant 2\gamma$, 把 $\tilde{C}_j$ 加入到 $\mathbf{S}_i$ 中, 把 $\tilde{C}_i$ 加入到 $\mathbf{S}_j$ 中. 于是得到次类 $\mathbf{S}_1,\mathbf{S}_2,\cdots,\mathbf{S}_m$.

注10.2.1　经类调整以后, 有可能出现空类. 所以最后的类的个数可能小于预先指定类的个数 m. 由于初始分类后类的大小是相当均匀的, 而类调整是局部进行的, 所以最后分类的个数即使不恰好是 m, 也很接近 m.

注10.2.2　现在我们解释取次类的半径为 2γ 的理由. 如果 $d(\tilde{C}_i,\tilde{C}_j) > 2\gamma$ 且 $I_\alpha \in \mathbf{C}_i$, 那么在类调整过程中不可能把 I_α 重新分配到 $\mathbf{C}_j$ 中. 这一事实可证明如下: 使用三角不等式, 有

$$d(\tilde{C}_i,\tilde{C}_j) \leqslant d(\tilde{C}_i,\tilde{I}_\alpha) + d(\tilde{I}_\alpha,\tilde{C}_j).$$

因为 $I_\alpha \in \mathbf{C}_i$, $\tilde{I}_\alpha$ 为 I_α 的 FTTR 不变量, 所以有 $d(\tilde{C}_i,\tilde{I}_\alpha) \leqslant \gamma$. 因此

$$d(\tilde{I}_\alpha,\tilde{C}_j) \geqslant d(\tilde{C}_i,\tilde{C}_j) - d(\tilde{I}_\alpha,\tilde{C}_i) > \gamma \geqslant d(\tilde{I}_\alpha,\tilde{C}_i).$$

于是, 在类调整的过程中不可能把 I_α 重新分配到 $\mathbf{C}_j$ 中.

10.2.3　实验结果

本节用实验说明前面的分类方法是有效的, 为了与目前经常采用的 CL2D (详见文献 [269]) 方法进行比较, 这里使用与文献 [269] 中相同的数据. 这些数据共有两组, 一组是噬菌调理素单体 (Bacteriorhodopsin monomer) 的投影图像, 另一组是大肠杆菌的核糖体的投影图像.

CL2D 是一个有效的方法, 它比其他熟知的方法 (如 ML2D, PCA / K-means 和 PCA / Hierarchical) 给出更好的结果, 所以这里只与 CL2D 方法比较. 所得到的分

类结果不亚于或优于使用 CL2D 得到的分类结果, 但是分类的效率得以极大地提高. 在所有的实验中, 分类调整的最大次数指定为 20 或调整的图像数不超过总图像数的 1%时停止类调整. 实验的计算机平台是中国科学院计算数学研究所的一个机群, 该机群的每个节点有 8 个核 (Intel(R) Xeon(R), 2.40GHz).

1. 模拟数据的实验结果

噬菌调理素单体 (信噪比为 0.3)　首先对噬菌调理素单体的投影图像加上信噪比为 0.3 的高斯白噪声 (见图 10.2.4), 然后把加噪的图像分成 256 类. 所得结果显示加噪后的分类结果与没加噪的相似. 图 10.2.5 显示的是分类结果的一个类中的图像. 图 10.2.6 显示的是与图 10.2.5 显示的图像相对应的未加噪的图像. 可以看出, 相似的投影图像确实被分在一个类里. 这组图像的大小均为 143×143, 在分类时, 投影图像的大小用加零的方法增加到 572×572.

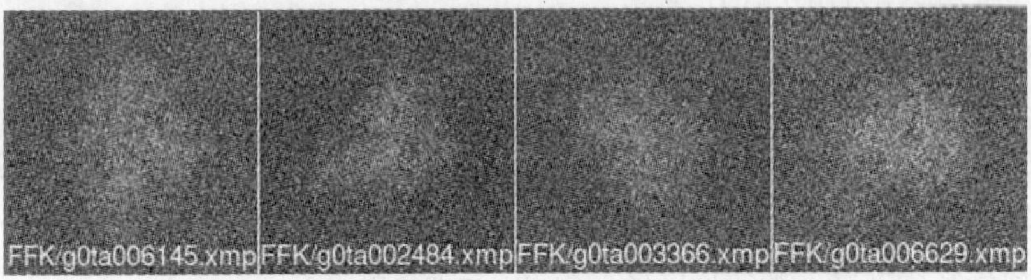

图 10.2.4　加噪的噬菌调理素单体投影图像, 信噪比为 0.3

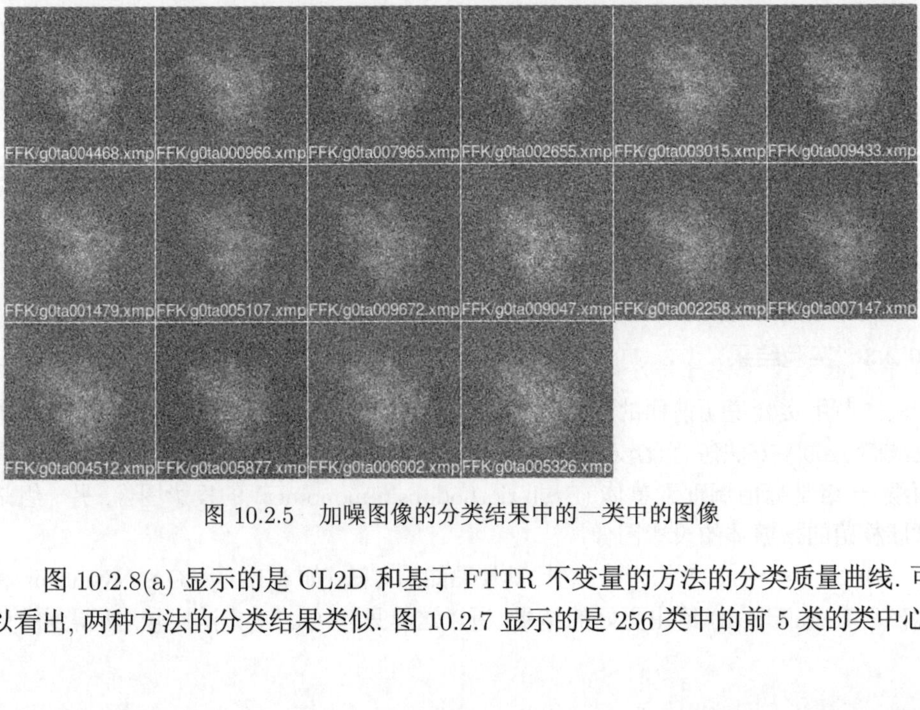

图 10.2.5　加噪图像的分类结果中的一类中的图像

图 10.2.8(a) 显示的是 CL2D 和基于 FTTR 不变量的方法的分类质量曲线. 可以看出, 两种方法的分类结果类似. 图 10.2.7 显示的是 256 类中的前 5 类的类中心.

使用 8 个核, CL2D 的运行时间是 306466 秒 (大约 85.129 小时), 而基于 FTTR 不变量的方法的运行时间是 459 秒 (0.128 小时).

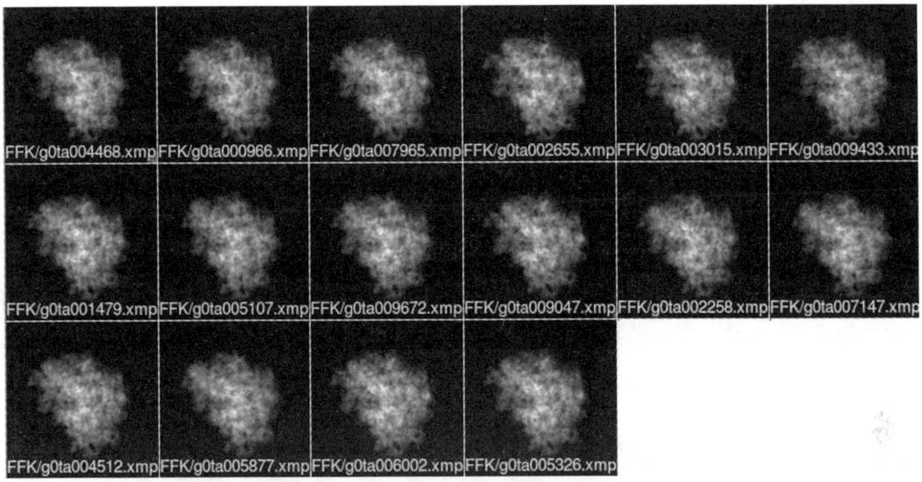

图 10.2.6 与图 10.2.5 中图像对应的加噪之前的图像

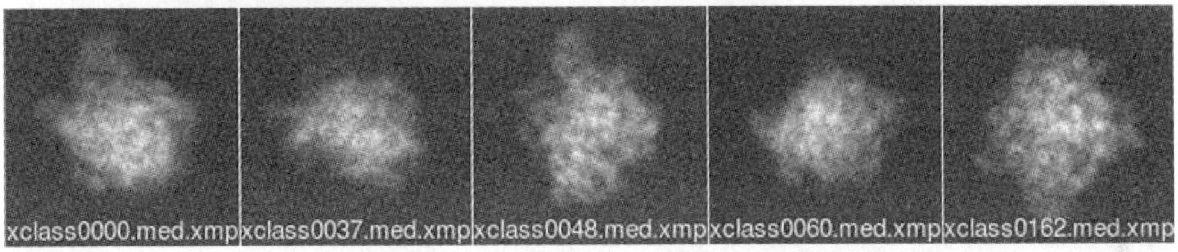

图 10.2.7 256 类中的 5 类的类平均

大肠杆菌的核糖体 (信噪比为 0.03) 模拟数据人肠杆菌的核糖体是一个在电镜数据库①中公开的数据. 该数据包含一个大肠杆菌的核糖体的沿着随机投影方向的 5000 个投影图像, 每一图像的大小均为 130×130. 图 10.2.9 显示的是几幅加了信噪比为 0.03 的噪声后的图像. 在该实验中, 分别使用了 CL2D 分类方法, 未经图像扩充的基于 FTTR 不变量的分类方法, 经图像扩充的 (扩充到 $(520) \times (520)$ 基于 FTTR 不变量的分类方法. 对于这三种情况, 被分类的图像均使用了相同的低通滤波器进行了处理. 图 10.2.8(b) 显示的是把投影图像分成 256 类时, 三种分类方法的分类质量曲线. 容易看出, 使用未经扩充的数据, 基于 FTTR 不变量的方法给出略好于 CL2D 的分类结果. 若使用扩充的数据, 则得到更好的结果. 图 10.2.10 显示的是使用未经扩充的数据, 分得的 256 类中前 5 类的类平均.

① 参见网址 http://www.ebi.ac.uk/pdbe/emdb/singleParticledir/SPIDER_FRANK_data

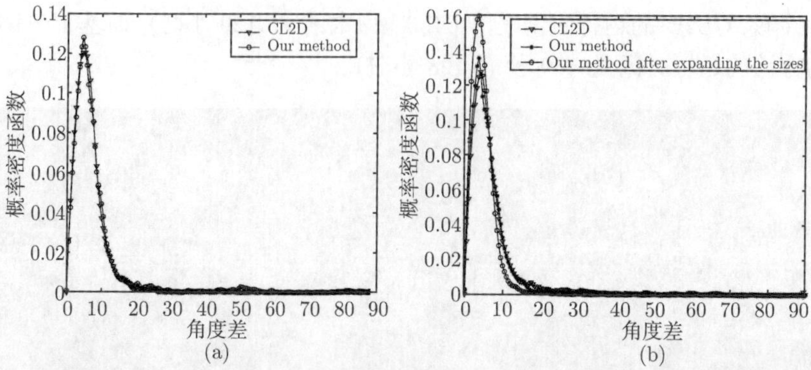

图 10.2.8　聚类质量: 对于 CL2D 方法和基于 FTTR 不变量的方法, 类中每一投影图像的角度与类代表元的角度之差的概率密度函数估计. (a) 模拟数据: 噬菌调理素单体, 信噪比 0.3. (b) 模拟数据: 大肠杆菌的核糖体, 信噪比 0.03

图 10.2.9　加噪的大肠杆菌的核糖体的投影图像, 信噪比 0.03

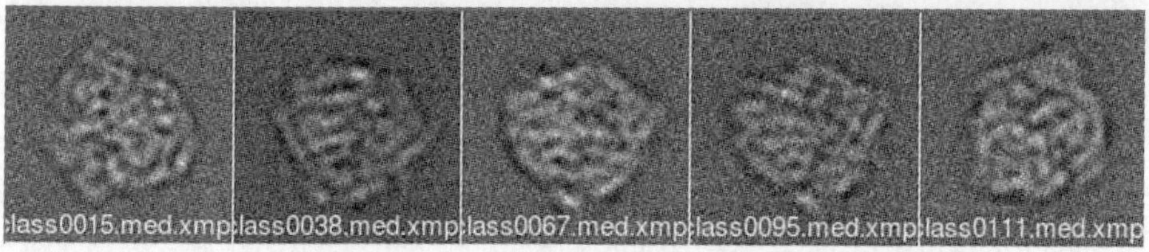

图 10.2.10　分得的 256 类中前 5 类的类平均

使用 8 个核, CL2D 的运行时间是 264487 秒 (大约 73.5 小时). 使用未经扩充的数据时, 基于 FTTR 不变量的方法运行时间是 48 秒. 使用经扩充的数据时, 基于 FTTR 不变量的方法运行时间是 290 秒.

注10.2.3　实验结果表明, 基于 FTTR 不变量的算法比 CL2D 方法快得多, 其原因如下: 假定要把 n 个图像分成 M 类, 那么首先要计算 n 个 FTTR 不变量, 其中包括 FFT 计算, 取模和加权. 然后计算 $O(n \times M)$ 个不变量之间的距离. 在计算两个图像间的距离时, 不需要进行图像对齐. 在 CL2D 中, 需要计算 $O(n \times M^2)$ 个图像之间的距离, 与此同时, 需要进行相同数量的图像对齐. 计算类平均时, 基于

FTTR 不变量的算法计算一个类中的不变量的均值. 在算法 CL2D 中, 要计算类中心, 需先对一类中的图像进行对齐, 然后再计算均值. 分类过程中, 一旦类进行了调整, 对齐操作需重新进行. 因此, 基于 FTTR 不变量的算法节省了大量的对齐运算.

2. 与使用其他不变量分类结果的比较

前面已经指出, 人们曾提出若干种不变量. 每一种不变量都可用于计算不同图像之间的相似性, 从而可以用于分类. 本小节给出一些使用不同不变量进行分类的结果比较. 第一个比较方法是使用相同的投影图像以及加载了相同的噪声, 但是使用不同的不变量. 图 10.2.11 显示的是把 5000 幅图像分成 256 类的分类质量曲线 (概率密度曲线). 从这些概率密度曲线可以看出, 如果投影图像没有加噪, 不变量 DSCF 给出最好的分类结果, 其次是基于 FTTR 不变量的方法. AFMT 导致最差的结果, DACF 给出第二差的结果. 如果投影图像加载了噪声, 基于 FTTR 不变量的方法给出最好的结果, 所有其他的不变量均导致不可接受的结果. 这说明, 基于 FTTR 不变量的方法是最稳健的.

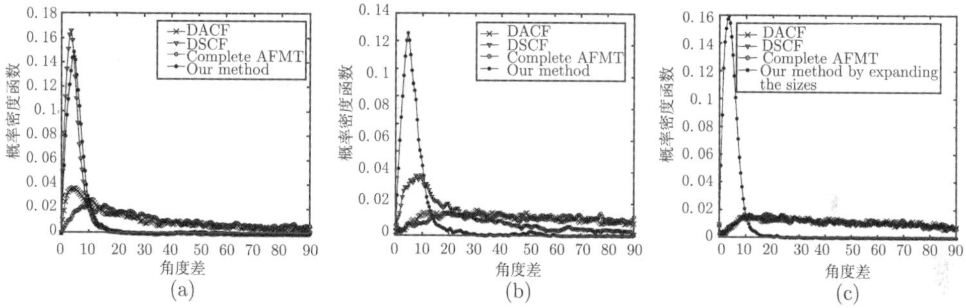

图 10.2.11　使用不同的不变量将 5000 幅图像分类的概率密度曲线. (a) 直接使用噬菌调理素的投影图像. (b) 使用加了信噪比为 0.3 的噬菌调理素的投影图像. (c) 使用加了信噪比为 0.03 的大肠杆菌核糖体的投影图像

在第二个比较中, 我们比较噪声对于每一种不变量的影响. 在图 10.2.12 中, 每一图中的曲线表示的是: 使用相同的不变量以及使用相同的投影图像但是加载了不同水平噪声的分类结果的概率密度曲线. 和以前一样, 把 5000 幅噬菌调理素的投影图像分成 256 类. 这些图清楚地表明, 基于 FTTR 不变量的方法对于噪声不敏感, 因而是最鲁棒的. 其次是使用不变量 DSCF 的结果. 另外两个不变量未能给出令人满意的结果, 尤其是对于高噪声的数据.

注10.2.4　在定义不变量 FTTR 时, 取了两次模. 这意味着相位信息全部丢失了. 由此人们自然想到, 使用完全的不变量 AFMT 是否会更好. 然而实验结果表明, 对于有噪声的分类问题, 不变量 FTTR 的表现要比 AFMT 好得多. 所以一个值得思考的问题是为什么使用完全的不变量效果反而不好.

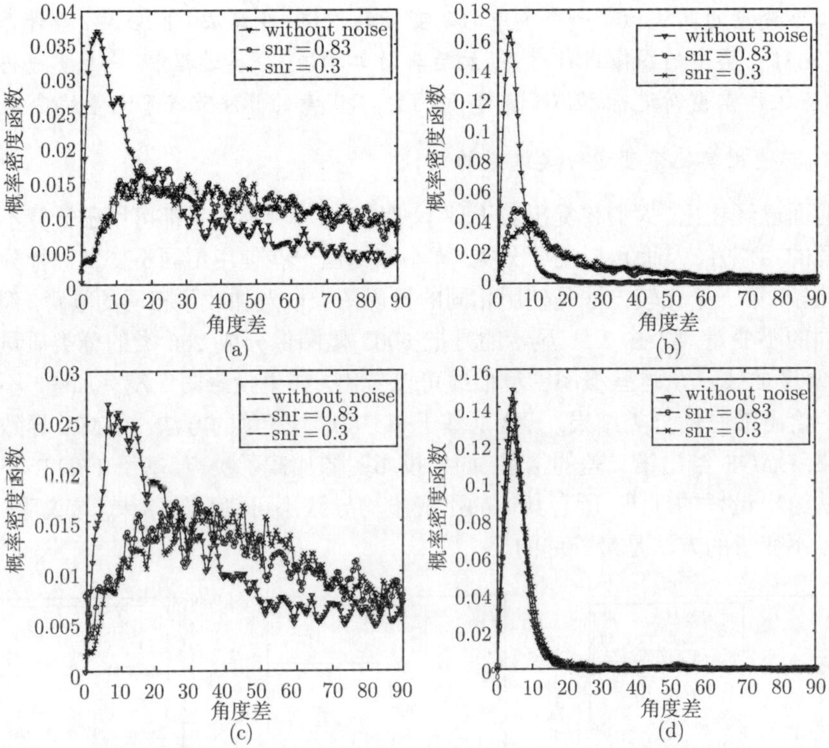

图 10.2.12　使用不同的不变量对不同噪声水平的噬菌调理素的投影图像分类的概率密度曲线. (a) 使用 DACF; (b) 使用 DSCF; (c) 使用 AFMT; (d) 使用 FTTR

注10.2.5　现在总结一下基于 FTTR 分类算法的特点:

(1) 由于使用了不变量 FTTR, 分类过程中避免了图像对齐的操作, 从而大大提高了分类速度.

(2) 在 FTTR 的定义中, 引入了合适的权函数, 这是分类算法得以成功的关键因素.

(3) 定义 FTTR 时, 在 Fourier 空间进行了适当的频率截断, 这使得分类算法具有抗噪能力.

(4) 在分类的过程中, 次类的使用极大地减少了类调整的运算量.

(5) 分类过程使用了一个自适应的 ε, 以使类在空间的分布尽可能的均匀.

与目前公认的最有效的分类算法 CL2D 相比, 基于 FTTR 的分类算法得到同样好抑或更好的分类结果, 而且运行速度快了许多. 从与基于其他三个不变量 (DACF, DSCF 和 AFMT) 的分类算法的比较结果可看出, 基于 FTTR 的分类算法给出了更好的分类结果, 特别是对于有噪声的数据.

10.2.4 注记

现有的分类方法可以分为有监督的和无监督的[120]. 有监督的分类方法按照与模板的相似度进行图像分类, 如投影匹配方法. 无监督的分类方法根据图像之间内在的差异来分配图像. 许多图像分类方法, 依赖于图像的对齐操作. 然而图像对齐不是一个容易的问题, 特别是当图像的噪声水平很高时, 精准的对齐是十分困难的[249]. M. van Heel 等[286] 提出了一个多参考的对齐方法. 在该方法中, 对齐和分类交替地进行, 直到收敛. 该分类方法的一个缺点是它依赖于初始的类代表的选取. 如果初始的类代表选取不合适, 迭代过程可能陷入局部极小. 为了解决这一问题, 在文献[286] 中, 作者提出一个基于最大似然估计的多参考对齐算法. 然而, 该方法[250] 极易遭遇吸纳问题的困扰[269]. 所谓吸纳问题, 就是一个噪声相对较小的类平均会吸引更多的图像到它的类中, 即使这些图像本该属于其他类.

N. Kerdprasop 等[164] 提出了一个基于图像相似性的、加权的 k 平均算法. Z. Yang 等[309] 阐述了一个稳定的、迭代的对齐和分类方法, 该方法的特色是它只需少数几个参数以及很少的人工干预. C. Sorzano 等[269] 提出一个很有效的 2D 图像的分类方法 (CL2D), 该方法可以辨别出图像之间微小的差异, 其主要的特色是用图像之间的相关熵 (correntropy) 代替图像之间的互相关 (correlation). 相关熵被认为是一个更有效的度量图像之间差异的量.

10.3 冷冻电镜图像的定向

前面已经介绍了图像分类方法以及三维体数据的重构方法. 本节的目的是阐述一个可靠且高效的图像定向方法. 因为该方法基于前一节的图像分类算法, 所以是非常鲁棒的, 而且计算复杂度关于投影方向是线性的. 本节的内容源自文献 [303].

10.3.1 定向问题的描述

在冷冻电镜的单颗粒重构问题中, 每一个投影图像可近似地表示为

$$\mathbf{P}f((\alpha,\beta,\gamma),x,y) := \int_{\mathbb{R}} f(x\tilde{\boldsymbol{e}}_1 + y\tilde{\boldsymbol{e}}_2 + t\boldsymbol{d})\mathrm{d}t,$$

其中 f 为要重构的 3D 函数, α, β 和 γ 为三个 Euler 角, 它们确定了投影的方向. 向量 $\boldsymbol{d} \in \mathbf{S}^2$ 为投影方向, 而向量 $\tilde{\boldsymbol{e}}_1$ 和 $\tilde{\boldsymbol{e}}_2$ 则决定了面内旋转. $\tilde{\boldsymbol{e}}_1$, $\tilde{\boldsymbol{e}}_2$ 和 $\boldsymbol{d}$ 与 Euler 角之间的关系在 10.3.2 小节第 2 部分中定义. 所谓图像 I 的定向问题就是确定三个 Euler 角或者等价地确定投影方向 $\boldsymbol{d}$ 和面内旋转. 显然, 解决定向问题对于 f 的重构是至关重要的, 然而由于冷冻电镜图像的噪声水平很高 (信噪比很低), 精确地定向是不可能的, 所以只能近似地定向.

10.3.2 预备知识

本小节引入公共线、Euler 角以及图像坐标系等概念.

1. 公共线

给定一 3D 函数 f, 设 I_1 和 I_2 分别为 f 的沿方向 $\boldsymbol{d}_1$ 和 $\boldsymbol{d}_2$ 的两个 X 射线投影图像, 这里假设 $\boldsymbol{d}_1 \neq \boldsymbol{d}_2$. 设 $\hat{I}_1$ 和 $\hat{I}_2$ 分别为 I_1 和 I_2 的 Fourier 变换, 那么由中心截面定理知, $\hat{I}_1$ 和 $\hat{I}_2$ 为 f 的 Fourier 变换在垂直于方向 $\boldsymbol{d}_1$ 和 $\boldsymbol{d}_2$ 的两个中心截面. 这两个平面的交线称之为 $\hat{I}_1$ 和 $\hat{I}_2$ 的**公共线**, 记之为 $\boldsymbol{l}(\lambda) = \lambda \boldsymbol{p}_{12} = \lambda \boldsymbol{p}_{21}$, 其中 $\boldsymbol{p}_{12} = \boldsymbol{p}_{21} \in \mathbf{S}^2$ 为两个单位向量, 称其为**公共线向量**, 它们确定了公共线的方向. 图 10.3.1 说明了在 Fourier 空间中公共线向量的定义.

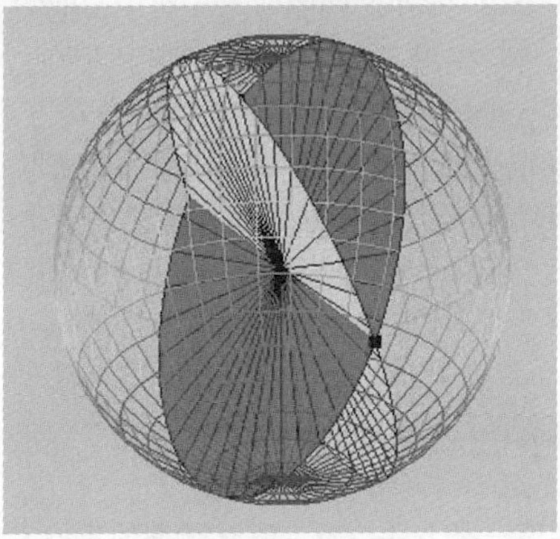

图 10.3.1 Fourier 空间中公共线向量的定义 (详见书后彩图)

给定 M $(M > 2)$ 个投影图像 $\{I_i\}_{i=1}^M$, 它们分别来自于不同的投影方向 $\{\boldsymbol{d}_i\}_{i=1}^M$ 和面内旋转角 $\{\gamma_i\}_{i=1}^M$, 那么任何两个图像 I_i 和 I_j $(i \neq j)$ 的 Fourier 变换存在一条公共线. 记图像 I_i 的所有的公共线向量的集合为 $\mathbf{P}_i = \{\boldsymbol{p}_{i,j} \mid j = 1, 2, \cdots, M, j \neq i\}$. 我们的目标是首先确定 $\mathbf{P}_i$ 中的点的坐标, 其中 $i = 1, \cdots, M$. 然后确定投影方向 $\{\boldsymbol{d}_i\}_{i=1}^M$ 和面内旋转角 $\{\gamma_i\}_{i=1}^M$.

2. 图像坐标系和面内旋转角

一个三维物体的朝向可以用三个 Euler 角 α, β 和 γ 来描述. 用 (x, y, z) 表示原始的右手坐标系, Euler 角 α, β 和 γ 定义为如下三次绕轴旋转的角度:

(1) 绕 z 轴旋转角度 $\alpha \in (-\pi, \pi]$. 该旋转产生新的坐标轴 x', y' 和 z' 且 $z' = z$.

(2) 绕 y' 轴旋转角度 $\beta \in [0, \pi]$. 该旋转产生新的坐标轴 x'', y'' 和 z'' 且 $y'' = y'$.

(3) 绕 z'' 轴旋转角度 $\gamma \in (-\pi, \pi]$. 该旋转产生新的坐标轴 X, Y 和 Z 且 $Z = z''$.

这些旋转可用矩阵表示如下:

$$\boldsymbol{R}_1\boldsymbol{R}_2\boldsymbol{R}_3 = [X, Y, Z]^{\mathrm{T}} = [\tilde{\boldsymbol{e}}_1, \tilde{\boldsymbol{e}}_2, \boldsymbol{d}]^{\mathrm{T}},$$

其中

$$\boldsymbol{R}_1 = \begin{bmatrix} \cos\gamma & \sin\gamma & 0 \\ -\sin\gamma & \cos\gamma & 0 \\ 0 & 0 & 1 \end{bmatrix}, \boldsymbol{R}_2 = \begin{bmatrix} \cos\beta & 0 & -\sin\beta \\ 0 & 1 & 0 \\ \sin\beta & 0 & \cos\beta \end{bmatrix}, \boldsymbol{R}_3 = \begin{bmatrix} \cos\alpha & \sin\alpha & 0 \\ -\sin\alpha & \cos\alpha & 0 \\ 0 & 0 & 1 \end{bmatrix},$$

且

$$\begin{aligned} \tilde{\boldsymbol{e}}_1 = &[\cos\gamma\cos\alpha\cos\beta - \sin\gamma\sin\alpha, \\ &\cos\gamma\sin\alpha\cos\beta + \sin\gamma\cos\alpha, -\cos\gamma\sin\beta]^{\mathrm{T}}, \end{aligned} \tag{10.3.1}$$

$$\begin{aligned} \tilde{\boldsymbol{e}}_2 = &[-\sin\gamma\cos\alpha\cos\beta - \cos\gamma\sin\alpha, \\ &-\sin\gamma\sin\alpha\cos\beta + \cos\gamma\cos\alpha, \sin\gamma\sin\beta]^{\mathrm{T}}, \end{aligned} \tag{10.3.2}$$

$$\boldsymbol{d} = [\cos\alpha\sin\beta, \sin\alpha\sin\beta, \cos\beta]^{\mathrm{T}}. \tag{10.3.3}$$

注意, $\tilde{\boldsymbol{e}}_1\tilde{\boldsymbol{e}}_2\boldsymbol{d}$ 坐标系也是右手的.

假定已经确定了投影图像 I 的投影方向 $\boldsymbol{d}$, 我们从 $\boldsymbol{d}$ 出发确定 Euler 角. 设 $\boldsymbol{d} = [d_x, d_y, d_z]^{\mathrm{T}} \in \mathbf{S}^2$, 如果 $\boldsymbol{d} \neq [0, 0, \pm 1]^{\mathrm{T}}$, 那么角 α 和 β 可由方程 (10.3.3) 唯一地确定. 事实上, 不需显式地计算出角 α 和 β, 我们所需要的是:

$$\cos\beta = d_z, \qquad \sin\beta = \sqrt{1 - d_z^2}, \tag{10.3.4}$$

$$\cos\alpha = d_x/\sqrt{1 - d_z^2}, \quad \sin\alpha = d_y/\sqrt{1 - d_z^2}. \tag{10.3.5}$$

如果 $\boldsymbol{d} = [0, 0, \pm 1]^{\mathrm{T}}$, 那么 β 唯一地确定, 但是 α 不能唯一确定, 可以置 $\alpha = 0$. 因此,

$$\cos\beta = d_z, \quad \sin\beta = 0, \quad \cos\alpha = 1, \quad \sin\alpha = 0. \tag{10.3.6}$$

在投影方向 $\boldsymbol{d}$ 上的投影图像 I 可视为定义在平面 $\boldsymbol{d}^{\perp} \subset \mathbb{R}^3$ 上的两元函数. 彼此正交的向量 $\tilde{e}_1$ 和 $\tilde{e}_2$ 为平面 $\boldsymbol{d}^{\perp}$ 的坐标轴方向. 公共线就是用该坐标系计算. 然而, 对于 $\gamma = 0$, 使用 (10.3.1) 和 (10.3.2), 可从投影方向 $\boldsymbol{d}$ 得到

$$\boldsymbol{e}_1 = [\cos\alpha\cos\beta, \ \sin\alpha\cos\beta, \ -\sin\beta]^{\mathrm{T}}, \tag{10.3.7}$$

$$\boldsymbol{e}_2 = [-\sin\alpha, \ \cos\alpha, \ 0]^{\mathrm{T}}. \tag{10.3.8}$$

从 $\tilde{\boldsymbol{e}}_1\tilde{\boldsymbol{e}}_2$ 坐标系转到 $\boldsymbol{e}_1\boldsymbol{e}_2$ 坐标系的旋转角度为面内旋转角 γ. 算法 10.3.4 利用这两个坐标系的差异计算面内旋转角.

3. B 样条径向基函数及其 Radon 变换

为了使用二维 Radon 变换在实空间中有效地计算公共线, 用三次 B 样条径向基函数表示二维图像 I. 给定一偶数 $m \geqslant 4$, 假定区域 $\Omega = \left[-\frac{n}{2}-1, \frac{n}{2}+1\right]^2$ 用格点

$$\boldsymbol{x_i} = ih, \quad -\frac{m}{2} \leqslant \boldsymbol{i} \leqslant \frac{m}{2}, \quad \boldsymbol{i} = (i_1, i_2),$$

均匀地进行了分割, 其中 $h = \dfrac{n+2}{m}$, 于是图像 I 可近似地表示为

$$I(\boldsymbol{x}) \approx \sum_{-\frac{m}{2}+2 \leqslant \boldsymbol{i} \leqslant \frac{m}{2}-2} c_{\boldsymbol{i}} \phi_{\boldsymbol{i}}(\boldsymbol{x}, h), \quad \boldsymbol{x} = [x_1, x_2]^{\mathrm{T}} \in \Omega, \tag{10.3.9}$$

其中 $\phi_{\boldsymbol{i}}(\boldsymbol{x}, h) = N(\|\boldsymbol{x} - \boldsymbol{i}h\|/h)$ 以及 $N(s)$ 为定义在节点 $-2, -1, 0, 1, 2$ 上的三次样条基函数. 设 $\boldsymbol{d} = \boldsymbol{\theta}^{\perp} \in \mathbf{S}^1$ 为一给定的方向, 则三次 B 样条径向基函数 $\phi_{\boldsymbol{i}}$ 沿方向 $\boldsymbol{d}$ 的二维 Radon 变换为

$$\begin{aligned}(\mathbf{R}\phi_{\boldsymbol{i}})(\theta, s) &= \int_{-\infty}^{\infty} \phi_{\boldsymbol{i}}(s\theta + t\boldsymbol{d}, h)\, \mathrm{d}t \\ &= \int_{-\infty}^{\infty} N\left(\left\|\left(s/h - \boldsymbol{i}^{\mathrm{T}}\boldsymbol{\theta}\right)\boldsymbol{\theta} + t\boldsymbol{d}/h\right\|\right)\, \mathrm{d}t \\ &= h\int_{-\infty}^{\infty} N\left(\|\boldsymbol{a_i}(s) + t\boldsymbol{d}\|\right)\, \mathrm{d}t \\ &= h\int_{-\infty}^{\infty} N\left(\sqrt{a^2 + t^2}\right)\, \mathrm{d}t,\end{aligned}$$

其中 $a = \|\boldsymbol{a_i}(s)\| = |s/h - \boldsymbol{i}^{\mathrm{T}}\boldsymbol{\theta}|$. 从 (8.3.11) 有

$$(\mathbf{R}\phi_{\boldsymbol{i}})(\theta, s) = \begin{cases} 2h\displaystyle\int_0^{\sqrt{1-a^2}} N\left(\phi(t)\right) \mathrm{d}t \\ +2h\displaystyle\int_{\sqrt{1-a^2}}^{\sqrt{4-a^2}} N\left(\phi(t)\right) \mathrm{d}t, & 0 \leqslant a \leqslant 1, \\ 2h\displaystyle\int_0^{\sqrt{4-a^2}} N\left(\phi(t)\right) \mathrm{d}t, & 1 < a < 2, \\ 0, & 2 \leqslant a < \infty, \end{cases} \tag{10.3.10}$$

其中 $\phi(t) = (t^2 + a^2)^{\frac{1}{2}}$. 使用表达式 (8.3.4), $\displaystyle\int (t^2 + a^2)^{\frac{1}{2}} \mathrm{d}t$ 和 $\int (t^2 + a^2)^{\frac{3}{2}} \mathrm{d}t$ 的积分公式, 函数 $\phi_{\boldsymbol{i}}$ 的二维 Radon 变换可以精确地计算, 于是图像 I 的 Radon 变换 $\mathbf{R}I$ 为

$$(\mathbf{R}I)(\theta, s) \approx \mathbf{R}\left(\sum_{\boldsymbol{i}} c_{\boldsymbol{i}} \phi_{\boldsymbol{i}}\right)(\theta, s) = \sum_{\boldsymbol{i}} c_{\boldsymbol{i}} (\mathbf{R}\phi_{\boldsymbol{i}})(\theta, s),$$

其中 $-\frac{m}{2}+2 \leqslant \boldsymbol{i} \leqslant \frac{m}{2}-2$, $(\mathbf{R}\phi_{\boldsymbol{i}})(\theta,s)$ 由 (10.3.10) 计算. 因为 $N(s)$ 是局部支集的, $\mathbf{R}I$ 的计算量是 $O(m^2)$, 所有图像的 Radon 变换的总计算量为 $O(Mm^2)$, 其中 M 为投影方向的总数. 与使用 FFT 相比, 该方法的计算量高一个阶. 然而它的表现是相当令人满意的. 若在 $(\mathbf{R}I)(\theta,s)$ 中忽略小系数的项:

$$(\mathbf{R}I)(\theta,s) \approx \sum_{\{c_{\boldsymbol{i}}>\epsilon\}} c_{\boldsymbol{i}}(\mathbf{R}\phi_{\boldsymbol{i}})(\theta,s), \tag{10.3.11}$$

其中 $\epsilon>0$ 是一个小的数, 则计算可以加速.

10.3.3　基于公共线的定向算法

给定一组冷冻电镜图像 $\{I_i\}_{i=1}^M$, 假定这些图像是经过中心对齐的. 定向的目的是确定这些图像的投影方向 $\{\boldsymbol{d}_i\}_{i=1}^M$ 和面内旋转角 $\{\gamma_i\}_{i=1}^M$, 其大致步骤如下: 先选定投影图像的一组主图像, 再确定这组主图像的公共线向量的坐标, 然后使用这些信息确定其余图像的公共线向量的坐标, 最后计算所有图像的投影方向和面内旋转角. 在上述过程中, 主图像的计算对于获得可靠的公共线和定向至关重要. 下面先给出主图像的计算方法, 用该算法得到的主图像具有最大的相异性.

1. 主图像的计算

设 $\{I_i\}_{i=1}^M$ 为一组给定的冷冻电镜图像. 下述算法计算 J 个主图像, 其中 J $(J \leqslant M)$ 是一用户指定的正整数.

算法 10.3.1 (计算主图像)

(1) 使用前一节定义的 FTTR 不变量, 把输入的图像分成 K 类 $\{\mathbf{C}_i\}_{i=1}^K$, 其中 K 为一给定的正整数, 满足 $J \leqslant K \leqslant M$. 记 $\mathbf{C}_i$ 中所有元素的 FTTR 不变量的全体为 $\tilde{\mathbf{C}}_i$.

(2) 计算类 $\tilde{\mathbf{C}}_i$ 中的所有元素的算术平均, 得到该类的中心, 记其为 $\tilde{C}_i$, $i=1,\cdots,K$.

(3) 在类 $\mathbf{C}_i$ 中, 选一个代表元 I_i, 使得 I_i 的 FTTR 不变量为 $\tilde{\mathbf{C}}_i$ 中离 $\tilde{C}_i$ 最近的元素.

(4) 使用下述平均除噪算法对代表元 I_i 进行除噪, $i=1,\cdots,K$.

(a) 在类 $\mathbf{C}_i$ 中, 找到 $D_i=\min\{D,|\mathbf{C}_i|\}$ 个离 I_i 最近的图像, 这里的距离由 FTTR 不变量的距离定义, D 为指定的常数, 取其为 10.

(b) 把上面找到的 D_i 个投影图像与 I_i 对齐.

(c) 对上一步对齐后的图像做算术平均. 均值图像 (仍记为 I_i) 就是所要的除噪后的图像.

(5) 从 K 个代表元计算 J 个主图像如下:

(a) 计算 I_i 和 I_j 之间的距离 d_{ij}:

$$d_{ij} = \min_{\substack{l=0,\cdots,L;\\ m=0,\cdots,2L-1}} \|\mathbf{R}I_i(\gamma_l, s) - \mathbf{R}I_j(\gamma_m, s)\|, \tag{10.3.12}$$

其中 $i, j = 1, \cdots, K$, $\gamma_l = l\pi/L$, $\gamma_m = m\pi/L$. 注意 $d_{ij} = d_{ji}$.

(b) 计算 I_i 的得分 s_i 如下:

$$s_i = \sum_{j=1,\cdots,K} d_{ij}, \quad i = 1, \cdots, K. \tag{10.3.13}$$

(c) 把分值 s_i 从小到大排序, 得分排在前面的 J 个代表元为所需的主图像.

注10.3.1 因为主图像是用分类算法确定的, 所以这些主图像的不相似性得以最大化且从这些主图像得到的方向彼此不相近, 这使得公共线的计算具有鲁棒性. 主图像的个数 J 是一小的整数, 只要求它大于 4. 使用大的 J 使运算量变大. 在后面的试验中, J 取为 6.

2. 实空间中公共线的计算

由于冷冻电镜图像具有很高的噪声, 直接计算两个图像之间的公共线会产生很大的误差. 为此, 在计算公共线之前, 应先对图像进行除噪. 下面介绍一个鲁棒的公共线计算方法.

设 I_i 和 I_j $(i \neq j)$ 为两个大小为 $h \times h$ 的二维投影图像, 则由推论 2.4.2 知, 存在方向 θ_{ij} 和 θ_{ji} 使得

$$\mathbf{R}I_i(\theta_{ij}, s) = \mathbf{R}I_j(\theta_{ji}, s). \tag{10.3.14}$$

也就是说, 在实空间中, 公共线分别是两个图像 I_i 和 I_j 沿方向 $\boldsymbol{d}_i = \boldsymbol{\theta}_{ij}^{\perp}$ 和 $\boldsymbol{d}_j = \boldsymbol{\theta}_{ji}^{\perp}$ 的两个一维投影. 因为投影图像带有高噪声, 公共线的计算需在图像经低通滤波之后进行. 设 G 为高斯滤波器, 则由定理 2.4.3 有, $\mathbf{R}(I * G) = \mathbf{R}I * \mathbf{R}G$.

加权互相关函数　设 $R_{ik} \in \mathbb{R}^{L+1}$ 为 I_i 的沿方向 $\boldsymbol{d}_{ik} = \boldsymbol{\theta}_{ik}^{\perp}, i = 1, \cdots, M$ 的一维投影的 $L+1$ 个采样. 再设 $G_0, G_1, \cdots, G_m$ 为一组二维高斯滤波器, 其定义如下:

$$G_r(x, y) = \frac{1}{2\pi\sigma_r^2} \mathrm{e}^{-\frac{x^2+y^2}{2\sigma_r^2}}, \ \sigma_r = \sqrt{\frac{h_r^2 - 1}{3}}, \quad r = 0, 1, \cdots, m,$$

其中 $h_r = E[\lambda^r h]$, $0 < \lambda < 1$ 以及 $E[\cdot]$ 表示取整运算. 计算

$$\begin{aligned} H_r(s) = \mathbf{R}G_r &= \frac{1}{2\pi\sigma_r^2} \mathrm{e}^{-\frac{s^2}{2\sigma_r^2}} \int_{-\infty}^{\infty} \mathrm{e}^{-\frac{t^2}{2\sigma_r^2}} \mathrm{d}t \\ &= \frac{1}{\sqrt{2\pi}\sigma_r} \mathrm{e}^{-\frac{s^2}{2\sigma_r^2}}, \quad r = 0, 1, \cdots, m \end{aligned}$$

和它们的离散矩阵形式 $\boldsymbol{D}_r$. 这里取 $\lambda = \dfrac{1}{2}$, $m = 4$. 对于图像 I_i 和 I_j 及投影方向 $\boldsymbol{d}_{ik} = \boldsymbol{\theta}_{ik}^{\perp}$ 和 $\boldsymbol{d}_{jl} = \theta_{jl}^{\perp}$, 定义如下的加权互相关函数:

$$
\begin{aligned}
c_{kl} &= \frac{1}{\|\boldsymbol{R}_{ik}\|\|\boldsymbol{R}_{jl}\|}\sum_{r=0}^{m} w_r(\boldsymbol{D}_r\boldsymbol{R}_{ik})^{\mathrm{T}}\boldsymbol{D}_r\boldsymbol{R}_{jl} \\
&= \frac{1}{\|\boldsymbol{R}_{ik}\|\|\boldsymbol{R}_{jl}\|}(\boldsymbol{R}_{ik})^{\mathrm{T}}\left(\sum_{r=0}^{m} w_r\boldsymbol{D}_r^{\mathrm{T}}\boldsymbol{D}_r\right)\boldsymbol{R}_{jl},
\end{aligned}
\tag{10.3.15}
$$

其中 w_r 为正的权系数, 满足条件 $\sum\limits_{r=0}^{m} w_r = 1$. 这 里取 $m = 4$ 和 $w_0 = \dfrac{125}{297}$, $w_1 = \dfrac{101}{297}$, $w_2 = \dfrac{53}{297}$, $w_3 = \dfrac{16}{297}$, $w_4 = \dfrac{2}{297}$.

因为图像的信噪比很低, 直接使用 (10.3.14) 鲁棒地计算 I_i 和 I_j 的公共线是困难的. 我们的策略是使用一组高斯滤波器平滑图像 I_i 和 I_j, 从而得到平滑水平不同的图像. 然后使用平滑了的图像计算公共线. 平滑后的图像的 Radon 变换使用定理 2.4.3 计算.

给定一组冷冻电镜图像 $\{I\}_{i=1}^{M}$, 它们之间公共线用如下算法计算.

算法 10.3.2 (计算公共线)

(1) 用三次 B 样条函数在最小二乘意义下逼近图像 I_i $(i = 1, \cdots, M)$.

(2) 把 I_i 的三次 B 样条表示转化为三次 B 样条径向基函数表示.

(3) 对于 $i = 1, \cdots, M-1$, $j = i+1, \cdots, M$ 执行如下操作:

(a) 对 $k = 0, \cdots, K-1$, 取 $\theta_{ik} = \left[\cos\dfrac{k}{K}\pi, \sin\dfrac{k}{K}\pi\right]^{\mathrm{T}}$, 并用 (10.3.11) 计算 R_{ik}. 对于 $l = 0, \cdots, L-1$, 取 $\theta_{jl} = \left[\cos\dfrac{l}{L}2\pi, \sin\dfrac{l}{L}2\pi\right]^{\mathrm{T}}$, 并用 (10.3.11) 计算 R_{jl}; 使用 (10.3.15) 计算 R_{ik} 和 R_{jl} 之间的加权互相关函数 $c_{k,l}$.

(b) 寻找 (k^*, l^*), 使得 $a_{k^*l^*} = \max a_{kl}$, 其中

$$
a_{kl} = \sum_{r=-n}^{n} \omega_r c_{k-r,l-r},
$$

以及 ω_r 为正的权系数.

(c) 输出图像 I_i 和 I_j 之间的 θ_{ik^*} 和 θ_{jl^*}.

在算法 10.3.2 的第三步 (b) 中, 取 $n = 2$ 和 $\omega_{\pm 2} = \dfrac{27}{44}$, $\omega_{\pm 1} = \dfrac{15}{44}$ 和 $\omega_0 = \dfrac{1}{22}$.

注10.3.2　在公式 (10.3.15) 中, 矩阵 $\boldsymbol{D} := \sum\limits_{r} w_r\boldsymbol{D}_r^{\mathrm{T}}\boldsymbol{D}_r$ 可以预先计算好. 由于 H_r 可以截断, 故 H_r 可处理成局部支集的, 因此 $\boldsymbol{D}$ 是一稀疏矩阵. 为了加速 c_{kl} 的计算, 离散卷积 $\boldsymbol{D}_r\boldsymbol{R}_{ik}$ 和 $\boldsymbol{D}_r\boldsymbol{R}_{jl}$ 可用快速 Fourier 变换计算.

3. 确定公共线向量的坐标

设 $I_j,\ j=1,\cdots,J\ (J\ll M)$ 为主图像. 用 $\mathbf{P}_j=\{\boldsymbol{p}_{j,1},\boldsymbol{p}_{j,2},\cdots,\boldsymbol{p}_{j,k_j}\}$ 表示 Fourier 变换 $\hat{I}_j$ 与其他图像的 Fourier 变换的公共线向量. 假定 $\boldsymbol{p}_{j,1},\boldsymbol{p}_{j,2},\cdots,\boldsymbol{p}_{j,k_j}$ 按角度递增排序. 图 10.3.2 用以说明点 $\boldsymbol{p}_{j,k}$ 的定义.

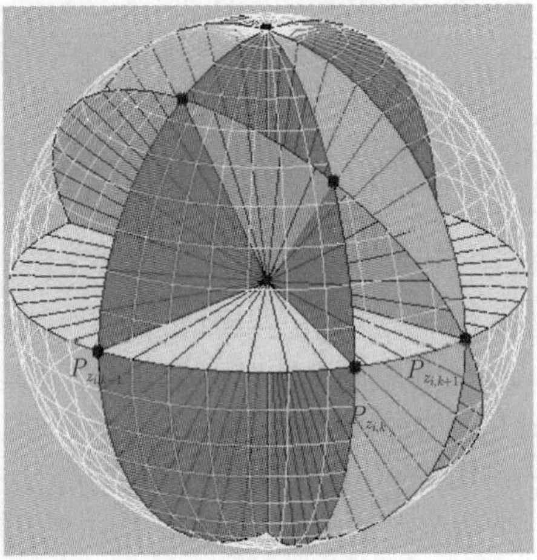

图 10.3.2　$\hat{I}_j$ 和 $\hat{I}_k$ 之间的公共线与球面 $\mathbf{S}^2$ 的交点 $\boldsymbol{p}_{j,k}$ (详见书后彩图)

设 $\mathbf{P}=\{\boldsymbol{p}_i\}_{i=1}^N=\cup_j\mathbf{P}_j$ 为这些图像的所有不同的公共线向量的序列. 记 $\mathbf{P}_j$ 中的点在 $\mathbf{P}$ 中的指标为 $\mathbf{Z}_j=\{z_{j,1},z_{j,2},\cdots,z_{j,k_j}\}$. 即, 如果 $\boldsymbol{p}_{j,k}=\boldsymbol{p}_i\in\mathbf{P}$, 那么 $z_{j,k}=i$. 设 $\boldsymbol{p}\in\mathbf{P}_i$, 如果 $\boldsymbol{p}=\boldsymbol{p}_\alpha\in\mathbf{P}$, 则把 $\boldsymbol{p}$ 的指标 $Z(\boldsymbol{p})$ 置为 α. 虽然 $\mathbf{P}$ 是 $\mathbb{R}^3$ 中的点集, 但 $\mathbf{P}_j$ 中的点位于一个二维平面内. 设 (u,v) 为该平面的局部坐标, 则 $\mathbf{P}_j$ 中的每一点 $\boldsymbol{p}_{j,k}$ 有一个 uv 坐标. 设 $\boldsymbol{q}_{j,k}\in\mathbb{R}^2$ 为 $\boldsymbol{p}_{j,k}$ 的 uv 坐标表示, 并记 $\mathbf{Q}_j=\{\boldsymbol{q}_{j,1},\cdots,\boldsymbol{q}_{j,k_j}\}$, 且给 $\boldsymbol{q}_{j,k}$ 指定一个整数 $Z(\boldsymbol{q}_{j,k})=Z(\boldsymbol{p}_{j,k})$.

假定已经得到 $\mathbf{Q}_j$ (使用算法 10.3.2) 和 $\mathbf{Z}_j,\ j=1,\cdots,J$, 则对于图像 I_i 中毗邻的三点 $\boldsymbol{q}_{z_{i,k-1}}$, $\boldsymbol{q}_{z_{i,k}}$ 和 $\boldsymbol{q}_{z_{i,k+1}}$, 可构造如下线性方程:

$$\boldsymbol{q}_{z_{i,k}}=\frac{t}{\mu}\boldsymbol{q}_{z_{i,k-1}}+\frac{1-t}{\mu}\boldsymbol{q}_{z_{i,k+1}},\tag{10.3.16}$$

其中

$$t=\frac{u_3v_2-u_2v_3}{v_3(u_1-u_2)-u_3(v_1-v_2)},$$
$$\mu=\frac{u_1v_2-u_2v_1}{v_3(u_1-u_2)-u_3(v_1-v_2)},$$

以及 (u_1,v_1), (u_2,v_2) 和 (u_3,v_3) 分别为点 $\boldsymbol{q}_{z_{i,k-1}}$, $\boldsymbol{q}_{z_{i,k}}$ 和 $\boldsymbol{q}_{z_{i,k+1}}$ 的坐标, 那么与这

三点对应的三维空间的点 $\boldsymbol{p}_{z_{i,k-1}}$, $\boldsymbol{p}_{z_{i,k}}$ 和 $\boldsymbol{p}_{z_{i,k+1}}$ 满足相同的方程

$$\boldsymbol{p}_{z_{i,k}} = \frac{t}{\mu}\boldsymbol{p}_{z_{i,k-1}} + \frac{1-t}{\mu}\boldsymbol{p}_{z_{i,k+1}}. \tag{10.3.17}$$

把方程 (10.3.17) 加到总方程组的第 $z_{i,k}$ 个方程上. 具体地说就是, 把 1 加到 $n_{z_{i,k}}$ 上, 把 $\dfrac{t}{\mu}$ 加到 $a_{z_{i,k},z_{i,k-1}}$ 上, 最后把 $\dfrac{1-t}{\mu}$ 加到 $a_{z_{i,k},z_{i,k+1}}$ 上, 得到总方程组

$$\mathrm{diag}[n_1,\cdots,n_N]\boldsymbol{P} = \boldsymbol{AP},$$

其中 $\boldsymbol{P} = [\mathbf{p}_1,\cdots,\mathbf{p}_N]^{\mathrm{T}} \in \mathbb{R}^{N\times 3}$ 为未知量. 把该方程组规范化为

$$\boldsymbol{P} = \boldsymbol{BP}, \tag{10.3.18}$$

其中 $\boldsymbol{B} = \mathrm{diag}[n_1^{-1},\cdots,n_N^{-1}]A$, 即 $\boldsymbol{P}$ 的每一列为 $\boldsymbol{B}$ 的关于特征值 1 的特征向量.

求解线性方程组 (10.3.18), 即可确定点的坐标, 由此可确定所有主图像的定向和面内旋转. 应当指出的是, 方程 $\boldsymbol{P} = \boldsymbol{BP}$ 是齐次的, 它的解不能唯一确定. 从几何的观点来说, 这一事实可以解释为定向问题有一个绕原点任意旋转的自由度. 为了使方程 (10.3.18) 有唯一解, 把 $\hat{I}_1$ 的定义域固定为 XY 平面, 于是 $\mathbf{P}_1$ 中所有的点是已知的. 把这些已知点代入到方程 (10.3.18) 中, 并把已知项移到方程的右端, 则得到下述方程:

$$\boldsymbol{CX} = \boldsymbol{R}, \tag{10.3.19}$$

其中 $\boldsymbol{C} \in \mathbb{R}^{N\times(N-k_1)}$, $\boldsymbol{X} \in \mathbb{R}^{(N-k_1)\times 3}$ 由 $\boldsymbol{P}$ 中除了 XY 平面上的已知点的其余点组成, $\boldsymbol{R} \in \mathbb{R}^{N\times 3}$. 因为已知点均在 XY 平面上, $\boldsymbol{R}$ 的第三列由零元素组成. 这里使用 $C^{\mathrm{T}}C$ 的奇异值分解求解 (10.3.19) 的法方程:

$$\boldsymbol{C}^{\mathrm{T}}\boldsymbol{CX} = \boldsymbol{C}^{\mathrm{T}}\boldsymbol{R}.$$

设 $\boldsymbol{C}^{\mathrm{T}}\boldsymbol{C} = \boldsymbol{U\Sigma}V^{\mathrm{T}}$ 为 $\boldsymbol{C}^{\mathrm{T}}\boldsymbol{C}$ 的奇异值分解 (参见文献 [134]), $\boldsymbol{Y} = \boldsymbol{V}^{\mathrm{T}}\boldsymbol{X}$, 则有

$$\boldsymbol{\Sigma Y} = \boldsymbol{U}^{\mathrm{T}}\boldsymbol{C}^{\mathrm{T}}\boldsymbol{R}, \quad \boldsymbol{\Sigma} = \mathrm{diag}[\sigma_1,\cdots,\sigma_{N-k_1}],$$

通常, 矩阵 $\boldsymbol{C}^{\mathrm{T}}\boldsymbol{C}$ 的秩是 $N-k_1-1$, 于是置 $\sigma_{N-k_1}=0$, 且有

$$[\boldsymbol{y}_1,\cdots,\boldsymbol{y}_{N-k_1-1}]^{\mathrm{T}} = \mathrm{diag}[\sigma_1^{-1},\cdots,\sigma_{N-k_1-1}^{-1}][\boldsymbol{U}^{\mathrm{T}}\boldsymbol{C}^{\mathrm{T}}\boldsymbol{R}]_{N-k_1-1},$$

其中 $\boldsymbol{y}_i^{\mathrm{T}}$ 为 $\boldsymbol{Y}$ 的第 i 行, 以及 $[\boldsymbol{U}^{\mathrm{T}}\boldsymbol{C}^{\mathrm{T}}\boldsymbol{R}]_{N-k_1-1}$ 由 $\boldsymbol{U}^{\mathrm{T}}\boldsymbol{C}^{\mathrm{T}}\boldsymbol{R}$ 的前 $N-k_1-1$ 行组成. 因为

$$\boldsymbol{y}_{N-k_1} = \boldsymbol{\xi} = [\xi_1,\ \xi_2,\ \xi_3]^{\mathrm{T}} \in \mathbb{R}^3$$

是一个自由的向量参数, 所以有

$$\boldsymbol{X} = \boldsymbol{V}_{N-k_1-1}[\boldsymbol{y}_1, \cdots, \boldsymbol{y}_{N-k_1-1}]^{\mathrm{T}} + \boldsymbol{v}_{N-k_1}\boldsymbol{\xi}^{\mathrm{T}}, \tag{10.3.20}$$

其中 $\boldsymbol{V}_{N-k_1-1}$ 由 $\boldsymbol{V}$ 的前 $N-k_1-1$ 列组成, $\boldsymbol{v}_{N-k_1}$ 是 $\boldsymbol{V}$ 的最后一列. 从 (10.3.20) 知, $\boldsymbol{X}$ 的最后一列是 $\boldsymbol{v}_{N-k_1}\boldsymbol{\xi}_3$.

确定 $\boldsymbol{X}$ 的参数 $\boldsymbol{\xi}$ 使得每一点的长度为 1. 设

$$\boldsymbol{x}_i^{\mathrm{T}} = \boldsymbol{z}_i^{\mathrm{T}} + v_i\boldsymbol{\xi}^{\mathrm{T}}, \quad i = 1, \cdots, N-k_1-1$$

为 (10.3.20) 的第 i 行. 则由 $\boldsymbol{z}_i$ 的第三个分量为零这一事实, 有如下关于未知量为 ξ_1, ξ_2 和 $\beta \in \mathbb{R}$ 的方程:

$$\beta v_i^2 + 2v_i\boldsymbol{z}_i^{\mathrm{T}}\boldsymbol{\xi} + \|\boldsymbol{z}_i\|^2 = 1, \quad i = 1, \cdots, N-k_1.$$

在最小二乘意义下求解该方程, 得到 $\boldsymbol{\xi} = [\xi_1, \xi_2, \xi_3]^{\mathrm{T}}$, 其中 $\xi_3 = \sqrt{\beta - \xi_1^2 - \xi_2^2}$. 也可以取 ξ_3 为 $-\sqrt{\beta - \xi_1^2 - \xi_2^2}$. 这种取法导致点 $\boldsymbol{p}_i$ 的 z 分量改变符号. 因此, ξ_3 的符号决定了所使用的坐标系是左手的或右手的. 然而, 仅凭公共线的信息, 无法辨别使用了哪种坐标系.

主图像的公共线向量的坐标确定以后, 需确定其余图像的定向. 对于每一个非主图像 I_ω, 使用算法 10.3.2 计算图像 I_ω 和 I_j $(j = 1, \cdots, J)$ 之间的公共线, 以获得集合 $\mathbf{Q}_\omega = \{\boldsymbol{q}_{\omega,1}, \cdots, \boldsymbol{q}_{\omega,k_\omega}\}$. 使用 (10.3.17) 和已知的数据 $\mathbf{P}_j$ $(j = 1, \cdots, J)$ 计算这些公共线与球面 $\mathbf{S}^2$ 的交点集合 $\mathbf{P}_\omega = \{\boldsymbol{p}_{\omega,1}, \cdots, \boldsymbol{p}_{\omega,k_\omega}\}$. 在 (10.3.17) 中, 对于每一个在 $\mathbf{P}_\omega$ 中的左端项, 选取其右端项为已知的那些方程, 以使其左端可由右端直接算出, 从而不用解方程.

注10.3.3 在形成方程 (10.3.16) 时, 如果 $k = 1$, 取 $\boldsymbol{q}_{i,k-1}$ 为 $-\boldsymbol{q}_{i,k_i}$, 且把 $\dfrac{t}{\mu}$ 加到 $a_{z_{i,k}, z_{i,k_i}}$ 上. 类似地, 如果 $k = k_i$, 取 $\boldsymbol{q}_{i,k+1}$ 为 $-\boldsymbol{q}_{i,1}$, 且把 $\dfrac{1-t}{\mu}$ 加到 $a_{z_{i,k}, z_{i,1}}$ 上.

注10.3.4 如果 $\boldsymbol{q}_{i,k}$ 的毗邻点 $\boldsymbol{q}_{i,k-1}$ 或 $\boldsymbol{q}_{i,k+1}$ 离 $\boldsymbol{q}_{i,k}$ 太近, 就用下一个毗邻点来代替, 其中点之间的远近用点的极角差的绝对值来度量. 如果该值小于 0.1, 则认为两点离的太近.

计算复杂度 因为非主图像是分别定向的, 因此定向算法的计算复杂度关于图像的个数是线性的.

4. 确定投影方向 $\{\boldsymbol{d}_i\}_{i=1}^M$ 和面内旋转角 $\{\gamma_i\}_{i=1}^M$

得到所有图像的公共线向量的坐标 $\mathbf{P}_1, \cdots, \mathbf{P}_M$ 之后, 使用如下算法计算投影方向 $\{\boldsymbol{d}_i\}_{i=1}^M$ 和面内旋转角 $\{\gamma_i\}_{i=1}^M$.

算法 10.3.3(一个图像定向)

确定向量 $\boldsymbol{d}_\omega \in \mathbb{R}^3$, 使得

$$\|\boldsymbol{d}_\omega\| = 1, \quad \boldsymbol{p}^{\mathrm{T}}\boldsymbol{d}_\omega = 0, \quad \forall \boldsymbol{p} \in \mathbf{P}_\omega \tag{10.3.21}$$

方程 (10.3.21) 可用系数矩阵的奇异值分解求解. 设 $\boldsymbol{P}$ 为方程组 $\boldsymbol{p}^{\mathrm{T}}\boldsymbol{d}_\omega = 0$ 的系数矩阵以及 $\boldsymbol{W} = \boldsymbol{P}^{\mathrm{T}}\boldsymbol{P} \in \mathbb{R}^{3\times 3}$, 则 $\boldsymbol{d}_\omega$ 计算如下:

设 $\boldsymbol{W} = \boldsymbol{U}\boldsymbol{\Sigma}V^{\mathrm{T}}$ 为 $\boldsymbol{W}$ 的奇异值分解, 其中 $\boldsymbol{U}$ 和 $\boldsymbol{V}$ 为 $\mathbb{R}^{3\times 3}$ 中的正交矩阵, $\boldsymbol{\Sigma} = \mathrm{diag}[\sigma_1, \sigma_2, \sigma_3]$ 以及 σ_i 为矩阵 $\boldsymbol{W}$ 的奇异值, 满足 $\sigma_1 \geqslant \sigma_2 \geqslant \sigma_3$. 因为 $\mathbf{P}_\omega$ 中所有向量位于一个平面之内, 所以理论上矩阵 $\boldsymbol{W}$ 的秩为 2. 但在实际问题中, 由于噪声和计算误差, $\boldsymbol{W}$ 的秩通常为 3. 但是, σ_3 要比 σ_1 和 σ_2 小得多. 于是, 方程 (10.3.21) 用下面的方程代替

$$\mathrm{diag}[\sigma_1, \sigma_2, 0]\boldsymbol{V}^{\mathrm{T}}\boldsymbol{d}_\omega = 0, \quad \|\boldsymbol{d}_\omega\| = 1.$$

因为 $\|\boldsymbol{V}^{\mathrm{T}}\boldsymbol{d}_\omega\| = \|\boldsymbol{d}_\omega\|$, 所以有 $\boldsymbol{d}_\omega = V[0,0,1]^{\mathrm{T}}$.

对于图像 I_ω, 有了 $\boldsymbol{d}_\omega$, $\mathbf{P}_\omega$ 和 $\mathbf{Q}_\omega$, 面内旋转角 γ_ω 可由下述算法计算.

算法 10.3.4(计算面内旋转角)

(1) 设 $\boldsymbol{d} = \boldsymbol{d}_\omega$, 先用 (10.3.4)~(10.3.6) 计算 $\sin\alpha$, $\cos\alpha$, $\sin\beta$ 和 $\cos\beta$, 然后使用 (10.3.7) 和 (10.3.8) 计算 $\boldsymbol{e}_1$ 和 $\boldsymbol{e}_2$.

(2) 置

$$\tilde{\boldsymbol{q}}_{\omega,k} = [\boldsymbol{e}_1, \boldsymbol{e}_2]^{\mathrm{T}}\boldsymbol{p}_{\omega,k}, \quad k = 1, \cdots, k_\omega. \tag{10.3.22}$$

因为 $\boldsymbol{q}_{\omega,k}$ 是用 $\tilde{e}_1\tilde{e}_2$ 坐标系 (10.3.1) 和 (10.3.2) 计算的, 所以面内旋转角 γ_ω 由极小化如下能量泛函确定:

$$E_1(\gamma_\omega) = \sum_{k=1}^{k_\omega} \|\boldsymbol{R}(\gamma_\omega)\boldsymbol{q}_{\omega,k} - \tilde{\boldsymbol{q}}_{\omega,k}\|^2, \tag{10.3.23}$$

或者

$$E_2(\gamma_\omega) = \sum_{k=1}^{k_\omega} \|\boldsymbol{R}(\gamma_\omega)\boldsymbol{q}_{\omega,k} - \boldsymbol{E}\tilde{\boldsymbol{q}}_{\omega,k}\|^2, \tag{10.3.24}$$

其中 $\boldsymbol{R}(\gamma_\omega)$ 是由角 γ_ω 所定义的旋转矩阵:

$$\boldsymbol{R}(\gamma_\omega) = \begin{bmatrix} \cos\gamma_\omega & -\sin\gamma_\omega \\ \sin\gamma_\omega & \cos\gamma_\omega \end{bmatrix}, \quad E = \begin{bmatrix} 1 & 0 \\ 0 & -1 \end{bmatrix}.$$

角 γ_ω 可通过求解方程 $E_1'(\gamma_\omega) = 0$ 或者 $E_2'(\gamma_\omega) = 0$ 得到. 方程 $E_1'(\gamma_\omega) = 0$ 可表示成

$$\sum_{k=1}^{k_\omega} \tilde{\boldsymbol{q}}_{\omega,k}^{\mathrm{T}} \begin{bmatrix} \sin\gamma_\omega & \cos\gamma_\omega \\ -\cos\gamma_\omega & \sin\gamma_\omega \end{bmatrix} \boldsymbol{q}_{\omega,k} = 0.$$

它可以写为 $\cos(\gamma_\omega)a = \sin(\gamma_\omega)b$, 其中

$$a = \sum_{k=1}^{k_\omega} \tilde{\boldsymbol{q}}_{\omega,k}^{\mathrm{T}} \begin{bmatrix} 0 & -1 \\ 1 & 0 \end{bmatrix} \boldsymbol{q}_{\omega,k}, \quad b = \sum_{k=1}^{k_\omega} \tilde{\boldsymbol{q}}_{\omega,k}^{\mathrm{T}} \boldsymbol{q}_{\omega,k}.$$

(a) 如果 $a = b = 0$, γ_ω 可以是任意的数, 可以取 $\gamma_\omega = 0$.

(b) 如果 $a = 0$ 和 $b \neq 0$, $\gamma_\omega = 0$ 或者 $\gamma_\omega = \pi$.

(c) 如果 $a \neq 0$, $\gamma_\omega = \operatorname{arccot}^1\left(\dfrac{b}{a}\right) \in (0,\pi)$ 或者 $\gamma_\omega = \operatorname{arccot}\left(\dfrac{b}{a}\right) + \pi \in (\pi, 2\pi)$.

容易看出, 方程 $E_1'(\gamma_\omega) = 0$ 的两个解之一是 $E_1(\gamma_\omega)$ 的极小值点, 另一个解是 $E_1(\gamma_\omega)$ 的极大值点. 计算 $E_1(\gamma_\omega)$ 的二阶导数, 有

$$E_1''(\gamma_\omega) = \sum_{k=1}^{k_\omega} \tilde{\boldsymbol{q}}_{\omega,k}^{\mathrm{T}} \boldsymbol{R}(\gamma_\omega) \boldsymbol{q}_{\omega,k}.$$

使 $E_1''(\gamma_\omega) = \sum\limits_{k=1}^{k_\omega} \|\boldsymbol{q}_{\omega,k}\|^2 > 0$ 的解是 E_1 的极小值点.

方程 $E_2'(\gamma_\omega) = 0$ 可类似地求解. 在 E_1 和 E_2 的两个极小值点中, 取使能量泛函达到较小的那一个作为所要求的面内旋转角.

现在总结定向算法如下.

定向算法概要

(1) 使用算法 10.3.1, 从图像 $\{I_i\}_i^M$ 中选出 $J\ (\ll M)$ 个主图像.

(2) 使用算法 10.3.2 计算主图像之间的公共线.

(3) 置第一个主图像 I_0 的定向为 $\boldsymbol{d} = [0,0,1]^{\mathrm{T}}$, 面内旋转角为零, 然后确定主图像的公共线向量的坐标.

(4) 计算非主图像的公共线向量的坐标.

(5) 使用算法 10.3.3 和算法 10.3.4, 确定所有图像的投影方向和面内旋转角.

10.3.4 实验结果

本节使用模拟冷冻电镜图像检验定向算法. 为了产生模拟的冷冻电镜图像, 使用晶体结构文件 1FFK.pdb 合成一个大小为 $140 \times 140 \times 140$ 的体数据. 该晶体结构为最大的核糖体亚单位. 然后使用 10000 个随机选取的投影方向产生 10000 幅体数据的投影图像. 为了考察定向算法的鲁棒性, 在投影图像上加上不同信噪比的高斯白噪声. 取信噪比分别为 10.0, 5.0, 1.0, 0.5 和 0.25, 得到了 5 组加噪的图像. 图 10.3.3 显示的是未加噪的以及加了不同噪声水平的图像组的前 6 幅图像.

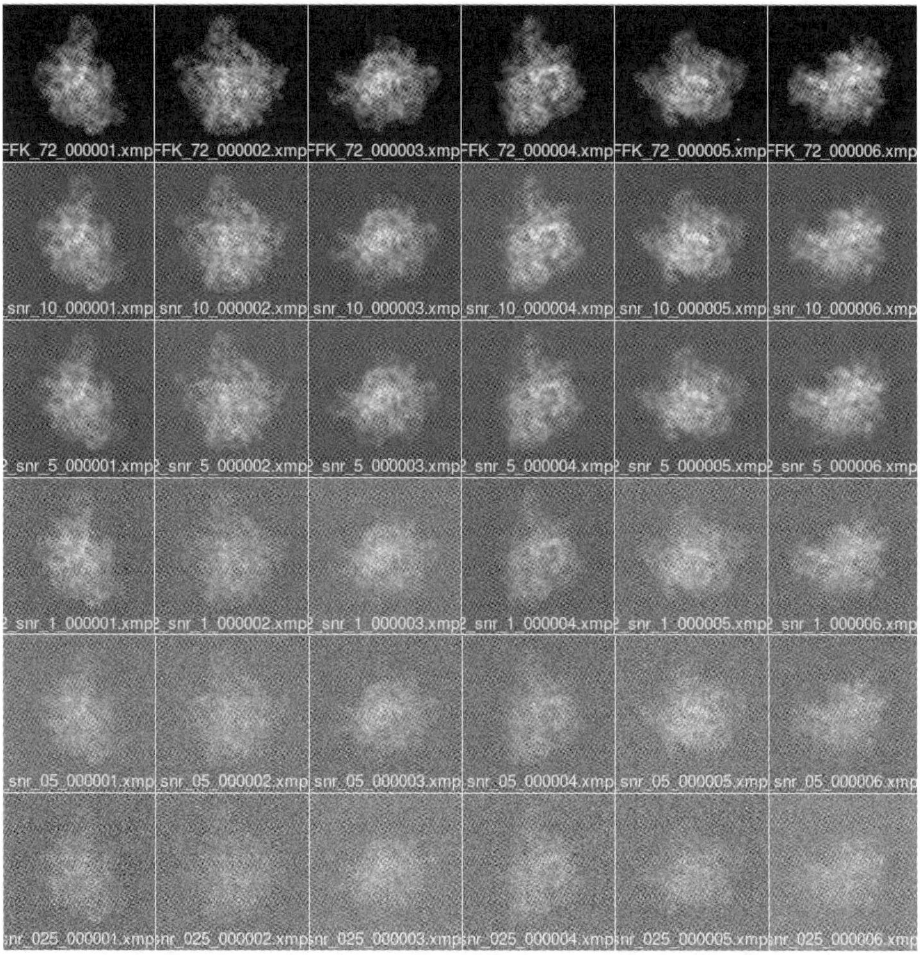

图 10.3.3　从第一行到最后一行的图像分别为无噪的投影图像以及信噪比为 10.0, 5.0, 1.0, 0.5, 0.25 的加噪投影图像

在实验中, 分别应用定向算法于 6 组数据. 算法中的 K 取为 256, J 取为 6. 对于高信噪比的数据 (信噪比为 10.0, 5.0), 在算法 10.3.1 的第 4 步中, 没有使用基于平均的除噪操作.

下面先说明 256 个代表元的定向结果. 表 10.3.1 列出了角度误差小于 5° 和 10° 的方向的个数占总方向数的百分比. 图 10.3.4 显示的是计算的方向 (用十字标记在单位球面上的点) 和精确的投影方向 (用圆圈标记在单位球面上的点). 从图 10.3.4(a)~(e) 可看出, 当信噪比下降时, 定向的结果变得越来越不精确. 当信噪比为 10.0 和 5.0 时, 计算的投影方向和精确的投影方向的差非常小.

表 10.3.1 对于不同的信噪比, 角度误差小于 5° 和 10° 的方向的个数占总方向数的百分比

信噪比	误差小于 10°	误差小于 5°
10	100%	100%
5	100%	100%
1	99.61%	96.48%
0.5	98.85%	84.35%
0.25	93.36%	79.69%

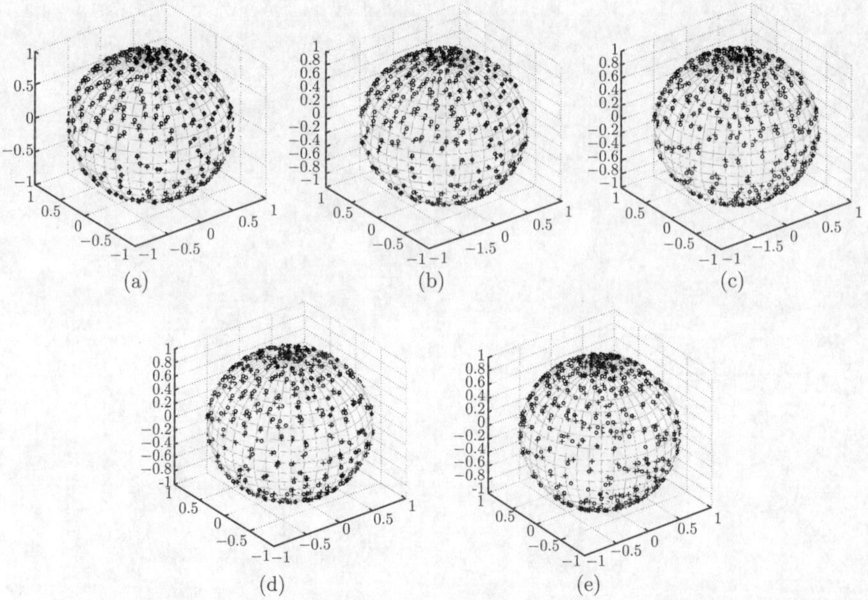

图 10.3.4 (a)~(e) 所显示的分别是信噪比为 10, 5, 1, 0.5, 0.25 的有噪的 K 个代表元的定向结果. 圆圈点为精确的方向, 十字点为用定向算法计算的方向

现在来看无噪声和加了不同水平噪声 (信噪比为 10, 5, 1, 0.5, 0.25) 的 10000 幅图像的定向结果, 图 10.3.5 显示的是计算的方向和精确方向之间的误差的直方图. 从该图可以看出, 即使噪声水平很高, 定向的结果还是令人满意的. 因为使用了基于平均的除噪算法, 定向算法非常鲁棒. 另外, 算法的效率也很高, 计算 10000 个投影图像的投影方向花费了大约 40 分钟 (使用配备 Intel Xeon 2.40 GHz CPU 的计算机) 的时间.

最后, 使用公共软件 xmipp (xmipp_reconstruct_wbp (见文献 [119])) 中的加权后投影重构算法, 对于下述两种情况重构了两组体数据:

(1) 使用 10000 幅带有不同水平噪声的投影图像以及精确的投影方向.

(2) 使用 10000 幅带有不同水平噪声的投影图像以及用定向算法从这些有噪数

据计算出来的投影方向.

为了说明这些重构体数据的等值面的相似性, 在图 10.3.6 显示了这些体数据的等值面, 其中水平值取为体数据的中值. 可以看出, 用计算出来的投影方向重构的结果与使用精确投影方向重构的结果非常相似, 所以定向算法的结果是可靠的.

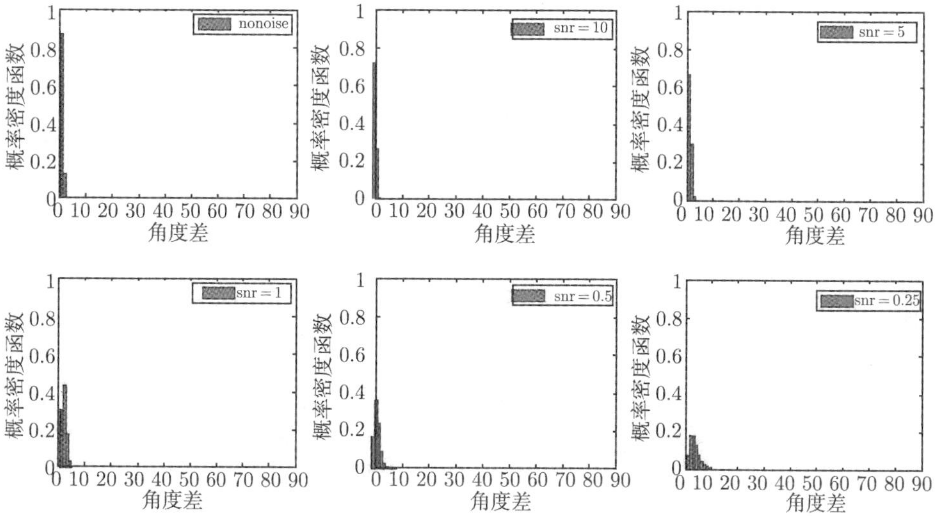

图 10.3.5　对于无噪的数据、信噪比为 10, 5, 1, 0.5, 0.25 的数据, 计算的方向和精确的方向之间的误差的直方图. 误差为 90° 时是最坏的结果

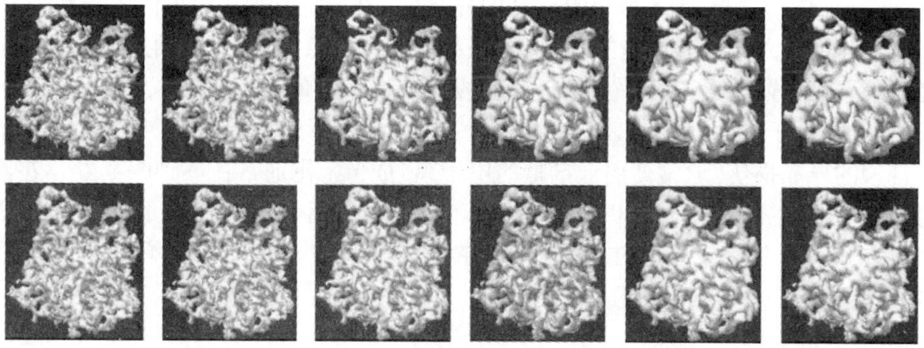

图 10.3.6　重构体数据的等值面. 第一行显示的是使用 10000 个加不同水平噪声的投影图像和精确的投影方向时, 重构的体数据的等值面. 第二行显示的是使用与第一行相同的图像但使用计算的投影方向时, 重构的体数据的等值面

表 10.3.2 列出了每一个重构的体数据的分辨率, 这里分辨率是在 Fourier 壳相

关性的值 FSC 为 0.5 处计算的. Fourier 壳相关性是在重构的体数据和精确的体数据两者之间计算的. 容易看到, 当信噪比较低时 (信噪比小于 1), 使用计算的投影方向重构的体数据甚至比使用精确的投影方向重构的体数据的分辨率还高. 这一令人惊诧的事实是由于当投影图像所加的噪声很高时, 精确的投影方向可能不再适用于精确的体数据. 所以, 重构的体数据已远离精确的体数据. 表 10.3.2 中, FSC > 0.5 意味着所有的 FSC 值均大于 0.5, 因而在 0.5 处计算不出分辨率.

表 10.3.2 对于不同信噪比的投影图像, 使用精确投影方向和计算的投影方向重构的体数据的分辨率

信噪比	5	1	0.5	0.25
使用精确投影方向的分辨率	FSC> 0.5	5.74Å	6.95Å	8.97Å
使用计算投影方向的分辨率	4.26Å	5.67Å	6.82Å	8.77Å

10.4 Cryo-ET 图像重构的前处理

第 3 章已经介绍了冷冻电镜断层术即 Cryo-ET 的图像采集方式. 这种成像方式与医学领域的 CT 成像类似, 不同之处是 CT 是旋转光源而 Cryo-ET 是光源固定旋转样品. 在旋转样品的过程中, 由于样品台和样品的移动导致不同倾斜角下的投影图像产生了平移和旋转的差异, 因此在重构前需要对图像进行对齐等前处理工作, 本节部分内容取自文献 [119].

10.4.1 Cryo-ET 图像重构的流程

在使用冷冻样品制备术获得所需的样品后, 开始进行图像数据的收集和处理. 首先将样品放入电子显微镜的样品台, 在起始位置成像后, 绕倾斜轴旋转一定的角度, 进行新的成像. 经过一系列的旋转和投影获得一定角度范围内样品的多个二维投影图像. 由于 Cryo-ET 技术需要对同一个样品进行多次成像, 为了避免电子束辐射带来的样品损伤, 通常使用低剂量的电子束, 成像范围通常在 $[-70^\circ, +70^\circ]$. 在获得投影图像数据后, Cryo-ET 图像重构的流程主要包括 CTF 校正、图像去噪、图像对齐和三维重构. Cryo-ET 图像的 CTF 校正原理与 Cryo-EM 单颗粒分析相同. 本节主要讨论 Cryo-ET 图像的对齐.

由于样品在旋转过程中样品和样品台的移动导致成像中心的偏移, 因此需要对图像进行对齐操作. 常用的对齐方法包括标记法和无标记法. 标记法是在样品制备过程中加入一定量的标记物比如胶体金, 这些标记物能够在收集的图像中清晰可见, 因此可以根据标记物在不同角度图像中的位置进行对齐. 无标记法不需要加入胶体金, 通过对收集的图像进行平移和旋转的分析, 确定图像的对齐参数. 无标记法包括互相关分析[122], 等价线法[188] 以及基于特征的对齐方法[36] 等. 下面介绍标记法和互相关分析方法.

10.4.2 Cryo-ET 图像的对齐

假设样品绕 y 轴倾斜成像. 在理想的成像条件下, 样品精确地围绕 y 轴倾斜, 并且样品和样品台在成像过程中不发生移动和旋转, 那么获得的图像不再有平移和旋转的误差, 因此不需要对齐. 但是在实际成像过程中, 样品和样品台的移动, 电子显微镜放大倍数的扰动以及图像记录设备产生的形变等因素, 会导致不同倾斜角下生成的图像产生平移, 旋转以及尺度上的差异. 为便于讨论, 我们只考虑由于样品和样品台的移动产生的平移和旋转偏差.

下面我们给出标记法的投影模型和求解方法. 设 xyz 是对应于电子显微镜的全局坐标架, $x'y'z'$ 是样品的标架. 当倾斜角为 0 时, 样品的标架与显微镜的标架重合. 记 n_F 是样品中标记物的个数, $\boldsymbol{r}_i = [x_i, y_i, z_i]^{\mathrm{T}}$ 是第 i 个标记物在倾斜角为 0 时的样品中的坐标. uv 是投影图像平面, $\boldsymbol{p}'_{ij} = [u'_{ij}, v'_{ij}]^{\mathrm{T}}$ 是第 j 个标记物在第 i 个投影图像中的坐标. 那么标记物的投影模型为

$$\boldsymbol{p}'_{ij} = \boldsymbol{A}_i \boldsymbol{r}_j + \boldsymbol{d}_i, \quad \boldsymbol{A}_i = \begin{bmatrix} a_{i1} & a_{i2} & a_{i3} \\ a_{i4} & a_{i5} & a_{i6} \end{bmatrix}, \quad \boldsymbol{d}_i = [\Delta u_i, \Delta v_i)]^{\mathrm{T}}, \tag{10.4.1}$$

其中 $\boldsymbol{A}_i = \boldsymbol{R}_{\psi_i} \boldsymbol{Y}_i \boldsymbol{R}_{\theta_i}$, $\boldsymbol{R}_{\theta_i}, \boldsymbol{R}_{\psi_i}$ 和 $\boldsymbol{Y}_i$ 分别定义如下:

$$\boldsymbol{R}_{\theta_i} = \begin{bmatrix} \cos\theta_i & \sin\theta_i & 0 \\ -\sin\theta_i & \cos\theta_i & 0 \\ 0 & 0 & 1 \end{bmatrix}, \quad \boldsymbol{R}_{\psi_i} = \begin{bmatrix} \cos\psi_i & \sin\psi_i \\ -\sin\psi_i & \cos\psi_i \end{bmatrix},$$

$$\boldsymbol{Y}_i = \begin{bmatrix} 1 & 0 & 0 \\ 0 & 1 & 0 \end{bmatrix} \begin{bmatrix} \cos\phi_i & 0 & -\sin\phi_i \\ 0 & 1 & 0 \\ \sin\phi_i & 0 & \cos\phi_i \end{bmatrix}.$$

在实际成像过程中, 由于样品及样品台的移动, 使得样品先绕 z 轴旋转角度 θ_i, 然后再绕新的 y 轴做角度为 ϕ_i 的倾斜旋转, 之后投影到成像平面上, 再经过角度为 ψ_i 的旋转后成像. 由 (10.4.1) 可以看出, 给定 $\boldsymbol{p}'_{ij}$, 存在不唯一的 $\boldsymbol{r}_j, \boldsymbol{d}_i$ 使得 (10.4.1) 成立. 通过取样品的坐标原点为所有标记物的坐标重心, 即

$$\boldsymbol{r}_{n_F} = -\sum_{j=1}^{n_F-1} \boldsymbol{r}_j,$$

能够避免该问题的发生.

设 $\boldsymbol{p}_{ij} = [u_{ij}, v_{ij}]^{\mathrm{T}}$ 是直接从第 i 个图像计算得到的第 j 个标记物的坐标, 是已知量, $\boldsymbol{p}'_{ij}$ 是未知量, 因此可以建立如下的最优化模型:

$$\min \ E(\boldsymbol{A}_i, \boldsymbol{r}_j, \boldsymbol{d}_i),$$

其中

$$E(\boldsymbol{A}_i, \boldsymbol{r}_j, \boldsymbol{d}_i) = \sum_i \sum_{j \in V_i} \|\boldsymbol{p}'_{ij} - \boldsymbol{p}_{ij}\|_2^2,$$

V_i 是出现在第 i 个图像中的标记物的集合.

通过计算 $\dfrac{\partial E}{\partial \Delta u_i} = 0, \dfrac{\partial E}{\partial \Delta v_i} = 0$ 可得

$$\Delta u_i = \frac{1}{n_i} \sum_{j \in V_i} (u_{ij} - a_{i1}x_j - a_{i2}y_j - a_{i3}z_j),$$

$$\Delta v_i = \frac{1}{n_i} \sum_{j \in V_i} (v_{ij} - a_{i4}x_j - a_{i5}y_j - a_{i6}z_j),$$

其中 n_i 是集合 V_i 中元素的个数. 如果令 $\bar{\boldsymbol{p}}_i = \sum\limits_{j \in V_i} \dfrac{\boldsymbol{p}_{ij}}{n_i}, \bar{\boldsymbol{r}}_i = \sum\limits_{j \in V_i} \dfrac{\boldsymbol{r}_j}{n_i}$, 那么上式可表示为

$$\boldsymbol{d}_i = \bar{\boldsymbol{p}}_i - \boldsymbol{A}_i \bar{\boldsymbol{r}}_i. \tag{10.4.2}$$

将上式代入 (10.4.1) 可得

$$\boldsymbol{p}'_{ij} = \boldsymbol{A}_i(\boldsymbol{r}_j - \bar{\boldsymbol{r}}_i) + \bar{\boldsymbol{p}}_i,$$

以及极小化问题:

$$\min\ E(\boldsymbol{A}_i, \boldsymbol{r}_j), \quad \text{s.t. } \boldsymbol{r}_{n_F} = -\sum_{j=1}^{n_F - 1} \boldsymbol{r}_j, \tag{10.4.3}$$

其中

$$E(\boldsymbol{A}_i, \boldsymbol{r}_j) = \sum_i \sum_{j \in V_i} \|\boldsymbol{A}_i(\boldsymbol{r}_j - \bar{\boldsymbol{r}}_i) + \bar{\boldsymbol{p}}_i - \boldsymbol{p}_{ij}\|_2^2.$$

通过求解模型 (10.4.3) 并且利用 (10.4.2) 可以得到每幅图像的对齐参数. 之后通过对第 i 幅图像 $\boldsymbol{u}_i$ 作变换 $\boldsymbol{u}_i^{\text{aligned}} = \boldsymbol{R}_{\psi_i}^{-1}(\boldsymbol{u}_i - \boldsymbol{d}_i)$ 得到对齐后的图像. 为了避免落入局部极小解, 求解时需要选取好的初始值. 使用标记法进行 Cryo-ET 图像对齐的优势是能够获得全部投影图像一致的对齐参数. 对于较复杂的投影模型, 比如考虑样品的形变等因素的标记对齐方法请参考文献 [119].

使用互相关分析的无标记对齐方法基于如下简化的模型:

$$\boldsymbol{p}'_{ij} = \boldsymbol{Y}_i \boldsymbol{r}_j + \boldsymbol{d}_i. \tag{10.4.4}$$

因此对齐只需要确定图像之间的平移参数. 通过使用平移互相关函数 (10.1.2) 可以得到两幅图像之间的对齐参数. 由图 10.4.1 可知, 长度为 l 的图像在倾斜角度为 ϕ 时得到的投影图像长度为 $l\cos\phi$. 因此在对齐前需要将图像沿垂直倾斜轴的方向延

伸 $1/\cos\phi$ 倍, 并通过重采样获得与 0° 倾斜角同样大小的图像. 然后使用平移互相关函数 (10.1.2) 确定对齐参数. 考虑到图像较低的信噪比, 在使用平移互相关函数前通常还需要对重采样后的图像进行滤波. 在获得平移参数 $\boldsymbol{d}_i = [\Delta u_i, \Delta v_i]^{\mathrm{T}}$ 后, 需要将 $\boldsymbol{d}_i$ 沿垂直倾斜轴的方向缩小 $\cos\phi$ 倍, 从而得到原始的两幅图像之间相应的对齐参数. 为了确定所有图像的全局平移对齐参数, 可以先选取一幅图像作为参考, 然后分别计算相邻两幅图像之间相应的对齐参数. 通过这些相应的对齐参数以及参考图像可以得到每幅图像关于参考图像的全局对齐参数.

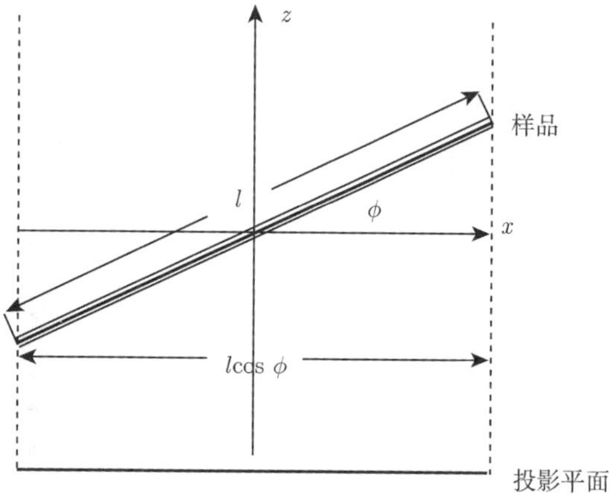

图 10.4.1　长度为 l 的图像在倾斜角度为 ϕ 时得到的投影图像长度为 $l\cos\phi$

第 11 章　重构图像的分割

通过图像重构我们得到一个二维或三维数据场 (图像), 本章考虑如何分割这个二维或三维图像, 简称为图像分割问题. 图像分割是图像处理和计算机视觉等领域中的一个十分重要的课题, 它是图像分析与理解的基础. 图像分割的目的是将图像中具有特殊含义的不同区域分割开来, 这些区域是互不相交的, 每一个区域都有其内在一致性. 在图像分割中变分方法应用广泛, 其中最为经典的变分模型是提出于 1989 年的 Mumford-Shah 模型[205]. 该模型假设图像在每个区域上是光滑的, 只在区域边界处不连续. 在 Mumford-Shah 模型的基础上, 许多学者陆续提出了一些简化模型和改进模型[183, 288, 289, 311]. 求解这一类变分模型的常用方法是水平集方法[55]. 该方法的优点是用水平集函数表示的边缘轮廓能够自适应地改变拓扑结构, 计算简便, 且可同时提取多个不同物体的边缘. 本章将对一些常用的图像分割模型进行介绍.

11.1　Mumford-Shah 模型

Mumford-Shah 模型[204] (简称为 MS 模型) 是图像分割的一个经典变分模型. 设 C 为图像的定义域 $\Omega \subset \mathbb{R}^d$ ($d=2$ 或 3) 中的封闭轮廓, 当 $d=2$ 时, C 由若干条封闭曲线组成, 当 $d=3$ 时, C 由若干封闭曲面组成. 设 $u_0 : \Omega \to \mathbb{R}$ 为给定的待分割图像. 图像分割的 MS 模型为

$$\min_{u,C}\left\{\int_{\Omega}|u_0-u|^2\mathrm{d}\boldsymbol{x}+\mu\int_{\Omega\setminus C}|\nabla u|^2\mathrm{d}\boldsymbol{x}+\nu|C|\right\}, \tag{11.1.1}$$

其中 μ 和 ν 为给定的正参数, $|C|$ 表示分割曲线 C 的弧长 ($d=2$ 时) 或分割曲面 C 的面积 ($d=3$ 时) , u 表示 u_0 的一个分片连续的逼近. 对于一个给定的定义在 Ω 上的图像 u_0, MS 模型的目标是寻找区域 Ω 上的分割轮廓 C 和一个分片连续的图像 u, 使得 Ω 被 C 分割为一些互不相交的子区域 Ω_i, 且 u 作为 u_0 的近似图像在子区域 Ω_i 内部均匀变化, 但在边界 C 上可以不连续.

如果将近似图像 u 限制为分片常数的图像, 即在每个子区域 Ω_i 中 u 恒等于常数 c_i, 则得到 MS 模型的一个退化模型, 称之为分片常数的 Mumford-Shah 模型 (简记为 PCMS 模型)[60]. 假设 Ω 被 C 分成了 Ω_1 和 Ω_2 两部分, 则 PCMS 模型的

表达式如下:

$$\min_{c_1,c_2,C}\left\{\sum_{i=1}^{2}\lambda_i\int_{\Omega_i}|u_0-c_i|^2\mathrm{d}\boldsymbol{x}+\nu|C|\right\},\tag{11.1.2}$$

其中 λ_1, λ_2 和 ν 为给定的正参数. 该模型由 T. Chan 和 L. Vese 提出, 因此也被称为 Chan-Vese 模型. 容易看出, 对于固定的 C, 模型 (11.1.2) 的极小解 c_1 和 c_2 分别取值为 u_0 在子区域 Ω_1 和 Ω_2 上的平均值. PCMS 模型只适用于同区域内灰度或亮度值较为均匀的图像, 而对于较复杂的图像, 例如同区域内灰度值有显著变化的图像, 或是光照不均匀的图像, 则分割效果不佳.

为了克服分片常数 Mumford-Shah 模型的局限性, L. Vese 和 T. Chan 提出了如下分片光滑的 Mumford-Shah 模型 (PSMS 模型)[289]:

$$\min_{u_1,u_2,C}\left\{\sum_{i=1}^{2}\lambda_i\int_{\Omega_i}|u_0-u_i|^2\mathrm{d}\boldsymbol{x}+\sum_{i=1}^{2}\mu\int_{\Omega_i}|\nabla u_i|^2\mathrm{d}\boldsymbol{x}+\nu|C|\right\},\tag{11.1.3}$$

其中 λ_1, λ_2, μ 和 ν 为给定的、正的参数, u_1 和 u_2 为定义在 Ω 上的函数. 设 (u_1,u_2,C) 为模型 (11.1.3) 的解, 则可得到图像 u_0 的分片光滑的近似函数

$$u(\boldsymbol{x})=\begin{cases}u_1(\boldsymbol{x}), & \boldsymbol{x}\in\Omega_1,\\ u_2(\boldsymbol{x}), & \boldsymbol{x}\in\Omega_2.\end{cases}$$

对于固定的分割边界 C, 极小化关于变量 u_1 和 u_2 的能量模型 (11.1.3), 需求解如下的 Euler-Lagrange 方程:

$$\begin{cases}\lambda_i(u_i-u_0)=\mu\Delta u_i, & 在\ \Omega_i\ 内,\ i=1,2,\\ \dfrac{\partial u_i}{\partial\boldsymbol{n}}=0, & 在\ \partial\Omega_i\ 上,\end{cases}\tag{11.1.4}$$

其中 $\boldsymbol{n}$ 表示边界上的单位法向. 与 PCMS 模型相比, PSMS 模型的计算更为复杂和耗时, 并且分割结果对初始值的选取非常敏感.

因为 Mumford-Shah 模型是非凸问题, 直接求解极小化问题 (11.1.1), (11.1.2), (11.1.3) 等比较困难, 人们通常采用水平集方法[215, 217] 来求解这一类模型. 对于一个给定的边界轮廓 C, 可将其隐式地表示为水平集函数 $\phi:\Omega\to\mathbb{R}$ 的零水平集. 边界 C 将区域 Ω 分成 $\Omega_1=\{\boldsymbol{x}:\phi(\boldsymbol{x})>0\}$ 和 $\Omega_2=\{\boldsymbol{x}:\phi(\boldsymbol{x})<0\}$ 两部分. 于是, 关于边界 C 的能量模型被转化成了关于水平集函数 ϕ 的模型. 水平集方法的优点是能够自适应地改变边界的拓扑结构, 且可同时提取多个不同物体的边缘. 但是, 在求解过程中, 需要对水平集函数进行重新初始化, 并且只能求得局部极小解. 因此, 在文献 [39, 59] 中, 作者提出了将 Mumford-Shah 等相关模型转化为凸松驰模型的方法, 并通过求解凸松驰模型的 Euler-Lagrange 方程得到全局极小解. 此外, T. Goldstein 等还提出了用分裂 Bregman 迭代算法来求解关于图像分割的凸松驰模型[132].

11.2 RSF 模型

针对光照不均匀的图像, C. Li 等提出了一个基于可伸缩的区域拟合 (region-scalable fitting) 的能量模型 (简记为 RSF 模型)[182, 183]:

$$\min_{u_1,u_2,C}\left\{\sum_{i=1}^{2}\lambda_i\int_{\Omega}\int_{\Omega_i}K(\boldsymbol{x}-\boldsymbol{y})|u_0(\boldsymbol{y})-u_i(\boldsymbol{x})|^2\mathrm{d}\boldsymbol{y}\mathrm{d}\boldsymbol{x}+\nu|C|\right\}, \tag{11.2.1}$$

其中 λ_1, λ_2 和 ν 为给定的正参数, $K(\boldsymbol{x})$ 为核函数, u_1 和 u_2 分别为图像 u_0 在区域 Ω_1 和 Ω_2 上的拟合函数. 对于任意的 $\boldsymbol{x}\in\Omega$, 设 $\mathcal{O}_{\boldsymbol{x}}$ 表示 $\boldsymbol{x}$ 的一个邻域, 模型 (11.2.1) 的第一项的作用是使 $u_i(\boldsymbol{x})$ 近似于原图像 $u_0(\boldsymbol{y})$ 在 $\boldsymbol{y}\in\Omega_i\cap\mathcal{O}_{\boldsymbol{x}}$ 上的像素值, 邻域的大小由核函数 K 控制. 因此, 我们将 RSF 模型称为基于可伸缩的区域拟合的能量模型. 函数 K 通常选用高斯核函数

$$G_\sigma(\boldsymbol{x})=\frac{1}{(2\pi)^{d/2}\sigma^d}\mathrm{e}^{-|\boldsymbol{x}|^2/2\sigma^2},$$

其中 $\sigma>0$ 为区域可伸缩的参数. 高斯核函数使得越邻近 $\boldsymbol{x}$ 的像素值 $u_0(\boldsymbol{y})$ 对拟合函数值 $u_i(\boldsymbol{x})$ 的贡献越大. 设 H 表示 Heaviside 函数, 即

$$H(x)=\begin{cases}1, & x\geqslant 0,\\ 0, & x<0,\end{cases}$$

则 RSF 模型的水平集形式为

$$\min_{u_1,u_2,\phi}\left\{\sum_{i=1}^{2}\lambda_i\int_{\Omega}\int_{\Omega}G_\sigma(\boldsymbol{x}-\boldsymbol{y})|u_0(\boldsymbol{y})-u_i(\boldsymbol{x})|^2H_i(\phi(\boldsymbol{y}))\mathrm{d}\boldsymbol{y}\mathrm{d}\boldsymbol{x}+\nu\int_{\Omega}|\nabla H(\phi)|\mathrm{d}\boldsymbol{x}\right\}, \tag{11.2.2}$$

其中 $H_1=H$, $H_2=1-H$. 固定 ϕ, 极小化关于 u_i, $i=1,2$, 的能量 (11.2.2), 则得到如下 u_i 的更新公式:

$$u_i(\boldsymbol{x})=\frac{G_\sigma(\boldsymbol{x})*\big(u_0(\boldsymbol{x})H_i(\phi(\boldsymbol{x}))\big)}{G_\sigma(\boldsymbol{x})*H_i(\phi(\boldsymbol{x}))}, \tag{11.2.3}$$

其中 $*$ 表示卷积算子. 文献 [183] 中的实验结果表明, RSF 模型对于光照不均匀图像的分割效果优于 PSMS 模型和文献 [76] 中提到的均值平移方法. 由于 RSF 模型的求解需要进行大量的卷积运算, 因此该方法在计算速度上不占优势.

11.3 光照非均匀的 Mumford-Shah 模型

受光照条件和成像设备等因素的影响, 我们得到的真实图像经常存在灰度值不均匀的现象. 例如, 在核磁共振成像过程中, 磁场分布的不均匀会导致生成的 MRI

图像亮度不均, 即同一物体呈现的灰度值与其在图像中的位置有关. 为了解决光照不均匀图像的分割问题, 本节在经典 Mumford-Shah 模型的基础上给出一个新的能量模型. 由于所提出的模型是非凸的, 难于直接求解, 于是我们先将模型转化为关于水平集函数的凸优化问题, 再采用快速有效的分裂 Bregman 迭代算法求解优化问题. 本节的内容源自文文献 [11].

设 $u(\boldsymbol{x})$ 为定义在区域 $\Omega \subset \mathbb{R}^d$ ($d = 2$ 或 3) 上的图像. 函数 $u(\boldsymbol{x})$ 可由两个分量来表征: 入射分量 $I(\boldsymbol{x})$ 和反射分量 $R(\boldsymbol{x})$[135], 其中入射分量的性质取决于照射源, 而反射分量取决于成像物体的特性. 两个分量的乘积构成了 $u(\boldsymbol{x})$, 即

$$u(\boldsymbol{x}) = I(\boldsymbol{x})R(\boldsymbol{x}). \tag{11.3.1}$$

我们将入射分量 $I(\boldsymbol{x})$ 称为光照场, 将反射分量 $R(\boldsymbol{x})$ 称为真实图像.

设 $u_0 : \Omega \to \mathbb{R}$ 为给定的待分割图像. 对原图像 u_0 的近似图像 $u(\boldsymbol{x}) = I(\boldsymbol{x})R(\boldsymbol{x})$ 作如下假设:

(1) 图像 u 的光照场 $I(\boldsymbol{x})$ 是一个光滑函数, 它在图像区域 Ω 上是平缓渐变的.

(2) 图像 u 的真实图像 $R(\boldsymbol{x})$ 在区域 $\Omega_1, \cdots, \Omega_N$ 上的取值分别为 $c_1, \cdots, c_N$, 其中 $\{\Omega_i\}_{i=1}^N$ 是 Ω 的一个分割, 即 $\Omega = \cup_{i=1}^N \bar{\Omega}_i$, 且当 $i \neq j$ 时, $\Omega_i \cap \Omega_j = \varnothing$.

在许多实际应用中, 对原图像 u_0 的近似图像 u 作上述假设是合理的. 例如, 在生物医学成像中, 光照场 $I(\boldsymbol{x})$ 与磁场或 X 射线场有关, 通常是光滑变化的, 而具有相同特征属性的结构区域可以近似看作是均一的.

设轮廓 C 将图像区域 $\Omega \subset \mathbb{R}^d$ 分割为 N 个互不相交的区域 $\Omega_1, \cdots, \Omega_N$. 根据假设条件 (1) 和 (2), 原图像 u_0 的近似图像可写成

$$u(\boldsymbol{x}) = I(\boldsymbol{x})R(\boldsymbol{x}) = \begin{cases} c_1 I(\boldsymbol{x}), & \boldsymbol{x} \in \Omega_1, \\ \vdots & \\ c_N I(\boldsymbol{x}), & \boldsymbol{x} \in \Omega_N, \end{cases} \tag{11.3.2}$$

对于 $\boldsymbol{x} \in \Omega \backslash \big(\cup_{i=1}^N \Omega_i \big)$, 补充定义 $\boldsymbol{u}(\boldsymbol{x}) = 0$. 于是, 原图像 u_0 与近似图像 u 之间的误差为

$$\int_\Omega |u_0(\boldsymbol{x}) - u(\boldsymbol{x})|^2 \mathrm{d}\boldsymbol{x} = \sum_{i=1}^N \int_{\Omega_i} |u_0(\boldsymbol{x}) - c_i I(\boldsymbol{x})|^2 \mathrm{d}\boldsymbol{x}.$$

对于原图像 u_0, 构造关于分割轮廓 C 和近似函数 u 的保真项如下:

$$\mathscr{E}_0(\boldsymbol{c}, I, C) = \sum_{i=1}^N \lambda_i \int_{\Omega_i} |u_0(\boldsymbol{x}) - c_i I(\boldsymbol{x})|^2 \mathrm{d}\boldsymbol{x}, \tag{11.3.3}$$

其中 $\boldsymbol{c} = [c_1, \cdots, c_N]^{\mathrm{T}}$, 正参数 $\lambda_1, \cdots, \lambda_N$ 分别表示关于区域 $\Omega_1, \cdots, \Omega_N$ 的误差权重系数. 权重系数 λ_i 越大, 表示对区域 Ω_i 的误差惩罚越大.

为了得到光滑的分割轮廓, 我们在保真项的基础上引入一个规整项 $|C|$. 另外, 为了使光照场 I 尽量光滑, 还需引入关于 I 的规整项 $\int_\Omega |\nabla I|^2 \mathrm{d}\boldsymbol{x}$. 于是, 得到如下能量模型:

$$\min_{\boldsymbol{c},I,C} \mathscr{E}_N(\boldsymbol{c},I,C), \tag{11.3.4}$$

其中

$$\mathscr{E}_N(\boldsymbol{c},I,C) = \sum_{i=1}^N \lambda_i \int_{\Omega_i} |u_0(\boldsymbol{x}) - c_i I(\boldsymbol{x})|^2 \mathrm{d}\boldsymbol{x} + \mu \int_\Omega |\nabla I|^2 \mathrm{d}\boldsymbol{x} + \nu |C|,$$

$\mu > 0$ 和 $\nu > 0$ 为给定的规整项系数, 称能量模型 (11.3.4) 为灰度值非均匀 (intensity inhomogeneous) 的 Mumford-Shah 模型 (简称为 IIMS 模型).

注11.3.1 假设 $(\boldsymbol{c}^*, I^*, C^*)$ 是能量泛函 $\mathscr{E}_N(\boldsymbol{c},I,C)$ 的极小解, 则不难发现, 对于任意 $a \in (0,1)$, 有 $\mathscr{E}_N(\boldsymbol{c}^*/a, aI^*, C^*) < \mathscr{E}_N(\boldsymbol{c}^*, I^*, C^*)$. 这与 $(\boldsymbol{c}^*, I^*, C^*)$ 是能量泛函极小解的假设矛盾. 因此问题 (11.3.4) 是不适定的. 为了解决不适定的问题, 我们要求光照场的最大值 $I_{\max} = 1$. 对于光照场的这一约束, 将在后面给出的算法中得到体现.

注11.3.2 不难看出, IIMS 模型是对 PCMS 模型的推广. 如果令光照场 $I(\boldsymbol{x})$ 恒等于 1, 则 IIMS 模型 (11.3.4) 退化成 PCMS 模型 (11.1.2). IIMS 模型在 PCMS 模型的基础上引入了光照场, 使得分割模型适用于光照不均匀的图像. 另一方面, IIMS 模型是 Mumford-Shah 模型 (11.1.1) 的一种特殊情况.

11.3.1 IIMS 模型的水平集形式

为了便于求解, 考虑能量泛函 $\mathscr{E}_N(\boldsymbol{c},I,C)$ 的水平集形式. 假设 Ω 中的封闭轮廓 C 可隐式地表示为一个水平集函数 $\phi: \Omega \to \mathbb{R}$ 的零水平集, 即 $C = \{\boldsymbol{x} \in \Omega : \phi(\boldsymbol{x}) = 0\}$, 则 Ω 被 C 分成了两个子区域 Ω_1 和 Ω_2, 其中

$$\begin{cases} \Omega_1 = \{\boldsymbol{x} \in \Omega : \phi(\boldsymbol{x}) > 0\}, \\ \Omega_2 = \{\boldsymbol{x} \in \Omega : \phi(\boldsymbol{x}) < 0\}. \end{cases} \tag{11.3.5}$$

在 IIMS 模型 (11.3.4) 中, 当 $N = 2$ 时, 只需要一个水平集函数即可表示出分割区域 Ω_1 和 Ω_2, 而当 $N > 2$ 时, 则需要用两个或更多个水平集函数来表示分割区域 $\{\Omega_i\}_{i=1}^N$. 下面分别考虑使用一个和两个水平集函数这两种情况.

一个水平集函数 (N=2) 设水平集函数 $\phi(\boldsymbol{x})$ 将图像区域 Ω 分割成了两个子区域 Ω_1 和 Ω_2, 其中 Ω_1 表示 $\phi(\boldsymbol{x}) > 0$ 的区域, Ω_2 表示 $\phi(\boldsymbol{x}) < 0$ 的区域. 于是,

IIMS 模型的能量泛函 $\mathscr{E}_2(\boldsymbol{c}, I, C)$ 可转化为如下的水平集形式:

$$\mathscr{F}_2(\boldsymbol{c}, I, \phi) = \lambda_1 \int_\Omega |u_0 - c_1 I|^2 H_1(\phi) \mathrm{d}\boldsymbol{x} + \lambda_2 \int_\Omega |u_0 - c_2 I|^2 H_2(\phi) \mathrm{d}\boldsymbol{x} + \mu \int_\Omega |\nabla I|^2 \mathrm{d}\boldsymbol{x} + \nu \int_\Omega |\nabla H(\phi)| \mathrm{d}\boldsymbol{x}, \tag{11.3.6}$$

其中 $\boldsymbol{c} = [c_1, c_2]^{\mathrm{T}}$, $H_1(\phi) = H(\phi)$, $H_2(\phi) = 1 - H(\phi)$.

能量泛函 (11.3.6) 的极小解可采用交替迭代的方法求得. 在每个迭代步中, 分别关于变量 $\boldsymbol{c}$, I 和 ϕ 对 $\mathscr{F}_2(\boldsymbol{c}, I, \phi)$ 进行极小化.

(1) 固定 I 和 ϕ, 容易得出能量 $\mathscr{F}_2(\boldsymbol{c}, I, \phi)$ 关于 $\boldsymbol{c}$ 的极小解的表达式

$$c_i = \int_\Omega I u_0 H_i(\phi) \mathrm{d}\boldsymbol{x} \bigg/ \int_\Omega I^2 H_i(\phi) \mathrm{d}\boldsymbol{x}, \quad i = 1, 2. \tag{11.3.7}$$

(2) 固定 $\boldsymbol{c}$ 和 ϕ, $\mathscr{F}_2(\boldsymbol{c}, I, \phi)$ 关于光照场 I 的 Euler-Lagrange 方程如下:

$$\mu \Delta I = \sum_{i=1}^{2} \lambda_i c_i (c_i I - u_0) H_i(\phi). \tag{11.3.8}$$

(3) 固定的 $\boldsymbol{c}$ 和 I, 能量泛函 (11.3.6) 关于水平集函数 ϕ 的梯度流如下:

$$\frac{\partial \phi}{\partial t} = \delta(\phi) \left[\nu \mathrm{div} \left(\frac{\nabla \phi}{|\nabla \phi|} \right) - \left(\lambda_1 (u_0 - c_1 I)^2 - \lambda_2 (u_0 - c_2 I)^2 \right) \right], \tag{11.3.9}$$

其中

$$\delta(x) = H'(x) = \begin{cases} +\infty, & x = 0, \\ 0, & x \neq 0 \end{cases}$$

为 Dirac delta 函数.

于是, 我们得到如下的极小化水平集形式能量泛函 (11.3.6) 的交替迭代算法.

算法 11.3.1 (极小化能量泛函 (11.3.6) 的交替迭代算法)

(1) 给定待分割图像 u_0, 初始分割 Ω_1 和 Ω_2, 迭代次数 M. 初始化 $I(\boldsymbol{x}) \equiv 1$. 令

$$\phi(\boldsymbol{x}) = \begin{cases} 0.5, & \boldsymbol{x} \in \Omega_1, \\ -0.5, & \boldsymbol{x} \in \Omega_2, \\ 0, & \text{其他}. \end{cases}$$

置 $l = 0$.

(2) 用公式 (11.3.7) 更新 $\boldsymbol{c} = [c_1, c_2]^{\mathrm{T}}$.

(3) 求解 L^2 梯度流 (11.3.9), 更新水平集函数 ϕ.

(4) 用 Gauss-Seidel 迭代法求解 (11.3.8), 得到新的光照场 I. 设 $I_{\max}$ 为 $I(\boldsymbol{x})$ 的最大值. 如果 $I_{\max} > 0$, 令 $I(\boldsymbol{x}) = I(\boldsymbol{x})/I_{\max}$, $\boldsymbol{c} = \boldsymbol{c}\, I_{\max}$; 否则, 令 $I(\boldsymbol{x}) \equiv 1$.

(5) 置 $l = l + 1$. 如果 $l < M$, 返回第 (2) 步, 否则, 算法停止, 并由 (11.3.5) 得到图像的分割区域 Ω_1 和 Ω_2.

两个水平集函数 ($N = 4$)　设 $\phi_1(\boldsymbol{x})$ 和 $\phi_2(\boldsymbol{x})$ 为定义在 Ω 上的两个水平集函数, 且令

$$\begin{cases} \Omega_1 = \{\boldsymbol{x} \in \Omega : \phi_1(\boldsymbol{x}) > 0,\ \phi_2(\boldsymbol{x}) > 0\}, \\ \Omega_2 = \{\boldsymbol{x} \in \Omega : \phi_1(\boldsymbol{x}) > 0,\ \phi_2(\boldsymbol{x}) < 0\}, \\ \Omega_3 = \{\boldsymbol{x} \in \Omega : \phi_1(\boldsymbol{x}) < 0,\ \phi_2(\boldsymbol{x}) > 0\}, \\ \Omega_4 = \{\boldsymbol{x} \in \Omega : \phi_1(\boldsymbol{x}) < 0,\ \phi_2(\boldsymbol{x}) < 0\}. \end{cases} \tag{11.3.10}$$

于是, 水平集函数 ϕ_1 和 ϕ_2 将图像区域 Ω 分割成了四个子区域 $\{\Omega_i\}_{i=1}^4$, 分割轮廓为 $C = \{\boldsymbol{x} \in \Omega : \phi_1(\boldsymbol{x}) = 0$ 或 $\phi_2(\boldsymbol{x}) = 0\}$. 由于分割轮廓 C 可表示为 ϕ_1 和 ϕ_2 的零水平集的并集, 可将 IIMS 模型的能量泛函 $\mathscr{E}_4(\boldsymbol{c}, I, C)$ 转化为如下的水平集形式:

$$\begin{aligned} \mathscr{F}_4(\boldsymbol{c}, I, \boldsymbol{\phi}) = & \lambda_1 \int_\Omega |u_0 - c_1 I|^2 M_1(\boldsymbol{\phi}) \mathrm{d}\boldsymbol{x} + \lambda_2 \int_\Omega |u_0 - c_2 I|^2 M_2(\boldsymbol{\phi}) \mathrm{d}\boldsymbol{x} \\ & + \lambda_3 \int_\Omega |u_0 - c_3 I|^2 M_3(\boldsymbol{\phi}) \mathrm{d}\boldsymbol{x} + \lambda_4 \int_\Omega |u_0 - c_4 I|^2 M_4(\boldsymbol{\phi}) \mathrm{d}\boldsymbol{x} \\ & + \mu \int_\Omega |\nabla I|^2 \mathrm{d}\boldsymbol{x} + \nu \int_\Omega |\nabla H(\phi_1)| \mathrm{d}\boldsymbol{x} + \nu \int_\Omega |\nabla H(\phi_2)| \mathrm{d}\boldsymbol{x}, \end{aligned} \tag{11.3.11}$$

其中 $\boldsymbol{c} = [c_1, c_2, c_3, c_4]^{\mathrm{T}}$, $\boldsymbol{\phi} = [\phi_1, \phi_2]^{\mathrm{T}}$, 且

$$\begin{aligned} & M_1(\boldsymbol{\phi}) = H(\phi_1)H(\phi_2), && M_2(\boldsymbol{\phi}) = H(\phi_1)(1 - H(\phi_2)), \\ & M_3(\boldsymbol{\phi}) = (1 - H(\phi_1))H(\phi_2), && M_4(\boldsymbol{\phi}) = (1 - H(\phi_1))(1 - H(\phi_2)). \end{aligned}$$

与一个水平集函数的情况类似, 能量泛函 (11.3.11) 的极小解也可采用交替迭代的方法求得. 在每个迭代步中, 分别关于变量 $\boldsymbol{c}$, I 和 $\boldsymbol{\phi}$ 对 $\mathscr{F}_4(\boldsymbol{c}, I, \boldsymbol{\phi})$ 进行极小化.

(1) 固定 I 和 $\boldsymbol{\phi}$, 容易得出能量泛函 $\mathscr{F}_4(\boldsymbol{c}, I, \boldsymbol{\phi})$ 关于 $\boldsymbol{c}$ 的极小解表达式为

$$c_i = \int_\Omega I u_0 M_i(\boldsymbol{\phi}) \mathrm{d}\boldsymbol{x} \bigg/ \int_\Omega I^2 M_i(\boldsymbol{\phi}) \mathrm{d}\boldsymbol{x}, \quad i = 1, 2, 3, 4. \tag{11.3.12}$$

(2) 固定 $\boldsymbol{c}$ 和 $\boldsymbol{\phi}$, $\mathscr{F}_4(\boldsymbol{c}, I, \boldsymbol{\phi})$ 关于光照场 I 的 Euler-Lagrange 方程如下:

$$\mu \Delta I = \sum_{i=1}^4 \lambda_i c_i (c_i I - u_0) M_i(\boldsymbol{\phi}). \tag{11.3.13}$$

(3) 固定 $\boldsymbol{c}$ 和 I, 能量 (11.3.11) 关于水平集函数 ϕ 的梯度流如下:

$$\begin{aligned}\frac{\partial\phi_1}{\partial t}=&\delta(\phi_1)\left[\nu\mathrm{div}\left(\frac{\nabla\phi_1}{|\nabla\phi_1|}\right)-\left(\lambda_1(u_0-c_1I)^2-\lambda_3(u_0-c_3I)^2\right)H(\phi_2)\right.\\&\left.-\left(\lambda_2(u_0-c_2I)^2-\lambda_4(u_0-c_4I)^2\right)\left(1-H(\phi_2)\right)\right],\end{aligned}\tag{11.3.14}$$

$$\begin{aligned}\frac{\partial\phi_2}{\partial t}=&\delta(\phi_2)\left[\nu\mathrm{div}\left(\frac{\nabla\phi_2}{|\nabla\phi_2|}\right)-\left(\lambda_1(u_0-c_1I)^2-\lambda_2(u_0-c_2I)^2\right)H(\phi_1)\right.\\&\left.-\left(\lambda_3(u_0-c_3I)^2-\lambda_4(u_0-c_4I)^2\right)\left(1-H(\phi_1)\right)\right].\end{aligned}\tag{11.3.15}$$

于是, 得到如下的极小化水平集形式能量泛函 (11.3.11) 的交替迭代算法.

算法 11.3.2(极小化能量泛函 (11.3.11) 的交替迭代算法)

(1) 给定待分割图像 u_0, 初始分割 $\{\Omega_i\}_{i=1}^4$, 迭代次数 M. 初始化 $I(\boldsymbol{x})\equiv 1$. 令

$$\phi_1(\boldsymbol{x})=\begin{cases}0.5, & \boldsymbol{x}\in\Omega_1\cup\Omega_2,\\-0.5, & \boldsymbol{x}\in\Omega_3\cup\Omega_4,\\0, & \text{其他},\end{cases}\qquad \phi_2(\boldsymbol{x})=\begin{cases}0.5, & \boldsymbol{x}\in\Omega_1\cup\Omega_3,\\-0.5, & \boldsymbol{x}\in\Omega_2\cup\Omega_4,\\0, & \text{其他}.\end{cases}$$

置 $l=0$.

(2) 用公式 (11.3.12), 更新 $\boldsymbol{c}=[c_1,c_2,c_3,c_4]^{\mathrm{T}}$.

(3) 求解 L^2 梯度流 (11.3.14) 和 (11.3.15), 更新水平集函数 ϕ.

(4) 用 Gauss-Seidel 迭代法求解 (11.3.13), 得到新的光照场 I. 设 $I_{\max}$ 为 $I(\boldsymbol{x})$ 的最大值. 如果 $I_{\max}>0$, 令 $I(\boldsymbol{x})=I(\boldsymbol{x})/I_{\max}$, $\boldsymbol{c}=\boldsymbol{c}\,I_{\max}$; 否则, 令 $I(\boldsymbol{x})\equiv 1$.

(5) 置 $l=l+1$. 如果 $l<M$, 返回到第 (2) 步, 否则, 算法停止, 并由 (11.3.10) 得到图像的分割 $\{\Omega_i\}_{i=1}^4$.

注11.3.3　在实际计算中, 通常采用光滑函数

$$H_\epsilon(x)=\frac{1}{2}\left[1+\frac{2}{\pi}\arctan\left(\frac{x}{\epsilon}\right)\right]$$

代替 Heaviside 函数 H. 当 $\epsilon\to 0$ 时, $H_\epsilon(x)\to H(x)$. 同样地, 将 Dirac delta 函数 $\delta(x)=H'(x)$ 的光滑逼近函数定义为

$$\delta_\epsilon(x)=H'_\epsilon(x)=\frac{\epsilon}{\pi(x^2+\epsilon^2)}.$$

当 $\epsilon\to 0$ 时, $\delta_\epsilon(x)\to\delta(x)$.

11.3.2　分裂 Bregman 迭代算法

在 11.3.1 小节中, 已经推导出了 IIMS 模型 (11.3.4) 的水平集形式, 并给出了求解水平集形式模型的交替迭代算法. 在算法 11.3.1 和算法 11.3.2 中, 采用 L^2 梯

度流方法更新水平集函数需要消耗大量的时间, 并且得到的只是局部极小解. 为了提高图像分割算法的效率, 采用分裂 Bregman 迭代算法[132, 308] 求解水平集函数. 在提出算法之前, 先给出如下定理.

定理 11.3.1 设 $N=2$, 任意给定的 $\boldsymbol{c}=[c_1,c_2]^{\mathrm{T}}\in\mathbb{R}^2$ 和 $I:\Omega\to\mathbb{R}$. 令 ϕ 为下述凸优化问题

$$\min_{0\leqslant\phi\leqslant 1}\left\{\nu\int_{\Omega}|\nabla\phi|\mathrm{d}\boldsymbol{x}+\int_{\Omega}\left(\lambda_1(u_0-c_1I)^2-\lambda_2(u_0-c_2I)^2\right)\phi\mathrm{d}\boldsymbol{x}\right\}\tag{11.3.16}$$

的解, 则对于几乎所有的 $\gamma\in[0,1]$, $C(\gamma)=\{\boldsymbol{x}\in\Omega:\phi(\boldsymbol{x})=\gamma\}$, $\Omega_1(\gamma)=\{\boldsymbol{x}\in\Omega:\phi(\boldsymbol{x})>\gamma\}$ 以及 $\Omega_2(\gamma)=\Omega\backslash\bar{\Omega}_1$ 为式 (11.3.4) 中能量泛函 $\mathscr{E}_2(\boldsymbol{c},I,C)$ 的一个全局极小解.

证明 由余面积公式和约束条件 $0\leqslant\phi\leqslant 1$, 有

$$\int_{\Omega}|\nabla\phi|\mathrm{d}x=\int_0^1\mathrm{Per}(\{\boldsymbol{x}\in\Omega:\phi(\boldsymbol{x})>\gamma\})\mathrm{d}\gamma,$$

其中 $\mathrm{Per}(\{\boldsymbol{x}\in\Omega:\phi(\boldsymbol{x})>\gamma\})$ 是区域 $\{\boldsymbol{x}\in\Omega:\phi(\boldsymbol{x})>\gamma\}$ 的周长. 此外,

$$\begin{aligned}\int_{\Omega}|u_0(\boldsymbol{x})-c_1I(\boldsymbol{x})|^2\phi\mathrm{d}\boldsymbol{x}&=\int_{\Omega}|u_0(\boldsymbol{x})-c_1I(\boldsymbol{x})|^2\int_0^1\mathbf{1}_{[0,\phi(\boldsymbol{x})]}(\gamma)\mathrm{d}\gamma\mathrm{d}\boldsymbol{x}\\&=\int_0^1\int_{\Omega}|u_0(\boldsymbol{x})-c_1I(\boldsymbol{x})|^2\mathbf{1}_{[0,\phi(\boldsymbol{x})]}(\gamma)\mathrm{d}\boldsymbol{x}\mathrm{d}\gamma\\&=\int_0^1\int_{\{\boldsymbol{x}\in\Omega:\phi(\boldsymbol{x})>\gamma\}}|u_0(\boldsymbol{x})-c_1I(\boldsymbol{x})|^2\mathrm{d}\boldsymbol{x}\mathrm{d}\gamma,\end{aligned}$$

其中 $\mathbf{1}_{[0,\phi(\boldsymbol{x})]}(\gamma)$ 表示特征函数, 当 $\gamma\in[0,\phi(\boldsymbol{x})]$ 时取值为 1, 否则, 取值为 0. 类似地,

$$\begin{aligned}\int_{\Omega}|u_0(\boldsymbol{x})-c_2I(\boldsymbol{x})|^2\phi\mathrm{d}\boldsymbol{x}&=\int_0^1\int_{\{\boldsymbol{x}\in\Omega:\phi(\boldsymbol{x})>\gamma\}}|u_0(\boldsymbol{x})-c_2I(\boldsymbol{x})|^2\mathrm{d}\boldsymbol{x}\mathrm{d}\gamma\\&=A-\int_0^1\int_{\{\boldsymbol{x}\in\Omega:\phi(\boldsymbol{x})\leqslant\gamma\}}|u_0(\boldsymbol{x})-c_2I(\boldsymbol{x})|^2\mathrm{d}\boldsymbol{x}\mathrm{d}\gamma,\end{aligned}$$

其中 $A=\displaystyle\int_{\Omega}|u_0(\boldsymbol{x})-c_2I(\boldsymbol{x})|^2\mathrm{d}\boldsymbol{x}$ 与 ϕ 无关. 令 $C(\gamma)=\{\boldsymbol{x}\in\Omega:\phi(\boldsymbol{x})=\gamma\}$, $\Omega_1(\gamma)=\{\boldsymbol{x}\in\Omega:\phi(\boldsymbol{x})>\gamma\}$, $\Omega_2(\gamma)=\Omega\setminus\bar{\Omega}_1(\gamma)$, 则式 (11.3.16) 可改写为

$$\min_{0\leqslant\phi\leqslant 1}\left\{\int_0^1\left[\nu|C(\gamma)|+\lambda_1\int_{\Omega_1(\gamma)}|u_0(\boldsymbol{x})-c_1I(\boldsymbol{x})|^2\mathrm{d}\boldsymbol{x}+\lambda_2\int_{\Omega_2(\gamma)}|u_0(\boldsymbol{x})-c_2I(\boldsymbol{x})|^2\mathrm{d}\boldsymbol{x}\right]\mathrm{d}\gamma\right\},$$

即

$$\min_{0\leqslant\phi\leqslant 1}\int_0^1\mathscr{E}_2(\boldsymbol{c},I,C(\gamma))\mathrm{d}\gamma.$$

因此, 若 ϕ 是凸优化问题 (11.3.16) 的一个极小解, 则几乎对于所有 $\gamma \in [0,1]$, $C(\gamma)$ 是 $\mathscr{E}_2(\boldsymbol{c}, I, \cdot)$ 的全局极小解. □

上述定理的证明技巧参照了文献 [59] 中定理 2 的证明. 极小化问题 (11.3.16) 中的能量泛函的梯度下降方程为

$$\frac{\partial \phi}{\partial t} = \nu \operatorname{div}\left(\frac{\nabla \phi}{|\nabla \phi|}\right) - \left(\lambda_1 (u_0 - c_1 I)^2 - \lambda_2 (u_0 - c_2 I)^2\right),$$

其稳态解与梯度流 (11.3.9) 的稳态解一致.

由定理 11.3.1, 可将 $\mathscr{F}_2(\mathbf{c}, I, \cdot)$ 的极小化问题转化为凸优化问题 (11.3.16). 关于分裂 Bregman 迭代算法的一些预备知识已经在 9.3 节中进行了介绍. 下面给出优化问题 (11.3.16) 的分裂 Bregman 迭代算法. 为了便于描述, 令

$$g(\boldsymbol{x}) = \lambda_1 (u_0(\boldsymbol{x}) - c_1 I(\boldsymbol{x}))^2 - \lambda_2 (u_0(\boldsymbol{x}) - c_2 I(\boldsymbol{x}))^2.$$

于是, 极小化问题 (11.3.16) 可改写为

$$\min_{0 \leqslant \phi \leqslant 1} \mathscr{F}(\phi), \tag{11.3.17}$$

其中

$$\mathscr{F}(\phi) = \nu \int_\Omega |\nabla \phi| \mathrm{d}\boldsymbol{x} + \int_\Omega g\phi \mathrm{d}\boldsymbol{x}.$$

引入辅助变量 $\boldsymbol{d} = [d_x, d_y]^{\mathrm{T}}$, 使得 $\boldsymbol{d} = \nabla \phi$, 得到如下极小化问题:

$$\min_{0 \leqslant \phi \leqslant 1, \boldsymbol{d}} \left\{ \nu \|\boldsymbol{d}\|_1 + \int_\Omega g\phi \mathrm{d}\boldsymbol{x} \right\}, \quad \text{s.t.} \quad \boldsymbol{d} = \nabla \phi. \tag{11.3.18}$$

求解上述问题的 Bregman 迭代格式如下:

$$(\phi^{k+1}, \boldsymbol{d}^{k+1}) = \arg \min_{0 \leqslant \phi \leqslant 1, \boldsymbol{d}} \left\{ \nu \|\boldsymbol{d}\|_1 + \int_\Omega g\phi \mathrm{d}\boldsymbol{x} + \frac{\beta}{2} \|\boldsymbol{d} - \nabla \phi - \boldsymbol{b}^k\|_2^2 \right\}, \tag{11.3.19}$$

$$\boldsymbol{b}^{k+1} = \boldsymbol{b}^k + \nabla \phi^{k+1} - \boldsymbol{d}^{k+1}, \tag{11.3.20}$$

其中初始值 $\boldsymbol{d}^0 = \mathbf{0}$, $\boldsymbol{b}^0 = \mathbf{0}$.

为了求解 (11.3.19), 采用交替迭代法分别求解关于 ϕ 和 $\boldsymbol{d}$ 的极小化问题. 于是得到如下分裂 Bregman 迭代格式:

$$\phi^{k+1} = \arg \min_{0 \leqslant \phi \leqslant 1} \left\{ \int_\Omega g\phi \mathrm{d}\boldsymbol{x} + \frac{\beta}{2} \|\boldsymbol{d}^k - \nabla \phi - \boldsymbol{b}^k\|_2^2 \right\}, \tag{11.3.21}$$

$$\boldsymbol{d}^{k+1} = \arg \min_{\boldsymbol{d}} \left\{ \nu \|\boldsymbol{d}\|_1 + \frac{\beta}{2} \|\boldsymbol{d} - \nabla \phi^{k+1} - \boldsymbol{b}^k\|_2^2 \right\}, \tag{11.3.22}$$

$$\boldsymbol{b}^{k+1} = \boldsymbol{b}^k + \nabla \phi^{k+1} - \boldsymbol{d}^{k+1}. \tag{11.3.23}$$

优化问题 (11.3.21) 关于 ϕ 的一阶最优化条件为

$$\Delta\phi = \frac{g}{\beta} + \operatorname{div}(\boldsymbol{d}^k - \boldsymbol{b}^k), \quad 0 \leqslant \phi \leqslant 1, \text{ 在 } \Omega \text{ 上}. \tag{11.3.24}$$

ϕ^{k+1} 的更新采用如下格式:

$$\phi_{i,j}^{k+1} = \min\left\{\max\{\omega_{i,j}^{k+1}, 1\}, 0\right\}, \quad 0 \leqslant i \leqslant N_x, \quad 0 \leqslant j \leqslant N_y, \tag{11.3.25}$$

其中 $N_x \times N_y$ 表示原图像 u_0 的像素个数, 且

$$\begin{aligned} \omega_{i,j}^{k+1} &= \frac{1}{4}\left(\phi_{i-1,j}^k + \phi_{i+1,j}^k + \phi_{i,j-1}^k + \phi_{i,j+1}^k - \frac{g_{i,j}^k}{\beta} - \rho_{i,j}^k\right), \\ g_{i,j}^k &= (\lambda_1|u_0 - c_1 I|^2 - \lambda_2|u_0 - c_2 I|^2)_{i,j}, \\ \rho_{i,j}^k &= d_{x,i,j}^k - d_{x,i-1,j}^k + d_{y,i,j}^k - d_{y,i,j-1}^k + b_{x,i-1,j}^k - b_{x,i,j}^k + b_{y,i,j-1}^k - b_{y,i,j}^k. \end{aligned}$$

优化问题 (11.3.22) 的解 $\boldsymbol{d}^{k+1}$ 可由以下显式表达式:

$$\boldsymbol{d}^{k+1} = \operatorname{shrink}\left(\boldsymbol{b}^k + \nabla\phi^{k+1}, \frac{\nu}{\beta}\right) \tag{11.3.26}$$

直接计算, 其中

$$\operatorname{shrink}(x, \lambda) = \frac{x}{|x|}\max\{|x| - \lambda, 0\}. \tag{11.3.27}$$

将算法 11.3.1 的第 (3) 步中的 L^2 梯度流方法替换为分裂 Bregman 迭代算法, 即可得到如下算法.

算法 11.3.3(极小化能量泛函 (11.3.6) 的分裂 Bregman 迭代算法)

(1) 给定待分割图像 u_0, 初始分割 Ω_1 和 Ω_2, 迭代次数 M. 初始化 $I(\boldsymbol{x}) \equiv 1$. 令

$$\phi^0(\boldsymbol{x}) = \begin{cases} 1, & \boldsymbol{x} \in \Omega_1, \\ 0, & \boldsymbol{x} \in \Omega_2, \\ 0.5, & \text{其他}, \end{cases}$$

$\boldsymbol{d}^0 = \boldsymbol{0}$, $\boldsymbol{b}^0 = \boldsymbol{0}$. 置 $k = 0$.

(2) 更新 $\boldsymbol{c} = [c_1, c_2]^{\mathrm{T}}$ 如下:

$$c_i = \int_\Omega I u_0 H_i(\phi^k - 0.5)\mathrm{d}\boldsymbol{x} \Big/ \int_\Omega I^2 H_i(\phi^k - 0.5)\mathrm{d}\boldsymbol{x}, \quad i = 1, 2.$$

(3) 使用分裂 Bregman 迭代格式 (11.3.21)~(11.3.23), 得到 ϕ^{k+1}, $\boldsymbol{d}^{k+1}$ 和 $\boldsymbol{b}^{k+1}$.

(4) 用 Gauss-Seidel 迭代法求解下面方程:

$$\mu\Delta I = \sum_{i=1}^{2}\lambda_i c_i(c_i I - u_0)H_i(\phi^{k+1} - 0.5)$$

中的 I, 得到新的光照场. 设 $I_{\max}$ 为 $I(\boldsymbol{x})$ 的最大值. 如果 $I_{\max} > 0$, 令 $I(\boldsymbol{x}) = I(\boldsymbol{x})/I_{\max}$, $\boldsymbol{c} = \boldsymbol{c}\,I_{\max}$, 否则, 令 $I(\boldsymbol{x}) \equiv 1$.

(5) 置 $k = k+1$. 如果 $k < M$, 返回到第 (2) 步, 否则, 算法停止, 令 $\Omega_1 = \{\boldsymbol{x} \in \Omega : \phi(\boldsymbol{x}) > 0.5\}$, $\Omega_2 = \{\boldsymbol{x} \in \Omega : \phi(\boldsymbol{x}) < 0.5\}$.

类似地, 对于固定的 $\boldsymbol{c} = [c_1, c_2, c_3, c_4]^{\mathrm{T}}$ 和 $I(\boldsymbol{x})$, 可将分裂 Bregman 迭代算法应用于极小化 (关于 $\boldsymbol{\phi} = [\phi_1, \phi_2]^{\mathrm{T}}$) 能量泛函 (11.3.11). 令

$$
\begin{aligned}
g_1 =& \big(\lambda_1(u_0 - c_1 I)^2 - \lambda_3(u_0 - c_3 I)^2\big)\phi_2 \\
&+ \big(\lambda_2(u_0 - c_2 I)^2 - \lambda_4(u_0 - c_4 I)^2\big)(1 - \phi_2), \qquad (11.3.28)\\
g_2 =& \big(\lambda_1(u_0 - c_1 I)^2 - \lambda_2(u_0 - c_2 I)^2\big)\phi_1 \\
&+ \big(\lambda_3(u_0 - c_3 I)^2 - \lambda_4(u_0 - c_4 I)^2\big)(1 - \phi_1). \qquad (11.3.29)
\end{aligned}
$$

考虑优化问题:

$$
\min_{0\leqslant\phi_1\leqslant 1}\left\{\nu\int_\Omega |\nabla\phi_1|\mathrm{d}\boldsymbol{x} + \int_\Omega g_1\phi_1\mathrm{d}\boldsymbol{x}\right\} \tag{11.3.30}
$$

和

$$
\min_{0\leqslant\phi_2\leqslant 1}\left\{\nu\int_\Omega |\nabla\phi_2|\mathrm{d}\boldsymbol{x} + \int_\Omega g_2\phi_2\mathrm{d}\boldsymbol{x}\right\}, \tag{11.3.31}
$$

其中 g_1 和 g_2 是已知的, 它们由前一步的 ϕ_1^k 和 ϕ_2^k 计算得到. 引入辅助变量 $\boldsymbol{d}_i$, $i = 1, 2$, 使得 $\boldsymbol{d}_i = \nabla\phi_i$. 于是, 得到如下极小化问题:

$$
\min_{0\leqslant\phi_i\leqslant 1, \boldsymbol{d}_i}\left\{\nu\|\boldsymbol{d}_i\|_1 + \int_\Omega g_i\phi_i\mathrm{d}\boldsymbol{x}\right\}, \quad \text{s.t.} \quad \boldsymbol{d}_i = \nabla\phi_i, \tag{11.3.32}
$$

其中 $i = 1, 2$. 求解上述问题的分裂 Bregman 迭代格式如下:

$$
\begin{aligned}
\phi_i^{k+1} =& \arg\min_{0\leqslant\phi_i\leqslant 1}\left\{\int_\Omega g_i\phi_i\mathrm{d}\boldsymbol{x} + \frac{\beta}{2}\|\boldsymbol{d}_i^k - \nabla\phi_i - \boldsymbol{b}_i^k\|_2^2\right\}, \qquad (11.3.33)\\
\boldsymbol{d}_i^{k+1} =& \arg\min_{\boldsymbol{d}_i}\left\{\nu\|\boldsymbol{d}_i\|_1 + \frac{\beta}{2}\|\boldsymbol{d}_i - \nabla\phi_i^{k+1} - \boldsymbol{b}_i^k\|_2^2\right\}, \qquad (11.3.34)\\
\boldsymbol{b}_i^{k+1} =& \boldsymbol{b}_i^k + \nabla\phi_i^{k+1} - \boldsymbol{d}_i^{k+1}, \qquad (11.3.35)
\end{aligned}
$$

其中初始值 $\boldsymbol{d}_i^0 = \boldsymbol{0}$, $\boldsymbol{b}_i^0 = \boldsymbol{0}$, $i = 1, 2$. 迭代格式 (11.3.33)~(11.3.35) 的计算方法与迭代格式 (11.3.21)~(11.3.23) 类似, 这里不再赘述.

将算法 11.3.2 的第 (3) 步中的 L^2 梯度流方法替换为分裂 Bregman 迭代算法, 即可得到下述算法.

算法 11.3.4(极小化能量泛函 (11.3.11) 的分裂 Bregman 迭代算法)

(1) 给定待分割图像 u_0, 初始分割 $\{\Omega_i\}_{i=1}^4$, 迭代次数 M. 初始化 $I(\boldsymbol{x}) \equiv 1$. 令

$$\phi_1^0(\boldsymbol{x}) = \begin{cases} 1, & \boldsymbol{x} \in \Omega_1 \cup \Omega_2, \\ 0, & \boldsymbol{x} \in \Omega_3 \cup \Omega_4, \\ 0.5, & \text{其他}, \end{cases} \quad \phi_2^0(\boldsymbol{x}) = \begin{cases} 1, & \boldsymbol{x} \in \Omega_1 \cup \Omega_3, \\ 0, & \boldsymbol{x} \in \Omega_2 \cup \Omega_4, \\ 0.5, & \text{其他}, \end{cases}$$

$\boldsymbol{d}_i^0 = \boldsymbol{0}$, $\boldsymbol{b}_i^0 = \boldsymbol{0}$, $i = 1, 2$. 置 $k = 0$.

(2) 更新 $\boldsymbol{c} = [c_1, c_2, c_3, c_4]^{\mathrm{T}}$:

$$c_i = \int_\Omega I u_0 M_i(\boldsymbol{\phi}^k - 0.5)\mathrm{d}\boldsymbol{x} \bigg/ \int_\Omega I^2 M_i(\boldsymbol{\phi}^k - 0.5)\mathrm{d}\boldsymbol{x}, \quad i = 1, 2, 3, 4.$$

(3) 由公式 (11.3.28), (11.3.29) 和上一步得到的 ϕ_1^k, ϕ_2^k, 计算 g_1 和 g_2. 对于 $i = 1, 2$, 使用分裂 Bregman 迭代格式 (11.3.33)~(11.3.35), 得到 ϕ_i^{k+1}, $\boldsymbol{d}_i^{k+1}$ 和 $\boldsymbol{b}_i^{k+1}$.

(4) 用 Gauss-Seidel 迭代法求解

$$\mu \Delta I = \sum_{i=1}^4 \lambda_i c_i (c_i I - u_0) M_i(\boldsymbol{\phi}^{k+1} - 0.5),$$

得到新的光照场 I. 设 $I_{\max}$ 为 $I(\boldsymbol{x})$ 的最大值. 如果 $I_{\max} > 0$, 令 $I(\boldsymbol{x}) = I(\boldsymbol{x})/I_{\max}$, $\boldsymbol{c} = \boldsymbol{c}\, I_{\max}$, 否则, 令 $I(\boldsymbol{x}) \equiv 1$.

(5) 置 $k = k + 1$. 如果 $k < M$, 返回到第 (2) 步, 否则, 算法停止, 得到图像的分割

$$\begin{aligned} \Omega_1 &= \{\boldsymbol{x} \in \Omega : \phi_1(\boldsymbol{x}) > 0.5,\ \phi_2(\boldsymbol{x}) > 0.5\}, \\ \Omega_2 &= \{\boldsymbol{x} \in \Omega : \phi_1(\boldsymbol{x}) > 0.5,\ \phi_2(\boldsymbol{x}) < 0.5\}, \\ \Omega_3 &= \{\boldsymbol{x} \in \Omega : \phi_1(\boldsymbol{x}) < 0.5,\ \phi_2(\boldsymbol{x}) > 0.5\}, \\ \Omega_4 &= \{\boldsymbol{x} \in \Omega : \phi_1(\boldsymbol{x}) < 0.5,\ \phi_2(\boldsymbol{x}) < 0.5\}. \end{aligned}$$

11.3.3 实验结果

本小节用一些数值实验来验证本章介绍的图像分割算法的有效性. IIMS 模型由 C++ 编程实现, 并在 2.83GHz CPU 的台式机上运行得到实验结果. 首先, 考虑用一个水平集函数对二维图像进行分割的情况. 图 11.3.1 的第一列是四幅光照不均匀的真实图像. 分别采用 PCMS 模型 (11.1.2), RSF 模型 (11.2.1) 和 IIMS 模型 (11.3.6) 对图像进行分割, 得到的分割结果分别如图 11.3.1 的第二列、第三列和第四列所示.

从图 11.3.1 第二列的分割结果来看, PCMS 模型没能准确地将目标物体从背景中分割出来. PCMS 模型假设待分割的图像是近似分片常值的, 而对于光照不均匀的图像来说, 该假设并不成立. 因此, PCMS 模型不适用于光照不均匀的图像.

RSF 模型能够较好地找出物体的边缘, 但同时也会产生一些不必要的边界. 在能量泛函 (11.2.1) 中, u_1 和 u_2 分别是待分割图像关于分割区域 Ω_1 和 Ω_2 的拟合函数. 在实际计算时, 需要将 u_1 和 u_2 延拓到整个图像区域上. 由于 u_i $(i=1,2)$ 的计算公式 (11.2.3) 是局部的, 因此 u_i 在远离 Ω_i 的区域上的延拓是不合理的. 所以, RSF 方法会产生一些多余的边缘信息.

由于 IIMS 模型在数学形式上对光照不均匀的图像作出了合理的假设, 因此得到了令人满意的分割结果 (如图 11.3.1 第四列). 在对图像进行分割的同时, 还可以求出待分割图像的光照场 I. 以图 11.3.1 中第四行的待分割图像为例, 它的灰度值直方图如图 11.3.2(a) 所示, 计算得到的光照场 I 如图 11.3.2(b) 所示. 经过光照校正, 可得到一幅近似分片常数的图像 (图 11.3.2(c)), 它的直方图 (图 11.3.2(d)) 存在一个明显的分水岭, 可直接通过灰度值将图像分割成两个区域.

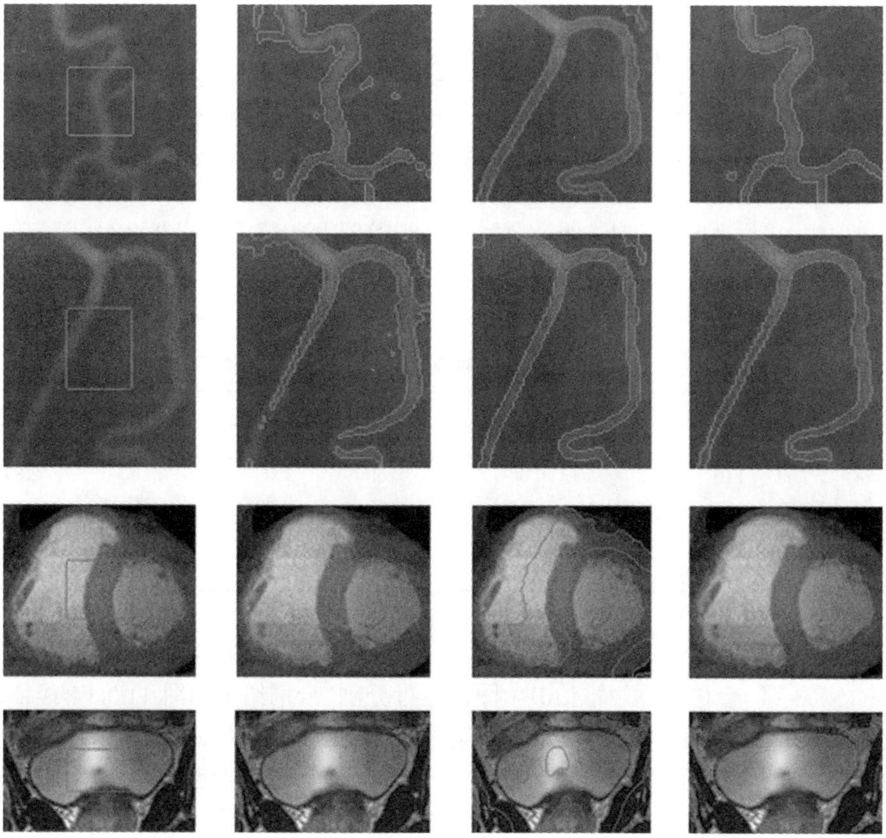

图 11.3.1　光照不均匀图像的分割结果. 第一列: 待分割图像和初始分割轮廓. 第二列: PCMS 模型的分割结果. 第三列: RSF 模型的分割结果. 第四列: IIMS 模型的分割结果 (详见书后彩图)

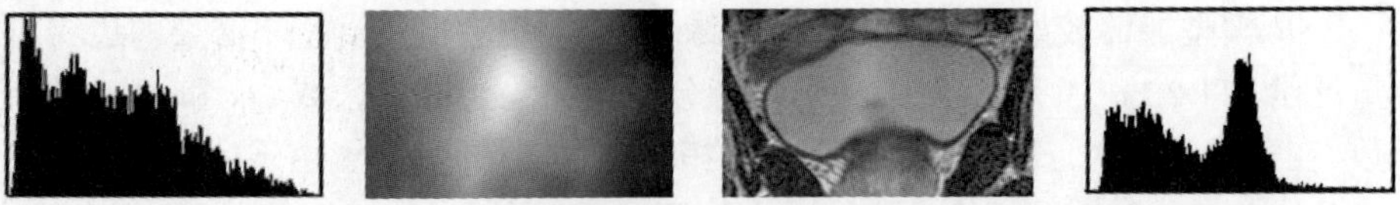

(a)　(b)　(c)　(d)

图 11.3.2　(a) 图 11.3.1 中第四行的待分割图像的直方图; (b) 使用 IIMS 模型求出的光照场 $I(\mathbf{x})$; (c) 待分割图像 u_0 的光照校正图像 u_0/I; (d) 光照校正后的直方图

对于这三种图像分割模型, 统一采用了分裂 Bregman 迭代算法进行求解, 表 11.3.1 列出了图 11.3.1 中实验结果的参数选取. 在计算过程中, 当分割结果趋于稳定时, 停止迭代. 三种模型的迭代次数和运行时间如表 11.3.2 所示. 在计算时间方面, PCMS 模型所需的时间最短, 而 RSF 模型与 IIMS 模型相对较慢, 但也仅需几秒即可得到一幅二维图像的分割结果.

表 11.3.1　图 11.3.1 中三种分割模型的参数选取

	PCMS				RSF				IIMS				
	ν	λ_1	λ_2	β	ν	λ_1	λ_2	β	ν	λ_1	λ_2	μ	β
第一行	0.001×255^2	1.0	1.0	100.0	0.001×255^2	1.0	1.0	100.0	0.001×255^2	1.0	1.0	50.0×255^2	100.0
第二行	0.001×255^2	1.0	1.0	100.0	0.001×255^2	1.0	1.0	100.0	0.003×255^2	1.5	1.0	50.0×255^2	100.0
第三行	0.004×255^2	1.0	1.0	100.0	0.004×255^2	1.0	1.0	100.0	0.004×255^2	1.0	1.0	50.0×255^2	100.0
第四行	0.005×255^2	1.0	1.0	100.0	0.005×255^2	1.0	1.0	100.0	0.005×255^2	1.0	1.0	50.0×255^2	100.0

表 11.3.2　图 11.3.1 中三种分割算法的迭代次数和运行时间

	图像大小	PCMS		RSF		IIMS	
		迭代次数	时间/s	迭代次数	时间/s	迭代次数	时间/s
第一行	111×110	20	0.06	150	4.08	50	2.81
第二行	103×131	50	0.16	150	4.30	50	3.14
第三行	152×128	20	0.10	50	2.27	20	1.82
第四行	180×107	20	0.09	50	2.02	20	1.79

下面考虑用两个水平集函数对二维图像进行分割的情况. 我们采用算法 11.3.4 对图 11.3.3 第一列的三幅大脑 MRI 图像进行分割, 分割结果如图 11.3.3 的第二列所示. 图中的红线和蓝线分别表示水平集函数 ϕ_1 和 ϕ_2 的零水平集, 它们将待分割图像分成了四个子区域. 分割结果表明, IIMS 模型能够准确地找出图像的边缘信息, 并且能得到封闭的子区域. 图 11.3.3 的第三列和第四列分别是通过计算得到的光照场和由不同颜色显示的分割区域. 表 11.3.3 列出了图 11.3.3 中的 IIMS 模型对参数的选取及运行时间.

表 11.3.3　图 11.3.3 中的 IIMS 模型对参数的选取及运行时间

	图像大小	ν	λ_1	λ_2	λ_3	λ_4	μ	β	迭代次数	时间/s
第一行	175×194	0.004×255^2	1.0	1.0	1.0	2.0	50.0×255^2	100.0	20	3.75
第二行	169×207	0.004×255^2	1.0	1.0	1.0	2.0	50.0×255^2	100.0	20	3.92
第三行	181×155	0.004×255^2	2.0	1.0	1.0	1.0	50.0×255^2	100.0	20	3.15

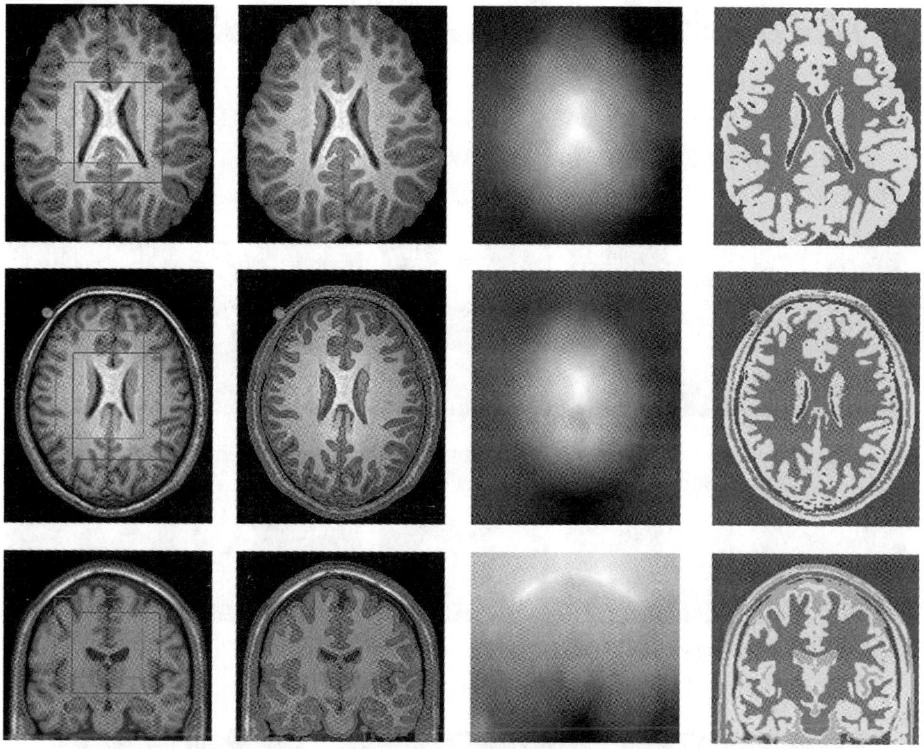

图 11.3.3　第一列: 待分割图像 u_0 和初始分割轮廓. 第二列: 使用 IIMS 模型得到的图像分割结果. 第三列: 使用 IIMS 模型得到的光照场 I. 第四列: 由不同颜色显示的分割区域 (详见书后彩图)

最后, 我们将 IIMS 方法应用于三维图像的分割, 实验数据包括古生菌伴侣素 $ATcpn\alpha$ 的三维体数据 (如图 11.3.4(a) 所示) 和大脑核磁共振成像的模拟体数据 (图 11.3.6(a)). 其中 $ATcpn\alpha$ 的三维体数据由冷冻电镜的三维重构得到, 大脑核磁共振成像的模拟体数据来源于网站 http://brainweb.bic.mni.mcgill.ca/brainweb/. 图 11.3.4 和图 11.3.6 是采用 Volume Rover 软件对三维图像进行体绘制的效果图.

对于体数据 $ATcpn\alpha$, 我们采用算法 11.3.3 将其分割为两个子区域, 分割结果如图 11.3.4(c) 所示. 为了更好的显示三维图像的分割效果, 我们将三维分割结果进

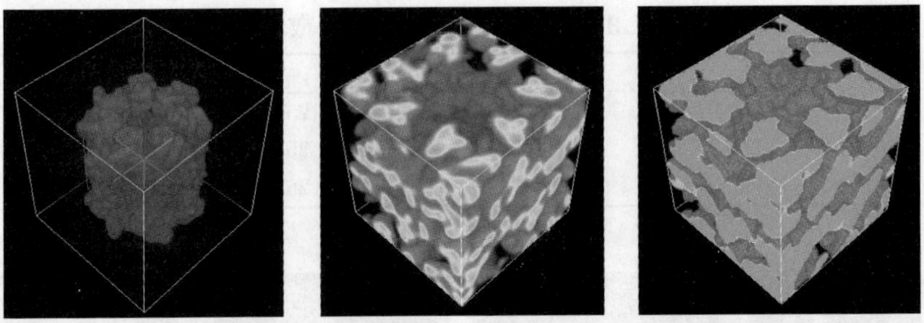

(a)　(b)　(c)

图 11.3.4　(a) 待分割的 $ATcpn\alpha$ 体数据 $(120 \times 120 \times 120)$; (b) 待分割图像的截面图; (c) 分割结果. 图像分割算法中选取的参数分别为 $\nu = 0.002 \times 255^2$, $\lambda_1 = 1.0$, $\lambda_2 = 1.0$, $\mu = 100.0 \times 255^2$, $\beta = 100.0$, 迭代次数为 20, 计算时间为 197.8s (详见书后彩图)

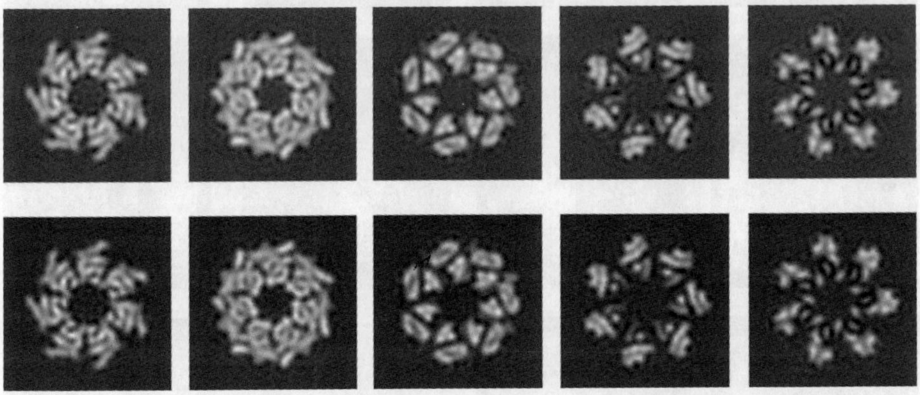

图 11.3.5　体数据 $ATcpn\alpha$ 的分割结果. 第一行: 待分割图像的二维切片; 第二行: 对应的分割结果

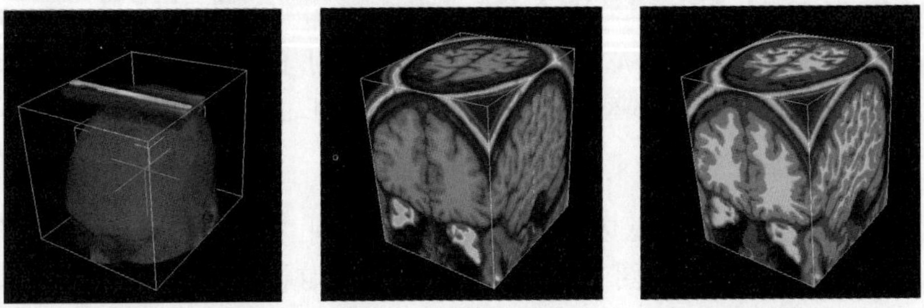

(a)　(b)　(c)

图 11.3.6　(a) 待分割的三维大脑图像 $(181 \times 217 \times 181)$; (b) 待分割图像的截面图; (c) 分割结果, 四种颜色分别表示分割后的四个子区域. 图像分割算法中选取的参数分别为 $\nu = 0.004 \times 255^2$, $\lambda_1 = 2.0$, $\lambda_2 = 1.0$, $\lambda_3 = 1.0$, $\lambda_4 = 1.0$, $\mu = 100.0 \times 255^2$, $\beta = 100.0$, 迭代次数为 10, 计算时间为 608.04s (详见书后彩图)

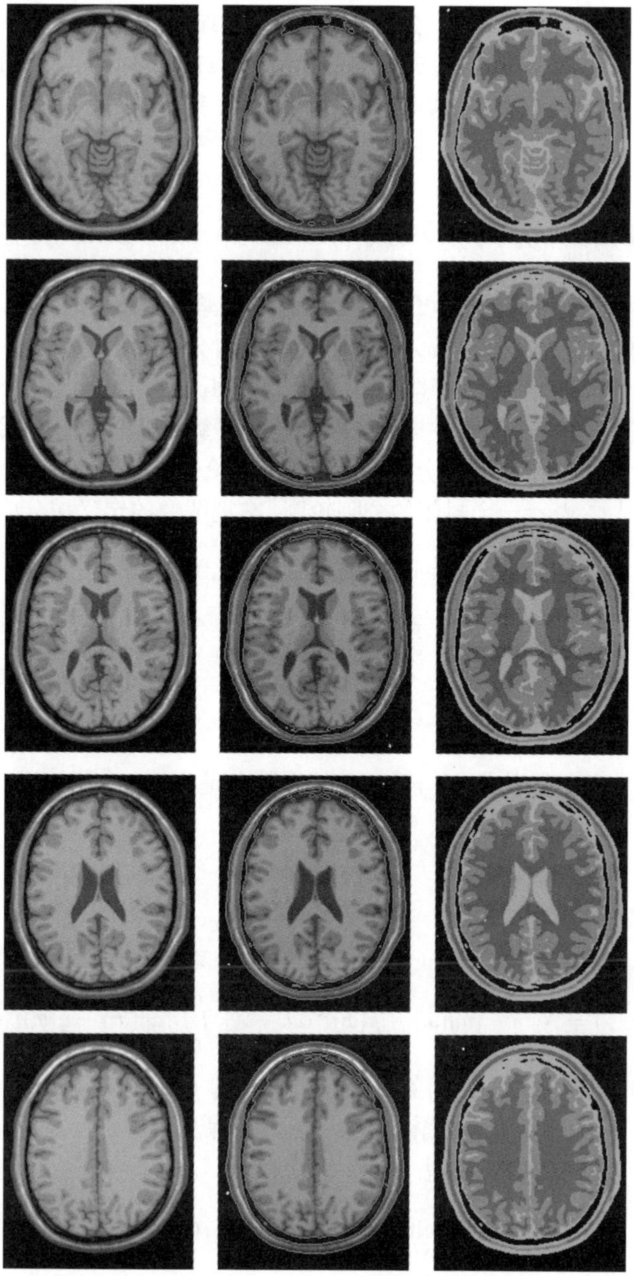

图 11.3.7　三维大脑图像的分割结果. 第一列: 待分割图像的二维切片; 第二列: 对应的分割结果; 第三列: 由不同颜色显示的分割区域 (详见书后彩图)

行了分层显示, 并在图 11.3.5 中列出了其中几幅二维的分割效果图. 对于三维大脑图像, 我们采用算法 11.3.4 进行分割, 得到的分割结果如图 11.3.6(c) 所示, 其中分割得到的四个子区域分别由不同的颜色显示. 图 11.3.7 列出了大脑图像分割结果的其中几幅二维分割效果图. 实验结果表明, 使用 IIMS 模型对三维图像的分割效果十分理想.

11.4 分片多项式的 Mumford-Shah 模型

11.3 节中所考虑的图像灰度值的非均匀性是源自光照条件和成像设备等因素的影响, 即把所考虑的图像分解为入射分量和反射分量的乘积. 本节考虑更一般的灰度值非均匀图像的分割问题, 即把分片常数的 Mumford-Shah 模型推广成分片多项式的 Mumford-Shah 模型, 并构造该模型的求解算法. 本节的内容源自文献 [63].

这里主要考虑二维图像的分割问题, 但所讨论的算法可以平行地推广到高维. 与以前一样, 用 C 表示一个封闭的分割轮廓, 它把图像的定义域分成两部分:

$$\Omega_1 := \text{inside}(C), \quad \Omega_2 := \text{outside}(C).$$

给定一个非负整数 k, 用 $\mathcal{P}_k$ 表示 k 次多项式的集合. $\mathcal{P}_k$ 中的多项式 $p(\boldsymbol{x})$ 可以写为

$$p(\boldsymbol{x}) = \sum_{s+t\leqslant k} c_{p,st}x^s y^t, \quad s,\, t \in \mathbb{Z}_+,$$

其中 $\mathbb{Z}_+$ 表示非负整数的集合. 记 $p(\boldsymbol{x})$ 的系数向量为

$$\boldsymbol{C}_p := [c_{p,00}, c_{p,10}, c_{p,01}, c_{p,11}, \cdots, c_{p,0k}]^{\mathrm{T}},$$

该向量的维数为 $\dfrac{(k+1)(k+2)}{2}$.

现在考虑分片多项式的 Mumford-Shah 模型, 首先引入如下的保真项:

$$\mathscr{E}_0(\boldsymbol{C}_p, \boldsymbol{C}_q, C) = \lambda_1 \int_{\Omega_1} |u_0(\boldsymbol{x}) - p(\boldsymbol{x})|^2 \mathrm{d}\boldsymbol{x} + \lambda_2 \int_{\Omega_2} |u_0(\boldsymbol{x}) - q(\boldsymbol{x})|^2 \mathrm{d}\boldsymbol{x}, \tag{11.4.1}$$

其中 λ_1 和 λ_2 为正的参数, $p(\boldsymbol{x}) \in \mathcal{P}_k$ 和 $q(\boldsymbol{x}) \in \mathcal{P}_k$ 分别在 Ω_1 及 Ω_2 上逼近 u_0, $\boldsymbol{C}_p$ 和 $\boldsymbol{C}_q$ 分别为 $p(\boldsymbol{x})$ 和 $q(\boldsymbol{x})$ 的系数向量. 然后在保真项上加上度量分割轮廓 C 的长度的正则化项, 得到如下模型:

$$\min_{\boldsymbol{C}_p, \boldsymbol{C}_q, C} \mathscr{E}_{\mathrm{PPMS}}(\boldsymbol{C}_p, \boldsymbol{C}_q, C), \tag{11.4.2}$$

其中

$$\mathscr{E}_{\mathrm{PPMS}}(\boldsymbol{C}_p, \boldsymbol{C}_q, C) = \mathscr{E}_0(\boldsymbol{C}_p, \boldsymbol{C}_q, C) + |C|.$$

实验结果表明, 参数 λ_1 和 λ_2 相同或相异, 对分割结果有显著的影响, 所以引入如下定义.

定义11.4.1　如果 λ_1 和 λ_2 相同, 称模型 (11.4.2) 为各向同性的, 否则称其为各向异性的.

为了解释引入模型 (11.4.2) 的动机, 假定待分割图像 u_0 的像素值在分割轮廓的内部和外部是按多项式分布的, 即 u_0 在区域内和区域外分别为 k 次多项式 $p_{\text{inside}}(\boldsymbol{x})$ 和 $q_{\text{outside}}(\boldsymbol{x})$. 显然, 分片常数的情况是其特例 (见文献 [60]). 设 C_0 为这两个区域的交线, 并假定, 在 C_0 内部 $u_0 = p_{\text{inside}}(\boldsymbol{x})$, 在 C_0 外部 $u_0 = q_{\text{outside}}(\boldsymbol{x})$. 考虑 (11.4.2) 的保真项 $\mathscr{E}_0(\boldsymbol{C}_p, \boldsymbol{C}_q, C)$. 容易看出, 如果 $C = C_0$, 那么

$$\mathscr{E}_0(\boldsymbol{C}_{p_{\text{inside}}}, \boldsymbol{C}_{q_{\text{outside}}}, C_0) = \min \mathscr{E}_0(\boldsymbol{C}_p, \boldsymbol{C}_q, C) = 0. \tag{11.4.3}$$

如果 $C \neq C_0$, 那么 $\mathscr{E}_0(\boldsymbol{C}_p, \boldsymbol{C}_q, C) > 0$. 因此, 极小化保真项得到正确的结果. 设 $k_1 \leqslant k_2$, 由于 $\mathcal{P}_{k_1} \subset \mathcal{P}_{k_2}$, 故有

$$\min_{\psi \in \mathcal{P}_{k_2}} \int_{\Omega_i} |u_0(\boldsymbol{x}) - \psi(\boldsymbol{x})|^2 \mathrm{d}\boldsymbol{x} \leqslant \min_{\psi \in \mathcal{P}_{k_1}} \int_{\Omega_i} |u_0(\boldsymbol{x}) - \psi(\boldsymbol{x})|^2 \mathrm{d}\boldsymbol{x}. \tag{11.4.4}$$

因此, 使用多项式函数逼近 u_0 比使用常数更精确.

11.4.1　水平集形式

为了计算简单, 考虑分割模型的水平集形式. 首先把分割轮廓 C 表示为一个 Lipschitz 连续的水平集函数 $\phi : \Omega \to \mathbb{R}$ 的零水平集, 使得

$$\begin{cases} C = \{\boldsymbol{x} \in \Omega : \phi(\boldsymbol{x}) = 0\}, \\ \Omega_1 = \{\boldsymbol{x} \in \Omega : \phi(\boldsymbol{x}) > 0\}, \\ \Omega_2 = \{\boldsymbol{x} \in \Omega : \phi(\boldsymbol{x}) < 0\}. \end{cases}$$

容易得到 $\mathscr{E}_{\text{PPMS}}(\boldsymbol{C}_p, \boldsymbol{C}_q, C)$ 的下述水平集形式 (见文献 [215]):

$$\begin{aligned} \mathscr{F}_{\text{PPMS}}(\boldsymbol{C}_p, \boldsymbol{C}_q, \phi) = {} & \lambda_1 \int_\Omega |u_0 - p(\boldsymbol{x})|^2 H_1(\phi) \mathrm{d}\boldsymbol{x} + \lambda_2 \int_\Omega |u_0 - q(\boldsymbol{x})|^2 H_2(\phi) \mathrm{d}\boldsymbol{x} \\ & + \int_\Omega |\nabla H(\phi)| \mathrm{d}\boldsymbol{x}, \end{aligned} \tag{11.4.5}$$

其中

$$p(\boldsymbol{x}) = \sum_{0 \leqslant s+t \leqslant k} c_{p,st} x^s y^t,$$
$$q(\boldsymbol{x}) = \sum_{0 \leqslant s+t \leqslant k} c_{q,st} x^s y^t.$$

为了极小化能量泛函 (11.4.5), 先固定 ϕ. 则关于 $\boldsymbol{C}_p$ 和 $\boldsymbol{C}_q$ 极小化 (11.4.5) 导出下述方程:

$$\sum_{0 \leqslant s+t \leqslant k} c_{p,st} \int_\Omega x^{s+h} y^{t+r} H_1(\phi) \mathrm{d}\boldsymbol{x} = \int_\Omega x^h y^r u_0 H_1(\phi) \mathrm{d}\boldsymbol{x}, \tag{11.4.6}$$

$$\sum_{0\leqslant s+t\leqslant k} c_{q,st}\int_{\Omega} x^{s+h}y^{t+r}H_2(\phi)\mathrm{d}\boldsymbol{x} = \int_{\Omega} x^h y^r u_0 H_2(\phi)\mathrm{d}\boldsymbol{x}, \tag{11.4.7}$$

其中 $h+r\leqslant k,\ \ h,r\in\mathbb{Z}_+$. 线性系统 (11.4.6)-(11.4.7) 可写成为下面的矩阵形式:

$$\boldsymbol{A}\boldsymbol{C}_p = \boldsymbol{r}, \tag{11.4.8}$$

$$(\boldsymbol{B}-\boldsymbol{A})\boldsymbol{C}_q = \hat{\boldsymbol{r}} - \boldsymbol{r}, \tag{11.4.9}$$

其中

$$\boldsymbol{A} = \begin{bmatrix} \int_{\Omega} H(\phi)\mathrm{d}\boldsymbol{x} & \int_{\Omega} xH(\phi)\mathrm{d}\boldsymbol{x} & \cdots & \int_{\Omega} y^k H(\phi)\mathrm{d}\boldsymbol{x} \\ \int_{\Omega} xH(\phi)\mathrm{d}\boldsymbol{x} & \int_{\Omega} x^2H(\phi)\mathrm{d}\boldsymbol{x} & \cdots & \int_{\Omega} xy^k H(\phi)\mathrm{d}\boldsymbol{x} \\ \vdots & \vdots & & \vdots \\ \int_{\Omega} y^k H(\phi)\mathrm{d}\boldsymbol{x} & \int_{\Omega} xy^k H(\phi)\mathrm{d}\boldsymbol{x} & \cdots & \int_{\Omega} y^{2k} H(\phi)\mathrm{d}\boldsymbol{x} \end{bmatrix}, \tag{11.4.10}$$

$$\boldsymbol{B} = \begin{bmatrix} \int_{\Omega} \mathrm{d}\boldsymbol{x} & \int_{\Omega} x\mathrm{d}\boldsymbol{x} & \cdots & \int_{\Omega} y^k \mathrm{d}\boldsymbol{x} \\ \int_{\Omega} x\mathrm{d}\boldsymbol{x} & \int_{\Omega} x^2\mathrm{d}\boldsymbol{x} & \cdots & \int_{\Omega} xy^k \mathrm{d}\boldsymbol{x} \\ \vdots & \vdots & & \vdots \\ \int_{\Omega} y^k \mathrm{d}\boldsymbol{x} & \int_{\Omega} xy^k \mathrm{d}\boldsymbol{x} & \cdots & \int_{\Omega} y^{2k} \mathrm{d}\boldsymbol{x} \end{bmatrix}, \tag{11.4.11}$$

$$\boldsymbol{r} = \left[\int_{\Omega} u_0 H(\phi)\mathrm{d}\boldsymbol{x}, \int_{\Omega} xu_0 H(\phi)\mathrm{d}\boldsymbol{x}, \cdots, \int_{\Omega} y^k u_0 H(\phi)\mathrm{d}\boldsymbol{x}\right]^{\mathrm{T}}, \tag{11.4.12}$$

$$\hat{\boldsymbol{r}} = \left[\int_{\Omega} u_0\mathrm{d}\boldsymbol{x}, \int_{\Omega} xu_0\mathrm{d}\boldsymbol{x}, \cdots, \int_{\Omega} y^k u_0\mathrm{d}\boldsymbol{x}\right]^{\mathrm{T}}. \tag{11.4.13}$$

容易看出, 如果 Ω_1 和 Ω_2 的测度非零, 那么矩阵 $\boldsymbol{A}$ 和 $\boldsymbol{B}-\boldsymbol{A}$ 是正定的, 否则两者之一为零矩阵. 这种情况意味着 Ω 没有被分割. 实际问题中, Ω_1 和 Ω_2 通常具有正测度, 因而, (11.4.8) 和 (11.4.9) 存在唯一解.

最后, 固定 $\boldsymbol{C}_p$ 和 $\boldsymbol{C}_q$, 关于 ϕ 极小化能量泛函 (11.4.5), 则得到下面的非线性的偏微分方程:

$$\delta(\phi)\left[\lambda_1|u_0-p(\boldsymbol{x})|^2 - \lambda_2|u_0-q(\boldsymbol{x})|^2 - \mathrm{div}\left(\frac{\nabla\phi}{|\nabla\phi|}\right)\right] = 0, \tag{11.4.14}$$

其中 δ 代表 Dirac delta 函数.

如果使用多个水平集函数分割多相的图像, 与能量泛函相对应的水平集形式也可类似地推出 (参见文献 [289]).

11.4.2 数值计算

下述算法用于求解 PPMS 模型的水平集形式.

算法 11.4.1 (PPMS 模型的水平集方法)

(1) 给定一初始分割轮廓 C_0, ϕ^0, $0<\alpha\ll 1$ 和一正整数 N_0. 使用 (11.4.10) 和 (11.4.12) 分别计算 $\boldsymbol{A}_0$ 和 $\boldsymbol{r}_0$. 置 $n=0$.

(2) 使用 (11.4.8) 和 (11.4.9), 分别更新 $\boldsymbol{C}_p$ 和 $\boldsymbol{C}_q$:

$$\boldsymbol{C}_p^n=\boldsymbol{A}_n^{-1}\boldsymbol{r}_n, \tag{11.4.15}$$

$$\boldsymbol{C}_q^n=(\boldsymbol{B}-\boldsymbol{A}_n)^{-1}(\hat{\boldsymbol{r}}-\boldsymbol{r}_n), \tag{11.4.16}$$

得到 p^n 和 q^n.

(3) 更新 ϕ 如下:

$$\frac{\partial\phi^{n+1}}{\partial t}=\delta_\epsilon(\phi^n)\left[\operatorname{div}\left(\frac{\nabla\phi^n}{|\nabla\phi^n|}\right)-\lambda_1|u_0-p^n(\boldsymbol{x})|^2+\lambda_2|u_0-q^n(\boldsymbol{x})|^2\right],$$

其中 δ_ϵ 为 Dirac delta 函数的光滑的逼近函数. 计算 $\varepsilon_n=\|\phi^{n+1}-\phi^n\|_2$. 若 $\varepsilon_n<\alpha$ 或 $n+1>N_0$, 终止迭代, 否则转到下一步.

(4) 置 $n:=n+1$, 用 (11.4.10) 更新 $\boldsymbol{A}_n$, 返回到第 (2) 步.

上述算法是求解各种变分模型的一个常用的方法, 但是该方法速度不快, 特别是算法的第 (3) 步, 与文献 [132, 308] 中的方法比相对较慢. 此外, 能量泛函 $\mathscr{F}_{\mathrm{PPMS}}(\boldsymbol{C}_p,\boldsymbol{C}_q,\phi)$ 关于 ϕ 是非凸的, 因而具有局部极小解. 如果初始值给的不恰当, 上述的水平集方法有可能给出不是想要的局部极小解. 克服这些困难的一个有效的方法是把所考虑的问题转化为凸问题. 为实现该转化, 需引入下面的定理.

定理 11.4.1　给定 $p(\boldsymbol{x})\in\mathcal{P}_k$ 和 $q(\boldsymbol{x})\in\mathcal{P}_k$, 令 ϕ 为下述凸优化问题

$$\min_{0\leqslant\phi\leqslant1}\left\{\int_\Omega|\nabla\phi|\mathrm{d}\boldsymbol{x}+\int_\Omega\left(\lambda_1|u_0(\boldsymbol{x})-p(\boldsymbol{x})|^2-\lambda_2|u_0(\boldsymbol{x})-q(\boldsymbol{x})|^2\right)\phi\mathrm{d}\boldsymbol{x}\right\} \tag{11.4.17}$$

的解, 则对于几乎所有的 $\gamma\in[0,1]$, $C(\gamma)=\{\boldsymbol{x}\in\Omega:\phi(\boldsymbol{x})=\gamma\}$, $\Omega_1(\gamma)=\{\boldsymbol{x}\in\Omega:\phi(\boldsymbol{x})>\gamma\}$ 以及 $\Omega_2(\gamma)=\Omega\backslash\bar{\Omega}_1$ 为能量泛函 $\mathscr{E}_{\mathrm{PPMS}}(\boldsymbol{C}_p,\boldsymbol{C}_q,C)$ 关于 C 的全局极小解.

证明　该定理的证明与定理 11.4.1 的证明类似. 使用余面积公式和约束条件 $0\leqslant\phi\leqslant1$, 有

$$\int_\Omega|\nabla\phi|\mathrm{d}\boldsymbol{x}=\int_0^1\mathrm{Per}(\{\boldsymbol{x}\in\Omega:\phi(\boldsymbol{x})>\gamma\})\mathrm{d}\gamma,$$

其中 $\text{Per}(\{\boldsymbol{x}\in\Omega:\phi(\boldsymbol{x})>\gamma\})$ 是区域 $\{\boldsymbol{x}\in\Omega:\phi(\boldsymbol{x})>\gamma\}$ 的周长. 进一步,

$$\begin{aligned}\int_\Omega|u_0(\boldsymbol{x})-p(\boldsymbol{x})|^2\phi\mathrm{d}\boldsymbol{x}&=\int_\Omega|u_0(\boldsymbol{x})-p(\boldsymbol{x})|^2\int_0^1\chi_{[0,\phi]}(\gamma)\mathrm{d}\gamma\mathrm{d}\boldsymbol{x}\\&=\int_0^1\int_\Omega|u_0(\boldsymbol{x})-p(\boldsymbol{x})|^2\chi_{[0,\phi]}(\gamma)\mathrm{d}\boldsymbol{x}\mathrm{d}\gamma\\&=\int_0^1\int_{\{\boldsymbol{x}\in\Omega:\phi(\boldsymbol{x})>\gamma\}}|u_0(\boldsymbol{x})-p(\boldsymbol{x})|^2\mathrm{d}\boldsymbol{x}\mathrm{d}\gamma.\end{aligned}$$

类似地,

$$\begin{aligned}\int_\Omega|u_0(\boldsymbol{x})-q(\boldsymbol{x})|^2\phi\mathrm{d}\boldsymbol{x}&=\int_\Omega|u_0(\boldsymbol{x})-q(\boldsymbol{x})|^2\int_0^1\chi_{[0,\phi]}(\gamma)\mathrm{d}\gamma\mathrm{d}\boldsymbol{x}\\&=\int_0^1\int_\Omega|u_0(\boldsymbol{x})-q(\boldsymbol{x})|^2\chi_{[0,\phi]}(\gamma)\mathrm{d}\boldsymbol{x}\mathrm{d}\gamma\\&=\int_\Omega|u_0(\boldsymbol{x})-q(\boldsymbol{x})|^2\mathrm{d}\boldsymbol{x}\\&\quad-\int_0^1\int_{\Omega\setminus\{\boldsymbol{x}\in\Omega:\phi(\boldsymbol{x})>\gamma\}}|u_0(\boldsymbol{x})-q(\boldsymbol{x})|^2\mathrm{d}\boldsymbol{x}\mathrm{d}\gamma.\end{aligned}$$

显然, $\int_\Omega|u_0(\boldsymbol{x})-q(\boldsymbol{x})|^2\mathrm{d}\boldsymbol{x}$ 与 ϕ 无关. 置 $\Omega_1(\gamma)=\{\boldsymbol{x}\in\Omega:\phi(\boldsymbol{x})>\gamma\}$ 以及 $\Omega_2(\gamma)=\Omega\setminus\Omega_1(\gamma)$, 则 (11.4.17) 可写为

$$\min_{0\leqslant\phi\leqslant1}\int_0^1\left\{|C(\gamma)|+\lambda_1\int_{\Omega_1(\gamma)}|u_0(\boldsymbol{x})-p(\boldsymbol{x})|^2\mathrm{d}\boldsymbol{x}+\lambda_2\int_{\Omega_2(\gamma)}|u_0(\boldsymbol{x})-q(\boldsymbol{x})|^2\mathrm{d}\boldsymbol{x}\right\}\mathrm{d}\gamma,$$

即

$$\min_{0\leqslant\phi\leqslant1}\int_0^1\mathscr{E}_{\text{PPMS}}(\boldsymbol{C}_p,\boldsymbol{C}_q,C(\gamma))\mathrm{d}\gamma.$$

因此, 如果 ϕ 是凸优化问题 (11.4.17) 的一个极小点, 那么对于几乎所有的 $\gamma\in[0,1]$, $C(\gamma)$ 是能量泛函 $\mathscr{E}_{\text{PPMS}}(\boldsymbol{C}_p,\boldsymbol{C}_q,C)$ 关于 C 的一个全局极小点. □

由定理 11.4.1 知, 算法 11.4.1 第 3 步中的优化问题 $\mathscr{F}_{\text{PPMS}}(\boldsymbol{C}_p,\boldsymbol{C}_q,\phi)$ 可以代之以基于 ℓ_1 的凸优化问题 (11.4.17). 于是可以使用分裂 Bregman 迭代算法 (参见文献 [133, 132]). 为完整起见, 下面描述算法细节. 记

$$g(\boldsymbol{x})=\lambda_1|u_0(\boldsymbol{x})-p(\boldsymbol{x})|^2-\lambda_2|u_0(\boldsymbol{x})-q(\boldsymbol{x})|^2,$$

则优化问题 (11.4.17) 可写为

$$\min_{0\leqslant\phi\leqslant1}\mathscr{F}(\phi),\tag{11.4.18}$$

其中

$$\mathscr{F}(\phi)=\int_{\Omega}|\nabla\phi|\mathrm{d}\boldsymbol{x}+\int_{\Omega}g\phi\mathrm{d}\boldsymbol{x}.$$

所谓 "分裂" 的方法, 就是不直接求解问题 (11.4.18), 转而求解下述问题:

$$\min_{0\leqslant\phi\leqslant 1,\boldsymbol{d}}\left\{\|\boldsymbol{d}\|_1+\int_{\Omega}g\phi\mathrm{d}\boldsymbol{x}\right\},\quad \text{s.t.}\quad \boldsymbol{d}=\nabla\phi, \tag{11.4.19}$$

其中 $\boldsymbol{d}$ 是一辅助变量. 该问题可以用以下的 Bregman 迭代法快速求解:

$$(\phi^{n+1},\boldsymbol{d}^{n+1})=\arg\min_{0\leqslant\phi\leqslant 1,\boldsymbol{d}}\left\{\|\boldsymbol{d}\|_1+\int_{\Omega}g\phi\mathrm{d}\boldsymbol{x}+\frac{\beta}{2}\|\boldsymbol{d}-\nabla\phi-\boldsymbol{b}^n\|_2^2\right\}, \tag{11.4.20}$$

$$\boldsymbol{b}^{n+1}=\boldsymbol{b}^n+\nabla\phi^{n+1}-\boldsymbol{d}^{n+1}, \tag{11.4.21}$$

其中 $\boldsymbol{d}^0=\boldsymbol{0}$, $\boldsymbol{b}^0=\boldsymbol{0}$ 以及 $\boldsymbol{b}^n=\sum_{l=0}^{n}(\nabla\phi^l-\boldsymbol{d}^l)$. 极小化问题 (11.4.20) 可用交替迭代的方法求解. 即首先固定 $\boldsymbol{d}=\boldsymbol{d}^n$, 则得到关于 ϕ 的一阶最优化条件:

$$\Delta\phi=\frac{g}{\beta}+\operatorname{div}(\boldsymbol{d}^n-\boldsymbol{b}^n),\quad 0<\phi<1,\ \text{在}\ \Omega\text{内}, \tag{11.4.22}$$

其中的 Laplace 算子和散度算子分别用中心差分和向后差分计算. 离散后得到的线性系统用 Gauss-Seidel 迭代法求解, 于是得到新的 ϕ^{n+1}:

$$\phi_{i,j}^{n+1}=\min\left\{\max\{\omega_{i,j}^{n+1},1\},0\right\},\quad 0\leqslant i\leqslant N_x,\quad 0\leqslant j\leqslant N_y, \tag{11.4.23}$$

其中 $N_x\times N_y$ 为原始图像的大小, 以及

$$\omega_{i,j}^{n+1}=\frac{1}{4}\left(\phi_{i-1,j}^n+\phi_{i+1,j}^n+\phi_{i,j-1}^n+\phi_{i,j+1}^n-\frac{g_{i,j}^n}{\beta}-\rho_{i,j}^n\right),$$

$$g_{i,j}^n=\left(\lambda_1|u_0-p^n|^2-\lambda_2|u_0-q^n|^2\right)_{i,j},$$

$$\rho_{i,j}^n=d_{x,i,j}^n-d_{x,i-1,j}^n+d_{y,i,j}^n-d_{y,i,j-1}^n+b_{x,i-1,j}^n-b_{x,i,j}^n+b_{y,i,j-1}^n-b_{y,i,j}^n.$$

然后, 固定 $\phi=\phi^{n+1}$, 用 shrinkage 公式更新 $\boldsymbol{d}^{n+1}$:

$$\boldsymbol{d}^{n+1}=\operatorname{shrink}\left(\boldsymbol{b}^n+\nabla\phi^{n+1},\frac{1}{\beta}\right), \tag{11.4.24}$$

其中 $\operatorname{shrink}(x,\lambda)$ 由 (11.3.27) 定义.

现在总结分裂 Bregman 迭代算法如下.

算法 11.4.2 (PPMS 模型的分裂 Bregman 迭代算法)

(1) 给定初始分割轮廓 C_0 以及 ϕ^0, $\boldsymbol{d}^0$, $\boldsymbol{b}^0$, $0<\alpha\ll 1$ 和整数 $N_0>0$. 分别用 (11.4.10) 和 (11.4.12) 计算 $\boldsymbol{A}_0$ 和 $\boldsymbol{r}_0$. 置 $n:=0$.

(2) 用 (11.4.15) 和 (11.4.16) 分别更新 $\boldsymbol{C}_p$ 和 $\boldsymbol{C}_q$.

(3) 用 (11.4.23) 更新 ϕ, 并计算 $\varepsilon_n = \|\phi^{n+1} - \phi^n\|_2$. 如果 $\varepsilon_n < \alpha$ 或者 $n+1 > N_0$, 终止迭代, 否则分别用 (11.4.24) 和 (11.4.21) 更新 $\boldsymbol{d}$ 和 $\boldsymbol{b}$, 然后转到下一步.

(4) 置 $n := n+1$, 用 (11.4.10) 更新 A_n, 返回到第 (2) 步.

比较算法 11.4.2 与算法 11.4.1, 两者的区别在于更新 ϕ 时前者采用了分裂的 Bregman 迭代. 容易看出, 算法 11.4.2 的每一次迭代的计算量与图像的大小相当, 这与算法 11.4.1 的计算量相同. 但每次分裂 Bregman 迭代的计算量很小 (见文献 [133, 132]). 因而算法 11.4.2 比算法 11.4.1 快很多. 另外, 算法 11.4.2 也比 RSF 模型的水平集方法快很多.

数值实验表明, 即使对于多相或者像素值非均匀的图像, PPMS 模型也能给出理想的结果. 特别应指出的是, 该模型关于初值是稳定的. 从计算效率方面看, 由于采用了分裂 Bregman 迭代, 计算速度很快, 因而适于解决大规模和高维图像的分割问题. 有关该算法的数值实验及表现, 可参考文献 [63].

参 考 文 献

[1] 陈恕行. 现代偏微分方程导论. 北京: 科学出版社, 2005.

[2] 褚圣麟. 原子物理学. 北京: 高等教育出版社, 1979.

[3] 高上凯. 医学成像系统 (第 2 版). 北京: 清华大学出版社, 2010.

[4] 徐国良. 计算几何中的几何偏微分方程方法. 北京: 科学出版社, 2008.

[5] 徐树方. 矩阵计算的理论与方法. 北京: 北京大学出版社, 1995.

[6] 杨福家. 原子物理学 (第 4 版). 北京: 高等教育出版社, 2008.

[7] 袁亚湘. 非线性优化计算方法. 北京: 科学出版社, 2008.

[8] 曾更生. 医学图像重建. 北京: 高等教育出版社, 2010.

[9] 陈冲. 图像重构的数值方法及其理论分析. 北京: 中国科学院研究生院, 2012.

[10] 黄晓星, 宋晓伟, 朱平. 冷冻电子断层成像技术及其在生物研究领域的应用. 生物物理学报, 2010, 26(7):570–578.

[11] 冷珏琳. 生物医学图像处理与网格化. 北京: 中国科学院大学, 2013.

[12] 许志强. 压缩感知. 中国科学: 数学, 2012, 42(9):865–877.

[13] 张凯, 张艳, 胡仲军等. 电子显微三维重构技术发展与前沿. 生物物理学报, 2010, 26(7):533–559.

[14] Abramowitz M, Stegun I A. Handbook of Mathematical Functions with Formulas, Graphs, and Mathematical Tables. Dover Publications, Inc., 1972.

[15] Adrian M, Dubochet J, Lepault J, McDowall A. Cryo-electron microscopy of viruses. Nature, 1984, 308(5954):32–36.

[16] Andersen A H, Kak A C. Simultaneous algebraic reconstruction technique (SART): a superior implementation of the ART algorithm. Ultrasonic Imaging, 1984, 6(1):81–94.

[17] Aubert G, Kornprobst P. Mathematical Problems in Image Processing: Partial Differential Equations and the Calculus of Variations, volume 147. Springer-Verlag, New York, 2006.

[18] Bajaj C L, Xu G, Zhang Q. High-order level-set method and its application in biomolecular surface construction. J. Comput. Sci & Technol., 2008, 23(6):1026–1036.

[19] Barrett H, Swindell W. Radiological Imaging: the Theory of Image Formation, Detection, and Processing. Elsevier, 1996.

[20] Basu S, Bresler Y. $O\ (N^2 \log_2 N)$ filtered backprojection reconstruction algorithm for tomography. IEEE Transactions on Image Processing, 2000, 9(10):1760–1773.

[21] Basu S, Bresler Y. $O\ (N^3 \log N)$ backprojection algorithm for the 3-D Radon transform. IEEE Transactions on Medical Imaging, 2002, 21(2):76–88.

[22] Bates R H T, Peters T M. Towards improvements in tomography. N. Z. J. Sci., 1971, 14:883–896.

[23] Benedetto J, Li S. The theory of multiresolution analysis frames and applications to filter banks. Applied and Computational Harmonic Analysis, 1998, 5(4):389–427.

[24] Bennett A, Liu J, Ryk D V, Bliss D, Arthos J, Henderson R M, Subramaniam S. Cryoelectron tomographic analysis of an HIV-neutralizing protein and its complex with native viral gp120. The Journal of Biological Chemistry, 282, 2007.

[25] Berriman J, Unwin N. Analysis of transient structures by cryo-microscopy combined with rapid mixing of spray droplets. Ultramicroscopy, 1994, 56:241–252.

[26] Blinn J. A generalization of algebraic surface drawing. ACM Transactions on Graphics, 1982, 1(3):235–256.

[27] Bloomfield P, Steiger W L. Least Absolute Deviations: Theory, Applications, and Algorithms. Boston: Birkhäuser, 1983.

[28] Bonnet S. Koenig A. Roux S. Hugonnard P. Guillemaud R, Grangeat P. Dynamic X-ray computed tomography. Proceedings of the IEEE, 2003, 91(10):1574–1587.

[29] Bouman C, Sauer K. A generalized Gaussian image model for edge-preserving MAP estimation. IEEE Transactions on Image Processing, 1993, 2(3):296–310.

[30] Bouman C, Sauer K. A unified approach to statistical tomography using coordinate descent optimization. IEEE Transactions on Image Processing, 1996, 5(3):480–492.

[31] Bracewell R N. Strip integration in radio astronomy. Australian Journal of Physics, 1956, 9(2):198–217.

[32] Bracewell R N. Image reconstruction in radio astronomy. In G. T. Herman, editor, Image Reconstruction from Projections, volume 32, pages 81–104. New York: Springer, 1979.

[33] Bracewell R N, Riddle A C. Inversion of fan-beam scans in radio astronomy. The Astrophysical Journal, 1967, 150:427–434.

[34] Brandt A. Multilevel computations of integral transforms and particle interactions with oscillatory kernels. Computer Physics Communications, 1991, 65:24–38.

[35] Brandt A, Mann J, Brodski M, Galun M. A fast and accurate multilevel inversion of the Radon transform. SIAM Journal on Applied Mathematics, pages 1999, 437–462.

[36] Brandt S, Heikkonen J, Engelhardt P. Automatic alignment of transmission electron microscope tilt-series without fiducial markers. J. of Struct. Biol., 2001, 136:201-213.

[37] Bregman L. The relaxation method of finding the common point of convex sets and its application to the solution of problems in convex programming. USSR Computational Mathematics and Mathematical Physics, 1967, 7(3):200–217.

[38] Brouw W N. Aperture synthesis. Methods Comput. Phys. B, 1975, 14:131–175.

[39] Brown E S, Chan T F, Bresson X. Completely convex formulation of the Chan-Vese image segmentation model. International Journal of Computer Vision, 2012, 98(1):103–121.

[40] Budinger T, Gullberg G, Huesman R. Emission computed tomography. Image Reconstruction from Projections, 1979, 147–246.

[41] Buzug T. Computed Tomography: from Photon Statistics to Modern Cone-beam CT.

Springer, 2008.

[42] Byrne C L. Block-iterative methods for image reconstruction from projections. IEEE Transactions on Image Processing, 1996, 5(5):792–794.

[43] Cai Chan J, Shen L, Shen Z. Convergence analysis of tight framelet approach for missing data recovery. Adv. Comput. Math., 2009, 31:87–113.

[44] Cai Chan J, Shen Z. A framelet-based image inpainting algorithm. Appl. Comput. Harmon. Anal., 2008, 24:131–149.

[45] Cai J, Osher S, Shen Z. Split Bregman methods and frame based image restoration. Multiscale Model. Simul., 2009, 8(2):337–369.

[46] Cai J, Osher S, Shen Z. Linearized Bregman iterations for compressed sensing. Mathematics of Computation, 2009, 78(267):1515–1536.

[47] Cai T, Wang L, Xu G. New bounds for restricted isometry constants. IEEE Transactions on Information Theory, 2010, 56(9):4388–4394.

[48] Candès E. Compressive sampling. In Proceedings of the International Congress of Mathematicians: Madrid, August 22–30, 2006: invited lectures, 2006, 1433–1452.

[49] Candès E. The restricted isometry property and its implications for compressed sensing. Comptes Rendus Mathematique, 2008, 346(9):589–592.

[50] Candès E, Romberg J, Tao T. Robust uncertainty principles: exact signal reconstruction from highly incomplete frequency information. IEEE Trans. Information Theory, 2006, 52(2):489–509.

[51] Candès E, Romberg J, Tao T. Stable signal recovery from incomplete and inaccurate measurements. Communications on Pure and Applied Mathematics, 2006, 59(8):1207–1223.

[52] Candès E, Tao T. Decoding by linear programming. IEEE Transactions on Information Theory, 2005, 51(12):4203–4215.

[53] Candès E, Wakin M. An introduction to compressive sampling. Signal Processing Magazine, IEEE, 2008, 25(2):21–30.

[54] Carrascosa J L, Chichón F J, Pereiro E, Rodriguez M J, Fernández J J, Esteban M, Heim S, Guttmann P, Schneider G. Cryo-X-ray tomography of vaccinia virus membranes and inner compartments. J. Struct. Biol., 2009, 168:234–239.

[55] Caselles V, Kimmel R, Sapiro G. Geodesic active contours. International Journal of Computer Vision, 1997, 22(1):61–79.

[56] Censor Y, Elfving T. Block-iterative algorithms with diagonally scaled oblique projections for the linear feasibility problem. SIAM Journal on Matrix Analysis and Applications, 2002, 24(1):40–58.

[57] Chambolle A, Pock T. A first-order primal-dual algorithm for convex problems with applications to imaging. Journal of Mathematical Imaging and Vision, 2011, 40:120–145.

[58] Chan R, Tao M, Yuan X. Linearized alternating direction method for constrained linear least-squares problem. East Asian J. Appl. Math., 2012, 2(4):326–341.

[59] Chan T F, Esedoglu S, Nikolova M. Algorithms for finding global minimizers of image segmentation and denoising models. SIAM Journal on Applied Mathematics, 2006, 66(5):1632–1648.

[60] Chan T F, Vese L A. Active contours without edges. IEEE Transactions on Image Processing, 2001, 10(2):266–277.

[61] Chang Z, Zhang R, Thibault J, Sauer K, Bouman C. Statistical X-ray computed tomography imaging from photon-starved measurements. In Proc. SPIE 9020, Computational Imaging XII, pages 90200G–1–90200G–12. International Society for Optics and Photonics, 2014.

[62] Charbonnier P, Blanc-Féraud L, Aubert G, Barlaud M. Deterministic edge-preserving regularization in computed imaging. IEEE Transactions on Image Processing, 1997, 6(2):298–311.

[63] Chen C, Leng J, Xu G. A general framework of piecewise-polynomial Mumford-Shah model for image segmentation. UCLA CAM Reports, 2013, 13–50.

[64] Chen C, Xu G. Construction geometric partial differential equations for level-set surfaces. J. Comput. Math., 2010, 28(1):105–121.

[65] Chen C, Xu G. A new reconstruction algorithm in tomography with geometric feature-preserving regularization. In Biomedical Engineering and Informatics (BMEI), 2010 3rd International Conference 1: 41–45, Yantai, China, 2010. IEEE.

[66] Chen C, Xu G. Gradient-flow-based semi-implicit finite-element method and its convergence analysis for image reconstruction. Inverse Problems, 2012, 28(3):035006.

[67] Chen C, Xu G. Computational inversion of electron micrographs using L^2-gradient flows—convergence analysis. Math. Methods Appl. Sci., 2013, 36(18):2492–2506.

[68] Chen C, Xu G. The linearized split Bregman iterative algorithm and its convergence analysis for robust tomographic image reconstruction. UCLA CAM Reports, 2013, 13–66.

[69] Chen G, Tang J, Leng S. Prior image constrained compressed sensing (PICCS): A method to accurately reconstruct dynamic CT images from highly underdetermined projection data sets. Medical Physics, 2008, 35(2):660–663.

[70] Chen S S, Donoho D L, Saunders M A. Atomic decomposition by basis pursuit. SIAM Journal on Scientific Computing, 1998, 20(1):33–61.

[71] Chiu W. What does electron cryomicroscopy provide that X-ray crystallography and NMR spectroscopy cannot? Annu. Rev. Biophys. Biomol. Struct., 1993, 22:233–255.

[72] Christensen O. An Introduction to Frames and Riesz Bases. Boston: Birkhäuser, 2003.

[73] Chui C K. Wavelets: A Mathematical Tool for Signal Analysis. SIAM, Philadelphia,

1997.

[74] Cimmino G. Calcolo approssimato per le soluzioni dei sistemi di equazioni lineari. Ric. Sci. Progr. Tecn. Econom. Naz., 1938, 9:326–333.

[75] Clackdoyle R, Defrise M. Tomographic reconstruction in the 21st century. Signal Processing Magazine, IEEE, 2010, 27(4):60–80.

[76] Comaniciu D, Meer P. Mean shift: A robust approach toward feature space analysis. IEEE Transactions on Pattern Analysis and Machine Intelligence, 2002, 24(5):603–619.

[77] Combettes P L, Wajs V R. Signal recovery by proximal forward-backward splitting. Multiscale Model. Simul.: A SIAM Interdisciplinary Journal, 2006, 4:1168–1200.

[78] Conway J F. Cheng N. Zlotnick A. Wingfield P T. Stahl S J, Steven A C. Visualization of a 4-helix bundle in the hepatitis B virus capsid by cryo-electron microscopy. Nature, 1997, 386:91–94.

[79] Cormack A M. Representation of a function by its line integrals, with some radiological applications. Journal of Applied Physics, 1963, 34(9):2722–2727.

[80] Cormack A M. Representation of a function by its line integrals, with some radiological applications. II. Journal of Applied Physics, 1964, 35(10):2908–2913.

[81] Cormack A M. Early 2-D reconstruction (CT scanning) and recent topics stemming from it, Nobel lecture 1979. J. Comput. Assist. Tomogr., 1980, 4:658–664.

[82] Cox M G. The numerical evaluation of B-splines. Jour. Inst. Math. Applic., 1972, 10:134–149.

[83] Crowther R A. Procedures for three-dimensional reconstruction of spherical viruses by Fourier synthesis from electron micrographs. Philosophical Transactions of the Royal Society of London. B, Biological Sciences, 1971, 261(837):221–230.

[84] Crowther R A, Amos L A, Finch J T, De Rosier D J, Klug A. et al. Three dimensional reconstructions of spherical viruses by Fourier synthesis from electron micrographs. Nature, 1970, 226:421–425.

[85] Crowther R A, De Rosier D J, Klug A. The reconstruction of a three-dimensional structure from projections and its application to electron microscopy. Proceedings of the Royal Society of London. Series A, Mathematical and Physical Sciences, 1970, 317(1530):319–340.

[86] Curry H B, Schoenberg I J. On spline distribution and their limits: the Pólya distribution functions. Bull. Amer. Math. Soc., 1947, 53:109.

[87] Cyrklaff M, Risco C, Fernández J J, Jiménez M V, Estéban M, Baumeister W, Carrascosa J L. Cryo-electron tomography of vaccinia virus. Proceedings of the National Academy of Sciences of the United States of America, 2005, 102(8):2772–2777.

[88] Danielsson P, Edholm P, Eriksson J, Magnusson S. Towards exact reconstruction for helical cone-beam scanning of long objects. A new detector arrangement and a new

completeness condition. In Proc. 1997 Meeting on Fully 3D Image Reconstruction in Radiology and Nuclear Medicine (Pittsburgh, PA), 1997, 141–144.

[89] Daubechies I. Orthonormal bases of compactly supported wavelets. Communications on Pure and Applied Mathematics, 1988, 41(7):909–996.

[90] Daubechies I. Ten Lectures on Wavelets. SIAM, Philadelphia, PA, 1992.

[91] Davison M E. The ill-conditioned nature of the limited angle tomography problem. SIAM J. Appl. Math., 1983, 43(2):428–448.

[92] De Boor C. On calculating with B-splines. Journal of Approximation Theory, 1972, 6:50–62.

[93] De Rosier D J, Klug A. Reconstruction of three dimensional structures from electron micrographs. Nature, 1968, 217:130–134.

[94] Deans S. The Radon Transform and Some of Its Applications. New York: John Wiley and Sons, 1983.

[95] Defrise M, Gullberg G T. Image reconstruction. Physics in Medicine and Biology, 51:R139, 2006.

[96] Defrise M, Noo F, Kudo H. A solution to the long-object problem in helical cone-beam tomography. Physics in Medicine Biology, 2000, 45:623–643.

[97] Delaney A H, Bresler Y. A fast and accurate Fourier algorithm for iterative parallel-beam tomography. IEEE Transactions on Image Processing, 1996, 5(5):740–753.

[98] Delaney A H, Bresler Y. Globally convergent edge-preserving regularized reconstruction: an application to limited-angle tomography. Image Processing, IEEE Transactions on, 1998, 7(2):204–221.

[99] Derrode S, Ghorbel F. Robust and efficient Fourier-Mellin transform approximations for gray-level image reconstruction and complete invariant description. Computer Vision and Image Understanding, 2001, 83:57–78.

[100] Desbat L. Menessier C, Clackdoyle R. Dynamic tomography, mass preservation and ROI reconstruction. In 2012 Second International Conference on Image Formation in X-Ray Computed Tomography, Salt Lake City, United States, 2012.

[101] Desbat L, Roux S, Grangeat P. Compensation of some time dependent deformations in tomography. IEEE Transactions on Medical Imaging, 2007, 26(2):261–269.

[102] Dierksen K, Typke D. Hegerl R, Baumeister W. Towards automatic electron tomography. II. Implementation of autofocus and low-dose procedures. Ultramicroscopy, 1993, 49:109–120.

[103] Dierksen K, Typke D, Hegerl R, Walz J, Sackmann E, Baumeister W. Three-dimensional structure of lipid vesicles embedded in vitreous ice and investigated by automated electron tomography. Biophys. J., 1995, 68:1416–1422.

[104] Dong B, Shen Z. MRA-Based Wavelet Frames and Applications. IAS Lecture Notes Series, 2010 Summer Program on "The Mathematics of Image Processing", 2010.

[105] Donoho D. Compressed sensing. IEEE Trans. Information Theory, 2006, 52(4):1289–1306.

[106] Dubochet J. Adrian M. Chang J. Homo J. Lepault J. McDowall A, Schultz P. Cryo-electron microscopy of vitrified specimens. Quarterly Reviews of Biophysics, 1988, 21(02):129–228.

[107] Dubochet J. Lepault J. Freeman R. Berriman J A., Homo J C. Electron microscopy of frozen water and aqueous solutions. J. Microsc., 1982, 128:219–237.

[108] Edholm P R, Herman G T. Linograms in image reconstruction from projections. IEEE Transactions on Medical Imaging, 1987, 6(4):301–307.

[109] Edholm P R. Herman G T, Roberts D A. Image reconstruction from linograms: Implementation and evaluation. IEEE Transactions on Medical Imaging, 1988, 7(3):239–246.

[110] Engl H. Hanke M, Neubauer A. Regularization of Inverse Problems. Dordrecht: Kluwer Academic Publishers, 1996.

[111] Epstein C. Introduction to the Mathematics of Medical Imaging. SIAM, 2008.

[112] Esser E. Applications of Lagrangian-based alternating direction methods and connections to split Bregman. UCLA CAM Reports, 2009, 9–31.

[113] Evans L C. Patial Differential Equations. American Mathmatical Society, Providence, 1998.

[114] Evans L C, Gariepy R F. Measure Theory and Fine Properties of Functions. CRC Press, 1992.

[115] Faridani A. Introduction to the mathematics of computed tomography. Inside Out: Inverse Problems and Applications, G. Uhlmann (editor), MSRI Publications, Cambridge University Press, 2003, 47:1–46.

[116] Feldkamp L. Davis L., Kress J. Practical cone-beam algorithm. JOSA A, 1984, 1(6):612–619.

[117] Feng X, Prohl A. Analysis of total variation flow and its finite element approximations. ESAIM-Mathematical Modelling and Numerical Analysis, 2003, 37(3):533.

[118] Frank J. Averaging of low exposure electron micrographs of nonperiodic objects. Ultramicroscopy, 1975, 1:159–162.

[119] Frank J. Electron Tomography Methods for Three-Dimensional Visualization of Structures in the Cell. New York: Springer, second edition, 2006.

[120] Frank J. Three-Dimensional Electron Microscopy of Macromolecular Assemblies: Visualization of Biological Molecules in Their Native State. New York: Oxford University Press, 2006.

[121] Frank J. Goldfarb W. Eisenberg D., Baker T S. Reconstruction of glutamine synthetase using computer averaging. Ultramicroscopy, 1978, 3:283–290.

[122] Frank J, McEwen B F. Alignment by cross-correlation. In Electron Tomography:

Three-Dimensional Imaging with the Transmission Electron Microscope (J. Frank, ed.). New York: Plenum Press, 1992.

[123] Frank J, Wagenknecht T. Automatic selection of molecular images from electron micrographs. Ultramicroscopy, 1984, 12:169–176.

[124] Frank J, Zhu J, Penczek P, Li Y, Srivastava S, Verschoor A, Radermacher M, Grassucci R, Lata R K, Agrawal R K. A model of protein synthesis based on cryo-electron microscopy of the E. coli ribosome. Nature, 1995, 376:441–444.

[125] Gabay D, Mercier B. A dual algorithm for the solution of nonlinear variational problems via finite element approximation. Computers and Mathematics with Applications, 1976, 2(1):17–40.

[126] Ghorbel F. A complete invariant description for gray-level images by the harmonic analysis approach. Pattern Recognition Letters, 1994, 15(1):1043–1051.

[127] Gilbert P. Iterative methods for the three-dimensional reconstruction of an object from projections. Journal of Theoretical Biology, 1972, 36(1):105–117.

[128] Gilboa G, Osher S. Nonlocal operators with applications to image processing. Multiscale Model. Simul., 2008, 7(3):1005–1028.

[129] Glowinski R. Numerical Methods for Nonlinear Variational Problems, Volume 4. Springer, 1984.

[130] Glowinski R, Le Tallec P. Augmented Lagrangian and Operator-Splitting Methods in Nonlinear Mechanics, Volume 9. SIAM, 1989.

[131] Goh S. The Mellin Transformation: Theory and Digital Filter Implementation. Ph. D. dissertation, Purdue University, West Lafayette, I. N., 1985.

[132] Goldstein T. Bresson X, Osher S. Geometric applications of the split Bregman method: segmentation and surface reconstruction. J. Sci. Comput., 2010, 45:272–293.

[133] Goldstein T, Osher S. The split Bregman method for L1-regularized problems. SIAM Journal on Imaging Sciences, 2009, 2(2):323–343.

[134] Golub G, Van Loan C. Matrix Computations. Baltimore: The Johns Hopkins University Press, 1996.

[135] Gonzalez R, Woods R. Digital Image Processing. Addison-Wesley Publishing Company, 2002.

[136] Gopinath A. Xu G. Ress D. Oktem O. Subramaniam S, Bajaj C. Shape-based regularization of electron tomographic reconstruction. IEEE Transactions on Medical Imaging, 2012, 31(12):2241–2252.

[137] Gordon R. Bender R, Herman G T. Algebraic Reconstruction Techniques (ART) for three-dimensional electron microscopy and X-ray photography. Journal of Theoretical Biology, 1970, 29(3):471–481.

[138] Grangeat P. Koenig A. Rodet T, Bonnet S. Theoretical framework for a dynamic

cone-beam reconstruction algorithm based on a dynamic particle model. Physics in Medicine and Biology, 2002, 47(15):2611.

[139] Grant J, Pickup B. A Gaussian description of molecular shape. Journal of Phys. Chem., 1995, 99:3503–3510.

[140] Greenleaf J F. Computerized tomography with ultrasound. Proceedings of the IEEE, 1983, 71(3):330–337.

[141] Grünewald K. Desai P. Winkler D C. Heymann J B. Belnap D M. Baumeister W, Steven A C. Three-dimensional structure of herpes simplex virus from cryo-electron tomography. Science, 302(5649):2003, 1396–1398.

[142] Gu W. D L. Etkin, Le Gros M A, Larabell C A. X-ray tomography of schizosaccharomyces pombe. Differentiation, 2007, 75:529–535.

[143] Hadamard J. Le probleme de Cauchy et les équations aux dérivées partielles linéaires hyperboliques, Volume 1032. Paris: Herman, 1932.

[144] Hale E. Yin W, Zhang Y. Fixed-point continuation for ℓ_1-minimization: Methodology and convergence. SIAM J. Optim., 2008, 19(3):1107–1130.

[145] Hanson K M, Wecksung G W. Local basis-function approach to computed tomography. Applied Optics, 1985, 24(23):4028–4039.

[146] Hayner D A, Jenkins W K. The missing cone problem in computer tomography. Advances in Computer Vision and Image Processing, 1984, 1:83–114.

[147] Helgason S. The Radon Transform, volume 5. Birkhauser, Boston, 1999.

[148] Herman G T. Image Reconstruction from Projections: the Fundamentals of Computerized Tomography. New York: Academic Press, 1980.

[149] Herman G T, Meyer L B. Algebraic reconstruction techniques can be made computationally efficient [positron emission tomography application]. IEEE Trans. Med. Imaging, 1993, 12(3):600–609.

[150] Hestenes M. Multiplier and gradient methods. Journal of Optimization Theory and Applications, 1969, 4(5):303–320.

[151] Hirsch F, Lacombe G. Elements of Functional Analysis. New York, Springer, 1999.

[152] Hohn M. Tang G. Goodyear G. Baldwin P R. Huang Z. Penczek P A. Yang C. Glaeser R M. Adams P D., Ludtke S J. SPARX, a new environment for Cryo-EM image processing. J. Struct. Biol., 2007, 157(1):47–55.

[153] Hoppe W. Gassmann J. Hunsmann N. Schramm H J, Sturm M. Three dimensional reconstruction of individual negatively stained fatty-acid synthetase molecules from tilt series in the electron microscope. Hoppe-Seyler's Z. Physiol. Chem., 1974, 355:1483–1487.

[154] Hounsfield G. Computerized transverse axial scanning (tomography): Part I. Description of system. British Journal of Radiology, 1973, 46(552):1016–1022.

[155] Hounsfield G. Apparatus for examining a body by radiation such as X or gamma

radiation, 1976. US Patent, 3944833 A.

[156] Hounsfield G. Computed medical imaging. Medical physics, 1980, 7:283.

[157] Hsieh J. Computed Tomography: Principles, Design, Artifacts, and Recent Advances. SPIE Press, Bellingham, 2009.

[158] Hsieh J. Nett B. Yu Z. Sauer K. Thibault J, Bouman C. Recent advances in CT image reconstruction. Current Radiology Reports, 2013, 1(1):39–51.

[159] Hudson H M, Larkin R S. Accelerated image reconstruction using ordered subsets of projection data. Medical Imaging, IEEE Transactions on, 1994, 13(4):601–609.

[160] Jerri A. The Shannon sampling theorem—Its various extensions and applications: A tutorial review. Proceedings of the IEEE, 1977, 65(11):1565–1596.

[161] Jia R. Zhao H, Zhao W. Convergence analysis of the Bregman method for the variational model of image denoising. Appl. Comput. Harmon. Anal., 2009, 27(3):367–379.

[162] Jiang M, Wang G. Convergence of the simultaneous algebraic reconstruction technique (SART). Image Processing, IEEE Transactions on Image Processing, 2003, 12(8):957–961.

[163] Jiang M, Wang G. Convergence studies on iterative algorithms for image reconstruction. IEEE Transactions on Medical Imaging, 22(5):2003, 569–579.

[164] Kerdprasop N. Kerdprasop K., Sattayatham P. Weighted k-means for density-biased clustering. In Data Warehousing and Knowledge Discovery, Lecture Notes In Computer Science; Vol. 801, pages 2005, 3589:488–497.

[165] Kaczmarz S. Angenäherte auflösung von systemen linearer gleichungen. Bulletin International de l' Academie Polonaise des Sciences et des Lettres, 1937, 35:355–357.

[166] Kak A, Slaney M. Principles of Computerized Tomographic Imaging, volume 120. SIAM, Philadelphia, 2001.

[167] Kalender W A. X-ray computed tomography. Physics in Medicine and Biology, 51:R29, 2006.

[168] Katsevich A. Analysis of an exact inversion algorithm for spiral cone-beam CT. Physics in Medicine Biology, 2002, 47:2583–2597.

[169] Katsevich A. Theoretically exact filtered backprojection-type inversion algorithm for spiral CT. SIAM Journal on Applied Mathematics, 2002, 62(6):2012–2026.

[170] Katsevich A. An improved exact filtered backprojection algorithm for spiral computed tomography. Advances in Applied Mathematics, 2004, 32:681–697.

[171] Kaur R, Aggarwal MR N. Classification of knee MRI images. Indian Journal of Computer Science and Engineering, 2011, 2:356–363.

[172] Kaveh M, Soumekh M. Computer assisted diffraction tomography. In H. Stark, editor, Image Recovery: Theory and Application. New York: Academic Press, 1987.

[173] Kellenberger E. The response of biological macromolecules and supremolecular structures to the physics of specimen cryopreparation . In Cryotechniques in Biological

Electron Microscopy (R. A. Steinbrecht and K. Zierold, eds). Springer, Berlin, 1987.
[174] Kennedy D. Breakthrough of the year. Science, 2002, 298:2297–2299.
[175] Kirsch A. An Introduction to the Mathematical Theory of Inverse Problems, Volume 120. New York: Springer Verlag, 1996.
[176] Koster A J. Grimm R. Typke D. Hegerl R. Stoschek A. Walz J, Baummeister W. Perspectives of molecular and cellular electron tomography. J. Struct. Biol., 1997, 120:276–308.
[177] Landweber L. An iteration formula for Fredholm integral equations of the first kind. Amer. J. Math., 1951, 73:615–624.
[178] Lanzavecchia S. Tosoni L, Bellon P L. Fast sinogram computation and the sinogram-based alignment of images. Cabios, 1996, 12:531–537.
[179] Larabell C A, Le Gros M A. X-ray tomography generates 3D reconstructions of the yeast, Saccharomyces cerevisiae, at 60-nm resolution. Mol. Biol. Cell, 2004, 15:957–962.
[180] Lata K P. Penczek P, Frank J. Automatic particle picking from electron micrographs. In Proceedings of the 52nd Annual Meeting MSA, pages 122–123, New Orleans, 1994.
[181] Lepault J. Booy F P, Dubochet J. Electron microscopy of frozen biological suspensions. J. Microsc., 1983, 129:89–102.
[182] Li C. Huang R. Ding Z. Gatenby J. Metaxas D N, Gore J C. A level set method for image segmentation in the presence of intensity inhomogeneities with application to MRI. IEEE Transactions on Image Processing, 2011, 20(7):2007–2016.
[183] Li C, Kao C Y. Gore J C, Ding Z. Minimization of region-scalable fitting energy for image segmentation. IEEE Transactions on Image Processing, 2008, 17(10):1940–1949.
[184] Li M. Fan Z. Ji H, Shen Z. Wavelet frame based algorithm for 3D reconstruction in electron microscopy. SIAM J. Sci. Comput., 2014, 36(1):B45–B69.
[185] Li M. Xu G. Sorzano C O S. Sun F, Bajaj C L. Single-particle reconstruction using L^2-gradient flow. Journal of Structural Biology, 2011, 176:259–267.
[186] Liang Z P, Lauterbur P C. Principles of Magnetic Resonance Imaging. New York: IEEE Press, 2000.
[187] Lichnewsky A, Temam R. Pseudosolutions of the time-dependent minimal surface problem. Journal of Differential Equations, 1978, 30(3):340–364.
[188] Liu Y. Penczek P A. McEwen B, Frank J. A marker-free alignment method for electron tomography. Ultramicroscopy, 1995, 58:393–402.
[189] Lustig M. Donaho D, Pauly J. Sparse MRI: The application of compressed sensing for rapid MR imaging. Magnetic Resonance in Medicine, 2007, 58:1182–1195.
[190] Ma S. Goldfarb D, Chen L. Fixed point and Bregman iterative methods for matrix rank minimization. Math. Program., 2011, 128(1-2):321–353.
[191] Maass P. The X-ray transform: Singular value decomposition and resolution. Inverse

Problems, 1987, 3:729–741.

[192] Macovski A. Medical Imaging Systems. New Jersey: Prentice-Hall, 1983.

[193] Mallat S. Multiresolution approximations and wavelet orthonormal bases of $L^2(\mathbb{R})$. Transactions of the American mathematical society, 1989, 315(1):69–87.

[194] Mallat S. A Wavelet Tour of Signal Processing: the Sparse Way. Burlington, MA: Academic Press, third edition, 2009.

[195] Mao Y. Fahimian B. Osher S, Miao J. Development and optimization of regularized tomographic reconstruction algorithms utilizing equally-sloped tomography. IEEE Transactions on Image Processing, 2010, 19(5):1259–1268.

[196] Marabini R. Herman G, Carazo J. 3D reconstruction in electron microscopy using ART with smooth spherically symmetric volume elements (blobs). Ultramicroscopy, 1998, 72(1):53–65.

[197] Mastronarde D N. Automated electron microscope tomography using robust prediction of specimen movements. J. Struct. Biol., 2005, 152:36–51.

[198] Matej S, Lewitt R M. Efficient 3D grids for image reconstruction using spherically-symmetric volume elements. IEEE Transactions on Nuclear Science, 1995, 42(4): 1361–1370.

[199] McDowall A W. Chang J J. Freeman R. Lepault J. Walter C A, Dubochet J. Electron microscopy of frozen-hydrated sections of vitreous ice and vitrified biological samples. J. Microsc., 1983, 131:1–9.

[200] Menetret J F. Hofmann W. Schroder R R. Rapp G, Goody R S. Time-resolved cryo-electron microscopic study of the dissociation of actomyosin induced by photolysis of photolabile nucleotides. J. Mol. Biol., 1991, 219:139–144.

[201] Meyer Y. Principe d'incertitude, bases hilbertiennes et algebres d'operateurs. Seminaire Bourbaki, 1985, 28:209–223.

[202] Meyer Y. Ondelettes et fonctions splines. Séminaire Équations aux dérivées partielles, pages 1986, 1–18.

[203] Mo Q, Li S. New bounds on the restricted isometry constant δ_{2k}. Applied and Computational Harmonic Analysis, 2011, 31(3):460–468.

[204] Mumford D, Shah J. Boundary detection by minimizing functionals. In IEEE Conference on Computer Vision and Pattern Recognition, 1985, 22–26.

[205] Mumford D, Shah J. Optimal approximations by piecewise smooth functions and associated variational problems. Communications on Pure and Applied Mathematics, 1989, 42(5):577–685.

[206] Natterer F. Fourier reconstruction in tomography. Numerische Mathematik, 1985, 47(3):343–353.

[207] Natterer F. The Mathematics of Computerized Tomography, volume 32. Society for Industrial and Applied Mathematics, Philadelphia, 2001.

[208] Natterer F, Wübbeling F. Mathematical Methods in Image Reconstruction. SIAM, Philadelphia, 2001.

[209] Needell D, Ward R. Stable image reconstruction using total variation minimization. SIAM J. Imaging Sciences, 2013, 6(2):1035–1058.

[210] Nicholson W V, Glaeser R M. Review: automatic particle detection in electron microscopy. J. Struct. Biol., 2001, 133:90–101.

[211] Nikiforov A, Uvarov V. Special Functions of Mathematical Physics. Springer, 1988.

[212] Ogura T, Sato C. An automatic particle pickup method using a neural network applicable to low-contrast electron micrographs. J. Struct. Biol., 2001, 136:227–238.

[213] Olson T, DeStefano J, Wavelet localization of the Radon transform. IEEE Transactions on Signal Processing, 1994, 42:2055–2067.

[214] Osher S. Burger M. Goldfarb D. Xu J, Yin W. An iterative regularization method for total variation-based image restoration. Multiscale Model. Simul., 2005, 4(2):460–489.

[215] Osher S, Fedkiw R P. Level Set Methods and Dynamic Implicit Surfaces, Applied Mathematical Sciences, Volume 153. New York: Springer Verlag, 2003.

[216] Osher S. Mao Y. Dong B, Yin W. Fast linearized Bregman iteration for compressive sensing and sparse denoising. arXiv preprint arXiv:1104. 0262, 2011.

[217] Osher S, Sethian J A. Fronts propagating with curvature-dependent speed: Algorithms based on Hamilton-Jacobi formulations. Journal of Computational Physics, 1988, 79(1):12–49.

[218] O'Sullivan J D. A fast sinc function gridding algorithm for Fourier inversion in computer tomography. IEEE Trans. Med. Imag., 1985, 4:200–207.

[219] Pan X. Sidky E Y, Vannier M. Why do commercial CT scanners still employ traditional, filtered back-projection for image reconstruction? Inverse Problems, 2009, 25:123009.

[220] Papoulis A. A new algorithm in spectral analysis and band-limited extraplation. IEEE Trans on Circuits and Systems, 1975, CAS-22(9):735–742.

[221] Parkinson D Y. McDermott G. Etkin L D. Le Gros M A, Larabell C A. Quantitative 3D imaging of eukaryotic cells using soft X-ray tomography. J. Struct. Biol., 2008, 162:380–386.

[222] Penczek P A. Resolution measures in molecular electron microscopy. Methods. Enzymol., 2010, 482:73–100.

[223] Popa C. Constrained Kaczmarz extended algorithm for image reconstruction. Linear Algebra and Its Applications, 2008, 429(8):2247–2267.

[224] Popa C. Extended and constrained diagonal weighting algorithm with application to inverse problems in image reconstruction. Inverse Problems, 2010, 26:065004.

[225] Popa C. A hybrid Kaczmarz–conjugate gradient algorithm for image reconstruction. Mathematics and Computers in Simulation, 2010, 80(12):2272–2285.

[226] Potts D, Steidl G. A new linogram algorithm for computerized tomography. IMA Journal of Numerical Analysis, 2001, 21(3):769–782.

[227] Powell M. A theorem on rank one modifications to a matrix and its inverse. The Computer Journal, 1969, 12(3):288–290.

[228] Press W, Teukolsky S, Vetterling W, Flannery B. Numerical Recipes in C, Citeseer, 1996.

[229] Radermacher M. Weighted back-projection methods. In J. Frank, editor, Electron Tomography, 91–115. New York: Plenum Press, 1992.

[230] Radermacher M. Three-dimensional reconstruction from random projections–orientational alignment via Radon transforms. Ultramicroscopy, 1994, 53:121–136.

[231] Radermacher M. Weighted back-projection methods. In J. Frank, editor, Electron Tomography: Methods for Three-Dimensional Visualization of Structures in the Cell, chapter 8, pages 245–274. New York: Springer, 2 edition, 2006.

[232] Radermacher M. Wagenknechet T. Verschoor A, Frank J. Three-dimensional reconstruction from single-exposure random conical tilt series applied to the 50s ribosomal subunit of escherichia coli. J. Microsc., 1987, 146:113–136.

[233] Radermacher M. Wagenknechet T. Verschoor A, Frank J. Three-dimensional structure of the large ribosomal subunit from escherichia coli. EMBO J., 1987, 6:1107–1114.

[234] Radon J. Über die bestimmung von funktionen durch ihre integralwerte längs gewisser mannigfaltigkeiten. Berichte Sächsische Akademie der Wissenschaften, 1917, 69:262–277.

[235] Ramachandran G N, Lakshminarayanan A V. Three-dimensional reconstruction from radiographs and electron micrographs: application of convolutions instead of Fourier transforms. Proceedings of the National Academy of Sciences of the United States of America, 1971, 68(9):2236–2240.

[236] Ramani S, Fessler J. A splitting-based iterative algorithm for accelerated statistical X-ray CT reconstruction. IEEE Transactions on Medical Imaging, 2012, 31(3):677–688.

[237] Ramshaw L. Blossoming; a connect-the-dots approach to spline. Report 19, Digital, System Research Center, Palo Alto, CA, 1987.

[238] Reddy B S, Chatterji B N. An FFT-based technique for translation, rotation, and scale-invariant image registration. IEEE Transactions on Image Processing, 1996, 5(8):1266–1271.

[239] Rockafellar R. Convex Analysis, Princeton Mathematical Series, volume 28. Princeton university press, 1997.

[240] Ron A, Shen Z. Affine systems in $L_2(\mathbb{R}^d)$: The analysis of the analysis Operator. J. Funct. Anal., 1997, 148(2):408–447.

[241] Rudin L. Osher S, Fatemi E. Nonlinear total variation based noise removal algorithms.

Physica D: Nonlinear Phenomena, 1992, 60:259–268.

[242] Saad Y, Schultz M H. GMRES: A generalized minimal residual algorithm for solving nonsymmetric linear systems. SIAM J. Sci. Stat. Comput., 1986, 7(3):856–869.

[243] Sali A, Glaeser R, Earnest T, Baumeister W. From words to literature in structural proteomics. Nature, 2003, 422(6928):216–225.

[244] Sanz J L C, Huang T S. Discrete and continuous band-limited signal extrapolation. IEEE Trans. Acoust, Speech, Signal Processing, 1983, ASSP-31(5):1276–1285.

[245] Sanz J L C, Huang T S. Some aspects of band-limited signal extrapolation: models, discrete approximations, and noise. IEEE Trans. Acoust, Speech, Signal Processing, 1983, ASSP-31(6):1492–1501.

[246] Saxton W O, Frank J. Motif detection in quantum noise-limited electron micrographs by cross-correlation. Ultramicroscopy, 1977, 2:219–227.

[247] Schaller S. Flohr T, Steffen P. An efficient Fourier method for 3-D Radon inversion in exact cone-beam CT reconstruction. IEEE Trans. Med. Imaging, 1998, 17:244–250.

[248] Schatz M, van Heel M. Invariant classification of molecular views in electron micrographs. Ultramicroscopy, 1990, 32:255–264.

[249] Schatz M, van Heel M. Invariant recognition of molecular projections in vitreous ice preparations. Ultramicroscopy, 1992, 45:15–22.

[250] Scheres S. Valle M, Nuñez R. Sorzano C. Marabini R. Herman G, Carazo J. Maximum-likelihood multi-reference refinement for electron microscopy images. Journal of Molecular Biology, 2005, 348(1):139–149.

[251] Schneider G. Cryo X-ray microscopy with high spatial resolution in amplitude and phase contrast. Ultramicroscopy, 1998, 75:85–104.

[252] Schoenberg I J. Contributions to the problem of approximation of equidistance data by analytic functions. Quart. Appl. Math., 1946, 4:45–99.

[253] Schomberg H, Timmer J. The gridding method for image reconstruction by Fourier transformation. IEEE Trans. Med. Imaging, 1995, 14:596–607.

[254] Sedarat H, Nishimura D G. On the optimality of the gridding reconstruction algorithm. IEEE Trans. Med. Imaging, 2000, 19(4):306–317.

[255] Seeley R. Spherical harmonics. American Mathematical Monthly, pages 1966, 115–121.

[256] Sha L, Guo H, Song A W. An improved gridding method for spiral MRI using nonuniform fast Fourier transform. Journal of Magnetic Resonance, 2003, 162:250–258.

[257] Shaikh T R, Barnard D, Meng X, Wagenknecht T. Implementation of a flash-photolysis system for time-resolved cryo-electron microscopy. J. Struct. Biol, 2009, 165:184–189.

[258] Shannon C. Communication in the presence of noise. Proceedings of the IRE, 1949,

37(1):10–21.

[259] Shen Z. Wavelet frames and image restorations. In Proceedings of the International Congress of Mathematicians, Volume 4, 2010, 2834–1863.

[260] Shepp L, Kruskal J. Computerized tomography: the new medical X-ray technology. American Mathematical Monthly, pages 1978, 420–439.

[261] Shepp L, Logan B. The Fourier reconstruction of a head section. IEEE Trans. Nucl. Sci, 1974, 21(3):21–43.

[262] Shepp L, Vardi Y. Maximum likelihood reconstruction for emission tomography. IEEE Transactions on Medical Imaging, 1982, 1(2):113–122.

[263] Sidky E. Jørgensen J, Pan X. Convex optimization problem prototyping for image reconstruction in computed tomography with the chambolle-pock algorithm. Physics in Medicine and Biology, 2012, 57:3065–3091.

[264] Sidky E. Kao C, Pan X. Accurate image reconstruction from few-views and limited-angle data in divergent-beam CT. Journal of X-Ray Science and Technology, 2006, 14(2):119–139.

[265] Sidky E, Pan X. Image reconstruction in circular cone-beam computed tomography by constrained, total-variation minimization. Physics in Medicine and Biology, 2008, 53(17):4777–4807.

[266] Sigworth F J. Classical detection theory and the cryo-EM particle selection problem. J. Struct. Biol, 2004, 145:111–122.

[267] Simon J. Compact sets in the space $L^p(0, \mathrm{T}; \mathrm{B})$. Annali di Matematica Pura ed Applicata, 1986, 146(1):65–96.

[268] Smith P R. Peters T M, Bates R H T. Image reconstruction from finite numbers of projections. Journal of Physics A: Mathematical, Nuclear and General, 1973, 6:361–382.

[269] Sorzano C O S. Bilbao-Castro J R. Shkolnisky Y. Alcorlo M, Melero R. et. al. A clustering approach to multireference alignment of single-particle projections in electron microscopy. Journal of Structure Biology, 2010, 171:197–206.

[270] Sorzano C O S. Marabini R. Boisset N. Rietzel E. Schröder R. Herman G T, Carazo J M. The effect of overabundant projection directions on 3D reconstruction algorithms. J. Struct. Biol., 2001, 133:108–118.

[271] Sorzano C O S. Marabini R. Herman G T, Carazo J M. Multiobjective algorithm parameter optimization using multivariate statistics in three-dimensional electron microscopy reconstruction. Pattern Recognition, 2005, 38:2587–2601.

[272] Stewart M. Electron microscopy of biological macromolecules. In: Modern Microscopies (P. J. Duke and A. G. Michette eds.). New York: Plenum Press, 1990.

[273] Strömberg J. A modified Fronklin system and higher order spline systems on an as unconditional bases for Hardy spaces. In Beckner et al, editor, Conf. in honor of A.

Zygmund, 475–493. Wadsworth Math. series, 1982.

[274] Subramaniam S. Gerstein M. Oesterhelt D, Henderson R. Electron diffraction analysis of structural changes in the photocycle of bacteriorhodopsin. EMBO J., 1993, 12:1–8.

[275] Tai X, Wu C. Augmented Lagrangian method, dual methods and split Bregman iteration for ROF model. In Scale Space and Variational Methods in Computer Vision, 502–513. Springer, 2009.

[276] Tam K, Samarasekera S, Sauer F. Exact cone-beam CT with a spiral scan. Physics in Medicine Biology, 1998, 43:1015–1024.

[277] Taylor K A, Glaser R M. Electron microscopy of frozen hydrated biological specimens. J. Ultrastruct. Res., 1976, 55:448–546.

[278] Thibault J. Sauer K. Bouman C, Hsieh J. A three-dimensional statistical approach to improved image quality for multislice helical CT. Medical Physics, 2007, 34(11):4526–4544.

[279] Tikhonov A N. Arsenin V I A, John F. Solutions of ill-posed problems. Washington, D. C.: V. H. WINSTON and SONS, 1977.

[280] Trummer M. Reconstructing pictures from projections: on the convergence of the ART algorithm with relaxation. Computing, 1981, 26(3):189–195.

[281] Tuy H. An inversion formula for cone-beam reconstruction. SIAM Journal on Applied Mathematics, 1983, 43(3):546–552.

[282] Unser M. Splines: A perfect fit for signal and image processing. Signal Processing Magazine, IEEE, 1999, 16(6):22–38.

[283] van Heel M. Detection of objects in quantum-noise limited images. Ultramicroscopy, 1982, 8:331–342.

[284] van Heel M, Frank J. Use of multivariate statistics in analyzing the images of biological macromolecules. Ultramicroscopy, 1981, 6:187–194.

[285] van Heel M, Gowen B, Matadeen R, Orlova E V, Finn R, Pape T, Cohen D, Stark H. Schmidt R, Schatz M, et al. Single-particle electron cryo-microscopy: towards atomic resolution. Quarterly Reviews of Biophysics, 2000, 33(4):307–369.

[286] van Heel M, Stoffler-Meilicke M. Characteristic views of E. coli and B. staerothermophilus 30s ribosomal subunits in the electron microscope. The EMBO Journal., 1985, 4:2389–2395.

[287] Vese L. A study in the BV space of a denoising — deblurring variational problem. Applied Mathematics and Optimization, 2001, 44(2):131–161.

[288] Vese L A. Multiphase object detection and image segmentation. In Geometric Level Set Methods in Imaging, Vision, and Graphics, 175–194. Springer, 2003.

[289] Vese L A, Chan T F. A multiphase level set framework for image segmentation using the Mumford and Shah model. International Journal of Computer Vision, 2002, 50(3):271–293.

[290] Walnut D. An Introduction to Wavelet Analysis. Birkhäuser, Boston, second edition, 2004.

[291] Wang G, Lin T, Cheng P, Shinozaki D. A general cone-beam reconstruction algorithm. IEEE Transactions on Medical Imaging, 1993, 12(3):486–496.

[292] Wang G, Lin T, Cheng P, Shinozaki D, Kim H. Scanning cone-beam reconstruction algorithms for X-ray microtomography. In Proc. SPIE 1556, Scanning Microscopy Instrumentation, 99–112. International Society for Optics and Photonics, 1992.

[293] Wang X, Xu G. A fast classification method for single-particle projections with a translation and rotation invariant. Journal of Comp. Math., 2013, 31(2):137–153.

[294] Wang Y, Yang J, Yin W, Zhang Y. A new alternating minimization algorithm for total variation image reconstruction. SIAM J. Imaging Sci., 2008, 1(3):248–272.

[295] Webb A. Introduction to Biomedical Imaging. IEEE Press, 2003.

[296] Weiss D, Schneider G, Niemann B, Guttmann P, Rudolph D, Schmahl G. Computed tomography of cryogenic biological specimens based on X-ray microscopic images. Ultramicroscopy, 2000, 84:185–197.

[297] White H D, Thirumurugan K, Walker M L, Trinick J. A second generation apparatus for time-resolved electron cryo-microscopy using stepper motors and electrospray. J. Struct. Biol., 2003, 144:246–252.

[298] Wu C, Tai X. Augmented Lagrangian Method, Dual Methods, and Split Bregman Iteration for ROF, Vectorial TV, and High Order Models. SIAM J. Imaging Sciences, 2010, 3(3):300–339.

[299] Xu G, Chen C. Blended finite element method and its convergence for three-dimensional image reconstruction using L^2-gradient flow. Communications in Mathematical Sciences, 2014, 12(6):989–1015.

[300] Xu G, Li M, Chen C. A multi-scale geometric flow method for molecular structure reconstruction. Comput. Sci. Disc., 2015, 8.

[301] Xu G, Li M. Gopinath A, Bajaj C. Inversion of electron tomography images using L^2-gradient flows—computational methods. J. Comput. Math., 2011, 29:501–25.

[302] Xu G, Shi Y. Progressive computation and numerical tables of generalized Gaussian quadrature formulas. Journal on Numerical Methods and the Computer Application, 2006, 27(1):9–23.

[303] Xu G, Wang X, Li M, Jing Z. Fast and Robust Orientation of Cryo-Electron Microscopy Images. Institute for Computational Mathematics and Scientific/Engineering Computing, Report No. ICMSEC–15–02, 2015.

[304] Xu G, Zhang Q. Geometric Partial Differential Equation Methods in Computational Geometry. Beijing, China: Science Press, 2013.

[305] Yang J. Yu H. Jiang M, Wang G. High order total variation minimization for interior tomography. Inverse Problems, 2010, 26:035013.

[306] Yang J, Yuan X. Linearized augmented Lagrangian and alternating direction methods for nuclear norm minimization. Math. Comp., 2013, 82(281):301–329.

[307] Yang J. Zhang Y, Yin W. An efficient TVL1 algorithm for deblurring multichannel images corrupted by impulsive noise. SIAM J. Sci. Comput., 2009, 31(4):2842–2865.

[308] Yang Y. Li C. Kao C Y, Osher S. Split Bregman method for minimization of region-scalable fitting energy for image segmentation. In Advances in Visual Computing, 117–128. Springer, 2010.

[309] Yang Z. Fang J. Chittuluru J. Asturias F, Penczek P. Iterative stable alignment and clustering of 2D transmission electron microscope images. Structure, 2012, 20(2):237–247.

[310] Yang Z, Penczek P A. Cryo-EM image alignment based on nonuniform fast Fourier transform. Ultramicroscopy, 2008, 108:959–969.

[311] Ye J, Xu G. A geometric flow approach for region-based image segmentation. IEEE Transactions on Image Processing, 2012, 21(12):4735–4745.

[312] Yin W. Osher S. Goldfarb D, Darbon J. Bregman iterative algorithms for ℓ_1-minimization with applications to compressed sensing. SIAM J. Imaging Sci., 2008, 1(1):143–168.

[313] Yu X. Jin L, Zhou Z H. 3. 88 angstrom sturcture of cytoplasmic polyhedrosis virus by cryo-electron microscopy. Nature, 2008, 453(7193):415–419.

[314] Zhang X. Burger M, Bresson X, Osher S. Bregmanized nonlocal regularization for deconvolution and sparse reconstruction. SIAM Journal on Imaging Sciences, 2010, 3(3):253–276.

[315] Zhang X. Jin L. Fang Q. Hui W H, Zhou Z H. 3. 3 Å cryo-EM structure of a nonenveloped virus reveals a priming mechanism for cell entry. Cell, 2010, 141(3):472–482.

[316] Zhang Y. Xu G, Bajaj C. Quality meshing of implicit solvation models of biomolecular structures. Computer Aided Geometric Design, 2006, 23(6):510–530.

[317] Zhou Z H. Towards atomic resolution structural determination by single-particle cryo-electron microscopy. Current Opinion in Structural Biology, 2008, 18(2):218–228.

索　引

其他

《信息与计算科学丛书》已出版书目

1 样条函数方法　1979.6　李岳生 齐东旭　著
2 高维数值积分　1980.3　徐利治 周蕴时　著
3 快速数论变换　1980.10　孙　琦等　著
4 线性规划计算方法　1981.10　赵凤治　编著
5 样条函数与计算几何　1982.12　孙家昶　著
6 无约束最优化计算方法　1982.12　邓乃扬等　著
7 解数学物理问题的异步并行算法　1985.9　康立山等　著
8 矩阵扰动分析　1987.2　孙继广　著
9 非线性方程组的数值解法　1987.7　李庆扬等　著
10 二维非定常流体力学数值方法　1987.10　李德元等　著
11 刚性常微分方程初值问题的数值解法　1987.11　费景高等　著
12 多元函数逼近　1988.6　王仁宏等 著
13 代数方程组和计算复杂性理论　1989.5　徐森林等　著
14 一维非定常流体力学　1990.8　周毓麟 著
15 椭圆边值问题的边界元分析　1991.5　祝家麟　著
16 约束最优化方法　1991.8　赵凤治等　著
17 双曲型守恒律方程及其差分方法　1991.11　应隆安等　著
18 线性代数方程组的迭代解法　1991.12　胡家赣　著
19 区域分解算法——偏微分方程数值解新技术　1992.5　吕　涛等　著
20 软件工程方法　1992.8　崔俊芝等　著
21 有限元结构分析并行计算　1994.4　周树荃等　著
22 非数值并行算法(第一册)模拟退火算法　1994.4　康立山等　著
23 矩阵与算子广义逆　1994.6　王国荣　著
24 偏微分方程并行有限差分方法　1994.9　张宝琳等　著
25 非数值并行算法(第二册)遗传算法　1995.1　刘　勇等　著
26 准确计算方法　1996.3　邓健新　著
27 最优化理论与方法　1997.1　袁亚湘　孙文瑜　著
28 黏性流体的混合有限分析解法　2000.1　李　炜　著
29 线性规划　2002.6　张建中等　著
30 反问题的数值解法　2003.9　肖庭延等　著
31 有理函数逼近及其应用　2004.1　王仁宏等　著
32 小波分析·应用算法　2004.5　徐　晨等　著
33 非线性微分方程多解计算的搜索延拓法　2005.7　陈传淼　谢资清　著
34 边值问题的Galerkin有限元法　2005.8　李荣华　著
35 Numerical Linear Algebra and Its Applications　2005.8　Xiao-qing Jin, Yi-min Wei

36 不适定问题的正则化方法及应用 2005.9 刘继军 著
37 Developments and Applications of Block Toeplitz Iterative Solvers 2006.3 Xiao-qing Jin
38 非线性分歧：理论和计算 2007.1 杨忠华 著
39 科学计算概论 2007.3 陈传淼 著
40 Superconvergence Analysis and a Posteriori Error Estimation in Finite Element Methods 2008.3 Ningning Yan
41 Adaptive Finite Element Methods for Optimal Control Governed by PDEs 2008.6 Wenbin Liu Ningning Yan
42 计算几何中的几何偏微分方程方法 2008.10 徐国良 著
43 矩阵计算 2008.10 蒋尔雄 著
44 边界元分析 2009.10 祝家麟 袁政强 著
45 大气海洋中的偏微分方程组与波动学引论 2009.10 〔美〕Andrew Majda 著
46 有限元方法 2010.1 石钟慈 王 鸣 著
47 现代数值计算方法 2010.3 刘继军 编著
48 Selected Topics in Finite Elements Method 2011.2 Zhiming Chen Haijun Wu
49 交点间断Galerkin方法：算法、分析和应用 〔美〕Jan S. Hesthaven T. Warburton 著 李继春 汤 涛 译
50 Computational Fluid Dynamics Based on the Unified Coordinates 2012.1 Wai-How Hui Kun Xu
51 间断有限元理论与方法 2012.4 张 铁 著
52 三维油气资源盆地数值模拟的理论和实际应用 2013.1 袁益让 韩玉笈 著
53 偏微分方程外问题——理论和数值方法 2013.1 应隆安 著
54 Geometric Partial Differential Equation Methods in Computational Geometry 2013.3 Guoliang Xu Qin Zhang
55 Effective Condition Number for Numerical Partial Differential Equations 2013.3 Zi-Cai Li Hung-Tsai Huang Yimin Wei Alexander H.-D. Cheng
56 积分方程的高精度算法 2013.3 吕 涛 黄 晋 著
57 能源数值模拟方法的理论和应用 2013.6 袁益让 著
58 Finite Element Methods 2013.6 Shi Zhongci Wang Ming 著
59 支持向量机的算法设计与分析 2013.6 杨晓伟 郝志峰 著
60 后小波与变分理论及其在图像修复中的应用 2013.9 徐 晨 李 敏 张维强 孙晓丽 宋宜美 著
61 统计微分回归方程——微分方程的回归方程观点与解法 2013.9 陈乃辉 著
62 环境科学数值模拟的理论和实际应用 2014.3 袁益让 芮洪兴 梁 栋 著
63 多介质流体动力学计算方法 2014.6 贾祖朋 张树道 蔚喜军 著
64 广义逆的符号模式 2014.7 卜长江 魏益民 著
65 医学图像处理中的数学理论与方法 2014.7 孔德兴 陈韵梅 董芳芳 楼 琼 著
66 Applied Iterative Analysis 2014.10 Jinyun Yuan 著

67　偏微分方程数值解法　2015.1　陈艳萍　鲁祖亮　刘利斌　编著
68　并行计算与实现技术　2015.5　迟学斌　王彦棡　王　珏　刘　芳　编著
69　高精度解多维问题的外推法　2015.6　吕　涛　著
70　分数阶微分方程的有限差分方法　2015.8　孙志忠　高广花　著
71　图像重构的数值方法　2015.10　徐国良　陈　冲　李　明　著

彩　图

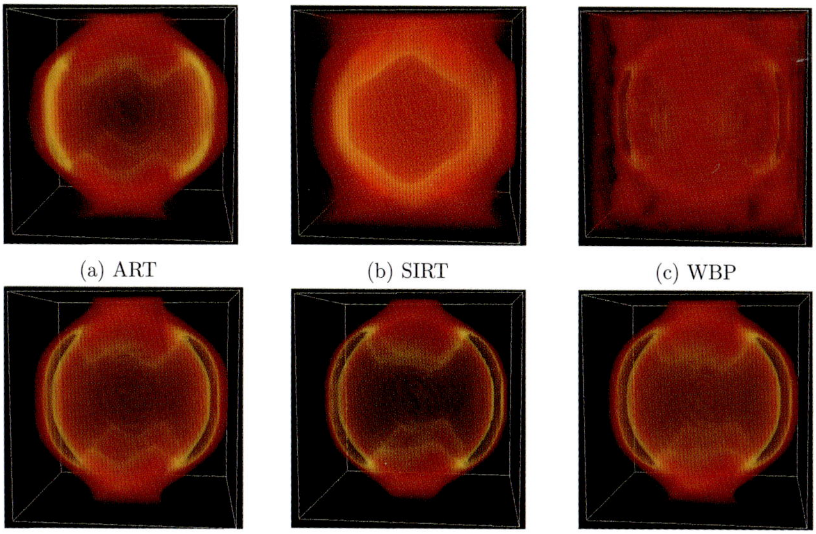

(a) ART　(b) SIRT　(c) WBP

(d) $g=0$　(e) $g=\|\nabla f\|$　(f) $g=1$

图 6.3.1　不同重构结果的体绘制. (a)~(c) 分别是 ART, SIRT 和 WBP 的重构结果. (d)~(f) 分别是算法 6.3.1 使用 $g=0$, $g=\|\nabla f\|$ 以及 $g=1$ 时的重构结果

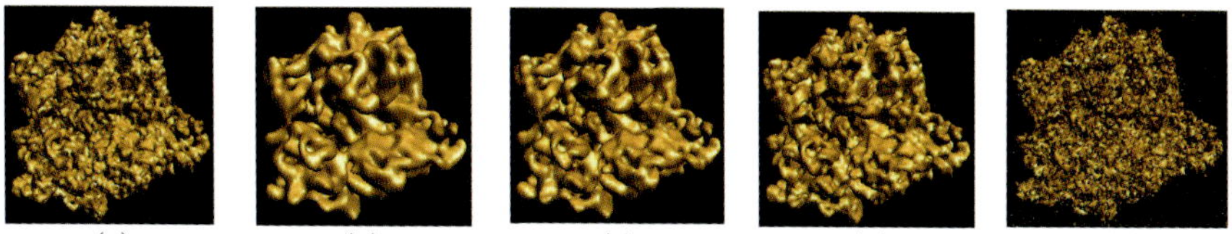

(a)　(b)　(c)　(d)　(e)

图 8.4.5　重构的体数据在中间值处的等值面. 图 (a) 来自 WBP 的重构结果. 图 (b)~(e) 分别来自双梯度下降法取 $\beta=0$, $\beta=\dfrac{1}{3}$, $\beta=\dfrac{1}{2}$ 和 $\beta=1$ 时, 迭代 30 次的重构结果

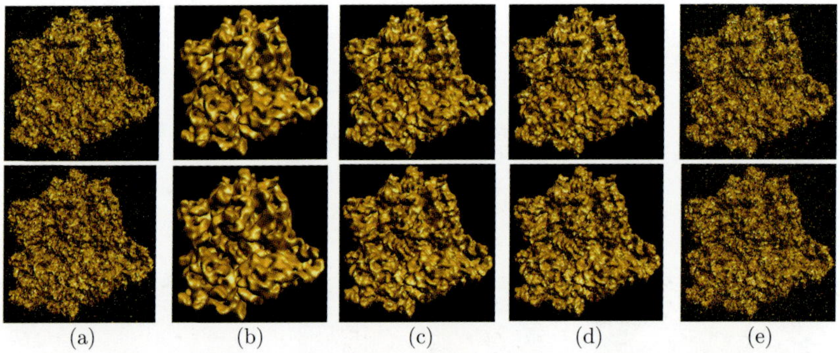

图 8.4.8　重构的体数据在中间值处的等值面. 第一行和第二行分别为使用 A 组数据和 B 组数据的结果. (a) 列为来自 WBP 的重构结果. (b)~(e) 列分别为来自双梯度下降法取 $\beta=0$, $\beta=\dfrac{1}{3}$, $\beta=\dfrac{1}{2}$ 和 $\beta=\dfrac{2}{3}$ 时, 迭代 30 次的重构结果

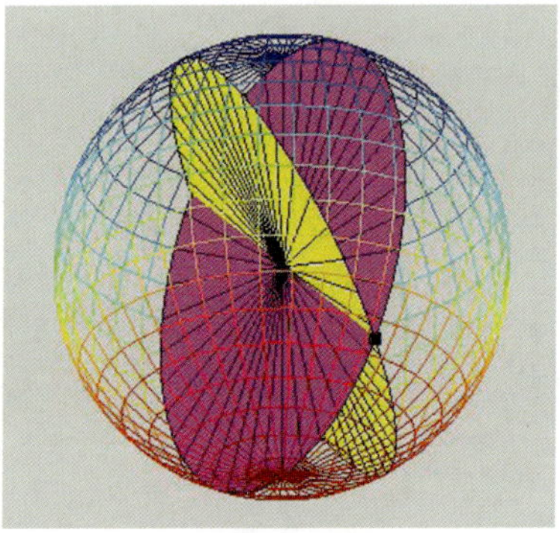

图 10.3.1　Fourier 空间中公共线向量的定义

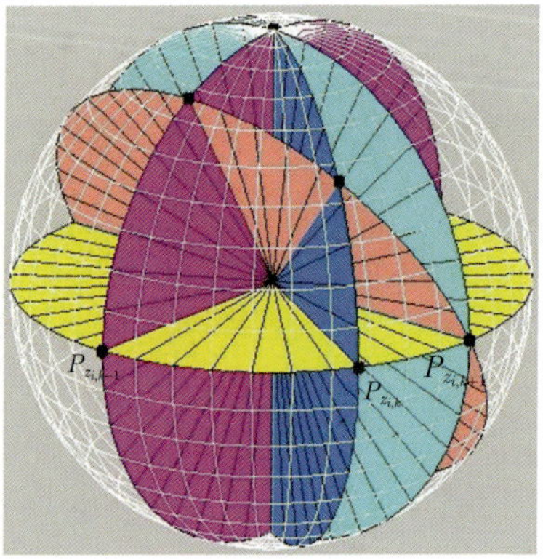

图 10.3.2　$\hat{I}_j$ 和 $\hat{I}_k$ 之间的公共线与球面 $\mathbf{S}^2$ 的交点 $\boldsymbol{p}_{j,k}$

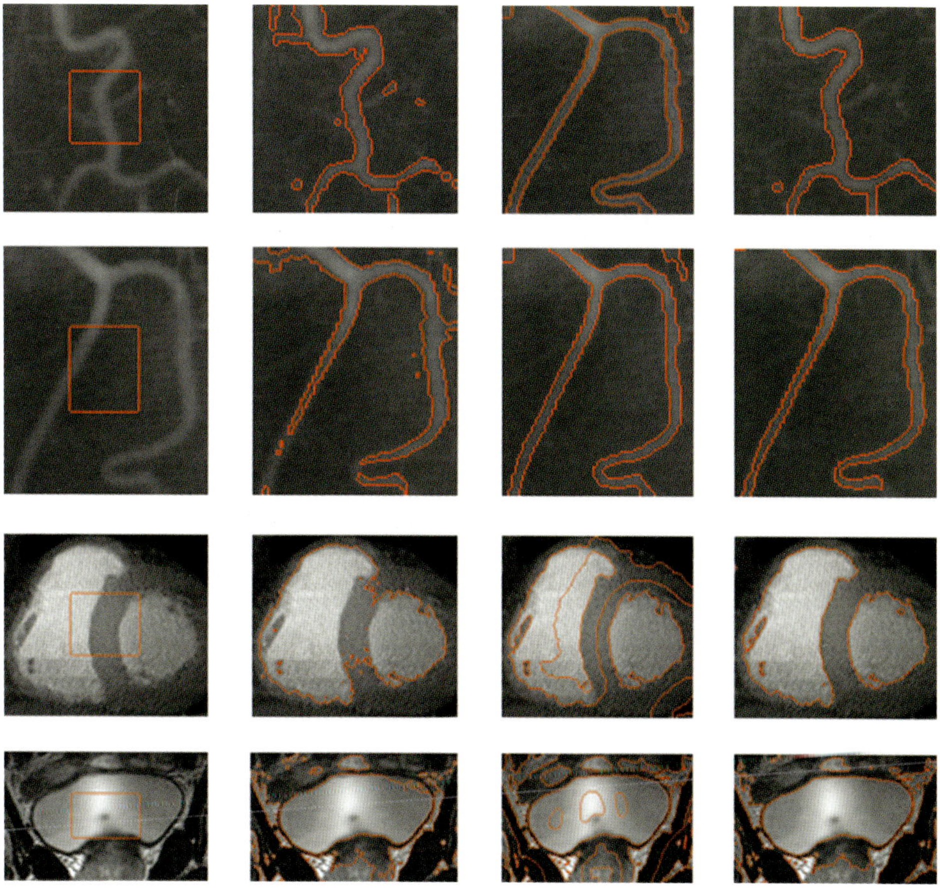

图 11.3.1　光照不均匀图像的分割结果. 第一列: 待分割图像和初始分割轮廓. 第二列: PCMS 模型的分割结果. 第三列: RSF 模型的分割结果. 第四列: IIMS 模型的分割结果

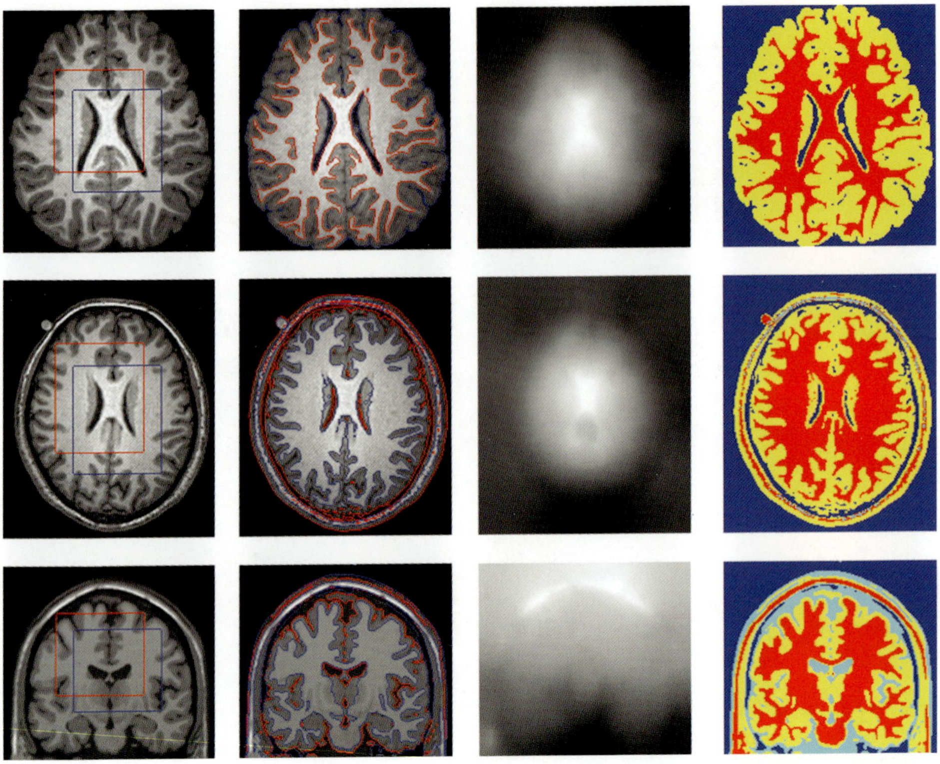

图 11.3.3　第一列: 待分割图像 u_0 和初始分割轮廓. 第二列: 使用 IIMS 模型得到的图像分割结果. 第三列: 使用 IIMS 模型得到的光照场 I. 第四列: 由不同颜色显示的分割区域

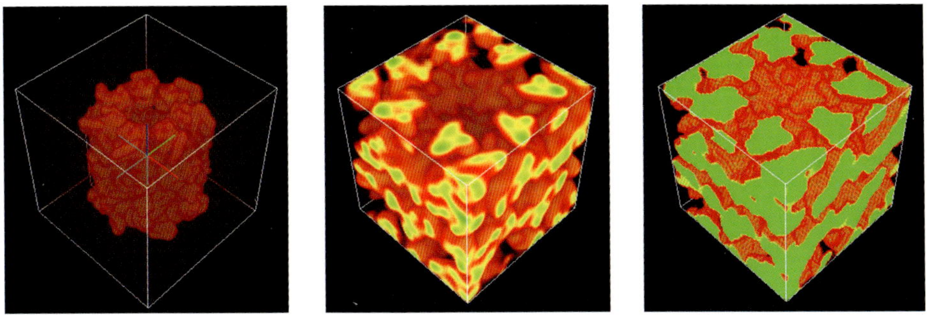

(a) (b) (c)

图 11.3.4 (a) 待分割的 $ATcpn\alpha$ 体数据 $(120 \times 120 \times 120)$; (b) 待分割图像的截面图; (c) 分割结果. 图像分割算法中选取的参数分别为 $\nu = 0.002 \times 255^2$, $\lambda_1 = 1.0$, $\lambda_2 = 1.0$, $\mu = 100.0 \times 255^2$, $\beta = 100.0$, 迭代次数为 20, 计算时间为 197.8s

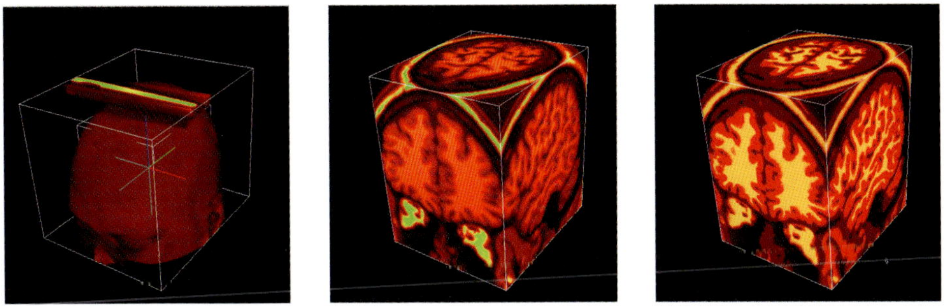

(a) (b) (c)

图 11.3.6 (a) 待分割的三维大脑图像 $(181 \times 217 \times 181)$; (b) 待分割图像的截面图; (c) 分割结果, 四种颜色分别表示分割后的四个子区域. 图像分割算法中选取的参数分别为 $\nu = 0.004 \times 255^2$, $\lambda_1 = 2.0$, $\lambda_2 = 1.0$, $\lambda_3 = 1.0$, $\lambda_4 = 1.0$, $\mu = 100.0 \times 255^2$, $\beta = 100.0$, 迭代次数为 10, 计算时间为 608.04s

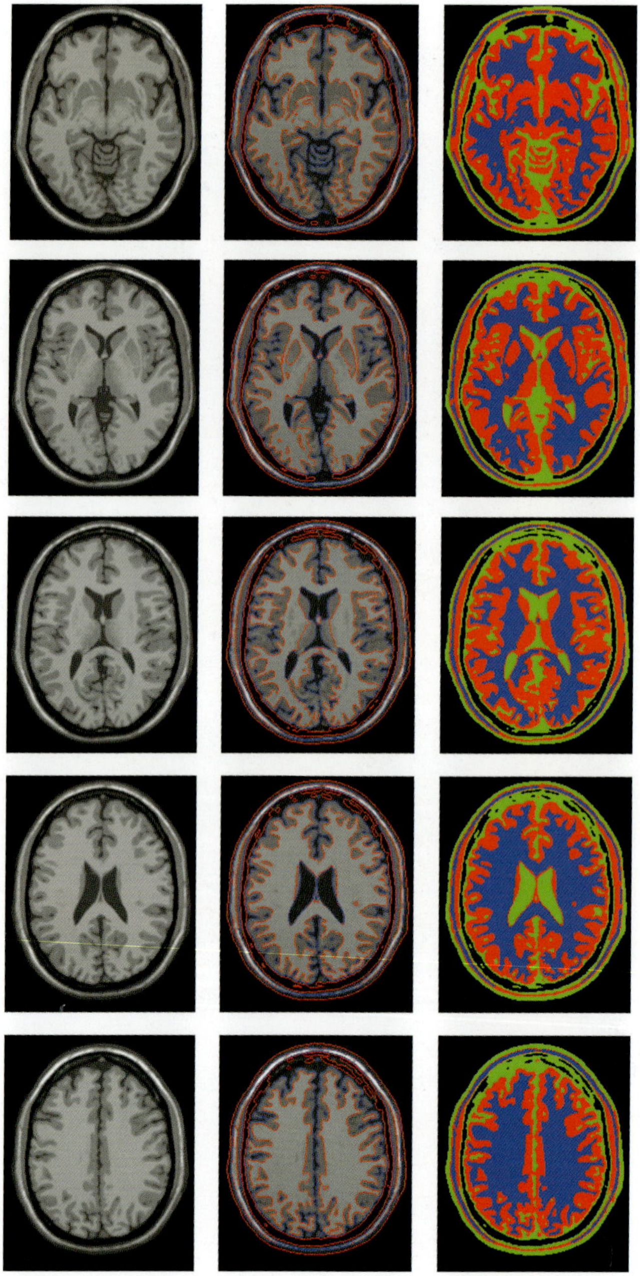

图 11.3.7　三维大脑图像的分割结果. 第一列: 待分割图像的二维切片; 第二列: 对应的分割结果; 第三列: 由不同颜色显示的分割区域